W0258593

Einführung in die geometrische und physikalische Kristallographie

und in deren Arbeitsmethoden

Von

Prof. Dr. Franz Raaz und **Prof. Dr. Hermann Tertsch**
Wien   Wien

Dritte, wesentlich erweiterte Auflage

Mit 384 Textabbildungen

Wien
Springer-Verlag
1958

ISBN-13:978-3-7091-7888-1   e-ISBN-13:978-3-7091-7887-4
DOI: 10.1007/978-3-7091-7887-4

Dem Andenken

Friedrich Becke's

gewidmet

Vorwort zur dritten Auflage

Als an die Verfasser die Aufgabe herantrat, die Herausgabe einer dritten Auflage der „Geometrischen Kristallographie und Kristalloptik" vorzubereiten, schien die Gelegenheit günstig, einer mehrfach geäußerten Anregung zu entsprechen und den Inhalt des Buches wesentlich zu erweitern. So ist es verständlich, daß nunmehr der kristallographische Teil durch die Grundlagen der Strukturtheorie und einen Abriß der Röntgenkristallographie erweitert wurde, während neben der Kristalloptik durchsichtiger Minerale nun auch die Auflichtoptik und außerdem auch noch das übrige Gebiet der Kristallphysik eine einführende Darstellung fanden.

Auch bei dieser umfänglichen Erweiterung des ursprünglich behandelten Stoffes ließen sich die Verfasser von den gleichen Gesichtspunkten leiten, die schon für die erste Herausgabe maßgebend waren und im Vorwort zur ersten Auflage ausführlich erörtert wurden. Die günstige Aufnahme, die das Buch in Fachkreisen gefunden hatte, berechtigte zu der Annahme, daß die zugrunde liegende Einstellung zu dem behandelten Stoff dem Bedürfnis aller jener entgegenkomme, die eine Einführung in mineralogische Fragen und deren Arbeitsweisen suchen, mag die Mineralogie hiebei nun als Selbstzweck oder als Hilfswissenschaft aufscheinen. Auch in dieser erweiterten Form will die vorliegende Behandlung der geometrischen und physikalischen Kristallographie nur als Einführung bewertet werden, bestimmt dazu, die ersten Schritte in die wissenschaftlich-mineralogische Praxis und das Studium größerer Spezial-Handbücher zu erleichtern, auf die zu Beginn jedes größeren Abschnittes entsprechend hingewiesen wird.

Ganz besonderer Dank gebührt dem Springer-Verlag in Wien, der unseren Erweiterungswünschen bereitwilligst entgegenkam und für eine so vorzügliche Ausstattung unserer „Einführung" sorgte.

Der Verfasser des kristallphysikalischen Teiles ist aber auch Herrn Dozenten Dr. H. Meixner zu herzlichem Dank verpflichtet, da dieser die Niederschrift seines Teiles einer sorgfältigen Durchsicht unterzog und zahlreiche praktische Hinweise gab.

Es ist der wärmste Wunsch der Verfasser, daß das Buch auch in der vorliegenden Form freundlich aufgenommen werden möge und den praktischen Problemen der Mineralogie neue Freunde zuführe.

Wien, im September 1957

F. Raaz, H. Tertsch

Aus dem Vorwort zur ersten Auflage

Langjährige Beobachtungen bei Abhaltung mineralogischer Übungen im Hochschulbetrieb ließen die Verfasser zu der Überzeugung kommen, daß es an einem modernen Lehrbehelf mangle, der zur Einführung gerade in die praktische Arbeit dienen könnte. Die verschiedenen Lehrbücher, die in den letzten Jahren erschienen und zum Teil in ganz hervorragender Weise der Einführung in das theoretisch-mineralogische Wissen dienlich sind, können aus raumtechnischen Gründen nicht auch noch ausreichende Winke zur praktischen Handhabung geben. Die großen Handbücher aber, die im besonderen der Darstellung der Arbeitsweisen gewidmet sind, schrecken den Anfänger, der seine ersten tastenden Versuche macht, durch ihren Umfang und die dabei unvermeidlich in die Breite gehende Darstellungsweise ab.

Die Verfasser legen nun hier einen Versuch vor, dem Bedürfnis nach einem solchen Lehrbehelf nachzukommen, der neben der knappen Darstellung der theoretischen Grundlagen auch noch praktische Hinweise auf die Verwertung dieser Grundlagen enthält.

Die Verfasser sind sich dessen voll bewußt, daß dabei noch viele Wünsche offen bleiben und daß sie mit der vorliegenden Arbeit die großen Handbücher in keiner Weise zu ersetzen vermöchten. Es soll deren Studium nur erleichtert werden, und zwar dadurch, daß hier einmal die wesentlichsten Grundlagen und Methoden kurz dargestellt werden und dann durch fortlaufende Bezugnahme auf besonders ausgewählte, ausführliche Handbücher ersichtlich gemacht wird, wo der Leser gründlichere und weitergehende Unterweisung finden kann.

Mit diesem einführenden Lehrbehelf glauben die Verfasser auch jenen Kreisen zu dienen, für die mineralogische Fragen und Arbeitsweisen nur im Sinne einer Hilfswissenschaft von Bedeutung sind, wie das vielfach bei den Studien und Arbeiten der Physiker, Chemiker und Pharmazeuten der Fall ist.

Wien, im Juni 1939

F. Raaz, H. Tertsch

Inhaltsverzeichnis

Erster Teil

Kristallographie

Von Prof. Dr. Franz Raaz

Zweiter Teil

Kristallphysik

Von Prof. Dr. Hermann Tertsch

Kristallographie

Einleitung

Kristallographie heißt wörtlich Kristallbeschreibung, und zwar meint man unter Kristallographie schlechtweg die *geometrische* Kristallographie, zum Unterschied von der physikalischen und chemischen Kristallographie.

Da die Kristallgestalten vor allem dem Mineralogen in seinen Untersuchungsobjekten — den Mineralien — in oft wundervoller Schönheit entgegentreten, wurde die Formenlehre dieser Naturgebilde in erster Linie von Mineralogen gepflegt und entwickelt und ihre beherrschenden Gesetzmäßigkeiten von ihnen studiert. So entstand die Kristallographie als der grundlegende Teil der *allgemeinen Mineralogie.* Gleichwohl hat sich die Kristallographie in der Folgezeit namentlich durch die Erweiterung des Blickfeldes auf die Gesetzmäßigkeiten der Feinstruktur — den atomistischen Innenaufbau der Kristalle — in den letzten Jahrzehnten immer mehr und mehr zu einer selbständigen, mathematisch-physikalischen Wissenschaft entwickelt. Jedenfalls aber ist sie für den wissenschaftlichen Mineralogen nach wie vor eine unentbehrliche Grundlage, ja eigentlich das durchgreifende Element seines gesamten Wissensgebietes. Selbst die früher deskriptiv arbeitende *spezielle Mineralogie* wird durch die Erkenntnisse der röntgenographischen Feinstrukturlehre und ihrer Forschungsergebnisse (Kristallchemie) von gänzlich neuen Gesichtspunkten beherrscht.

Da ist es zunächst nötig, das Wesen des Kristalls eindeutig zu umschreiben. Man könnte sagen: Kristalle sind homogene, anisotrope Naturkörper, d. h. in physikalischem und chemischem Sinne in sich *gleichartige* Körper, die aber hinsichtlich gewisser Eigenschaften richtungsabhängig sind.

Diese physikalische *Richtungsabhängigkeit* tritt auch geometrisch in Erscheinung, wenn man den wachsenden Kristall studiert.

Kristallisation tritt nämlich dann ein, wenn die Materie vom flüssigen (oder gasförmigen) Aggregatzustand in den *festen* übergeht; also beim Erstarren einer Schmelze, beim Ausfällen eines gelösten Stoffes bzw. beim Ausscheiden von gelöster Substanz aus einer übersättigten Lösung.

Betrachten wir den letztgenannten Fall etwas näher: Aus einer gesättigten Alaunlösung wird durch Verdunsten des Lösungsmittels Übersättigung herbeigeführt. Der überschüssige Anteil ursprünglich gelöster

Alaunsubstanz wird sich in Form von Kristallen abscheiden und auf den Boden des Kristallisationsgefäßes niedersinken.

Wollen wir den Vorgang der Kristallbildung unter dem Mikroskop verfolgen, dann können wir beobachten, daß schon im ersten Augenblick, da sich ein Kriställchen bildet, dieser Körper von ebenen Flächen begrenzt ist, die sich in Kanten schneiden, die wiederum in Ecken zusammenlaufen.

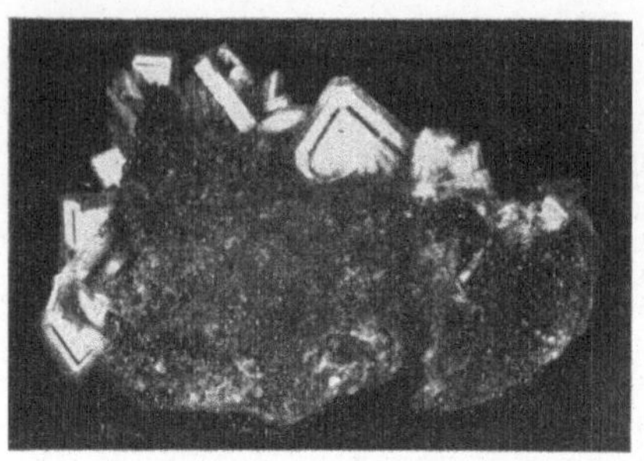

Abb. 1. Geschichtete Barytkristalle, Nassau

Setzen wir nun unseren erstgenannten Kristallisationsversuch so an, daß wir einen solchen kleinsten Kristallkörper — einen „Kristallkeim" — frei an einem Kokonfaden in die übersättigte Lösung hängen, so können wir das Weiterwachsen genauer verfolgen. Wir werden bemerken, daß sich der Kristall durch Anlagerung weiterer aus der Lösung ausscheidender Substanz vergrößert; *er wächst,* und zwar zum Unterschied von organischem Wachsen bei Zellen, die sich durch Intussusception (Zwischenfügung) vergrößern, wächst der Kristall durch Anlagerung paralleler Schichten, also durch Apposition.

Es läßt sich dieser Wachstumsvorgang sehr schön demonstrieren, wenn man folgenden Kunstgriff zu Hilfe nimmt: Man kennt verschiedene Alaunkristalle, z. B. Aluminiumalaun und Chromalaun, die beide in der

Abb. 2. Anwachspyramiden an Kristallen einer Schlacke (Sanduhrstruktur)

gleichen Gestalt als geometrische Oktaeder (vgl. Abb. 5, erster Kristall oben) kristallisieren; der Aluminiumalaun ist farblos, der Chromalaun tiefdunkelviolett gefärbt.

Läßt man nun ein Chromalaunoktaeder in einer Lösung von Aluminiumalaun weiterwachsen, so kann man den Ansatz paralleler Schichten vor Augen führen: ein Kern von violettem Chromalaun ist dann nach Beendigung des Versuches von einer parallel gelagerten Schicht von farblosem Aluminiumalaun umgeben. Freilich handelt es sich in diesem Falle schon um zwei verschiedene Kristallarten, die nur insofern als gleichartig aufgefaßt werden können, als sie sowohl nach ihrer chemischen Konstitution als auch in bezug auf ihre Kristallform als analog zu betrachten sind[1].

Die Abb. 1 bis 3 geben Beispiele solchen Schichtenwachstums; Abb. 2 zeigt das Entstehen einer sog. „Sanduhrstruktur", Abb. 3 stellt ähnliche Anwachspyramiden bei Calcitkristallen dar.

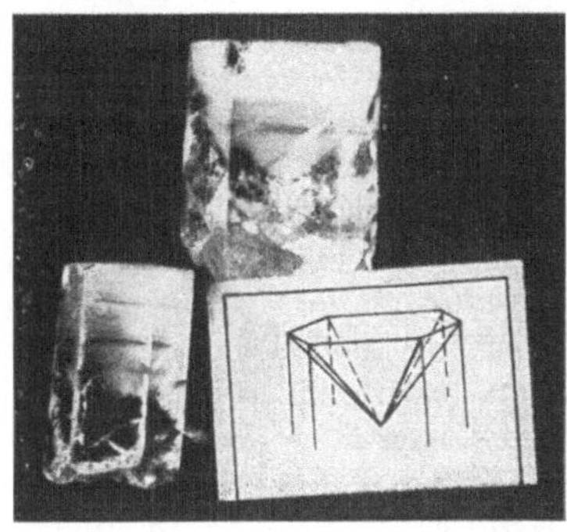

Abb. 3. Anwachspyramiden an Kalkspatkristallen von Rabenstein

Aus diesen Beobachtungen ist zu schließen, daß sich in gewissen Zeitabständen auf jede Kristallfläche eine parallele Schicht neuer Kristallsubstanz anlagert.

Betrachten wir nun einen Kristall etwas näher, der von verschiedenartigen Flächen begrenzt ist. Dann erkennen wir die beachtenswerte Tatsache, daß die auf verschiedenartigen Flächen, F_a, F_b, F_c, angelagerten Schichten ungleich dick sind (Abb. 4). Hier haben wir schon die eingangs erwähnte Richtungsabhängigkeit!

Geometrisch können wir diesen physikalischen Vorgang des Wachstums am einfachsten vektoriell erfassen.

Ein Vektor ist eine gerichtete Größe. Es ist somit zu seiner Darstellung eine Richtung notwendig, auf der eine bestimmte Strecke abgetragen wird. Die gegebene Richtung für das fortschreitende Wachstum einer Fläche ist offensichtlich die Flächennormale. Der Betrag des Wachstums einer bestimmten Fläche in einer gewissen Zeiteinheit bedeutet die Verschiebungsgeschwindigkeit der Fläche nach außen; sie ist durch die abgetragene Strecke gekennzeichnet.

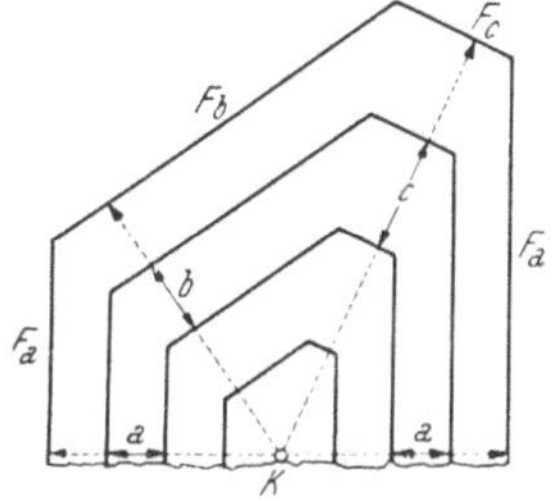

Abb. 4. Parallelschichtige Anlagerung nach verschiedenen Flächen, mit Einzeichnung der zugehörigen Zentraldistanzen

Also ergibt sich eine *Flächennormalfigur* als ein Strahlenbüschel von Vektoren, deren jeder durch seine vom Keimpunkt aus gemessene Länge („Zentraldistanz") die *Wachstumsgeschwindigkeit* angibt (Abb. 4).

Dadurch ist die *Anisotropie* in der äußeren geometrischen Gestalt des Kristalls — rein morphologisch — erfaßt; denn die Vektoren der ver-

---

[1] Man spricht in diesem Falle von isomorpher Schichtung.

schiedenen Wachstumsrichtungen sind ungleich groß. Die physikalische Anisotropie als das kennzeichnende Merkmal kristallisierter Materie ist damit auch geometrisch dokumentiert.

Wir können also sagen: die geometrische Kristallform an sich ist schon der Ausdruck der dem Kristall zukommenden Anisotropie. Wären nämlich alle Wachstumsrichtungen von gleicher Geschwindigkeit, so gäbe es keinen flächenhaft begrenzten Kristall als ein „konvexes Polyeder", sondern das Resultat solchen Wachstums wäre eine Kugel.

Ein Kristall ist, sofern er ungestört und ungehindert seiner Wachstumstendenz folgen konnte, ein von *ebenen Flächen begrenzter, homogener und anisotroper Naturkörper,* der ein konvexes Polyeder bildet. Dabei ist es für das Wesen eines Kristalls einerlei, ob die Bedingungen der Kristallisation in der Natur selbst gegeben waren — wie es bei den kristallisierten Mineralien der Fall ist *(natürliche Kristalle)* — oder ob diese Bedingungen bewußt im Laboratorium geschaffen wurden *(künstliche Kristalle);* beide sind in unserem Sinne „Naturkörper". Den Begriff der Homogenität der Kristalle hingegen müssen wir später (im Kapitel XI, S. 130) noch einer genaueren Erörterung unterziehen.

Sind demnach die Kristalle Körper, die von ebenen Flächen gesetzmäßig begrenzt werden, so daß sie Gestalten ergeben, die wir als „konvexe Polyeder" bezeichnen — ebenflächig begrenzte Gebilde *ohne* einspringende Winkel (sofern es sich um kristallisierte Einzelindividuen handelt) —, so ist es naturgegeben, daß wir trachten werden, sie mit Hilfe geometrischer Methoden zu erfassen und zu beschreiben.

So ist dieser Teil der kristallographischen Wissenschaft in der Tat „*geometrische* Kristallographie"[1]. Soweit es sich dabei um den Bau des äußerlich in Erscheinung tretenden Kristalls handelt, bezeichnen wir sie als *phänomenologische* oder *morphologische Kristallographie;* ihr folgt — den submikroskopischen Feinbau der Kristallsubstanz betreffend — die geometrische *Kristallographie des Diskontinuums.*

---

[1] Grundlegendes Werk dieses Fachgebietes: P. NIGGLI: Lehrbuch der Mineralogie und Kristallchemie, 3. Aufl., Teil I. Berlin: Gebr. Borntraeger, 1941. (Wird hier kurz durch NI zitiert!) — W. F. DE JONG: Compendium der Kristalkunde. Utrecht 1951. — F. C. PHILLIPS: An Introduction to Crystallography, 3. Aufl. London 1951.

Morphologische Kristallographie

I. Die kristallographischen Grundgesetze

a) Gesetz von der Konstanz der Flächenwinkel

Das erste Grundgesetz der Kristallographie — das Gesetz von der Konstanz der Flächenwinkel — wurde schon im 17. Jahrhundert von Nicolaus Steno klar erkannt, nachdem schon im 16. Jahrhundert Conrad Gessner und Johannes Kepler auf die charakteristischen Winkelverhältnisse der Kristallgestalten aufmerksam gemacht hatten. Während früher die Kristalle als zufällige „Naturspiele" angesehen wurden, hat Steno im Jahre 1669 aus Beobachtungen über das Wachstum von Kristallen verschiedener Art sowie besonders durch Wahrnehmungen am Bergkristall festgestellt, daß die Flächenbegrenzung kein Zufallsergebnis, sondern durch bestimmte Winkelneigungen der einzelnen Flächen für jede Kristallart streng geregelt sei.

Betrachten wir nochmals unseren Kristallisationsversuch mit dem Alaun. Diejenigen Kristalle, die frei in der Lösung schwebend ungehindert wachsen können, werden die Oktaedergestalt ziemlich regelmäßig zur Ausbildung bringen. Jene Kristallkeime aber, die auf den Boden des Kristallisationsgefäßes niedersinken, sind in ihrem freien Wachstum behindert. Denn die Substanzzufuhr durch Konzentrationsströme der Lösung erfolgt hauptsächlich an den Seitenflächen. Es entsteht dadurch als Endprodukt des Wachstums eine abgeplattete Gestalt, die einem Oktaeder zunächst gar nicht ähnlich sieht. Man nennt diese Erscheinung „*Verzerrung*". Solche Verzerrungserscheinungen treten uns häufig auch an natürlichen Kristallen entgegen (s. Abb. 5 und 6). Abb. 5 zeigt eine Reihe von Magnetitkristallen, die ebenso wie der Alaun in Oktaedern kristallisieren. Wir bemerken aber in der dargestellten Reihe bei den einzelnen Kristallformen einen verschieden starken Grad von Verzerrung. Abb. 6 stellt einen verzerrten Quarzkristall dar.

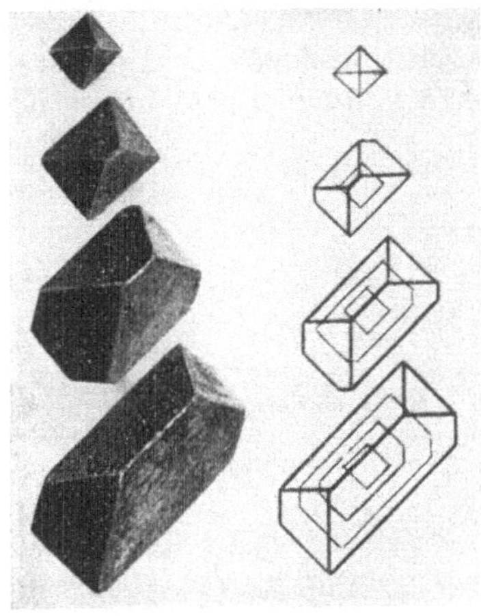

Abb. 5. Magnetit-Oktaeder (Zillertal) in verschiedenem Grade der Verzerrung; vgl. die schematischen Zeichnungen

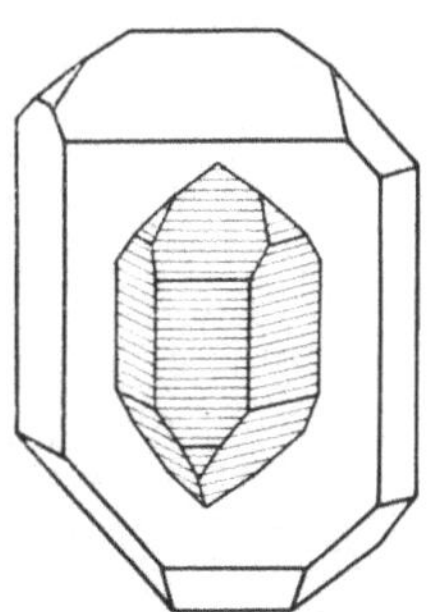

Abb. 6. Verzerrter Quarzkristall mit eingezeichnetem Modellkristall

Mißt man hingegen die Winkel eines solchen verzerrten Kristalls, so läßt sich feststellen, daß dieselben die gleichen sind wie bei den ent-

sprechenden Winkeln eines ebenmäßig ausgebildeten Kristalls („Modellkristall"). Das Gesetz von der Konstanz der Flächenwinkel läßt sich nun
allgemeingültig folgendermaßen formulieren: *Die Neigungswinkel entsprechender Flächen* eines Kristalls (sowie aller Kristalle derselben Art)
sind bei derselben Temperatur[1] *an allen Individuen gleich.*

Anlegegoniometer. Um diesen Nachweis einwandfrei zu führen, bedarf
es eines Messungsinstruments, des sog. Anlegegoniometers; Abb. 7 zeigt
ein solches. Es besteht aus einem mit Gradeinteilung versehenen Halbkreis, begrenzt durch eine feste Schiene als Kreisdurchmesser. Eine
zweite, drehbare Schiene ist im Mittelpunkt des Kreises befestigt. Will
man nun einen bestimmten Neigungswinkel zweier Kristallflächen messen,

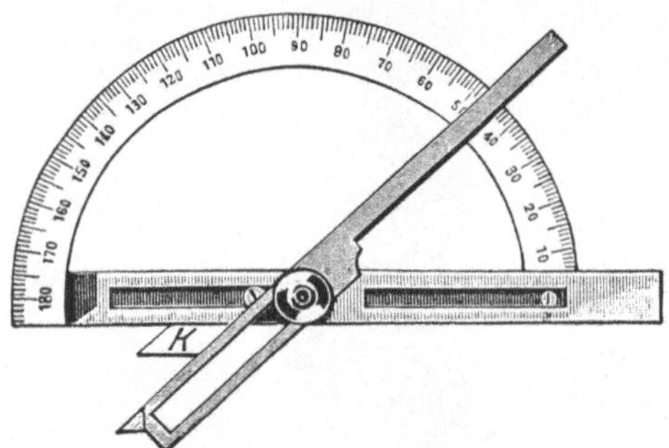

Abb. 7. Anlegegoniometer

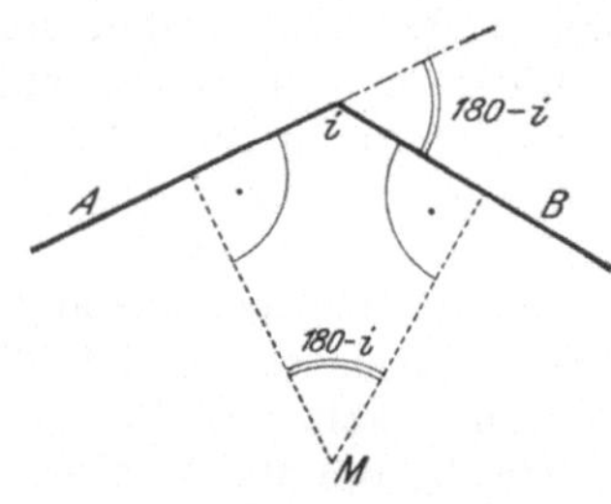

Abb. 8. Flächenwinkel mit
Normalenwinkel

so legt man das Goniometer derart an die beiden Kristallflächen, daß die
Kreisebene des Goniometers auf der Schnittkante der zu messenden Flächen
senkrecht steht: die eine Kristallfläche wird dabei an die feste Schiene des
Goniometers genau angelegt, die bewegliche Schiene so weit gedreht, bis sie
die andere Kristallfläche richtig berührt. Es ist somit der Flächenwinkel
der eingespannten Kristallflächen als Winkel zwischen den beiden Goniometerschienen festgelegt und kann als Scheitelwinkel an den entgegengesetzt
gerichteten Ästen dieser Schienen am Teilkreis direkt abgelesen werden.

Wir werden aber in Hinkunft nicht den eigentlichen Flächenwinkel,
den inneren Neigungswinkel i (s. Abb. 8) notieren, sondern seinen Nebenwinkel $(180-i)$ (Supplementärwinkel, gleichzeitig der Winkel der Flächennormalen, der „Normalenwinkel").

Daher ist es am zweckmäßigsten, nicht den obenerwähnten Scheitelwinkel
der beiden Goniometerschienen abzulesen, sondern gleich den an den Kristall
grenzenden Nebenwinkel (auf der linken Seite des Teilkreises, Abb. 7), d. h.
also von der die Kristallfläche berührenden festen Schiene aus die Winkel-
zählung vorzunehmen bis zu jener Teilkreisstelle, wo der zweite Ast der beweglichen Schiene die Gradeinteilung trifft. Dabei ist darauf zu achten, daß an
jener Kante der beweglichen Schiene abgelesen wird, welche als Linie durch den
Kreismittelpunkt geht (in der Abbildung die Kante rechts). Die Anlegegoniometer tragen in den meisten Fällen die Gradzählung von beiden Seiten aus, so
daß die Ablesung des Nebenwinkels direkt vorgenommen werden kann.

---

[1] Auch bei starken Temperaturänderungen beträgt die Schwankung in der
Größe der Flächenwinkel meist nur wenige Minuten.

b) Das Symmetrieprinzip in der Kristallwelt

Schon bei unserem grundlegenden Kristallisationsversuch mit dem Alaun haben wir erfahren, daß eine Kristallform entsteht — das Oktaeder. Wir haben in diesem Falle eine Kristallgestalt vor uns, wo ein Begrenzungselement, nämlich die Oktaederfläche, in gleichartiger Weise mehrfach am Kristall in Erscheinung tritt. Das gleiche gilt auch für die Kanten und für die Ecken.

Diese *gesetzmäßige Wiederholung von Begrenzungselementen* (Flächen, Kanten und Ecken) fassen wir unter dem Begriff der „*Symmetrie*" zusammen. Zwar ist in vielen anderen Fällen bei den Kristallgestalten keine so weitgehende Übereinstimmung gleichartiger Flächen, Kanten und Ecken, wie gerade hier beim Oktaeder, doch zeigt sich auch bei den weniger hochsymmetrischen Kristallisationsformen immerhin bezüglich gewisser Begrenzungselemente Übereinstimmung. Es gibt zwar auch Kristalle, die keinerlei Wiederholung ihrer Begrenzungselemente darbieten, wo also jede Fläche in ihrer Art nur einmalig vertreten ist; doch ist dies eine seltene Ausnahme (Triklin, Stufe I, s. S. 61).

So läßt sich wohl mit Recht sagen, daß Symmetrie ein im Wesen des Kristalls gelegenes Grundprinzip bedeutet; denn es kann nicht übersehen werden, daß symmetrische Wiederholung gewisser Flächen in den weitaus meisten Fällen der Kristallisation eine bedeutungsvolle Rolle spielt.

Haben wir es somit beim Begriff der Symmetrie mit einem wirksamen Gestaltungsprinzip des Kristallbaues zu tun, so werden wir auch den Erscheinungen der Symmetrie naturgemäß ein erhöhtes Augenmerk zuwenden müssen, wie das im Kapitel IV geschehen wird.

Wollen wir aber den einen Ausnahmsfall der Symmetrielosigkeit mit in den Symmetriebegriff einbeziehen, dann könnten wir wirklich sagen, daß an jedem Kristall eines der später zu behandelnden Symmetriegesetze tatsächlich ausgesprochen ist. Jedenfalls ist die Symmetrie der Kristalle eine so auffallende und für das Wesen der kristallisierten Substanz besonders kennzeichnende Eigentümlichkeit, daß wir sie schon bei diesen einleitenden Betrachtungen entsprechend hervorheben müssen.

c) Das Parametergesetz

1. Achsenkreuz und Parametergesetz

Um eine Grundlage zur Beschreibung der Kristallgestalten zu gewinnen, müssen wir eine Methode der analytischen Geometrie zu Hilfe nehmen. Jeder Körper als räumliches Gebilde läßt sich in bezug auf ein dreigliedriges Koordinatensystem eindeutig beschreiben. Wir könnten nach dem gebräuchlichen Vorgange der Geometrie ein rechtwinkeliges Koordinatensystem von drei Achsen, x, y, z, zugrunde legen. Es wird sich jedoch empfehlen, die Wahl der Achsen in Übereinstimmung mit dem Bauplan des betreffenden Kristalls vorzunehmen, d. h. *nicht* unter allen Umständen an dem rechtwinkeligen Koordinatensystem starr festzuhalten, sondern sich von der Eigentümlichkeit des Kristallbaues selbst leiten zu lassen. Grundsätzlich wählt man drei am Kristall vorkommende (oder bei anderen Flächenkombinationen mögliche) Kantenrichtungen aus, die als Bezugssystem gelten sollen. Oder — was auf das gleiche hinausläuft — drei Flächen des Kristalls, die ein körperliches Eck bilden, werden, durch einen Fixpunkt im Inneren des Kristalls gelegt, drei Schnittlinien liefern, die (den entsprechenden Kristallkanten parallel) das *Achsenkreuz* darstellen. Falls die Bauart des zu beschreibenden Kristalls drei aufeinander senkrechte Richtungen zuläßt, wird man natürlich ein rechtwinkeliges Achsenkreuz wählen (s. Abb. 9, Olivinkristall). In dem in

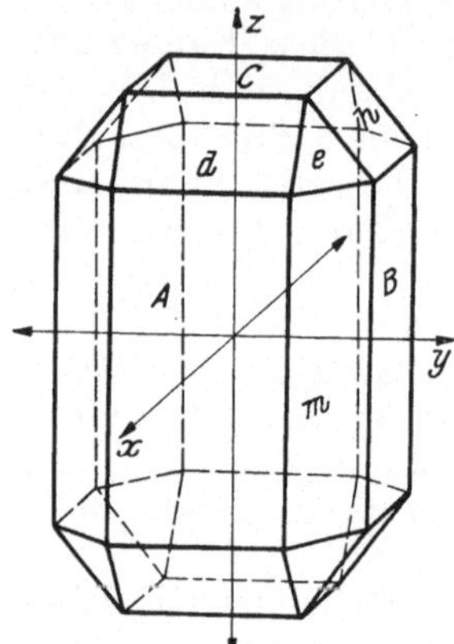 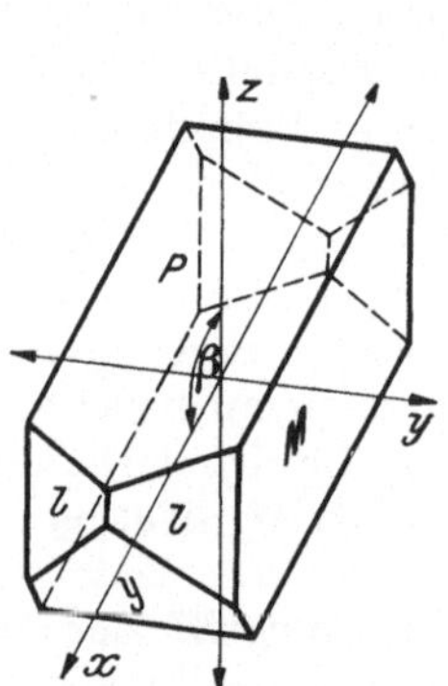 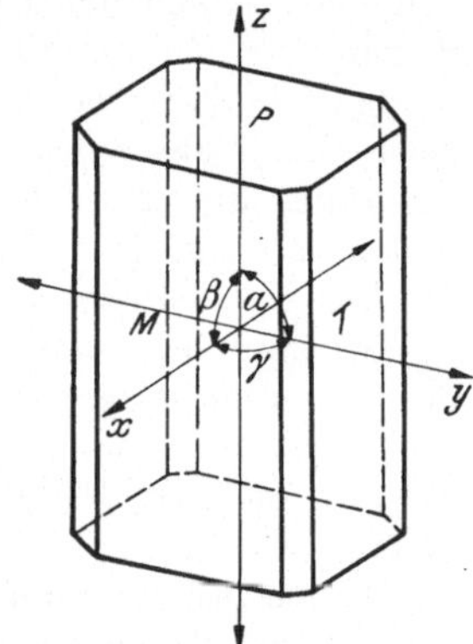

Abb. 9. Olivinkristall mit rechtwinkeligem Achsenkreuz	Abb. 10. Orthoklaskristall mit eingezeichnetem Achsenkreuz	Abb. 11. Disthenkristall mit eingezeichnetem, schiefwinkeligem Achsenkreuz

Abb. 10 dargestellten Orthoklaskristall ist es jedoch unmöglich, drei aufeinander senkrechte Kantenrichtungen aufzufinden; die aufrechten Kanten und die oben und unten sichtbaren Querkanten stehen aufeinander senkrecht. Diese beiden werden wir jedenfalls für die z- und y-Achse heranziehen. Statt der sonst horizontal nach vorn gerichteten x-Achse müssen wir jedoch eine andere, z. B. die nach vorn abwärts laufende Kante zwischen der P- und M-Fläche auswählen, wie sie sich an dem Kristall deutlich sichtbar darbietet. Es ergibt sich daher — weil die Querkante auf den beiden anderen senkrecht steht — hier ein Achsenkreuz, das nur zwei rechte Winkel aufweist (zwischen y und z sowie zwischen x und y), der dritte Winkel jedoch (zwischen der z und x) ist von 90° verschieden und muß daher in seinem Werte genau bestimmt und angegeben werden.

Im allgemeinsten Fall (Abb. 11), wenn die ausgewählten drei Flächen M, T und P sämtlich von 90° verschiedene Winkel miteinander bilden, sind dann alle Achsenwinkel α, β, γ schiefe Winkel:

$$\alpha \ldots \sphericalangle (y:z), \qquad \beta \ldots \sphericalangle (z:x), \qquad \gamma \ldots \sphericalangle (x:y).$$

Haben wir uns nun einmal auf ein bestimmtes Achsenkreuz festgelegt, so ist eine außerordentlich merkwürdige Gesetzmäßigkeit des Kristallbaues nachweisbar.

Die verschiedenen, an einem Kristall auftretenden Flächen sind durchaus nicht zufällig oder wahllos angeordnet, sondern stehen in einem ganz bestimmten inneren Zusammenhange zueinander.

Vermerken wir nämlich (nach Auswahl der drei „Achsenflächen") von einer vierten, willkürlich herausgegriffenen Fläche e (s. Abb. 9), die alle drei Achsen schneidet, diese Achsenabschnitte (die sog. *Parameter*), wie es Abb. 12 darstellt, so zeigt die weitere Untersuchung, daß an diesem Kristall sowie an allen Kristallen derselben Art nur solche Flächen auftreten, deren Achsenabschnitte ganzzahlige Vielfache oder echte Brüche der zum Vergleich herangezogenen Parameterwerte der Ausgangsfläche sind; oder aber die Flächen sind einer der Achsen parallel.

Die Abschnitte der Ausgangsfläche e — wir wollen sie „Einheitsfläche" nennen — auf den Kristallachsen x, y, z bezeichnen wir mit a, b, c; diese Strecken werden vom Nullpunkt des Achsenkreuzes aus gemessen (s. Abb. 12). Wie alle gemessenen Größenwerte sind es *unvollständige Zahlen*, da es ganz von der Messungsmethode abhängig ist, mit welcher Genauigkeit diese Werte bestimmt werden können.

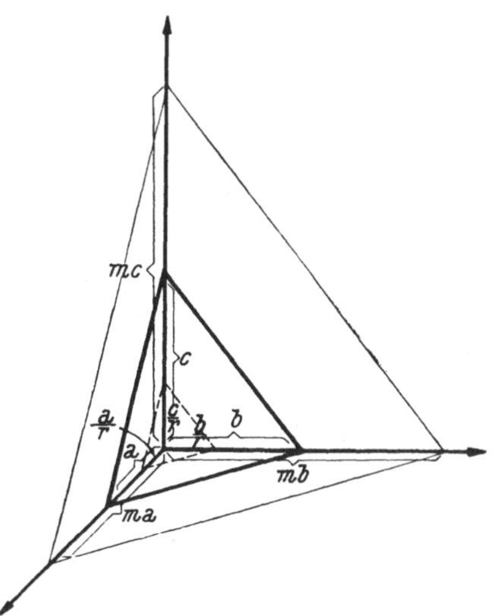

Abb. 12. Achsenabschnitte (Parameter)

Da es uns aber nicht auf die absoluten Werte dieser drei auf den Kristallachsen abgeschnittenen Strecken a, b, c ankommt — weil wir doch die Fläche (wie wir beim Wachstumsvorgang gesehen haben) parallel zu sich selbst verschieben können (Abb. 12) —, interessiert uns lediglich das Verhältnis dieser drei Werte a : b : c; wir nennen es das *Achsenverhältnis* oder Parameterverhältnis. Dieses Zahlenverhältnis ist im allgemeinen ein *irrationales,* sofern sich nicht symmetriebedingt in gewissen Fällen gleiche Achsenabschnitte ergeben.

Wenn wir somit dieses Verhältnis dreier irrationaler Zahlen mit einem beliebigen Faktor multiplizieren oder durch irgendeine Zahl dividieren können, ohne das Parameterverhältnis dadurch zu verändern, so erscheint es am zweckmäßigsten, durch den mittleren der drei Werte — den Parameterwert auf der y-Achse (b) zu dividieren —, mit anderen Worten, den Abschnitt auf der y-Achse b = 1 zu setzen.

Das Achsenverhältnis z. B. von Disthen (s. Abb. 11) lautet: $a : b : c =$
$= 0{,}8991 : 1 : 0{,}6968$, wobei noch die Winkel α, β, γ der Kristallachsen
untereinander anzugeben sind:

$$\alpha = 90^0\,23', \qquad \beta = 100^0\,18', \qquad \gamma = 106^0\,01'.$$

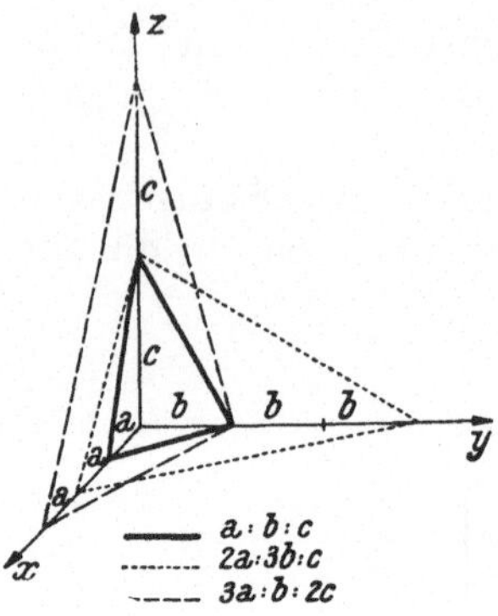

Abb. 13. Parametergesetz

Die Angabe der Winkel der Achsen und
des Achsenverhältnisses der Einheitsfläche bezeichnet man als die „Metrik" der betreffenden Kristallart. Sie gilt infolge der Winkeländerung bei Temperaturwechsel streng genommen nur für eine bestimmte Temperatur.

Ist die Metrik einmal festgelegt, so stellt
sich das Parameterverhältnis aller übrigen an
dem Kristall vorkommenden Flächen dar durch
das Verhältnis

$$m\,a : n\,b : p\,c,$$

wobei m, n, p ganze, meist einfache Zahlen (einschließlich ∞) oder rationale Brüche sind, z. B.

oder aber

$$a : \frac{2}{3}\,b : \frac{1}{2}\,c$$

oder

$$\left.\begin{array}{l} 2\,a : 3\,b : c \\ 3\,a : b : 2\,c \end{array}\right\} \quad \text{wie in Abb. 13.}$$

Ein Verhältnis, das echte Brüche als Koeffizienten enthält, werden wir durch Erweitern ganzzahlig gestalten, indem wir mit dem
kleinsten gemeinschaftlichen Vielfachen der
Nenner durchmultiplizieren, also statt

$$a : \frac{2}{3}\,b : \frac{1}{2}\,c$$

$$(\times 6) \dots\dots 6\,a : 4\,b : 3\,c$$

angeben.

Sind Flächen einer Achse parallel, so
erhalten sie bezüglich dieser Achse den
Koeffizienten ∞.

2. Charakterisierung der Flächenarten

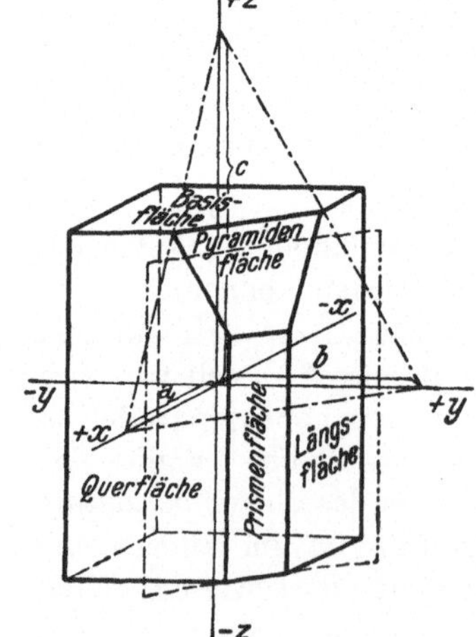

Abb. 14. Flächenarten

Von den drei ausgewählten Flächen,
die das Achsenkreuz lieferten, ist jede
von ihnen naturgemäß zwei Achsen par-
allel; wir nennen sie „Endflächen", und zwar heißt (s. Abb. 14)

$a : \infty\, b : \infty\, c \,\dots\,$ Querfläche,

$\infty\, a : b : \infty\, c \,\dots\,$ Längsfläche,

$\infty\, a : \infty\, b : c \,\dots\,$ Endfläche (im engeren Sinn) oder Basisfläche.

Die kantenabstumpfenden Flächen der Grundform sind jeweils *einer* Achse parallel, schneiden jedoch die beiden anderen; sie heißen „*Prismen-flächen*", und zwar ist (Abb. 9)

m ... das „aufrechte Prisma", parallel der aufrechten Achse z,
d ... das „Querprisma", parallel der Querachse y,
h ... das „Längsprisma", parallel der Längsachse x.

Schließlich gibt es noch Flächen (wie z. B. e am Olivinkristall, Abb. 9), welche alle drei Achsen schneiden, das sind „*Pyramidenflächen*" (Abb. 14); eine von ihnen liefert das Achsenverhältnis $a : b : c$.

Hätten wir diese die Ecken der Grundform abstumpfenden Flächen als Kristallform allein vor uns, so ergäbe sich im Falle Abb. 9 eine vierseitige Doppelpyramide (s. Abb. 15). Unsere Ausgangsfläche e zur Bestimmung des Grundparameterverhältnisses ist demnach unsere „Einheitspyramide".

Um jede einzelne der acht Pyramidenflächen festzulegen, muß man beachten, in welchem Oktanten des Koordinatensystems die betreffende Fläche liegt, und dies durch ein Minuszeichen zum Ausdruck bringen, falls der negative Ast einer Achse geschnitten wird. Ein für allemal gelten als *positive* Äste unserer Koordinatenachsen (Kristallachsen)

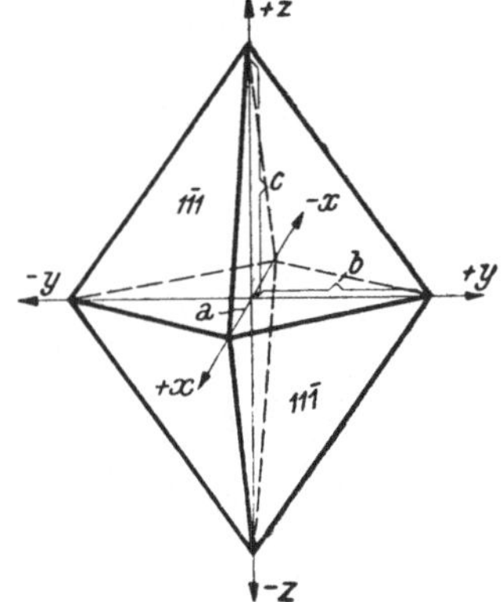

Abb. 15. Vierseitige Doppelpyramide

x ... nach vorn,
y ... nach rechts,
z ... nach oben;

die entgegengesetzt gerichteten sind als negativ zu bezeichnen.

Zusammenfassend läßt sich sagen: *ausgehend von den genannten vier Flächen* (drei Achsenflächen und die Einheitspyramide), *lassen sich auf Grund des Gesetzes der rationalen Parameterkoeffizienten alle übrigen am Kristall vorkommenden oder an ihm möglichen Flächen bestimmen.*

3. Erklärung des Parametergesetzes aus dem Feinbau der Kristalle

Wie später im Kapitel XI (S. 127) des näheren auseinandergesetzt werden soll, ist der Kristall in Wirklichkeit nicht lückenlos von Materie erfüllt, sondern die Substanz ist in bestimmten Massenzentren lokalisiert. Diese Massenpunkte bilden ein sog. Raumgitter, wo in dreidimensionaler Anordnung die Massenpunkte in jeweils gleichen Abständen a, b und c längs der betreffenden Gitterlinien aufeinanderfolgen. Abb. 16 stelle ein

Raumgitter eines Kristalls dar, den wir auf ein rechtwinkeliges Achsenkreuz beziehen können, wie beispielsweise Abb. 9 und 15; die Achsenrichtungen erscheinen hier als Scharen von Gitterlinien. In der Richtung der x-Achse folgen die Massenpunkte im Abstand a aufeinander, in der Richtung der y-Achse im Abstand b, in der z-Richtung im Abstand c. Es ist ersichtlich, daß nur dort Flächen möglich sind, wo die betreffende Ebene mit Gitterpunkten besetzt ist. Um z. B. eine Pyramidenfläche zu erhalten, muß die betreffende Ebene durch drei Gitterpunkte gelegt werden, die bzw. der x-, y- und z-Gitterlinie angehören; also sind ihre Abstände auf

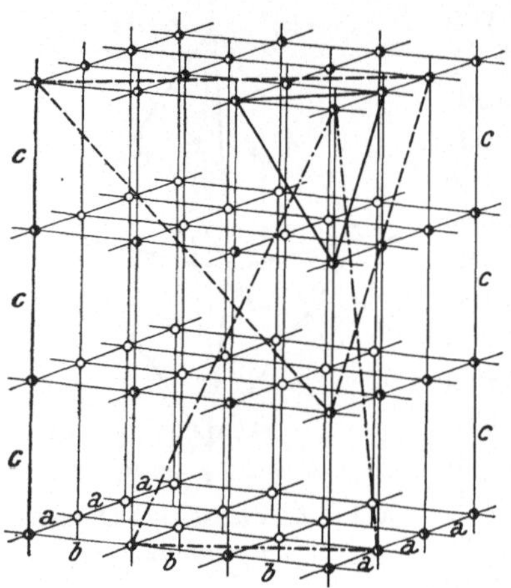

Abb. 16. Raumgitter und Parametergesetz

diesen Achsen notwendig 1 a, 1 b, 1 c oder aber ganze Vielfache dieser Grundabstände. Geht eine Ebene durch drei solcher Punkte hindurch, dann liegen in dem unendlich ausgedehnt gedachten Raumgitter (wovon das in Abb. 16 dargestellte Gitter nur einen kleinen Ausschnitt darstellt) immer neue Massenpunkte in ihr. Geht hingegen eine Ebene in irrationalen Multiplen der Grundabstände a, b, c an den nächstgelegenen Gitterpunkten vorbei, so trifft eine solche Ebene im ganzen unendlichen Ausdehnungsbereich nie mehr auf einen Gitterpunkt. Also ist diese Ebene als Kristallfläche unmöglich.

Daraus geht hervor, daß es nur Flächen geben kann, deren Parameterkoeffizienten ganzzahlige Vielfache bzw. echte Brüche der Grundparameterwerte sind. Das am Kristall festgelegte Achsenverhältnis $a : b : c$ ist in seinen Werten gleich den Gitterabständen a, b und c des Raumgitters, oder es ist bezüglich der einen oder anderen Achse das 2-, 3-, ... fache dieser Werte, falls man als Einheitspyramide zufällig eine Fläche herausgegriffen hatte, die statt mit $(a : b : c)$ richtiger beispielsweise mit $(2\,a : 3\,b : 2\,c)$ zu bezeichnen gewesen wäre.

Aus den gleichen Gründen (wonach nur Flächen mit rationalen Vielfachen der Parameterwerte denkbar sind) ist auch ein einheitliches Kristallprisma, dessen Querschnitt ein regelmäßiges Achteck bildet, unmöglich[1]. Wie Abb. 17 zeigt, würde die Achteckseite, die die Spur einer aufrechten Prismenfläche darstellt, auf der y-Achse in S einschneiden. Die Strecke BS ist $a\sqrt{2}$, denn $\triangle ASB$ ist ein gleichschenkeliges[2], dessen anderer Schenkel AB — wie ersichtlich — $a\sqrt{2}$

---

[1] Hingegen wäre unter Umständen eine prismatische Form mit regelmäßigem achteckigem Querschnitt möglich, wenn es sich um eine Kombination von Prismen I. und II. Art handelt (s. S. 72).

[2] Beweis, daß $\triangle ASB$ gleichschenkelig ist: Der $\sphericalangle$ bei A ist $22^1/_2{}^0$, wie aus den Eintragungen ohne weiteres hervorgeht (der ganze Innenwinkel bei A

ist. Der Achsenabschnitt auf der y-Achse ist gleich der Entfernung $OB + BS$, d. i. $a + a\sqrt{2} = a\,(1 + \sqrt{2})$. Der Klammerausdruck als Koeffizient des Grundparameterwertes ist irrational, demgemäß ist eine solche Fläche kristallographisch

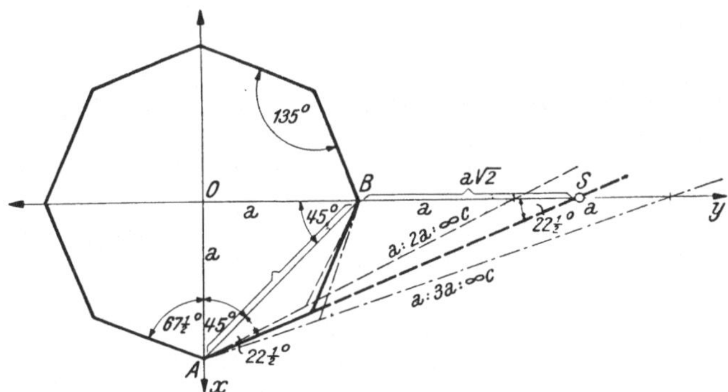

Abb. 17. Regelmäßiges Achteck ist mit dem Parametergesetz in Widerspruch

unmöglich. Möglich hingegen sind gewisse halbregelmäßige Achtecke (Di-Tetragone) als Querschnitt der Kristallform, wenn sie rationale Parameterkoeffizienten ergeben, wie z. B.

$$a : 2\,a : \infty\, c$$

oder

$$a : 3\,a : \infty\, c \quad \text{(s. Abb. 17).}$$

4. Indizierungsmethoden

Ist es uns nun gelungen, durch die Auswahl eines Achsenkreuzes jede vorkommende Kristallfläche durch das Verhältnis ihrer Achsenabschnitte eindeutig festzulegen, so bedarf es noch einer kurzen *Bezeichnungsweise*, um die soeben besprochene Gesetzmäßigkeit der rationalen Parameterkoeffizienten klar und übersichtlich zum Ausdruck zu bringen.

An sich würde es zwar genügen, das Verhältnis der Achsenabschnitte — wie dies oben geschehen ist — zu notieren (Bezeichnungsweise nach WEISS), doch würde diese Art von Symbolik viel zu schleppend sein. Auch ist es überflüssig, das Achsenverhältnis $a : b : c$ immer zu wiederholen, da doch — nachdem die Metrik einmal festgelegt — lediglich die Parameterkoeffizienten von Interesse sind.

NAUMANN hat eine solche Art der Bezeichnung eingeführt, die in älteren Lehrbüchern noch manchmal auftaucht (namentlich auch in Schulbüchern oft gebraucht wurde). NAUMANN bezeichnete die Grundpyramide mit P und kenn-

---

ist 135°). Der $\sphericalangle$ bei S ist gleichfalls 22$^{1}/_{2}$°, denn der Außenwinkel des $\triangle\,ASB$ bei B (45°) ist gleich der Summe der beiden nichtanliegenden Innenwinkel; also ist das $\triangle\,ASB$ gleichschenkelig mit den Schenkeln $a\sqrt{2}$.

zeichnete die Achsenabschnitte weiterer Flächen durch Angabe des betreffenden Parameterkoeffizienten, so z. B.:

die Einheitspyramide: nach Weiss[1] ... $(a:b:c) = P$ nach Naumann,
eine abgeleitete Pyramide: „   „   ... $(a:b:3\,c) = 3\,P$ „   „   ,
ein aufrechtes Prisma: „   „   ... $(a:b:\infty\,c) = \infty\,P$ „   „   .

Wie ersichtlich, bezieht sich der vor dem P stehende Koeffizient immer auf die z-Achse. Koeffizienten, die die x- oder y-Achse betreffen, wurden hinter das P gesetzt, wobei diese Achsen durch besondere Zeichen (z. B. Kürze- und Längezeichen: $\cup$ und $-$) über dem betreffenden Koeffizienten unterschieden werden mußten.

Die Naumannschen Symbole werden in der modernen Fachliteratur nicht mehr gebraucht. Sie haben den Nachteil, daß sich dieses Bezeichnungsprinzip nicht konsequent durchführen läßt.

Millersche Indices. Wir müssen nun eine andere Bezeichnungsweise besprechen, die zwar auf den ersten Blick umständlich oder unanschaulich erscheinen mag, die sich aber für die Zwecke der Kristallbeschreibung und Kristallberechnung als sehr vorteilhaft erweisen wird. Statt der Parameterkoeffizienten eines Weissschen Flächenzeichens

$$m\,a:n\,b:p\,c$$

bilden wir das Verhältnis der *reziproken* Werte der Koeffizienten m, n, p (ohne das Achsenverhältnis zu wiederholen):

$$\frac{1}{m}:\frac{1}{n}:\frac{1}{p}.$$

Dieses neue Zahlenverhältnis bringen wir auf ganze (und zwar teilerfremde) Zahlen $h\,k\,l$. Diese Zahlenwerte, in runde Klammern gesetzt — $(h\,k\,l)$ — sind die Millerschen Indices, benannt nach dem englischen Kristallographen Miller, der diese Bezeichnungsweise in die kristallographische Praxis eingeführt hat, obwohl sie eigentlich auf Whewell und Grassmann zurückgeht.

Ein Beispiel: Die Fläche

$$2\,a:1\,b:3\,c.$$

Das Zahlenverhältnis der reziproken Parameterkoeffizienten lautet:

$$\frac{1}{2}:\frac{1}{1}:\frac{1}{3}$$

oder, durch Erweitern auf ganze Zahlen gebracht:

$\times\,6$ .... $3:6:2$.

Das Millersche Symbol ist (362).

---

[1] Wenn das Flächensymbol in runde Klammern gesetzt ist, bedeutet es nicht nur die Fläche im ersten Oktanten (mit positiven Achsenabschnitten), sondern die ganze Form aller gleichwertigen Flächen (vierseitige Doppelpyramide).

Das gleiche ist zu erreichen, wenn wir die Glieder des Koeffizienten-verhältnisses auf die Form $\frac{1}{x}$ bringen und dann an Stelle dieser Werte ihre reziproken, das sind die Nenner, notieren.

Unser obiges Parameterzeichen:

$$2\,a:1\,b:3\,c$$

$$:6 \dots\dots\dots\dots\dots\dots\dots\dots\dots\dots \frac{1}{3}:\frac{1}{6}:\frac{1}{2}.$$

MILLERsches Symbol (362).

Ist eine Fläche zu einer Achse parallel (Koeffizient ∞), dann ist der MILLERsche Index für diese Achse sein reziproker Wert, nämlich Null. Z. B. Querfläche (100), Längsfläche (010), Basisfläche (001). Prismen-formen: (110), (101), (011); (210) usw.

Soll eine einzelne Fläche besonders herausgegriffen werden, dann bleibt die runde Klammer (als Symbol der ganzen Form) weg, und das entsprechende Vorzeichen (—) wird über den betreffenden Index gesetzt, z. B. $11\bar{1}$ bzw. allgemein $h\,k\,l$ für die linke vordere Pyramidenfläche oben[1].

d) Das Zonengesetz

Wenn wir die Kristallgestalten aufmerksam betrachten, fällt uns eine bezeichnende Eigentümlichkeit auf, nämlich die, daß wir an den Kristallen des öfteren ganze Scharen von parallelen Kanten aufzufinden vermögen. Schon bei unserem eingangs erwähnten Alaun-wachstumsversuch können wir diese Feststellung machen. Lassen wir zu diesem Zweck unser Alaunoktaeder längere Zeit in der Lösung weiterwachsen, dann können wir die Wahrneh-mung machen, daß an den Ecken und Kanten der ursprünglichen Oktaeder neue Flächen auf-treten: an den sechs Ecken stellen sich Flächen ein, die genau die Lage von Würfelflächen ha-ben, und die zwölf Oktaederkanten werden durch (weitere) leistenförmige Flächen abge-stumpft (s. Abb. 18), die in ihrer rechteckigen Gestalt zwei Paare paralleler Kanten darbieten. Hier können wir sehr schön sehen, wie bei-

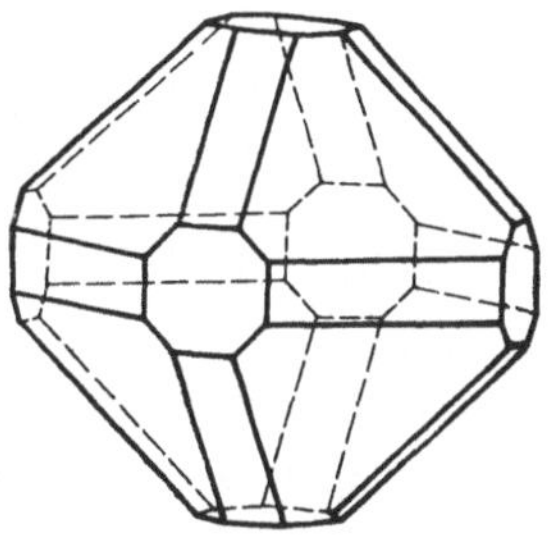

Abb. 18. Flächenreicher Alaunkristall

spielsweise von der nach vorn gerichteten Eckenabstumpfung ausgehend zwei „Gürtel" von Flächenverbänden den ganzen Kristall umziehen, deren Flächen sich in parallelen Kanten schneiden; insgesamt haben wir an die-sem Kristall drei solcher Flächengürtel. Über die Längsseiten unserer

---

[1] Andere Autoren bezeichnen die *Gesamt*kristallform in geschlungener Klam-mer $\{h\,k\,l\}$, die Einzelfläche jedoch in runder Klammer.

rechteckigen Kantenabstumpfungen hinweg finden wir noch weitere sechs Flächenverbände vor, die sich mit parallelen Schnittkanten um den ganzen Kristall verfolgen lassen. Einen solchen *Verband von Flächen,* die sich in *parallelen Kanten* schneiden, nennen wir eine „Zone".

In ähnlicher Weise können wir auch an Hand der in Abb. 19 dargestellten Topaskristalle — von einfachen bis flächenreichen Formen ent-

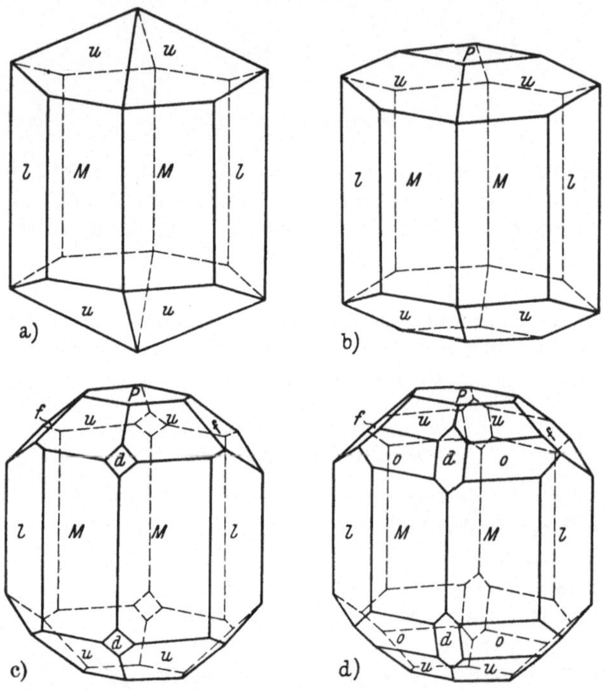

Abb. 19 a) bis d). Zonenentwicklung am Topas

wickelt — die Tatsache feststellen, daß *die Flächen eines Kristalls untereinander im Zonenverbande* stehen.

An den flächenarmen Kristallen wird dieser Zusammenhang nicht überall ohne weiteres ersichtlich sein. Ist hingegen der Kristall genügend flächenreich entwickelt, dann tritt diese Gesetzmäßigkeit des Zonenverbandes deutlich vor Augen. Trotzdem wird man auch hier noch immer Kanten vorfinden, für die keine parallelen Kanten in Erscheinung treten: man spricht in diesem Falle von „versteckten Zonen".

Oftmals aber wird es möglich sein, zu einer vorkommenden Kante am Kristall eine weitere Fläche zu finden, die zu dieser Kante parallel ist. Dann gehört diese Fläche gleichfalls der durch die Kante bezeichneten Zone an; denn die parallele Fläche würde, entsprechend parallel verlagert, in die Nachbarflächen der betreffenden Kante mit parallelen Kanten einschneiden.

Abb. 20 möge das Gesagte erläutern: Die Flächen F_1 und F_2 haben KK als Schnittkante. Die Fläche F_3, die zur gegebenen Kante KK parallel ist, kommt zwar mit F_2 nicht mehr zum Schnitt, sondern berührt sie gerade noch in einem Eck. $K'K'$ wäre ihre Schnittlinie, wenn wir die Flächen F_2 und F_3 über ihre derzeitige Begrenzung hinaus entsprechend erweitern. Würden wir F_3 gemäß der beim Wachstumsversuch gewonnenen Erkenntnis parallel mit sich selbst verschieben (allerdings in der Richtung gegen das Kristallinnere), dann würde F_3 in F_2 mit einer Kante einschneiden, die zu $K'K'$ und damit auch zur Ausgangskante KK (zwischen F_1 und F_2) parallel ist.

Auf diese Art können wir auch bei versteckten Zonen weitere der Zone angehörige Flächen feststellen, falls sich überhaupt noch eine zu der in Betracht gezogenen Schnittkante parallele Fläche am Kristall vorfindet. Sollte auch das nicht der Fall sein, so ist es gleichwohl möglich, Kantenabstumpfungen für diese Betrachtungsweise heranzuziehen, wenngleich dieselben

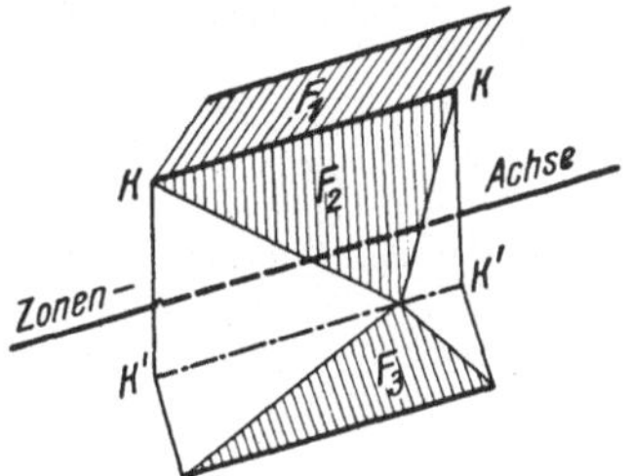

Abb. 20. Zonenverband

als Ergebnis des Wachstums nicht mehr in Erscheinung getreten sind. Solche Flächen, die zwar am vorliegenden Kristall nicht auftreten, jedoch nach Lage des Falls beim Wachstum unter anderen Umständen hätten erzielt werden können, bezeichnen wir als „mögliche Flächen".

Durch die vorliegende Betrachtung ist es klar geworden, daß das ausschlaggebende Merkmal einer Zone die Schar paralleler Kanten ist. Da es aber lediglich auf ihre Richtung ankommt, brauchen wir zur Kennzeichnung nicht sämtliche Schnittkanten der betreffenden Zone heranzuziehen, sondern denken uns die Kanten des Zonengürtels als eine einzige Gerade durch den Mittelpunkt des Kristalls gelegt (durch den Nullpunkt des Achsenkreuzes): das ist die *„Zonenachse"* (s. Abb. 20). Sie allein wird uns zur mathematischen Erfassung der Zone Hilfsmittel sein.

Das erkannte Grundgesetz — *das Zonengesetz* — lautet: *an einem Kristall und allen Kristallen derselben Art können nur solche Flächen auftreten, die miteinander in Zonenzusammenhang stehen.*

Ein ganz analog formuliertes Grundgesetz haben wir bereits in dem Gesetz der *rationalen Parameterkoeffizienten kennengelernt*. Sollten etwa diese beiden Gesetze in einem inneren Zusammenhang stehen? Wir werden mathematisch nachweisen können, daß dies in der Tat der Fall ist.

Das Zonensymbol. Wie wir unter Punkt 4 des Teilkapitels c zur prägnanten Bezeichnung der Kristallflächen die MILLERschen Indices eingeführt haben, so bedarf es nun auch eines entsprechenden kurzen Symbols für die Zone.

Der Begriff der Zonenachse ist dazu wie geschaffen. Die Zonenachse ist — wie wir soeben gehört haben — eine Gerade durch den Nullpunkt des Achsenkreuzes, die der Kantenschar der betreffenden Zone parallel ist. Zur eindeutigen Festlegung einer Geraden genügen zwei ihrer Punkte. Den einen haben wir bereits: es ist der Schnittpunkt der Kristallachsen (der Nullpunkt unseres Koordinatensystems). Also brauchen wir nur irgendeinen anderen Punkt der Zonenachse durch seine räumlichen Koordinaten zu bestimmen. Die auf die drei Kristallachsen bezüglichen Koordinaten messen wir wieder — wie bei den Achsenabschnitten einer Kristallfläche — mit verschiedenen Einheitsmaßstäben, deren Verhältnis dem Achsenverhältnis $a : b : c$ entspricht.

Das für den Punkt P der Zonenachse kennzeichnende Koordinatenverhältnis sei $X : Y : Z$ (s. Abb. 21) oder, ausgedrückt im Maßstab des Achsenverhältnisses,

$$u\,a : v\,b : w\,c.$$

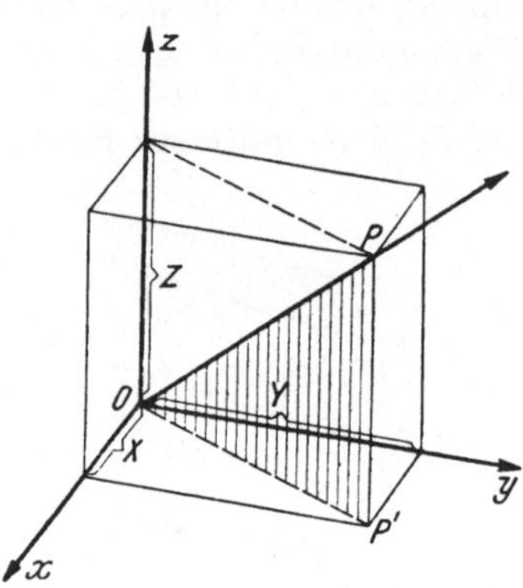

Abb. 21. Zonensymbol, gegeben durch die Koordinaten eines Punktes der Zonenachse

Die Koeffizienten, durch Erweitern oder Kürzen ganzzahlig und teilerfremd gemacht, setzen wir in eckige Klammern: $[u\,v\,w]$. Das ist das *Zonensymbol.*

Trotz äußerlicher Ähnlichkeit des Zonensymbols mit dem in runder Klammer geschriebenen Flächensymbol $(h\,k\,l)$ ist darauf zu achten, daß die Werte $u\,v\,w$ des Zonensymbols tatsächlich den Koordinatenkoeffizienten entsprechen, während sich die MILLERschen Flächenindices zu den Parameterkoeffizienten m, n, p reziprok verhalten.

Demnach ist

$$[100] \ldots \text{ das Symbol der } a\text{-Achse,}$$
$$[010] \ldots \text{ „ \quad „ \quad „ } b\text{-Achse,}$$
$$[001] \ldots \text{ „ \quad „ \quad „ } c\text{-Achse.}$$

Eine Zonenachse

$[u\,v\,0]$ geht (im übrigen bei beliebiger Richtung) der Basisfläche $(001)\|$,
$[u\,0\,w]$ „ („ „ „ „ „) „ Längsfläche $(010)\|$,
$[0\,v\,w]$ „ („ „ „ „ „) „ Querfläche $(100)\|$.

Die Zonenregeln. Mit Hilfe der Flächen- und Zonenindices lassen sich nun auf Grund einer Mindestannahme von vier Flächen (s. S. 11) alle weiteren Flächen eines Kristalls berechnen, soweit der Zonenverband erkennbar ist. Denn zwischen den Indices einer Fläche und einer in ihr liegenden (oder zu ihr parallelen) Geraden (Kante, Zonenachse) besteht eine bestimmte Beziehung.

I. Wann liegt eine Gerade $[u\,v\,w]$ in einer Ebene $(h\,k\,l)$? Die analytisch-geometrische Betrachtung ergibt, daß dies dann der Fall sein wird, wenn

$$h\,u + k\,v + l\,w = 0.$$

In diesem Falle wird also die Ebene $(h\,k\,l)$ der Zone $[u\,v\,w]$ angehören, denn die Zonenachse ist ihr parallel.

II. Eine Gerade $[u\,v\,w]$ liegt gleichzeitig in zwei Ebenen $(h_1\,k_1\,l_1)$ und $(h_2\,k_2\,l_2)$, ist also deren Schnittkante, wenn die obige Forderung für beide Ebenen gleichzeitig erfüllt ist:

$$h_1\,u + k_1\,v + l_1\,w = 0,$$
$$h_2\,u + k_2\,v + l_2\,w = 0.$$

Das ergibt folgende notwendige und hinreichende Bedingung für die Zonenindices $u\,v\,w$:

$$u:v:w = (k_1\,l_2 - k_2\,l_1):(l_1\,h_2 - l_2\,h_1):(h_1\,k_2 - h_2\,k_1).$$

Übersichtlicher stellt sich das in der Determinantenform dar: Man schreibt die Flächenindices der beiden die Schnittkante bestimmenden Ebenen $(h_1\,k_1\,l_1)$ und $(h_2\,k_2\,l_2)$ in doppelter Folge untereinander. Die ersten und letzten Ziffern werden abgetrennt und dann durch kreuzweise Multiplikation der übereinanderstehenden Zahlen obige Klammerausdrücke berechnet (vom ersten Produkt in der Pfeilrichtung ↘ wird das zweite Produkt in der Pfeilrichtung ↗ subtrahiert):

$$
\begin{array}{c|cccc|c}
h_1 & k_1 & l_1 & h_1 & k_1 & l_1 \\
h_2 & k_2 & l_2 & h_2 & k_2 & l_2 \\
\hline
 & u & v & w &
\end{array}
$$

III. Anderseits ist eine Ebene durch zwei in ihr liegenden Geraden, also durch zwei ihrer Kanten (Zonenachsen) bestimmt. Die durch zwei Schnittkanten (Zonen) $[u_1\,v_1\,w_1]$ und $[u_2\,v_2\,w_2]$ bestimmte Ebene $(h\,k\,l)$ läßt sich in analoger Weise berechnen. Sowohl die eine als auch die andere Kante muß in ihr liegen, also müssen gleichzeitig die Bedingungen erfüllt sein:

$$h\,u_1 + k\,v_1 + l\,w_1 = 0,$$
$$h\,u_2 + k\,v_2 + l\,w_2 = 0.$$

Dann verhält sich

$$h:k:l = (v_1\,w_2 - v_2\,w_1):(w_1\,u_2 - w_2\,u_1):(u_1\,v_2 - u_2\,v_1)$$

in Determinantenform:

$$
\begin{array}{c|cccc|c}
u_1 & v_1 & w_1 & u_1 & v_1 & w_1 \\
u_2 & v_2 & w_2 & u_2 & v_2 & w_2 \\
\hline
 & h & k & l &
\end{array}
$$

Die Zonenregeln II und III besagen demnach: *Zwei Flächen bestimmen immer eine Zone (ihre Schnittkante) und zwei Zonen ihrerseits ergeben die den beiden Zonen angehörende, in deren Schnitt liegende Fläche.*

Da aber bei dieser Rechnungsart — wie ersichtlich — sowohl bei der Berechnung des Zonenzeichens (nach II) als auch eines weiteren Flächensymbols (nach III) immer nur *ganzzahlige* Werte resultieren, ist damit der Beweis erbracht, daß den aus dem Zonenverband erhaltenen Flächen rationale Indices und daher auch *rationale Parameterkoeffizienten* zukommen.

So ist dadurch bewiesen, daß das Zonengesetz in seinem Grundgedanken mit dem Parametergesetz identisch ist: Beide stellen nur eine verschiedene Ausdrucksform ein und derselben Gesetzmäßigkeit **dar**.

Ja, selbst das eingangs erwähnte Gesetz von der Winkelkonstanz ist in dieser Grundgesetzmäßigkeit schon inbegriffen. Denn die Flächen sind in ihrer Lage durch das Parametergesetz bzw. durch das Zonengesetz streng geregelt und reihen sich *ohne* kontinuierliche Übergänge sprunghaft dem Zonenverbande ein, so daß die Neigungswinkel der Flächen zueinander dadurch genau bestimmt und bei gegebenen äußeren Bedingungen (gleiche Temperatur und gleicher Druck vorausgesetzt) keiner Schwankung mehr fähig sind.

Die Komplikationsregel. Wir erwähnen hier noch die Komplikationsregel für die Bestimmung der Indices. Hiebei handelt es sich um das Aufsuchen von kantenabstumpfenden Flächen durch Addition der Indices zweier Nachbarflächen; dies liefert immer die *nächsteinfache* Fläche in dem Zonenstück zwischen den zur Berechnung herangezogenen Begrenzungsflächen.

Während jedoch die Anwendung der Zonenregeln mit Hilfe der Determinantenrechnung *zwangsläufig* die gesuchte Fläche des Zonenschnittes ergibt — ganz gleich, mit welchen Ausgangsflächen die beiden Zonenzeichen ermittelt wurden —, ist beim jetzigen Verfahren das Vorgehen mehr empirischer Art. Unter Umständen kann es jedoch eine Abkürzung des Rechnungsvorganges bedeuten. Beispiele werden im Kapitel VIII, S. 64 und 92 gebracht werden.

e) Kristallmessung mittels Reflexionsgoniometers

Im Teil a dieses Kapitels wurde als Hilfsmittel der Winkelmessung an Kristallen das Anlegegoniometer beschrieben, das natürlich nur eine beschränkte Genauigkeit gewährleistet und daher nur bei größeren Kristallindividuen verwendbar ist. Im übrigen wird es bei elementaren kristallographischen Übungen vielfach gebraucht; für Präzisionsmessungen ist es jedoch unzureichend.

Für wissenschaftliche Messungen wurde eine genauere Methode in die kristallographische Praxis eingeführt durch Zuhilfenahme der Reflexion des Lichts an spiegelglatten Kristallflächen.

1. Prinzip des einkreisigen Reflexionsgoniometers

Das Prinzip ist durch Abb. 22 erläutert: Soll an einem Kristall der Winkel i zweier Flächen festgestellt werden, dann läßt man ein durch ein Kollimatorrohr ausgeblendetes paralleles Strahlenbündel von der Lichtquelle L auf die spiegelnde Kristallfläche einfallen, das nach den elementaren Reflexionsgesetzen nach A (Auge) durch ein Beobachtungsfernrohr gelangt. Einfallender und reflektierender Strahl bilden die Einfallsebene; sie ist durch die beiden Fernrohre in ihrer Lage ein für allemal festgehalten. Also müssen die zur Spiegelung gelangenden Flächen zu dieser Ebene senkrecht sein; es wird daher die Kante zwischen F_1 und F_2 als Drehungsachse senkrecht dazu justiert (in unserem Falle $\perp$ zur Bildebene). F_1 wird in dem Augenblick zur Spiegelung kommen, wenn ihre Flächennormale mit dem Einfallslot (der Winkelhalbierenden des Strahlenganges) zusammenfällt. Dann sieht man im Beobachtungsfernrohr A das Lichtsignal des Kollimatorrohrs. Sodann dreht man den Kristall um die Schnittkante so weit, bis die zweite Fläche F_2 in die Lage von F_1 kommt, also um den Winkel $(180 - i)$. Oder mit anderen Worten, bis die Flächennormale von F_2 wieder das Einfallslot darstellt. Somit haben wir um den *Winkel der Flächennormalen* gedreht, das ist aber (s. auch Abb. 8) der Supplementärwinkel $(180 - i)$.

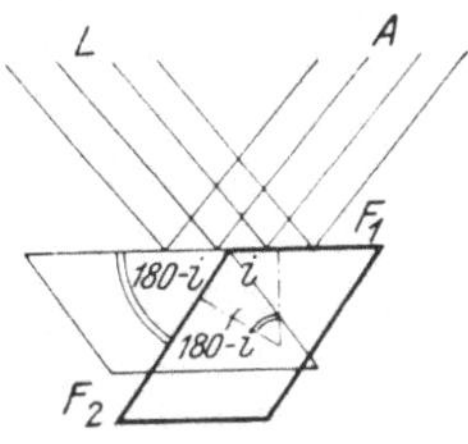

Abb. 22. Prinzip des einkreisigen Reflexionsgoniometers

Wie schon bei der Anwendung des Anlegegoniometers hervorgehoben wurde, werden wir für den weiteren Gebrauch nicht den eigentlichen Flächenwinkel i, sondern immer seinen „Normalenwinkel" verwenden, wie im nächsten Kapitel, Teil b, begründet werden soll.

2. Das einkreisige Goniometer

Das erste Reflexionsgoniometer dieser Art wurde 1809 von WOLLASTON konstruiert, damals mit vertikal stehender Einfallsebene. Abb. 23 stellt

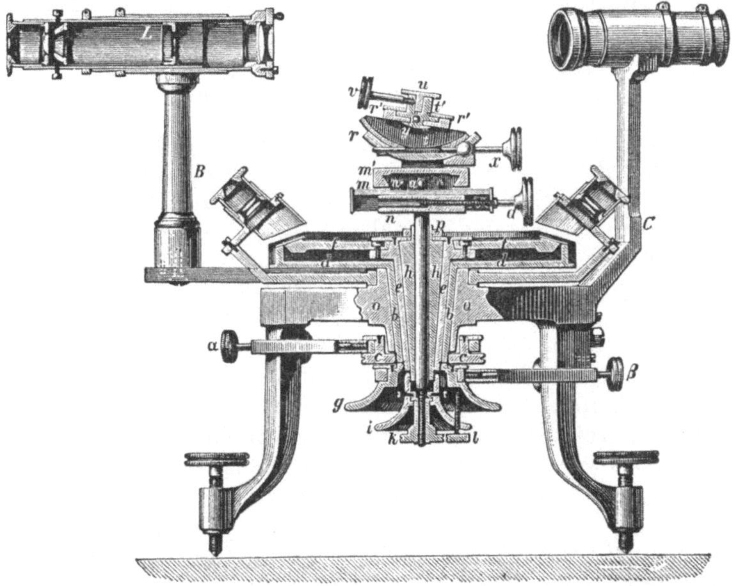

Abb. 23. Einkreisiges Reflexionsgoniometer (R. Fuess, Berlin-Steglitz)

ein jetzt vielfach gebrauchtes Modell dar, mit horizontal gelagerten Beobachtungsrohren (auf den Trägern B und C), entsprechend unserer

schematischen Abb. 22. Wir sehen einen graduierten horizontalen Teilkreis f (parallel der Einfallsebene), in dessen Drehungsachse die betreffende Kristallkante auf dem Tischchen u einjustiert wird. Dazu dienen
zwei Bogenschlitten r und r' zum *Justieren* (Senkrechtstellen der Kante)
sowie zwei aufeinander senkrecht wirkende Parallelverschiebungsschlitten
mit den Schrauben a und a' zum genauen Einstellen der justierten Kante
in die Lage der Drehungsachse *(Zentrieren)*. Zur Vornahme des Justierens
und Zentrierens dient das im Beobachtungsfernrohr B angebrachte Fadenkreuz.

Um den Kristall zur Durchführung der notwendigen Einstellung zu
sehen, dient eine vor dem Beobachtungsfernrohr angebrachte Vorschlaglupe. Für die Beobachtung des Lichtsignals wird die Vorschlaglupe ausgeschaltet und dann das Lichtsignal[1] genau in die Mitte des Fadenkreuzes
gebracht. Die Reflexionsstellungen der beiden Kristallflächen werden am
feststehenden Teilkreis d bei der Nullmarke (mit Noniusteilung) abgelesen. Die Differenz beider Ablesungen bildet den Drehungswinkel, also
den Winkel der betreffenden Flächennormalen.

Durch diese Art der Winkelmessung am einkreisigen Reflexionsgoniometers ist es möglich, nach Einstellung einer Kante als Zonenachse
alle Flächen der betreffenden Zone der Reihe nach aufzusuchen, auch
wenn der Zonenverband unterbrochen ist (vgl. Abb. 20). Näheres über
Einrichtung und Gebrauch des Reflexionsgoniometers s. GROTH: Physikalische Kristallographie, 4. Aufl. (1905), S. 641, 649 und 662.

3. Das zweikreisige Reflexionsgoniometer.
Sphärische Koordinaten φ und ϱ

Ein anderes Prinzip der Vermessung von Kristallen mit Hilfe des
zweikreisigen Reflexionsgoniometers beruht auf dem Gedanken der Festlegung der Flächennormalen auf der Oberfläche einer Kugel durch zwei
sphärische Koordinaten φ und ϱ, analog der Ortsbestimmung von Punkten
auf der Erdkugel durch geographische Länge und Breite. φ bedeutet
demnach das *Azimut* des durch den zu bestimmenden Punkt gelegten
Meridiankreises; ϱ ist die *Polardistanz* (gezählt vom Nordpol aus), während in der Geographie der komplementäre Winkelabstand vom Äquator
aus als „geographische Breite" vermerkt wird.

Diese *Theodolitmethode* der Kristallmessung mittels zweier zueinander senkrechter Teilkreise wurde erstmalig von MILLER im Jahre 1874
versucht, später wurden entsprechende zweikreisige Instrumente unabhängig voneinander von FEDOROW, CZAPSKI und V. GOLDSCHMIDT konstruiert.

Abb. 24 stellt ein solches zweikreisiges Reflexionsgoniometer nach
V. GOLDSCHMIDT dar, wie es von Stoë in Heidelberg konstruiert wurde.

---

[1] Es werden verschiedenartige, im Kollimatorrohr C angeordnete Signal-
ausblendungen verwendet: Punktsignale, Sternsignale (Kreuzspalt nach SCHRAUF)
und vielfach auch der sog. WEBSKYsche Spalt.

Das aufmontierte Goniometer mit vertikalem Teilkreis dient zur Festlegung des Azimutwertes φ, der horizontale Teilkreis dient zur Bestimmung der Polardistanz ϱ von einem willkürlich festgelegten Nullmeridian aus (Näheres s. P. GROTH: Physikalische Kristallographie, 4. Aufl.,

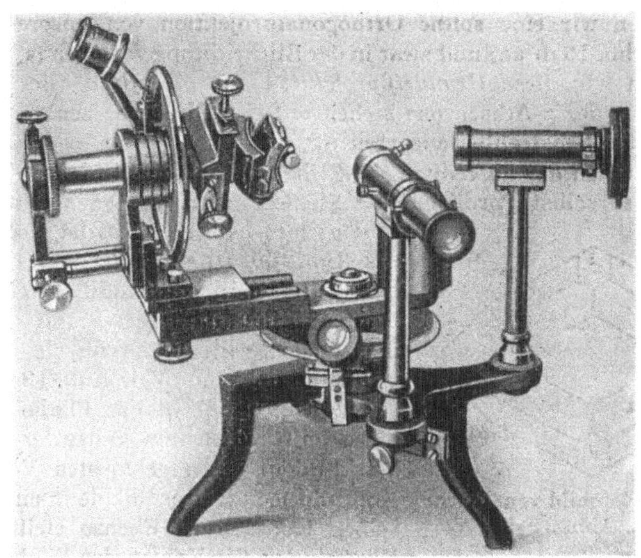

Abb. 24. Zweikreisiges Reflexionsgoniometer nach V. GOLDSCHMIDT (Stoë, Heidelberg). (Aus C. W. CORRENS: Mineralogie. Berlin 1949)

S. 677 f.; ferner V. GOLDSCHMIDT: Kursus der Kristallometrie, herausgegeben von H. HIMMEL und K. MÜLLER, Berlin 1934).

Wir werden in den nächsten beiden Kapiteln (II b, Punkt 3 und III b) eine Methode der Kristallprojektion kennenlernen, die die Verwendung der am zweikreisigen Goniometer ermittelten Werte φ und ϱ unmittelbar gestattet.

II. Methoden der graphischen Darstellung der Kristalle

a) Bildhafte Darstellung (Parallelperspektive)

Um brauchbare Abbildungen der Kristallformen zu erzielen, die die Grundgesetzmäßigkeit des Zonenverbandes durch parallele Kantenscharen zum Ausdruck bringen, verwendet man die sog. Parallelperspektive, bei der die Sehstrahlen parallel einfallen, also gleichsam von einem unendlich fern gelegenen Augpunkt (Projektionszentrum) herkommen; die normale Perspektive mit zum Augpunkt konvergierenden Projektionsstrahlen würden parallele Gerade im allgemeinen in einem „Fluchtpunkt" zusammenlaufend erscheinen lassen (vgl. die Betrachtung eines parallelen

Schienenstranges, der konvergent erscheint!). Solche parallelperspektivische Kristallbilder zeigt z. B. die Abb. 19.

Eine besondere Art der Parallelprojektion ist die *Orthogonalprojektion,* bei der die parallelen Sehstrahlen überdies *senkrecht* auf die Bildebene (Projektionsebene) auftreffen (daher der Name!).

Fertigen wir eine solche Orthogonalprojektion von unserem Topaskristall (Abb. 19 d) an, und zwar in der Blickrichtung von oben (s. Abb. 25), so nennen wir diese *Grundrißprojektion* ein *„Kopfbild"* des Kristalls (die Kanten der z-Achsenzone stehen auf der Bildebene senkrecht, fallen also mit den Sehstrahlen zusammen).

Die Flächen der aufrechten Zone, die alle auf der Bildebene senkrecht stehen (also selbst „projizierende Ebenen" sind) stellen sich als gerade Linien dar; es sind dies die Konturlinien des Kopfbildes.

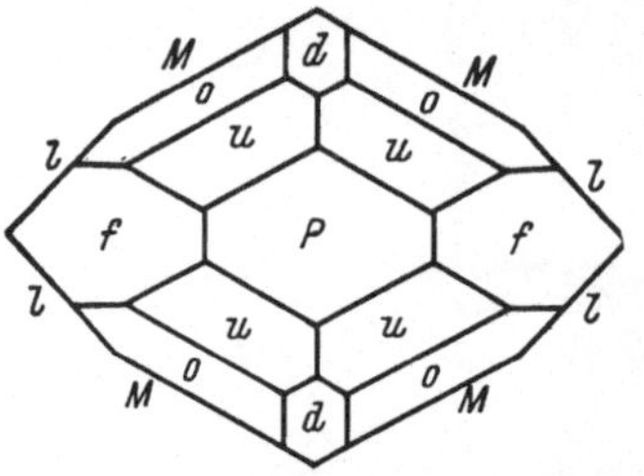

Sämtliche in solchen Flächen gelegenen Kanten fallen naturgemäß mit diesen Linien zusammen, auch wenn sie im Raume nicht parallel sind. Vgl. Abb. 19 d mit unserem Kopfbilde! In der Fläche *M* zeigen die Schnittkanten von *d* bzw. *o* mit *M* in Wirklichkeit einen geknickten Verlauf; im Kopfbild jedoch liegen beide in ein und derselben Konturlinie. Ebenso stellt sich der Winkel, den die Kanten der Fläche *l* gegenüber *o* und *f* bilden, in der Projektion als durchgehende Gerade dar.

Abb. 25. Kopfbild von Topas (vgl. Abb. 19 d)

Daraus ergibt sich, daß auch Kanten, die am Modell *nicht* parallel sind, im Kopfbilde in paralleler Lage erscheinen können, und zwar dann, wenn sie beide in projizierenden Ebenen liegen, die zueinander parallel sind. Man hat sich daher immer vorerst am Modell zu überzeugen, ob Kanten, die im Kopfbilde parallel erscheinen, es auch in Wirklichkeit sind.

b) Schematische Darstellungen

Wenn auch zur Illustrierung von Kristallbeschreibungen den Abhandlungen und Lehrbüchern (als Ersatz für Modelle) parallelperspektivische Kristallbilder beigegeben werden, so ist dieser Darstellungsvorgang doch zu umständlich, um die wesentliche Grundeigenschaft des Zonenverbandes und die Winkelverhältnisse übersichtlich und eindeutig zum Ausdruck zu bringen.

Um dieses Ziel zu erreichen, verwendet man sog. schematische Projektionen: Der Kristall wird nicht mehr seiner Gestalt nach abgebildet, sondern es wird eine Reduktion der zweidimensionalen Fläche zur Linie (QUENSTEDTsche Linearprojektion) oder gar zum Punkt vorgenommen. Diese letztere Art wollen wir hier besprechen: es ist die sog. *gnomonische* bzw. *stereographische* Projektion.

Wir verwenden dazu den Gedanken der Ortsbestimmung der Flächennormalen als Durchstoßpunkt auf einer umschriebenen Kugel („Lagekugel"), den wir bereits bei der Besprechung des zweikreisigen Goniometers eingeführt haben.

1. Stereographische Projektion

Der Vorgang bei der stereographischen Projektion ist folgender:

Man denkt sich den Kristall konzentrisch von einer Kugel umschrieben und fällt aus dem Mittelpunkt derselben Lote auf die Kristallflächen; die Durchstichpunkte der Lote auf der Kugel bilden die Flächenpole. Es ist also der gleiche Vorgang, als ob man die betreffende Kristallfläche parallel nach außen verschieben würde, bis sie die Kugel als Tangentialebene berührt: der Berührungspunkt kann als die bis zum nulldimensionalen Punkt zusammengeschrumpfte Kristallfläche angesehen werden.

Bei der stereographischen Projektion werden nun diese Kugelpunkte, die die Flächenpole darstellen, auf die Äquatorebene (oder eine zu ihr parallele Ebene) perspektivistisch projiziert, indem man als Projektionszentrum — sog. Augpunkt — den unteren Kugelpol (den Südpol der Erdkugel) wählt. Abb. 26 soll diesen Projektionsvorgang für die Flächenpole A und B verdeutlichen.

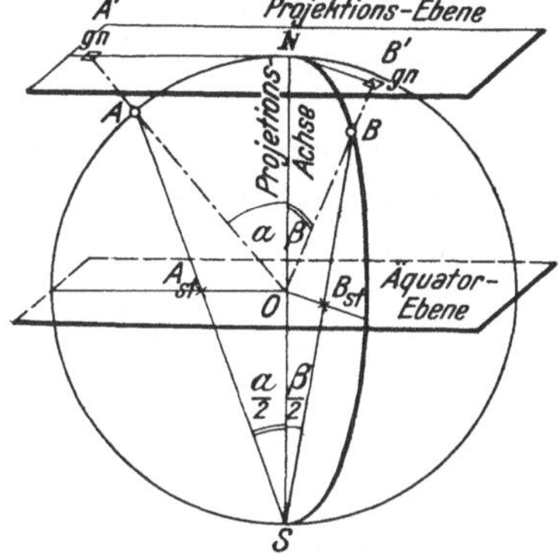

Abb. 26. Prinzip der stereographischen und gnomonischen Projektion

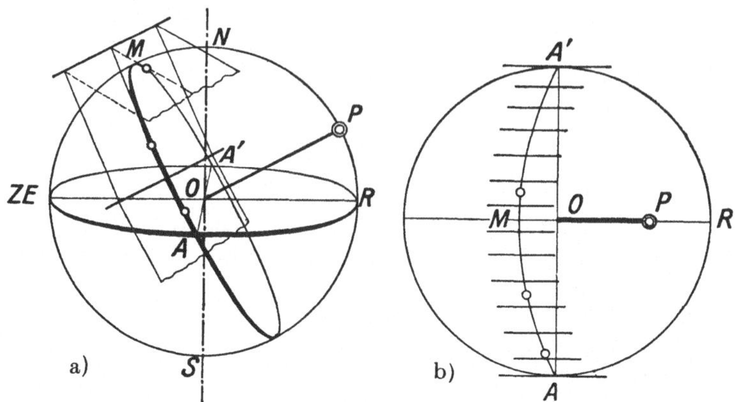

Abb. 27 a) und b). Stereographische Projektion einer Zone

Eines wird uns bei dieser Art von „Kugelprojektion" sofort klar: Wie Abb. 27 a erkennen läßt, liegen die Flächenpole einer *Zone* auf einem *Großkreis* der Kugel, denn die betreffenden Flächennormalen (aus dem

Kugelmittelpunkt gefällt) liegen in einer Ebene; der zentrale ebene Schnitt einer Kugel ist aber ein Großkreis (Meridian). Somit ergibt sich die Schlußfolgerung, daß sich die *Zonenverbände* der Kristallflächen bei der Kugelprojektion als *Großkreise* darstellen.

Diese wichtige Tatsache, daß die Zonen durch Kreise zum Ausdruck kommen, möchten wir auch in der ebenen Abbildung der Kugelkreise beizubehalten versuchen. Aus diesem Grunde werden wir die obere Halbkugel nicht etwa durch Orthogonalprojektion auf die Äquatorebene abbilden (dann würden sich Kreise im allgemeinen zu Ellipsen verzerren), sondern durch den oben beschriebenen Vorgang der *Zentralprojektion* aus dem Südpol heraus. Dann nämlich werden alle Kugelkreise als Kreise erhalten bleiben (s. Abb. 27 b)[1]. Hier erkennt man auch den Verlauf der Kantenschar für die Zone AMA'; P ist der Pol der Zonenebene AMA', M der Scheitelpunkt des Zonenkreises.

Die *stereographische* Projektion besitzt *zwei wichtige Eigenschaften:* 1. Alle Kreise auf der Kugel, sowohl Groß- als auch Kleinkreise, projizieren sich wieder als Kreise (oder als Gerade), und 2. die Projektion ist winkeltreu, d. h. die Projektionen zweier beliebiger Richtungen auf der Kugel schließen denselben Winkel ein wie diese Richtungen auf der Kugel selbst[2]. Z. B. der Winkel zwischen zwei Zonenkreisen (der durch den Winkel der Tangenten im Schnittpunkt der Zonenkreise gemessen wird) bleibt unverzerrt in der Projektion erhalten: Treue hinsichtlich der Winkel sphärischer Dreiecke, hingegen *nicht* bezüglich ihrer Seiten (nämlich der Bogenstücke der sphärischen Dreiecke).

Man begnügt sich im allgemeinen bei kristallographischen Untersuchungen mit der Abbildung der oberen Halbkugel, so daß das Projektionsbild durch den Äquator, *Grundkreis* genannt, begrenzt wird; ein Flächenpol der unteren Halbkugel würde in der stereographischen Projektion offensichtlich auf der Äquatorebene außerhalb des Grundkreises fallen. Bezüglich der Verwendung der stereographischen Projektion für Aufgaben des Kristallzeichnens s. Te.

2. Gnomonische Projektion[3]

Auch die gnomonische Projektion (s. Abb. 26) ist eine Zentralprojektion. Doch liegt hier der Augpunkt im Kugelmittelpunkt und als Projektionsebene wird die im Nordpol berührende Tangentialebene an-

---

[1] Beweis, daß ein Kreis auf der Kugel sich als Kreis projiziert, siehe H. Tertsch: Die stereographische Projektion in der Kristallkunde, S. 9. Wiesbaden: Verlag für angewandte Wissenschaften, 1954.

Anmerkung: In der Folge wird dieses Hilfsbuch kurz mit Te bezeichnet.

[2] Beweis s. Te, S. 8; ferner H. E. Boeke: Die Anwendung der stereographischen Projektion bei kristallographischen Untersuchungen, S. 4. Berlin: Gebrüder Borntraeger, 1911.

[3] H. E. Boeke: Die gnomonische Projektion in ihrer Anwendung auf kristallographische Aufgaben. Berlin: Gebrüder Borntraeger, 1913.

genommen. Somit sind bei der gnomonischen Projektion die Flächennormalen gleichzeitig die Projektionsstrahlen, die über den Durchstoßpunkt mit der Kugel hinaus bis zum Einstich in die Projektionsebene zu
verlängern sind; demnach verliert hier die Projektionskugel als primäre
Form der schematischen Darstellung ihre Bedeutung, da man lediglich
die Strahlen der „Flächennormalenfigur" mit der Projektionsebene zum
Einstich zu bringen braucht.

In der gnomonischen Projektion stellt sich dann eine Zone als gerade
Linie dar; denn sie ist die Schnittlinie der Zonenebene mit der Projektionsebene (NA' und NB') in Abb. 26.

Eine einfache mathematische Beziehung zwischen gnomonischer und
stereographischer Projektion ist sofort ersichtlich. Der Abstand eines
Projektionspunktes in der gnomonischen Projektion vom Mittelpunkt
der Projektionsebene (N) ist aus dem rechtwinkeligen Dreieck ONA'
gegeben durch

$$\overline{NA'} = R \tang \alpha,$$

wenn R der Radius der Projektionskugel und α die Polardistanz des
Punktes A ist.

In der stereographischen Projektion hingegen ist der entsprechende
Abstand (aus dem rechtwinkeligen Dreieck SOA_{st}):

$$\overline{OA_{st}} = R \tang \frac{\alpha}{2};$$

denn der Winkel $A_{st}SO$ ist als Peripheriewinkel die Hälfte des Zentri-
winkels α.

Gleichermaßen gilt die entsprechende Beziehung für den Punkt B
mit der Polardistanz β und so für jeden anderen Flächenpol.

Setzen wir den Radius der Projektionskugel $R = 1$, so stellt sich bei
gegebenem Azimutwert φ und Polardistanz ϱ eines Flächenpoles seine
Projektion dar:

in der gnomonischen Projektion durch . . . . . . $\tang \varrho$,

in der stereographischen Projektion durch . . . . $\tang \frac{\varrho}{2}$.

Hier erkennen wir also, daß sich die am zweikreisigen Goniometer
gewonnenen Werte φ und ϱ ohne weiteres für die Übertragung in die
gnomonische und stereographische Projektion verwenden lassen.

3. Als Beispiel: Schwefelkristall in stereographischer und gnomonischer Projektion

Ein Beispiel möge das Gesagte veranschaulichen: Vermessen wurde
am zweikreisigen Reflexionsgoniometer ein Schwefelkristall, dessen Kopfbild in Abb. 28 a dargestellt ist. Ermittelt wurden folgende sphärische
Koordinaten:

		$\tan\varrho$	$\tan\dfrac{\varrho}{2}$
aufrechtes Prisma m . . . $\varphi = 50^0\,51'$ . . [1]			
Querprisma e . . . . $\varrho = 66^0\,52'$ . .		2,3414 (p_0)	0,6602
Längsprisma r . . . . $\varrho = 62^0\,18'$ . .		1,9055 (q_0)	0,6044
Einheitspyramide p . . . . $\varrho = 71^0\,40'$ . .		3,0178	0,7221
Abgeleitete Pyramide s . . $\varrho = 45^0\,10'$ . .		1,0058	0,4159

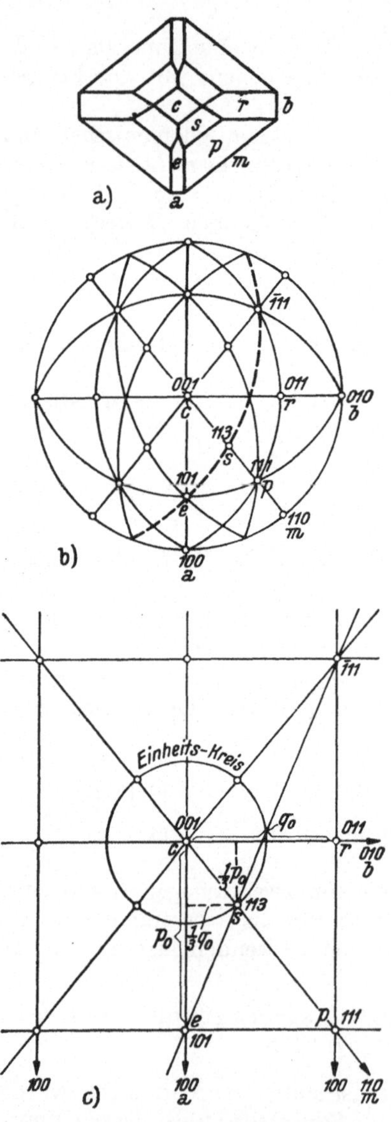

Abb. 28 b stellt die zugehörige stereographische Projektion dar. Die Fläche m kann ohne weiteres am Grundkreis mit dem $\sphericalangle\,\varphi = 50^0\,51'$ eingetragen werden; e und r auf den beiden geradlinigen (Achsen-) Zonen auf Grund ihrer ϱ-Werte $\left(R\,.\,\tan\dfrac{\varrho}{2}\right)$.

Der Zonenverband, wie er sich aus der Parallelität der Kanten ergibt, ist in der Zeichnung durch die ausgezogenen Kreisbogen ersichtlich gemacht; nur die Pyramide s liegt nach visueller Betrachtung zunächst nur in einem einzigen Zonenverband, nämlich in der Zone von 110 nach 001. Diese Zone stellt sich in der Projektion nicht als Kreisbogen, sondern als gerade Linie dar, weil die Zonenebene auf der Bildebene (Äquatorebene) senkrecht steht; die betreffende Gerade geht durch den Mittelpunkt des Grundkreises.

Da für die Fläche s nur eine einzige Zone zur Verfügung steht, kann die Position des Flächenpols s nicht durch Zonenschnitt ermittelt werden (wie dies für p möglich ist), sondern es muß die Strecke $R\,.\,\tan\dfrac{\varrho}{2}$ vom Mittelpunkt aus abgetragen werden.

Ganz analog wird auch die gnomonische Projektion (Abb. 28 c) angefertigt, indem $R\,.\,\tan\varrho$ für s (und eventuell auch für p) unter dem Azimutwinkel für m abgetragen wird, nachdem die Flächen e und r auf

Abb. 28. Schwefelkristall. a) Kopfbild; b) stereographische Projektion; c) gnomonische Projektion

---

[1] Als Nullmeridian (Ausgangspunkt der Azimutzählung) wird die Fläche 010, d. i. der rechtsliegende Punkt am Grundkreis, angenommen.

den entsprechenden Achsenzonen eingetragen wurden. [V. GOLDSCHMIDT bezeichnet diese Einheiten auf den Konstruktionsachsen für (101) und (011) mit p_0 und q_0.]

Nun zeigt sich, daß der Wert $R \cdot \text{tang } \varrho$ für s gerade ein Drittel des Abstandes für p ist:

$$\text{tang } \varrho_s = \frac{1}{3}\,\text{tang } \varrho_p.$$

(Geringe Abweichung erst in der vierten Dezimale, s. o.)

Außerdem ergibt die Konstruktion, daß s auf der Verbindungslinie von 101 zu $\overline{1}11$ liegt, also der Zone vom Querprisma zur rechts rückwärts liegenden Pyramidenfläche p angehört. (Diese Zone kann nun auch in der stereographischen Projektion eingezeichnet werden; sie ist dort strichliert hervorgehoben, wobei die zugehörige Bogensehne parallel der Geraden 101, $\overline{1}11$ von Abb. 28 c verläuft.)

Durch Anwendung der Zonenregeln läßt sich daher s berechnen: es ergibt sich das Symbol (113).

Die Pyramide (113) liegt also in der gnomonischen Projektion genau in einem Drittel des Abstandes für (111) entsprechend dem Verhältnis ihrer z-Achsenabschnitte.

So ist ersichtlich, daß die Abstände der Flächenpole in der gnomonischen Projektion eine unmittelbare Indizierung ermöglichen. Der Nachteil der gnomonischen Projektion liegt aber darin, daß die Flächen der aufrechten Zone (100), (110), (010) im Unendlichen liegen. Steil liegende Flächen sind also auf dem Zeichenblatt kaum mehr zu erreichen, so daß nur ein beschränkter Teil der Oberseite eines Kristalls zur Abbildung gelangt.

Die stereographische Projektion hingegen bietet den Vorteil, eine vollkommene Übersicht der ganzen Oberseite einschließlich der aufrechten Zone (im Grundkreis) zu gewähren.

Daher werden wir in diesem Abschnitt unserer Darstellung nur von der stereographischen Projektion Gebrauch machen.

c) Konstruktion des Achsenverhältnisses bei Kristallen mit rechtwinkeligem Achsenkreuz

Das Achsenverhältnis wird durch die Einheitspyramide (111) bestimmt und lautet allgemein $a : b : c$, bzw. $a : 1 : c$.

Für die Konstruktion wird man zweckmäßigerweise statt der Pyramide zwei Prismen verwenden, z. B. das aufrechte Prisma 110 für das Verhältnis $a : b$ und das Längsprisma 011 für $b : c$.

Die Durchführung in stereographischer Projektion ist sehr einfach (s. Abb. 29).

Die Spur der Fläche 110 (Tangente in diesem Punkte an den Grundkreis) schneidet auf der x- und y-Achse bereits die wahren Achsenlängen ab. Doch legen wir parallel zu unserer Tangente eine Linie durch $b = 1$, damit wir gleich den nach dieser Festsetzung reduzierten Wert für a erhalten ($a : 1$).

Zur Bestimmung von $b : c$ (bzw. $1 : c$) ziehen wir das Längsprisma 011 heran. Es liegt in einer Zonenebene, die senkrecht auf der Grundkreis-

ebene steht, und deren Zonenkreis durch die Gerade (in der Richtung
der y-Achse) dargestellt wird. Wir hätten hier ebenso die Spur der Fläche
011 mit ihrer vertikal stehenden Zonenebene zu bestimmen, genau so
wie wir das im Grundkreis mit der 110 getan haben.

Um aber in der Bildebene diese Konstruktion durchführen zu können,
klappen wir die besagte (vertikale) Zone (010, 011, 001 ...) um 90⁰ in
den Grundkreis um (beispielsweise nach rückwärts). Bei dieser Umklappung ist die y-Achse Drehungsachse, bleibt also während der Drehung
in Ruhe, d. h. in ihrer Lage.

Der S-Pol der Projektionskugel (zu welchem alle Projektionsstrahlen kon-
vergieren) ist ebenfalls ein Punkt unserer vertikalen Zonenebene, und zwar der
tiefstgelegene Punkt unseres Zonenkreises. S wird also bei der Drehung der
Zonenebene in die Äquatorebene (um die Drehungsachse y) gleichfalls in die
Äquatorebene gelangen; und zwar, wenn der obere (Zonen-) Halbkreis nach
rückwärts umgelegt wird, gelangt der untere Halbkreis mit dem S-Pol von unten
nach vorn (in den Punkt 100). Der Grundkreis (und die Äquatorebene) ist
jetzt nichts anderes als unsere vertikale Zonenkreisebene. Wir können also ruhig
den Vorgang der stereographischen Abbildung in unserer Projektionsebene voll-
ziehen.

Ziehen wir den Projektionsstrahl (in der Zeichnung punktiert) vom
umgelegten S-Pol durch die stereographische Projektion von 011 (auf
der Äquatorebene, und zwar auf der Drehungsachse y gelegen), so finden
wir auf dem umgelegten Zo-
nenkreis den Flächenpol 011′
auf der Projektionskugel.

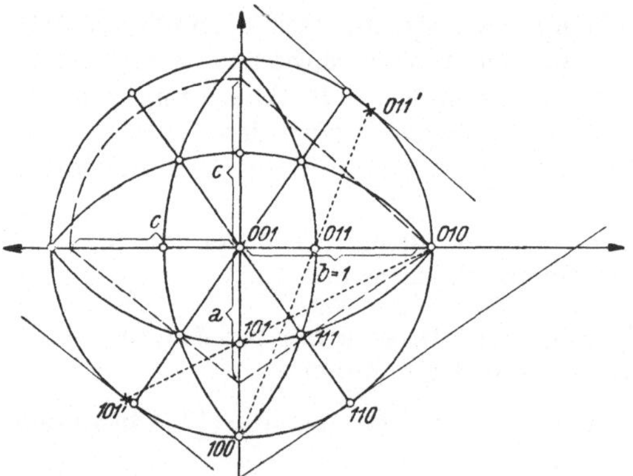

Die dort gezeichnete Tan-
gente ist die Spur der 011-
Fläche. Diese muß nun (analog wie oben beim aufrechten Prisma begründet) parallel durch $b = 1$ gelegt werden, um auf der umgelegten
z-Achse (die in die Richtung
von $-x$ gelangt ist) den c-
Parameterabstand zu finden.

Anmerkung: Natürlich
ließe sich dieser c-Wert auch
durch das Querprisma 101
bestimmen (s. Abb. 29).
Hier wurde die entsprechende Zonenebene nach links

Abb. 29. Konstruktion des Achsenverhältnisses bei rechtwinkeligem Achsenkreuz

hinüber umgeklappt, wodurch der S-Pol nach 010 gelangte. Der (punktierte) Projektionsstrahl liefert die umgelegte Fläche 101′. Die Tangente
in diesem Punkte ist nun aber nicht etwa durch $a = 1$, sondern durch den
vorher konstruierten Parameterwert — die Einheit von a — zu legen, wodurch sich auch hier c ergibt (auf der umgelegten z-Achse, die jetzt mit
der $-y$ zusammenfällt). Die beiden so konstruierten c-Werte müssen sich
übereinstimmend ergeben (wie die strichlierte Kreislinie andeuten soll).

III. Die Grundaufgaben der stereographischen Projektion

a) Konstruktive Durchführung (ohne schablonenmäßige Behelfe)

Zur Durchführung einiger häufig vorkommender Konstruktionen bei Anwendung der stereographischen Projektion sollen folgende Grundaufgaben besprochen werden:

1. *Winkelentfernung* zweier Punkte A und B auf dem zugehörigen Zonenkreis (Abb. 30 a).

P sei der Pol dieses Zonenkreises (Konstruktion s. unter Punkt 4).

Konstruktion: Man zieht von P aus gerade Linien durch A und B; diese schneiden auf dem Grundkreis den Boden $\widehat{AB}$ ab. Dieser stellt bereits die wahre Winkelentfernung β des Bogens $\widehat{AB}$ dar.

Zur Erklärung diene Abb. 30 b.

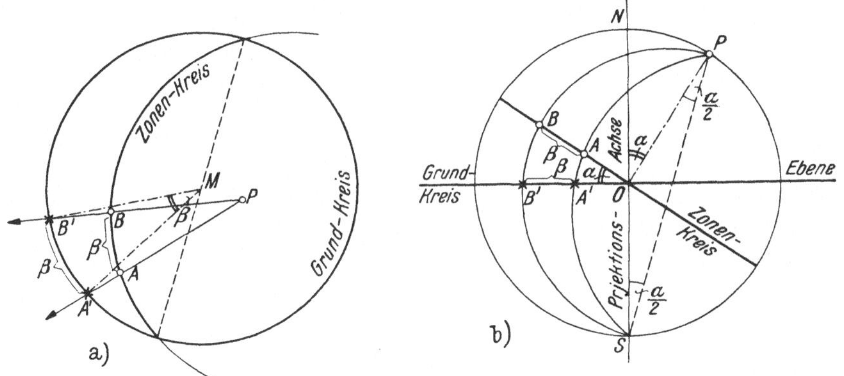

Abb. 30 a) und b). Winkelentfernung zweier Flächenpole

Die geraden Linien PA und PB (in Abb. 30 a) sind die Projektionen von Kleinkreisen, die durch den Pol P und den Augpunkt S gehen. Es ist also der Zonenkreis durch AB um seine (in Abb. 30 a strichlierte) Achse in den Grundkreis gedreht worden, wobei sich A und B längs der erwähnten Kleinkreise bewegen.

Den Beweis, daß sich diese Kleinkreise in der stereographischen Projektion als gerade Linien darstellen, liefert folgende einfache Überlegung: Da diese Kleinkreise durch den S-Pol gehen, liegen auch sämtliche Projektionsstrahlen von den Kreispunkten zu S in der Ebene des betreffenden Kleinkreises. Somit stellt sich die Projektion der Kreisbogen als Schnittlinie dieser Ebene mit der Projektionsebene dar, ist also eine Gerade. Bezüglich der Richtigkeit dieser Konstruktion s. auch TE, S. 21 oben.

2. Im Besitze dieses Konstruktionsbehelfes finden wir auch die Projektion Q des *Gegenpols* (zu P) auf der unteren Halbkugel (Abb. 31).

Der gesuchte Gegenpol Q muß jedenfalls auf dem Poldurchmesser (durch den Kugelmittelpunkt M) liegen. Im übrigen muß er von P den Winkelabstand 180^0 haben. Also legen wir den zur Bildebene senkrecht stehenden Großkreis (d. i. die Gerade durch P und M) in den Grundkreis um, unter Anwendung der soeben besprochenen Konstruktion 1. In diesem Fall ist R der Pol dieses Großkreises. Wir ziehen die Gerade RP als Projektion des Drehungskleinkreises und finden den in den Grundkreis gedrehten Pol P_1[1]. Von hier aus haben wir 180^0 auf dem Grundkreis abzutragen (das geschieht durch den Durchmesser P_1MQ_1), um den in den Grundkreis hineingedrehten Gegenpol Q_1 zu erhalten. Jetzt können wir Q_1 mit Hilfe der Geraden RQ_1 (Projektion des Drehungskleinkreises) nach Q auf den Poldurchmesser zurückdrehen. (Beachte, daß der Winkel Q_1RP_1 als Peripheriewinkel über dem Durchmesser P_1Q_1 gleich 90^0 ist!)

3. Wie kann man *durch zwei gegebene Flächenpole* einen *Zonenkreis* legen?

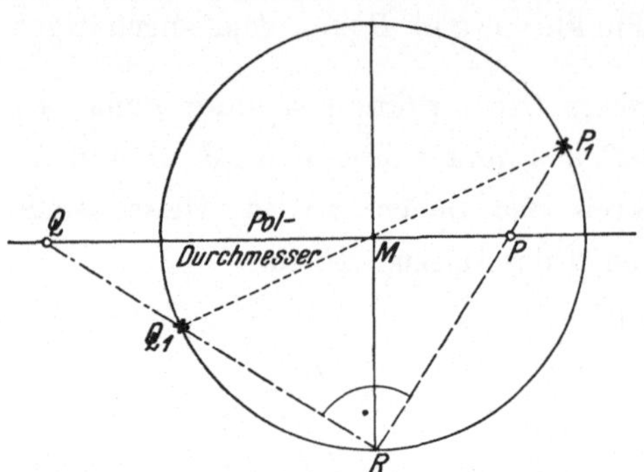

Abb. 31. Konstruktion des Gegenpols zum Flächenpol P

Zwei Flächen bestimmen durch ihre Schnittkante eindeutig die Zone, also muß sie in der stereographischen Projektion schon durch zwei Flächenpole festgelegt sein. Planimetrisch ist jedoch ein Kreis erst durch drei seiner Punkte bestimmt. Es ist daher notwendig, einen dritten

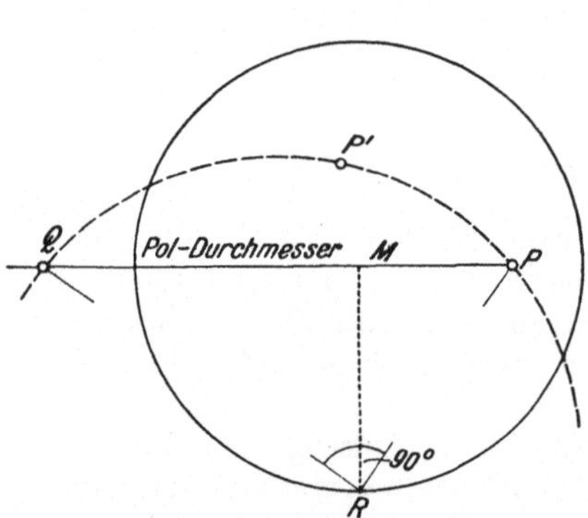

Abb. 32. Zonenkreis durch zwei gegebene Flächenpole

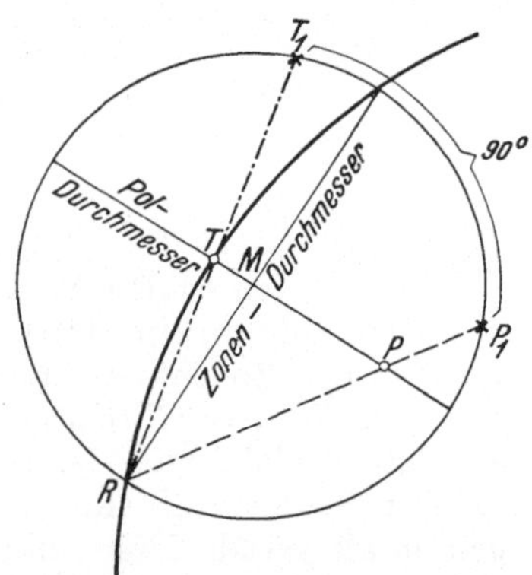

Abb. 33. Pol zu einer gegebenen Großkreisprojektion

Punkt zu beschaffen. Das ist leicht möglich durch Anwendung der Konstruktion 2. Wir konstruieren einfach zu einem der beiden Flächenpole seinen Gegenpol. Abb. 32 stellt die Durchführung dieser Aufgabe

---

[1] In der Linienführung ist diese Konstruktion identisch mit jener, die wir im Teilkapitel II c als Umklappung der projizierenden Ebene kennengelernt haben.

mit wenigen Linien dar: Es ist gar nicht notwendig, die in den Grundkreis gedrehten Punkte P_1 und Q_1 einzutragen, da wir wissen, daß der Winkel bei R 90⁰ sein muß.

Der Zonenkreis ist nun bestimmt durch drei Punkte, P, P' und Q (Konstruktion seines Mittelpunktes durch die Streckensymmetralen zweier Sehnen).

4. Wie findet man den *Pol* zu einer *gegebenen Großkreisprojektion* (bzw. den Durchstichpunkt der betreffenden Zonenachse)?

Abb. 33 zeigt die Durchführung. Der gesuchte Pol P zu dem eingezeichneten Zonenkreis[1] liegt naturgemäß auf dem Poldurchmesser; dieser aber ist $\perp$ zum Zonendurchmesser, der sich als Sehne des Zonenbogens in der Projektion darstellt. T ist der höchstgelegene Punkt des Zonenkreises: sein „Scheitelpunkt". P als Pol muß von jedem Punkt des Zonenkreises 90⁰ entfernt sein, also auch von T. Wir klappen daher, wie bei Aufgabe 2, den $\perp$ stehenden Großkreis (mit R als Pol) in den Grundkreis um, und finden so den in den Grundkreis gedrehten Scheitelpunkt T_1; 90⁰ davon entfernt muß der umgeklappte Pol P_1 liegen. Dieser ist durch die Linie P_1R nach P zurückzuführen.

Diese Aufgabe ist natürlich auch der Umkehrung fähig:

5. Gegeben ist ein Pol P. Sein *zugehöriger Großkreis* (Äquator) ist zu konstruieren.

Man zeichnet die Linie PM als Poldurchmesser; der Zonendurchmesser liegt dann senkrecht darauf. Sodann ist in der Umklappung von P_1 aus T_1 aufzusuchen und nach T zurückzuführen. Dann sind drei Punkte des gesuchten Zonenkreises gegeben.

b) Die Anwendung des Wulffschen Netzes

Zur schablonenmäßigen Durchführung kristallographischer Aufgaben in der stereographischen Projektion dient das stereographische Netz, das 1902 in Gebrauch kam (Wulffsches Netz). Das Wulffsche Netz (Abb. 34) ist die stereographische Projektion von Großkreisen, die in regelmäßigem Abstand (von 2⁰ zu 2⁰) einen in die Bildebene gelegten Kugeldurchmesser umziehen, wie es die Meridiane der Erdkugel um den Nord- und Südpol tun. Diese Großkreisprojektionen, die nur für die obere Halbkugel (durch den Grundkreis begrenzt) wiedergegeben sind, sind wieder von 2⁰ zu 2⁰ eingeteilt. Diese Gradeinteilungen bilden ein zweites System von Kreisen, in diesem Fall von Kleinkreisen, deren Ebenen alle auf der bezeichneten horizontalen Kugelachse (also auch auf der Bildebene) senkrecht stehen, ebenso wie die Parallelkreise der Erdkugel (die die Breitengrade angeben) senkrecht auf der Erdachse sind.

Diese auf der Bildebene senkrecht stehenden parallelen Kleinkreise stellen sich jedoch in der stereographischen Projektion als (nicht konzentrisch verlaufende) Kreisbogen dar, und nicht etwa als gerade Linien

---

[1] Der Zonenkreis ist hier mit Absicht über den Grundkreis hinausgezeichnet worden, um anzudeuten, daß die Zone auf der Unterseite des Kristalls ihre Fortsetzung findet.

wie jene Kleinkreise, die durch den *S*-Pol gehen; s. die Konstruktion unter Punkt 1 im Teil a dieses Kapitels. Meridiankreise und Parallelkreise schneiden sich gegenseitig stets unter 90⁰.

Näheres über Konstruktion des Wulffschen Netzes s. Te, S. 12, 13. Dieses Wulffsche Netz wird nun beim kristallographischen Zeichnen als *drehbare* Schablone benutzt, da die bei der stereographischen Projektion

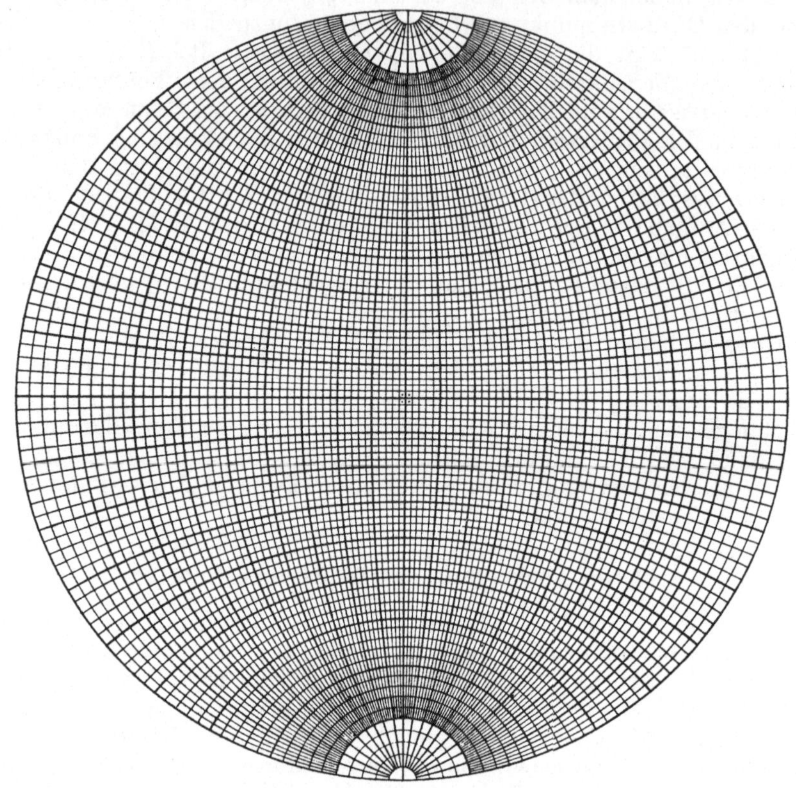

Abb. 34. Wulffsches Netz

zur Verwendung kommenden Großkreise ihre Netzpole nicht gerade in der Lage eines bestimmten, für die Netzkonstruktion herausgegriffenen Kugeldurchmessers der Äquatorebene (etwa WO- oder NS-Richtung) haben, sondern in verschiedenartigen Richtungen die Äquatorebene schneiden.

Zum Zeichnen verwendet man ein Blatt durchsichtigen Papiers (Pauspapier), das mit dem Netzmittelpunkt durch eine Nadel drehbar verbunden wird.

Die Großkreisprojektionen des Wulffschen Netzes werden in der Folge als „Meridiankreise", die Kleinkreisprojektionen als „Parallelkreise" bezeichnet.

Zu beachten ist beim Gebrauch des WULFFschen Netzes, daß Winkelentfernungen grundsätzlich nur auf *Großkreisen* aufgetragen und abgelesen werden dürfen; von dem System der Parallelkreise ist dazu nur der mittlere, geradlinige verwendbar, der ja kein Kleinkreis, sondern (wie der Äquator der Erdkugel) selbst ein Großkreis ist. Somit sind gemessene Flächenwinkel (ihre Normalenwinkel) als Bogenabstand zweier Flächenpole auf ihrem Zonenkreis, jedoch niemals auf einem Kleinkreis abzuzählen.

In Fällen, wo der betreffende Zonenkreis von vornherein nicht bekannt ist, ist jene Überlegung von Wichtigkeit, wie sie sich aus folgender Aufgabe ergibt:

Es sei ein Flächenpol P mit Hilfe des WULFFschen Netzes einzutragen (Abb. 35). Durch Messung bekannt seien nur die Flächenwinkel δ und ε dieser Fläche gegenüber zwei anderen Flächen A und B, die im Grundkreis liegen.

Wir legen die Netzpole des WULFFschen Netzes in den Punkt A (und seinen Gegenpol), so daß nun sämtliche Meridiane zur Verfügung stehen, wovon einer auch der gesuchte Zonenkreis ist. Da wir diesen noch nicht kennen, müssen wir den Winkelbe

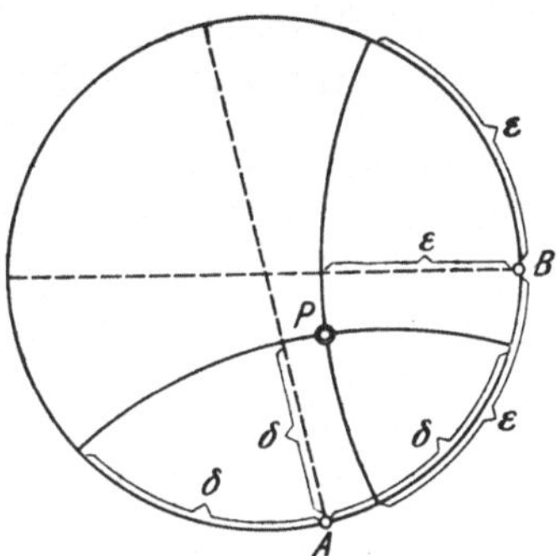

Abb. 35. Eintragung eines Flächenpols auf Grund einkreisiger Messung mit Hilfe des WULFFschen Netzes

trag zunächst auf sämtlichen Großkreisprojektionen eintragen, mit anderen Worten: wir suchen jenen Parallelkreis auf, der von A den Winkelabstand δ hat. Dieser Parallelkreis ist ja der geometrische Ort aller Punkte mit dem gewünschten Winkelabstand. Das gleiche machen wir bezüglich des Winkelabstandes ε vom Flächenpol B aus. Wo sich die beiden Parallelkreise schneiden, liegt der gesuchte Flächenpol P. Jetzt können wir auch die Zonenkreise $\widehat{AP}$ und $\widehat{BP}$ einzeichnen (in der Abb. 35 nicht durchgeführt).

Ist einer der gemessenen Winkelabstände von der im *Projektionsmittelpunkt* liegenden Basisfläche aus vermessen worden oder sonstwie bekannt, so ist der geometrische Ort aller Punkte, die von dort den gegebenen Abstand haben, ein konzentrischer Kreis; sein Radius ergibt sich durch Abzählen der gemessenen Winkelgrade auf einem der geradlinigen Netzdurchmesser.

Denn in diesem Falle sind die noch unbekannten Zonenkreise sämtlich Radialstrahlen durch den Projektionsmittelpunkt. Folglich müssen wir nach Abzählung der Winkelgrade auf einem willkürlich herausgegriffenen geradlinigen Zonenkreis (Netzdurchmesser) diesen um den Mittelpunkt rotieren lassen, wobei der abgezählte Punkt besagten konzentrischen Kreis beschreibt. (Dieser konzentrische Kreis ist ja nichts anderes als ein Kleinkreis, der vom N-Pol der Projektionskugel die gewünschte Polardistanz hat.)

Bei der *Eintragung von Flächenpolen auf Grund zweikreisiger Goniometermessung* wird der Azimutwert φ auf dem Grundkreis abgetragen;

sodann wird einer der geradlinigen Meridiane (Netzdurchmesser) bei diesem Punkte angelegt und die Polardistanz ϱ vom Netzmittelpunkte aus abgezählt.

Anmerkung: H. MEIXNER hat ein erweitertes WULFFsches Netz (mit ϱ bis etwa 140^0) als Hilfsmittel beim Kristallzeichnen geschaffen. Radex-Rundschau (Radenthein, Kärnten) 1953, 51 bis 53.

IV. Die Symmetriegesetze in der Kristallwelt und ihr Einfluß auf die Verteilung und die Form der Flächen

Das im Bau der Kristalle zum Ausdruck kommende Symmetrieprinzip wurde bereits im Teilkapitel I b erwähnt. Jetzt handelt es sich darum, die verschiedenen Symmetrieprinzipe im einzelnen zu besprechen.

a) Das Symmetriezentrum

In vielen Fällen ist bei Kristallen die Gesetzmäßigkeit zu erkennen, daß zu jeder Fläche eine gleichartige parallele Gegenfläche auftritt. Dies erkennt man am einfachsten daran, daß beim Auflegen einer bestimmten Fläche auf eine ebene Unterlage eine gleichwertige Fläche oben in paralleler Lage erscheint. Man spricht in diesem Falle vom Vorhandensein eines Symmetriezentrums (Zeichen Z) als von einem Punkt im Inneren des Kristalls, von dem aus in Richtung und Gegenrichtung in gleichen Abständen gleichwertige Begrenzungselemente (Ecken, Kanten, Flächen) angetroffen werden. Solche zentrisch-symmetrische Flächen sind jedoch nur *spiegelbildlich gleich*. Ein Beispiel für einen Kristall mit Symmetriezentrum (und ohne jede anderweitige Wiederholung von Flächen) bietet der Anorthitkristall in Abb. 48 (S. 60).

b) Drehungsachsen (Deckachsen), Gyren

Unter einer Drehungsachse oder Deckachse verstehen wir eine durch die Mitte des Kristalls gedachte Linie, die die Eigenschaft hat, daß die Kristallgestalt bei Drehung um diese in den Kristall hineingelegte Achse nach gewissen Winkelbeträgen mit der Ausgangsstellung völlig zur Deckung gelangt, so daß ihr Anblick von jenem der Ausgangsstellung in keiner Weise zu unterscheiden ist (Flächen, Kanten und Ecken sind in gleicher Lage wie vordem).

Die Anzahl der möglichen Deckstellungen innerhalb einer Volldrehung von 360^0 bestimmt die „Zähligkeit" der Deckachse.

Es hängt mit den Grundtatsachen des Kristallbaues zusammen, daß nur zwei-, drei-, vier- und sechszählige Drehungsachsen vorkommen können, nicht aber fünfzählige, auch keine höher als sechszähligen (A^n bedeutet n-zählige Deckachse).

Bei Vorhandensein einer zweizähligen Deckachse („Digyre") wird man den Kristall *zweimal* innerhalb 360^0 (Volldrehung zur Ausgangsstellung) zur Deckung bringen können (2×180^0), bei einer dreizähligen Achse dreimal (3×120^0), bei einer vierzähligen viermal (4×90^0) und bei einer sechszähligen Achse sechsmal (6×60^0).

Deckachsen können einseitig (polar) oder zweiseitig (bipolar) sein, je nachdem der Anblick des Kristalls an den beiden Austrittspunkten verschiedenartig oder gleichartig ist. Beispiele für eine polare und eine bipolare vierzählige Achse gibt Abb. 36 a, b. Zeichen für polare Achsen $\uparrow A$; ohne das Pfeilzeichen ist die Achse bipolar. Abb. 64 zeigt einen Kristall mit einer polaren zweizähligen Achse in vertikaler Stellung, Abb. 38 einen solchen mit einer einzelnen bipolaren zweizähligen Deckachse; die zweizählige Deckachse verläuft hier in horizontaler Richtung links-rechts ($\perp$ auf der schraffierten Ebene) wie die y-Achse in Abb. 10.

Drei bipolare Deckachsen kommen dem Topaskristall (Abb. 19 und 25) zu; sie fallen mit den kristallographischen Achsen zusammen. Das gleiche gilt für den Schwefelkristall (Kopfbild in Abb. 28 a).

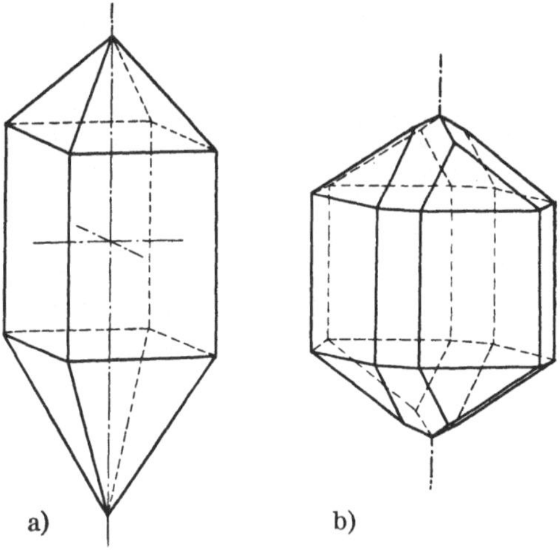

Abb. 36. Kristalle mit vierzähliger Deckachse:
a) polar (s. auch Abb. 76); b) bipolar

Beispiele für drei-, vier- und sechszählige Deckachsen („Trigyren", „Tetragyren" und „Hexagyren") bieten die Abb. 116 a, 75 a und 97 a.

Beweis für die Beschränkung der Zähligkeit von Deckachsen nach H. Tertsch[1]
(s. Abb. 37)

„Wir wählen die Kantenrichtung K_1 (gleichzeitig Spur einer zu A^n parallelen Kristallfläche) als Bezugsachse und legen sie parallel durch den Punkt A ($AB = a_1$). Entsprechend dem Drehungswinkel α der A^n bringen wir K_1 in die Lage K_2 bzw. a_1 nach a_2 und AB nach AC. Damit stellen a_1 und a_2 zwei Koordinatenrichtungen innerhalb der Zeichenebene dar. Als dritte Bezugsachse wählen wir die A^n selbst. Alle möglichen Flächenlagen innerhalb der Zone der A^n bzw. alle Kantenrichtungen in der Zeichenebene müssen sich nun durch *rationale* Vielfache der gegebenen Grundabstände ($a_1 = a_2$) auf den gewählten Achsen darstellen lassen.

Eine weitere Drehung um den $\sphericalangle\,\alpha$ bringt das Parallelogramm $ABEC$ in die Lage $ACFD$ und führt zu der neuen, gleichwertigen Kante (Fläche) K_3. Soll nun diese Kante (Fläche) kristallographisch möglich sein, so muß sie entsprechend dem Rationalitätsgesetz aus den gegebenen Achsen ableitbar sein. Die Parameterverhältnisse sind: $K_1 = \infty\, a_1 : a_2 : \infty\, c$, $K_2 = a_1 : \infty\, a_2 : \infty\, c$, $K_3 = m \cdot a_1 : a_2 : \infty\, c$. Der Drehungswinkel α muß also so beschaffen sein, daß m eine rationale Zahl wird.

---

[1] Z. Kristallogr. (A) *98*, 275—278 (1937).

Der spitze Parallelogrammwinkel ist jeweils $(180-\alpha)$, der $\sphericalangle CAG$ ist als Nebenwinkel zu α ebenfalls $(180-\alpha)$, also $\triangle ACG$ gleichschenkelig. Daraus

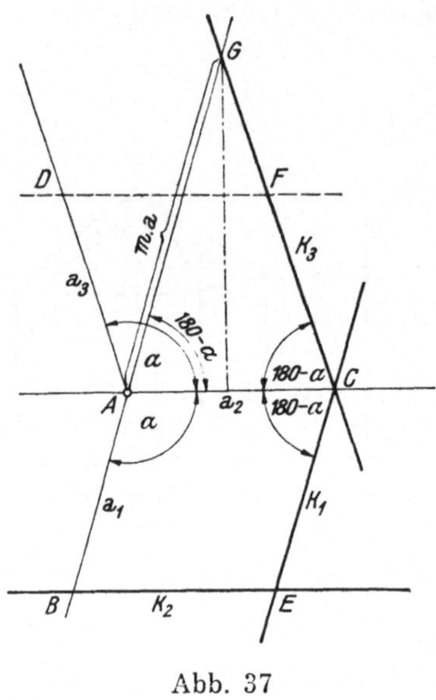

Abb. 37

gewinnt man $m \cdot a = \dfrac{a}{2} : \cos(180-\alpha)$ und daher $m = \dfrac{1}{-2\cos\alpha}$.

m kann nur rational sein, wenn der cos rational ist, was nur für die Winkel 0^0, 60^0, 90^0, 180^0 und deren Vielfache (120^0, 360^0) gilt.

Daher sind nur sechs-, vier-, drei-, zwei- und einzählige Achsen möglich."

Über die Möglichkeiten von Deckachsenkombinationen bzw. das Auftreten neuer Achsen. Zwei unter einem Winkel α stehende verschiedene zweizählige Deckachsen bedingen eine auf ihnen senkrecht stehende n-zählige Achse. Gleichzeitig entstehen n zweizählige gleichwertige Achsen unter dem Winkel $2\,\alpha$, die alle auf der n-zähligen Achse senkrecht stehen; die A^n wird zwei-, drei-, vier- oder sechszählig sein, je nachdem der $\sphericalangle 2\,\alpha$ 180^0, 120^0, 90^0 oder 60^0 ist. (Der Winkel zwischen den verschiedenartigen zweizähligen Achsen dementsprechend 90^0, 60^0, 45^0 oder 30^0) (s. N$_1$, S. 44).

c) Spiegelebene (Symmetrieebene) und deren Beziehung zum Symmetriezentrum

Zwei Kristallflächen nennen wir dann spiegelbildlich gleich, wenn sie sich in bezug auf eine angenommene Hilfsebene wie Gegenstand zum Spiegelbild verhalten (s. Abb. 38 bezüglich der aufrechten Prismen, links und rechts von der schraffierten Ebene). Eine solche Ebene bezeichnen wir als Spiegelebene oder Symmetrieebene (Zeichen E).

Spiegelbildlich gleiche Flächen (durch Spiegelung an einer Symmetrieebene oder infolge der Wirksamkeit des Symmetriezentrums) sind

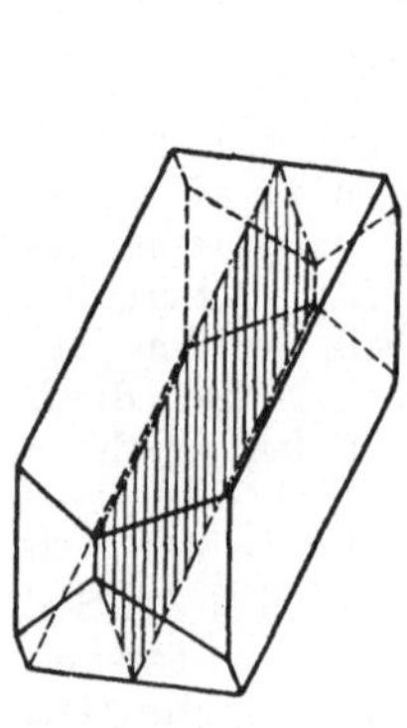

Abb. 38. Spiegelebene

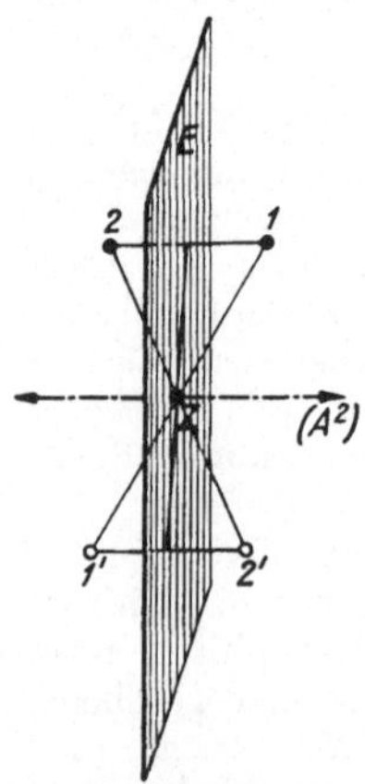

Abb. 39. Beziehung zwischen Spiegelebene, senkrechter, geradzähliger Deckachse und Zentrum

zwar kristallographisch gleichwertig, sie sind jedoch nur spiegelbildlich gleich und nicht deckbar gleich.

Um das Auftreten zusätzlicher Symmetrieelemente zu erkennen, ist folgende Gesetzmäßigkeit wichtig: von den drei Symmetrieelementen: Symmetrieebene, senkrecht daraufstehende zweizählige (allgemein geradzählige) Deckachse und Symmetriezentrum, bedingen je zwei automatisch das Auftreten des dritten Symmetrieelements, wie Abb. 39 für einen figurativen Punkt ohne weiteres erkennen läßt.

d) Achsen der zusammengesetzten Symmetrie (Achsen II. Art), Gyroiden: Inversionsachsen und Drehspiegelachsen

Außer den Achsen einfacher Symmetrie, die wir oben unter b) kennengelernt haben, gibt es noch solche *zusammengesetzter* Symmetrie, wo die Drehung außerdem mit einer Spiegelung verbunden ist; die Fläche ist nach erfolgter Drehung nicht in dieser Lage, sondern in einer spiegelbildlichen realisiert.

Diese Spiegelung erfolgt entweder durch die Wirksamkeit eines Symmetriezentrums *(Inversionsachsen)* oder an einer Spiegelebene senkrecht zur Drehungsachse *(Drehspiegelachsen)*.

Da sich die Wirksamkeit der Drehspiegelachsen ebensogut durch Inversionsachsen erreichen läßt, diese aber aus kristallphysikalischen Gründen den Vorzug verdienen, wollen wir nur letztere Art von Achsen zusammengesetzter Symmetrie hier einführen[1].

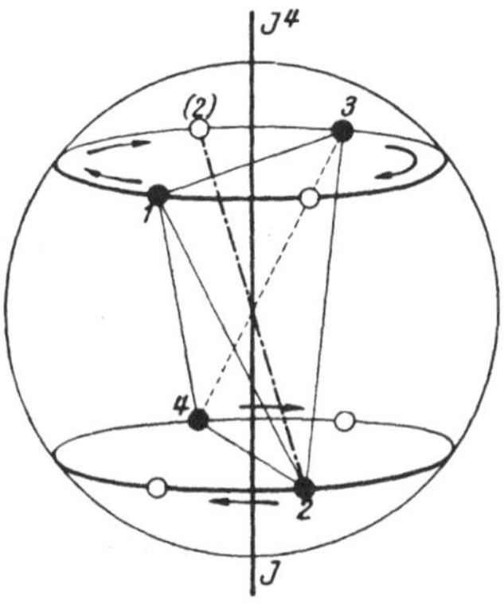

Der Vorgang der Inversionsdrehung sei durch die Abb. 40 für den Fall einer vierzähligen Inversionsachse verdeutlicht, wo an Stelle der Fläche ihr figurativer Punkt auf der Projektionskugel angegeben ist:

Flächenpol *1* bedeute die Ausgangsstellung. Nach einer Vierteldrehung im Uhrzeigersinne käme dieser Flächenpol in die Lage *(2)*, ist dort aber nicht realisiert, sondern zentrischsymmetrisch auf dem unteren Polkreis in 2.

Die Weiterdrehung von *2* um 90° im selben Drehungssinn brächte den Punkt in die angedeutete Lage auf dem unteren Polkreis, doch ist die Fläche wieder erst nach

Abb. 40. Wirkungsweise einer vierzähligen Inversionsachse. Strichpunktierte Linie *(2)* → 2 kennzeichnet die zusätzliche Wirkung der Inversion für den betreffenden Flächenpol; die strichlierte Linie zwischen 3 und 4 hingegen ist die rückwärtige (unsichtbare) Kante des entstandenen tetragonalen Bisphenoids

Spiegelung durch das Symmetriezentrum in *3* auf dem oberen Polkreis vorhanden. In gleicher Weise geht der Punkt *3* nach Drehung und Inversion in den Punkt *4* über, und nach der vierten Vierteldrehung bringt ihn die vierzählige Inversionsachse in die Ausgangslage *1* zurück.

---

[1] Näheres darüber siehe Raaz: Zur Frage der Systematik und Herleitung hexagonaler und trigonaler Kristallklassen. Zugleich ein Wort *für* die Inversionsachse. Zbl. Mineral., Geol., Paläont. (A) 1938, 179 f.

Das Schema Abb. 41 gibt in stereographischer Projektion eine Übersicht über die Wirkungsweise verschiedenzähliger Inversionsachsen (J^n) und ihre allfällige Ersetzbarkeit durch einfache Symmetrieelemente.

Eine zweizählige Inversionsachse J^2 (hier horizontal gelagert) würde eine Flächenverteilung liefern, die der Wirksamkeit einer Symmetrieebene entspricht; J^2 kann daher hier außer Betracht bleiben.

Eine dreizählige Inversionsachse J^3 (besser: eine Inversionsachse mit „Drehungsindex" 3)[1] liefert als Resultat eine Flächenverteilung, die durch eine dreizählige Deckachse A^3 + Zentrum Z erzielt werden kann; die

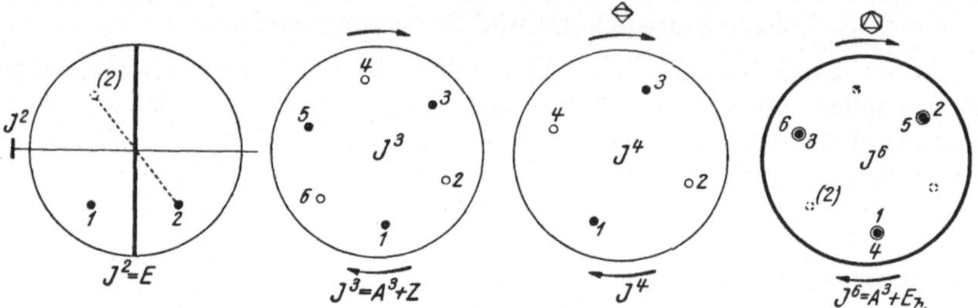

Abb. 41. Die Wirkungsweise der Inversionsachsen und ihre allfällige Ersetzbarkeit bei J^2, J^3 und J^6

Zähligkeit ist aber nicht 3, sondern 6, entsprechend der Anzahl der Deckbewegungen (sechsmal 120⁰!). Zum gleichen Ergebnis führt eine sechszählige Drehspiegelachse.

Eine vierzählige Inversionsachse J^4, wie sie S. 39 in perspektivischer Darstellung gegeben wurde, läßt sich in ihrer Wirkungsweise durch keine andere Kombination von Symmetrieelementen ersetzen; sie liefert im übrigen dasselbe Resultat wie eine vierzählige Drehspiegelachse.

Die sechszählige Inversionsachse J^6 liefert (in Übereinstimmung mit einer dreizähligen Drehspiegelachse) als Ergebnis eine dreizählige Deckachse A^3 + dazu senkrechte Spiegelebene E_h[2].

Folglich wäre lediglich die *vierzählige Inversionsachse* für die weitere Untersuchung notwendig, da sie allein eine neue Flächenkonfiguration liefert, die durch einfache Symmetrieelemente *nicht* erreichbar ist.

Aus Analogiegründen werden wir jedoch neben der vierzähligen Inversionsachse auch die sechszählige Inversionsachse späterhin verwenden, da sie für die Ableitung gewisser Klassen im hexagonalen System zweckmäßig erscheint (vgl. Kapitel VI c).

e) Flächensymmetrie

Die im Kristallbau zum Ausdruck kommenden Symmetrieelemente wirken vervielfältigend in bezug auf eine angenommene Flächenlage, die wir als figurativen Punkt im Projektionsschema festlegen. Liegt der betreffende Flächenpol weder auf einer Symmetrieebene noch auf einer

---

[1] F. RAAZ: Über den Begriff der Zähligkeit bei Symmetrieachsen zweiter Art. N. Jb. Mineral. (Mh.) 1955, 73—76.

[2] Der Index h bedeutet horizontal.

Deckachse, d. h. wird die Fläche weder von einer Symmetrieebene noch von einer Deckachse senkrecht getroffen, dann ist eine solche Fläche ihrer Gestalt nach *asymmetrisch*. In jeder anderen Position weisen die Flächen in ihrer äußeren Form irgendeinen Grad von Symmetrie auf: *Flächensymmetrie:*

Steht eine Fläche senkrecht zu einer Symmetrieebene, dann ist die Einschnittlinie eine Symmetrielinie der Fläche; die beiden Hälften einer solchen Fläche sind zueinander spiegelbildlich, die Fläche ist *monosymmetrisch*. Liegt jedoch ein Flächenpol abseits der Symmetrieebene (d. h. die Fläche besitzt gegen die Symmetrieebene eine Winkelneigung), dann wiederholt sich die Fläche jenseits der Symmetrieebene in spiegelbildlicher Lage.

Wird eine Fläche von zwei Symmetrieebenen senkrecht geschnitten, dann ist sie *disymmetrisch* (sie besitzt zwei Symmetrielinien), bei drei Symmetrieebenen *trisymmetrisch,* bei vier Symmetrieebenen *tetrasymmetrisch* und schließlich, von sechs Symmetrieebenen senkrecht getroffen, *hexasymmetrisch*. Liegt sie jedoch zu keiner dieser Symmetrieebenen senkrecht, dann ist sie asymmetrisch; dafür aber wird sie durch die vorhandenen Spiegelebenen mehrfach wiederholt. Daraus ist ersichtlich, daß der Verminderung der Flächenzahl (Zähligkeit) eine Erhöhung der Flächensymmetrie (Eigensymmetrie) entspricht.

Flächen, die auf einer zweizähligen Deckachse senkrecht stehen, zeigen eine Begrenzungsform, in welcher sich nach einer Winkeldrehung von 180° der gleiche Kantenverlauf ergibt: sie werden als *„dimetrisch"* bezeichnet.

Auf einer dreizähligen Achse senkrecht stehende Flächen sind *trimetrisch*. Und im gleichen Sinne gibt es *tetrametrische* und *hexametrische* Flächen.

Beispiele für diesen hier nur angedeuteten, gesetzmäßigen Zusammenhang von Flächensymmetrie mit dem Symmetriegerüst des Kristalls werden wir bei der systemmäßigen Besprechung im Kapitel VIII zur Genüge kennenlernen.

f) Ätzfiguren, ein Hilfsmittel zur Feststellung der Flächensymmetrie

Schon in der Einleitung (S. 4) wurde hervorgehoben, daß die polyedrische Gestalt der Kristalle, wie sie sich als Resultat des Wachstumsvorganges offenbart, der augenfälligste Ausdruck der Anisotropie kristallisierter Substanz ist. Auch der inverse Vorgang — *die Auflösung des Kristalls* — ist aus denselben Ursachen ebenfalls ein anisotropes Phänomen, das sich gleichermaßen symmetriebedingt äußern muß. Es handelt sich hier im besonderen um die Erscheinung der „Ätzung" von Kristallflächen, was zu charakteristischen sog. *Ätzfiguren* führt. Darunter versteht man Lösungserscheinungen, hervorgerufen durch künstlich herbeigeführten Angriff eines Lösungsmittels.

In Abb. 42 sind die rhombenförmigen Spaltflächen von Calcit und Dolomit gezeigt (Rhomboederflächen s. S. 90 und ff.), die mit Ätzfiguren bedeckt sind. Wie wir später hören werden, ist die Rhomboederfläche des

Calcits *monosymmetrisch,* jene des Dolomits jedoch *asymmetrisch.* Die
äußere Form der gezeigten Flächen würde infolge Fehlens von entsprechenden Nachbarflächen den beim Dolomit verminderten Grad der Flächensymmetrie geometrisch nicht erkennen lassen, wenn nicht die Symmetrie
der Ätzfiguren darüber Aufschluß geben würde. Die Gestalt der Ätzfiguren bei diesen beiden rhomboedrischen Karbonaten demonstriert
jedoch die bestehenden Symmetrieverhältnisse in überzeugender Weise. Ätzfiguren besitzen in allen Fällen die Symmetrie der angeätzten Fläche. Das erhellt
aus folgendem:

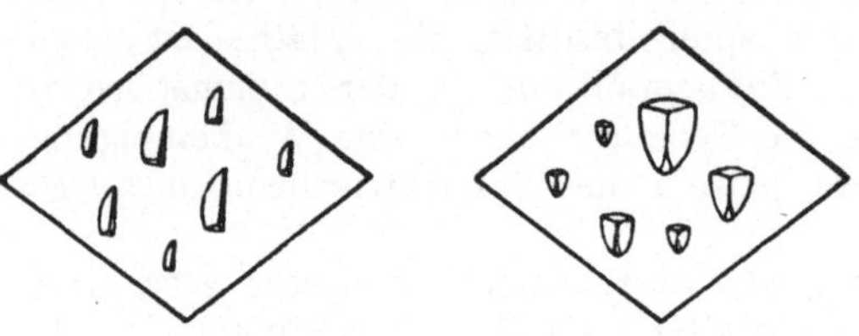

Abb. 42. Ätzfiguren auf den Rhomboederflächen
von Calcit (rechts) und Dolomit (links)

Die Flächen des Kristalls, die sich als Endkörper des Wachstums herausgebildet haben, sind offensichtlich die stabilsten; sie werden daher auch dem Lösungsangriff den
größten Widerstand entgegensetzen. Nun ist aber kein Kristall völlig
fehlerfrei entwickelt, immer werden sich auf seinen Begrenzungsflächen
irgendwelche Störungsstellen finden, die dem Angriff eines Lösungsmittels besonders günstig sind. An solchen Fehlstellen kann das Lösungsmittel — es darf kein zu heftig reagierendes sein — wirksam eingreifen
und wird Lösungsflächen erzeugen, die der Lage nach hochindizierten, zur
Hauptfläche wenig geneigten Flächenelementen entsprechen. Die Abb. 43
soll von diesem Vorgang eine Vorstellung vermitteln. Bei weiterem Fort-

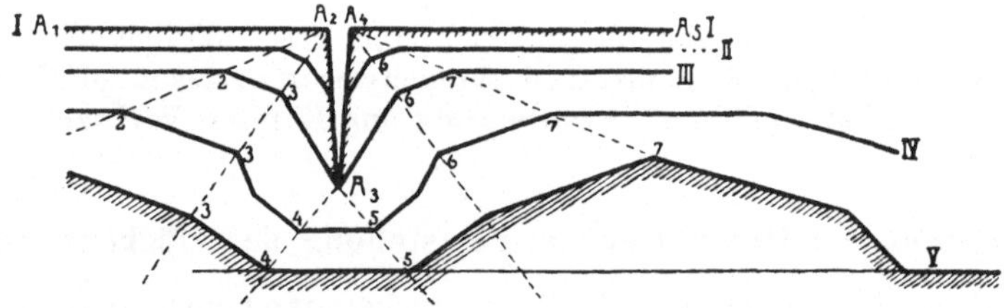

Abb. 43. Mechanismus der Ätzung (nach R. Gross: Abh. Sächs. Ges. Wiss. *35,* 183)

schreiten des Lösungsvorganges stellen sich auch steiler liegende Flächen
ein, denen dann einfachere Indices zukommen. So entstehen im ganzen
Ätzgrübchen, die von kristallographisch möglichen Flächen begrenzt sind.
Es ist daher verständlich, daß die Symmetrie der Ätzfiguren der Symmetrie des Kristallkörpers entspricht und sie im besonderen durch
ihre Formgebung die *Eigensymmetrie* der geätzten Ausgangsfläche widerspiegeln.

Bisher wurde nur die Bildung von Ätzgrübchen erwähnt. Es ist aber
einleuchtend, daß bei genügend weit fortgeschrittener Ätzung die Ver-

tiefungen an Umfang immer mehr zunehmen, so daß schließlich die übrigbleibenden Erhabenheiten der angeätzten Fläche, die *Ätzhügel,* das charakteristische Relief ausmachen (s. die durch Schraffierung hervorgehobene, untere Konturlinie der Abbildung). Die Ätzhügel können natürlich in gleicher Weise wie die Ätzgrübchen zur Bestimmung der Symmetrie Verwendung finden.

V. Entwicklung der Kristallklassen auf Grund der fünf Prinzipien der Formbildung (fünf einfache Stufen der Symmetrie)

Es ist nun die Frage zu untersuchen, in welcher Art und Weise die besprochenen Symmetrieelemente kombiniert auftreten können. Schon gelegentlich der Erläuterung der Deckachsen wurde auf die Möglichkeit der Kombination mehrerer solcher Drehungsachsen verwiesen. Die mathe-

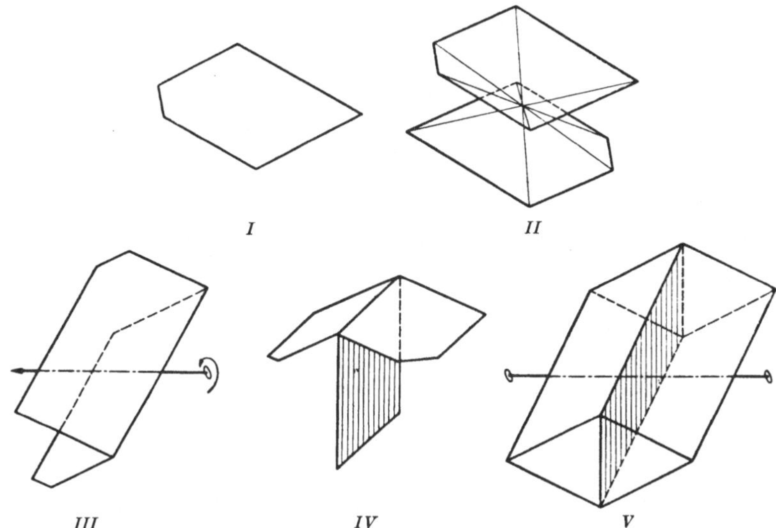

Abb. 44. Die fünf kristallographischen Urformen (nach F. Rinne): I Pedion; II Pinakoid; III Sphenoid; IV Doma; V Prisma

matische Untersuchung lehrt, daß gleichwertige Achsen nur unter folgenden Winkelwerten auftreten können:

Gleichwertige zweizählige Achsen: unter 60^0, 90^0, 120^0 und 180^0 (die Kombination zweier polarer Achsen unter 180^0 bedeutet, daß die Achse dann bipolar ist).

Gleichwertige dreizählige Achsen: unter $70^0\,31'\,44''$ bzw. $109^0\,28'\,16''$ (das sind die Richtungen der Raumdiagonalen eines Würfels) und 180^0.

Gleichwertige vierzählige Achsen: unter 90^0 und 180^0.

Gleichwertige sechszählige Achsen: nur unter 180^0 (d. h. immer in der Einzahl, eventuell bipolar).

Es könnte den Anschein erwecken, als ob die Kombinationsbildung unter Heranziehung der weiteren Symmetrieelemente (Symmetrieebene und Zentrum) noch immer eine ungeheure Zahl von Möglichkeiten liefere; dem ist aber nicht so.

Im ganzen lassen sich nur 32 solche Möglichkeiten finden, sofern die Grundgesetze der Kristallographie beachtet werden. Diese 32 Kombinationsmöglichkeiten nennen wir die *Klassen der Symmetrie.*

Jede dieser Symmetrieklassen bedeutet also ein wohldefiniertes Symmetriegerüst, das dem Formenreichtum der Kristallwelt der betreffenden Gruppe zugrunde liegt und dessen Symmetrieverhältnisse beherrscht. Die zu einem solchen Symmetriegerüst vereinigten Symmetrieelemente des makroskopischen Kristallbaues gehen sämtlich durch einen einzigen Punkt, weshalb man in der phänomenologischen Kristallographie von „Punktsymmetrieelementen" spricht.

G. Tschermak hat ein einfaches, ordnendes Prinzip für die Entwicklung der 32 Symmetrieklassen angegeben, das wir hier zur Anwendung bringen wollen. Es sind dies die fünf einfachen *Stufen der Symmetrie*; ihnen entsprechen hinsichtlich der Flächenanordnung die fünf kristallographischen „Urformen" (nach Rinne), s. Abb. 44.

Stufe I. Kein Symmetrieelement. Jede Fläche ist in ihrer Art nur einmal am Kristall vertreten (das *Pedion*).

Stufe II. Wirksamkeit des Symmetriezentrums. Zu *jeder* Fläche muß eine parallele Gegenfläche vorhanden sein (das *Pinakoid*).

Stufe III. Wirksamkeit einer A^2 (polar). Die Fläche wird durch die zweizählige Deckachse in eine um 180^0 gedrehte Lage übergeführt, so daß der Form nach ein Keil entsteht (das *Sphenoid*).

Stufe IV. Die Symmetrieebene wirkt: Die Fläche wird an ihr gespiegelt; es entsteht ein zweiflächiges Dach spiegelbildlich gleicher Flächen (das *Doma*).

Stufe V. Zwei der vorgenannten Prinzipien II, III, IV kommen zur Wirkung, beispielsweise IV und II: Zu den beiden Flächen des Domas ergeben sich durch das Symmetriezentrum noch ihre parallelen Gegenflächen. Eine vierflächige Form entsteht (das *Prisma*).

Die Herleitung nach diesen fünf Prinzipien der Formbildung der Kristalle könnte man im Anschluß an Becke-Boldyrew (vgl. H. Tertsch[1]) bezeichnen als Stufen:

I	II	III	IV	V
polar	zentrisch	axial	planal	planaxial[2]

Diese fünf einfachen Stufen treten im Bau höher symmetrischer Kristalle immer wieder auf, z. B. in Kombination mit einer dreizähligen Deckachse, die wir als beherrschendes Symmetrieelement vertikal stellen wollen (Hauptachse).

---

[1] Tertsch: Zbl. Mineral., Geol., Paläont. (A) 1936, 165.
[2] Durch Vereinigung der Prinzipe IV und III.

Abb. 45 gibt das Entwicklungsschema in stereographischer Projektion wieder:

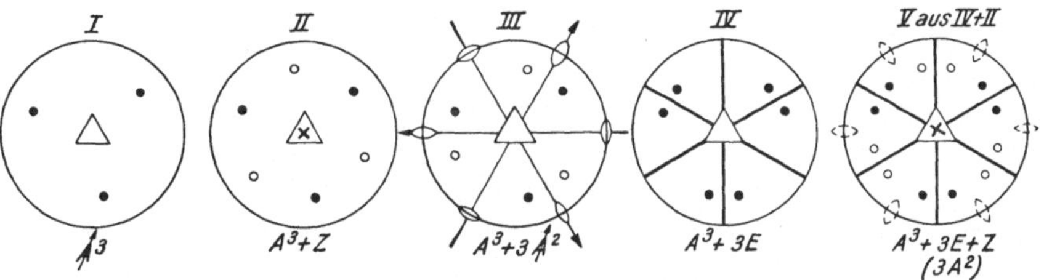

Abb. 45. Die Symmetrieklassen des *trigonalen* (rhomboedrischen) Systems, nach den fünf Stufen Tschermaks abgeleitet

Ausgegangen wird zunächst von einer polaren A^3 (Stufe I).

Bei Stufe II kommt das Zentrum zur Anwendung, wodurch die polare A^3 ihre Polarität verliert und sich drei parallele Gegenflächen auf der Unterseite des Kristalls ergeben. Sie sind in dieser schematischen Darstellung vom N-Pol aus auf die Äquatorebene projiziert, da sie sonst außerhalb des Grundkreises zu liegen kämen; es sind also hier gleichsam zwei Projektionsbilder (vom S-Pol und vom N-Pol aus) übereinandergelegt.

In Stufe III wird die Kombination von Stufe I mit einer zweizähligen polaren Deckachse angewendet, die senkrecht zur Hauptachse angenommen wird; sie muß sich infolge der dreizähligen Hauptachse dreimal wiederholen.

Stufe IV zeigt die Kombination mit der Symmetrieebene, die vertikal verläuft (durch die Hauptachse gelegt); auch sie kann nicht allein bestehen bleiben, sondern wiederholt sich entspechend dem dreizähligen Rhythmus, den die Hauptachse bestimmt.

Stufe V: Die Konfiguration der Flächenpole nach IV wird durch Hinzutreten des Symmetriezentrums auf die Unterseite des Kristalls gespiegelt. Auf Grund der Regel Kapitel IV c (Schlußabsatz) muß senkrecht zu jeder der drei Symmetrieebenen infolge des Zentrums eine zweizählige Deckachse als zusätzliches Symmetrieelement auftreten.

Ganz analog läßt sich nun die Entwicklung auch für eine vier- und sechszählige Hauptachse durchführen.

Was die zweizählige Achse als vertikale (Haupt-) Achse anbelangt, so zeigt sich, daß Stufe I diese zunächst polar angenommene Achse ($\uparrow A^2$) allein bestehen läßt. Das gibt also nichts Neues, denn es entspricht dem Prinzip III der Urformen (wo diese $\uparrow A^2$ horizontal verläuft).

Die Entwicklung nach Stufe II läßt das Zentrum hinzutreten, also stellt sich automatisch auch eine horizontale Symmetrieebene ein ($\uparrow A^2 + {} + Z = A^2 + Z + E$). Das ist aber bereits im Prinzip V der Urformen verwirklicht (wo die Symmetrieebene vertikal gestellt ist).

Somit fallen für eine vertikale A^2 die Stufen I und II weg und die Entwicklung fängt erst bei Stufe III an (III, IV und V).

VI. Die 32 Kristallklassen
in ihrer Gruppierung auf sieben Abteilungen (Kristallsysteme)

Die 32 Kristallklassen lassen sich nach der Art ihres Zonenverbandes und — dadurch bedingt — nach dem Typus ihres Achsensystems übersichtlich in sieben Abteilungen gruppieren: Wir nennen sie *„Kristallsysteme"*.

a) Hauptzonenverband: Neunzonensystem

Der Zusammenhang von Zonenverband und Achsenkreuz wird ohne weiteres verständlich, wenn wir uns erinnern, daß drei ausgewählte Flächen am Kristall, die somit drei Zonen bestimmen, als Endflächen angenommen werden; die Zonenachsen (als Richtung der Schnittkanten) stellen das Achsenkreuz dar.

Nehmen wir den allgemeinsten Fall, wo keine senkrecht aufeinander stehenden Flächen zur Verfügung stehen, als Grundlage unserer Betrachtung (s. Abb. 46).

Zwei dieser ausgewählten „Achsenflächen" legen wir in den Grundkreis der stereographischen Projektion: Längsfläche L in den Ausgangspunkt der Azimutzählung (rechts am Grundkreis: Nullmeridian!), die Querfläche Q unter dem Azimutwinkel φ (der von 90^0 verschieden ist).

Die Basisfläche B wird (eventuell nach Konstruktionsangabe im Kapitel III b, S. 35) eingetragen.

Die durch die drei Endflächen Q, L, B bestimmten Zonen (in der Zeichnung stark ausgezogen) stellen die *Achsenzonen* dar: hierdurch ist in unserem Falle ein schiefwinkeliges Achsenkreuz festgelegt, mit den Achsenwinkeln α, β, γ (vgl. Kapitel I c, S. 8).

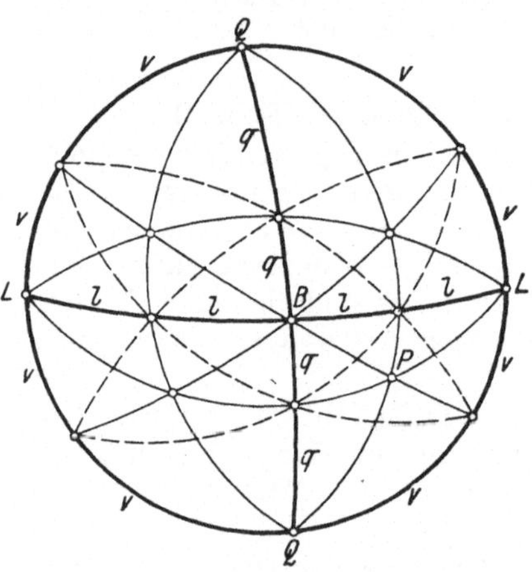

Abb. 46. Das Hauptzonensystem (Neunzonensystem): ▬▬ Achsenzonen, ── primäre Radialzonen, ──── Dreiprismenzonen. B Basis; Q Querfläche; L Längsfläche; P Pyramidenfläche; v Zone der Vertikalprismen (aufrechte Prismen); q Zone der Querprismen; l Zone der Längsprismen

Zur Bestimmung des Grundparameterverhältnisses $a : b : c$ ist noch eine vierte Fläche P erforderlich, die alle drei Achsen schneidet (Pyramidenfläche), also auf keiner der drei Achsenzonen liegen darf; denn Flächen dieser Zonen (v, q, l in Abb. 46) sind Prismenflächen, die nur jeweils zwei Parameterwerte liefern. Nach Eintragung von P können wir eine Reihe anderer Zonen einzeichnen (s. Abb. 46).

Durch die Einheitspyramide P gehen drei weitere ausgezeichnete Zonen. Sie verbinden die Einheitspyramide jeweils mit einer der drei Endflächen (im Schnitt zweier Achsenzonen) und liefern im Schnittpunkt mit der dritten Achsenzone ein primäres Prisma: (110), (101) oder (011).

Diese Zonen, welche von einer Endfläche über die Einheitspyramide zu einem primären Prisma führen, nennen wir *primäre Radialzonen*.

Im ganzen sind sechs solcher primärer Radialzonen am Kristall vorhanden. Die drei Achsenzonen mit den sechs primären Radialzonen bilden das charakteristische *„Neunzonensystem"*.

Außerdem sind die sog. „Dreiprismenzonen" von Bedeutung. Die drei Arten von primären Prismen — aufrechtes, Quer- und Längsprisma (des benachbarten Quadranten) — liegen in einer Zone (in der Abbildung strichliert gezeichnet).

Erkennen wir demnach an einem Kristall das Vorhandensein dieses Zonenverbandes, so läßt sich das dritte Prisma sofort als primär indizieren, wenn die beiden anderen als primär angenommen wurden oder als solche mit Hilfe der primären Radialzonen bestimmt sind.

Die durchgeführte Zonenrechnung bestätigt die Richtigkeit dieser Behauptung.

b) Die sieben Kristallsysteme

In dem vorliegenden Beispiel (Abb. 46) handelt es sich um das *trikline Kristallsystem*, mit einem schiefwinkeligen Achsenkreuz verschieden langer Grundparameter a, b und c.

Dieses trikline System wird gebildet von den beiden Tschermakschen Stufen I und II, s. Tab. 1 (oberste Horizontalreihe); sie liefern (für sich allein, ohne Kombination mit anderen Symmetrieelementen) ein Zonenschema nach Abb. 46.

Die Stufe III ist durch die zweizählige (polare) Deckachse $\uparrow A^2$ charakterisiert. Sie ist an sich auch eine mögliche Zonenachse. Der Zonenkreis, dessen Ebene auf dieser Achse senkrecht steht, verläuft in der Projektion geradlinig durch den Mittelpunkt des Projektionsbildes (genau so wie in Tab. 1 bei Stufe IV die dort eingezeichnete Symmetrieebene). Wir bezeichnen eine solche Zone als *Medianzone*. Die $\uparrow A^2$ ist gleichzeitig ihre Zonenachse: alle Kanten der Medianzone sind ihr parallel (vgl. die Abb. 57 von Rohrzucker).

Für die Stufe IV ist die Symmetrieebene (in der Lage der Medianzonenebene) das kennzeichnende Merkmal.

Die Stufe V enthält alle drei Symmetrieelemente kombiniert, da — wie S. 39 ausgeführt — entsprechend der Herleitung „planaxial" die Verbindung der zweizähligen Deckachse (Prinzip III) mit der Symmetrieebene (Prinzip IV) automatisch ein Symmetriezentrum hinzutreten läßt.

Diese drei Stufen — III, IV und V — weisen das gemeinsame Merkmal auf, daß ihre Zonenschemata durch das Auftreten einer Medianzone ausgezeichnet sind, deren Ebene in Stufe IV und V Symmetrieebene ist.

Die einfachen Symmetriestufen III bis V werden als eigenes Kristallsystem zusammengefaßt: das *monokline* System. Denn die durch den Zonenverband bedingten Kristallachsen weisen einen schiefen Winkel β auf, wie das bereits im einleitenden Kapitel I c, S. 8, für den Orthoklaskristall erläutert wurde: die y-Achse wird in der Richtung der zweizähligen Deckachse angenommen (bzw. in Stufe IV senkrecht zur Symmetrieebene); die beiden anderen Achsen aber in der Ebene der Medianzone (in Stufe IV und V gleichzeitig Symmetrieebene). Dabei stellt man eine ausgeprägte Zone vertikal (Querfläche im Schnittpunkt von Medianzone mit dem Grundkreis), damit die z-Achse im Mittelpunkt des Projektionsbildes aussticht. Schließlich wird durch die Auswahl einer Basisfläche in der Medianzone (die in diesem System gegenüber der Horizontalebene naturgemäß einen Winkel bilden wird) die Lage der geneigten x-Achse bestimmt, die mit der z-Achse den Winkel β bildet.

So haben wir gezeigt, daß die fünf einfachen Stufen der Symmetrie an sich schon zwei Kristallsysteme ergeben: das *trikline* und das *monokline* System.

Nun gehen wir über zur Kombination von zwei-, drei-, vier- und sechszähligen Deckachsen (die wir vertikal stellen) mit den Symmetrieprinzipien der Stufen I bis V, wie das bereits im voranstehenden Kapitel für die dreizählige Hauptachse entwickelt wurde. Dort haben wir auch bereits vermerkt, daß die Kombination einer (aufrechten) zweizähligen Deckachse nach dem Prinzip I und II keine neuen Ergebnisse liefern würde, sondern daß die polare Herleitung zu monoklin III und die zentrische Herleitung zu monoklin V führt (wobei dort die zweizählige Deckachse als Achse der vertikal stehenden Medianzone *horizontal* verläuft).

Erst die Stufen III, IV und V liefern neue Symmetriegerüste (s. Tab. 1, zweite Horizontalreihe von oben):

Stufe III ergibt durch Annahme einer zweiten (horizontalen) Deckachse entsprechend der Regel über die Kombination von Deckachsen (S. 38) drei senkrecht aufeinander stehende zweizählige Drehungsachsen, die gleichzeitig Zonenachsen sind; wir wählen sie als rechtwinkeliges Achsenkreuz.

Nach Prinzip Stufe IV (s. Abb. 64) tritt zur bestimmenden vertikalen $\uparrow A^2$ eine durch sie hindurchgelegte vertikale Symmetrieebene hinzu; eine auf dieser senkrecht stehende zweite vertikale Symmetrieebene stellt sich automatisch ein. Auch hier ist die Auswahl eines rechtwinkeligen Achsenkreuzes möglich ($\uparrow A^2$ gilt als z-Achse, die beiden Normalen auf den Symmetrieebenen liefern als prädestinierte Zonenachsen die x- und y-Achse).

Und ebenso ist es in Stufe V, wo die drei aufeinander senkrecht stehenden Deckachsen (wie in Stufe III) das Achsenkreuz festlegen. Somit haben diese drei Stufen (III, IV und V) das Gemeinsame an sich, drei senkrecht aufeinanderstehende Zonen zu besitzen, die das rechtwinkelige Achsenkreuz ergeben: mit drei verschiedenen Grundparameterwerten a, b und c. Diese drei Stufen bilden zusammen das *rhombische* Kristallsystem. „Rhombisch“ heißt es, weil die in diesem System auftretende Einheitspyramide einen rhombischen Querschnitt liefert; siehe die rhombische Doppelpyramide Abb. 15 (vgl. ebenso in Stufe III den rhombischen Querschnitt der rhombischen Bisphenoide, Abb. 65).

Dieses rhombische System hatten wir bereits in unseren einleitenden Betrachtungen bei der Entwicklung des Parametergesetzes und der Charakterisierung der Flächenarten als besonders einfachen Fall als Beispiel herangezogen.

Das *trikline System* hat, wie wir gesehen, ein Achsenkreuz mit drei schiefen Winkeln α, β, γ, das *monokline System* ein solches mit nur einem schiefen Winkel β und das *rhombische System* hat gar keinen schiefen Winkel mehr, sondern alle drei Achsen stehen aufeinander senkrecht.

In allen drei Systemen aber liefert die Einheitspyramide drei verschieden lange Grundparameterwerte auf den Kristallachsen: ihr Achsenverhältnis ist daher $a : b : c$ bzw. $a : 1 : c$.

Soweit die drei niedrigsymmetrischen Kristallsysteme. Die folgenden drei Systeme (s. Tab. 1) sind ausgezeichnet durch eine höherzählige Deckachse (drei-, vier- und sechszählig) und werden entsprechend dieser Hauptachse als *trigonales, tetragonales* und *hexagonales System* bezeichnet[1].

Über die besondere Wahl des Achsenkreuzes im trigonalen und hexagonalen System siehe die Einzelbesprechung im Kapitel VIII; ebenso wird dort das kennzeichnende Zonenschema besprochen werden. Diese drei Systeme werden infolge ihres durch die Hauptachse bestimmten Symmetrierhythmus als *„wirtelige"* Systeme bezeichnet.

Das tetragonale System läßt sich am einfachsten vom rhombischen System ableiten, indem die Achsenabschnitte auf dem hier sich ergebenden, ebenfalls rechtwinkeligen Achsenkreuz ein Grundparameterverhältnis $a : a : c$ (oder kurz $a : c$ bzw. $1 : c$) liefern: die x- und y-Achsen sind also entsprechend dem vierzähligen Drehungsrhythmus der Hauptachse gleichwertig und ihre Einheitsabstände gleich lang geworden.

Schließlich gibt es noch ein siebentes Kristallsystem (unterste Horizontalreihe der Tab. 1), das *kubische* oder *tesserale System*. Dieses ist charakterisiert durch das Auftreten mehrerer dreizähliger Deckachsen, die entsprechend der Kombinationsmöglichkeit solcher Achsen (s. S. 43) wie die vier Raumdiagonalen eines Würfels verlaufen (oktantenweise dreizähliger Baurhythmus!); in Stufe III und V dieses Systems treten in den Würfelflächennormalen auch drei vierzählige Deckachsen auf (die in den anderen Stufen dieses Systems nur zweizählig sind).

c) Kristallklassen mit centrogyroidaler Herleitung

Bis jetzt haben wir lediglich Achsen der einfachen Symmetrie zur Erzeugung von Symmetrieklassen herangezogen. Es bleibt noch zu untersuchen, inwieweit auch die im Teilkapitel IV d besprochenen *Inversionsachsen* zu neuen Ergebnissen führen. Schon an dortiger Stelle wurde hervorgehoben, daß als einzige dieser Achsen zweiter Art die vierzählige Inversionsachse zu einer neuen Flächenverteilung führt, die mit Hilfe der einfachen Symmetrieelemente nicht erreicht werden kann.

Betrachten wir also jene J^4 und versuchen wir, auch diese in der üblichen Weise mit den Tschermakschen Symmetrieprinzipien der Stufen I bis V zu kombinieren. Diese *„centrogyroidale"* Herleitung führt in der Tat in einzelnen Fällen zu neuartigen Symmetrieklassen, die wir zum

---

[1] Wir werden Veranlassung haben, das trigonale System als „rhomboedrisches" zu bezeichnen und nach dem hexagonalen — als Übergang zum kubischen — zu reihen.

Tabelle 1. Die Symmetrie

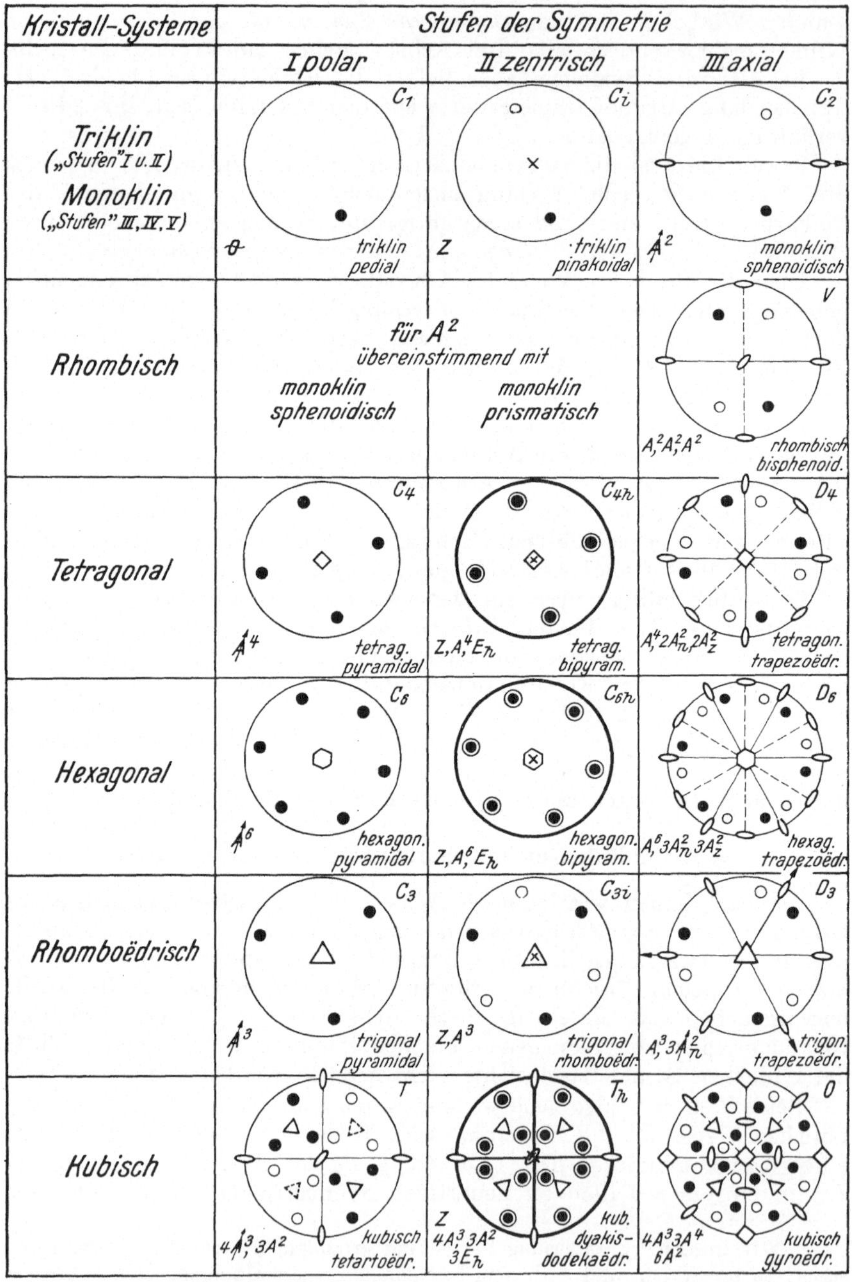

Kristall-Systeme	Stufen der Symmetrie		
	I polar	II zentrisch	III axial
Triklin ("Stufen" I u. II) **Monoklin** ("Stufen" III, IV, V)	C_1 θ triklin pedial	C_i Z triklin pinakoidal	C_2 A^2 monoklin sphenoidisch
Rhombisch	für A^2 übereinstimmend mit monoklin sphenoidisch	monoklin prismatisch	V $A^2A^2A^2$ rhombisch bisphenoid.
Tetragonal	C_4 A^4 tetrag. pyramidal	C_{4h} Z, A^4, E_h tetrag. bipyram.	D_4 $A^4, 2A_n^2, 2A_z^2$ tetragon. trapezoëdr.
Hexagonal	C_6 A^6 hexagon. pyramidal	C_{6h} Z, A^6, E_h hexagon. bipyram.	D_6 $A^6, 3A_n^2, 3A_z^2$ hexag. trapezoëdr.
Rhomboëdrisch	C_3 A^3 trigonal pyramidal	C_{3i} Z, A^3 trigonal rhomboëdr.	D_3 $A^3, 3A_n^2$ trigon. trapezoëdr.
Kubisch	T $4A^3, 3A^2$ kubisch tetartoëdr.	T_h $Z, 4A^3, 3A^2, 3E_h$ kub. dyakis-dodekaëdr.	O $4A^3, 3A^4, 6A^2$ kubisch gyroëdr.

der 32 Kristallklassen

Stufen der Symmetrie			
IV planal	**V planaxial**	**Ia invert**	**IVa planinvert**

IV planal

C_s

E — monoklin domatisch

$\overset{A^2}{\cdot}E,E$ — rhombisch pyramidal

$\overset{A^4}{\cdot}2E_n\,2E_z$ — ditetrag. pyramidal

$\overset{A^6}{\cdot}3E_n\,3E_z$ — dihexag. pyramidal

$\overset{A^3}{\cdot}3E_n$ — ditrigon. pyramidal

C_{2v}

C_{4v}

C_{6v}

C_{3v}

T_d

$4\overset{A^3}{\cdot}3A^2\,6E_n$ — kub. hexakis-tetraëdr.

V planaxial

C_{2h}

$Z,A_n^2\,E$ — monoklin prismatisch

V_h

Z,A^2,A^2,A^2 E,E,E — rhombisch bipyramidal

D_{4h}

Z $A_v^4\,2A_n^2\,2A_z^2$ $E_h\,2E_n\,2E_z$ — ditetrag. bipyramidal

D_{6h}

Z $A_v^6\,3A_n^2\,3A_z^2$ $E_h\,3E_n\,3E_z$ — dihexag. bipyramidal

D_{3d}

Z,A^3 $3A_n^2,3E_n$ — ditrigon. skalenoëdr.

O_h

$4A_v^3\,3A_v^4\,6A^2$ $Z,3E_h,6E_n$ — kub. hexakis-oktaëdr.

Ia invert

S_4

J^4 — tetrag. bisphenoid.

C_{3h}

$J^6=A^3+E_h$ — trigonotyp bipyramidal

IVa planinvert

V_d

$J^4(\sim A^2)$ $2A_n^2\,2E_z$ — tetrag. skalenoëdr.

D_{3h}

$J^6=A^3+E_h$ $3A_z^2\,3E_n$ — ditrigonotyp bipyramid.

Zeichenerklärung:

$\times$ = Symmetriezentrum (Z)

$\left.\begin{array}{c}\text{---}\\\text{---}\end{array}\right\}$ = Symmetrieebene (E)

0 = zweizählige Deckachse (A^2)

$\triangle$ = dreizählige „ (A^3)

$\diamond$ = vierzählige „ (A^4)

$\bigcirc$ = sechszählige „ (A^6)

⬗ = vierzählige Jnversionsachse (J^4)

⬡ = sechszählige „ $(J^6=A^3+E_h)$

Zeichenerklärung:

Polare Deckachsen sind durch einen Pfeil ($\uparrow$) gekennzeichnet

Jndex:

h = horizontal (E), bzw. Haupt- (E)

n = Neben $-(A$ oder $E)$

z = Zwischen $-(A$ oder $E)$

● = Flächenpol d. Oberseite

○ = „ „ d. Unterseite

$C_2, D_6 \ldots$ = Schoenflies'sches Symbol der Kristallklassen.

Unterschied von jenen der einfachen Drehsymmetrie als I a usw. bezeichnen wollen.

Stufe I a. Die J^4 allein ist wirksam: die Flächenverteilung haben wir bereits kennengelernt (Entwicklungsschema Abb. 40): es entsteht ein Doppelkeil, ein *tetragonales Bisphenoid,* analog dem rhombischen Bisphenoid (Abb. 65).

Stufe II a. Die J^4 ist außerdem noch mit einem Symmetriezentrum zu kombinieren: dadurch tritt zu jeder Fläche des Bisphenoids eine parallele Gegenfläche; es entsteht die Flächenverteilung wie in Stufe II des tetragonalen Systems (s. Tab. 1). Diese Herleitung liefert also *nichts Neues*.

Stufe III a. Das Projektionsschema von I a ist mit einer horizontalen zweizähligen Deckachse zu kombinieren. Legen wir sie beispielsweise in die Richtung der kristallographischen y-Achse! Da nach einer Vierteldrehung bereits Deckstellung erzielt werden muß, tritt die A^2 in der Zweizahl (unter dem Winkel 90^0) auf; außerdem haben sich winkelhalbierend zwei diagonal verlaufende vertikale Symmetrieebenen eingestellt (s. Tab. 1, bei IV a).

Stufe IV a. Legen wir durch die J^4 eine (vertikale) Symmetrieebene, beispielsweise diagonal. Sie muß infolge der J^4 nach 90^0-Drehung nochmals auftreten. Überdies haben sich in der Richtung der horizontalen kristallographischen Achsen zwei diagonale Achsen (Digyren) eingestellt: es ergibt sich somit dasselbe Resultat, das wir unter III a erhielten.

Stufe V a. Fügen wir zu dem Ergebnis von IV a noch das Symmetriezentrum hinzu, so erhalten wir das Symmetrieschema der Stufe V, also *nichts Neues.*

Als Ergebnis unserer Untersuchung haben wir somit zwei neue Kristallklassen gewonnen: I a und IV a (letztere mit III a identisch).

Die Herleitung von I a wollen wir (nach TERTSCH, l. c.) als tetragyrisch-„*invert*" und jene von IV a als -„*planinvert*" bezeichnen.

Nun versuchen wir noch die Entwicklung mit einer sechszähligen Inversionsachse, obgleich eine solche auch durch $A^3 + E$ ersetzt werden kann (s. Kapitel IV d, S. 40).

Auch hier führt nur die Herleitung nach Prinzip I a (hexagyrisch-invert) und nach IV a (hexagyrisch-planinvert) zu analogen neuen Kristallklassen (III a ist wieder gleichbedeutend mit IV a).

Es erhebt sich noch die Frage, warum wir diese zwei Symmetrieklassen (hexagonal I a und IV a) nicht besser als „trigonal" bezeichnen, da sie doch eine dreizählige Hauptachse besitzen.

Manche Autoren (z. B. GROTH: Physikalische Kristallographie) rechnen sie auch tatsächlich zum trigonalen System.

Strukturtheoretische Gründe sowie die Symmetrieergebnisse bei Röntgendurchstrahlungen (LAUE-Aufnahmen) sprechen jedoch für die Zuteilung dieser zwei Symmetrieklassen zum hexagonalen System[1], wie dies schon TSCHERMAK, BECKE und RINNE vorschlugen und eingeführt haben.

---

[1] Siehe RAAZ: Zur Frage der Systematik und Herleitung hexagonaler und trigonaler Kristallklassen. Zbl. Mineral., Geol., Paläont. (A) 1938, 173—185.

So haben wir also zu den 28 Kristallklassen auf Grund „gyrischer" Herleitung noch weitere vier Klassen durch *centrogyroidale* Entwicklung gewonnen: zwei tetragonale Klassen I a und IV a und in völliger Analogie dazu zwei hexagonale Klassen I a und IV a (s. Tab. 1).

Weitere Kombinationen sind geometrisch und kristallographisch undenkbar: es gibt somit nur *32 mögliche Kristallklassen,* die schon von J. F. C. HESSEL 1830 erkannt wurden.

VII. Bezeichnungsweise der Kristallklassen

a) Die Schoenfliesschen Symbole

Die SCHOENFLIESSche Bezeichnungsweise der Kristallklassen, die auch heute noch eine viel gebrauchte Symbolisierung darstellt, benutzt zur Klassenbezeichnung einen Großbuchstaben in lateinischen Lettern, dem (abgesehen von zwei Klassen des kubischen Systems) noch ein kennzeichnender Index beigefügt ist; dieser wird tiefgestellt dem Großbuchstaben angehängt. So werden die sogenannten *cyklischen* Gruppen — das sind die Kristallklassen (Punktsymmetriegruppen) mit einer einzelnen Drehungsachse — mit C bezeichnet, wobei die Indexziffer die Zähligkeit der Achse angibt. Es ist nach dem System von TSCHERMAK jeweils die unterste Stufe der betreffenden Kristallsysteme: C_1, C_2, C_3, C_4, C_6.

C_1 bedeutet somit die triklin-pediale Klasse nach GROTH (triklin I nach TSCHERMAK), die formal auf Grund einer einzähligen Drehungsachse ableitbar wäre.

C_2 ist die monoklin-sphenoidische Klasse (monoklin III), die nur diese einzige (polare) Drehungsachse besitzt: $\uparrow A^2$.

C_3 bezeichnet die trigonal-pyramidale Klasse (rhomboedrisch I) mit einer $\uparrow A^3$, und analog ist es bei C_4 und C_6.

Den cyklischen Gruppen stehen die *Diëdergruppen* gegenüber. Es sind jene, die außer der charakteristischen Hauptachse (die durch die Indexziffer gekennzeichnet ist) noch senkrecht darauf stehende zweizählige Nebenachsen besitzen. Wir erhalten so D_2, D_3, D_4, D_6, also immer die Stufe III in den entsprechenden Systemen: rhombisch-bisphenoidisch, trigonal-, tetragonal- und hexagonal-trapezoedrisch. Statt D_2 wird auch das Symbol V gebraucht: „Vierergruppe", nach der Vierzahl gleichwertiger Flächen bei der allgemeinsten einfachen Form: denn in dieser Klasse ist keine der drei zweizähligen Achsen vor den andern ausgezeichnet.

Unter Zuhilfenahme der beiden Grundbezeichnungen C und D wird (abgesehen vom kubischen System) die Mehrzahl der übrigen Klassen gekennzeichnet, indem man zur Symbolisierung vorhandener Symmetrieebenen noch ein h bzw. v dem Zähligkeitsindex beifügt: h für die horizontale (Haupt-) Symmetrieebene, v für das Vorhandensein vertikaler, durch die Hauptachse gelegter Symmetrieebenen. Nur wenn letztere den Winkel zwischen gleichwertigen zweizähligen Nebenachsen symmetrisch teilen, wird zur Bezeichnung solcher „diagonal" verlaufender Symmetrieebenen statt v das Symbol d gewählt.

Im kubischen System treten anstelle des C und D die Buchstaben T und O für die beiden Klassen mit reiner Drehachsen-Symmetrie:

T ... „Tetraedergruppe" bezeichnet die Klasse kubisch I

O ... „Oktaedergruppe" ist das Zeichen für kubisch III;

sie bezeichnen die Gesamtheit der Deckbewegungen, die ein Tetraeder bzw. ein Oktaeder mit sich selbst zur Deckung bringen.

Wenn wir uns der Übersicht halber an das Ableitungsprinzip der Kristallklassen nach TSCHERMAK-BECKE halten, dann wären die SCHOENFLIESSchen Klassensymbole nach Tab. 2 zu ordnen, die nur die Symmetrie-Tabelle 1 (S. 50/51) vereinfacht wiederholt.

Tabelle 2. Schoenfliessche Symbole, geordnet nach dem Tschermakschen System

Kristallsysteme	I polar	II zentrisch	III axial	IV planal	V planaxial	I a invert	IV a planinvert
Triklin .... und Monoklin	C_1	C_i	C_2	C_s	C_{2h}		
Rhombisch	·	·	D_2	C_{2v}	D_{2h}		
Tetragonal	C_4	C_{4h}	D_4	C_{4v}	D_{4h}	S_4	D_{2d}
Hexagonal	C_6	C_{6h}	D_6	C_{6v}	D_{6h}	C_{3h}	D_{3h}
Rhomboedrisch ...	C_3	C_{3i}	D_3	C_{3v}	D_{3d}		
Kubisch	T	T_h	O	T_d	O_h		

Gegenüber den oben angegebenen Entwicklungsprinzipien für die SCHOENFLIESSchen Symbole sind, wie die Tabelle zeigt, nur an wenigen Stellen Abänderungen eingetreten bzw. andere Zeichen notwendig geworden:

Im Falle triklin II und rhomboedrisch II, welche Klassen keine Symmetrieebene haben, wird zur Kennzeichnung der Buchstabe i als Index verwendet, um das in dieser Stufe geltende Prinzip der Inversion zu betonen: C_i und C_{3i}. Für monoklin IV hat sich das Symbol C_s eingebürgert (S steht hier für die einzelne Symmetrieebene!) Die Bezeichnung C_{1v} wäre gleichfalls statthaft im Hinblick auf die Annahme einer fiktiven einzähligen Achse in der Richtung der z-, also in der Symmetrieebene gelegen. Unter dieser Annahme einer einzähligen Hauptachse müßte dann konsequenterweise auch monoklin III als Diedergruppe mit D_1 bezeichnet werden (anstatt mit C_2); ebenso monoklin V mit dem Symbol D_{1i}. Mit der Symbolisierung des Symmetriezentrums in dieser Klasse ist gleichzeitig die zur zweizähligen Nebenachse senkrechte, also vertikale Symmetrieebene festgelegt. Das für monoklin V allgemein gebrauchte Symbol C_{2h} fällt ja auch insofern aus der Reihe, als mit dem Index h sonst immer eine horizontale Symmetrieebene (eventuell Hauptsymmetrieebene) gemeint ist.

Im übrigen ist nur noch für die Klasse tetragonal Ia (die bisphenoidische Klasse) ein neues Zeichen, nämlich S_4 eingeführt, entsprechend dem Vorhandensein einer einzelnen vierzähligen Achse II. Art: „Spiegelachse", hier gleichbedeutend mit Inversionsachse!

Es ist zu beachten, daß das in Tab. 2 gebrachte Aufbauprinzip nach Tschermak zur Folge hat, daß in der Stufe II nicht durchgehends die horizontale Symmetrieebene auftritt; das geschieht ja nur durch Kombination des Zentrums mit einer *geradzähligen* Hauptachse. So waren wir gezwungen, bei triklin II und rhomboedrisch II das i (Inversion) zur Symbolisierung heranzuziehen.

Wollte man jedoch eine Gruppierung der Kristallklassen erreichen, die in den Stufen II und V in allen Systemen die horizontale Hauptsymmetrieebene aufweist, dann müßte man anstelle des Symmetriezentrums in Stufe II die horizontale Symmetrieebene als Aufbauprinzip einführen. Stufe V enthält sie dann auch, falls Prinzip III oder IV mit dem so definierten Prinzip II kombiniert wird (s. Tab. 3).

Bei einer solchen Festsetzung des Herleitungsvorganges erreichen wir ebenfalls eine äußerlich plausibel erscheinende Verteilung der 32 Kristallklassen auf sieben Kristallsysteme[1]. Die bedeutsamste Änderung gegenüber der Tschermakschen Einteilung betrifft die Zuweisung der Klassen C_{3h} und D_{3h}; diese geraten aus unserem hexagonalen System jetzt als Stufe II und V ins „trigonale" System (das an die Stelle des rhomboedrischen tritt). Diese beiden trigonotypen Klassen nehmen jetzt die Plätze ein, die im Tschermakschen System von C_{3i} und D_{3d} besetzt waren. Letztere — die Dolomit- und Calcitklasse — müssen nun, in Ermangelung des Zentrums als selbständiges Aufbauprinzip, mit trigonalen Inversionsachsen (J^3) abgeleitet werden; sie sollen aber mit Rücksicht auf die Sechszahl der Deckbewegungen[2] bei einer solchen Achse II. Art als Stufe Ia bzw. IVa ins *hexagonale* System überstellt werden.

Beachtenswert ist ferner, daß die trikline Holoedrie C_i ebenfalls als Stufe Ia aufscheint, da sie jetzt nur mittels einzähliger Inversionsachse abgeleitet werden kann. Eine Stufe II fehlt nun im triklinen System: denn die Klasse mit lediglich einer Symmetrieebene ist als monoklin IV einzureihen.

Im kubischen System ist T_d unter Stufe IVa als Klasse mit Inversionsdrehung abgeleitet worden, da jede ihrer Würfelflächennormalen einer J^4 von D_{2d} entspricht. Natürlich kann diese Klasse auch als Stufe IV eingereiht werden bzw. wäre sie dorthin zu überstellen; nur sind eben ihre Symmetrieebenen als „diagonal" mit dem Index d und nicht mit v zu kennzeichnen.

Es sei hier aber ausdrücklich vermerkt, daß Tab. 3 keinesfalls als Empfehlung einer solchen Systematik aufgefaßt werden soll. Sie möge lediglich als Entwicklungsprinzip für die Aufstellung der Schoenfliesschen Symbole dienen, die sich bei solcher Reihung der Kristallklassen in leicht zu überblickender Form und konsequent ergeben.

Diese Aufstellung kann also nicht als ein System der Symmetrieklassen, sondern nur als System der Kristall*formen* Geltung beanspruchen.

---

[1] Siehe Raaz: Bemerkungen zur Kristallklassen-Systematik. Tscherm. Min. Petr. Mitt. (3. F.) *4*, 240—252 (1954). Vgl. Tab. 2, S. 249.

[2] F. Raaz: Über den Begriff der Zähligkeit bei Symmetrieachsen zweiter Art. N. Jb. Min. (Mh.) 1955, 73—76.

Tabelle 3. Schoenfliessche Symbole, entwickelt nach fünf Prinzipien der Herleitung*

	I	Ia	II*	III	IV	IVa	V
Triklin.......... und Monoklin ...	C_1	C_i	—	$C_2(D_1)$	$C_s(C_{1v})$		$C_{2h}(D_{1i})$
Rhombisch......	·		·	D_2	C_{2v}		D_{2h}
Trigonal	C_3	C_{3i}	C_{3h}	D_3	C_{3v}	D_{3d}	D_{3h}
Hexagonal	C_6	↓	C_{6h}	D_6	C_{6v}	↓	D_{6h}
Tetragonal	C_4	S_4	C_{4h}	D_4	C_{4v}	D_{2d}	D_{4h}
Kubisch.........	T		T_h	O		← T_d	O_h

* Anmerkung: Als Prinzip der Stufe II wirkt hier — zum Unterschied von der TSCHERMAKschen Konzeption — die horizontale bzw. Hauptsymmetrieebene!

Sie entspricht im wesentlichen der Systematik P. v. GROTHS, der jedoch im trigonalen System sieben Klassen aufführt, indem er C_{3i} und D_{3d} als Anhangsklassen dort beläßt[1]. In diesem Falle ergibt sich aber keine holoedrische Klasse, die die sechs andern dem System zugehörigen Klassen als Untergruppen enthalten würde.

b) Die Hermann-Mauguinschen Symbole

Außer der im vorhergehenden Teilkapitel behandelten SCHOENFLIESSschen Symbolik der Kristallklassen und Raumgruppen hat sich in neuerer Zeit eine andere, auf C. HERMANN und CH. MAUGUIN zurückgehende Symbolik eingebürgert, die vom Internationalen Nomenklaturausschuß in Zürich 1930 angenommen und in den „Internationalen Tabellen" (l. c. S. 150) neben der SCHOENFLIESSschen gebraucht wird; und die in den angelsächsischen Ländern jetzt schon fast ausschließlich in Verwendung steht.

Sowohl bei den Klassensymbolen als auch bei jenen der Raumgruppen werden die charakteristischen Symmetrieelemente durch geeignete Zeichen zum Ausdruck gebracht. Es gibt die sog. „vollständigen" und die „gekürzten" Symbole.

Was nun zunächst die Kristallklassen-Symbole anbelangt, so werden die Deckachsen (Symmetrieachsen) durch eine ihre Zähligkeit kennzeichnende Ziffer dargestellt: 1 für die fiktive einzählige Achse (d. h. das Fehlen jeglichen Symmetrieelementes), 2, 3, 4 und 6 für die Achsen der betreffenden Zähligkeit. Von Achsen der zusammengesetzten Symmetrie (Achsen II. Art) werden ausschließlich Inversionsachsen verwendet. Symbolisiert werden sie (s. Internationale Tabellen) durch die Ziffer ihrer

---

[1] P. GROTH: Elemente der physikalischen und chemischen Kristallographie. München und Berlin: R. Oldenbourg, 1921.

Zähligkeit (richtiger: den „Drehungsindex", s. S. 40) mit Querstrich darüber[1].

Für Spiegelebene setzt man m (miroir — mirror); ist sie senkrecht einer Achse, ihre Normale also mit dieser gleichlaufend, werden sie durch einen Bruchstrich getrennt, das Symbol der Achse im Zähler, m im Nenner.

Das Symmetriezentrum ($\overline{1}$) wird — außer in der Klasse C_i — für sich nicht symbolisiert: es ergibt sich entweder aus dem Symbol $\overline{3}$ ($= A^3 + Z$) oder aus der Darstellung einer geradzähligen Achse mit darauf senkrechter Symmetrieebene, z. B. 2/m, 4/m oder 6/m.

Die Reihenfolge der Zeichen bezieht sich auf die in den betreffenden Kristallsystemen ausgezeichneten Richtungen. Das gilt für die Achsen wie für die Symmetrieebenen; bei letzteren wird die Richtung durch die Ebenen-Normale gekennzeichnet. Sind Achse und Ebenennormale von gleicher Richtung, dann werden sie (wie schon gesagt) durch Bruchstrich geschieden.

Die Reihenfolge ist in den verschiedenen Systemen folgende:

1. Im monoklinen System betrifft die Richtung die Querachse (y-Achse).

2. Im rhombischen System sollte es der Reihe nach die x-, y- und z-Achse sein; doch wird C_{2v} mit 2 m m symbolisiert, indem die zweizählige Achse als Schnittlinie der beiden vertikalen Spiegelebenen beim Klassensymbol vorangestellt wird (nicht aber beim Raumgruppensymbol).

3. In den wirteligen Systemen — tetragonal, hexagonal und rhomboedrisch — gilt die Reihenfolge: Hauptachse, Nebenachse, Zwischenachse.

4. Im kubischen System die Reihung: [100], [111], [011].

So ergeben sich bei den vollständigen Symbolen höchstens drei Zeichen, wenn man die Bruchstrich-Symbole als *ein* Zeichen rechnet.

Das kubische System erkennt man sofort daran, daß an zweiter Stelle die Ziffer 3 steht. Sehen wir uns das Symbol $\overline{4}$ 3 m an, so kann es sich nur um eine kubische Kristallklasse handeln. Vor der 3 steht an erster Stelle $\overline{4}$ (vierzählige Inversionsachse = zweizählige Deckachse, in der Richtung [100]); an dritter Stelle steht m: das bedeutet Spiegelebenen, deren Normalen in der Richtung [011] verlaufen, also die sechs Nebensymmetrieebenen darstellen. Es ist die Klasse T_d.

$\overline{4}$ 2 m ist das Symbol für D_{2d} (oder V_d): 2 bezieht sich auf die Nebenachsen, m auf die Zwischensymmetrieebenen (s. Tab. 1, S. 50/51).

$\overline{6}$ 2 m bezeichnet die Klasse D_{3h}. Sie könnte auch $\overline{6}$ m 2 geschrieben werden; denn wir haben bei unserer Aufstellung Nebensymmetrieebenen und Zwischenachsen notiert (s. Tab. 1). Hier aber, wo die betreffenden Achsen in den vertikalen Spiegelebenen liegen, wird das Achsensymbol

---

[1] Um Mißverständnissen zu begegnen, sei hier ausdrücklich vermerkt, daß bei manchen Autoren die gleichen Symbole (Ziffer, überstrichen) gerade für die andere Art von Gyroiden, nämlich die Plangyroiden oder Spiegelachsen, verwendet werden (s. z. B. Correns: Einführung in die Mineralogie, S. 287, unten; in den Tabellen S. 284 ff. werden sie neben den Hermann-Mauguinschen Symbolen gleichzeitig gebraucht, s. Trigonal).

Tabelle 4. Symbole der 32 Kristallklassen
(geordnet nach dem System von Tschermak)

System	Klassen-Symbole nach		
	Schoenflies	Hermann-Mauguin	
		vollständig	gekürzt
Triklin	C_1	1	1
	C_i	$\bar{1}$	$\bar{1}$
Monoklin	C_2	2	2
	C_s	$m\,(=\bar{2})$	m
	C_{2h}	$2/m$	$2/m$
Rhombisch	$D_2\,(V)$	$2\,2\,2$	$2\,2\,2$
	C_{2v}	$2\,m\,m$	$m\,m$
	$D_{2h}\,(V_h)$	$2/m\;2/m\;2/m$	$m\,m\,m$
Tetragonal	C_4	4	4
	C_{4h}	$4/m$	$4/m$
	D_4	$4\,2\,2$	$4\,2$
	C_{4v}	$4\,m\,m$	$4\,m\,m$
	D_{4h}	$4/m\;2/m\;2/m$	$4/m\;m\,m$
	S_4	$\bar{4}$	$\bar{4}$
	$D_{2d}\,(V_d)$	$\bar{4}\,2\,m$	$\bar{4}\,2\,m$
Hexagonal	C_6	6	6
	C_{6h}	$6/m$	$6/m$
	D_6	$6\,2\,2$	$6\,2$
	C_{6v}	$6\,m\,m$	$6\,m\,m$
	D_{6h}	$6/m\;2/m\;2/m$	$6/m\;m\,m$
	C_{3h}	$\bar{6}$	$\bar{6}$
	D_{3h}	$\bar{6}\,2\,m$	$\bar{6}\,2\,m$
Rhomboedrisch	C_3	3	3
	C_{3i}	$\bar{3}$	$\bar{3}$
	D_3	$3\,2$	$3\,2$
	C_{3v}	$3\,m$	$3\,m$
	D_{3d}	$\bar{3}\,2/m$	$\bar{3}\,m$
Kubisch	T	$2\,3$	$2\,3$
	T_h	$2/m\,\bar{3}$	$m\,3$
	O	$4\,3\,2$	$4\,3$
	T_d	$\bar{4}\,3\,m$	$\bar{4}\,3\,m$
	O_h	$4/m\,\bar{3}\,2/m$	$m\,3\,m$

vor das m gesetzt (man könnte ja den Kristall um 30⁰ gedreht aufstellen, dann wären es eben *Neben*achsen und Zwischen-Symmetrieebenen).

Während die vollständigen Symbole alle Symmetrieelemente der betreffenden Klasse abzulesen gestatten, sollen die Symbole der gekürzten Form nur jene Auswahl derselben wiedergeben, die ausreicht, die übrigen zu ergänzen. Dabei werden von den vorhandenen Spiegelebenen (m) grundsätzlich alle Arten zur Darstellung gebracht, auch wenn dies zur Ermittlung der resultierenden Symmetrieelemente nicht erforderlich wäre. Z. B. würde für D_{6h} statt 6/m m m das Symbol 6/m m genügen, weil sich die Zwischen-Symmetrieebenen automatisch einstellen. Für D_{4h} wäre 4/m m ausreichend. Auch wird bei D_2 (V) das vollständige Symbol 2 2 2 ungekürzt beibehalten, obwohl 2 2 vollkommen genügen würde.

Die Tab. 4 gibt die Symbole der 32 Kristallklassen nach HERMANN-MAUGUIN in vollständiger und gekürzter Form und, zur leichteren Orientierung, die SCHOENFLIESSchen Symbole vorangestellt.

VIII. Formenbeschreibung für die einzelnen Kristallsysteme mit Beispielen konstruktiver Darstellung in stereographischer Projektion

Im Besitze des notwendigen Rüstzeuges gehen wir nun an die systematische Besprechung der Kristallformen in den einzelnen Kristallsystemen.

a) Triklines System

Dieses wird durch die TSCHERMAKschen Stufen I und II gebildet. Der charakteristische Zonenverband wurde bereits im Teilkapitel VI a, S. 46 (Abb. 46) besprochen. Das Achsenkreuz ist schiefwinkelig (s. Abb. 11). Die Metrik ist bestimmt durch: α, β, γ und das Achsenverhältnis $a : 1 : c$ (gewonnen aus *fünf* voneinander unabhängigen Winkelmessungen).

Formenbeschreibung

Wir wollen immer mit der höchstsymmetrischen Stufe des betreffenden Systems, der sog. „Vollform" *(holoedrische Klasse)* beginnen; in diesem Fall also mit

Triklin, Stufe II. Kennzeichnend ist hier — als einziges Symmetrieelement — das Zentrum Z. Zu jeder Fläche ist eine parallele Gegenfläche vorhanden. Dementsprechend gibt es folgende sieben Arten von einfachen Kristallformen, die sämtlich asymmetrisch sind:

1. Drei Endflächenpaare: Endflächenpaar, Längs- und Querflächenpaar.

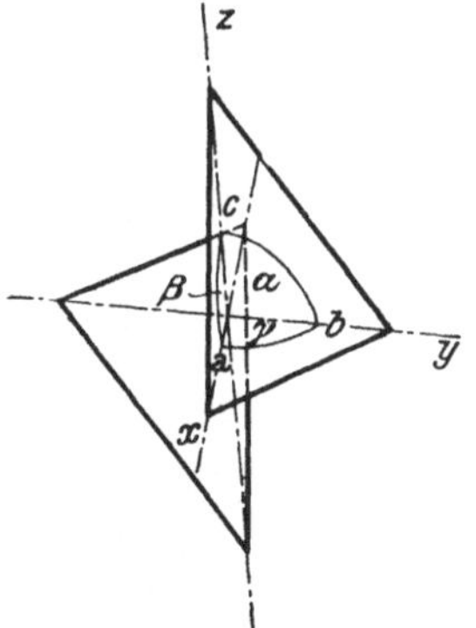

Abb. 47. Triklines Pyramidenpaar mit eingezeichnetem Achsenkreuz

2. Dreierlei Prismenflächenpaare: Längsprismen- und Querprismenpaar sowie aufrechtes Prismenpaar.

3. Pyramidenpaar (s. Abb. 47).

Auch diese Flächenart tritt nur paarweise auf (als Pinakoid) und bildet somit noch keine geschlossene Form wie etwa die vierseitige Doppelpyramide im rhombischen System.

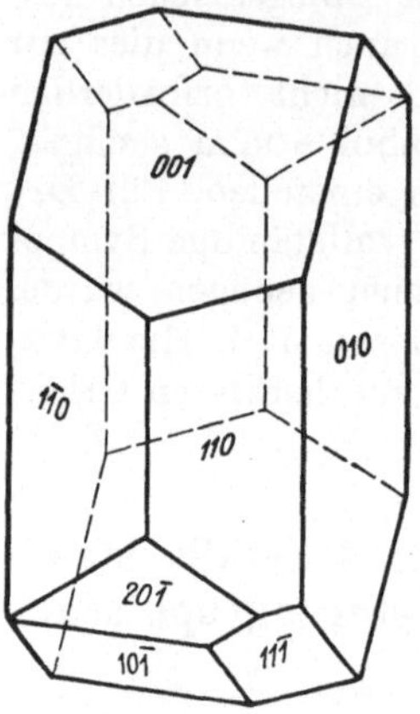

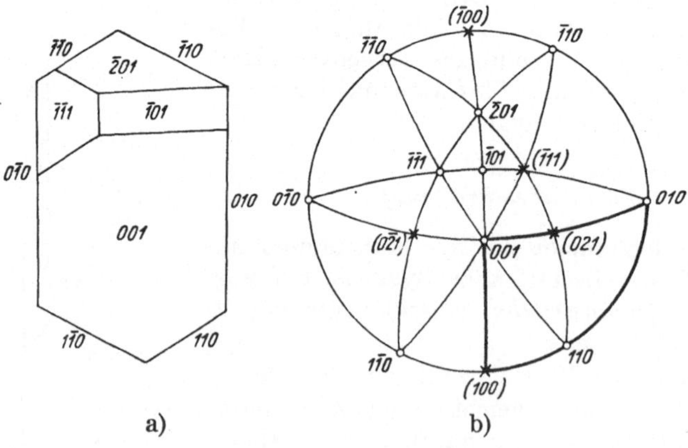

Die Bezeichnung der Kristallklassen nach
GROTH verwendet den Namen der allgemeinsten
Flächenart, in unserem Falle das Pyramiden-
pinakoid; diese Symmetrieklasse heißt somit
triklin-pinakoidale Klasse.

Ein Beispiel bietet der Anorthitkristall (tri-
kliner Feldspat), Abb. 48; Kopfbild und stereographische Projektion ist in Abb. 49 a und b
wiedergegeben.

Die Winkel der kristallographischen Achsen
ergeben sich durch Auflösung des sphärischen
Dreiecks, das durch die drei Achsenzonen gebildet wird mit den Eckpunkten 100, 010, 001;
denn die Winkel des sphärischen Dreiecks in der
stereographischen Projektion stellen die Supplemente der Kantenwinkel dar, wie anderseits die
Seiten des sphärischen Dreiecks die betreffenden
Flächenwinkel bedeuten (und zwar ebenfalls ihre

Abb. 48. Anorthit-
kristall (triklin-
pinakoidal)

Supplemente: die Normalenwinkel, s. S. 35 oben).

Beispielsweise ist der Winkel bei 001 (Abb. 49 b) im angegebenen
Endflächendreieck der Kantenwinkel (Supplement) in der Basisfläche 001,

a)   b)

Abb. 49. Anorthit. a) Kopfbild; b) stereographische Projektion

gebildet von der Kante parallel der x-Achse (Zonenbogen 001 zu 010)
und der Kante parallel der y-Achse (Zonenbogen 001 zu 100): somit der
Achsenwinkel γ. Wenn die drei Seiten dieses sphärischen Dreiecks — die

Flächenwinkel der drei Endflächen untereinander — bekannt sind[1], lassen sich die Winkel des sphärischen Dreiecks berechnen: es sind die Winkel der kristallographischen Achsen α, β, γ. Bezüglich der Durchführung sowie über Berechnung des Achsenverhältnisses $a : b : c$ siehe RAAZ: Auflösung sphärischer Dreiecke und Anwendungen in der Kristallberechnung[2], S. 52, 60, 62 und 63.

Hinsichtlich der graphischen Bestimmung der Achsenabschnitte s. RINNE: Kristallographische Formenlehre usw., S. 25. Leipzig, 1922.

Stufe I. Da in dieser Stufe das Zentrum wegfällt und somit gar kein Symmetrieelement vorhanden ist, kommt jede Fläche in ihrer Art und Lage nur einmal vor: das Pedion.

Die Klassenbezeichnung nach GROTH ist demnach: *triklin-pediale Klasse.*

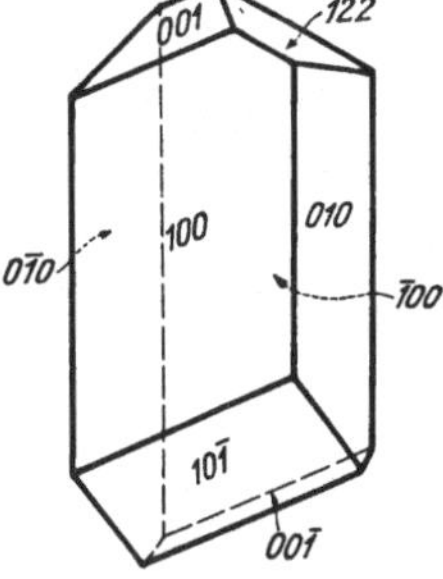

Abb. 50. Saures rechtsweinsaures Strontium (triklin-pedial)

Ein Beispiel unter den natürlichen Mineralien ist bisher nicht bekannt, jedoch Laboratoriumsprodukte, z. B. die Kristalle des sauren rechtsweinsauren Strontiums (Abb. 50). Hier sehen wir zwar zu einzelnen Flächen auch parallele Gegenflächen, so z. B. zur Längsfläche 010 eine parallele Gegenfläche $0\overline{1}0$, doch ist diese trotzdem nicht zentrischsymmetrisch, wie die Betrachtung der Flächengestalt sofort erweist; solche Flächen sind daher auch physikalisch ungleichwertig.

b) Monoklines System

Die TSCHERMAKschen Stufen III, IV und V bilden zusammen das monokline Kristallsystem. Wie bereits im Kapitel VI, S. 47 ausgeführt wurde, ist es durch das Auftreten einer *Medianzone* charakterisiert. Im übrigen gibt es hier zur Medianzone senkrecht stehende Zonen, die in der Einzahl auftreten (auch der Grundkreis ist eine solche Zone), und ferner zur Medianzone geneigte Zonenebenen, die paarweise auftreten, vgl. Abb. 54 b.

Was das Achsenkreuz des monoklinen Systems anbelangt, so wurde dieses bereits im

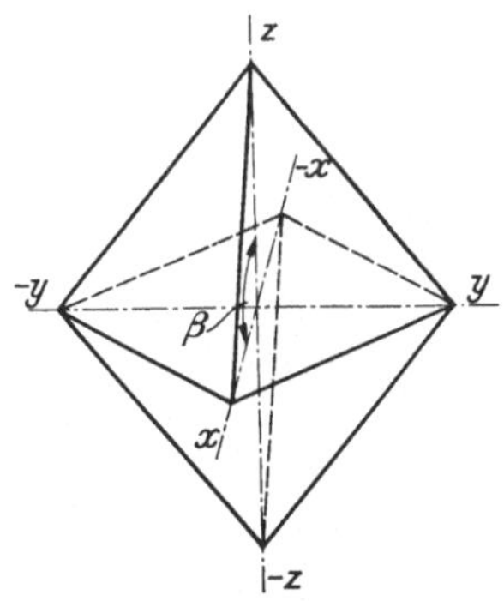

Abb. 51. Monokline vierflächige Pyramidenform („geneigtes Prisma")

---

[1] Im vorliegenden Fall, wo die Querfläche 100 nur virtuell ist, d. h. am Kristall nur durch die Kante zwischen 110 und $1\overline{1}0$ (als unendlich schmale Leiste) zum Ausdruck kommt, können zwei der notwendigen Flächenwinkel von hier aus nicht vermessen werden; sie sind daher erst aus anderen Flächenwinkeln zu berechnen.

[2] F. RAAZ: Sphärische Trigonometrie für Naturwissenschaft und Technik. Dresden und Leipzig: Th. Steinkopff, 1928.

Teilkapitel VI b und früher auf S. 8 (Abb. 10) diskutiert. In Abb. 51 ist es eingezeichnet: die y-Achse steht auf den beiden in der Medianebene gelegenen Achsen x und z senkrecht, letztere jedoch schließen miteinander den Winkel β ein. Demnach ist die Metrik auszudrücken durch den Winkel β und das Achsenverhältnis $a : 1 : c$ (gewonnen aus *drei* voneinander unabhängigen Winkelmessungen).

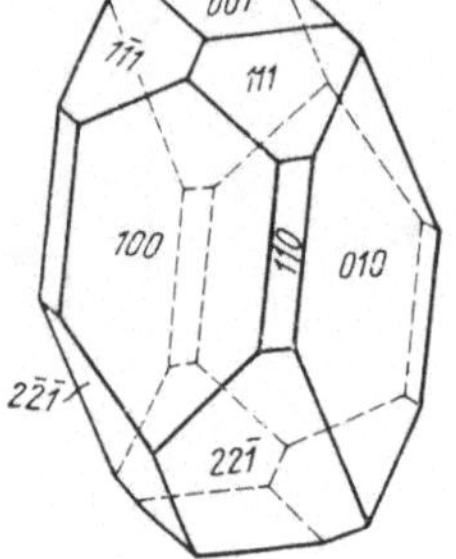

Abb. 52. Diopsidkristall (monoklin-prismatisch)

Monoklin, Stufe V. Symmetrieelemente (siehe Tab. 1): eine Symmetrieebene E, darauf senkrecht stehende A^2 und das Symmetriezentrum Z.

Kristallformen (s. Abb. 52 und 54)

1. Drei Endflächenpaare. Davon ist das Endflächenpaar (001) und das Querflächenpaar (100) monosymmetrisch (senkrecht auf der Symmetrieebene); das Längsflächenpaar (010) aber dimetrisch (senkrecht auf der zweizähligen Deckachse).

2. Zwei der Prismenformen sind vierflächig, nämlich die aufrechten Prismen und die Längsprismen; denn sie werden durch die Symmetrieebene gespiegelt und zentrisch symmetrisch (infolge Z) wiederholt. Sie sind asymmetrisch.

Querprismen hingegen sind nur zweiflächig, dafür aber monosymmetrisch (senkrecht auf der Symmetrieebene).

3. Die Pyramidenformen sind wieder vierflächig und asymmetrisch (werden daher auch zuweilen als „geneigte Prismen" bezeichnet).

Die GROTHsche Bezeichnung für diese Klasse ist nach der prismatischen Form, die vier Pyramidenflächen zusammen bilden: *monoklin-prismatisch*.

Ein Beispiel für diese Klasse ist der Augit, Abb. 53.

Zur Übung wollen wir die Projektion eines Orthoklaskristalls (monokliner Kalifeldspat) durchführen, dessen Kopfbild in Abb. 54 a wiedergegeben ist. Es ist dies eine Ausbildungsform, wie sie Abb. 10 darstellt, nur entsprechend flächenreicher.

Abb. 53. Augit von Wolfsberg, mit gleichartigem Kristallmodell

Wenn wir dieses Kopfbild des Orthoklaskristalls aufmerksam betrachten, so erkennen wir mehrfach Scharen paralleler Kanten (die also ausgeprägte Zonen bilden), so z. B. zwischen den Flächen M_1, n_1, P, n_2, M_2 und das geht auf der Unterseite des Kristalls so weiter bis zurück nach M_1.

Auch alle die Flächen M_1, z_1, l_1, k_1, l_4, z_4, M_2, z_3, l_3, k_2, l_2, z_2, welche an unserem Kristall vertikal stehen (vgl. auch Abb. 10) und sich daher im Kopfbild zu Linien verkürzen, bilden zusammen eine Zone, deren Kanten aufrecht (vertikal) stehen und im Kopfbild nur durch die Schnittpunkte der Konturlinien zum Ausdruck kommen: es ist die Zone der *aufrechten* Achse *(z*-Achse), so genannt, weil sämtliche Kanten dieser Zone der kristallographischen z-Achse parallel sind. Desgleichen geht eine Zone über k_1, P, x, y, k_2 (Medianzone).

Wir bemerken aber noch eine Reihe weiterer Zonen: so stehen die Flächen M_1, o_1, x, o_2, M_2 miteinander im Zonenverbande; des weiteren geht

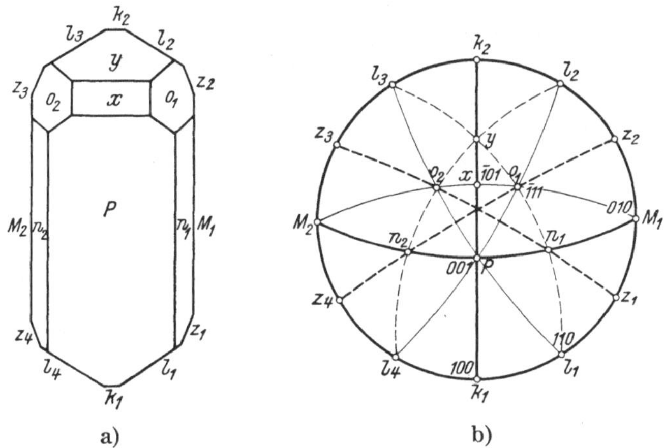

Abb. 54. Orthoklas. a) Kopfbild; b) stereographische Projektion

eine Zone von l_1 über P, o_2, l_3 und entsprechend die symmetrische über l_4, P, o_1, l_2, ferner von l_1 über n_1, o_1, y, l_3 und von l_4 über n_2, o_2, y, l_2.

Sämtliche Flächen stehen demnach miteinander im Zonenverbande, und zwar liegt jede Fläche mindestens in zwei Zonen, bildet also den Kreuzungsort („Schnittpunkt") zweier Zonengürtel. Nur die z-Flächen liegen augenscheinlich nur in einer einzigen, nämlich der aufrechten Zone. Aber auch für diese Fläche würden sich weitere Zonen finden, wenn der Kristall noch flächenreicher ausgebildet wäre. So bemerken wir, daß z. B. zwischen z_2 und o_1 eine Kante existiert, zu der wir sofort eine parallele Kante erreichen würden, wenn zwischen P und x noch eine Zwischenfläche (q) von entsprechender Neigung eingeschaltet wäre, die mit o_1 eine parallele Kante liefern würde; diese Zone würde sich dann über n_2 (die, mit q zum Schnitt gebracht, gleichfalls eine parallele Kante ergäbe) zu z_4 fortsetzen; also liegt auch für z noch eine Zone vor, nämlich z_2, o_1 (q), n_2, z_4. Diese „versteckte" Zone kommt nur deshalb nicht so klar zum Ausdruck, da sie zwischen o_1 und n_2 unterbrochen ist; würden wir aber die Flächen o_1 und n_2 über ihre derzeitige Begrenzung hinaus bis zum Schnitt (mit wiederum paralleler

Schnittkante!) erweitern, so wäre die Zone z_2, o_1, n_2, z_4 auch ohne Zuhilfenahme von q offensichtlich (in Abb. 54 b stark strichliert eingezeichnet)[1].

Wir gehen nunmehr an die Durchführung der stereographischen Projektion (s. Abb. 54 b).

Die Fläche M wählen wir als Längsfläche (010), die k als Querfläche (100); als Basisfläche soll P dienen: (001).

Nun brauchen wir (nach Auswahl der drei Endflächen) eine vierte Fläche — eine Pyramidenfläche —, um das Achsenverhältnis zu bestimmen. Als solche bietet sich (als einzige vorhandene Pyramidenform) die Fläche o dar. Da aber eine solche Pyramidenfläche in der Konstruktion nicht so einfach festzulegen ist, empfiehlt es sich, an ihrer Stelle zwei Prismen anzunehmen, die sie mit Hilfe der primären Radialzonen bestimmen. Die Pyramide kann also durch zwei Prismen ersetzt werden, z. B. durch das aufrechte Prisma l (das wir mithin als primär annehmen: 110) und durch das (nach rückwärts geneigte) Querprisma x $\overline{1}01$. Denn das aufrechte Prisma liefert das Parameterverhältnis $a : b$ und das Querprisma $a : c$, womit die Einheitspyramide $a : b : c$ festgelegt ist.

Wir notieren den Gang der Durchführung:

Annahme:	M (010),	k (100),	P (001);	1 (110),	x ($\overline{1}01$)

Folgerung:				o ($\overline{1}11$)	
(Aus dem Zonenverbande) *berechnet:*		n (021),	y ($\overline{2}01$);	z (130).	

Dieses Schema besagt:

1. Durch die getroffene Annahme ist die Fläche o ($\overline{1}11$) ohne weiteres als Einheitspyramide bestimmt; denn sie liegt (nach rückwärts geneigt) im Schnitt zweier primärer Radialzonen: $[M_1 x]$ und $[P l_2]$.[2]

2. Nun ergibt sich — deutlich erkennbar — die Zone $[l_3 y o_1 n_1 l_1]$ und dazu symmetrisch die Zone $[l_2 y o_2 n_2 l_4]$, strichliert eingetragen; wodurch die beiden abgeleiteten Prismenflächen, nämlich das Querprisma y ($\overline{2}01$) und das Längsprisma n (021), gefunden werden.

3. Schließlich wird noch als letzte Fläche — wie oben ausgeführt — das abgeleitete aufrechte Prisma z aus dem erwähnten „versteckten Zonenverbande" (stark strichliert eingezeichnet) berechnet.

Bei dieser Gelegenheit der Auflösung einer monoklinen Kristallgestalt, die wir auf Grund der Zonenregeln mit Hilfe der Determinantenform (s. S. 19) durgeführt haben, sei noch die andere Möglichkeit der Indicesbestimmung, die wir S. 20 erwähnten, vorgeführt.

Als Beispiel wählen wir gleich die Indizierung der zuletzt (Punkt 3) ermittelten Fläche z, jetzt nach der Komplikationsregel. Die gesuchte Fläche z_1 (s. Projektionsbild Abb. 54 b) liegt einerseits in der Zone des Grundkreises, und zwar zwischen den Flächen l_1 und M_1, anderseits in der Zone o_2, n_1.

---

[1] Die mögliche Fläche q liegt im Schnittpunkt der stark strichlierten Zonen, der sich in der Medianzone ergibt.

[2] Die drei Achsenzonen sind stark ausgezogen, die primären Radialzonen mit schwachen Linien gezeichnet.

Die Komplikationsregel besagt, daß wir innerhalb eines von zwei Flächenpolen begrenzten Zonenstückes die nächst komplizierte Fläche erhalten, wenn
wir die Indices der beiden in Betracht gezogenen Nachbarflächen addieren. Wollen wir also die Fläche z_1 ermitteln, so können wir *nicht* o_2 und n_1 dazu verwenden (wie wir das wohl beim früheren Rechnungsvorgang tun konnten), da wir
so nur auf Flächen stoßen würden, die in dem Zonenstück zwischen o_2 und n_1
liegen. Wir hingegen brauchen das Zonenstück, in welchem unser z_1 liegt: also
rechts unterhalb von n_1 zu einer Fläche auf der Unterseite unseres Kristalls.
Diese nächste Fläche wird die parallele Gegenfläche von o_2 (111) sein, nämlich
o_4 ($1\overline{1}\overline{1}$).

$$n_1 \ldots 021 \atop o_4 \ldots \overline{1}1\overline{1}\,\Big\rangle 130;$$

dies ist die *nächsteinfache* Fläche! Da sie ein aufrechtes Prisma anzeigt, also auch
der zweiten bestimmenden Zone [001] angehört, ist es bereits die gesuchte Fläche z_1.

Wir kontrollieren noch die Verhältnisse in der Zone des Grundkreises:

$$l_1 \ldots 110 \searrow \atop M_1 \ldots 010 \nearrow \; \genfrac{}{}{0pt}{}{230}{120} \genfrac{}{}{0pt}{}{}{130 \,(!)}$$

130, die beiden Zonen gemeinsame Fläche, muß die gesuchte Fläche z_1 sein.

Erst wenn man in beiden Zonenverbänden den *gleichen* Flächenindex auf-
gefunden hat, ist es die *gesuchte* Fläche. Dann aber ist die Bestimmung eindeutig; denn zwei Zonen können in ihrem Schnitt nur zu einer einzigen Flächenlage führen (Fläche und ∥ Gegenfläche).

Nicht immer wird der Suchvorgang so einfach sein wie hier. Es hängt
vor allem davon ab, ob uns gerade die einengenden Nachbarflächen als
Berechnungsgrundlage zur Verfü-
gung stehen, die wir brauchen[1]. Ein
weiteres Beispiel wird noch später
S. 92 zur Auflösung des Calcit-
kristalls der Abb. 116 bezüglich der
Fläche λ behandelt werden.

Nun wollen wir noch den Win-
kel β und das Achsenverhältnis gra-
phisch ermitteln, was sich im monoklinen System (infolge der höheren
Symmetrie) im Gegensatz zum triklinen System schon vereinfacht
durchführen läßt. Dieser Winkel ist
durch die Neigung der Endfläche P
(001) festgelegt. Wir legen daher
(Abb. 55) die Medianebene (in welcher

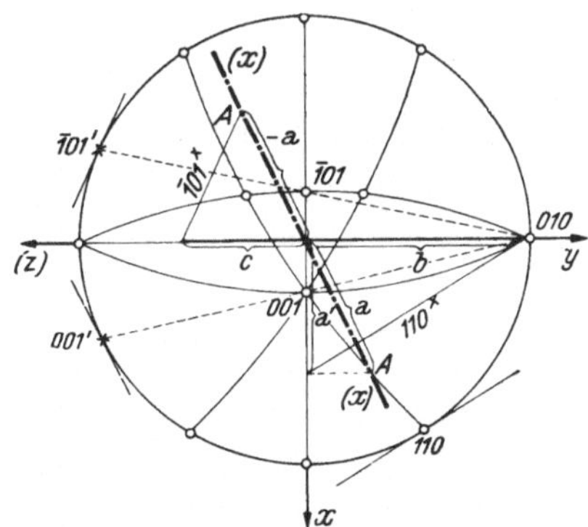

Abb. 55. Parameterkonstruktion
im monoklinen System

P gelegen) in die Bildebene (z. B. nach links hinüber) um. Die Konstruktion

---

[1] Bei Verwendung der Determinantenrechnung ist es jedoch völlig gleich-
gültig, welche Flächen eines Zonenverbandes zur Berechnung des Zonenzeichens
herangezogen werden; nur darf es nicht Fläche und ∥ Gegenfläche sein (diese
würden ja keine Schnittlinie ergeben!).

ist im Kapitel II c oder in III a unter Punkt 2 angegeben. Bei dieser Umlegung kommt der Flächenpol P in die Position 001′ im Grundkreis zu liegen; mit dieser Ebene ist auch die z-Achse in die Bildebene nach (z) gedreht worden.

Der Winkel zwischen z-Achse und der Spur der Fläche 001′ ist aber der *gesuchte Winkel β*, so daß wir die ebenfalls umgelegte x-Achse parallel zur Tangente im Punkte 001′ ohne weiteres einzeichnen können: $(x) \ldots (x)$ stark strichpunktiert durch den Kugelmittelpunkt.

Jetzt bestimmen wir das Achsenverhältnis $a:1:c$. Zur Bestimmung von $a:b$ dient das aufrechte Prisma 110. Seine Spur als Tangente im Punkt 110 legen wir parallel durch $b = 1$. Durch diese Spur 110$^\times$ erhalten wir auf einer *horizontalen* Pseudoachse x' den Achsenabschnitt a'.

Der *wahre* Abschnitt auf der hinuntergeneigten x-Achse [in der Umlegung (x),

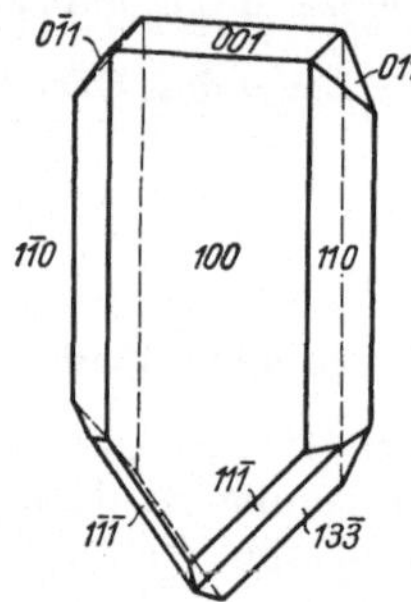

Abb. 56. Kristall von tetrathionsaurem Kalium (monoklin-domatisch)

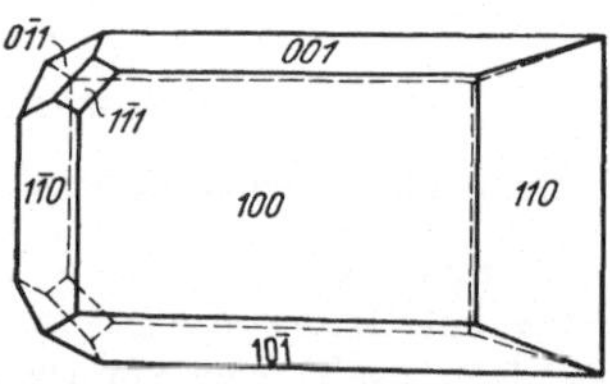

Abb. 57. Rohrzucker, monoklin-sphenoidisch

hier nach rechts-vorn geneigt] wird durch das punktierte Lot ($\perp$ auf x') gefunden; damit ist der wahre Wert von a bestimmt (in bezug auf $b = 1$).

Um den Abschnitt auf der z-Achse zu ermitteln, verwenden wir das Querprisma x 1̄01.

In gleicher Weise drehen wir jetzt die Fläche x 1̄01 in den Grundkreis; sie gelangt nach 1̄01′. Die Tangentiallinie als Spur der Fläche in der Zonenebene ist dann schon die Neigung der Fläche gegenüber den umgelegten Kristallachsen (z) und (x). Also brauchen wir nur diese Tangente durch A in den Einheitsabschnitt auf (x), d. i. $-a$, parallel verschieben; dann schneidet die Spur dieser Fläche 1̄01$^\times$ auf der (z)-Achse den Grundparameterwert c ab.

Das Achsenverhältnis $a:1:c$ ist damit gefunden.

Stufe IV. Als einziges Symmetrieelement tritt die Spiegelebene auf: E.

1. Basisfläche, Querfläche und Querprisma (die alle auf E senkrecht sind) erscheinen als monosymmetrische Einzelflächen.

2. Die Längsfläche hingegen tritt als Flächenpaar von zwei spiegelbildlich gleichen, asymmetrischen Flächen auf.

3. Die übrigen drei einfachen Formen: aufrechtes Prisma, Längsprisma und Pyramide, bestehen aus je zwei zur Symmetrieebene geneigten

spiegelbildlich gleichen, asymmetrischen Flächen; GROTH nennt ein solches Flächenpaar *„Doma"*: aufrechtes Doma, Längsdoma und für die Pyramidenfläche „Pyramidendoma".

Die Klasse heißt daher *monoklin-domatisch*.

Das Zeolithmineral Skolezit kristallisiert in Formen dieser Klasse. Abb. 56 stellt einen Kristall von tetrathionsaurem Kalium dar, dessen Zugehörigkeit zur domatischen Klasse deutlich in Erscheinung tritt.

Stufe III, gekennzeichnet durch die polare zweizählige Deckachse $\uparrow A^2$.

1. Die Längsfläche (die auf der $\uparrow A^2$ senkrecht steht, ist dimetrisch, mit ihrer Gegenfläche jedoch nicht gleichwertig; sie kommt also nur in der Einzahl vor.

2. Alle übrigen Flächen sind jedoch zu zweien deckbar gleich, asymmetrisch und „hemitrop" in bezug auf die $\uparrow A^2$ angeordnet (d. h. nach 180^0-Drehung sich wiederholend):

So bilden die parallel zur y-Achse liegenden Flächen der Medianzone *Flächenpaare* (Endflächenpaar, Querflächenpaar und Querprismenpaar); zwei gegen die y-Achse geneigte Flächen bilden *„Sphenoide"*: aufrechtes Sphenoid (statt aufrechtem Prisma), Längssphenoid (statt Längsprisma), und die Pyramidenfläche bildet ein Pyramidensphenoid. Daher heißt die Klasse *monoklin-sphenoidische* Klasse. Beispiele dafür sind die Kristalle des Rohrzuckers, Abb. 57.

Auf Grund der Symmetrieverhältnisse dieser Klasse besteht die Möglichkeit, auch Formen zu bilden, die sich zu der in Abb. 57 dargestellten spiegelbildlich verhalten (wie rechte Hand zu linker Hand); diese Erscheinung nennt man *„Enantiomorphie"*. So kristallisiert z. B. die Weinsäure in korrelaten Rechts- und Linksformen.

c) Rhombisches System

Dieses ist charakterisiert durch drei ungleichwertige, aufeinander senkrecht stehende Zonen. Dementsprechend beziehen wir solche Kristalle

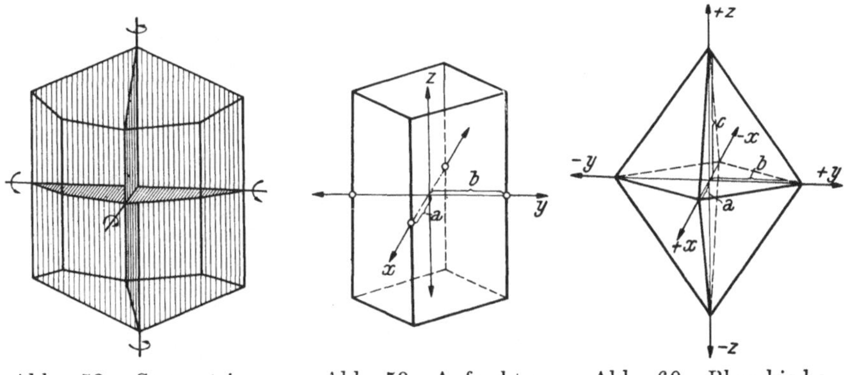

Abb. 58. Symmetriegerüst von Rhombisch- Stufe V

Abb. 59. Aufrechtes rhombisches Prisma

Abb. 60. Rhombische Doppelpyramide

auf ein rechtwinkeliges Achsenkreuz, auf welchem die Grundparameterwerte a, b, c ungleich lang sind.

Da alle Winkel der Achsen 90⁰ sind, ist für die Metrik lediglich das Achsenverhältnis $a : 1 : c$ anzugeben. Somit ist der Kristall durch *zwei* Messungswerte bestimmt.

Rhombisch, Stufe V. An Symmetrieelementen sind vorhanden (s. Tab. 1): drei ungleichwertige Symmetrieebenen E_1, E_2, E_3, drei un-

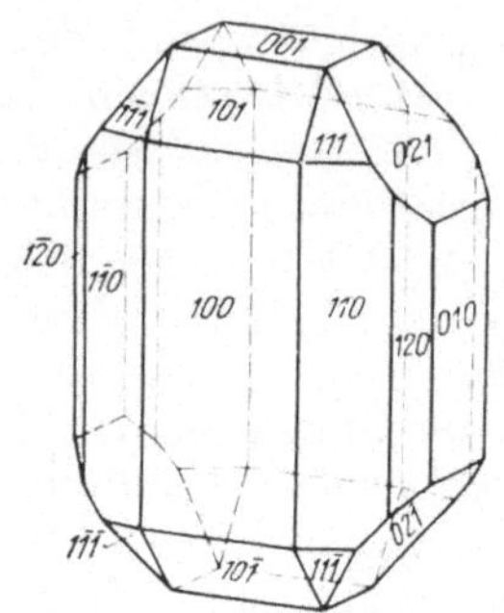

Abb. 61. Topas von Schneckenstein mit gleich-artigem Kristallmodell, entsprechend Abb. 19 c), doch ohne Querprisma *d*

Abb. 62.   Olivinkristall (rhombisch-bipyramidal)

gleichwertige zweizählige Deckachsen $A_1{}^2$, $A_2{}^2$, $A_3{}^2$ (als Schnittlinien der drei Symmetrieebenen) und das Symmetriezentrum Z (Symmetriegerüst s. Abb. 58).

Kristallformen

Die Endflächen liegen parallel den Symmetrieebenen (bzw. senkrecht auf den entsprechenden Deckachsen), sind also in jedem Falle von vornherein gegeben.

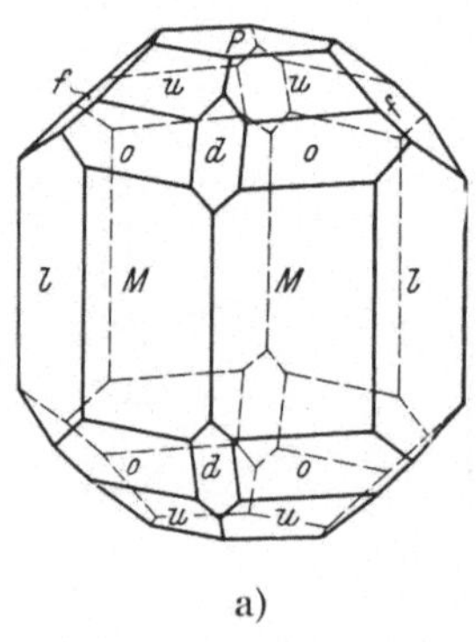

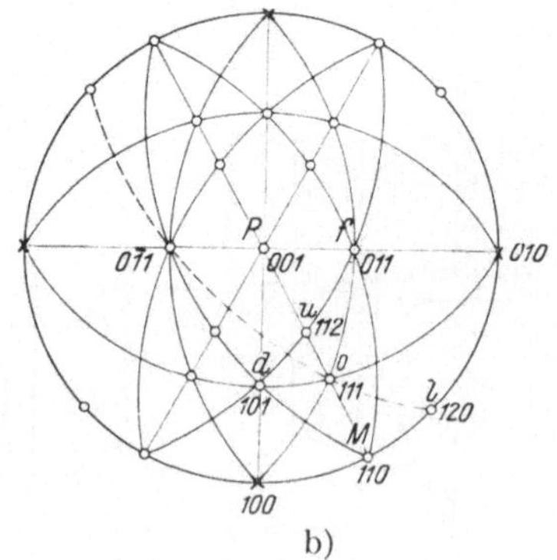

Abb. 63. Topas. a) Parallelperspektivisches Kristallbild; b) stereographische Projektion

1. Alle drei Endflächenarten treten als Flächenpaare auf; sie sind disymmetrisch (senkrecht auf zwei Symmetrieebenen).

2. Die Prismenformen sind vierflächig und monosymmetrisch, da sie jeweils nur auf einer der Symmetrieebenen senkrecht stehen. Abb. 59 stellt ein aufrechtes rhombisches Prisma dar.

3. Die Pyramidenflächen bilden in diesem System erstmalig eine geschlossene Form: die vierseitige Doppelpyramide mit acht asymmetrischen Flächen (s. Abb. 60). Daher die GROTHsche Klassenbezeichnung *rhombisch-bipyramidal*.

Beispiele bieten eine Reihe bekannter Minerale, z. B. Topas (Abb. 61), Olivin (Abb. 62), Schwefel, dar.

Die stereographische und gnomonische Projektion von Schwefel wurde bereits im Kapitel II b, Punkt 3, durchgeführt.

Hier wird die stereographische Projektion eines Topaskristalls wiedergegeben (Abb. 63 a und b); das Kopfbild dieses Kristalls wurde bereits in Abb. 25 dargestellt.

Als Einheitsprismen werden M (110) und d (101) angenommen; daraus ergibt sich o als Einheitspyramide (111) und f ist Längsprisma (011).

Die zweite Pyramide u liegt ersichtlicherweise in der Dreiprismenzone; die Rechnung ergibt die Indices (112).

Noch unbestimmt erscheint das zweite aufrechte Prisma l. Fassen wir die Kante zwischen l und o ins Auge, so läßt sich leicht feststellen, daß diese Kante zu dem links liegenden Längsprisma $0\overline{1}1$ parallel ist[1]. Also ist die gesuchte Zone, in der l liegt, durch die Flächen $0\overline{1}1$ und 111 bestimmt (strichliert eingezeichnet). Die Fläche l kann demnach berechnet werden; sie erhält das Symbol (120).

Die Konstruktion des Achsenverhältnisses im rhombischen System wurde bereits im Kapitel II c ausführlich erläutert[2] und braucht daher nicht

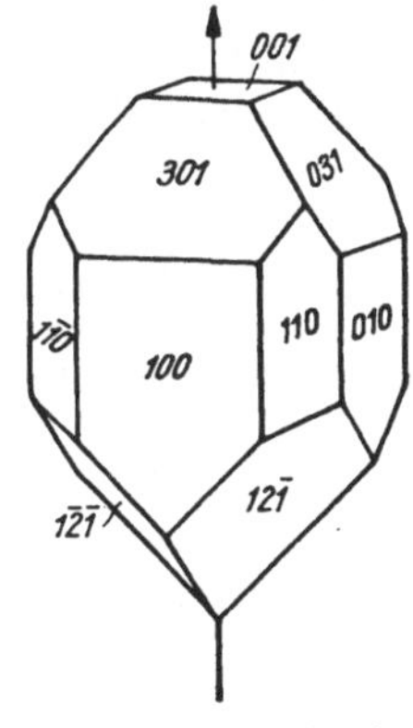

Abb. 64. Kieselzinkerz, hemimorpher Kristall (rhombisch-pyramidal)

mehr wiederholt zu werden. Betont sei hier nur, daß die Behandlung der Parameterkonstruktion dort vorweggenommen wurde, um für den schon etwas komplizierteren Vorgang im monoklinen System (Teil b dieses Kapitels) die erforderliche Vorbereitung zu besitzen. In dem Maße, wie sich die Symmetrie des Systems erhöht, vereinfacht sich die Konstruktion (und konform auch die Berechnung).

Stufe IV. Da hier das Zentrum Z wegfällt, ist die aufrecht stehende zweizählige Achse polar, $\uparrow A^2$; auch fehlen die beiden horizontalen Deck-

---

[1] Um das zu konstatieren, wird der Kristall so weit gedreht, bis sich die Fläche zur Linie verschmälert darstellt, so daß die Parallelität mit der in Betracht gezogenen Kante offensichtlich wird.

[2] Da in jenen vorbereitenden Abschnitten die Kristallsysteme noch nicht charakterisiert worden waren, ist dort nur allgemein bemerkt worden, daß diese Parameterkonstruktion bei Kristallen mit *rechtwinkeligem* Achsenkreuz gilt (also zunächst für das rhombische System); im tetragonalen System ist noch eine weitere Vereinfachung zu erwarten.

achsen. Vorhanden sind aber die zwei senkrecht aufeinanderstehenden, vertikalen Symmetrieebenen, die unter sich ungleichwertig sind, E_1 und E_2; vgl. Tab. 1.

Kristallformen

1. Endfläche (disymmetrisch) als Einzelfläche.
2. Zweiflächige, und zwar monosymmetrische Formen: das Quer- und Längsflächenpaar sowie das Quer- und Längs-„Doma" (statt Prisma).
3. Vierflächig, aber asymmetrisch, sind: das aufrechte Prisma und die Pyramidenform (Ober- und Unterseite voneinander unabhängig).

GROTHsche Bezeichnung: *rhombisch-pyramidal.*

Ein Beispiel bieten die Kristalle des Kieselzinkerzes dar (Abb. 64). Solche Kristallformen bezeichnet man als *„hemimorph"* (halbgestaltig).

Stufe III. Drei senkrecht aufeinanderstehende bipolare zweizählige Deckachsen: $A_1{}^2$, $A_2{}^2$, $A_3{}^2$.

Kristallformen

1. Zweiflächig sind die drei Endflächenpaare (dimetrisch).
2. Vierflächig, aber asymmetrisch, sind alle übrigen Formen. Die vier gleichwertigen Pyramidenflächen für sich allein gedacht, ergeben eine

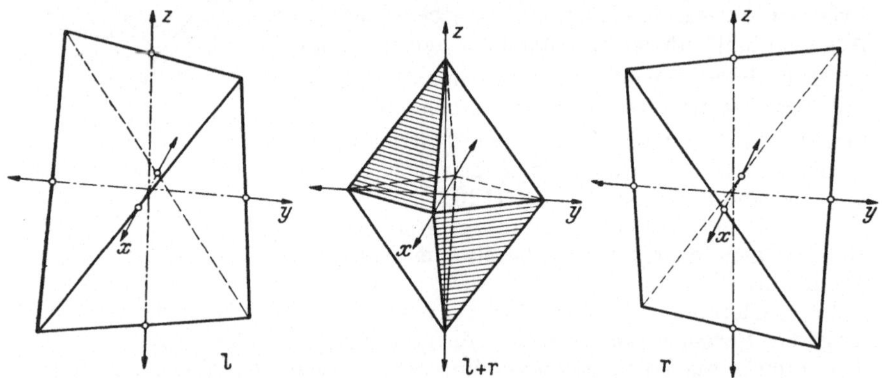

Abb. 65. Rhombische Bisphenoide. *l* Linksform; *r* Rechtsform;
(*l* + *r*) Kombination beider Bisphenoide

geschlossene Form: das *rhombische Doppelsphenoid* (s. Abb. 65) mit drei Paaren gleicher Kanten (obere und untere Kante sind gleich lang, ebenso vordere und rückwärtige, sowie linke und rechte).

Da in der Stufe III (hier wie in allen übrigen Systemen) lediglich Deckachsen miteinander kombiniert sind, jedoch Symmetrieebenen fehlen, ergibt sich die Möglichkeit, Links- und Rechtsformen zu bilden, die sich zueinander wie Bild zum Spiegelbilde verhalten: die Erscheinung der *„Enantiomorphie".*

Abb. 65 (mittlere Zeichnung) zeigt, wie aus einer rhombischen Doppelpyramide der Vollform durch Wegfall abwechselnder Flächen entweder die Links- oder die Rechtsform des Doppelsphenoids entsteht. Das Verhältnis dieser Halbformen zu den holoedrischen wird als *Hemiedrie* bezeichnet. Würden beide enantiomorphe Formen gleichzeitig auftreten, dann sind sie jedenfalls kristallographisch und physikalisch ungleichwertig; also wäre eine solche Gestalt als Kombination eines Links- und Rechtssphenoids aufzufassen (s. Abb. 65, Mitte).

Die GROTHsche Klassenbezeichnung ist mit Bezug auf das rhombische Doppelsphenoid: *rhombisch-bisphenoidische* Klasse.

Beispiele bieten die Kristalle des Bittersalzes (Abb. 66).

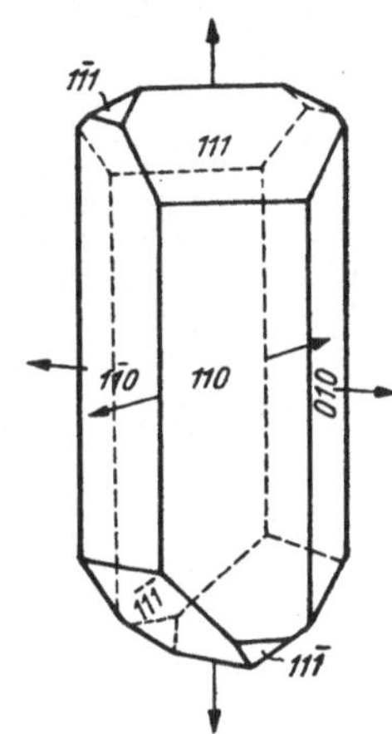

Abb. 66. Bittersalz, rhombisch-bisphenoidisch

d) Tetragonales System

An das rhombische System anschließend wollen wir hier zunächst das tetragonale System behandeln; denn es ergibt sich am einfachsten aus jenem, wenn die Parameterwerte der Einheitspyramide auf der x- und y-Achse gleich lang werden ($a = b$).

Die primäre Radialzone, die von der Basisfläche (001) zum aufrechten Prisma (110) führt, verläuft daher notwendigerweise unter 45^0 (s. Abb. 67, Zonenstück *PI*). Die drei Achsenzonen stehen (wie im rhombischen System) aufeinander senkrecht, so daß sich hier wie dort ein rechtwinkeliges Achsenkreuz ergibt mit den Achsenabschnitten $a : a : c$ oder kurz $a : c$ bzw. $1 : \dfrac{c}{a}$.

Die Metrik ist somit durch einen einzigen Zahlenwert $\dfrac{c}{a}$ bestimmt, so daß nur *eine* Winkelmessung erforderlich ist (Festlegung der 101 oder der 111).

Der Zonenverband ist demnach charakterisiert durch zwei gleiche, zueinander senkrechte Zonen (die Zonen der x- und y-Achse) und zwei weitere unter sich wieder gleichwertige Zonen, die unter 45^0 gegen die vorigen geneigt sind. Auf diesen vier Zonen steht die horizontale Zonenebene des Grundkreises (Zone der z-Achse) senkrecht.

Es gibt bei tetragonalen Kristallen *zwei Aufstellungsmöglichkeiten*, die um 45^0 gegeneinander verwendet sind, je nachdem man die eine oder die andere Art zweier gleichwertiger Zonen als Achsenzonen (der horizontalen Achsen) wählt.

Tetragonal, Stufe V. Symmetrieelemente, s. Projektionsschema Tab. 1. Eine vierzählige Hauptachse A^4, darauf senkrecht zwei zweizählige Achsen

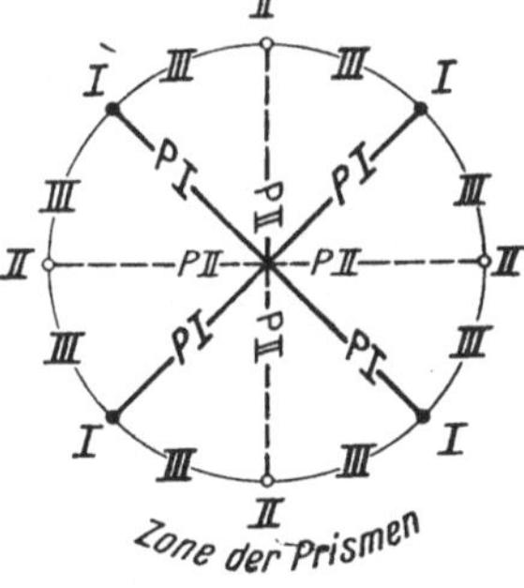

Abb. 67. Die Prismen- und Pyramidenarten des tetragonalen Systems. (Die Pyramiden III. Art liegen in den Feldern zwischen den gezeichneten Zonen)

$2\,A_n{}^2$ (Nebendeckachsen, mit den kristallographischen Achsen zusammenfallend) sowie winkelhalbierend zwei weitere zweizählige Achsen $2\,A_z{}^2$ (Zwischendeckachsen). Eine horizontale Hauptsymmetrieebene E_h; ferner, vertikal verlaufend (durch die Hauptachse), zwei Neben- und zwei Zwischensymmetrieebenen $2\,E_n$, $2\,E_z$, die sich unter 45^0 schneiden (s. Abb. 68). Schließlich das Symmetriezentrum Z.

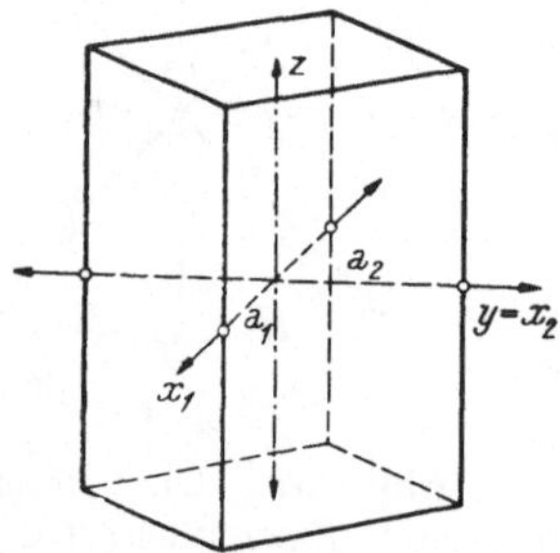

Abb. 68. Symmetrieebenen im tetragonalen System, Stufe V

Kristallformen

1. Das Endflächenpaar (001); tetrasymmetrisch.

2. Das aufrechte Prisma (110) oder Prisma I. Art, eine vierflächige Form; disymmetrisch (Abb. 69).

3. Das verwendete Prisma (100) oder Prisma II. Art, dieselbe Form um 45^0 gegen die vorige verwendet; ebenfalls disymmetrisch (Abb. 70).

Dieses verwendete „Prisma" besteht in Wirklichkeit nicht aus Prismenflächen, sondern aus dem kristallographisch gleichwertigen Quer- und Längsflächenpaar.

Achtflächig mit monosymmetrischen Flächen sind:

4. Die vierseitige Doppelpyramide $(h\,h\,l)$ oder Pyramide I. Art (Abb. 71).

5. Die verwendete vierseitige Doppelpyramide $(h\,0\,l)$ oder Pyramide II. Art, die in Wirklichkeit aus den Quer- und Längsprismenformen

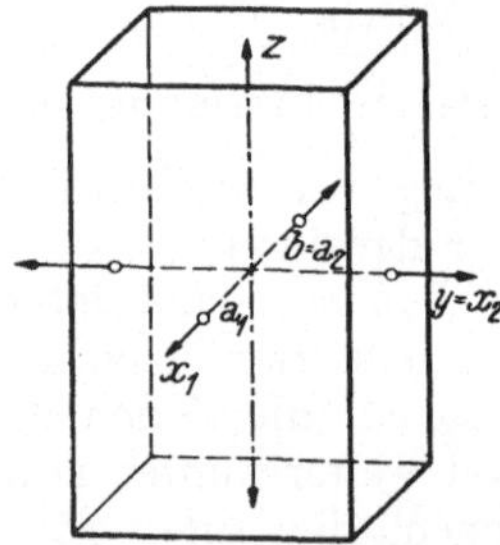

Abb. 69. Tetragonales Prisma I. Art   Abb. 70. Verwendetes tetragonales Prisma (Prisma II. Art)

besteht, also gegen die vorige Gestalt (Abb. 71) um 45^0 gedreht aufzustellen ist.

Die Pyramiden I. und II. Art sind monosymmetrisch infolge der vertikalen Symmetrieebenen E_z bzw. E_n.

6. Das achtseitige oder ditetragonale Prisma mit nur abwechselnd gleichen Vertikalkanten (flache und etwas schärfere Keilschneiden bildend)

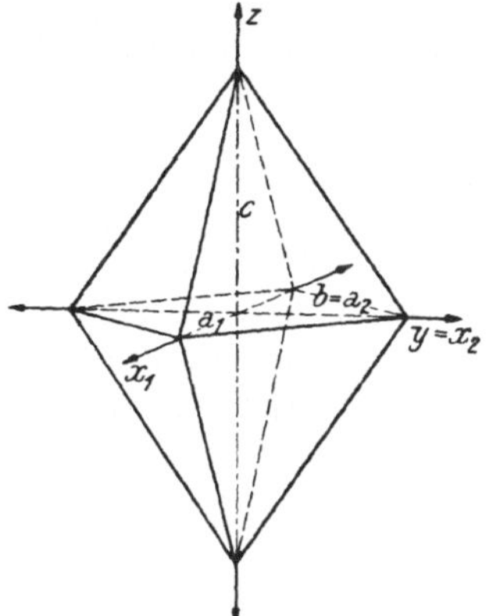

Abb. 71. Tetragonale Doppelpyramide
I. Art

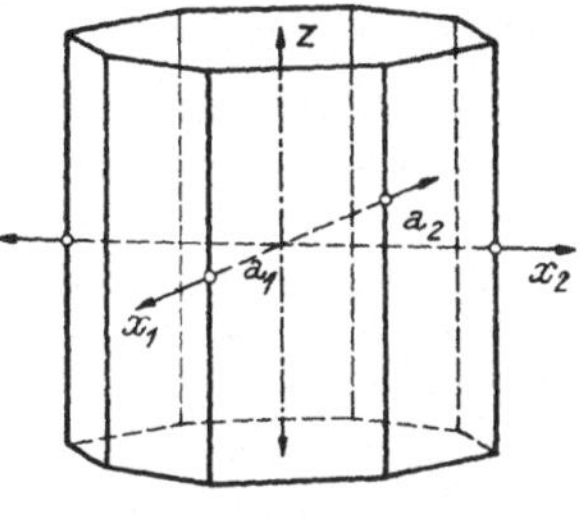

Abb. 72. Achtseitiges Prisma
(ditetragonales Prisma)

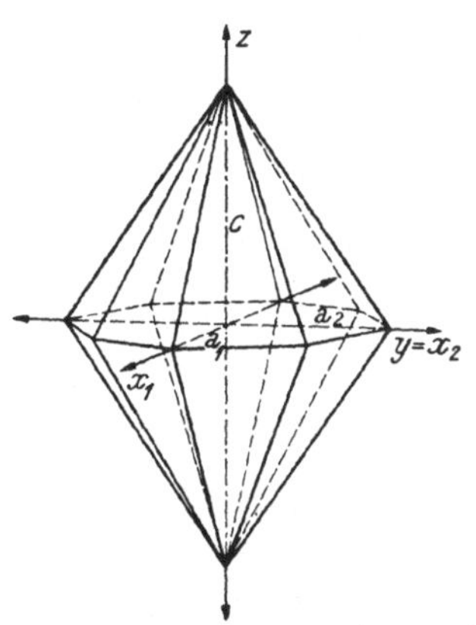

Abb. 73. Achtseitige Doppelpyramide
(ditetragonale Bipyramide)

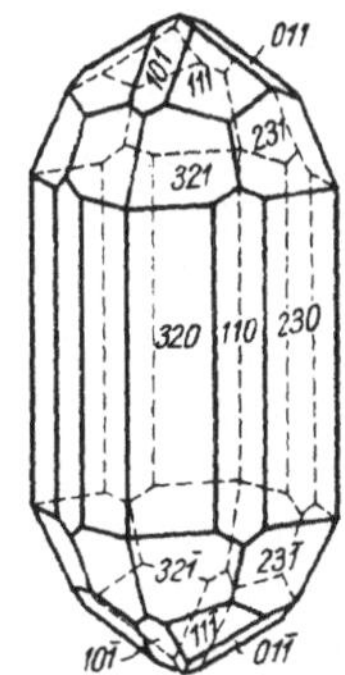

Abb. 74. Zinnstein. Kombination fol-
gender Kristallformen: (110) Prisma
I. Art; (111) Pyramide I. Art; (101)
Pyramide II. Art; (320) achtseitiges
Prisma; (321) achtseitige Doppel-
pyramide

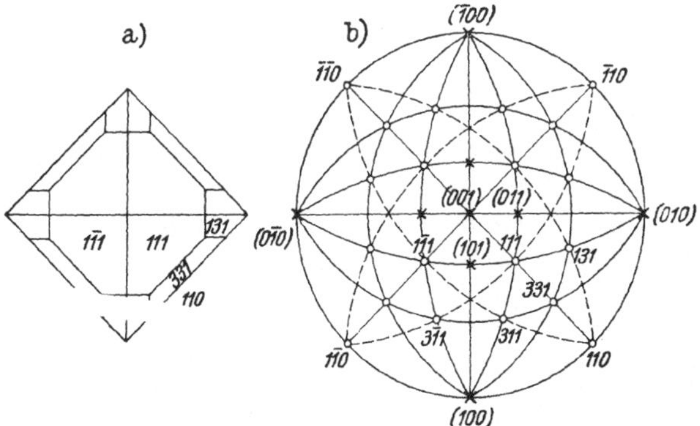

Abb. 75. Zirkon. a) Kopfbild; b) stereographische Projektion

($h\,k\,0$), Abb. 72; monosymmetrisch infolge der horizontalen Symmetrie-ebene E_h.

Sechzehnflächig ist:

7. Die achtseitige Doppelpyramide ($h\,k\,l$) oder ditetragonale Bipyra-mide, als *Kristallform allgemeinster Lage*[1] asymmetrisch; sie kann auch als Pyramide III. Art bezeichnet werden (Abb. 73). Die von der Haupt-achse auslaufenden Kanten dieser Form sind nur abwechselnd gleich, während die horizontalen Kanten (entsprechend dem Querschnitt des achtseitigen Prismas) durchwegs gleich sind. Letztere bilden jedoch kein regelmäßiges Achteck, sondern (wie S. 13 mit Abb. 17 ausführlich be-gründet) nur ein halbregelmäßiges Achteck, das aber tetrasymmetrisch ist.

Die Abb. 67 zeigt die Lage der Prismen und Pyramidenarten des tetragonalen Systems im schematischen Zonenbilde; dabei bedeutet:

I   ... Prisma I. Art;

P I   ... Pyramide I. Art (innerhalb der stark gezeichneten Zonen);

II   ... Prisma II. Art;

P II ... Pyramide II. Art (innerhalb der strichlierten Zonen);

III ... achtseitiges oder ditetragonales Prisma (auf den Bogen-stücken zwischen *I* und *II*).

Die achtseitige oder ditetragonale Bipyramide (Pyramide III. Art) liegt in den Feldern zwischen den gezeichneten Zonen.

Die GROTHsche Klassenbezeichnung ist nach der allgemeinsten Form: *ditetragonal-bipyramidale Klasse.*

Beispiele bieten die Minerale Zinnstein (Abb. 74) und Zirkon.

Letztere Kristallart möge als Musterbeispiel für die Durchführung der stereographischen Projektion dienen (Abb. 75 a und b). Da die End-flächenarten (100), (010), (001) in ihrer Lage vorbestimmt sind und ebenso das aufrechte Prisma (110) (Prisma I. Art) symmetriebedingt unter 45^0 liegt, genügt eine einzige Winkelmessung, um die primäre Pyramide (111) (Pyramide I. Art) oder jene II. Art (101) auf dem vor-bestimmten Zonenstück festzulegen.

Durchführungsschema

Festliegend die Endflächen (100), (010), (001).

Annahme: Pyramide I. Art (111).

Folgerung: Die mögliche Pyramide II. Art (101) ergibt sich aus dem primären Zonenverbande.

Aus dem Zonenverbande sind die übrigen Flächen *zu bestimmen:*

a) die achtseitige Doppelpyramide, die sich als (311) ergibt;

b) die abgeleitete Pyramide I. Art (331).

Ad a: Diese achtseitige Doppelpyramide liegt ersichtlicherweise in der primären Radialzone zwischen 111 und 100. Noch eine zweite Zone muß gefunden werden!

---

[1] Die Punktlagen 1 bis 6 der Flächenpole werden als *spezielle Lagen* be-zeichnet.

In gleicher Weise wie beim Beispiel Topas (Abb. 63 a und b) suchen wir nach einer versteckten Zone. Bei Vorliegen des Kristallmodells (oder eines natürlichen Kristalls) läßt sich feststellen, daß die Kante zwischen 110 und der gesuchten Fläche 311 zur Pyramidenfläche $1\bar{1}1$ (im vierten Quadranten) parallel ist.

Es ist dies hier der nämliche Fall, wie er in Abb. 20 schematisch angedeutet wurde: Dort stößt die Fläche F_2 mit F_3 nur noch mit einer Ecke zusammen, wie das im vorliegenden Beispiel bezüglich 111 und der gesuchten 311 der Fall ist. Würde die $1\bar{1}1$ ein wenig nach innen parallel verlagert werden, so ergäbe sich als Schnitt mit der Fläche 311 eine Kante, welche zur Ausgangskante zwischen 110 und 311 parallel ist.

Somit liegt die fragliche Fläche auch in der Zone [110, $1\bar{1}1$], so daß die Fläche als Schnittpunkt zweier bekannter Zonen berechnet werden kann: es ergibt sich das Symbol (311).

Ad b: Schließlich ist noch als letzte Fläche die abgeleitete Pyramide I. Art durch den Zonenverband über 311 und $3\bar{1}1$ zu bestimmen; Ergebnis (331).

Bestimmung des Achsenverhältnisses a : c

Wie bei rhombischen Kristallen (Kapitel II c) können wir mit (101) bzw. (011), die im tetragonalen System gleichwertig sind, den Parameterwert auf der z-Achse c konstruieren und dadurch das Achsenverhältnis $a : c$ bzw. $1 : \dfrac{c}{a}$ bestimmen.

Stufe IV. Infolge der polaren Hauptachse ist Ober- und Unterseite der hierhergehörenden Kristalle voneinander unabhängig. Dieses Auftreten von halbgestaltigen Formen, bedingt durch die Polarität der Hauptachse, wird — wie wir es schon bei rhombisch IV kennengelernt haben — als „Hemimorphie" bezeichnet.

Symmetrieelemente. $\uparrow A^4$; $2\,E_n$ und $2\,E_z$. Dement-

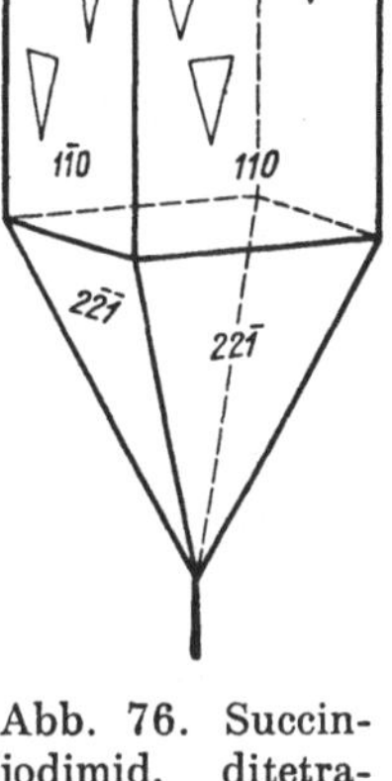

Abb. 76. Succinjodimid, ditetragonal-pyramidal, mit Ätzfiguren

sprechend tritt die Basisfläche als Einzelfläche auf, die Pyramidenformen sind einseitige Halbformen; die Prismenformen sind zwar in ihrer Ausbildung gleichartig wie in der holoedrischen Klasse erhalten, jedoch infolge Wegfalls der horizontalen Symmetrieebene in ihrer Flächensymmetrie vermindert (Prisma I. und II. Art nur monosymmetrisch, das achtseitige Prisma aber asymmetrisch). GROTHSche Bezeichnung: *ditetragonal-pyramidale* Klasse.

Kristalle dieser Art sind an Mineralien bisher noch nicht sichergestellt worden, hingegen an Laboratoriumsprodukten. Das Succinjodimid $C_4H_4O_2NJ$ zeigt solche Formen (s. Abb. 76).

Stufe III. Symmetrieelemente (lediglich Kombination von Deckachsen) A^4, $2\,A_n$, $2\,A_z$.

Die Flächenformen sind infolge des Mangels an Symmetrieebenen nicht mehr symmetrisch, sondern im Falle des Ausstechens senkrecht stehender Deckachsen entweder tetrametrisch (Basisfläche) oder dimetrisch (die Prismen I. und II. Art); alle anderen sind asymmetrisch.

Statt der achtseitigen Doppelpyramide der Vollform erscheinen die tetragonalen „Trapezoeder", die wieder (wie immer beim Fehlen von Symmetrieebenen) enantiomorphe Gestalten liefern: durch Wegfall abwechselnder Flächen der ditetragonalen Bipyramide entweder eine Linksoder eine Rechtsform in spiegelbildlicher Stellung (s. Abb. 77). Bezeichnung: *tetragonal-trapezoedrische* Klasse.

Das Monokaliumtrichloracetat gibt ein Beispiel solcher Formen (Abb. 78). Die Fläche 311 ist eine solche Fläche allgemeinster Lage, und zwar ein Rechtstrapezoeder (vgl. den Kantenverlauf zwischen 311 und $31\bar{1}$ mit Abb. 77).

Stufe II. Symmetrieelemente. Infolge des Zentrums, das für die Stufe II charakteristisch ist, treten hier parallelflächige Formen auf. Die horizontale Symmetrieebene stellt sich nach Regel S. 39 automatisch ein: $\uparrow A^4 + Z = A^4 + Z + E_h$.

Kristallformen

1. Endflächenpaar (001), tetrametrisch infolge der A^4. Die Positionen 2, 3 und 6 sind monosymmetrisch (infolge der E_h) mit horizontaler Symmetrielinie:

2. das Prisma (110) und

3. das verwendete Prisma (100),

6. das gewendete Prisma oder Prisma III. Art, das in zwei Stellungen möglich ist $(hk0)$ oder $(h\bar{k}0)$. Es ist eine Hemiedrie des achtseitigen Prismas der Vollform infolge Wegfalls der vertikalen Symmetrieebenen. Im übrigen ist es der gleiche Körper wie das vierseitige Prisma I. oder II. Art (mit quadratischem Querschnitt), erscheint jedoch gegen die Stellung dieser um einen gewissen Winkelbetrag herausgedreht (zwischen 0^0 und 45^0 gelegen, und zwar nach Maßgabe des Rationalitätsgesetzes); daher die Bezeichnung „gewendet".

Die Positionen 4, 5 und 7 liefern Formen mit asymmetrischen Flächen:

4. die vierseitige Doppelpyramide (hhl),

5. die verwendete vierseitige Doppelpyramide $(h0l)$,

7. die gewendeten vierseitigen Doppelpyramiden (III. Art) (hkl) oder $(h\bar{k}l)$, entsprechend den Stellungen der gewendeten Prismen.

GROTHsche Klassenbezeichnung: *tetragonal-bipyramidale* Klasse.

Der Scheelitkristall (Abb. 79) diene als Beispiel für Stufe II. Vorherrschend ist die verwendete Doppelpyramide (101); untergeordnet die Pyramide I. Art (111). Ferner treten als für diese Klasse charakteristische Flächen zwei verschiedenartige „gewendete" Doppelpyramiden auf: die $(3\bar{1}1)$, von der Stellung der 101 nach links gedreht und die (313) entsprechend nach rechts gewendet.

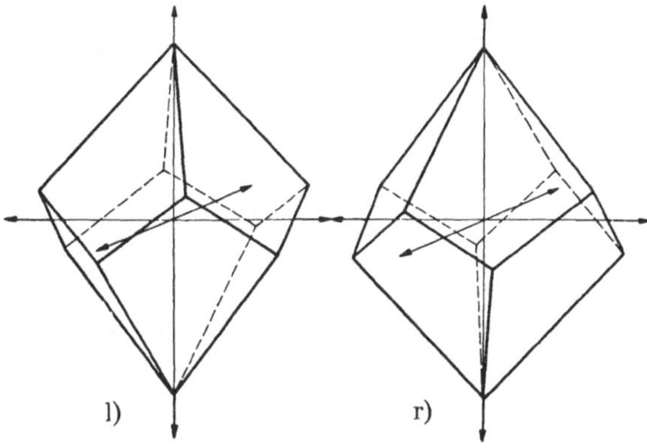

Abb. 77. Linkes (*l*) und rechtes (*r*) tetragonales Trapezoeder

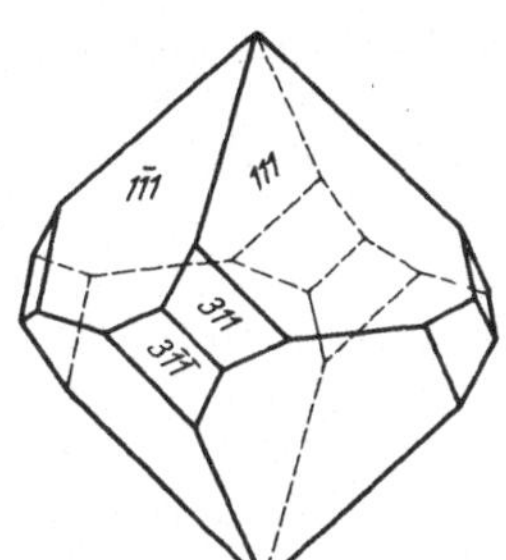

Abb. 78. Monokalium-trichloracetat, tetragonal-trapezoedrisch

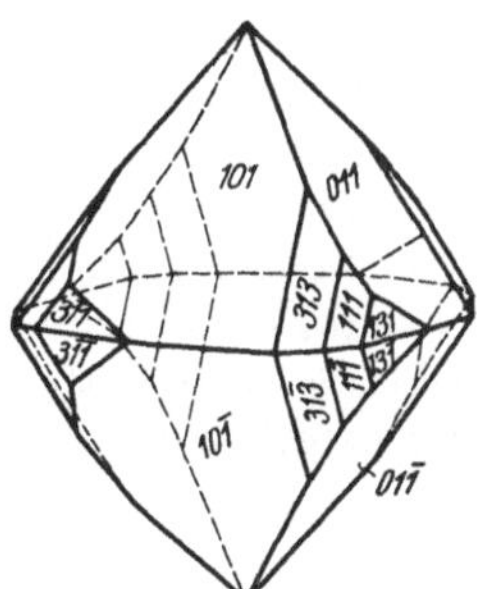

Abb. 79. Scheelit-kristall, tetragonal-bipyramidal

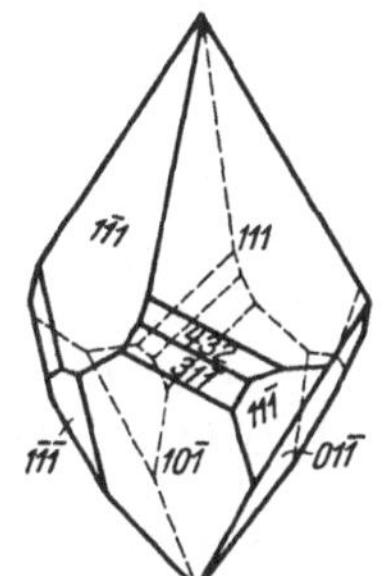

Abb. 80. Wulfenit-kristall

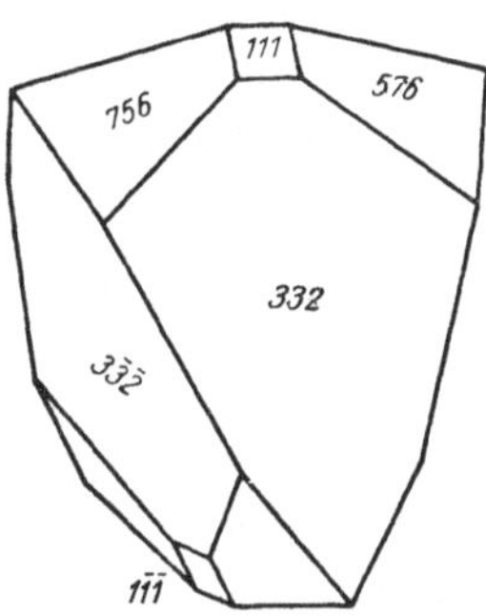

Abb. 82. Kupferkies, tetragonal-skalenoedrisch

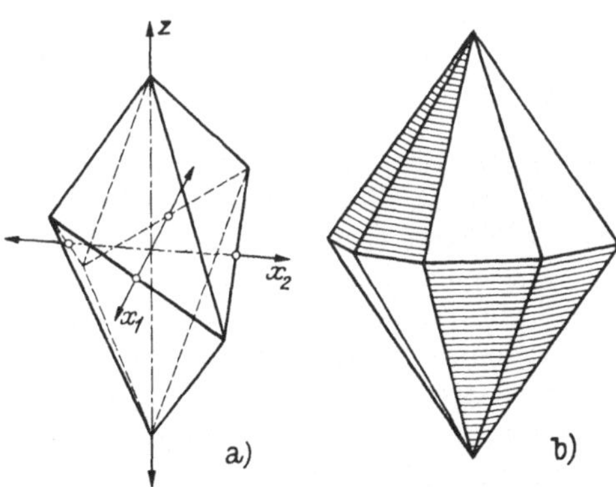

Abb. 81. Tetragonales Skalenoeder. a) Positive Form; b) Kombination des positiven und negativen Skalenoeders

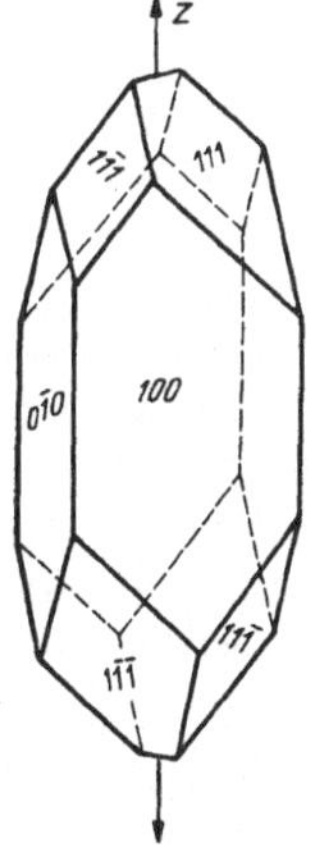

Abb. 83. Pentaerythrit-kristall, tetragonal-bisphenoidisch

Stufe I. Hier ist nur noch die $\uparrow A^4$ als einziges Symmetrieelement vorhanden. Dementsprechend sind die Formen hemimorph in bezug auf jene der Stufe II.

Kristallformen

1. Die Endfläche, tetrametrisch, als Einzelfläche.
2. bis 7. Alle übrigen einfachen Formen sind vierflächig; aber asymmetrisch.

GROTHsche Bezeichnung: *tetragonal-pyramidal.*

Die Kristalle des Wulfenits scheinen dieser Symmetrieklasse anzugehören (s. Abb. 80). Die Oberseite ist von der Pyramide I. Art (111) gebildet, während die Unterseite eine (11$\bar{1}$) untergeordnet aufweist, hingegen stärker hervortretend die Pyramide II. Art (10$\bar{1}$) zeigt. Die Oberseite führt noch eine gewendete Pyramide (432), während auf der Unterseite die gewendete Pyramide (31$\bar{1}$) auftritt.

Nun haben wir noch die beiden Klassen zu besprechen, die mit Hilfe einer vierzähligen Inversionsachse abzuleiten sind: Stufe IV a und I a.

Stufe IV a. Symmetrieelemente: J^4, die zugleich die Wirksamkeit einer A^2 ausübt; zwei Symmetrieebenen, die man in diagonaler Lage aufzustellen pflegt (2 E_z), damit die automatisch hinzutretenden zwei horizontalen Deckachsen $2 A_n^2$ in die Richtung der kristallographischen Achsen gelangen. So hatten wir auch schon bei Entwicklung der Klassensymmetrie Tab. 1 die vertikalen Symmetrieebenen angenommen.

Kristallformen

1. Das Endflächenpaar (001) ist disymmetrisch.
2. Das Prisma (110) nur monosymmetrisch (da die horizontale Symmetrieebene fehlt).
3. Das verwendete Prisma (100) ist dimetrisch (senkrecht auf den A_n^2).
4. Die beiden Doppelsphenoide (hhl) und $(h\bar{h}l)$, monosymmetrisch. Diese entstehen als Halbformen aus der tetragonalen Doppelpyramide, ganz analog wie wir das bezüglich der rhombischen Doppelsphenoide (Abb. 65) als Hemiedrie der rhombischen Doppelpyramiden besprochen haben; vgl. auch Abb. 40, wo ein tetragonales Bisphenoid eingezeichnet ist.

Bei den tetragonalen Bisphenoiden ist die obere und untere Kante gleichartig und zudem senkrecht aufeinander gekreuzt, alle vier Seitenkanten sind untereinander ebenfalls gleich (zum Unterschied von den rhombischen Doppelsphenoiden, wo sie nur paarweise gleich waren).

Die beiden Stellungen der tetragonalen Doppelsphenoide (hhl) und $(h\bar{h}l)$ bezeichnet man oft auch als positiv und negativ. Doch sind die beiden Formen, geometrisch betrachtet, kongruente Körper und nur in der Aufstellung verschieden. Es handelt sich also nicht um enantiomorphe Gestalten, wiewohl auch positives und negatives Bisphenoid gegeneinander spiegelbildlich liegen (in bezug auf Spiegelebenen, die am Kristall *nicht* vorhanden sind; denn die $2 E_n$ fehlen!).

5. Die verwendeten vierseitigen Doppelpyramiden $(h\,0\,l)$ sind asymmetrisch.

Während aus der Pyramide I. Art als Halbform ein tetragonales Bisphenoid (Position 4) entstand, bleibt die verwendete Pyramide (oder Pyramide II. Art) als Form erhalten, da die diagonal verlaufenden Symmetrieebenen die Flächen spiegelbildlich wiederholen; dafür aber sind sie der Flächensymmetrie nach asymmetrisch, während die hemiedrischen Formen der Doppelsphenoide monosymmetrisch sind.

6. Das achtseitige Prisma $(h\,k\,0)$, asymmetrisch.

7. Die tetragonalen Skalenoeder $(h\,k\,l)$, asymmetrisch.

Sie sind als Halbformen der achtseitigen Doppelpyramide aufzufassen und daher (wie das Bisphenoid) in zwei Stellungen möglich: positiv und negativ (s. Abb. 81).

Die Klasse heißt nach der allgemeinsten Form *tetragonal-skalenoedrische* Klasse.

Das Mineral Kupferkies kristallisiert in Formen dieser Klasse (s. Abb. 82). An dem dargestellten Kristall treten zwei tetragonale Bisphenoide (111) und (332) auf, beide in positiver Stellung, ferner die Skalenoederform (756).

Stufe I a. Hier ist die J^4 allein vorhanden. Daher ist die allgemeinste Form $(h\,k\,l)$ nur noch ein tetragonales Bisphenoid, gewissermaßen jetzt die Halbform des Skalenoeders; der figurative Punkt liegt als Position 7 in allgemeinster Lage in den Feldern zwischen den in Abb. 67 eingezeichneten Zonen.

Die Klassenbezeichnung ist: *tetragonal-bisphenoidische* Klasse.

Ein organisches Laboratoriumsprodukt, der Pentaerythrit $C\,(C\,H_2\,.\,O\,H)_4$, gehört auf Grund eingehender Untersuchung dieser Klasse an. Abb. 83 zeigt eine solche Kristallform. Wir bemerken das Prisma II. Art (100) und zwei Bisphenoide (111) und ($1\bar{1}1$) in positiver und negativer Stellung; es sind dies allerdings Kristallformen der Position 4 (Halbformen der tetragonalen Pyramide I. Art) und nicht solche allgemeinster Lage.

e) Hexagonales System

In durchgreifender Analogie zum tetragonalen System behandeln wir jetzt das hexagonale, das durch eine sechszählige Hauptachse charakterisiert ist. Die Symmetrieelemente und Flächenpositionen der allgemeinsten Form in den einzelnen Klassen sind uns bereits aus Tab. 1 bekannt. Da hier die sechszählige Achse den Symmetrierhythmus beherrscht, ist das Zonenschema durch die Aufteilung in Sextanten gekennzeichnet (vgl. Abb. 84).

Wir bemerken drei Zonen I. Art (mit vertikal stehender Zonenebene), die sich unter 60^0 schneiden, und auf jeder dieser senkrecht drei weitere unter sich gleichartige Zonen, die somit den Winkel der vorigen halbieren. Auf diesen sechs Zonen steht die horizontale Zonenebene des Grundkreises senkrecht.

Entgegen der Bezeichnungsweise im tetragonalen System ist hier zu bemerken, daß im hexagonalen System eine Fläche des sechsseitigen

Prismas I. Art (Abb. 85) bzw. der sechsseitigen Doppelpyramide I. Art
(Abb. 86) dem vorn zu denkenden Beschauer zugekehrt ist: im tetragonalen System hingegen wurden solche nach vorn orientierte Flächen des
Prismas und der Pyramide als verwendete oder II. Art bezeichnet. Die
sechsseitigen Prismen und Pyramiden II. Art zeigen nach vorn gewendet
eine Kante (Abb. 87 und 88).

Im schematischen Zonenbild (s. Abb. 84) sehen wir daher die stark
ausgezogenen Zonen I. Art nach vorn zu laufend und davon ausgehend
unter Winkelabständen von 60^0 orientiert, während die strichlierten
Zonen II. Art (welche die verwendeten Formen enthalten) winkelhalbierend unter 30^0 liegen.

Die Position des zwölfseitigen Prismas (Abb. 89) ist im Zonenschema
(analog dem tetragonalen Schema) wieder mit III bezeichnet und die figu-
rativen Punkte der zwölfseitigen Doppelpyramide oder auch Pyramide
III. Art (Abb. 90) liegen in den Feldern zwischen den gezeichneten
Zonen. Die Basisfläche liegt naturgemäß wieder im Mittelpunkt des
Projektionsbildes.

Was nun die kristallographischen Bezugsachsen anbelangt, so würden
— wie immer — drei Koordinatenachsen genügen: die Hauptachse und
zwei horizontale Zonenachsen, z. B. jene in der Lage der *y-Achse* und
eine weitere, die mit dieser den Winkel von 120^0 (bzw. 60^0) einschließt.

Es würde aber dem Symmetriecharakter des hexagonalen Systems
widersprechen, nur diese zwei horizontalen Achsen zu verwenden. Wir
wählen daher auch noch eine dritte Horizontalachse, d. h. alle drei Zonenachsen jener drei gleichen Zonen I. Art, die in unserem Schema stark
ausgezogen sind; diese drei Horizontalachsen verlaufen daher in den Richtungen, die durch die drei strichliert gezeichneten Zonen gegeben sind: sie
sind die Diagonalen eines regelmäßigen Sechseckes (vgl. Abb. 91 und 92).

Diese Horizontalachsen wollen wir (da sie untereinander gleichwertig
sind) mit dem gleichen Buchstaben x bezeichnen: also x_1, x_2 und x_3. Die
positiven Äste dieser drei x-Achsen liegen im Winkelabstand von 120^0,
so daß zwischen $+ x_1$ und $+ x_2$ winkelhalbierend unter 60^0 der negative Ast
der x_3 nach vorn ragt (s. Abb. 91). Die Hauptachse sei — wie bisher —
mit z bezeichnet.

Wenn wir zunächst von der überzähligen x_3-Achse absehen, so würde
die Einheitspyramide (die auf der Zone *PII* der Abb. 84 liegt), hier
Pyramide II. Art, auf der x_1- und x_2-Achse den Einheitsabschnitt a_1 und
a_2 ergeben, die — wie im tetragonalen System — einander gleich sein
müssen (s. Abb. 92): der Abschnitt auf der z-Achse heißt wie bisher c.

Also ist das Achsenverhältnis auch im hexagonalen System (ganz
analog dem tetragonalen) $a : a : c$ *oder* $a : c$ bzw. $1 : \dfrac{c}{a}$ Daher ist auch
die Metrik durch einen einzigen Zahlenwert $\dfrac{c}{a}$ bestimmt und nur *eine*
Winkelmessung ist zu ihrer Festlegung erforderlich.

Wie im tetragonalen System gibt es auch hier *zwei Aufstellungsmöglichkeiten,* je nachdem, ob die mit *PI* oder jene mit *PII* bezeichneten

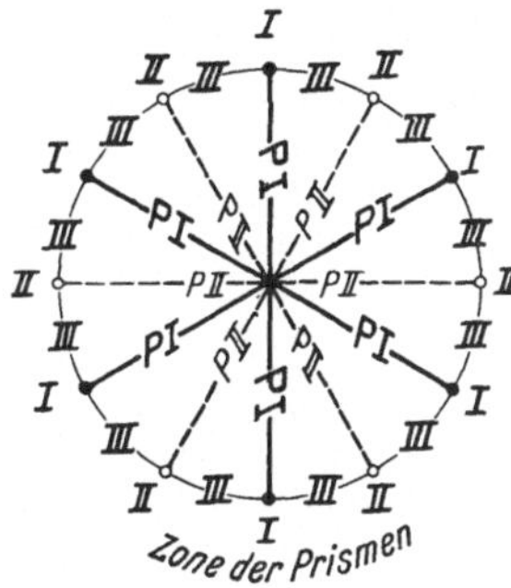

Abb. 84. Die Prismen- und Pyramidenarten des hexagonalen Systems. (Die Pyramiden III. Art liegen in den Feldern zwischen den gezeichneten Zonen)

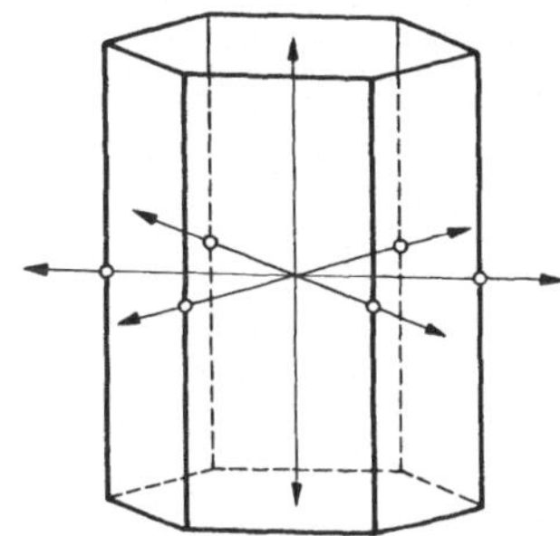

Abb. 85. Sechsseitiges Prisma I. Art

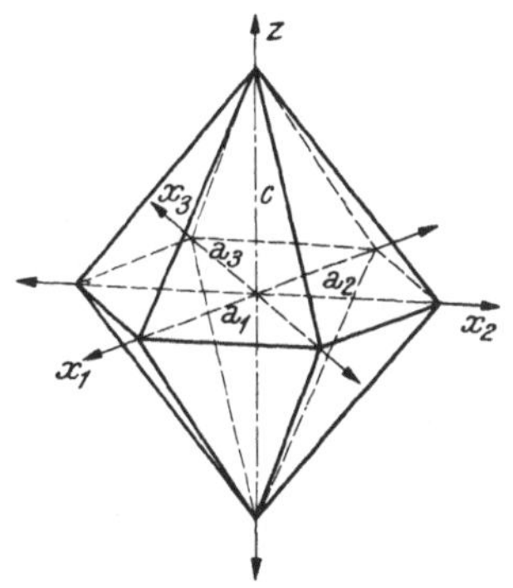

Abb. 86. Sechsseitige Doppelpyramide
I. Art

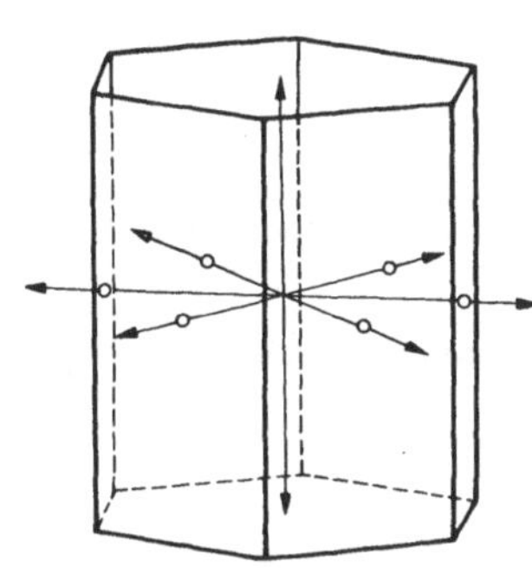

Abb. 87. Sechsseitiges Prisma II. Art

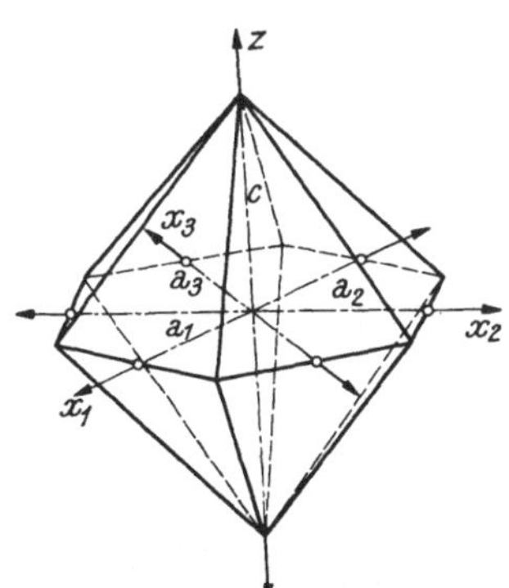

Abb. 88. Sechsseitige Doppelpyramide II. Art

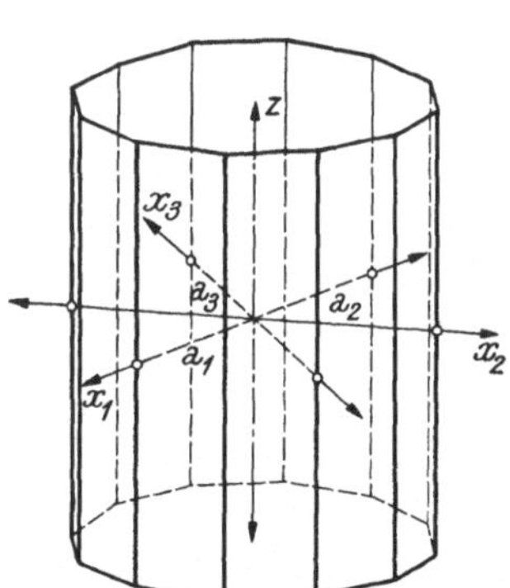

Abb. 89. Zwölfseitiges
Prisma

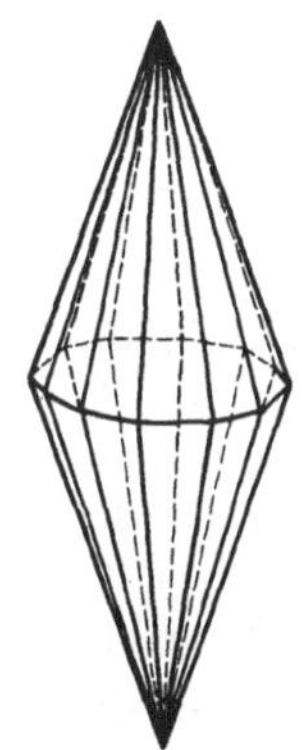

Abb. 90. Zwölf-
seitige Doppel-
pyramide

Zonen (Abb. 84) als Zonen I. Art aufgefaßt werden; demgemäß sind die beiden Stellungen um 30^0 gegeneinander verwendet.

Wenn die dritte Horizontalachse für die Festlegung einer Fläche durch ihre Achsenabschnitte nicht Bedingung ist, dann muß sich der Abschnitt auf dieser überzähligen Koordinatenachse aus den beiden anderen Achsenabschnitten auf x_1 *und* x_2 ableiten lassen.

Das soll durch folgende Überlegung geschehen:

Abb. 93 zeigt den Verlauf der drei Horizontalachsen x_1, x_2 und x_3 in ihrer Ebene (d. i. hier die Bildebene; die z-Achse steht auf dieser Ebene senkrecht).

Wir nehmen eine Fläche an, die zur z-Achse parallel ist, im übrigen aber von beliebiger Lage. Die Gerade DEF sei ihre Spur in der Bildebene.

Die Achsenabschnitte auf den drei Horizontalachsen sind demnach:

$$a_1 = CD, \qquad a_2 = CF, \qquad a_3 = CE.$$

Wir ziehen die Hilfslinie EG parallel CF; dadurch ergibt sich ein gleichseitiges Dreieck GEC, dessen Seiten gleich a_3 sind. Nun ist aber das schraffierte $\triangle\ GDE$ ähnlich dem $\triangle\ CDF$. Also verhält sich

$$CD : GD = CF : GE$$

oder

$$a_1 : (a_1 - a_3) = a_2 : a_3.$$

Wir bilden die Produkte der Außen- und Innenglieder

$$a_1 a_3 = a_1 a_2 - a_2 a_3$$

und berechnen daraus a_3:

$$a_3 (a_1 + a_2) = a_1 a_2,$$

$$a_3 = \frac{a_1 a_2}{a_1 + a_2}.$$

Nun setzen wir statt der Achsenabschnitte die reziproken Werte der MILLERschen Indices $h\,k\,i\,l$.

$$\frac{1}{i} = \frac{\dfrac{1}{h} \cdot \dfrac{1}{k}}{\dfrac{1}{h} + \dfrac{1}{k}}.$$

Daraus erhält man

$$i = h + k;$$

dieser Index i für den negativen Ast der a_3 ist daher negativ zu nehmen: also

$$i = -(h + k),$$

d. h. *der dritte Index ist gleich der negativen Summe der beiden ersten Indices* (die Summe der drei auf die Horizontalachsen bezüglichen Indices ist Null).

So erhält die Einheitspyramide 111, auf das hexagonale Achsenkreuz bezogen, die Indices 112̄1. Abb. 92 läßt die Richtigkeit dieser Indizierung für die gezeichnete Spur eines Prismas II. Art erkennen: der Abschnitt auf der x_3 ist $-\dfrac{1}{2}\,a$. Der Grundriß des hexagonalen Prismas I. Art (das gezeichnete Sechseck) mit den Horizontalachsen gibt somit das

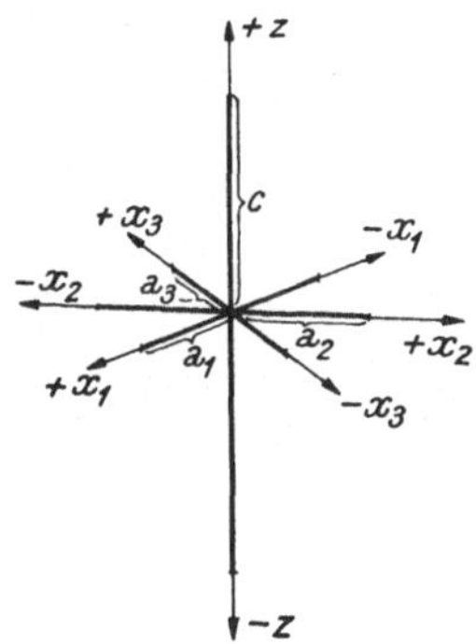

Abb. 91. Hexagonales
Achsenkreuz

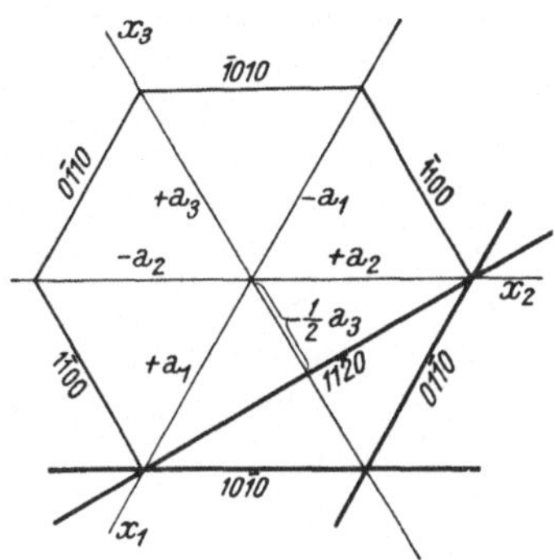

Abb. 92. Schema für die Indizierung
der hexagonalen Prismen (I. und II. Art)

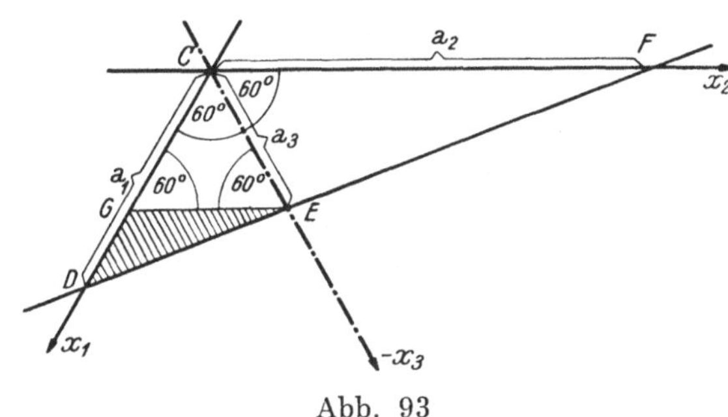

Abb. 93

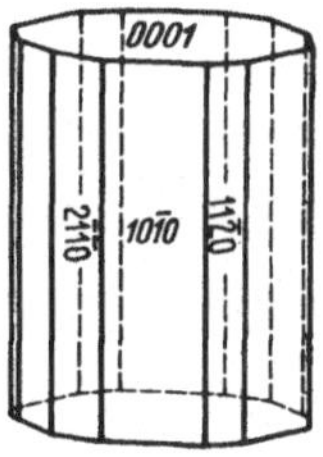

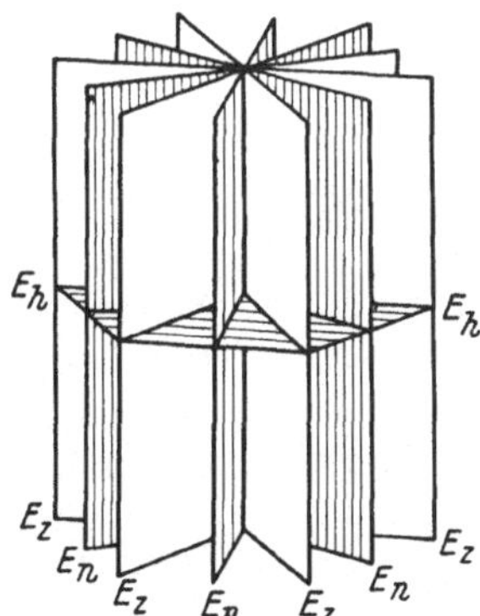

Abb. 95. Symmetrieebenen im
hexagonalen System, Stufe V

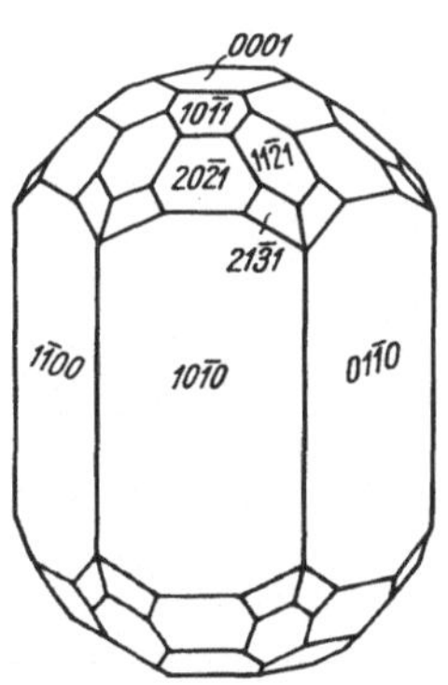

Abb. 94. Kombination von
Prismen I. und II. Art,
mit Basisfläche

Abb. 96. Beryllkristall, dihexagonal-
bipyramidal

6*

Schema für die Indizierung des hexagonalen Prismas I. Art. Abb. 94 zeigt eine Kombination der beiden Prismen, I. und II. Art, abgeschlossen durch die Basisfläche (0001).

Die Symmetrieelemente des hexagonalen Systems sind aus der Tab. 1, S. 50/51, für alle sieben Stufen zu entnehmen.

Abb. 95 zeigt das Schema der Symmetrieebenen im hexagonalen System für die Stufe V.

Stufe V. Entsprechend der allgemeinsten Flächenlage heißt sie nach GROTH: *dihexagonal-bipyramidale* Klasse.

Ein Beispiel dafür bietet der Beryll. Ein flächenreicher Kristall dieses Minerals ist in Abb. 96 dargestellt. Als Träger der Kombination sehen wir das sechsseitige Prisma $(10\bar{1}0)$ mit der Basis (0001). Ferner treten auf zwei sechsseitige Doppelpyramiden I. Art $(10\bar{1}1)$ und $(20\bar{2}1)$ sowie eine verwendete sechsseitige Doppelpyramide $(11\bar{2}1)$, schließlich eine zwölfseitige Doppelpyramide $(21\bar{3}1)$.

Die Abb. 97 a und b stellt das Kopfbild und die zugehörige stereographische Projektion dieses Kristalls dar. Für die Anwendung der Zonenregeln läßt man den auf die x_3 bezüglichen überzähligen Index weg und rechnet (wie in den Systemen mit dreigliedrigem Achsenkreuz) nur mit drei Indices. Erst im Ergebnis einer neu berechneten Fläche wird nachträglich der fehlende dritte Index (als *negative Summe der ersten beiden)* ergänzt.

Angenommen wurde in unserem Beryllbeispiel die Fläche $(10\bar{1}1)$. Der primäre Zonenverband ergibt die verwendete Pyramide $(11\bar{2}1)$. Nach Festlegung dieser liefert der weitere Zonenverband die abgeleitete Pyramide I. Art $(20\bar{2}1)$ und schließlich die zwölfseitige Doppelpyramide $(21\bar{3}1)$.

Konstruktion des Achsenverhältnisses $a : c$ *im hexagonalen System.* Dazu verwenden wir die Fläche $(10\bar{1}1)$. Abb. 98 a zeigt den Vorgang in perspektivischer Darstellung. Wir legen die Fläche 1011 (die bei Außerachtlassung des dritten Index einem Querprisma entspricht) durch den Punkt A auf der x_1 im Einheitsabstand a; auch die negative x_3 wird im gleichen Abstand in B getroffen. Dann ist der Abschnitt auf der z-Achse der gesuchte c-Wert.

Durchführung der Konstruktion (s. Abb. 98 b)

Die Punkte A und B sind durch eine Hilfslinie zu verbinden; so erhalten wir den Punkt C auf der nach vorn gerichteten *Hilfsachse.* Wenn wir die Einheitsfläche 1011 durch diesen Punkt C legen, dann sind wir sicher, daß die Fläche die seitlich von der Hilfsachse ausstrahlenden kristallographischen Achsen x_1 und $\bar{x}_3$ im Einheitsabstand a treffen. Im übrigen ist die Konstruktion die gleiche wie im tetragonalen System (bzw. wie im rhombischen bezüglich $a : c$).

Wir klappen also die in Abb. 98 a schraffiert gezeichnete projizierende Ebene, die den Flächenpol $10\bar{1}1$ enthält, seitlich um (in unserem Falle

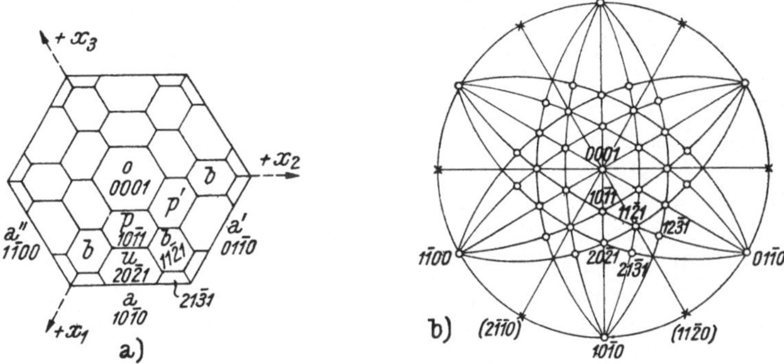

Abb. 97. Beryll. a) Kopfbild; b) stereographische Projektion

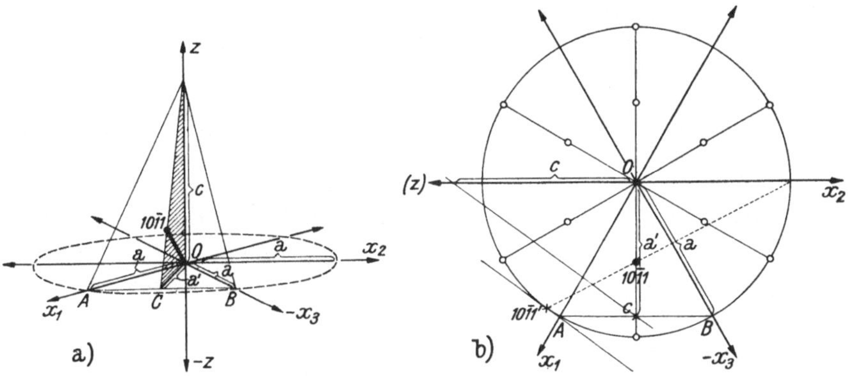

Abb. 98. Parameterkonstruktion im hexagonalen (und trigonalen) System

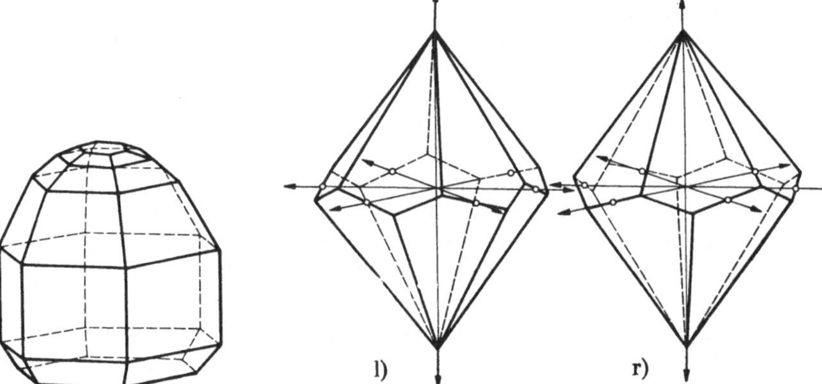

Abb. 99. Greenockit-
kristall, dihexagonal-
pyramidal

Abb. 100. Linkes (*l*) und rechtes (*r*) hexagonales
Trapezoeder, mit Einzeichnung der Bezugsachsen.
(Die Zwischendeckachsen gehen durch die Mitten
der *nicht* bezeichneten Randkanten)

nach links). Dadurch gelangt der Flächenpol $10\overline{1}1$ nach $10\overline{1}1'$ in den Grundkreis. Jetzt ist die Tangente in diesem Punkte parallel durch C zu legen, um den Einheitsabschnitt c auf der umgelegten z-Achse (z) zu finden.

Stufe IV. Diese ist wieder hemimorph infolge der polaren A^6. Die Grothsche Bezeichnung ist: *dihexagonal-pyramidale* Klasse. Abb. 99 zeigt eine solche Kristallgestalt von dem Mineral Greenockit.

In der **Stufe III** treten als allgemeinste Form die enantiomorphen Trapezoeder auf; in diesem Falle sind es hexagonale Trapezoeder (s. Abb. 100). Die Klassenbezeichnung ist daher *hexagonal-trapezoedrisch*.

Die Kristalle des Hochtemperaturquarzes (die über 575^0 gebildet wurden) gehören hierher (s. Abb. 101). Träger der Kombination ist das sechsseitige Prisma I. Art und die sechsseitige Doppelpyramide I. Art. Untergeordnet bemerken wir die Flächen der verwendeten sechsseitigen Doppelpyramide (in dieser Kombination Parallelogrammformen bildend) und ein rechtes Trapezoeder.

In der **Stufe II** *(hexagonal-bipyramidal)* finden wir wieder die „gewendeten" Gestalten der sechsseitigen Prismen und Pyramiden III. Art (ganz analog dem tetragonalen System). Apatitkristalle liefern uns für diese Mindersymmetrie schöne Beispiele. Abb. 102 stellt einen solchen Kristall dar, an welchem wir die verminderte Symmetrie deutlich erkennen können: auch hier ist — wie bei unserem Beryll — das sechsseitige Prisma I. Art und die Basis Träger der Kombination. Ferner sind vorhanden eine sechsseitige Doppelpyramide $(10\overline{1}1)$ und die verwendete Doppelpyramide $(11\overline{2}1)$ (beide jedoch nur asymmetrisch), schließlich die Pyramide III. Art $(21\overline{3}1)$, genau so wie beim Beryll (s. Abb. 96).

Es ist zu beachten, daß diese „gewendete" Doppelpyramide beim Apatit als Hemiedrie der zwölfseitigen Doppelpyramide nur einseitig auftritt, also nur sechsmal oben und unten.

Die **Stufe I** ist wieder hemimorph in bezug auf Stufe II; es fehlt außer dem Zentrum auch die horizontale Symmetrieebene.

Die allgemeinste Form ist eine polare sechsseitige Doppelpyramide III. Art. Klassenbezeichnung: *hexagonal-pyramidal*.

Nephelinkristalle (Abb. 103) gehören dieser Klasse an. Da jedoch die vorkommenden Kristalle nur die Kombination von sechsseitigem Prisma mit Basis darstellen, können erst hervorgerufene Ätzfiguren (s. S. 41) den verminderten Grad der Symmetrie nachweisen.

Und nun noch die beiden Klassen mit sechszähliger Inversionsachse:

Stufe IV a. Symmetrieelemente: J^6 (gleichzeitig A^3), E_h, $3\,E_n$, $3\uparrow A_z^2$ (in den Schnittlinien der $3\,E_n$ mit E_h), s. Tab. 1, S. 50 und 51. Die Symmetrieebenen werden hier in der Lage der E_n aufgestellt, so daß die in diesen Ebenen liegenden $3\uparrow A_z^2$ den Winkel der kristallographischen Achsen halbieren.

Kristallformen

Statt des sechsseitigen Prismas I. Art tritt hier nur ein dreiseitiges Prisma auf (Abb. 104 a), das in zwei Stellungen möglich ist: $(10\overline{1}0)$ oder $(0\overline{1}10)$. Diese Formen sind disymmetrisch, denn sie werden sowohl von

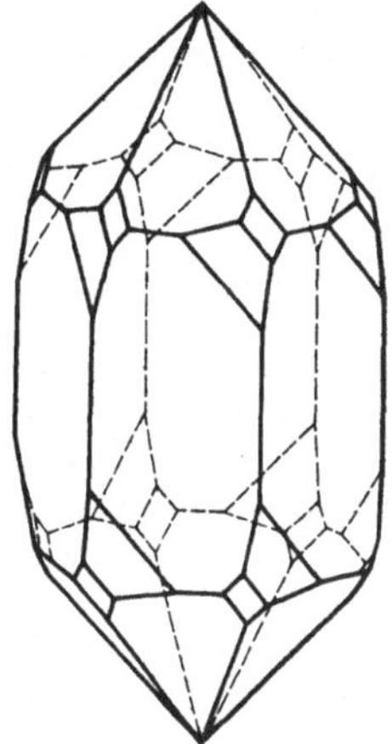

Abb. 101. Hochtemperaturquarz,
hexagonal-trapezoedrisch

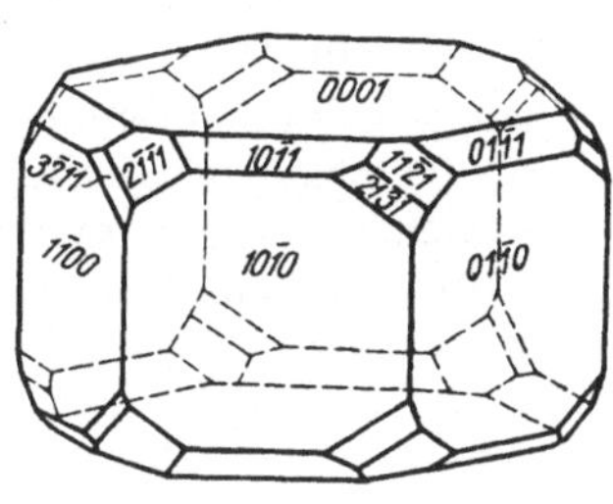

Abb. 102. Apatitkristall, hexagonal-
bipyramidal

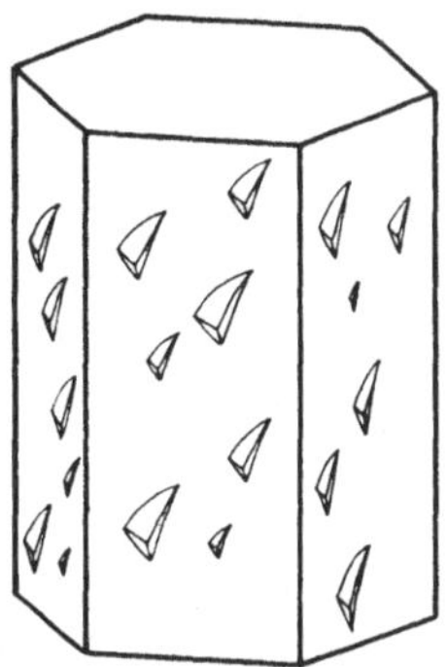

Abb. 103. Nephelinkristall (mit Ätzfiguren), hexagonal-pyramidal

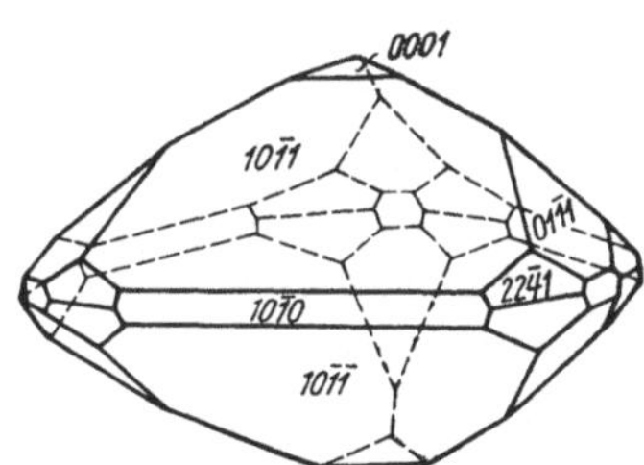

Abb. 105. Benitoitkristall, ditrigonotyp-
bipyramidal

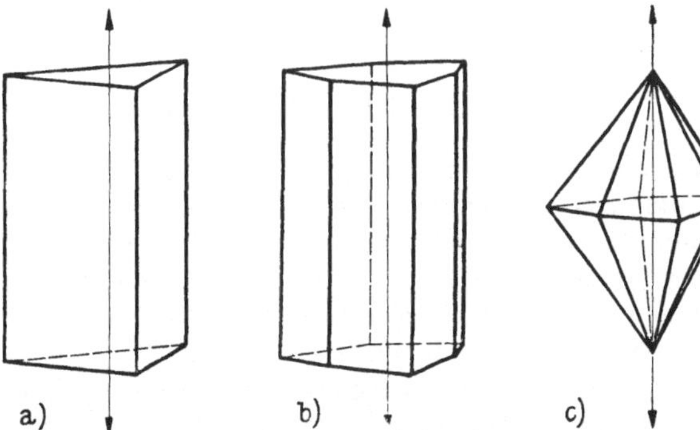

Abb. 104. Prismen- und Pyramidenformen in Hexagonal-Stufe IV a. a) Dreiseitiges Prisma; b) zweimal-dreiseitiges Prisma; c) zweimal-dreiseitige
Doppelpyramide

der E_h als auch von je einer der vertikalen Symmetrieebenen senkrecht geschnitten.

Das verwendete sechsseitige Prisma hingegen ist sechsflächig; denn es liegt seitlich von den Spiegelebenen. Dafür ist es aber nur monosymmetrisch (in bezug auf E_h). Ebenso verhält es sich mit den Pyramiden I. und II. Art: an Stelle der sechsseitigen Doppelpyramide I. Art sind nur dreiseitige Doppelpyramiden in zwei Stellungen $(h\,0\,\bar h\,l)$ und $(0\,h\,\bar h\,l)$ vorhanden (monosymmetrisch). In der verwendeten Lage jedoch ist die Form wieder eine sechsseitige Doppelpyramide, aber asymmetrisch. Statt der zwölfseitigen Prismen und der zwölfseitigen Doppelpyramiden treten hier nur die zweimal dreiseitigen Prismen und ebensolche Doppelpyramiden auf (vgl. Abb. 104 b und c). Die Flächen liegen symmetrisch in bezug auf die vertikalen Symmetrieebenen, doch gehen die parallelen Gegenflächen verloren; denn das Zentrum fehlt. Nach GROTH heißt diese Klasse *ditrigonal-bipyramidal*. Da wir sie aber aus strukturtheoretischen Gründen zum hexagonalen System, statt zum trigonal-rhomboedrischen stellen (s. S. 52), wäre es vielleicht günstiger, die Bezeichnung trigonal durch „*trigonotyp*" zu ersetzen, also: *ditrigonotyp-bipyramidal* (bei TSCHERMAK heißt sie trigonotyp-hemiedrisch).

Das Mineral Benitoit kristallisiert in dieser Klasse (s. Abb. 105). Träger der Kombination ist die dreiseitige Doppelpyramide $10\bar11$; auch die dreiseitigen Prismen $10\bar10$, $01\bar10$ und die Basis treten auf. Aber auch die Flächen der zweiten dreiseitigen Pyramide $01\bar11$ sind vorhanden. Schließlich ist noch eine verwendete sechsseitige Doppelpyramide $22\bar41$ entwickelt, hingegen keine zweimal dreiseitigen Pyramiden oder solche Prismen.

In der **Stufe I a** herrscht allein die J^6, d. i. $A^3 + E_h$. Folglich gibt es hier außer dem Endflächenpaar nur dreiseitige Prismen und dreiseitige Doppelpyramiden. Die Klassenbezeichnung nach GROTH wäre *trigonal-bipyramidal*, nach unserem Vorschlag (bei Verwendung des TSCHERMAK-schen Ausdrucks) *trigonotyp-bipyramidal*.

Ein Beispiel ist bisher weder unter den Mineralien noch bei Kunstprodukten bekannt geworden.

f) Rhomboedrisches System

An das hexagonale System schließen wir nun das rhomboedrische oder (nach TSCHERMAK) „trigonale" System an, das enge Zusammenhänge mit dem hexagonalen aufweist. Außer den sechsseitigen Prismen analog dem hexagonalen System sind hier vor allem charakteristisch die Formen des Rhomboeders und des um 60^0 verwendeten Rhomboeders, ferner des Skalenoeders als Kristallform allgemeinster Lage.

Der Zonenverband ist entsprechend jenem des hexagonalen Systems. Wir haben drei gleiche im Wirtel gestellte einfache Zonen (wie die Zonen I. Art im hexagonalen System), die jedoch hier mit ihren gleichsinnigen Ästen erst im Winkelabstand von 120^0 aufeinanderfolgen; zwischen diese sind drei weitere, auf den vorigen senkrecht stehende Zonen eingeschaltet.

Schließlich die Zone des Grundkreises, die auf allen diesen im Wirtel angeordneten Zonen senkrecht steht.

Die Symmetrieelemente für die fünf Klassen des rhomboedrischen Systems und das Schema der allgemeinsten Flächenlage haben wir schon in Abb. 45 (S. 45) entwickelt. Symmetriebeherrschend ist die dreizählige Hauptachse[1]. Als Bezugsachsensystem können wir wieder das im hexagonalen System eingeführte viergliedrige Achsenkreuz verwenden; die drei horizontalen Kristallachsen sind die Zonenachsen der vorerwähnten drei gleichen Zonen I. Art. Das Achsenverhältnis ist wieder $a : c$ bzw. $\dfrac{c}{a}$. Wesentlich für dieses System ist jedoch, daß sich die Beschreibung seiner Kristallformen auch auf ein rhomboedrisches Achsenkreuz beziehen läßt — ein Umstand, der für die Namengebung „Rhomboedrisches System" (an Stelle von trigonal!) bestimmend war (s. Rhomboedrische Indizierung, S. 94).

Stufe V. Symmetrieelemente: A^3, $3\,E_n$, Z, $3\,A_n^2$.

Die Ebenen der drei Zonen I. Art sind hier gleichzeitig Symmetrieebenen; sie befinden sich in der Lage wie die Nebensymmetrieebenen des hexagonalen Systems (s. Abb. 95, schraffiert hervorgehoben). Die Zwischensymmetrieebenen sind im trigonalen System nicht vorhanden. Ebenso fehlt die horizontale Symmetrieebene im rhomboedrischen System durchwegs in allen seinen Klassen. Dieses *Fehlen der horizontalen Hauptsymmetrieebene* ist für das rhomboedrische System besonders charakteristisch.

Ein Ausschnitt des Zonenschemas sei hier nochmals wiedergegeben (Abb. 106). Die stark gezeichneten drei Zonenebenen, die aber erst im Winkelabstand von 120^0 mit gleichwertigen Flächen besetzt sind, sind in Stufe V und IV zugleich Symmetrieebenen; senkrecht zu jeder dieser drei Vertikalsymmetrieebenen liegt in Stufe V infolge des dort vorhandenen Zentrums eine zweizählige, horizontale Deckachse. Sie sind gleichzeitig kristallographische Achsen.

An Hand dieses Zonenschemas wollen wir die einfachen Formen des rhomboedrischen Systems besprechen. Zu diesem Zweck sind die Punktpositionen numeriert. Es ist ersichtlich, daß hier *zwei Aufstellungen*, die voneinander um 60^0 abweichen, möglich sein werden.

Kristallformen

1. Das Endflächenpaar (0001), trisymmetrisch.
2. Das sechsseitige Prisma (1010), monosymmetrisch (s. Abb. 85).
3. Das verwendete sechsseitige Prisma (1120), dimetrisch (s. Abb. 87).

Beide sechsseitigen Prismen (I. und II. Art) wären zunächst gemäß der Wirkungsweise der A^3 nur als dreiflächige Formen vorhanden; infolge des Zentrums jedoch treten auch ihre parallelen Gegenflächen auf.

---

[1] Die Hervorhebung dieser Tatsache ist auch deshalb von Bedeutung, weil dadurch die Zugehörigkeit zu den *wirteligen* Systemen unterstrichen wird, die sich in optischer Beziehung einheitlich äußern (wirtelige Hauptachse gleichzeitig optische Achse!).

4. Das Rhomboeder $(h\,0\,\bar{h}\,l)$, monosymmetrisch.

4 a. Das verwendete Rhomboeder $(0\,h\,\bar{h}\,l)$, ebenfalls monosymmetrisch; sie werden auch als *positives* und *negatives* Rhomboeder unterschieden (s. Abb. 107 a und b). Das positive Rhomboeder wendet eine Fläche der Oberseite nach vorn, während das negative Rhomboeder vorn oben eine Kante zeigt. Die Rhomboeder sind als Halbformen der sechsseitigen Pyramide I. Art zu betrachten: drei Flächen oben mit drei parallelen Gegenflächen auf der Unterseite. Die Flächen liegen senkrecht je einer Symmetrieebene (monosymmetrisch), können daher durch dieselben nicht spiegelbildlich wiederholt werden. Anders bei der verwendeten Pyramide, die erhalten bleibt:

5. Die sechsseitige Doppelpyramide $(h\,h\,\overline{2h}\,l)$; an den Symmetrieebenen gespiegelte Flächen, die an sich asymmetrisch sind. Für sich allein bietet sich geometrisch natürlich dieselbe Gestalt wie Abb. 88 dar; der asymmetrische Charakter der Kristallflächen würde erst in der Kombination mit anderen Flächen in Erscheinung treten, bzw. könnte er durch Ätzfiguren nachgewiesen werden.

6. Das zwölfseitige Prisma $(h\,k\,i\,0)$, wie Abb. 89, aber asymmetrisch; durch die drei Symmetrieebenen würde zunächst ein zweimal dreiseitiges Prisma entstehen, das durch das Zentrum parallelflächig wiederholt wird.

Ebenfalls zwölfflächig sind:

7. Das trigonale[1] Skalenoeder $(h\,k\,\bar{i}\,l)$ mit sechs Pyramidenflächen oben und sechs parallelen Gegenflächen auf der Unterseite; die Flächen sind asymmetrisch (s. Abb. 108). In dieser Stellung entspricht die Form einem positiven Rhomboeder, wobei jede Rhomboederfläche in eine zweiflächige Form aufgelöst ist; die flachere Keilschneide der herablaufenden Kanten ist oben nach vorn gerichtet. Die zickzack verlaufenden Kanten entsprechen jenen eines positiven Rhomboeders (s. Abb. 109).

7 a. Das verwendete trigonale Skalenoeder (negatives Skalenoeder) $(k\,h\,\bar{i}\,l)$ entsprechend dem verwendeten Rhomboeder; die schärfere Kante oben nach vorn gewendet.

Mit Rücksicht auf die Verdoppelung der Fläche allgemeinster Lage durch die vertikalen Symmetrieebenen wird die Klasse als *ditrigonal* gekennzeichnet unter Beifügung des Namens der allgemeinsten Form: *ditrigonal-skalenoedrisch.*

Beispiele bieten eine Reihe bekannter Minerale, besonders der Calcit in seinen verschiedenartigen Ausbildungsformen:

Abb. 110 a zeigt das monosymmetrische Prisma I. Art mit dem verwendeten Rhomboeder $(01\bar{1}2)$; Abb. 110 b dasselbe negative Rhomboeder mit dem Prisma II. Art, welches dimetrisch ist. Abb. 111 zeigt die am Calcit häufig auftretende Kombination eines Skalenoeders $(2\bar{1}\bar{3}1)$ mit dem Grundrhomboeder $(10\bar{1}1)$. In Abb. 112 ist eine Mineralstufe von Calcit abgebildet, deren Kristalle diese Ausbildung aufweisen (s. auch

---

[1] GROTHsche Bezeichnung: ditrigonales Skalenoeder.

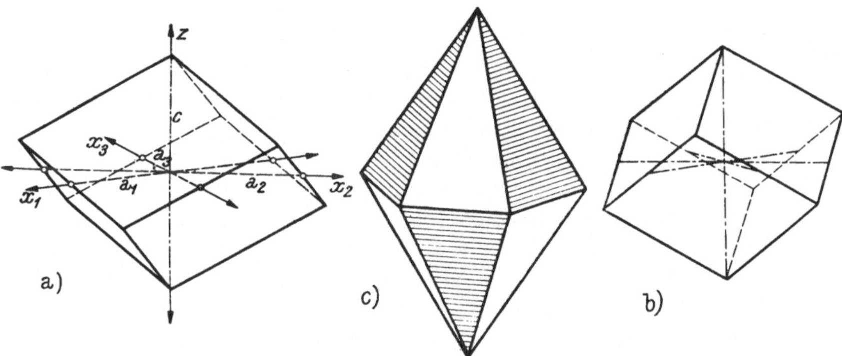

Abb. 107. Rhomboeder als Halbformen der sechsseitigen Doppelpyramide I. Art. a) Positives Rhomboeder; b) negatives Rhomboeder; c) Kombination von positivem und negativem Rhomboeder

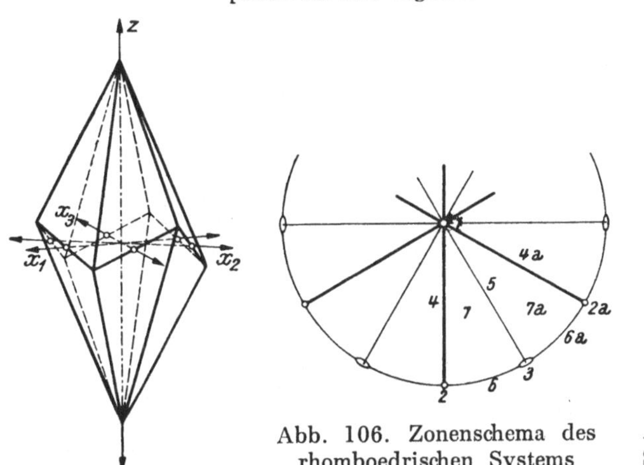

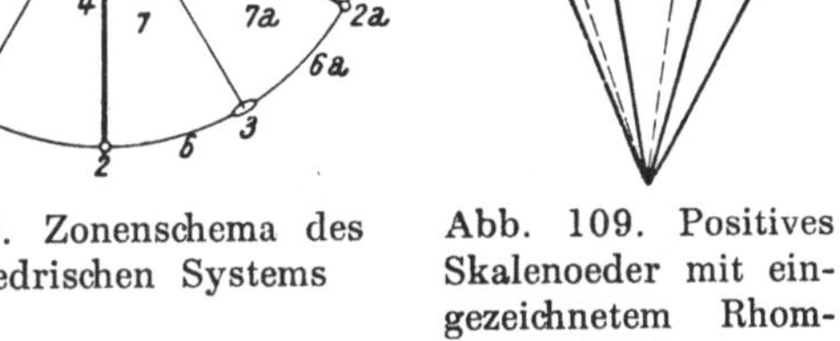

Abb. 108. Trigonales Skalenoeder in positiver Stellung

Abb. 106. Zonenschema des rhomboedrischen Systems

Abb. 109. Positives Skalenoeder mit eingezeichnetem Rhomboeder

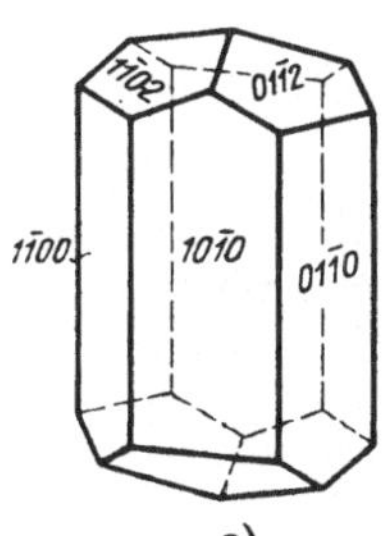

Abb. 110. Trigonale Kombinationen bei Kalkspatkristallen

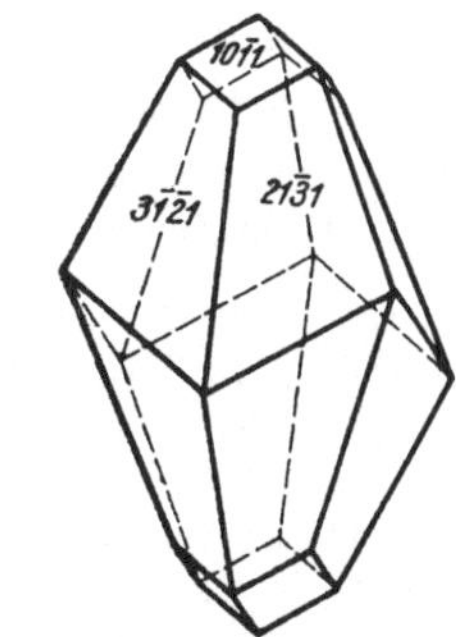

Abb. 111. Trigonale Kombination bei Kalkspatkristallen

nebenstehendes Kristallmodell). Abb. 113 ist eine Kombination des Grundrhomboeders ($10\bar{1}1$) mit dem kantenabstumpfenden verwendeten Rhomboeder ($0\bar{1}\bar{1}2$). In Abb. 114 sehen wir vorherrschend das steile Rhomboeder ($40\bar{4}1$) mit den Flächen des Skalenoeders ($21\bar{3}1$).

Abb. 115 stellt eine Kombination dar von Prisma I. Art mit dem
Grundrhomboeder und dem kantenabstumpfenden negativen Rhomboeder,
sowie Flächen eines Skalenoeders.

Diese Kombination wollen wir als Übungsbeispiel in stereographischer
Projektion darstellen. Abb. 116 a gibt das zugehörige Kopfbild, Abb. 116 b
die Durchführung der Projektion wieder.

Als Einheitsfläche wurde das positive Rhomboeder r ($10\bar{1}1$) gewählt[1].
Das kantenabstumpfende verwendete Rhomboeder e kann ohne weiteres
aus dem Zonenverband berechnet werden. Die Indices ergeben sich aber
auch sogleich durch Addition der Indices der beiden benachbarten
Rhomboederflächen $10\bar{1}1$ und $\bar{1}101$ als $0\bar{1}\bar{1}2$. Ein solcher Vorgang der
Indicesbestimmung einer kantenabstumpfenden Fläche ist immer dann
möglich, wenn es sich um eine sog. „gerade Kantenabstumpfung" handelt, wo die betreffende Fläche gegen zwei gleichwertige Nachbarflächen
gleich geneigt ist[2].

Schließlich ist noch das auftretende Skalenoeder λ aus zwei bekannten Zonen zu berechnen; es erhält die Indices ($31\bar{4}2$).

Dicse Fläche wollen wir nun noch mit Hilfe der Komplikationsregel
ermitteln:

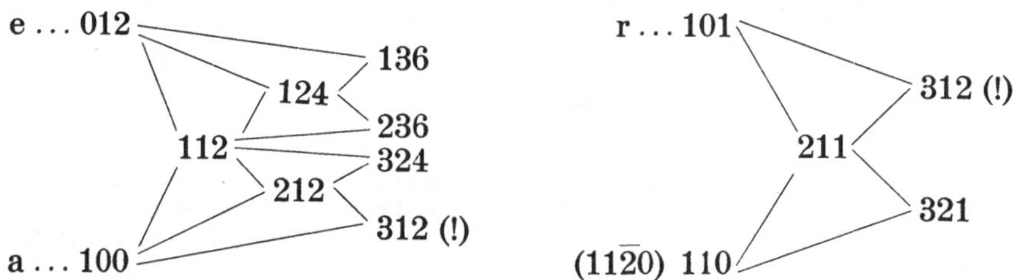

Das Skalenoeder λ_1 erhält die Indices $31\bar{4}2$.

Die Konstruktion des Achsenverhältnisses $a : c$ geschieht in gleicher
Weise wie im hexagonalen System (s. S. 84) mit Hilfe der Fläche 1011
(hier das Grundrhomboeder).

Es sei noch eine Bemerkung hier eingeschaltet über die Eintragung
der Rhomboederflächen beim Arbeiten mit WULFFschem Netz, wenn lediglich der Rhomboederwinkel gemessen werden konnte. Gemäß der trigonalen

---

[1] Es wäre ebensogut möglich, die Fläche e als positives Rhomboeder aufzufassen, d. h. den Kristall um 60° gedreht aufzustellen.

[2] Es handelt sich einfach um die Anwendung der Komplikationsregel in
einem günstig liegenden Fall, wo infolge der besonderen Symmetrieverhältnisse
auf die Kontrolle durch eine zweite (kreuzende) Zone verzichtet werden kann.

Abb. 112. Kalkspat von Rabenstein
mit gleichartigem Kristallmodell

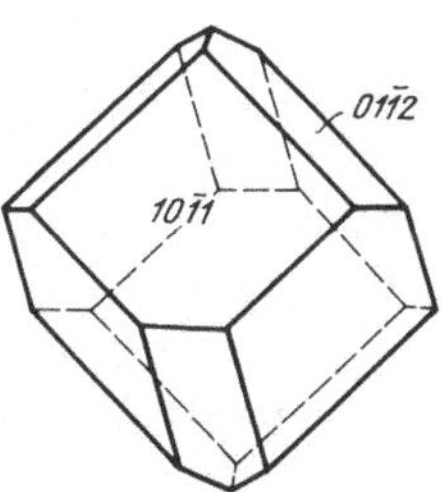

Abb. 113. Grundrhomboeder mit
kantenabstumpfendem, verwendetem
Rhomboeder

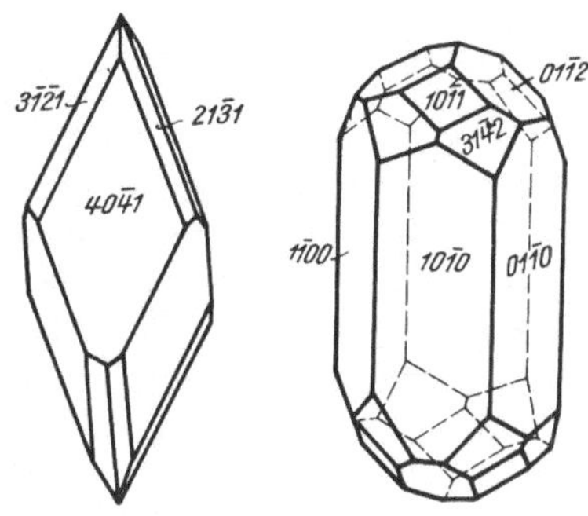

Abb. 114 und 115. Kristallformen
von Kalkspatkristallen

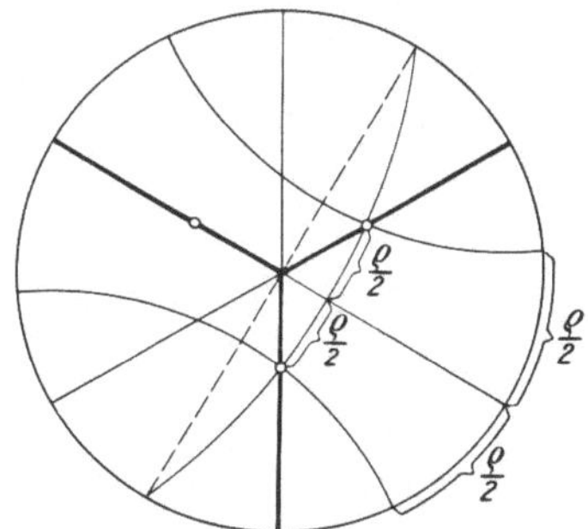

Abb. 117

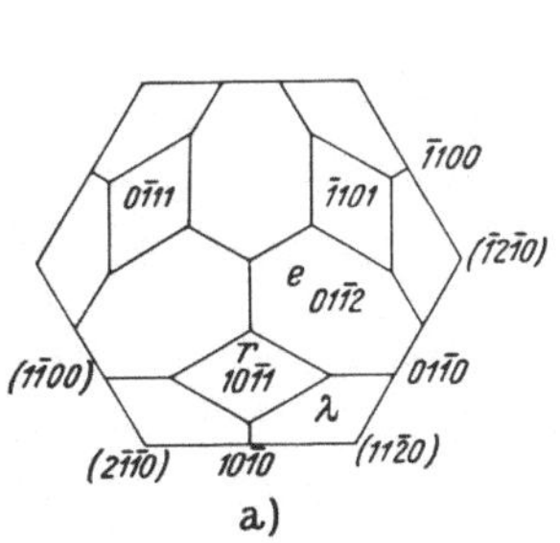

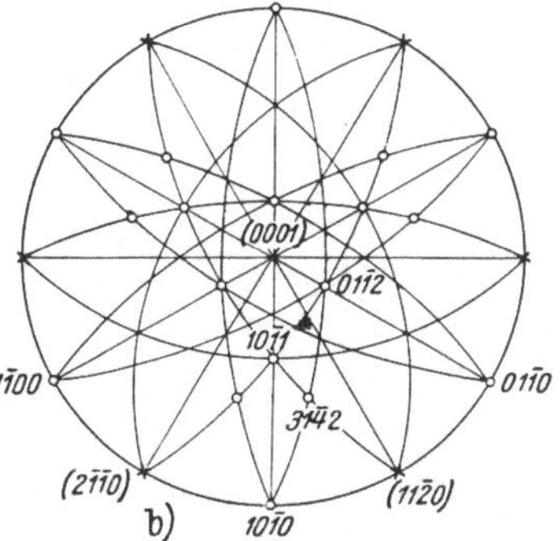

Abb. 116. Calcitkristall (s. Abb. 115). a) Kopfbild; b) stereographische Projektion

Symmetrie liegen die Rhomboederflächen auf ihren vorbezeichneten fixen Zonen (s. Abb. 117).

Auch hier liegt nun ein Fall vor (wie S. 35), wo der durch zwei Rhomboederflächen gehende Zonenkreis — auf welchem der Flächenwinkel abzutragen wäre — noch nicht bekannt ist. Wir legen nun das WULFFsche Netz in der Weise an, daß seine Äquatorebene in die Symmetrieebene zwischen den zwei in Betracht gezogenen Rhomboederflächen zu liegen kommt. Jeder der beiden Flächenpole hat von der Symmetrieebene aus gerechnet den halben Winkelabstand des Rhomboederflächenwinkels.

Der geometrische Ort aller Punkte mit einem gewissen Winkelabstand vom Äquator ist aber der betreffende Parallelkreis auf den beiden Hemisphären. Man sucht also jenen Parallelkreis (mit dem Betrag des halben Rhomboederwinkels) auf; sein Einschnitt in die vorbezeichneten Zonen liefert die gesuchten Flächenpole.

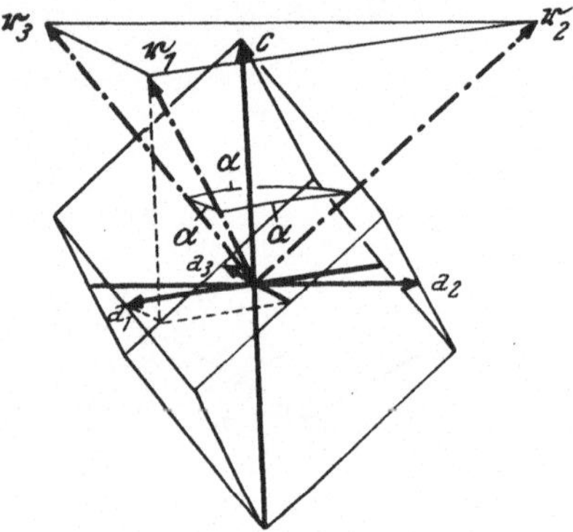

Abb. 118. Hexagonales und rhomboedrisches Achsenkreuz: Die Vektoren r_1, r_2, r_3 sind parallel den Kanten des gezeichneten Einheitsrhomboeders (nach NIGGLI)

Rhomboedrische Indizierung. Außer der Indizierung in bezug auf ein viergliedriges Achsenkreuz (nach BRAVAIS) gibt es bei diesem System noch die rhomboedrische Indizierung (nach MILLER), indem ein dreigliedriges Achsenkreuz zugrundegelegt wird. Als Achsen werden die Kanten des Grundrhomboeders $(10\overline{1}1)$ gewählt; ihre Richtungen, durch den Mittelpunkt gelegt, ergeben ein Koordinatensystem r_1, r_2, r_3, dessen positive Äste schräg nach oben ausstrahlen, während die negativen Äste nach unten gerichtet sind (s. Abb. 118). Die Basis (0001) wird zur Einheitspyramide (111), die auf den drei Kristallachsen gleiche Parameterwerte ergibt, so daß kein Achsenverhältnis anzugeben ist; dafür aber der Winkel α, unter dem die drei Achsen gegeneinander geneigt sind[1].

Ganz allgemein findet man bei einer Transformation von einem Achsensystem zu einem anderen die neuen Indices $h'\,k'\,l'$ auf folgende Weise:

Zunächst werden für das neue Achsenkreuz die Symbole seiner Achsen nach der Indizierung des alten Bezugssystems festgelegt; sie seien für

---

[1] Der Polkantenwinkel α des Rhomboeders ergibt sich aus dem hexagonalen Achsenverhältnis c/a auf Grund der Formel

$$\sin\frac{\alpha}{2} = \frac{3}{2\sqrt{3+\left(\dfrac{c}{a}\right)^2}}.$$

die gewählten drei Achsen: $[u_1 v_1 w_1]$, $[u_2 v_2 w_2]$, $[u_3 v_3 w_3]$. Dann ergeben sich mit Hilfe dieser Achsensymbole die *neuen Flächenindices* $h'\,k'\,l'$ aus den ursprünglichen $h\,k\,l$ durch die Beziehung

$$h' = u_1 h + v_1 k + w_1 l$$
$$k' = u_2 h + v_2 k + w_2 l$$
$$l' = u_3 h + v_3 k + w_3 l$$

Wollen wir nach obigem Vorgang von der hexagonalen Symbolik mit vier Indices (von denen für die Rechnung nur drei verwendet werden!) zur *rhomboedrischen Indizierung* übergehen, so bezieht sich das zu ermittelnde dreigliedrige Flächensymbol — das wir (statt der oben gebrauchten allgemeinen Bezeichnung $h'\,k'\,l'$) in unserem Falle p, q, r nennen wollen — der Reihe nach auf die MILLERschen Koordinatenachsen a', a'', a''', die den Vektoren $\mathfrak{r}_1$, $\mathfrak{r}_2$, $\mathfrak{r}_3$ entsprechen. Für diese aber finden wir:

a' ... // der Kante $\bar{1}101/0\bar{1}11$ ... das Zonenzeichen $[u_1 v_1 w_1]$ ... $[\bar{2}11]$

a'' ... // der Kante $0\bar{1}11/10\bar{1}1$ ... das Zonenzeichen $[u_2 v_2 w_2]$ ... $[1\bar{1}1]$

a''' ... // der Kante $10\bar{1}1/\bar{1}101$ ... das Zonenzeichen $[u_3 v_3 w_3]$ ... $[1\bar{2}1]$

Für die Flächen des Grundrhomboeders $10\bar{1}1$, $\bar{1}101$, $0\bar{1}11$ ergeben sich dann als (p q r)-Symbole die Indices 300, 030, 003; also teilerfremd die Symbole der rhomboedrischen Indizierung: 100, 010, 001.

Die Transformationsformeln zwischen hexagonalen Indices (h k . l) und den rhomboedrischen (p q r) sind, kurz zusammengefaßt, die folgenden:

$$p = 2h + k + l,$$
$$q = k - h + l,$$
$$r = -2k - h + l,$$

umgekehrt:

$$h = p - q,$$
$$k = q - r,$$
$$l = p + q + r;$$

abgesehen von einem eventuell auftretenden gemeinsamen Teiler.

Stufe IV. Symmetrieelemente. Durch den Wegfall des Zentrums fallen auch die drei senkrecht zu den Symmetrieebenen verlaufenden zweizähligen Deckachsen fort. Es bleibt also nur $\uparrow A^3$, $3\,E_n$.

Kristallformen

Die pyramidenartigen Formen — Rhomboeder, sechsseitige Pyramide und Skalenoeder — sind hier nur noch als polare Halbformen entwickelt. Bezüglich der Prismenformen liegen die Verhältnisse ganz analog jenen von hexagonal IV a, wo ebenfalls eine dreizählige Hauptachse mit drei vertikalen Symmetrieebenen wirksam ist; die horizontale Hauptsymmetrie-ebene fällt allerdings hier weg (ebenso die $3 \uparrow A^2$).

Demgemäß tritt auch hier als Prisma I. Art nur das dreiseitige Prisma $(10\bar{1}0)$ oder $(01\bar{1}0)$ auf (s. Abb. 104 a), während das verwendete Prisma wieder sechsseitig ist. Statt des zwölfseitigen Prismas gibt es auch hier wieder die zweimal dreiseitigen Prismen (vgl. Abb. 104 b). Klassen-bezeichnung: *ditrigonal-pyramidal*.

Turmalinkristalle geben schöne Beispiele für diese Symmetrieklasse (Abb. 119).

Der polare Charakter dieser hemimorphen Kristalle tritt klar hervor. Wir sehen hier ein dreiseitiges Prisma $(01\bar{1}0)$, während das verwendete sechsseitige Prisma $(11\bar{2}0)$ schmälere Flächen zeigt[1]. Auf der Oberseite herrscht das polare Rhomboeder $(10\bar{1}1)$, untergeordnet tritt noch ein verwendetes Rhomboeder auf. Auf der Unterseite ist auch die Basis-fläche vorhanden.

In der **Stufe III** sind wieder nur Deckachsen als einzige Symmetrie-elemente vorhanden: A^3 und $3 \uparrow A_n^2$ (statt der bipolaren von Stufe V)[2]. Auch in dieser Klasse gibt es dreiseitige Prismen und zweimal dreiseitige Prismen (Position 6). Doch ist es hier das Prisma II. Art (Position 3), welches zum dreiseitigen reduziert wird; es ist infolge der senkrecht aus-stechenden zweizähligen Achsen dimetrisch. Das Prisma I. Art hingegen bleibt als sechsseitiges Prisma erhalten (dafür nur asymmetrisch).

So wie das Prisma in der verwendeten Stellung (Position 3) nur drei-seitig ist, wird auch aus der sechsseitigen Doppelpyramide der Vollform (Position 5) hier eine dreiseitige Doppelpyramide $(h\,h\,\bar{2h}\,l)$ rechts bzw. $(\bar{2h}\,h\,h\,l)$ links mit asymmetrischen Flächen (Abb. 120 a und b).

Geometrisch betrachtet sind es die gleichen Gestalten, die wir schon in der Klasse hexagonal IV a als Form der Flächenlage $(h\,0\,\bar{h}\,l)$ bzw. $(0\,h\,\bar{h}\,l)$ angetroffen hatten (s. Benitoitkristall, Abb. 105), während die verwendete Pyramide der Position 5 dort eine sechsseitige Doppelpyramide war[3].

Als Kristallform allgemeinster Lage (dem Skalenoeder der Vollform ent-sprechend) treten in der Klasse rhomboedrisch III die trigonalen Trapezoeder auf (Abb. 121), die wieder als enantiomorphe Gestalten eine Links- und Rechtsform ermöglichen, wie dies ebenso bei den tetragonalen und hexa-gonalen Trapezoedern der Fall war. Entsprechend der allgemeinsten Form heißt die Klasse *trigonal-trapezoedrisch* (Groth).

---

[1] Daß es sich hierbei um das sechsseitige verwendete Prisma und nicht etwa um das zweimal dreiseitige Prisma handelt, ergibt die Flächenlage als Position 5 unter 30° zwischen $10\bar{1}0$ und $01\bar{1}0$. Der Winkel der beiden nach vorn gerich-teten Flächen, wie überhaupt aller Flächen dieses sechsseitigen Prismas, ist nämlich 60°.

[2] Es ist zu beachten, daß hier die $3 \uparrow A^2$ Nebenachsen sind, während jene in der Klasse hexagonal IV a vorkommenden die Lage von Zwischenachsen haben.

[3] In Stufe hexagonal I a waren bereits alle Pyramidenformen (I., II. und III. Art) nur dreiseitige Doppelpyramiden.

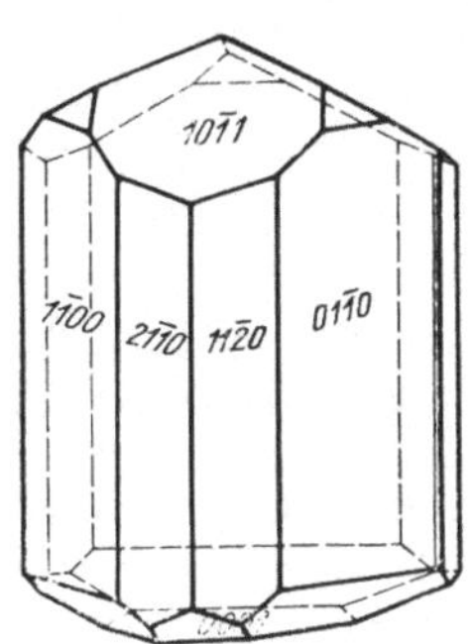

Abb. 119. Turmalin, ditrigonal-
pyramidal

Abb. 122. Quarz von Uri mit gleichartigem Kristallmodell

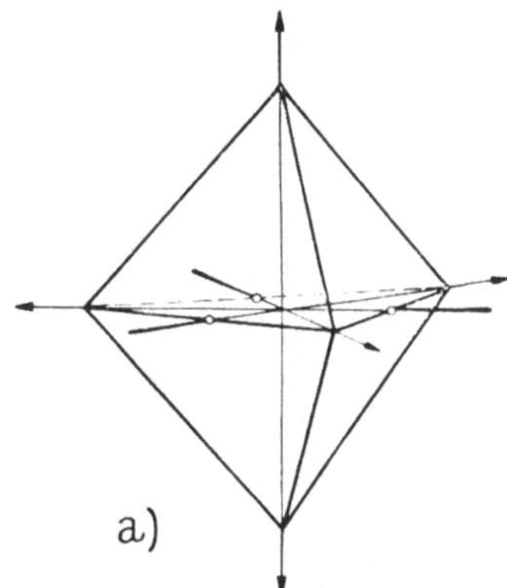

Abb. 120. Dreiseitige Doppelpyramiden. a) Linksform; b) Rechtsform

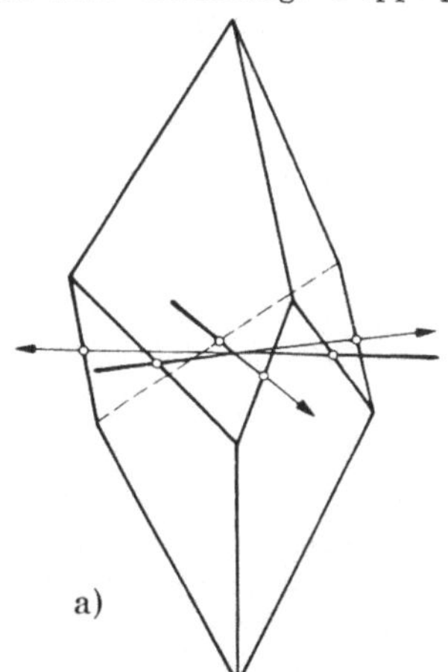

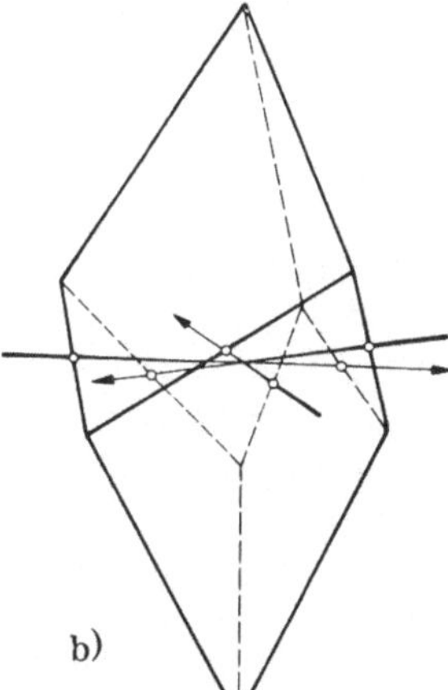

Abb. 121. Trigonale Trapezoeder. a) Linksform; b) Rechtsform

Beide Kristallformen, sowohl Trapezoeder als auch dreiseitige Doppelpyramiden, treten als charakteristische Flächen an Quarzkristallen (Berg-
kristallen und Rauchquarzen) auf und verraten dadurch die Zugehörigkeit
dieser Kristalle zu der mindersymmetrischen Klasse III des rhomboedrischen
Systems. Bei diesen Kristallen handelt es sich um den sog. Tieftempera-
turquarz (unter 575⁰ gebildet). Abb. 122 zeigt einen natürlichen Quarzkristall dieser Ausbildung mit nebenstehendem gleichartigem Kristallmodell. Es handelt sich hier um einen Linksquarz. In Abb. 123 a und b

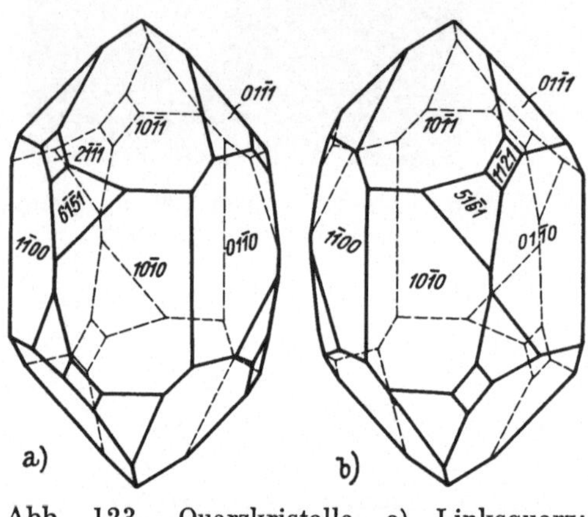

Abb. 123. Quarzkristalle. a) Linksquarz;
b) Rechtsquarz

ist zum Vergleich nebeneinander ein Links- und ein
Rechtsquarz dargestellt. Beide zeigen die analoge Flächenkombination. Man sieht
hier sehr schön den asym-
metrischen Charakter des
sechsseitigen Prismas I. Art
($10\bar{1}0$) (ein dreiseitiges Prisma in der verwendeten Stel-
lung ist nicht vorhanden).

Außer dem sechsseitigen
Prisma herrscht das Rhom-
boeder I. Art ($10\bar{1}1$), während das verwendete Rhom-
boeder ($0\bar{1}11$) schon durch
die Formausbildung (im all-

gemeinen auch kleinere Flächen!) seine Unabhängigkeit vom positiven
Rhomboeder zu erkennen gibt. Ferner tritt die dreiseitige Pyramidenform
und ein Trapezoeder auf. In dem einen Falle sind es die Rechtsformen
($11\bar{2}1$) der Pyramide und ($5\bar{1}61$) des Trapezoeders; beim Linksquarz sind
es die entsprechenden Linksformen: ($2\bar{1}11$) für die Pyramide und ($6\bar{1}51$)
als Trapezoeder.

Der Linksquarz zeigt die beiden Leitformen im Zonenverband von der
Fläche $10\bar{1}0$ nach links oben zum verwendeten Rhomboeder aufsteigend,
der Rechtsquarz bietet diese Formen im Flächenverband von $10\bar{1}0$ nach
rechts aufsteigend dar.

In der **Stufe II** des rhomboedrischen Systems gibt es außer der dreizähligen Hauptachse A^3 nur das Symmetriezentrum Z.

Die Basis tritt als trimetrisches Flächenpaar auf, sämtliche übrigen
Formen sind asymmetrisch.

Alle drei Prismenformen, I., II. und III. Art, sind durchwegs sechs-
flächige Formen (dreiflächig zunächst auf Grund der Wirksamkeit der
A^3 und parallelflächig wiederholt infolge des Zentrums). Das Prisma
III. Art (hier also die Halbform des zwölfseitigen Prismas der Stufe V)
wird wieder — wie immer in der Stufe II der wirteligen Systeme — als
„gewendetes" Prisma bezeichnet.

Alle pyramidenartigen Formen erscheinen in dieser Klasse als Rhomboeder[1].

Die Rhomboeder I. Art (in positiver und negativer Stellung) sind natürlich gleichfalls hier vorhanden. Aus den sechsseitigen Doppelpyramiden der Stufe V, die in Stufe III bereits zu dreiseitigen Doppelpyramiden reduziert waren, werden nun *Rhomboeder II. Art:* $(h\,h\,\overline{2h}\,l)$ rechts und $(2h\,\overline{h}\,\overline{h}\,l)$ links. Und die allgemeinste Form — in Stufe V ein Skalenoeder, das in Stufe III zum Trapezoeder wurde — wird in Stufe II ebenfalls zur Rhomboederform: als Position 7 sind es die *Rhomboeder III. Art* rechts und links; als Position 7 a die verwendeten Rhomboeder III. Art in Rechts- und Linksstellung. Die Rhomboeder II. und III. Art sind gestaltlich formgleich mit den Rhomboedern I. Art (auch sind alle drei Arten in dieser Klasse asymmetrisch); doch sind sie in ihrer Lage von der Stellung jener herausgedreht, und zwar in Übereinstimmung mit den analogen Flächen der Doppelpyramiden bzw. der Trapezoeder.

Die Abb. 124 a bis 124 c gibt einen Überblick über die drei Arten von Rhomboedern in ihrer Stellung in bezug auf das Achsensystem. Die Formen sind zur besseren Orientierung sowohl in perspektivischer Ansicht gezeichnet als auch im Grundriß dargestellt.

Nach der allgemeinsten Flächenform, dem Rhomboeder III. Art, wird die Klasse von GROTH als *trigonal-rhomboedrische* Klasse bezeichnet.

Ein Beispiel dafür bieten die Kristalle des Dolomits (s. Abb. 125). Trachtbestimmend ist das steile Rhomboeder $(40\overline{4}1)$; untergeordnet tritt das Rhomboeder $(10\overline{1}1)$ und die Basisfläche auf. Als für Stufe II charakteristische Fläche ist ein linkes Rhomboeder II. Art $(22, \overline{11}, \overline{11}, 4)$ entwickelt.

Die **Stufe I** ist hemimorph in bezug auf die rhomboedrische Klasse; sie besitzt als einziges Symmetrieelement eine polare A^3. Demgemäß ist die trimetrische Basis als Einzelfläche vorhanden.

Die Prismen aller drei Arten sind infolge Wegfalls des Zentrums nur dreiflächige Formen. Die Pyramidenformen (bzw. Rhomboeder I., II. und III. Art) sind nur polare dreiseitige Pyramiden. Die Klasse heißt daher *trigonal-pyramidal.*

Ein Mineral dieser Symmetriegruppe ist nicht bekannt. Als Laboratoriumsprodukt zeigt das Natriumperjodat Kristalle, die der Stufe I angehören (s. Abb. 126). Vorherrschend ist das positive polare Rhomboeder I. Art $(10\overline{1}1)$ mit der Basisfläche der Unterseite $000\overline{1}$. Ferner sehen wir ein negatives polares Rhomboeder I. Art $(0\overline{2}21)$ sowie ein linkes polares Rhomboeder II. Art $(2\overline{1}\overline{1}2)$, das ebensogut als halbgestaltige Form der linken dreiseitigen Doppelpyramide (Abb. 120 a) aufgefaßt werden kann.

---

[1] Bezüglich der Klasse hexagonal I a (Symmetrieelemente A^3 und E_h) hörten wir, daß alle Pyramidenformen dreiseitige Doppelpyramiden waren (s. S. 88), da die drei Flächen der Oberseite an der horizontalen Symmetrieebene gespiegelt werden. Im Gegensatz dazu wird in der Kristallklasse rhomboedrisch II (A^3 und Z) der dreiflächige Aufbau der Oberseite durch das Zentrum parallelflächig auf der Unterseite wiederholt, also zum *Rhomboeder* ergänzt.

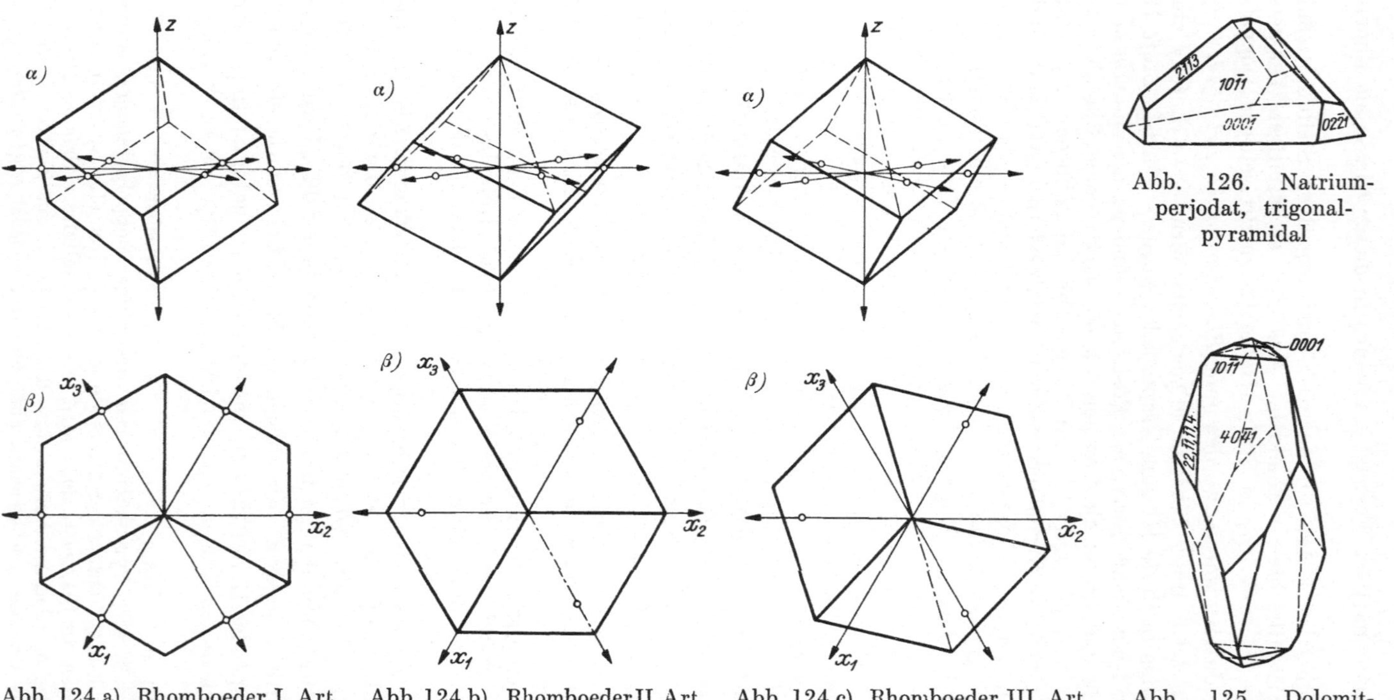

Abb. 124 a). Rhomboeder I. Art
(h 0 h l); α) perspektivisch;
β) Grundriß

Abb. 124 b). Rhomboeder II. Art
(h h 2 h l); α) perspektivisch;
β) Grundriß

Abb. 124 c). Rhomboeder III. Art
(h k i l); α) perspektivisch;
β) Grundriß

Abb. 126. Natrium-
perjodat, trigonal-
pyramidal

Abb. 125. Dolomit-
kristall, trigonal-rhom-
boedrisch

Abb. 124 a) bis c). Die Rhomboeder I., II., III. Art der Kristallklasse rhomboedrisch-Stufe II, mit Einzeichnung der Achsen und ihrer Durchstoßpunkte

g) Kubisches oder tesserales System

An das rhomboedrische System, dem *eine* dreizählige Hauptachse eigen ist, schließen wir als letztes das kubische oder tesserale System an, das — wie wir schon am Schluß des Teilkapitels VI b gehört haben — durch die Kombination von vier dreizähligen Deckachsen gekennzeichnet ist, die wie die Raumdiagonalen eines Würfels verlaufen.

Wir können auch das kubische System als eine Art Grenzfall des rhomboedrischen Systems auffassen, wenn wir bedenken, daß beim Übergang von einem flachen Rhomboeder (Rhomboederwinkel $< 90^0$) zu einem steilen Rhomboeder (Rhomboederwinkel $> 90^0$) einmal ein Wert durchschritten werden muß, wo der Flächenwinkel der Rhomboederflächen gerade 90^0 ist; das ist dann ein Würfel, mit einer Raumdiagonale vertikal gestellt.

Nun stellen wir allerdings den charakteristischen Grundkörper für das kubische System — den Würfel — in der Weise auf, daß seine drei Flächenpaare als Endflächenpaare entsprechend dem rhombischen oder tetragonalen System anzusprechen sind, die Würfelkanten werden demnach als rechtwinkeliges Achsenkreuz angenommen (in völliger Analogie mit dem MILLERschen Achsenkreuz des rhomboedrischen Systems). War somit im rhomboedrischen System ein einfach dreizähliger Symmetrierhythmus festzustellen, so ist das kubische System durch einen *oktantenweise dreizähligen Baurhythmus* charakterisiert.

Im übrigen können wir auch im kubischen System, wie in allen anderen Systemen, auf Grund der fünf einfachen TSCHERMAKschen Symmetriestufen die Klasseneinteilung vornehmen.

Haben wir einmal das Symmetriegerüst der Stufe I festgelegt, so ergibt sich daraus ohne weiteres Stufe II durch Hinzunahme des Zentrums und Stufe IV durch Hinzutritt von Symmetrieebenen, die durch die dreizähligen Achsen zu legen sind (entsprechend den durch die dreizählige Hauptachse gelegten Symmetrieebenen von Rhomboedrisch IV).

Bei Stufe III (der Deckachsenkombination) wird es sich darum handeln, festzustellen, in welcher Lage die zusätzlichen zweizähligen Achsen anzunehmen sind. Die holoedrische Klasse der Stufe V ergibt sich dann ohne weiteres aus Stufe III wieder durch Hinzunahme des Zentrums.

Es ist daher zunächst unsere Aufgabe, das Symmetriegerüst für Stufe I und III zu entwickeln.

Wir gehen von der Feststellung aus (s. S. 43), daß gleichwertige dreizählige Achsen nur unter dem Winkel $109^0\,28'\,16''$ bzw. $70^0\,31'\,44''$ kombiniert werden können, d. h. in der Richtung der Raumdiagonalen eines Würfels.

Abb. 127 zeigt einen Würfel mit seinen Raumdiagonalen. Zwei davon werden fürs erste herausgegriffen (in der Zeichnung voll durchgezeichnet). Das Primäre ist (wie immer in der Stufe I), daß die symmetriebeherrschenden Ausgangsachsen polar angenommen werden; sie liegen unter dem Winkel von $109^0\,28'\,16''$ gegeneinander geneigt.

Die Gleichwertigkeit der polaren A^3 in den beiden Lagen bedingt das Auftreten einer zweizähligen Deckachse in der Richtung der Winkelhalbierenden des Winkels $109^0\,28'\,16''$. Diese Winkelhalbierende ist aber die Würfelflächennormale. Wenn sich demnach in dieser Richtung eine zweizählige Deckachse einstellt, so kann sie vermöge der Wirksamkeit der dreizähligen Achse nicht vereinzelt bleiben, sondern muß sich wirtelförmig gruppiert um die A^3 wiederholen; mit anderen Worten: alle drei Würfelflächennormalen sind zweizählige Deckachsen. Aus dem glei-

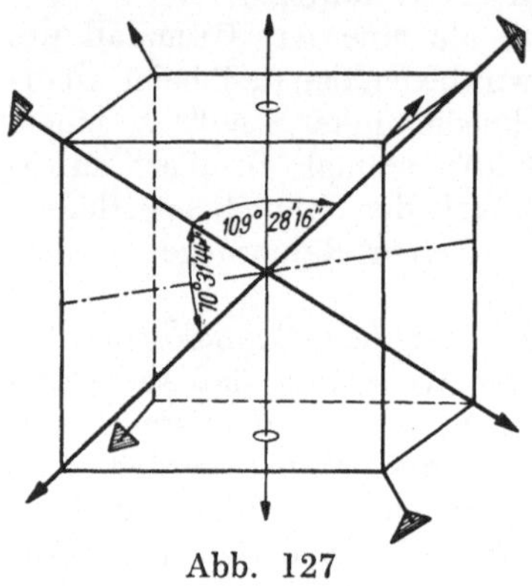

Abb. 127

chen Grunde können auch die zwei dreizähligen Achsen nicht für sich allein bestehen bleiben, sondern es wird die eine A^3 durch die Wirksamkeit der andern wirtelförmig in den übrigen Raumdiagonalrichtungen wiederholt (sie sind in der Zeichnung unterbrochen angedeutet). Ersichtlicherweise sind die zweizähligen Achsen bipolar; denn beide Enden zeigen in bezug auf die Verteilung der polaren A^3 die gleichartige Konfiguration.

Wir stellen als Ergebnis unserer Überlegung fest, daß wir ein Symmetriegerüst erhalten haben, bestehend aus 4 ↑A^3 und 3 A^2. Das sind die Symmetrieelemente der Klasse „Symmetriestufe I".

Nun ist die zweite Frage zu beantworten. In welcher Lage sind die A^2 anzunehmen, um das Symmetriegerüst nach dem Prinzip III zu gewinnen? Die Richtungen der Würfelflächennormalen scheiden bereits aus, denn sie sind ja in Stufe I schon vorhanden.

In Stufe III wurde in allen Systemen die charakteristische Achse durch die Tätigkeit der zusätzlichen zweizähligen Achsen bipolar. Also verschiebt sich unsere Fragestellung zur Beantwortung folgender Frage: Auf welche Weise werden unsere vier ↑A^3 bipolar? Abb. 127 läßt ohne weiteres erkennen: die Gleichwertigkeit der beiden Raumdiagonalrichtungen würde sich ergeben, wenn die Winkelhalbierende des Supplementärwinkels $70^0\,31'\,44''$ eine zweizählige Deckachse ist (in der Zeichnung strichpunktiert eingetragen); das ist aber eine Richtung parallel den Flächendiagonalen des Würfels. Somit gibt es sechs solcher Richtungen. Wir hätten dann 4 A^3 und 6 A^2. Da aber die dreizähligen Achsen jetzt bipolar sind, sind die Würfelflächennormalen keine zweizähligen Deckachsen mehr, sondern sie sind zu vierzähligen geworden.

Wir sind somit zu dem Ergebnis gelangt: In Stufe III des kubischen Systems besteht das Symmetriegerüst aus 4 A^3, 3 A^4 und 6 A^2 (s. Abb. 128).

Jetzt können wir — im Besitze der Symmetrieschemata für Stufe I und III — die fünf Stufen des kubischen Systems im einzelnen entwickeln (vgl. dazu Tab. 1, unterste Horizontalreihe).

Stufe II (zentrische Herleitung). Als Grundlage dient die Stufe I: 4 ↑A^3, 3 A^2. Das Zentrum Z kommt hinzu, infolgedessen verschwindet die Polarität der 4 A^3. Außerdem stellen sich senkrecht zu den 3 A^2 drei

Symmetrieebenen ein, die parallel den Würfelflächen liegen (Hauptsymmetrieebenen E_h). Es resultiert als Symmetriegerüst: $4\,A^3$, $3\,A^2$, Z, $3\,E_h$.

Stufe IV (planale Herleitung). Die Annahme von Symmetrieebenen parallel den Würfelflächen würde nichts Neues ergeben, da solche schon in Stufe II als Hauptsymmetrieebenen auftraten.

Wir legen daher die Symmetrieebenen, wie schon oben angedeutet wurde, in diagonaler Richtung senkrecht auf den Würfelflächenpaaren, so daß sie die $4\uparrow A^3$ in sich enthalten; wir erhalten so sechs Nebensymmetrieebenen E_n. Das Symmetriegerüst der Stufe IV ist demnach folgendes: $4\uparrow A^3$, $3\,A^2$, $6\,E_n$.

Stufe V (planaxiale Herleitung). Die Kombination von zweien der vorgenannten Symmetrieprinzipien der Stufen II bis IV liefert als Resultat das Auftreten sämtlicher in den einzelnen Unterklassen enthaltenen Symmetrieelemente, also: $4\,A^3$, $3\,A^4$, $6\,A^2$, Z, $3\,E_h$, $6\,E_n$.

Die Lage der Haupt- und Nebensymmetrieebenen ist in Abb. 129 dargestellt; die sechs Nebensymmetrieebenen sind schraffiert hervorgehoben, die Hauptsymmetrieebenen sind leergelassen.

In Stufe V sind sowohl alle neun Symmetrieebenen (Abb. 129) als auch sämtliche Deckachsen (Abb. 128) vorhanden; außerdem das Zentrum.

Was den Zonenverband im kubischen System anbelangt, so haben wir drei zueinander senkrechte, gleichwertige Zonen (Achsenzonen), deren Zonenachsen die $3\,A^2$ bzw. $3\,A^4$ sind. Ferner gibt es sechs primäre Radialzonen diagonal unter 45^0 verlaufend (Zonenachsen in der Lage der $6\,A^2$ von Stufe III und V), die unter sich wieder gleichwertig sind (s. Abb. 130).

Als kristallographische Achsen wählen wir die $3\,A^2$ (bzw. $3\,A^4$), d. s. die Richtungen der Würfelkanten (Abb. 131), wie wir schon (S. 101 und 94) im Hinblick auf die MILLERsche Indizierung des rhomboedrischen Systems angedeutet haben.

Demgemäß steht nicht nur — wie im tetragonalen System — die (110) unter 45^0 (wodurch $a = b$), sondern auch (101) und (011) liegen unter 45^0 gegen die z-Achse geneigt. Es sind somit auch alle drei Achsenabschnitte der primären Pyramide (111) gleich groß: a, $b = a$, $c = a$ (s. Abb. 133).

Das Achsenverhältnis ist demnach nicht anzugeben; ebenso keine Winkel der kristallographischen Achsen, da diese sämtlich 90^0 sind.

Das Neunzonensystem bei kubischen Kristallen ist ein für allemal ein feststehendes Schema, das keiner Veränderung fähig ist.

Die Konstruktion der primären Radialzonen ist eine überaus einfache Angelegenheit (s. Abb. 130). Die zwei Radialzonen durch den Projektionsmittelpunkt sind von vornherein unter 45^0 festgelegt; die Flächenpole R im Grundkreis bedeuten somit die Form (110). Nun handelt es sich um die Eintragung der (101)- und (011)-Flächen, die symmetriebedingt mit den R-Flächen im Grundkreis gleichwertig sind, also in ihren Achsenzonen ebenfalls unter 45^0 liegen. Legen wir nun beispielsweise die Zone der x-Achse mit den Flächen (011) in den Grundkreis um, so kommt (s. Abb. 130) die Fläche R_8 natürlich nach R_3 in den Grundkreis zu liegen. Der Zentriwinkel $R_3 W_5 W_3$ ist also 45^0, demnach sein Peripheriewinkel bei W_1 $22^1/_2$.

Nun ist sofort ersichtlich, daß das $\triangle R_8\,W_1\,W_2$ ein gleichschenkeliges ist mit dem Schenkel $W_1 W_2 = r\sqrt{2}$; denn der Winkel bei R_8 ist $67^1/_2$ (komplementär zu $22^1/_2$) und der Winkel bei W_1 ist $22^1/_2 + 45$, also ebenfalls $67^1/_2{}^0$. Die Konstruktion der Zonenbogen der primären Radialzonen im Neunzonensystem kubischer Kristalle erfordert mithin nur das Einsetzen des Zirkels mit dem Radius $r\sqrt{2}$ in die vier Würfelflächenpositionen des Grundkreises.

Kristallformen im kubischen System

Stufe V. In *allen* Stufen des kubischen Systems gibt es *nur geschlossene* Körperformen. Zunächst die drei primären Flächenlagen:

1. Der *Würfel* oder das *Hexaeder* (= Sechsflächner) (100), Abb. 131, sechsflächig, bestehend aus drei Paaren von Endflächen, die hier vermöge der Gleichwertigkeit der drei Achsen ebenfalls gleichwertig sind. Der Würfel ist eine häufig vorkommende Kristallform bei tesseralen Kristallen (Bleiglanz, Fluorit, Steinsalz).

2. Das *Rhombendodekaeder* (= Rhombenzwölfflächner) (Abb. 132), bestehend aus zwölf gleichwertigen Flächen, die Rhomben sind, und deren jede einer Kristallachse parallel ist, die beiden anderen aber im gleichen Abstand schneidet: primäre Prismenformen, wobei aufrechtes, Quer- und Längsprisma einander gleichwertig sind; daher die allgemeine Bezeichnung als (110). Man erhält die Form, wenn man jede der zwölf Würfelkanten durch eine Fläche unter 45^0 Neigung gegen die betreffenden Würfelflächen abstumpft. Das Rhombendodekaeder tritt für sich allein am Granat auf, wurde daher auch „Granatoeder" genannt; weitere Beispiele sind Magnetit und Rotkupfererz.

3. Die Pyramidenform (111), das *Oktaeder* (= Achtflächner) (Abb. 133), eine vierseitige Doppelpyramide, bestehend aus acht gleichwertigen Flächen, die gleichseitige Dreiecke sind, deren jede auf den drei Kristallachsen gleiche Abschnitte liefert. Die Form entsteht, wenn die acht Ecken des Würfels gleichmäßig abgestumpft werden. Magnetit, Spinell, Gold kristallisieren häufig in Oktaederform.

Abb. 134 zeigt eine Kombination von Würfel, Rhombendodekaeder und Oktaeder; an Abb. 135 sieht man die Kanten des Oktaeders durch Rhombendodekaederflächen abgestumpft.

4. Als abgeleitete Pyramidenform ($h\,k\,0$) der *Pyramidenwürfel* oder das *Tetrakishexaeder* (= Viermal-Sechsflächner) (Abb. 136), ein Vierundzwanzigflächner. Die Form sieht so aus, als ob auf jede Würfelfläche eine vierseitige Pyramide aufgesetzt wäre. Die Neigungswinkel gegenüber den kristallographischen Achsen sind naturgemäß von 45^0 abweichend. Die Rhombendodekaederflächen (unter 45^0) stellen gewissermaßen jenen Grenzfall dar, wo zwei Tetrakishexaederflächen in *eine* Ebene zusammenfallen würden.

Und nun die abgeleiteten Pyramidenformen:

5. Das *Ikositetraeder* (= Vierundzwanzigflächner) ($h\,k\,k$), wobei $h > k$ (Abb. 137), ebenfalls ein Vierundzwanzigflächner, bestehend aus 24 kongruenten Deltoiden. Das „Deltoidikositetraeder" kommt als selbständige Form am Granat und Analcim vor.

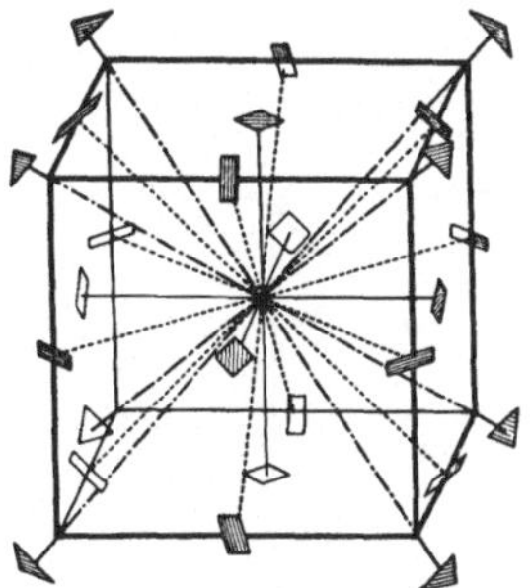
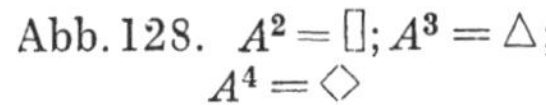

Abb. 128. $A^2 = \square$; $A^3 = \triangle$;
$A^4 = \diamondsuit$

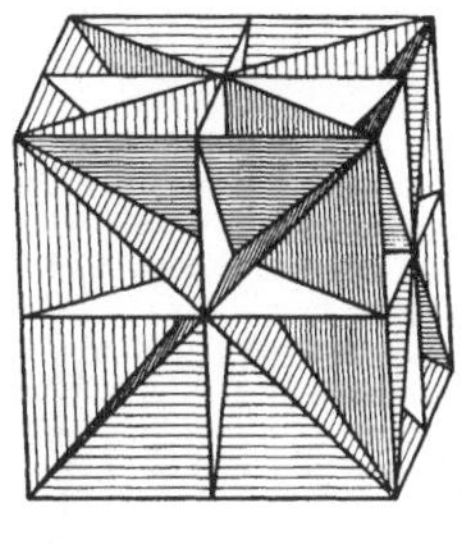

Abb. 129. Symmetrie-
ebenen in Kubisch-
Stufe V

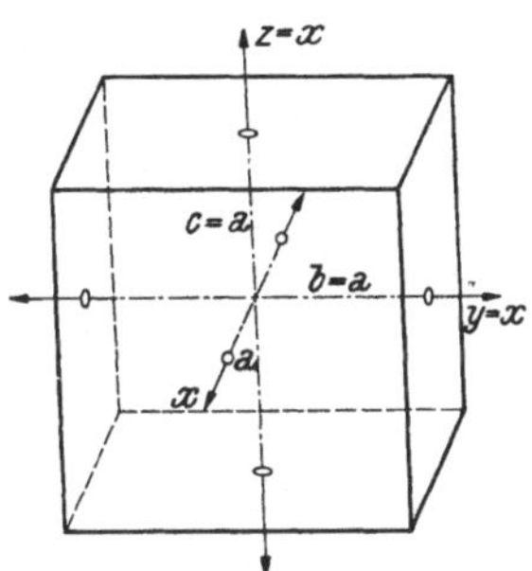

Abb. 131. Würfel (Hexa-
eder) mit eingezeichnetem
Achsenkreuz

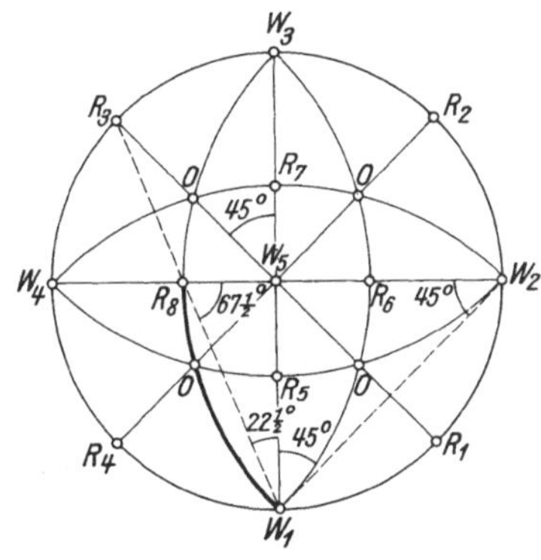

Abb. 130. Die *Hauptzonen* des kubischen Systems. $W =$ Würfel, $R =$
$=$ Rhombendodekaeder, $O =$ Oktaeder

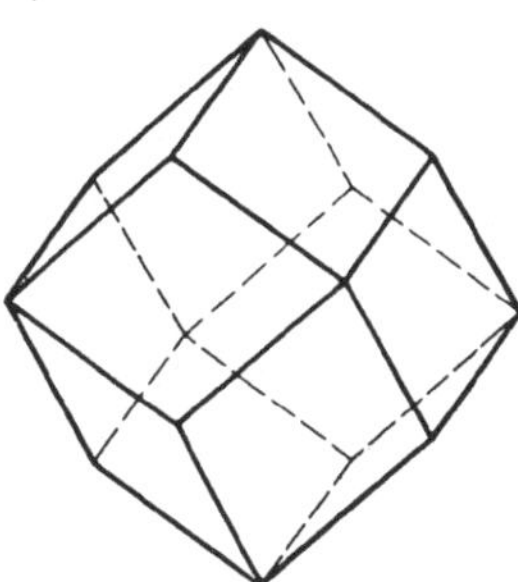

Abb. 132. Rhombendodekaeder

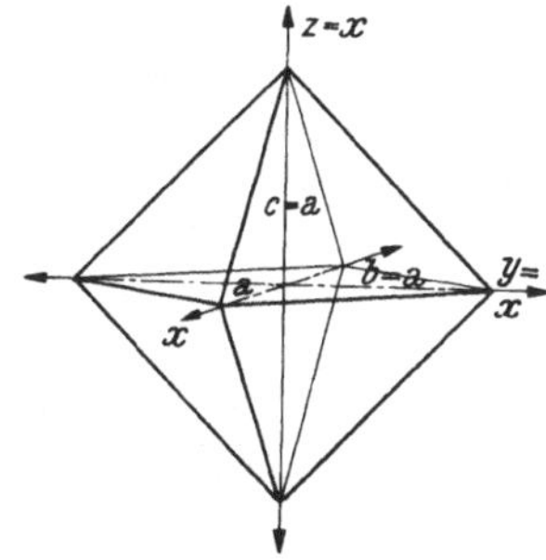

Abb. 133. Oktaeder mit eingezeichnetem Achsenkreuz

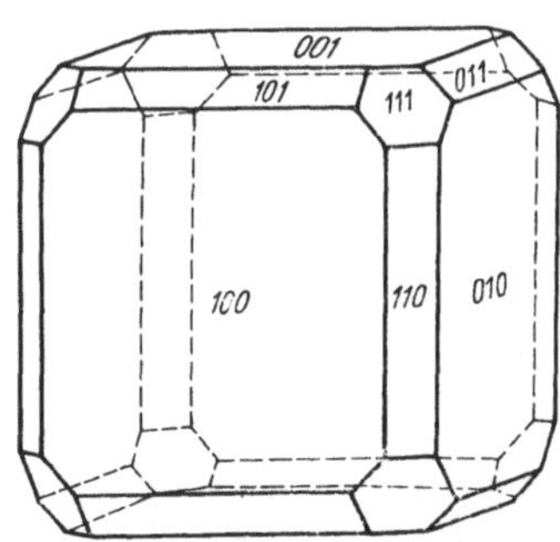

Abb. 134. Kombination von Würfel
mit Rhombendodekaeder und Oktaeder

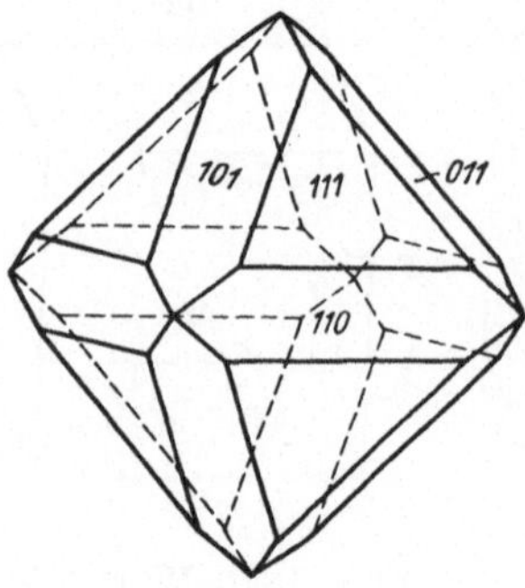

Abb. 135. Oktaeder mit Rhombendodekaeder

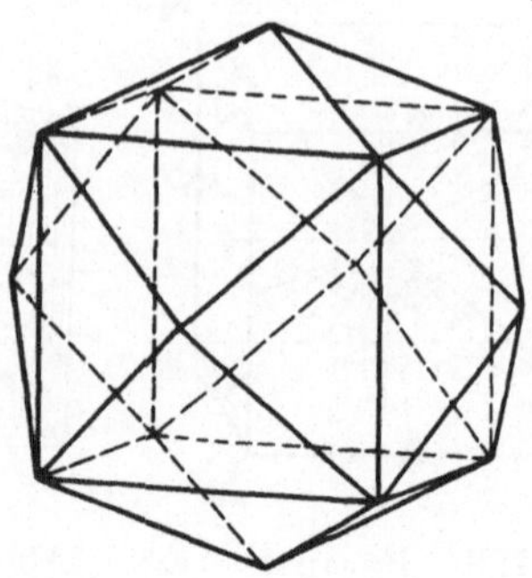

Abb. 136. Pyramidenwürfel
(Tetrakishexaeder)

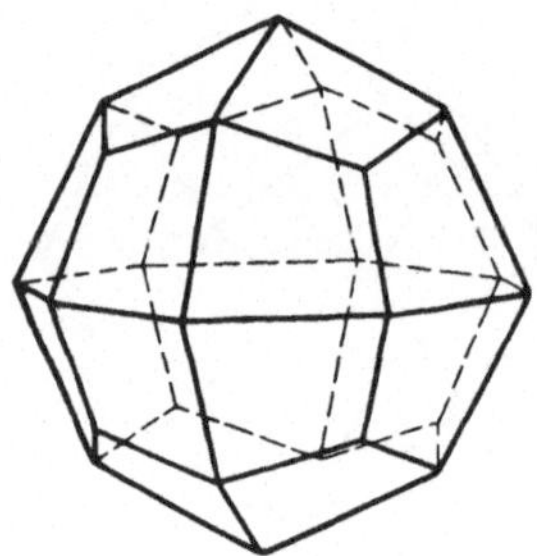

Abb. 137. Ikositetraeder

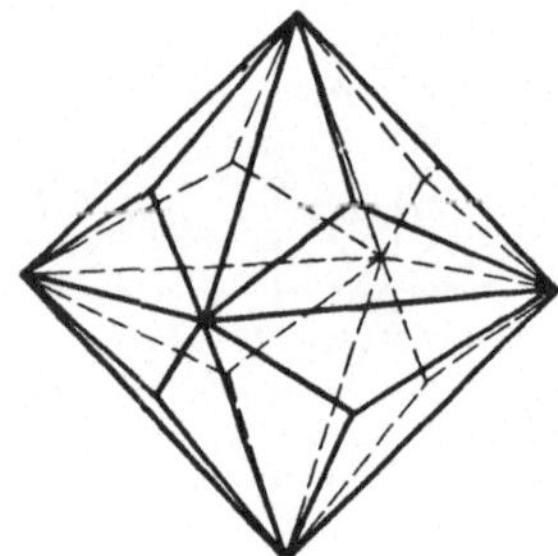

Abb. 138. Triakisoktaeder

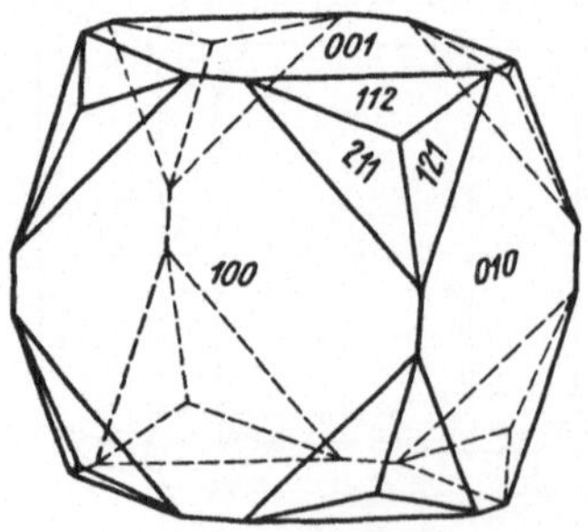

Abb. 139. Würfel mit Ikositetraeder

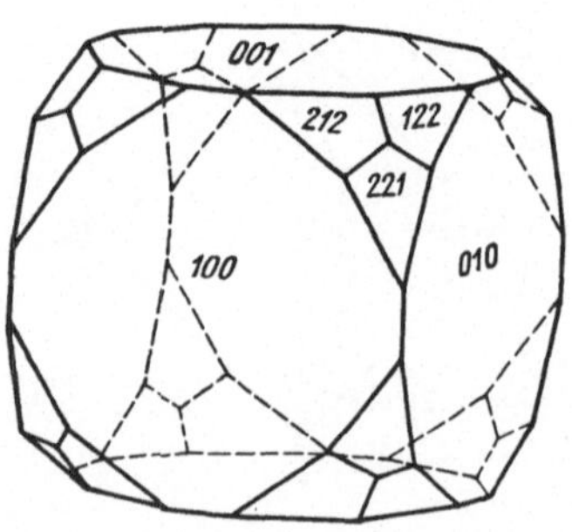

Abb. 140. Würfel mit Triakisoktaeder

6. Das *Triakisoktaeder* ($=$ Dreimal-Achtflächner) ($h\,h\,k$), wieder $h > k$ (Abb. 138), dessen 24 Flächen gleichschenkelige Dreiecke darstellen. Diese Form kommt hauptsächlich nur in Kombination mit anderen Flächen (Würfel) vor, so z. B. am Fluorit, Bleiglanz.

Sowohl das Ikositetraeder als auch das Triakisoktaeder sind Pyramidenflächen von spezieller Lage, indem sie jeweils nach zwei Seiten hin gleiche Achsenabschnitte liefern und nur auf der dritten Achse einen davon verschiedenen Abstand ergeben.

Man kann sich diese Formen entstanden denken, indem auf der Oktaederfläche ein dreiseitiger Pyramidenaufbau vorgenommen wird, entweder mit den drei Kanten zu den Eckpunkten (Triakisoktaeder) oder gegen die drei Kanten des Oktaeders ausstrahlend, wodurch letztere gebrochen erscheinen (Ikositetraeder). An Kombinationen verschiedener Kristallformen erkennt man die beiden letztgenannten Formen am einfachsten an ihrem charakteristischen Kantenverlauf (s. Abb. 139 und 140 in Kombination mit dem Würfel).

Wird die Lage der Oktaederfläche durch einen dreiseitigen Flächenaufbau ersetzt, wobei die Y-Form der Kanten entsteht (gegen die Oktaederspitze zu liegt also Fläche!), dann handelt es sich um das Ikositetraeder (vgl. Abb. 137); ist der Kantenverlauf umgekehrt, so daß in der Richtung nach den Oktaederecken je eine Kante läuft, so liegt das Triakisoktaeder vor (vgl. Abb. 138).

Nun gibt es schließlich noch eine 48-flächige Form:

7. Als Pyramidenform allgemeinster Lage ($h\,k\,l$) das *Hexakisoktaeder* ($=$ Sechsmal-Achtflächner) (Abb. 141), aus 48 ungleichseitigen Dreiecken bestehend. Der Aufbau ist analog dem des Triakisoktaeders, nur kommt an Stelle einer dreiseitigen Pyramide hier ein sechsflächiger pyramidaler Aufbau auf jeder Oktaederfläche zustande. Am Fluorit kommt die Form für sich allein vor.

Die Stufe V des kubischen Systems ist nach der allgemeinsten Form als *hexakisoktaedrische* Klasse zu benennen (GROTH).

Abb. 142 stellt einen natürlichen Bleiglanzkristall dar, mit nebenstehendem Kristallmodell: Wir bemerken die Würfel-, Oktaeder- und Rhombendodekaederflächen, ferner noch Flächen eines Triakisoktaeders.

Abb. 143 zeigt einen Granatkristall, vorherrschend das Rhombendodekaeder, dessen Kanten durch Flächen eines Ikositetraeders abgestumpft sind.

Diese Kombination wollen wir jetzt in stereographischer Projektion darstellen (s. Abb. 144).

Das an sich feststehende Neunzonensystem der kubischen Kristalle liefert auch sofort die Position der Rhombendodekaederflächen. Die Ikositetraederflächen liegen in ihrem vorbestimmten Zonenwirtel um die Position der Oktaederfläche gruppiert, jeweils in einem Zonenstück zwischen Oktaeder und einer Würfelfläche.

Das hier auftretende Ikositetraeder ist jenes, welches die Kanten des Rhombendodekaeders *gerade* abstumpft, also durch Addition der Indices der benachbarten Rhombendodekaederflächen zu bestimmen ist (s. S. 92). Es erhält demnach die Indices (211), und zwar bzw. 211, 121, 112.

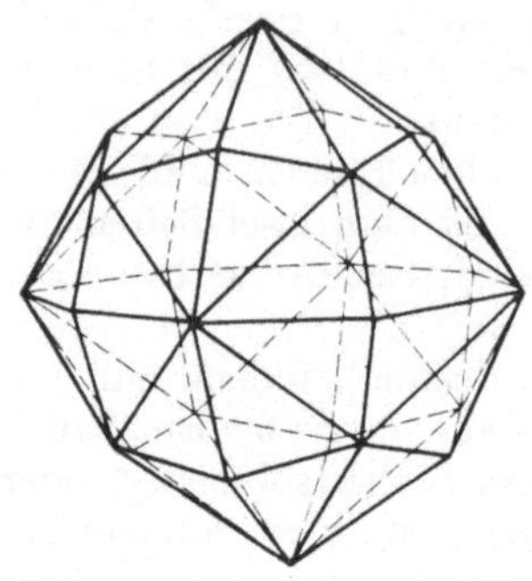

Abb. 141. Hexakisoktaeder

Abb. 142. Bleiglanz von Neudorf
mit gleichartigem Kristallmodell

Abb. 143. Granat mit gleichartigem Kristallmodell

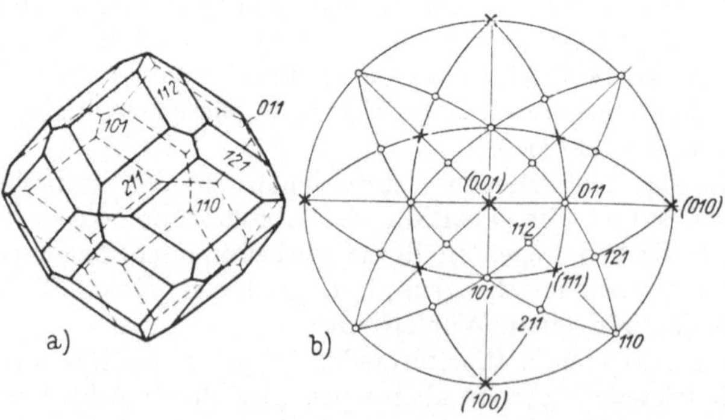

Abb. 144. Granatkristall. a) Parallelperspektive; b) stereographische Projektion

Die mindersymmetrischen Klassen des kubischen Systems mit ihren auftretenden Kristallformen können wir am besten in Tab. 5 überblicken.

Auf der linken Seite sind die Symmetrieelemente für die einzelnen Klassen verzeichnet. Die Tabelle gibt Aufschluß darüber, welche Formen in den betreffenden Klassen erhalten geblieben sind und welche in einer *Hemiedrie*[1] bzw. *Tetartoedrie* auftreten, d. h. als Halbflächner oder Viertelflächner.

Außerdem ist für alle Symmetriestufen die Flächensymmetrie der einzelnen Formen angegeben.

Zunächst fällt uns auf, daß in der Stufe IV und I statt des Oktaeders als hemiedrische (halbflächige) Form die *Tetraeder* (= Vierflächner) in positiver oder negativer Stellung auftreten. Abb. 145 zeigt ein Tetraeder in positiver Stellung, Abb. 146 ist eine Kombination von positivem und negativem Tetraeder. In den beiden Klassen mit tetraedrischem Bautypus (I und IV) treten uns ferner an Stelle der Ikositetraeder und Triakisoktaederflächen (die auf der Oktaederfläche aufbauen) entsprechende Aufbauformen auf den Tetraederflächen entgegen: das *Trigondodekaeder* (= Dreieck-Zwölfflächner) oder *Triakistetraeder* (= Dreimal-Vierflächner) (an Stelle der Ikositetraeder) und das *Deltoiddodekaeder* (= Deltoid-Zwölfflächner) an Stelle des Triakisoktaeders). Die Abb. 147 und 148 (a und b) zeigen ihre Entstehung als Halbformen der entsprechenden holoedrischen Gestalten.

Auf folgenden Umstand möge hier noch ausdrücklich aufmerksam gemacht werden.

In Stufe IV ist die Würfelflächennormale nur eine zweizählige Deckachse. Es wäre demgemäß zu erwarten, daß der Pyramidenwürfel der Stufe V jetzt zu einem zweiflächigen Dach über jeder Würfelfläche reduziert würde. Wir sehen aber, daß das vierflächige Dach des Tetrakishexaeders erhalten bleibt, und zwar infolge der Wirksamkeit der diagonal verlaufenden sechs Nebensymmetrieebenen.

In Stufe II und I hingegen, wo ebenfalls die zweizählige Deckachse in der Würfelflächennormalen herrscht, ist aus dem Pyramidenwürfel tatsächlich die Halbform — das *Pentagondodekaeder* (= Fünfeck-Zwölfflächner) in positiver oder negativer Stellung — entstanden (Abb. 150); denn hier fehlen die 6 E_n (in Stufe II sind nur die drei Hauptsymmetrieebenen vorhanden, die die Form des Pentagondodekaeders dort monosymmetrisch machen).

Daß in der Stufe II trotz der 3 A^2 (wie in Stufe IV und I) doch das Oktaeder statt des Tetraeders auftritt, ist durch das Symmetriezentrum bedingt; natürlich treten dann auch Ikositetraeder und Triakisoktaeder auf.

Die letzte Vertikalreihe rechts enthält die Körperformen der Flächen allgemeinster Lage verzeichnet, die in jeder Klasse naturgemäß eine eigene Form ergeben; nach dieser ist dann die betreffende Symmetrieklasse (nach GROTH) benannt.

So haben wir in Stufe IV ein *Hexakistetraeder* (= Sechsmal-Vierflächner) als Halbform des Hexakisoktaeders der Stufe V, s. Abb. 149.

---

[1] Siehe S. 70: rhombisch-Stufe III.

Tabelle 5. Kubische Kristallformen

Stufe	Symm.-Elemente	(100)	(110)	(111)	$(h\,k\,0)$	$(h\,k\,k)^{1}$	$(h\,h\,k)^{1}$	$(h\,k\,l)$
V	$3\,A^4,\ 4\,A^3,$ $6\,A^2,\ 3\,E_h,$ $6\,E_n,\ Z$	Hexaeder *tetrasymmetr.*	Rhomben-dodekaeder *disymmetr.*	Oktaeder *trisymmetr.*	Tetrakis-hexaeder *monosymmetr.*	Ikosi-tetraeder *monosymmetr.*	Triakis-oktaeder *monosymmetr.*	Hexakis-oktaeder *asymmetr.*
IV	$3\,A^2,\ 4{\uparrow}A^3,$ $6\,E_n$	Hexaeder *disymmetr.*	Rhomben-dodekaeder *monosymmetr.*	Tetraeder *trisymmetr.*	Tetrakis-hexaeder *asymmetr.*	Trigon-dodekaeder *monosymmetr.*	Deltoid-dodekaeder *monosymmetr.*	Hexakis-tetraeder *asymmetr.*
III	$3\,A^4,\ 4\,A^3,$ $6\,A^2$	Hexaeder *tetrametrisch*	Rhomben-dodekaeder *dimetrisch*	Oktaeder *trimetrisch*	Tetrakis-hexaeder *asymmetr.*	Ikosi-tetraeder *asymmetr.*	Triakis-oktaeder *asymmetr.*	Gyroeder *asymmetr.*
II	$3\,A^2,\ 4\,A^3,$ $3\,E_h,\ Z$	Hexaeder *disymmetr.*	Rhomben-dodekaeder *monosymmetr.*	Oktaeder *trimetrisch*	Pentagon-dodekaeder *monosymmetr.*	Ikosi-tetraeder *asymmetr.*	Triakis-oktaeder *asymmetr.*	Dyakis-dodekaeder *asymmetr.*
I	$3\,A^2,\ 4{\uparrow}A^3$	Hexaeder *dimetrisch*	Rhomben-dodekaeder *asymmetr.*	Tetraeder *trimetrisch*	Pentagon-dodekaeder *asymmetr.*	Trigon-dodekaeder *asymmetr.*	Deltoid-dodekaeder *asymmetr.*	Tetartoeder *asymmetr.*

[1] Wobei $h > k$

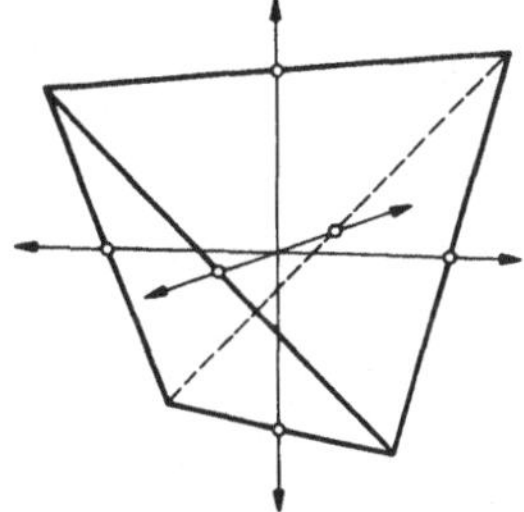

Abb. 145. Tetraeder in positiver
Stellung

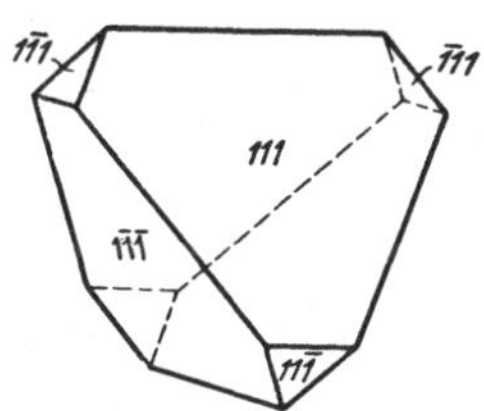

Abb. 146. Positives Tetraeder in Kombination mit negativem Tetraeder

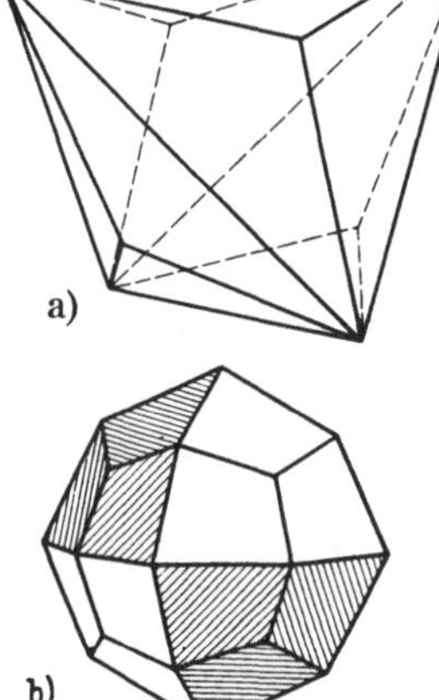

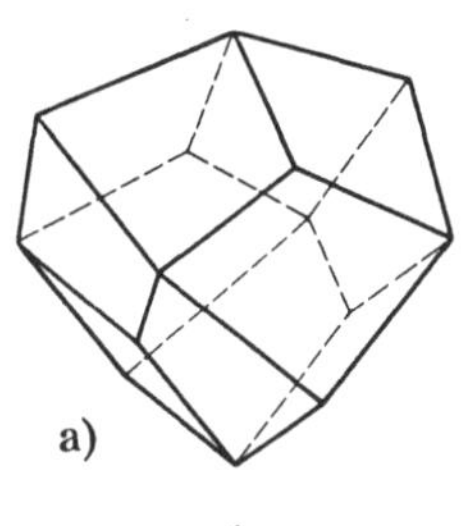

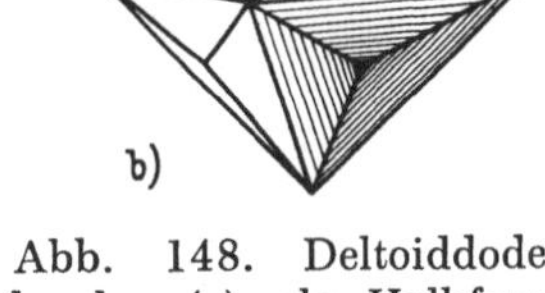

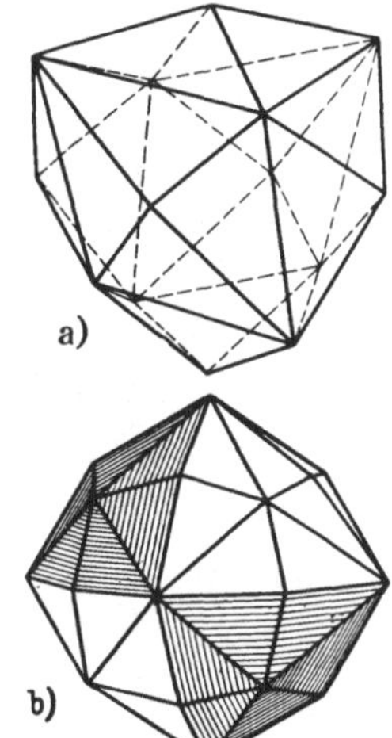

Abb. 147. Trigondode-
kaeder (a) als Halbform
des Ikositetraeders (b)

Abb. 148. Deltoiddode-
kaeder (a) als Halbform
des Triakisoktaeders (b)

Abb. 149. Hexakistetra-
eder (a) als Halbform des
Hexakisoktaeders (b)

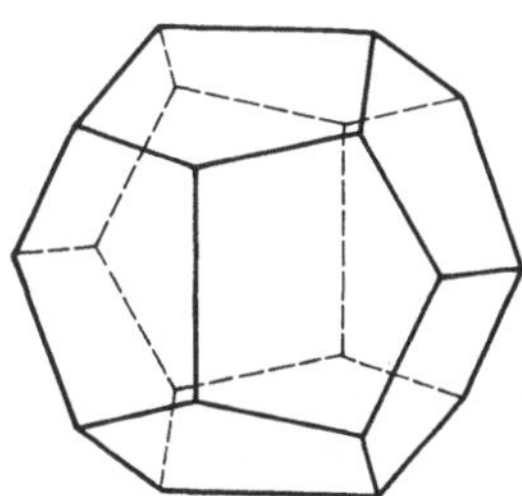

Abb. 150. Pentagondodekaeder in positiver Stellung

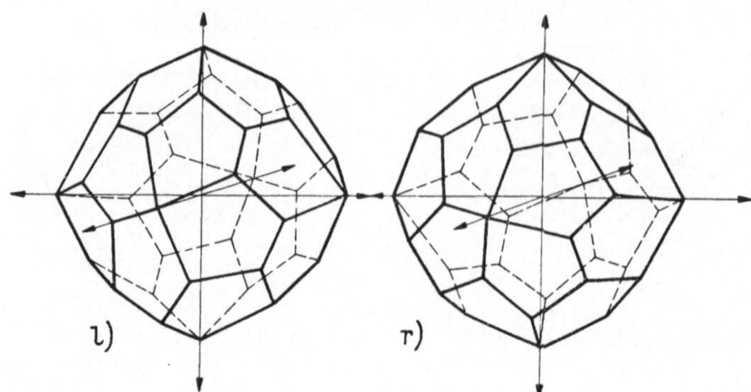

Abb. 151. Linkes (*l*) und rechtes (*r*) Gyroeder (nach Tschermak-Becke[1])

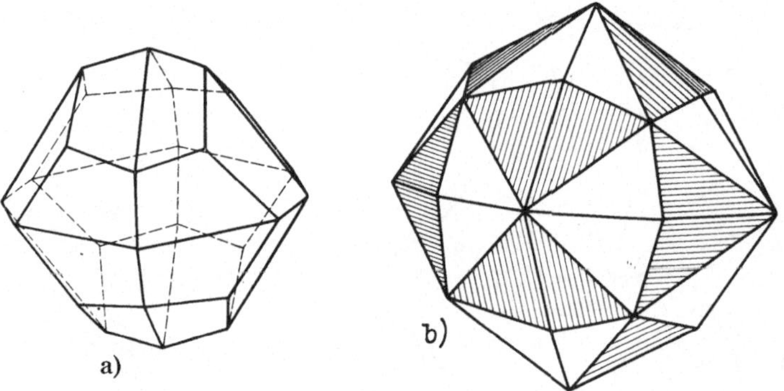

Abb. 152. Dyakisdodekaeder als Halbform des Hexakisoktaeders.
a) Dyakisdodekaeder in positiver Stellung; b) Hexakisoktaeder

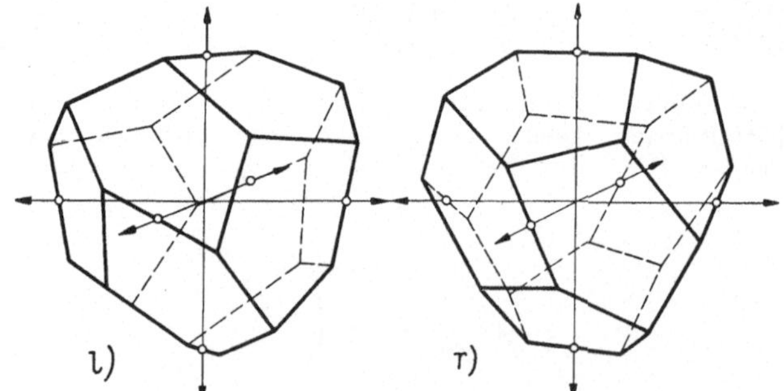

Abb. 153. Linkes (*l*) und rechtes (*r*) *positives* Tetartoeder (nach Tschermak-Becke)[1].
Die beiden *negativen* Formen unterscheiden sich von den positiven bloß durch
die um 90⁰ gedrehte Stellung (analog dem Tetraeder in positiver und negativer
Stellung)

---

[1] Bei Groth: Elemente der physikalischen und chemischen Kristallographie
(München und Berlin 1921) ist die Bezeichnung (*l*) und (*r*) gerade umgekehrt.

In Stufe III sind es die enantiomorphen Gestalten des *Pentagon-Ikositetraeders* (= Fünfeck-Vierundzwanzigflächner) oder kurz *Gyroeders* („Schraubenflächner"), so genannt wegen der eigentümlich verdrehten Lage der Flächen, s. Abb. 151.

In Stufe II ist es das *Dyakisdodekaeder* (= Zweimal-Zwölfflächner), wieder eine Hemiedrie des Hexakisoktaeders (s. Abb. 152 a und b).

In der Stufe I sind es wieder enantiomorphe Gestalten von linken und rechten *tetraedrischen Pentagondodekaedern* (kurz „Tetartoeder", d. i. Viertelflächner, genannt) von viererlei Art; s. Abb. 153 (*positive* Formen).

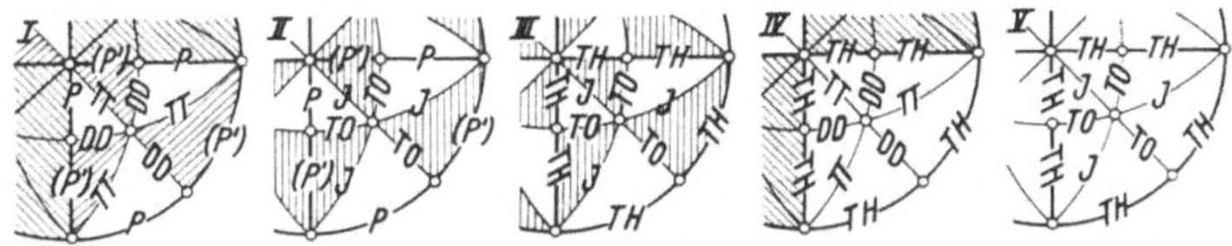

Abb. 154. Die in den Hauptzonen *kubischer* Kristalle liegenden Flächenarten. *I* bis *V* = „Stufen" der Symmetrie; *P*, (*P'*) = Pentagondodekaeder; *TT* = Triakistetraeder; *TH* = Tetrakishexaeder; *DD* = Deltoiddodekaeder; *J* = Ikositetraeder; *TO* = Triakisoktaeder

Die Abb. 154 gibt für die einzelnen kubischen Klassen die Schemata der in den Hauptzonen liegenden Flächenarten.

Beispiele für die einzelnen Symmetrieklassen:

Stufe V (hexakisoktaedrische Klasse). Für diese Symmetrieklasse haben wir schon gelegentlich der Besprechung der einfachen Formen der holoedrischen Klasse genügend Minerale als Beispiele angeführt.

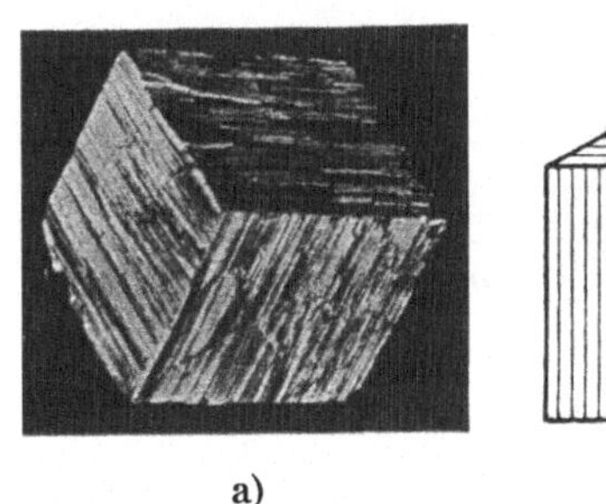

a)

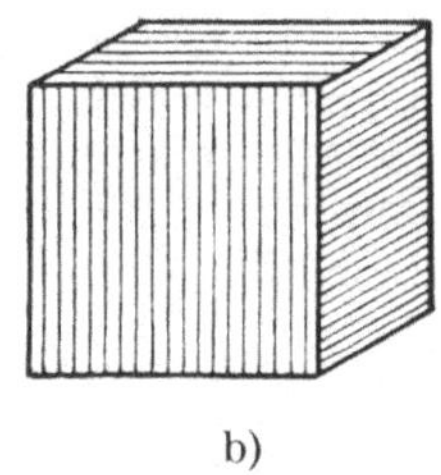

b)

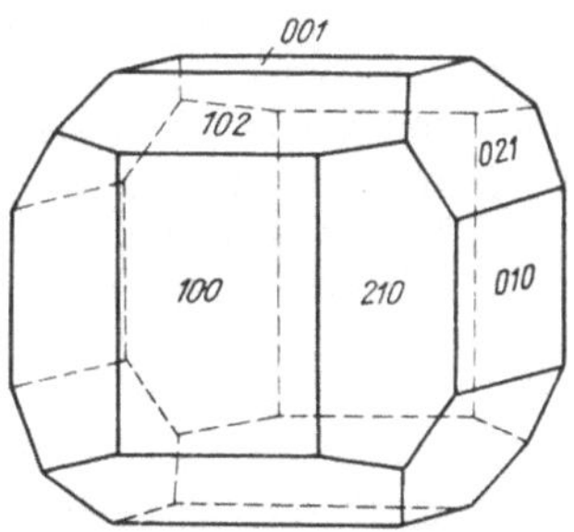

Abb. 155. Pyritwürfel mit Riefen. a) Natürlicher Kristall von Tavistok; b) schematische Darstellung

Abb. 156. Kombination von Würfel mit positivem Pentagondodekaeder

Stufe IV (hexakistetraedrische Klasse). Die Minerale Zinkblende und Fahlerz kristallisieren in dieser tetraedrischen Hemiedrie.

Stufe III (gyroedrische Klasse). Hier ist als Beispiel der Salmiak zu nennen.

Als Beispiel *für Stufe II (dyakisdodekaedrische Klasse)* ist in Abb. 155 a ein Pyritkristall wiedergegeben, der auf den Würfelflächen deutlich eine Riefung erkennen läßt. Dieses Mineral kristallisiert häufig auch in Pentagondodekaedern, so daß diese Kristallform — die geometrisch *kein* reguläres Pentagondodekaeder[1] ist — geradezu als „Pyritoeder" bezeichnet wird.

Wenn aber am Pyrit die Würfelform zur Ausbildung gelangt, beobachtet man nicht selten eine Riefung dieser Würfelflächen (s. die schematische Zeichnung, Abb. 155 b), wodurch der Verlust der Vierzähligkeit in der Würfelflächennormalen klar erkennbar wird. Man kann dann eben nur noch eine *zweizählige* Deckachse senkrecht zur Würfelfläche hindurchlegen.

Diese Riefung ist als „Kombinationsriefung" aufzufassen, indem die Würfelflächen in Kombination mit nur angedeuteten Pentagondodekaederflächen gewachsen sind und so zu der vielfach wiederholten Kombinationskante führten. Abb. 156 zeigt zur Erläuterung die Kombination von Würfel mit einem positiven Pentagondodekaeder.

Für *Stufe I (tetartoedrische Klasse)* sei als Beispiel das Natriumchlorat genannt.

IX. Zwillingsbildungen

Bisher haben wir Kristalle lediglich als Einzelindividuen betrachtet. In der Natur treten sie aber meist nicht vereinzelt, sondern vergesellschaftet auf. Solange das Nebeneinandervorkommen in Drusen und Gruppen mit allen Arten gelegentlicher Verwachsungen nur als Zufallsprodukt anzusehen ist, braucht es uns hier nicht weiter beschäftigen.

Nun gibt es allerdings auch gesetzmäßige Arten von Verwachsungen, beispielsweise Parallelverwachsungen, „Kristallstöcke", sowie halborientierte Kristallgebilde (wie „gedrehte Quarzstöcke") u. dgl., die eine geregelte Vergesellschaftung von Einzelindividuen bedeuten.

Auch diese sollen hier nicht Gegenstand unserer Betrachtungen sein, da sich diese Art orientierter Verwachsungen immerhin rein äußerlich ohne weiteres beschreiben und verstehen läßt.

Uns sollen vielmehr jene Gebilde hier beschäftigen, die man unter dem Begriff *„Zwillinge"* zusammenfaßt. Die Grundgesetze ihrer Bauart mögen hier noch kurz behandelt werden.

a) Zwillingsgesetze

Nach NIGGLI (Ni, S. 137) versteht man unter „Zwillingen" zwei gleichwertige Kristallindividuen, die nicht alle, sondern nur einen Teil der Elemente (mindestens zwei voneinander unabhängige) der Richtung oder Gegenrichtung nach gemeinsam haben. Das heißt, *mindestens eine Kristallfläche* der beiden Einzelindividuen muß *gemeinsam* (bzw. parallel) sein und außerdem *wenigstens eine gleiche Kantenrichtung* (Zonenachse); vgl. TSCHERMAKS Lehrbuch der Mineralogie, 8. Aufl., S. 95.

---

[1] Ein geometrisch reguläres Pentagondodekaeder mit zwölf regelmäßigen Fünfecken besitzt ja fünfzählige Deckachsen, die kristallographisch unmöglich sind (vgl. Teilkapitel IV b); die kristallographischen Pentagondodekaeder der Stufe II haben nur monosymmetrische Fünfecke.

Demgemäß können drei Arten von Zwillingsgesetzen unterschieden werden, wobei die ersten zwei hauptsächlich in Betracht kommen.

1. Betrachten wir den Gipszwilling, Abb. 157. Es ist hier ein einfacher Kristall dieses monoklinen Minerals und eine Zwillingsbildung nebeneinandergestellt (a und b). Man erkennt ohne weiteres, daß das zweite Teilindividuum (in der Zeichnung schraffiert) zum Ausgangsindividuum symmetrisch liegt in bezug auf eine Ebene, die der Kristallfläche (100) entspricht. Solche Zwillingsbildungen, wo man die Stellung des zweiten Teilindividuums durch Spiegelung an einer Ebene (die einer möglichen, und zwar meist einfach indizierten Kristallfläche entspricht) erreichen kann, bezeichnen wir als „*Ebenenzwilling*" (Zwillingsebenengesetz nach NIGGLI). Naturgemäß darf diese Ebene — wir nennen sie „Zwillingsebene" — nicht schon von Haus aus eine Symmetrieebene des Einzelkristalls sein[1].

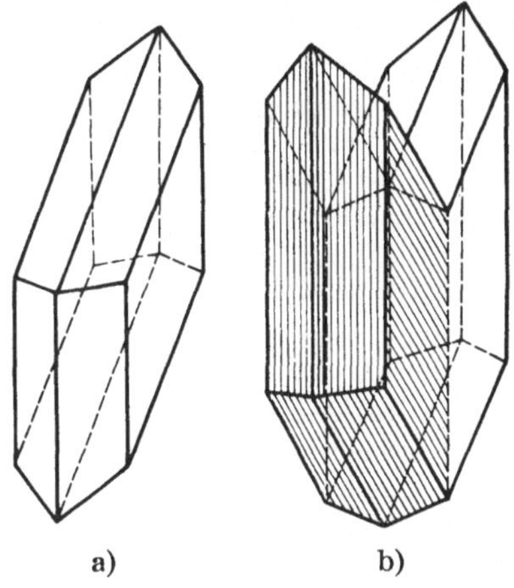

a)   b)

Abb. 157. Ebenenzwilling des Gipses.
a) Einzelkristall; b) Zwillingskristall

Ebenenzwillinge zeigen somit die Gemeinsamkeit *einer* Fläche und sämtlicher in ihr liegender Kanten (d. h. Zonenachsen).

2. Eine andere Art von Zwilling ist der „*Achsenzwilling*". In Abb. 158 ist ein häufig vorkommender Zwilling des Orthoklases dargestellt, der sog. „Karlsbader Zwilling". Die Zwillingsstellung des zweiten (schraffiert gezeichneten) Teilindividuums[2] kann dadurch erreicht werden, daß das Ausgangsindividuum um die Zonenachse der aufrechten Zone um 180^0 gedreht wird und so in eine hemitrope Lage gelangt (*Zonenachsengesetz* nach TSCHERMAK). Eine Zonenachse fungiert also als *Achse der Hemitropie;* sie heißt „Zwillingsachse". Natürlich darf sie nicht selbst schon zweizählige bzw. geradzählige Deckachse sein.

Demgemäß besitzt ein solcher Zwilling die Gemeinsamkeit *einer* Zone (es ist dies die Zone der Zwillingsachse); sämtliche in dieser gemeinsamen Zone liegenden Flächen der beiden Teilindividuen sind zueinander parallel.

3. Nun kennen wir noch eine Art von Zwillingen, wie solche beispielsweise beim Glimmer vorkommen (s. Abb. 159 a). Auch hier gibt es eine gemeinsame Zone (es ist die Zone *c o m*, die beide monoklinen Teilkristalle

---

[1] In solchem Falle wäre ja der Einling an und für sich schon symmetrisch gebaut in bezug auf diese Ebene und könnte daher keine symmetrische Zwillingsstellung einnehmen.

[2] Die auf Grund der Zwillingslage entsprechenden Flächen des zweiten Teilindividuums sind in den Zeichnungen *unterstrichen* kenntlich gemacht.

umschließt); aber die Zonenachse (die Kante c/o) ist *nicht* Achse der Hemitropie.

Infolgedessen liegen hier, im Gegensatz zu den Verhältnissen beim Achsengesetz (s. Punkt 2), die Flächen dieser gemeinsamen Zone in ihrer Gesamtheit nicht mehr parallel, sondern nur eine *einzige* Fläche (es ist in unserem Fall die Basisfläche c) erscheint gemeinsam bzw. in paralleler Lage.

Die Überführung in die so gekennzeichnete Zwillingsstellung mit der Gemeinsamkeit einer in der gegebenen Zone liegenden Fläche wird durch das sog. *Kantennormalgesetz* TSCHERMAKS erreicht:

Der Ausgangskristall müßte um eine in jener gemeinsamen Fläche c liegende Linie, die senkrecht zu der Kante c/o ist, um 180^0 gedreht werden. Diese Linie wirkt als Achse der Hemitropie; sie ist aber keine rationale Kantenrichtung. Es kann also die Drehung um diese rein geometrische Hilfslinie nicht etwa als Wirksamkeit nach Art eines Achsenzwillings aufgefaßt werden.

Meist sind die Teilkristalle nicht (wie in Abb. 159 a) nebeneinanderliegend an der zur Hemitropieachse senkrechten Ebene — die übrigens keiner rationalen Fläche entspricht — verwachsen, sondern liegen in gleichartiger Lage übereinander (Abb. 159 b)[1].

Schließlich kennt man noch den Begriff der sog. „Heterozwillinge", die nur mehr die Gemeinsamkeit zweier *ungleichwertiger* Zonen aufweisen. Auch hier ist eine einfache Fläche der Teilkristalle parallel gestellt, und gewisse Zonenrichtungen, die nicht gleichartig sein müssen, fallen zusammen (beim Glimmer war es noch die Gemeinsamkeit einer *gleichen* Zone!). Am *Hydrargillit* wurde von BRÖGGER eine solche Zwillingsbildung beschrieben; TSCHERMAK formulierte die Bauart solcher Zwillinge als „Mediangesetz". Die Deutung dieser Gebilde erscheint aber einigermaßen zweifelhaft, da sie innerhalb der unvermeidlichen Messungsfehler auch einfacher zu erklären wären.

Einige Beispiele von Ebenenzwillingen, die sehr häufig zu beobachten sind, seien hier noch angeführt:

Abb. 160 zeigt einen Augitzwilling (monoklin) nach der Fläche (100).

In Abb. 161 a ist ein Oktaederzwilling nach (111) dargestellt, und zur Erläuterung sind die beiden Einzelindividuen in b und c in Zwillingsstellung wiedergegeben. Solche Zwillingsbildungen kommen häufig beim Magnetit und Spinell vor.

Abb. 162 zeigt den „Manebacher Zwilling" des Orthoklases nach der Basis (001); Abb. 163 stellt den „Bavenoer Zwilling" desselben Minerals vor, Zwillingsebene ein Längsprisma (021).

Abb. 164 stellt einen Zwilling des tetragonalen Zinnsteines dar (Zwillingsebene die verwendete Doppelpyramide), wie solche unter dem Namen „Visiergraupen" bekannt sind.

---

[1] Näheres über Zwillingsgesetze siehe die kritischen Betrachtungen von H. TERTSCH: Bemerkungen zur Frage der Verbreitung und zur Geometrie der Zwillingsbildungen. Z. Kristallogr. *94*, 461—490 (1936).

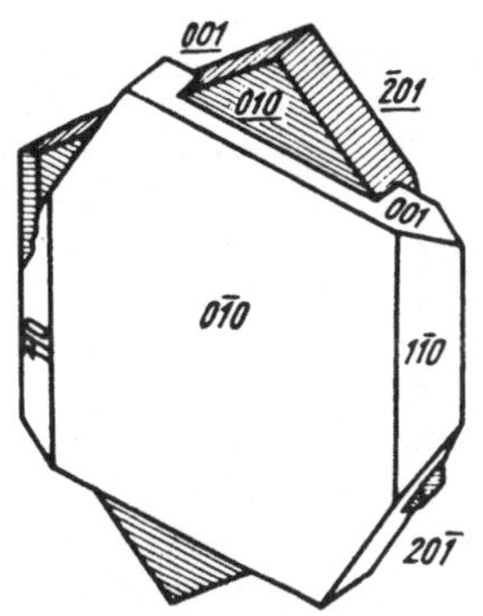

Abb. 158. Karlsbader Zwilling des Orthoklases (Achsenzwilling)

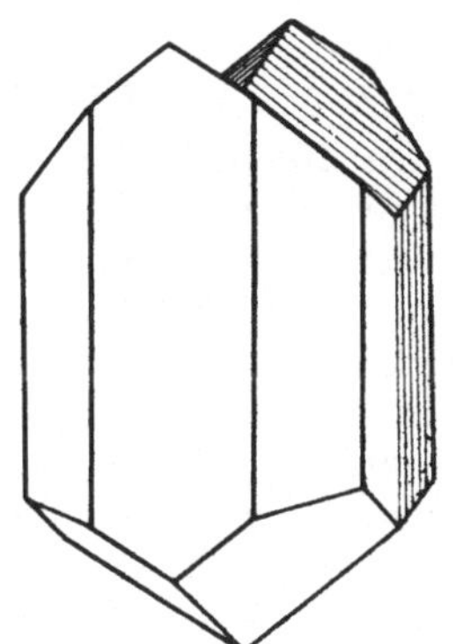

Abb. 160. Augitzwilling nach (100)

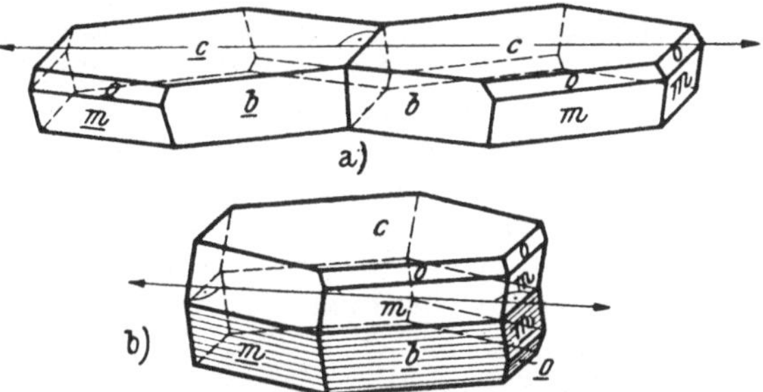

Abb. 159. Kantennormalgesetz beim Glimmer (nach G. Tschermak). a) Nebeneinander gelegt; b) in der üblichen Ausbildungsform

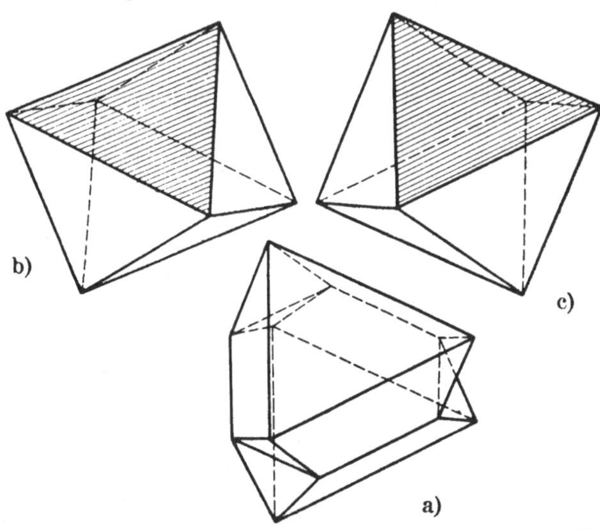

Abb. 161. Oktaederzwilling (a); b) und c) zwei Oktaeder in Zwillingsstellung: b) entspricht der unteren Hälfte von (a) und c) der oben liegenden Hälfte von (a). (Zwillingsebene schraffiert)

b) Ausbildung der Zwillingskristalle

In allen diesen Fällen ist die Zwillingsebene nicht nur ein geometrischer Begriff, der den Zweck hat, die Herbeiführung der Zwillingslage zu bewerkstelligen, sondern sie ist hier gleichzeitig *Verwachsungsebene;* man spricht in diesen Fällen von *„Berührungszwillingen“*. Doch hat Verwachsungsebene an sich mit Zwillingsebene nichts zu tun. Die Verwachsung kann auch in durchaus anderer Weise erfolgen.

Betrachten wir beispielsweise nochmals den Karlsbader Zwilling des Orthoklases (Abb. 158). Wir hatten ihn oben als einen Achsenzwilling beschrieben. Doch könnte er ebensogut auch als Ebenenzwilling aufgefaßt werden, in der gleichen Weise wie der Gipszwilling: Zwilling nach (100). Nur sind die Teilkristalle des Karlsbader Zwillings nicht nach dieser Zwillingsebene verwachsen, sondern durchdringen sich in unregelmäßiger Abgrenzung gegeneinander.

Immer, wenn dem Einzelkristall ein Symmetriezentrum zukommt, kann jeder Achsenzwilling auch als Ebenenzwilling senkrecht zur Zonenachse gedeutet werden; denn von den drei Symmetrieelementen Z, A^2, E bedingen je zwei automatisch das dritte. So könnte also unser Karlsbader Zwilling auch als Ebenenzwilling nach einer horizontalen Ebene aufgefaßt werden, wobei nun allerdings die sog. „Zwillingsebene“ keine kristallographisch mögliche Fläche in dem vorliegenden monoklinen System wäre[1].

Es wird in der Praxis mehr eine Frage der Anschaulichkeit sein, welches Gesetz zur Beschreibung solcher Zwillingsbildungen herangezogen wird. Symmetrisch ausgebildete Zwillingsformen wird man vor allem als Ebenenzwillinge darstellen. Durchwachsungen wie beim Karlsbader Gesetz wird man — wenn die Wahl unter mehreren Möglichkeiten freisteht — lieber als Achsenzwilling beschreiben.

Als Beispiel sei ein Ebenenzwilling und ein Achsenzwilling noch in stereographischer Projektion wiedergegeben.

Als Ebenenzwilling wählen wir den Albitzwilling nach (010), als Achsenzwilling den Karlsbader Zwilling des Orthoklases:

Abb. 165 zeigt in stereographischer Darstellung die Hauptflächen eines Albitkristalls (triklin), und die symmetrische Lage des Zwillingsindividuums in bezug auf die strichpunktiert eingetragene, zyklographische Spur[2] der Zwillingsebene (parallel 010).

Abb. 166 zeigt die hemitrope Anordnung der Flächenpole nach dem Karlsbader Gesetz beim monoklinen Orthoklas.

Abb. 167 stellt einen Wiederholungszwilling von Albit nach (010) dar, der solcherart zu einem sog. *Zwillingsstock* (polysynthetischen Zwilling) führt.

Wiederholungszwillinge bildet auch der rhombische Aragonit mit (110)

---

[1] Schließlich würde er sich — wenn (100) als Zwillingsebene aufgefaßt wird — auch als hemitroper Zwilling nach der Flächennormale von (100) beschreiben lassen, die jetzt wieder allerdings keine rationale Richtung ist (Tschermaks „Flächennormalgesetz“).

[2] Eine Ebene, als *Schnittkreis* mit der Projektionskugel dargestellt, wird als „zyklographische“ Projektion bezeichnet.

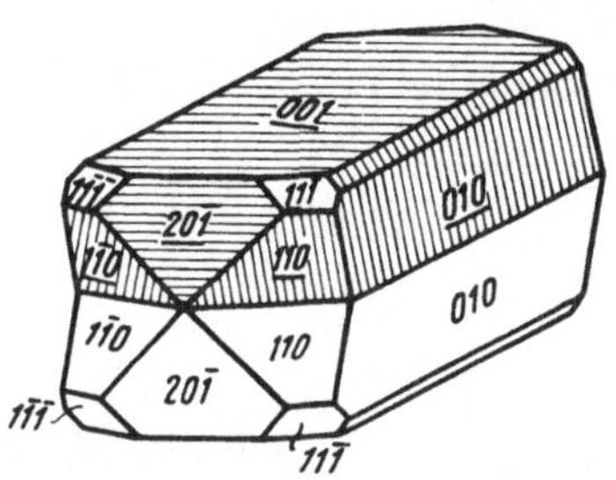

Abb. 162. Manebacher Zwilling des
Orthoklases

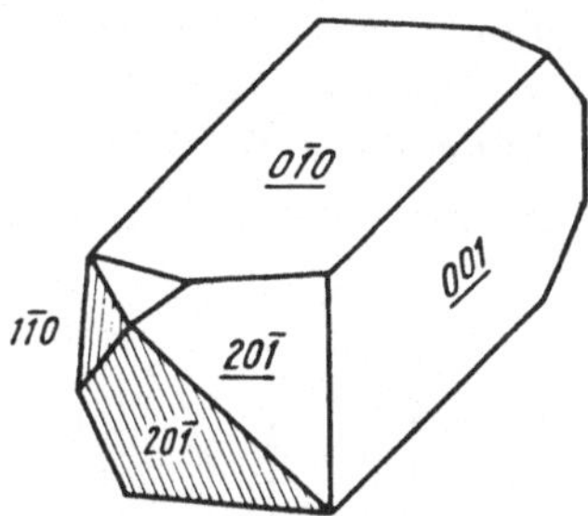

Abb. 163. Bavenoer Zwilling des
Orthoklases

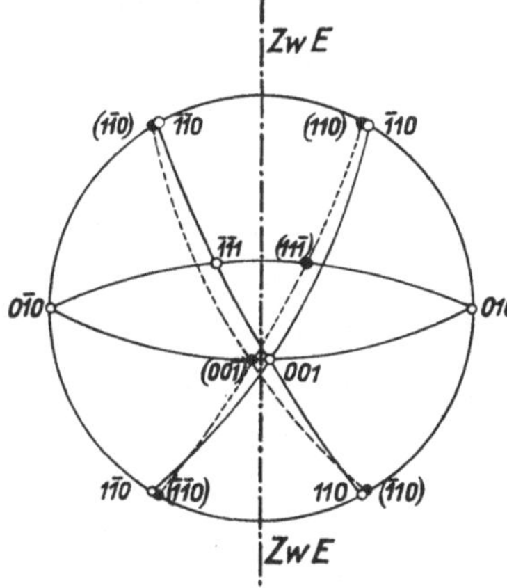

Abb. 165. Albitgesetz (Ebenenzwilling)

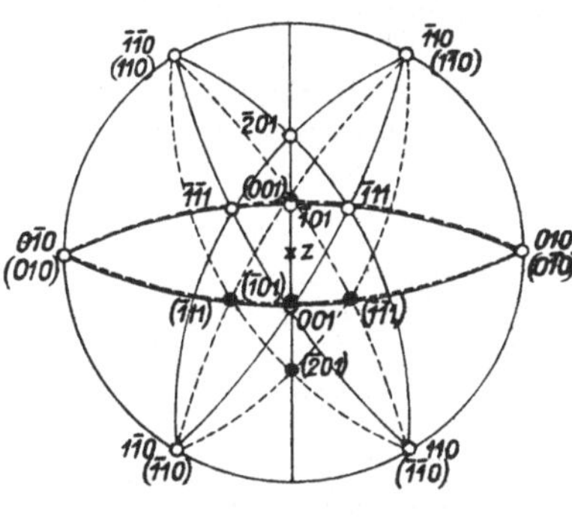

Abb. 166. Karlsbadergesetz (Achsenzwilling)

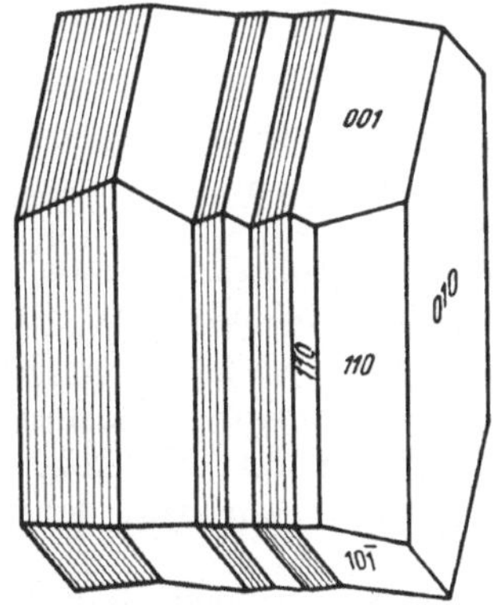

Abb. 167. Zwillingsstock des Albits

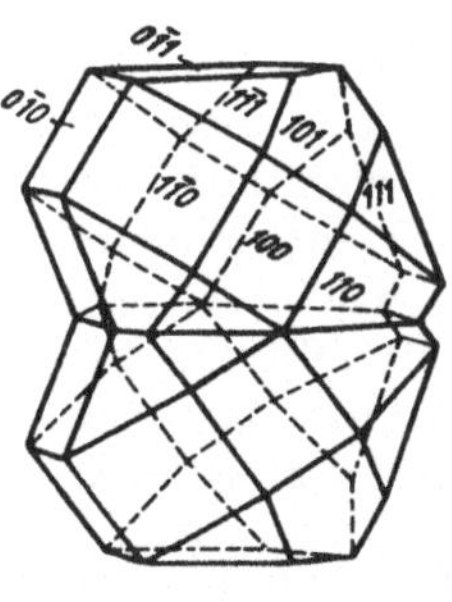

Abb. 164. „Visiergraupen“-Zwilling
des Zinnsteins

8 a*

als Zwillingsebene. Abb. 168 a zeigt die Ausbildung als Zwillingsstock,
indem immer die gleiche aufrechte Prismenfläche 1̄10 (oder aber 110)
als Zwillingsebene fungiert. Geschieht die wiederholte Zwillingsbildung
nach beiden Ebenen 110 und 1̄10, dann entsteht ein sog. *Wendezwilling,*

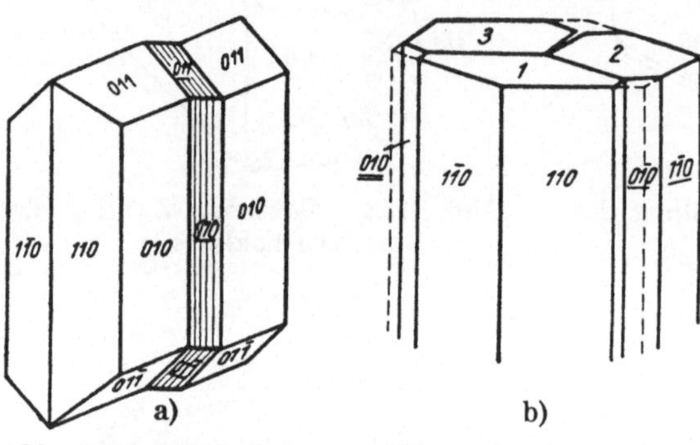

Abb. 168. Wiederholungszwillinge des Aragonits.
a) Zwillingsstock; b) Wendezwilling

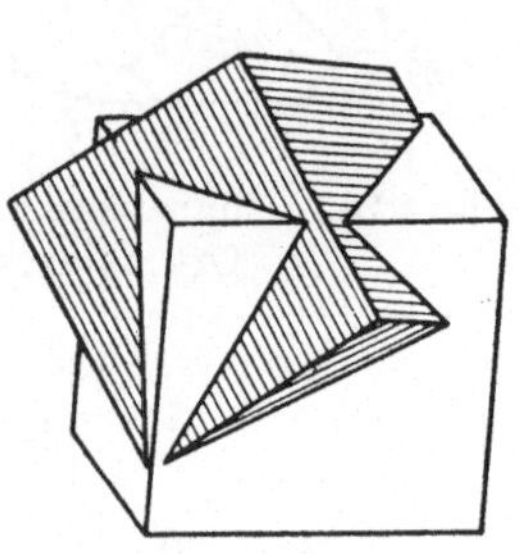

Abb. 171. Durchdringungszwilling des Flußspates nach (111)

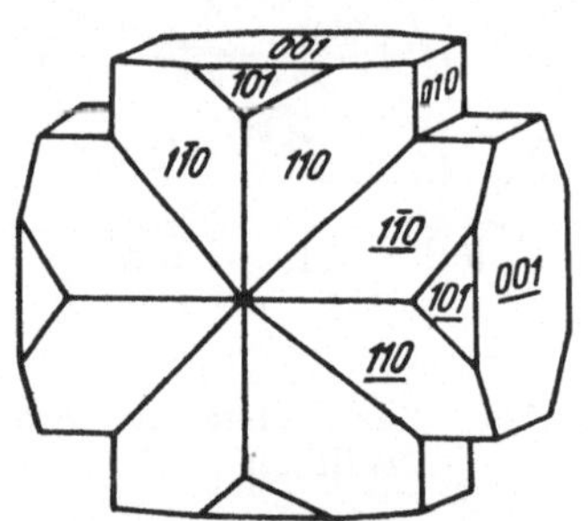

Abb. 169. Staurolithzwilling nach
(032) (Durchkreuzungszwilling)

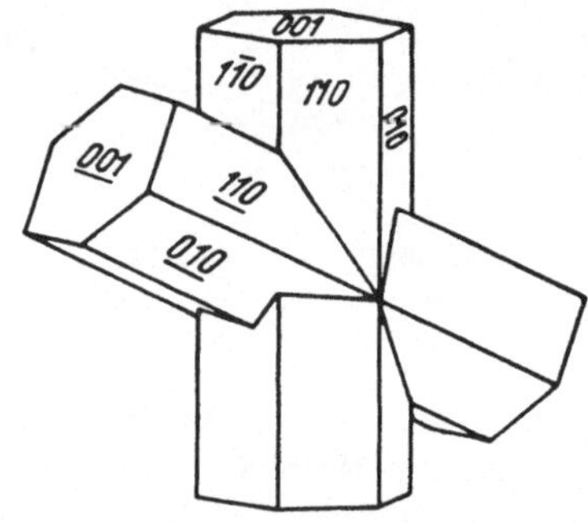

Abb. 170. Durchkreuzungszwilling des
Stauroliths nach (232)

s. Abb. 168 b. Die beim Zusammentreten von drei Individuen noch verbleibende Lücke dieses Drillings wird schließlich durch ein viertes Individuum — oder durch Weiterwachsen eines der drei ersten — ausgefüllt,
so daß hier infolge der besonderen Winkelverhältnisse (Prismenwinkel
angenähert 120⁰) ein pseudohexagonales Gebilde entsteht.

Die Abb. 169 und 170 stellen „*Durchkreuzungszwillinge*" am rhombischen Staurolith dar; eine angenähert rechtwinkelige Durchkreuzung wird
durch Verzwilligung nach dem Längsprisma (032) erreicht (Abb. 169);
die schiefe Durchkreuzung kommt durch Verzwilligung nach der Pyramidenfläche (232) zustande (Abb. 170).

Schließlich ist in Abb. 171 noch ein Durchdringungszwilling des kubischen Flußspates gezeigt, wo zwei Würfel symmetrisch nach der (111)
einander durchwachsen.

X. Kristalltracht

Unter *Kristalltracht* versteht man die Summe der an einem Kristall beobachteten Flächenarten und deren charakteristische Ausbildungsweise. In der Kristalltracht haben wir offenbar das Endergebnis der wirksam gewesenen Wachstumsvorgänge vor uns. Daß jeder Kristall einer einheitlichen Kristallart eine gewisse Individualität besitzt, ist zweifellos durch die Bildungsumstände bedingt; dazu gehören vor allem Temperatur und Konzentrationsverhältnisse der Mutterlauge („Lösungsgenossen"!). Allerdings tritt uns bei manchen Kristallarten eine geradezu verwirrende Mannigfaltigkeit der Gestaltung entgegen, so daß die Ursachen nicht leicht zu enträtseln sind.

Mit Trachtstudien hat sich — außer Romé de l'Isle — vor allem Beudant beschäftigt (1818). Gegen Ende des 19. Jahrhunderts waren es dann Credner (1870), Retgers (1892) und Vater (1893), die sich den Fragen der Kristalltracht und ihrer Beeinflussung durch äußere Faktoren widmeten. Von Romé de l'Isle stammt die allgemein bekannt gewordene Entdeckung, daß NaCl aus harnstoffhaltigen Mutterlaugen nicht in Würfelform, sondern in Oktaedern (oder mindestens in Kombinationen von Würfel und Oktaeder) auskristallisiert.

Trachtuntersuchungen auf *messender Grundlage* sind erst von F. Becke am Beginn dieses Jahrhunderts in die moderne Kristallographie eingeführt worden. Groß angelegte Trachtarbeiten aus dem Beckeschen Institut in Wien erschienen in dieser Zeit von St. Kreutz und von H. Tertsch. Letzterer hat auch die Untersuchungsmethodik ausführlich erörtert. Ebenso hat der Berliner Kristallograph A. Johnsen namentlich die Methodik einer geometrisch-kinematischen Betrachtungsweise eingehend diskutiert (1910: Naturf.-Vers., Königsberg).

Nach der Beckeschen Grundauffassung ist das konvexe Kristallpolyeder als Resultat des Wachstums wesentlich von den Verschiebungsgeschwindigkeiten der in Betracht kommenden Kristallflächen abhängig.

Die in gleichen Zeiten auf verschiedenen Flächen abgesetzten Schichtdicken (s. Abb. 4, S. 3) sind ein Maß für die Vorrückungsgeschwindigkeit in Richtung der Flächennormalen.

Der Wachstumsmechanismus ist jedoch nicht so zu verstehen, daß die Fläche in ihrer Gesamtheit einfach mit sich selbst parallel vorgeschoben wird. Vielmehr vollzieht sich der Aufbau in der Weise, daß bei Anlagerung einer Netzebene reihenweise bestimmte Gitterlinien sich vervollständigen, bis die ganze Netzebene „aufgefüllt" ist: es huscht gewissermaßen ein Anlagerungsstrom über die zu bildende Schicht hinweg („tangentiale" Ausbreitung).

Da nun aber in solcher Weise Schicht um Schicht gebildet worden ist, kann man rückschauend rein formal von einer Vorrückung der Kristallfläche in Richtung der Flächennormalen sprechen.

Da das Wachstum aber von einem „Keimpunkt" ausgegangen sein muß, widerspiegelt sich das Verhältnis der Schichtdicken — falls während der Wachstumsdauer keine Änderung eintrat — in gleicher Proportionalität in den Zentraldistanzen der betreffenden Flächen; denn sie stellen den Abstand der Fläche vom Zentralpunkt dar, der möglicherweise der Keimpunkt ist. Jener Fläche, die sich in der Zeit bis zur Beendigung des Wachstums weiter von diesem Urpunkt nach außen vorgeschoben hat, wäre die größere Wachstumsgeschwindigkeit zuzuschreiben. Abb. 172 zeigt

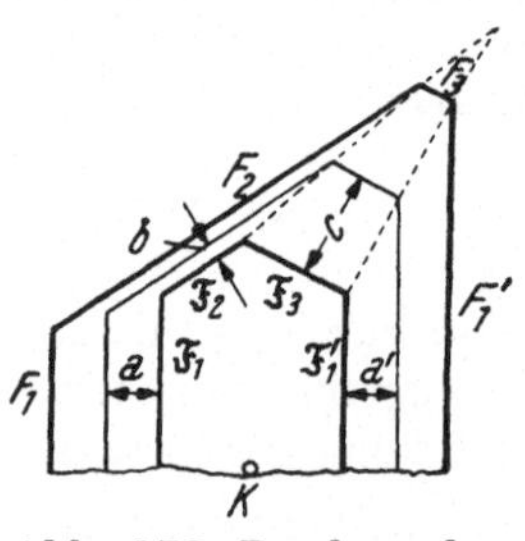

ein Kristallpolyeder mit ungleich großen Zentraldistanzen seiner Flächen (d_1 bis d_6).

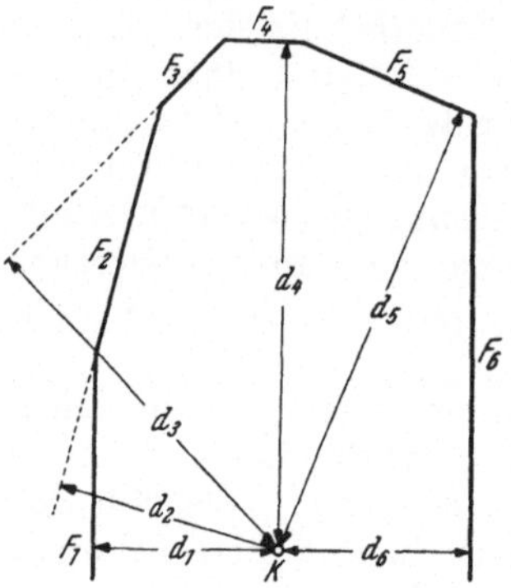

Bleibt die Wachstumsgeschwindigkeit der verschiedenen Flächen während der ganzen Wachstumsperiode konstant, dann bleibt auch der sich vergrößernde Kristall der Gestalt nach immer mit sich selbst geometrisch ähnlich (vgl. Abb. 4). Ändern sich jedoch infolge Wechsels der „Milieufaktoren" die Verhältnisse, so daß während des Wachstums eine relative Verschiebung in der Proportionalität der Schichtdicken Platz greift, dann kann eine rasch wachsende Fläche aus der Kombination verschwinden. Dies ist dargestellt in Abb. 173, wo die Fläche $\mathfrak{F}_3$ (mit relativ großer Wachstumsgeschwindigkeit) bei fortschreitendem Wachstum immer kleiner wird

Abb. 172. Wachstumskörper mit Flächen verschiedener Zentraldistanz

und in einem Zeitpunkt völlig zur Kante (oder in andern Fällen zum Punkt) zusammenschrumpft: die Gratbahnen (punktiert eingezeichnet!) verlaufen in solchem Falle konvergierend nach außen zu. Man sagt, die Fläche wird *virtuell*. Da somit rasch wachsende Flächen zunehmend kleiner werden und schließlich ganz verschwinden können, umgibt sich der Kristall notwendigerweise mit den Flächen *langsamsten Wachstums*.

Bei rundum ausgebildeten Kristallen kann man — falls ihnen ein Symmetriezentrum eigen ist — durch Einspannen von Fläche und paralleler Gegenfläche zwischen die Backen einer Schubleere ohneweiters die doppelte Zentraldistanz feststellen. Die so erhaltenen Messungswerte, die *absoluten Zentraldistanzen*, würden aber nur dann als Beurteilungsgrundlage dienen können, wenn *an ein und demselben Kristall* die Verschiedenheit der Wachstumsgeschwindigkeiten seiner Flächen zum Ausdruck gebracht werden sollte.

Abb. 173. Rasch wachsende Fläche mit nach außen konvergierenden Gratbahnen verschwindet aus der Kombination

Um jedoch die Verhältnisse von verschiedenen Individuen derselben Kristallart — die natürlich ganz verschiedene Größe und auch verschiedene Flächenkombinationen aufweisen können — zu überblicken und zu vergleichen, hat Becke den Begriff der *relativen* Zentraldistanz eingeführt. Es wird das Volumen des betreffenden Kristalls berechnet; dann werden alle absoluten Zentraldistanzen durch den Radius einer Kugel von gleichem Volumen dividiert. Demnach stellen sich die „relativen Zentraldistanzen" dar als bezogen auf eine Kugel mit Radius 1.

Für diesen Vorgang der Vergleichbarmachung der Zahlenwerte ist folgende Überlegung maßgebend: Das Wachstum wird vektoriell erfaßt. Läge keine raumgittermäßige Struierung des Kristallaufbaues vor, so würde bei allseits hinzutretender Materialzufuhr die Vergrößerung des Keimes durch Anlagerungswachstum nach allen Richtungen gleichartig erfolgen und somit eine Kugel entstehen. Erfolgt aber ein orientierter Zusammenschluß der Teilchen nach Art des kristallographischen Diskontinuums[1], dann ist damit eine *Ungleichwertigkeit der Richtungen* festgelegt und dadurch die Ausbildung von ebenen Flächen und geraden Kanten ermöglicht.

Diese Deutung unter Heranziehung der Kugel als Bezugskörper könnte zunächst befremdlich erscheinen. Das Ziel der BECKEschen Methode ist es jedoch, Kristalle von verschiedener Größe *und auch verschiedener Tracht* in ihren Zentraldistanzen *vergleichbar* zu machen. Dazu gibt es — weil mit dem Vorliegen verschiedener Flächenkombinationen zu rechnen ist — nur *ein* Mittel: die Kristalle müssen *volumgleich* gemacht werden! Bei dieser Auffassung bleibt die Tatsache der Anisotropie ungeschmälert erhalten; die relative Verschiedenheit der Wachstumsgeschwindigkeiten kommt bei solcher Betrachtung unverfälscht zur Geltung.

Neben der BECKE-JOHNSENschen Methode der Trachtbeschreibung hat sich später eine andere Vorgangsweise eingebürgert und bewährt, die im wesentlichen auf P. NIGGLI zurückgeht: nämlich die Einführung einer morphologischen Rangordnung im Formenbestand einer Kristallart unter Anwendung der mathematischen Statistik.

Es möge aber bei dieser Gelegenheit vermerkt werden, daß die Nomenklatur bei NIGGLI und BECKE nicht die gleiche ist. Was BECKE „Tracht" nennt, heißt bei NIGGLI im allgemeinen „Habitus"; das Wort Tracht dagegen wird von NIGGLI lediglich für „Flächenkombination" gebraucht. Diese Diskrepanz erschwert natürlich das Literaturstudium.

Unter *Tracht* im Sinne von F. BECKE verstehen wir die Eigentümlichkeit der speziellen Formausbildung bei den betreffenden Kristallarten. Der Ausdruck wird hier also *nicht nur* in der Bedeutung von Flächenkombination verwendet, sondern gleichzeitig auch zur Kennzeichnung der *Ausbildungsweise des Kristalls*, wie sie sich im Hervortreten oder Zurücktreten bestimmter Flächen bzw. Zonen äußert.

Es könnte jedoch zweckmäßig sein, das Wort „Habitus" für die Trachtausbildung, im groben gesehen, vorzubehalten: z. B. säuliger, stengeliger, tafeliger oder isometrischer Habitus. Hier entspräche die Ausdrucksweise ganz dem Vorschlage P. NIGGLIS (NI, S. 377). Hingegen könnte man gleiche Flächenkombinationen — z. B. (100), (110), (111) kubischer Kristalle — *nicht* ohneweiters als „gleiche Tracht" (wie es nach NIGGLIS Definition sein müßte!) bezeichnen, wenn einmal der Würfel, ein andermal das Oktaeder oder das Rhombendodekaeder Träger der Kombination ist: die Tracht müßte hier *würfelig, oktaedrisch* usw. heißen, die Gesamtgestalt aber wäre in allen diesen Fällen von „isometrischem Habitus". *Habitus* sollte demnach der übergeordnete Begriff sein, *Tracht* jedoch die feineren Unterschiede in der Formausbildung umfassen — bedingt durch die wechselvolle, *verschieden starke Betonung* der in der Kombination vertretenen

---

[1] Siehe S. 11 sowie nächsten Abschnitt (S. 127 ff.).

Flächen, oder auch nur durch das Auftreten oder Fehlen unwesentlicher Formen. So könnten sich beispielsweise bei der Beschreibung einer Mineralart mehrere Habitustypen ergeben, die sich im einzelnen in die verschiedenen Trachtbilder aufspalten[1].

Was nun die NIGGLIsche Methode der Trachtbeschreibung betrifft, so ist hervorzuheben, daß dieser Autor dabei von der Auffassung ausgeht, die Individuen einer Kristallart seien sozusagen ein „Kollektivgegenstand", dessen Variabilität nur *statistisch* erfaßt werden kann. Durch einen solchen Vorgang erhält man zahlenmäßige Ausdrücke für die „Variationsfähigkeit" als objektive Unterlagen für den Vergleich.

Als Maßzahlen ergeben sich bei der NIGGLIschen Methode gewisse „Häufigkeitszahlen"! Je nach Art der zu kennzeichnenden Erscheinungen wurden u. a. folgende Begriffe der statistischen Morphologie eingeführt (NI, 504, 505):

1. Kombinationspersistenz (P).
2. Relative Größenzahl (G).
3. Formen-Fundortspersistenz (F).
4. Kombinations-Fundortspersistenz (K) („Tracht"-).

Das Wort „Persistenz" bedeutet Beharrlichkeit. So will man beispielsweise durch die Kombinationspersistenz feststellen, in wie vielen Verbandsverhältnissen eine bestimmte Flächenform konstatiert wurde (wobei jede Kombinationsausbildung nur einmal gezählt werden darf); in Prozentzahlen ausgedrückt ist das der Wert P.

Bei diesen Betrachtungen wird auch ein Zusammenhang mit der Netzebenen-„Belastung" (Besetzungsdichte mit Atomen) der in Erscheinung tretenden Flächen hergestellt: die höchst belasteten Formen zeigen im allgemeinen auch die größte Persistenz.

Zum Unterschied von diesen statistischen Methoden handelt es sich bei den Zentraldistanzen um ein ganz anders geartetes Ausdrucksmittel der Formbeschreibung. Ihre Verwendung zur quantitativen Charakterisierung der Kristallgestalt erscheint deshalb so naheliegend, weil dadurch ein unmittelbarer Anschluß an die Darstellung des Flächennormalen-Büschels gegeben ist. Diese vektorielle Darstellung bietet

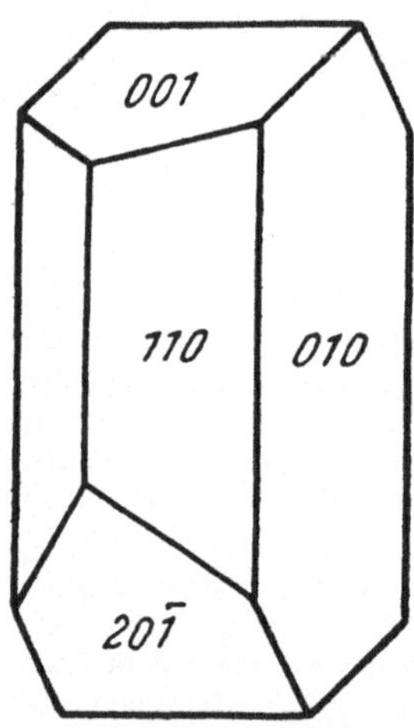

Abb. 174. Hauptflächen des Orthoklases

aber auch die Möglichkeit zum Einbau der strukturellen Grunddaten (die erst im nächsten Abschnitt, Kapitel XI b, erläutert werden).

Aus dieser Erwägung heraus wurde eine Erweiterung der BECKEschen

---

[1] Siehe RAAZ: Die gedanklichen Grundlagen der vektoriellen Trachtbeschreibung. N. Jb. Mineral., Geol., Paläont., Mh. (A) 1943, 209.

Trachterfassungsmethode versucht[1], um den Anteil, den die Strukturverhältnisse auf die Trachtgestaltung haben können, entsprechend zu berücksichtigen. Als Grundlage für die Trachterfassung im Hinblick auf die Kinematik des Wachstumsvorganges soll wieder ein Vektor gewählt werden, der sich auf den Begriff der Wachstumsgeschwindigkeit stützt, also die Zentraldistanz enthält.

Der wesentliche Schritt dieser Erweiterung besteht nun darin, daß die relativen Zentraldistanzen durch die Anzahl der in ihnen enthaltenen Netzebenenabstände gekennzeichnet werden. Denn im Hinblick auf den strukturellen Aufbau würden die nach BECKE gewonnenen Maßzahlen der relativen Zentraldistanz nur dann ein richtiges Bild von den Wachstumsverhältnissen ergeben, wenn allen Flächen der gleiche Netzebenenabstand zukäme. Daß gerade das Gegenteil der Fall ist, liegt in der Natur des gittermäßigen Aufbaues der Kristallsubstanz begründet. Also dürfen die einzelnen Flächen in ihrem Vorrückungsvorgang nicht mit demselben Maß gemessen werden: der Maßstab für jede Fläche muß sein Netzebenenabstand d_{hkl} sein! (Vgl. nächsten Abschnitt, S. 132.)

So soll für jede Fläche angegeben werden, um wieviel Ebenenperioden sie vom Keimpunkt nach außen hin vorgerückt ist. Die Zentraldistanz muß demnach durch den d-Wert der betreffenden Fläche dividiert werden. Dadurch gewinnt der Wachstumsvektor $\mathfrak{n}$ eine strukturelle Bedeutung:

$$\mathfrak{n} = \frac{Z\,D_{\text{rel}}}{d_{hkl}}.$$

Da $\mathfrak{n}$ umgekehrt proportional d ist, ist die Länge des Wachstumsvektors $\mathfrak{n}$ direkt proportional der Länge des Fahrstrahls $\mathfrak{h}$ im reziproken Gitter geworden[2];

$$\text{denn} \quad |\mathfrak{h}^*| = \frac{V}{d^*}.$$

Die Längen der Fahrstrahlen im reziproken Gitter besitzen aber eine physikalische Bedeutung:

$\mathfrak{h}^*$ ist (wie aus obiger Formel ersichtlich) der Zahl nach gleich dem Flächeninhalt der Elementarmasche der betreffenden Netzebene.

Die Normierung des Wachstumsvektors auf die Größe der Netzebenenabstände ist in allen Fällen durchführbar, in denen die Gitterkonstanten durch Angabe der Kantenlängen und Winkel des Elementarkörpers gegeben sind; denn d_{hkl} ist eine Funktion dieser Größen. So gilt z. B. für das monokline System (wie im Falle des Orthoklases) die Formel:

$$\frac{1}{d^2} = \frac{h^2}{a^2 \sin^2\beta} + \frac{k^2}{b^2} + \frac{l^2}{c^2 \sin^2\beta} + \frac{2\,h\,l \cos\beta}{a\,c \sin^2\beta}$$

(das letzte Glied positiv, wenn $\cos\beta$ negativ wird).

---

[1] F. RAAZ: Neue Wege zur Trachterfassung (I und II). Zentralbl. Min. etc. (A) 1942, 200—224.

[2] Vgl. Kapitel XVII b, Punkt 1 (S. 186).

Zur Illustrierung dieser Verhältnisse sei je ein Zahlenbeispiel aus der Reihe der untersuchten Adulare, pegmatitischen Orthoklase und Gesteinsorthoklase herausgegriffen (Tab. 6 und 7)[1]. Entsprechende Trachtbilder zeigen die Abb. 175 bis 177 (Abb. 174, ein einfacher Orthoklaskristall, soll als Orientierungsbild dienen).

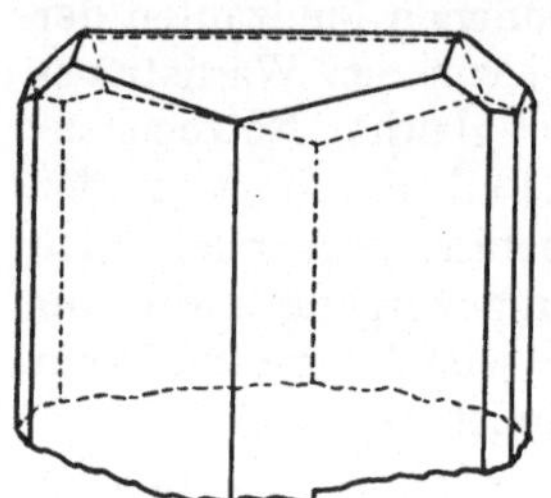

Abb. 175. Adular

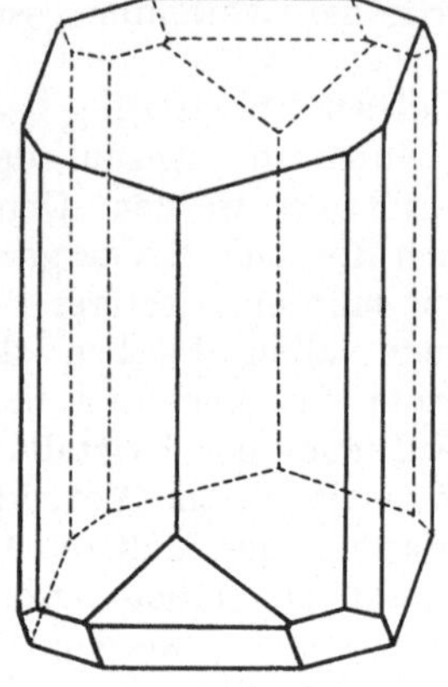

Abb. 176. Pegmatitischer Orthoklas

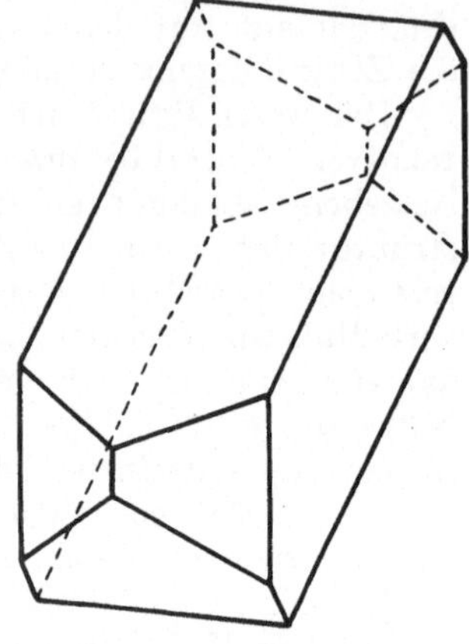

Abb. 177. Gesteins-Orthoklas

Hier ist offenbar der Einfluß der Bildungstemperatur — in aufsteigender Linie — von ausschlaggebender Bedeutung auf die Trachtgestaltung gewesen.

Tabelle 6. Relative Zentraldistanzen

Typen	M (010)	l (110)	k (100)	P (001)	x ($\bar{1}$01)	y ($\bar{2}$01)	M:P	P:x	P:y	M:l	l:P
Adular..... pegmatit.	0,880	0,603	[0,700]	1,381	1,316	[1,226]	M<P	P≧x	P>y	M>l	l≪P
Orthoklas	0,773	0,811	[0,943]	0,975	1,252	1,241	M<P	P<x	P<y	M≶l	l<P
Gest.-Orth..	0,710	1,200	[1,394]	0,651	[1,397]	1,361	M≧P	P≪x	P≪y	M<l	l≫P

Tabelle 7. Wachstumsvektoren $\mathfrak{n} = \dfrac{ZD_{rel}}{d_{hkl}}$ ... in Einheiten 10^6

Typen	M (010)	l (110)	k (100)	P (001)	x ($\bar{1}$01)	y ($\bar{2}$01)	M:P	P:x	P:y	M:l	l:P
Adular..... pegmatit.	6,7	9,1	[9,1]	21,2	19,9	[28,9]	M≪P	P≧x	P<y	M<l	l≪P
Orthoklas	5,9	12,2	[12,2]	15,1	19,0	29,4	M≪P	P<x	P≪y	M<l	l<P
Gest.-Orth..	5,4	18,1	[18,1]	9,9	[21,2]	32,2	M<P	P≪x	P≪y	M≪l	l≫P

[1] F. Raaz: Trachtstudien am Orthoklas. Tscherm. Min. Petr. Mitt. *36* (1925).

Vergleichen wir das Ergebnis auf Grund der strukturellen Wachstumsvektoren $\overline{\mathfrak{n}}$ mit den Werten der relativen Zentraldistanz, so fällt die Verschiedenheit namentlich für jene Relationen auf, in denen die Flächen M (010) und y ($\overline{2}$01) mit anderen in Beziehung gesetzt werden. Denn der M-Fläche kommt ein von den übrigen abweichend hoher d-Wert zu; y hingegen liegt mit seinem Netzebenenabstand unterhalb der allgemeinen Mittelwerte.

Die Wachstumsflächen mit *engmaschigen* Netzebenen (kleines $|\mathfrak{h}|$ ... großes d) — wie es bei der M-Fläche des Orthoklases zutrifft — haben durchwegs *kleine Wachstumsvektoren,* selbst dort, wo ihre Zentraldistanzen größer sind ($>$ 1, bzw. $>$ P). Umgekehrt ergeben Flächen mit *weitmaschigen Netzen* — unter sonst gleichen Umständen (gleiche ZD_{rel}) — einen größeren $\mathfrak{n}$-Wert (s. Fläche y im Vergleich zur x beim pegmatitischen Orthoklas).

Durch diese auf den Netzebenenabständen basierenden Wachstumsvektoren ist jedoch in einem Gitter mit Basis noch keineswegs die eigentliche Struktur erfaßt. In einem solchen zusammengesetzten Gitter, das sich überdies in den meisten Fällen aus verschiedenartigen Atomsorten aufbaut, besteht eine Netzebenenschar aus einer periodischen Folge von im allgemeinen ungleich dicht besetzten und ungleich voneinander entfernten Ebenen. Es ist dann unter Umständen wünschenswert, die Struktur der „Schichtpakete" genauer festzulegen. Näheres darüber s. „Neue Wege zur Trachterfassung"; l. c. (Teil II).

Eine Übersicht des Standes des Trachtproblems bis 1926 bietet die Monographie von H. Tertsch: „Trachten der Kristalle[1]."

Kristallographie des Diskontinuums[2]

XI. Die Raumgittervorstellung über den Feinbau der Kristalle

a) Anfänge und Entwicklung der Theorien über die Kristallstruktur

Die wunderbare Gesetzmäßigkeit, die äußerlich sichtbar im Bau der Kristallgestalten zum Ausdruck kommt, muß in ihrem Innenbau — der Feinstruktur — ihre letzte Ursache und Begründung haben.

Diese vor mehr als eineinhalb Jahrhunderten aufgetauchte Vermutung hat in der Folgezeit die besten und scharfsinnigsten Forscher unseres Fachgebietes beschäftigt und so zu mannigfachen Lösungsversuchen geführt.

Es war die Erscheinung der Spaltbarkeit der Kristalle, die den Gedanken nahelegte, daß diese Eigenschaft ihre Erklärung in der Fein-

---

[1] Forschungen zur Kristallkunde, Heft 1. Berlin: Gebr. Borntraeger, 1926.

[2] Näheres darüber s. P. Niggli: Geometrische Kristallographie des Diskontinuums. Berlin: Gebr. Borntraeger, 1918; derselbe: Kristallographische und strukturtheoretische Grundbegriffe. Handb. d. Experimentalphysik, Bd. VII/1. Leipzig: Akademische Verlagsgesellschaft, 1928; ferner E. Brandenberger: Angewandte Kristallstrukturlehre. Berlin: Gebr. Borntraeger, 1938.

struktur, d. h. der Anordnung der kleinsten Bausteine des Kristalls haben müsse. Denn, führt man den Spaltungsvorgang immer weiter und weiter bis zu den letzten durch physikalische Mittel erreichbaren Grenzen durch, so kommt man zu der Annahme, daß auch der kleinste elementare Baustein die Form des Spaltungskörpers aufweisen müsse.

So schreibt C. F. G. H. WESTFELD[1] schon im Jahre 1767 mit Bezug auf die verschiedenen Ausbildungsformen (Trachttypen) der Kalkspatkristalle:

„Alle Spatkristalle lassen sich aus rautenförmigen Stükken zusammensetzen, oder vielmehr, die Natur setzt sie wirklich daraus zusammen; folglich ist die Hauptursache der Bildung bei allen die gleiche."

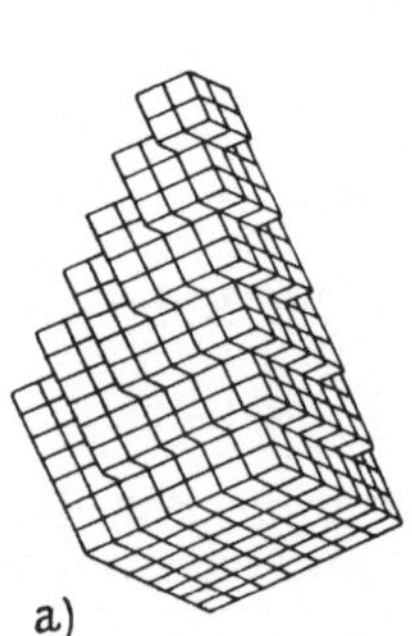

Abb. 178. Kalkspat-Skalenoeder mit eingezeichnetem Spaltungsrhomboeder

Dann war es der Schwede TORBERN BERGMANN, der 1773 im Anschluß an die Beobachtung seines Schülers J. G. GAHN — dem es gelang, aus einem Kalkspatskalenoeder einen rhomboedrischen Kern herauszuschälen (vgl. Abb. 178) — die Vorstellung entwickelte, daß sämtliche noch so verschiedenartig ausgebildeten Kalkspatkristalle durchwegs durch Aufschichtung von rhomboedrischen Grundkörpern zu deuten seien. BERGMANN erläuterte seine Theorie durch Zeichnungen, darunter den Aufbau des gewöhnlichen Kalkspatskalenoeders aus lauter kongruenten, parallel aneinanderliegenden kleinsten Rhomboederchen (s. Abb. 179). Dasselbe weist er noch für eine Reihe anderer Minerale nach.

Die in der Folgezeit von R. J. HAÜY in einer Reihe von Abhandlungen[2] in umfassender Weise durchgearbeitete und mit allem Nachdruck verteidigte Theorie der „Dekreszenzen"[3] (siehe Abb. 179 a) war also schon von T. BERGMANN klar und zutreffend entwickelt worden. Dessenungeachtet wird auch heute noch diese fundamentale Theorie über den Aufbau der Kristalle aus

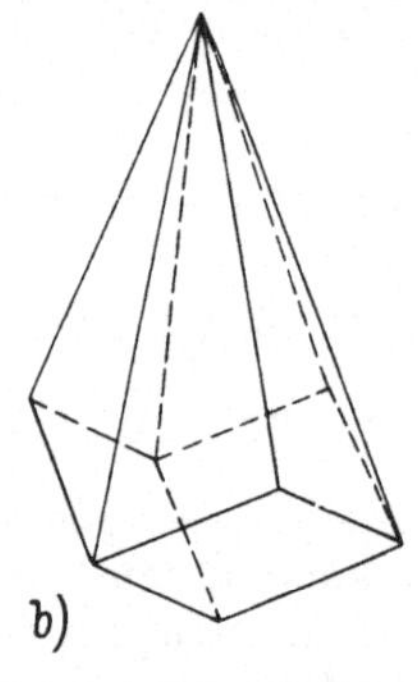

a)   b)

Abb. 179 a) und b). „Dekreszenz": Aufbau des Skalenoeders aus rhomboedrischen Bausteinen (nach H. A. MIERS, Mineralogy, 1929)

„integrierenden Molekeln" als parallelepipedisch gebauten Teilchen, die

[1] Mineralogische Abhandlungen, Stück 1, Göttingen und Gotha, 1767.

[2] Die früheste ist eine Schrift der Pariser Akademie der Wissenschaften vom Jahre 1781, veröffentlicht im J. physic. Chem., Mai 1782.

[3] So nennt HAÜY den pyramidenartigen Aufbau aus kongruenten Elementarbausteinen mit gesetzmäßigem Zurücktreten um ein oder mehrere Bausteinreihen auf den Ansatzflächen.

den Raum lückenlos („kontinuierlich") erfüllen, als Haüysche Theorie bezeichnet.

Aber diese Theorie war, obgleich sie schon den richtigen Kerngedanken enthält, in dieser Form nicht aufrechtzuerhalten. Eine Reihe physikalischer Tatsachen stand mit ihr in krassem Widerspruch. Schon die Kohäsions- und Elastizitätserscheinungen an Kristallen waren damit schwer in Einklang zu bringen. Weiters widersprach die Tatsache der in manchen Fällen beobachteten Absorptionsmöglichkeit von Gasen und Flüssigkeiten einem lückenlos aneinanderschließenden Aufbau der Kristalle, ebenso die thermische Ausdehnung. Oder, wie sollte man überhaupt den Wärmeinhalt der Kristalle verstehen durch schwingende Bewegungen der kleinsten Teilchen (mechanische Wärmetheorie!), wenn diese starr wie Ziegel eines Baues aneinanderliegen?

Nun war es L. A. Seeber (Freiburg i. Br.), der einen Ausweg fand. Zwei Jahre vor Haüys Tod entwickelte Seeber 1824 die Raumgitter-Vorstellung, indem er statt der Haüyschen Bausteine nur ihre Schwerpunktlagen in Betracht zog und so zu einem „diskontinuierlichen" Gitterbau der Kristalle gelangte, aus zunächst kugelig angenommenen Bausteinen, die sich somit in bestimmten Abständen dreidimensional wiederholen (Abb. 180).

Dabei sollten die solcherart schwebend gedachten Massenpunkte als Zentren etwa kugelförmig angenommener Bausteine durch ringsum wirkende

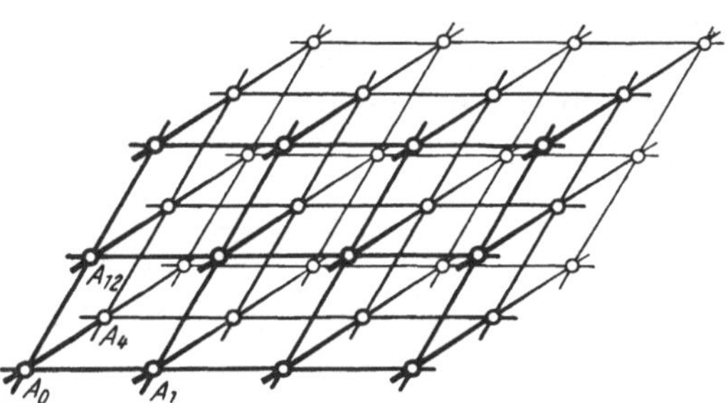

Abb. 180. Raumgitter, dreidimensional-periodische Punktanordnung als Schema für die diskontinuierliche Struktur der kristallinen Materie

anziehende und abstoßende Kräfte — wir denken jetzt an elektrostatische Kräfte geladener Atome (Ionen) — in ihren Schwerpunktslagen im Gleichgewicht gehalten werden.

Diese in der ersten Hälfte des 19. Jahrhunderts von Seeber und später von G. Delafosse (1843) entwickelte Raumgittertheorie besagt also, daß die Kristallsubstanz in einzelnen Massenzentren lokalisiert ist, die in den Schnittpunkten dreier Scharen paralleler Ebenen liegen, die jeweils unter sich in gleichen Abständen aufeinanderfolgen (äquidistante Netzebenenscharen), s. Abb. 180.

Somit ist der Kristall in Wirklichkeit gar kein Kontinuum, wie er äußerlich erscheint, sondern ein „Diskontinuum".

Die Gase und Flüssigkeiten sind ebenfalls nur Diskontinua[1], sie alle aber

---

[1] Auch ein Gas erfüllt den zur Verfügung stehenden Raum nicht lückenlos, sondern nach der kinetischen Gastheorie schwirren darin die einzelnen Molekeln ungeordnet und in ständiger Bewegung mit unzähligen gegenseitigen Reflexionen im Raume umher.

— ebenso die Kristalle — sind als *homogene* Diskontinua zu bezeichnen. Denn jeder willkürlich herausgegriffene Rauminhalt ist von einem anderen nicht unterscheidbar, sondern durchaus als gleichartig zu betrachten.

Während aber Gase doch nicht hinsichtlich jedes Raumelements völlig gleichartige Konfiguration der darin enthaltenen Moleküle aufweisen — ihre Homogenität demnach nur eine statistische ist —, ist ein Raumgitter eines Kristalls in der Tat als ein *„reell" homogenes Diskontinuum* anzusehen.

Die Homogenität, die wir in der Einleitung (S. 1) als einen Wesenszug der Kristalle bezeichnet haben, ist also tatsächlich — trotz des diskontinuierlichen Aufbaues der Feinstruktur — vorhanden und als charakteristische Eigenschaft der kristallinen Materie gerechtfertigt.

b) Einige Begriffe aus der Gittergeometrie

Um das dreidimensionale Raumgitter von allseits unendlicher Ausdehnung geometrisch zu untersuchen, denken wir uns dasselbe in eine Parallelschar von Gitterebenen zerlegt. Greifen wir eine dicht mit Gitterpunkten besetzte Ebene heraus, beispielsweise die horizontal liegende

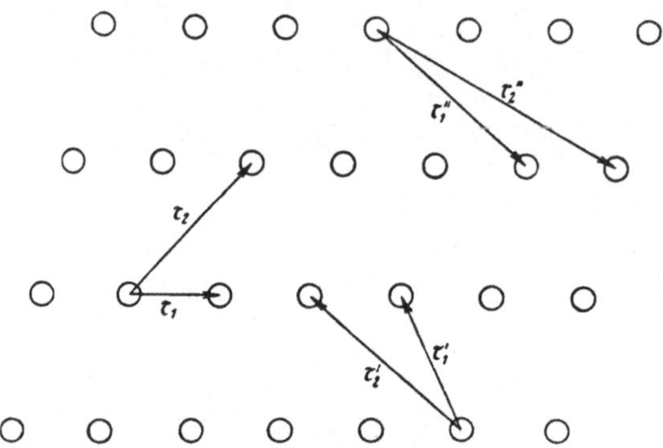

Basisfläche des Raumgitters der Abb. 180. Ein solches „Punktnetz" ist in Abb. 181 wiedergegeben. Die Ebene heißt *Netzebene,* die Punkte werden als *Netzpunkte* bezeichnet.

Ein Punktnetz oder *Ebenes Gitter* besteht aus den Eckpunkten von kongruenten, parallelen und lückenlos aneinandergereihten Parallelogrammen (z. B. jene mit den Seiten τ_1, τ_2). Ein Punktnetz läßt sich weiter in „Regelmäßige

Abb. 181. Punktnetz mit Aufteilung in Netzmaschen: jedes der entstehenden Parallelogramme ist durch die betreffenden Translationsvektoren gekennzeichnet (nach E. Brandenberger)

Punktreihen" oder *Lineare Gitter* aufgliedern, indem wir zwei beliebige Punkte herausgreifen und miteinander verbinden. Waren die zwei gewählten Punkte einander nächstgelegene in der betreffenden Gitterrichtung, so folgen in gleichen Abständen nach beiden Seiten unendlich viel weitere Netzpunkte.

Der Abstand zweier benachbarter identischer Punkte heißt der *Parameter,* „primitive Abstand" oder *Identitätsabstand* der Punktreihe; er entspricht der *„Translation"* oder Deckschiebung τ in der betreffenden Richtung (Abb. 182). Eine ebene Schar von parallelen Gittergeraden ist *äquidistant,* d. h. die einzelnen Netzlinien folgen in gleichen Abständen aufeinander (s. Abb. 183); der senkrechte Abstand benachbarter Geraden heißt der *primitive Abstand* der Schar.

Wie Abb. 183 ersichtlich macht, läßt sich ein Punktnetz auf verschiedenste Weise in regelmäßige Punktreihen zerlegen, theoretisch in unendlich viele. Zweckmäßigerweise wird man aber das ebene Gitter in zwei

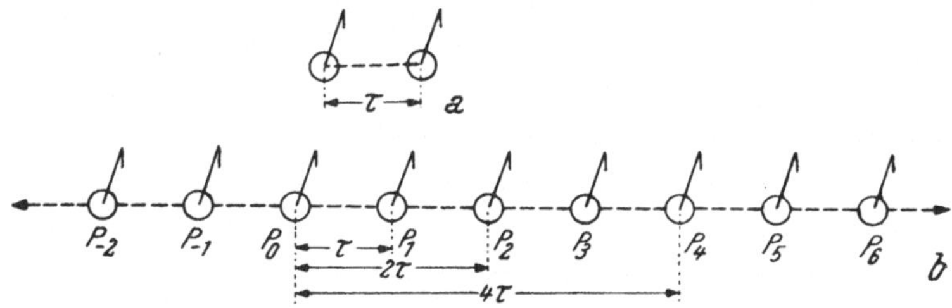

Abb. 182. Lineares Gitter. a) Punktpaar mit dem Parameter (Translation) τ; b) Punktreihe mit dem Identitätsabstand τ (nach E. Brandenberger)

Scharen solcher Gittergeraden aufgliedern, die einen möglichst kleinen Parameter haben; in unserem Falle sind es die Punktreihen mit den primitiven Abständen a_1 und a_2.

Zur analytischen Behandlung des dreidimensionalen Raumgitters wählen wir einen der Gitterpunkte als Koordinaten-Anfangspunkt und drei nicht komplanare Gitterlinien als Koordinatenachsen X, Y, Z[1]. Statt der Aufgliederung des Raumgitters in Netzebenen — wie wir das der Anschaulichkeit halber zunächst getan hatten — können wir das dreidimensionale Gitter auch von vornherein in drei Scharen von Punktreihen auflösen. Mit Hilfe der Vektoren a_1, a_2, a_3 beherrschen wir somit im geometrischen Sinne das gesamte dreidimensionale Raumgitter von allseitig unendlicher Ausdehnung.

Die Netzebenen des Raumgitters stellen äquidistante Scharen dar, ganz

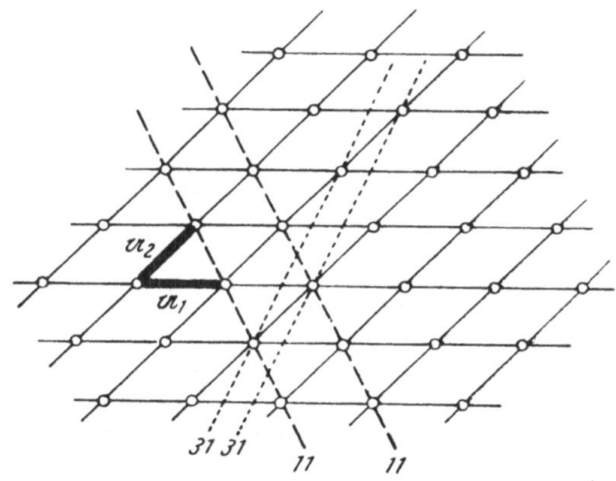

Abb. 183. Netzebene mit Scharen paralleler Gittergeraden (nach P. P. Ewald)

analog den Netzlinien im Punktnetz derart, daß die senkrechten Abstände je zweier nächstgelegener Gitterebenen innerhalb der ganzen Schar ein-

---

[1] In der Raumgitterlehre wollen wir die den Kristallachsen x, y, z entsprechenden Koordinatenachsen mit Großbuchstaben bezeichnen, da die Kleinbuchstaben x, y, z für die Koordinatenwerte der Atompositionen gebraucht werden.

ander gleich sind; wir nennen sie *Netzebenenabstände* und bezeichnen sie allgemein mit d_{hkl}.

Kehren wir nochmals zu unserem zweidimensionalen Punktnetz Abb. 183 zurück: Die eingezeichneten Netzlinien mit den MILLERschen Indices 11 sind recht dicht mit Netzpunkten besetzt, haben aber einen relativ großen Abstand voneinander. Die Netzlinien der Indizierung 31 sind nur schütter mit Punkten besetzt, folgen dafür aber dicht geschart aufeinander; sie unterteilen den ersten Vektor $\mathfrak{a}_1$ im Abstand $^1/_3$.

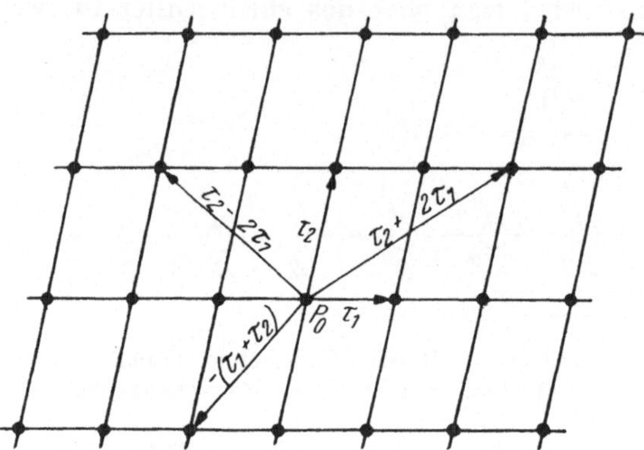

Abb. 184. Punktnetz mit τ_1 und τ_2 als Translationsvektoren. Auch $(\tau_2 + 2\,\tau_1)$, $-(\tau_1 + \tau_2)$, $(\tau_2 - 2\,\tau_1)$ usw. ergeben zusammen mit τ_1 primitive Paare von Translationsvektoren (nach E. BRANDENBERGER, Angewandte Kristallstrukturlehre)

Die hier im zweidimensionalen Punktnetz angestellte Überlegung läßt sich sinngemäß auf das dreidimensionale Raumgitter übertragen. Wir könnten ja zu diesem Zwecke die eingezeichneten Gitterlinien 11 und 31 auch als die Spuren von Gitterebenenscharen 110 und 310 auffassen, die einem dritten Translationsvektor $\mathfrak{a}_3$, also der Z-Achse parallel sind. Der Netzebenenabstand d_{hkl} ist eine Funktion sowohl der Indices als auch der Gitterkonstanten a, b, c, α, β, γ (s. die Formel für monoklin S. 125).

Ein Punktnetz, das wir durch die Vektoren τ_1 und τ_2 beschreiben (s. Abb. 184), wird durch diese in unendlich viele, kongruente Parallelogramme zerlegt, die lückenlos aneinander schließen. Jedes andere Paar von Trans-

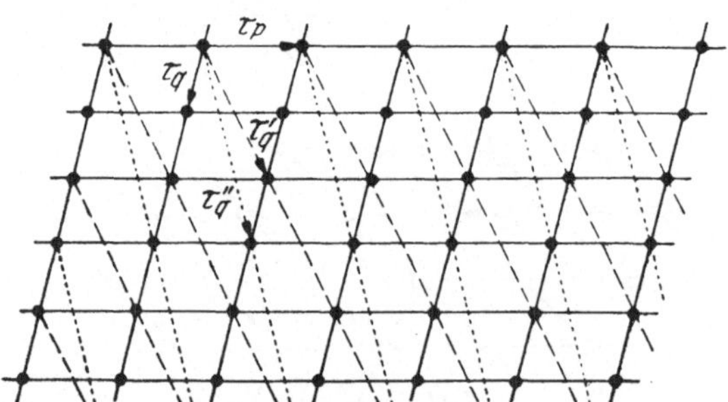

Abb. 185. Translationsvektoren τ_q, $\tau_q{'}$, $\tau_q{''}$, die zusammen mit τ_p einfach-, zweifach-, dreifach-primitive Maschen bilden (nach E. BRANDENBERGER, Angewandte Kristallstrukturlehre)

lationen — z. B. τ_1 und $(\tau_2 + 2\,\tau_1)$, τ_1 und $-(\tau_1 + \tau_2)$ oder τ_1 und $(\tau_2 - 2\,\tau_1)$ — teilen ihrerseits das Punktnetz wieder in unter sich kongruente Parallelogramme, aber anderer Gestalt auf. Alle hier genannten Paare von Translationsvektoren sind „primitive Paare"; denn die aus ihnen entstehenden Parallelogramme sind durchwegs primitive Parallelogramme, d. h. sie besitzen lediglich Atome an den vier Ecken, die demnach für die Fläche des Parallelogramms nur zu je ein Viertel zählen. Es ist jedoch zu konstatieren, daß alle noch so verschiedenartig herausgegriffenen Parallelogramme — sofern sie nur *primitiv* sind (1 Atom pro Netzmasche enthaltend) — durchwegs denselben Flächeninhalt besitzen wie das Parallelogramm mit den Grundvektoren τ_1 und τ_2. Jedes dieser primitiven Parallelogramme enthält Netzpunkte nur in seinen vier Ecken, sonst weder auf seinen Seiten noch in seinem Innern.

Greifen wir in einem gegebenen Netz (Abb. 185) einen bestimmten Vektor τ_p heraus, so erfüllt nicht jeder zweite Vektor τ_q obige Bedingung, daß die entstehende Netzmasche primitiv ausfällt: es ist auch möglich, daß ihr Flächeninhalt ein Mehrfaches von F, dem Inhalt des primitiven Parallelogrammes, ist. Dann ist die Masche mehrfach-primitiv und enthält noch weitere mit seinen Eckpunkten identische Punkte. Abb. 185 möge das Gesagte verdeutlichen: das Vektorpaar τ_p, τ_q bildet eine primitive Netzmasche; die Vektoren τ_p, τ_q' ergeben eine Masche, die auch einen identischen Punkt in ihrer Mitte enthält; sie ist zweifach-primitiv. Und das Vektorenpaar τ_p, τ_q'' liefert sogar eine dreifach-primitive Netzmasche, indem außer den Eckpunkten noch zwei Punkte im Innern vorhanden sind.

Was hier im Zweidimensionalen erläutert wurde, gilt sinngemäß auch für das dreidimensionale Raumgitter: Denn auch hier sind sämtliche, wenn noch so verschiedenartig gestalteten Parallelepipede, sofern sie nur primitiv sind, volumgleich; einer doppeltprimitiven oder vierfachprimitiven Zelle hingegen kommt auch das doppelte bzw. vierfache Volumen zu. Das ist an sich einleuchtend, wenn man bedenkt, daß das Volumen einer primitiven Zelle als jenes zu betrachten ist, das einem einzigen konstituierenden Bausteine (z. B. einem Atom) zukommt; denn die acht Eckpunktatome zählen nur mit je einem Achtel für die betreffende Zelle, so daß auf den Raum einer primitiven Zelle eben nur ein einziges Atom entfällt. Das ist der Begriff von „einfachprimitiv".

XII. Die 14 Bravaisschen Gitter (Translationsgruppen) und der Begriff des Elementarkörpers

Nun erwuchs die Aufgabe, die Symmetrieeigenschaften der Raumgitter zu untersuchen, bzw. alle geometrisch möglichen Arten von Raumgittern aufzufinden, um die schon von Hessel 1830 abgeleiteten 32 möglichen Kristallklassen zu erklären.

Dieser Aufgabe unterzog sich als erster M. L. Frankenheim (Breslau) durch seine Untersuchung (1835 und 1842)[1]. Sie ergaben das Resultat — ohne jedoch zunächst einen Beweis dafür zu veröffentlichen —, daß es nur 15 verschiedene „netzartige" (d. h. raumgitterartige) Anordnungen

---

[1] M. L. Frankenheim: Die Lehre von Kohäsion, umfassend die Elastizität der Gase, die Elastizität und Kohärenz der flüssigen und festen Körper und die Kristallkunde. Breslau 1835; und dann eingehender in der Schrift „System der Kristalle, ein Versuch" (1842).

geben könne (später stellte sich heraus, daß es nur 14 solche Grundtypen von Gittern gibt, da sich zwei der aufgestellten monoklinen Unterabteilungen im Wesen als identisch erwiesen.

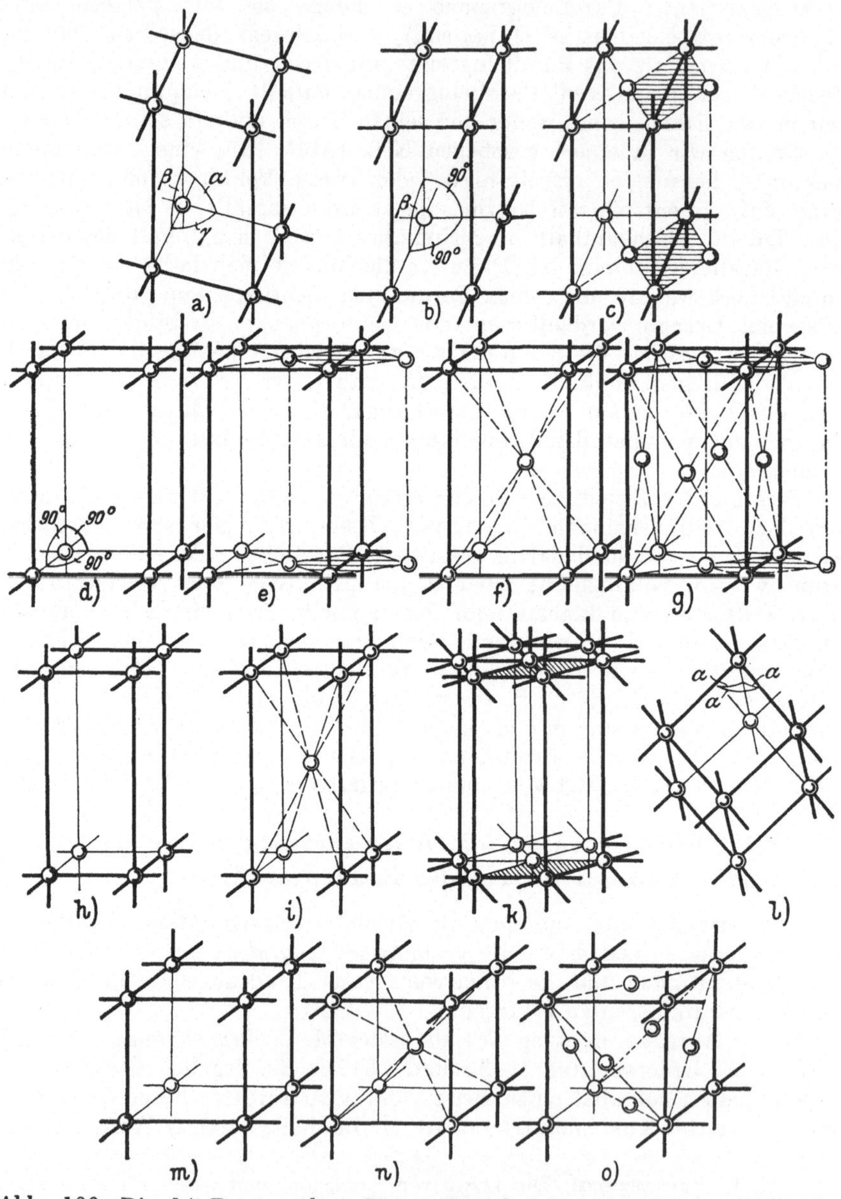

Abb. 186. Die 14 BRAVAISschen Gitter (Translationsgruppen). a) Triklin; b) und c) monoklin; d) bis g) rhombisch; h) bis i) tetragonal; k) hexagonal; l) rhomboedrisch; m) bis o) kubisch

Seine Ableitung der möglichen 14 Arten von Raumgittern (parallel-epipedischen Punktanordnungen im Sinne von Seeber) erschien erst 1856[1].

Vor dieser letztgenannten Veröffentlichung hatte aber bereits A. Bravais 1850 in einer mustergültigen Arbeit nachgewiesen, daß es nur 14 Arten von Raumgittern gibt, die sich in sieben durch ihre Symmetrie unterschiedene Abteilungen bringen lassen, entsprechend den sieben Kristallsystemen (s. Abb. 186).

Dadurch war eine Erkenntnis gewonnen, die auch noch in der heutigen modernen Strukturlehre ihre grundlegende Bedeutung in dem Begriffe der *„Translationsgruppen"* beibehalten hat.

Dabei handelt es sich also um Schwerpunktsanordnungen von Teilchen, die — *einander parallel gestellt* — die Wiederholung der Identität im homogenen Diskontinuum bedeutet. Die vorzunehmenden Deckschiebungen, die notwendig sind, um identische Punkte zu erzeugen, nannten wir Translationen; daher auch die Bezeichnung „Translationsgitter" für die 14 Bravaisschen Typen.

Bei Betrachtung der 14 Bravaisschen Gitter fällt sofort die Tatsache auf, daß nur sieben dieser Gitter von einfacher Art sind, nämlich der Forderung entsprechen, daß nur die acht Ecken des Parallelepipedes mit Punkten besetzt sein sollen[2]. Die anderen sieben Gitter enthalten außerdem entweder einen Punkt in der Körpermitte oder aber ein Flächenpaar bzw. alle drei Flächenpaare besitzen in der Mitte noch einen mit den Eckpunkten identischen Punkt: sie sind somit „innenzentriert" oder „basiszentriert" bzw. „allseitig flächenzentriert". Dann aber entfällt auf die betreffende Zelle als Volumseinheit nicht nur ein Punkt (ein Atom), sondern zwei oder vier solcher Punkte. Der Punkt in der Körpermitte kommt jedenfalls der betreffenden Zelle zur Gänze zu; Punkte in den Flächenmitten hingegen zählen jeweils nur zur Hälfte, da sie gleichzeitig beiden an der Fläche sich berührenden Zellen angehören. Demnach ist ein basiszentriertes und ein innenzentriertes Gitter *zweifach-* (oder *doppelt-)primitiv;* ein allseitig flächenzentriertes Gitter *vierfachprimitiv.*

Da ein Raumgitter ein Punktsystem von allseitig unendlicher Ausdehnung ist, kann man solche mehrfachprimitive Gitter als eine Ineinanderstellung zweier oder mehrerer einfacher Translationsgitter betrachten. Ein innenzentriertes Gitter ergibt sich, wenn zwei geometrisch kongruente Gitter in paralleler Lage so ineinander gestellt werden, daß ein willkürlich herausgegriffener Anfangspunkt des zweiten Gitters in die Körpermitte der parallelepipedischen Grundzelle zu liegen kommt, also um die Hälfte der Körperdiagonale verschoben ist. Dann ist notwendigerweise jede Zelle des dreidimensional-unendlichen Raumgitters mit einem Massenpunkte im Zentrum besetzt: das Gitter ist innenzentriert. In analoger Weise sind bei einem basiszentrierten Gitter ebenfalls zwei

---

[1] M. L. Frankenheim: Die Anordnung der Moleküle im Kristall. Poggendorffs Annalen der Physik, 1856.

[2] Das hexagonale Gitter (Abb. 186 k) ist dabei als Parallelepiped mit der schraffiert gekennzeichneten Basis aufzufassen.

Raumgitter ineinander gestellt — diesmal mit einer Verschiebung des Anfangspunktes um eine halbe Flächendiagonale des Grundgitters. Bei einem allseitig flächenzentrierten Gitter haben wir es mit einer Ineinanderstellung von vier kongruenten Gittern in paralleler Stellung zu tun, mit einer Verschiebung der Ursprungspunkte der drei zusätzlichen Gitter jeweils um eine halbe Flächendiagonale eines der drei Flächenpaare des Elementarparallelepipeds.

Trotz dieser Verhältnisse sind aber doch alle 14 BRAVAISschen Gitter echte Translationsgitter; sonst hätten wir sie ja oben nicht als Translationsgruppen bezeichnen dürfen. Es sind nämlich auch die mehrfach-

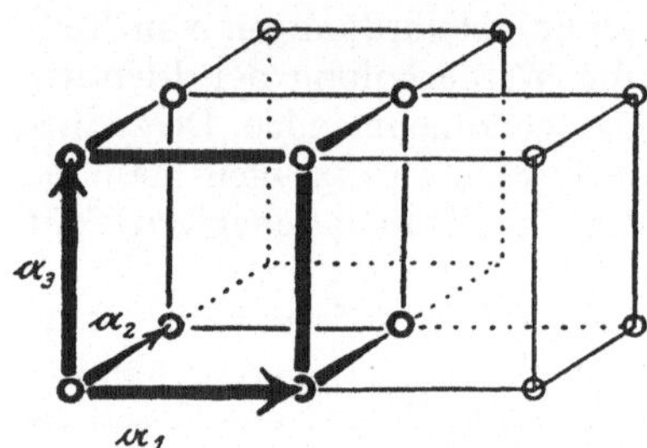

Abb. 187. Kubische Translationsgitter (nach P. P. EWALD). a) Einfach-kubisch

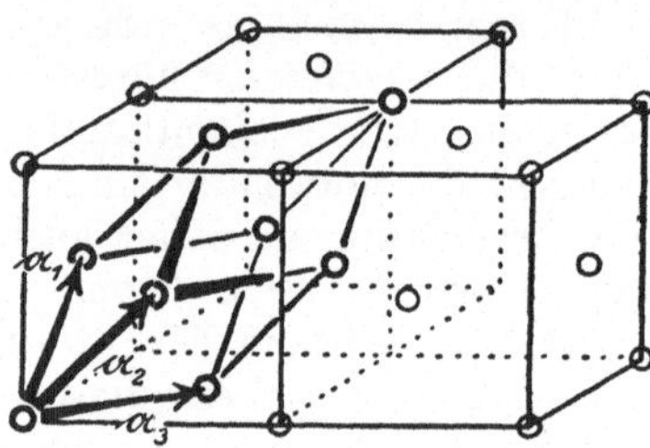

Abb. 187 b). Flächenzentriertes kubisches Gitter: Überführung in ein einfachprimitives Gitter. N. B. Die Vektoren sollen hier $\tilde{\mathfrak{f}}_1$, $\tilde{\mathfrak{f}}_2$, $\tilde{\mathfrak{f}}_3$ heißen!

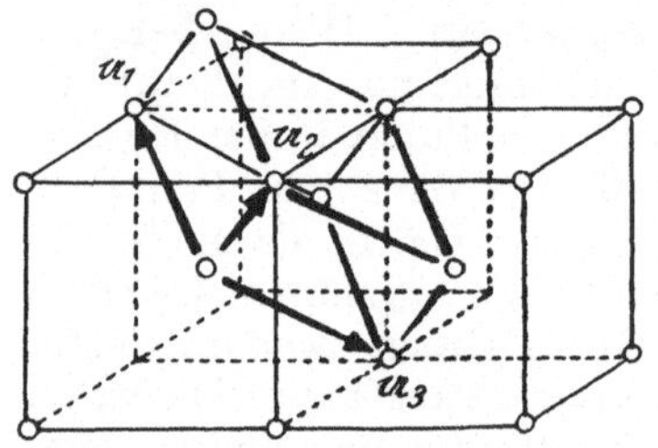

Abb. 187 c). Innenzentriertes kubisches Gitter: Überführung in ein einfachprimitives Gitter. N. B. Die Vektoren sollen hier $\mathfrak{t}_1$, $\mathfrak{t}_2$, $\mathfrak{t}_3$ heißen!

primitiven BRAVAIS-Gitter durch einfachprimitive darstellbar.

Das soll am Beispiel der kubischen Translationsgitter vor Augen geführt werden (Abb. 187). Teilbild a zeigt das einfachprimitive kubische Gitter mit den Translationsvektoren $\mathfrak{a}_1$, $\mathfrak{a}_2$, $\mathfrak{a}_3$. Bild b zeigt, wie das flächenzentrierte kubische Gitter (das sonst nur als Ineinanderstellung von vier einfachen Gittern zu deuten wäre) in Wirklichkeit doch ein echtes Translationsgitter ist mit den Translationsvektoren $\tilde{\mathfrak{f}}_1$, $\tilde{\mathfrak{f}}_2$, $\tilde{\mathfrak{f}}_3$, welche die drei von einem Eckpunkt ausstrahlenden halben Flächendiagonalen sind. Bild c illustriert die Überführung eines innenzentrierten kubischen Gitters in ein einfachprimitives, indem drei halbe Körperdiagonalen, die vom Mittelpunkt der Zelle ausgehen, als Translationsvektoren fungieren. Wenn man sich veranlaßt sah, diese Gittertypen (mit Flächen- oder Innenzentrierung) als zusammengesetzte Gitter zu beschreiben, so geschah dies aus dem Grunde, um die tatsächlich vorhandene höhere Symmetrie des Punktsystems bereits in der Elementarzelle zum Ausdruck zu bringen; denn die primitiven Parallelepipede in Abb. 187 b und c mit den Translationsvektoren $\mathfrak{f}_1$, $\mathfrak{f}_2$, $\mathfrak{f}_3$ bzw. $\mathfrak{k}_1$, $\mathfrak{k}_2$, $\mathfrak{k}_3$ besitzen nur die Symmetrie eines Rhomboeders, während das Punktsystem in seiner Gesamtheit doch alle Symmetriequalitäten eines kubischen Kristalls aufweist. Und so ist es auch mit den mehrfachprimitiven Gittern der andern Kristallsysteme bestellt: immer könnten wir als „Stammfigur" (Gitterfundamentalbereich) eine einfachprimitive Zelle herausschälen. Es sei daher gleich bei dieser Gelegenheit ein Begriff entwickelt, der in der Kristallstrukturlehre und Röntgenforschung von grundlegender Bedeutung ist: der Begriff „Elementarkörper" oder Elementarzelle.

Unter *Elementarkörper* versteht man einen möglichst kleinen Ausschnitt des gittermäßigen Aufbaues einer Struktur, der in dreidimensional-periodischer Wiederholung das gesamte Kristall-Diskontinuum ergibt: es sind Parallelepipede, die die Translationsgruppe bestimmen. Sie haben ihre Kanten (Translationsvektoren) normalerweise parallel den kristallographischen Achsen; so sind sie eo ipso parallel und senkrecht zu vorhandenen Symmetrieelementen.

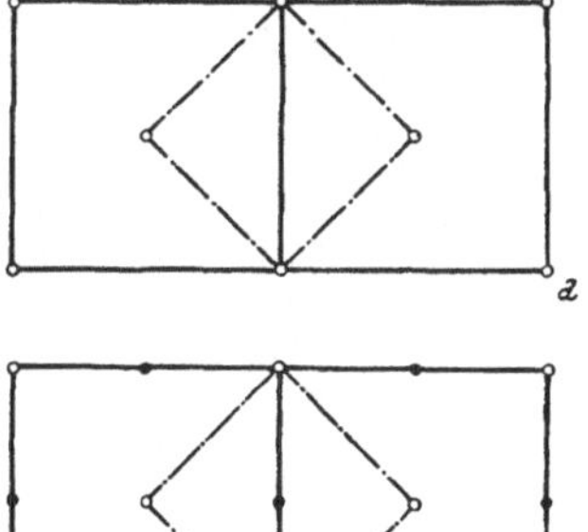

Abb. 188. Mehrfachprimitive tetragonale Gitter im Grundriß, mit Überführung in Bravais-Gitter. a) Basiszentriert; b) allseitig flächenzentriert

Die vierzehn Raumgitter, die wir als Bravaissche Translationsgruppen kennengelernt haben, sind somit als deren Elementarkörper aufzufassen. Indem alle diese vierzehn Bravais-Gitter ihre Kanten parallel den kristallographischen Achsen haben, gewinnen sie an sich schon die Symmetrie, die dem Punktsystem als Ganzem zukommt. Das hatten wir soeben am Beispiel der mehrfachprimitiven kubischen Gitter erläutert.

Wir schließen aus unserer bisherigen Einsicht, daß die Elementarkörper der vierzehn Bravaisschen Translationsgruppen tatsächlich schon geeignete Raumausschnitte der Punktsysteme darstellen, die als Elementarkörper zur Beschreibung der Struktur in Betracht kommen. Das heißt aber nicht, daß in allen Fällen eines der vierzehn Bravais-Gitter selbst schon Elementarkörper sein muß. Unter Umständen wird man Veranlassung haben, auch größere Zellen (d. h. solche von höherer Primitivität!) als jene der Bravaisschen Gitter als Elementarkörper zu wählen.

Man bedenke doch: im rhombischen System gibt es vier Arten von Bravais-Gittern; im tetragonalen haben wir nur zwei Typen angeführt. Kann es denn nicht auch in diesem System ein basiszentriertes und ein allseitig flächenzentriertes Gitter geben? Das doch zweifellos!

Betrachten wir ein basiszentriertes tetragonales Gitter mit der Kantenlänge a im Grundriß (Abb. 188 a). Wir sehen da sofort, daß wir unter Heranziehung der Nachbarzellen kleinere Gitterausschnitte herstellen können, die nur einfachprimitiv sind, mit einer Kantenlänge der Quadrat-seite von $\dfrac{a\sqrt{2}}{2}$, wobei nun die Aufstellung um 45^0 gedreht erscheint.

Diese primitiven Gitter werden — falls wir sie als Elementarkörper wäh-len — natürlich in gewohnter Weise wie das verwendete tetragonale Prisma aufgestellt. Also läßt sich das basiszentrierte tetragonale Gitter auf ein einfachprimitives zurückführen.

Desgleichen läßt sich ein allseitig flächenzentriertes Gitter zu einem innenzentrierten reduzieren. Wir brauchen nur beachten, daß in der Mitte der Seitenflächen (s. Abb. 188 b) ein zusätzlicher identischer Punkt auftritt. Dieser wird zur Innenzentrierung in der um 45^0 gedrehten kleineren Zelle! Sie ist nun zweifachprimitiv und hat wie im ersten Falle eine Kantenlänge von $\dfrac{a\sqrt{2}}{2}$.

Haben wir damit bewiesen, daß es im Prinzip tatsächlich nur zwei tetragonale Translationsgitter gibt — das einfachprimitive und das innenzentrierte —, so kann es die Lage der Symmetrieelemente im Dis-kontinuum zweckmäßig erscheinen lassen, in gewissen Fällen als Elemen-tarkörper doch ein basiszentriertes, bzw. ein allseitig flächenzentriertes tetragonales Gitter zu wählen, um die Übereinstimmung mit der konven-tionell festgelegten, makroskopisch-kristallographischen Stellung herbei-zuführen.

Aber auch im monoklinen System, wo wir ebenfalls nur zwei Gitter-typen unter den Bravais-Gittern vorfinden — das primitive und das basiszentrierte —, könnte man auch ein innenzentriertes und ein all-seitig flächenzentriertes angeben. Es läßt sich aber auch hier zeigen, daß man diese letztgenannten Gitterarten beide in ein doppeltprimitives, und zwar einfachflächenzentriertes (basiszentriertes) Gitter überführen kann.

Allgemein kann gesagt werden: Liegt ein mehrfachprimitives Gitter vor, so ist grundsätzlich zu entscheiden, ob es dennoch eines der ange-führten 14 Bravais-Gitter ist, oder ob es eine andere, gegebenenfalls grö-ßere Zelle darstellt. In letzterem Falle läßt sich das Gitter in eines der Bravaisschen Typen überführen. Ist es aber ein mehrfachprimitives Git-ter, das unter den 14 Bravais-Gittern vorkommt, dann würde der Über-gang zur einfachprimitiven Zelle bereits ein den Symmetrieelementen nicht mehr parallel laufendes Achsensystem ergeben; das haben wir ja oben bei Betrachtung des flächenzentrierten und innenzentrierten kubi-schen Gitters gesehen. Hier behält man also die mehrfachprimitive Zelle bei.

Was das rhomboedrische System anbelangt, ist folgendes zu sagen: Die Atomanordnung ist dadurch gekennzeichnet, daß sich senkrecht zur trigonalen Hauptachse flächenzentrierte, sechsseitige Netze vorfinden. Translationsgitter ist daher im einfachsten Falle die basiszentrierte hexa-gonale Säule (Abb. 186 k) wie im hexagonalen System, die wir als ein-fachprimitives Parallelepiped mit dem Rhombus als Grundfläche (in der Zeichnung schraffiert) angeben.

Da dem rhomboedrischen System jedoch keine horizontale Spiegelebene eigen ist, kann das der Struktur zugrundeliegende Gitter auch ein solches sein, wie es Abb. 189 zeigt. Man sieht: nun sind die horizontalen sechsseitigen Netze gegeneinander verschoben. Daraus folgt, daß nun der Elementarkörper nicht mehr einfachprimitiv ist, sondern (auf unsere hexagonale Grundzelle mit dem Rhombus als Basis bezogen) dreifachprimitiv. Es liegen innerhalb der Zelle in der Höhe $^1/_3$ und $^2/_3$ mit den Eckpunkten identische Punkte, jeweils über den Schwerpunkten der beiden gleichseitigen Dreiecke, in die wir die rhombusförmige Grundfläche teilen können (s. Abb. 190 a und b).

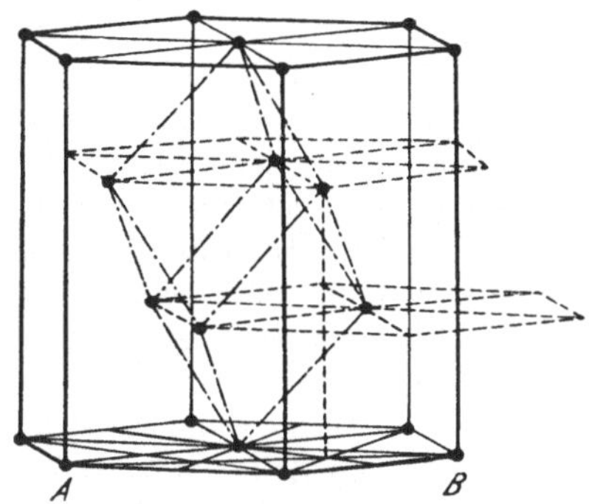

Abb. 189. Entwicklung des rhomboedrischen Gitters (nach H. Mark)

In diesem Falle ist es aber möglich, eine einfachprimitive Zelle anzugeben, die der trigonalen Symmetrie gleichfalls gerecht wird. Wie Abb. 189 zeigt, lassen sich schief zur dreizähligen Hauptachse drei kürzeste, unter sich gleichwertige Translationen festlegen, die ein einfachprimitives Rhomboeder ergeben; es ist dies das Translationsgitter R mit der Rhomboederkante r und den Polkantenwinkeln α (s. Abb. 186 l).

Für das rhomboedrische System kommen beide Arten von Translationsgittern, das hexagonale und das rhomboedrische, in Betracht. Jedes der beiden läßt sich sowohl mit hexagonalen (Bravaisschen) als auch mit rhomboedrischen (Millerschen) Achsen beschreiben.

Wie für das primitive rhomboedrische Gitter die Darstellung als dreifachprimitives hexagonales Gitter möglich ist, so kann anderseits auch das primitive hexagonale Gitter in ein dreifachprimitives rhomboedrisches übergeführt werden.

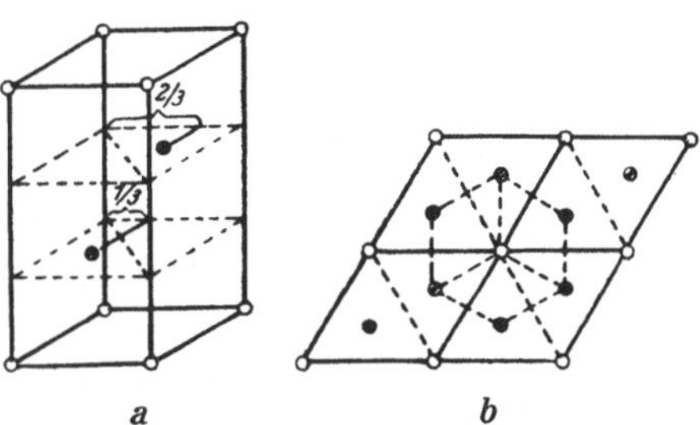

Abb. 190. Zusammenhang zwischen hexagonaler und rhomboedrischer Zelle (nach R. Glocker): a) dreifachprimitive hexagonale Zelle; b) Entstehung des Rhomboeders aus hexagonalen Zellen (Grundriß)

Vom hexagonalen System läßt sich sagen, daß für sämtliche sieben Klassen (also auch für die beiden trigonotypen Klassen C_{3h} und D_{3h}) ausschließlich das hexagonale Translationsgitter Abb. 186 k) in Betracht kommt. Die jetzt (laut internationalen Tabellen)[1] übliche Aufstellung die-

---

[1] Internationale Tabellen zur Bestimmung von Kristallstrukturen, s. Fußnote S. 150.

ses Punktsystemes ist aber die, daß die basiszentrierte hexagonale Säule gegenüber unserer Abbildung um 30^0 (bzw. 90^0, was bei sechszähligem Drehungsrhythmus dasselbe ist!) gedreht ist, also die Stellung eines Prismas II. Art einnimmt (eine der vertikalen Kanten nach vorn). Dann liegt die Grundfläche der primitiven schiefwinkeligen Zelle — der in Abb. 186 k schraffierte Rhombus — symmetrisch orientiert vor den Augen des Beschauers (die Zwischensymmetrieebene E_z der hexagonalen Säule wird zur Medianebene der primitiven Zelle!), wie es Abb. 191 a zeigt. Das hexagonale Translationsgitter mit der so orientierten schiefwinkeligen primitiven Zelle wird als Aufstellung C bezeichnet, obwohl die primitiven Zellen sonst mit dem Buchstaben P gekennnzeichnet werden.

Letztere Signatur gilt vor allem für die *rechtwinkligen* Elementarkörper des rhombischen, tetragonalen und kubischen Systems, sofern sie primitiv sind. Eine Ausnahme bildet das monokline und trikline System: ihre primitiven Zellen werden (obwohl sie nicht rechtwinklig sind) gleichfalls mit P bezeichnet. Das rhomboedrische und das hexagonale Gitter hingegen erhalten niemals die Bezeichnung P. Im obigen Falle wird das

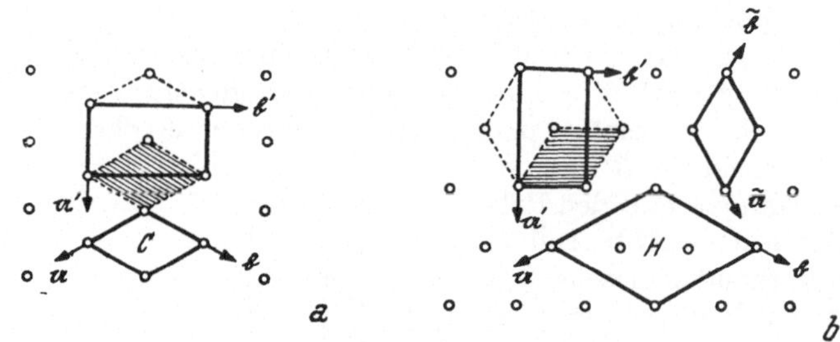

Abb. 191. Hexagonale Gitter. a) Aufstellung C; b) Aufstellung H
(Internationale Tabellen)

hexagonale Gitter, wie gesagt, mit C symbolisiert. Und dies deswegen, weil sich auch eine (doppeltprimitive) rechtwinklige, sog. „orthohexagonale" Zelle angeben läßt, mit Zentrierung der Basisfläche c. Diese ist in unserer Abb. 191 a eingezeichnet.

Die Gitter mit Zentrierung nur eines Flächenpaares (die bei den BRAVAIS-Gittern durchwegs als basiszentriert aufgeführt werden) werden nämlich mit A, B, C bezeichnet, je nachdem die Querfläche a, die Längsfläche b oder die Basisfläche c zentriert ist (s. rhombisches System). Allseitig flächenzentrierte Gitter erhalten das Zeichen F, während I für die innenzentrierten steht.

Nun nochmals zurück zum hexagonalen Translationsgitter! Haben wir dieses Punktsystem in der um 30^0 (90^0) gedrehten Stellung vor uns, wie in unserer Abb. 186 k, also die basiszentrierte hexagonale Säule als Prisma I. Art orientiert, dann liegt naturgemäß sowohl die *primitive* (schiefwinklige) Zelle gegenüber der Aufstellung C um 90^0 gedreht als auch die basiszentrierte orthohexagonale Zelle (Abb. 191 b). Wollen wir jedoch aus

Gründen der Übereinstimmung mit den in der betreffenden Struktur vorhandenen Symmetrieelementen die schiefwinklige hexagonale Zelle in der *üblichen Aufstellung* verwenden, d. h. mit den Translationsvektoren in der Richtung der Symmetrie-Zwischenachsen, dann entsteht — wie Abb. 191 b demonstriert — eine dreifachprimitive hexagonale Zelle mit zwei weiteren identischen Punkten innerhalb der Rhombusfläche des neuen Elementarkörpers. Die Koordinaten der zusätzlichen Punkte sind $\left(\dfrac{2}{3}\ \dfrac{1}{3}\ 0\right)$ und $\left(\dfrac{1}{3}\ \dfrac{2}{3}\ 0\right)$. Diese Stellung des hexagonalen Punktsystems mit der dreifachprimitiven hexagonalen Zelle üblicher Orientierung wird als Aufstellung H gekennzeichnet[1].

Mit den vorangegangenen Erläuterungen sollte klargemacht werden, daß die Begriffe Translationsgruppe und Elementarkörper sich keineswegs decken. Im Falle einer Strukturbestimmung muß vor allem die zugrunde liegende Translationsgruppe ermittelt werden. Welchen Elementarkörper man dann zur zweckmäßigen Beschreibung der Struktur heranzieht, ist von anderen Gesichtspunkten aus zu beurteilen.

Dichteste Kugelpackungen

Es möge hier auch ein Begriff Erwähnung finden, der sich in der Kristallchemie in vielen Fällen als fruchtbar erwiesen hat, nämlich die Vorstellung bzw. das Vorhandensein einer sogenannten *dichtesten Kugelpackung*.

Betrachten wir die Punkte eines Raumgitters als die Schwerpunkte kugelförmiger materieller Teilchen, z. B. der Atome, und stellen uns vor, daß es durch Anwachsen dieser kugeligen Gebilde bis zur gegenseitigen Berührung aller, gleich groß gewordenen Kugeln kommen könnte, dann läge eine solche „dichteste Kugelpackung" vor; die Raumerfüllungszahl ist in diesem Falle 0,741 für die Kugelvolumina pro Raumeinheit, nur 0,259 bleibt für die Zwischenräume. Eine solche Lagerung wird erzielt, wenn zunächst in der Ebene gleichgroße Kugeln dichtest gepackt sind. Dies ist der Fall, wenn ihre Mittelpunkte in den Eckpunkten der gleichseitigen Dreiecke liegen, in die ein hexagonales Punktnetz zerfällt. Die darüberzulegende Schicht gleichgroßer Kugeln, die sich berührend in die Vertiefungen zwischen je drei Kugeln legen, bilden eine mit der Grundschicht I kongruente Schicht, allerdings gegen diese seitlich verschoben, so daß die Kugelmitten der Schicht II genau über den Dreieckschwerpunkten der Schicht I zu liegen kommen; das ist nur möglich bei alternierender Besetzung der Positionen über den Dreiecksmittelpunkten: eine Hälfte der letzteren bleibt also immer außer Betracht (s. Abb. 192 b). Die Schicht III liegt dann in entsprechender Weise auf der Schicht II, und zwar so, daß die Horizontalverschiebung von II gegen I wieder rückgängig gemacht wird. So kommt Schicht III konform über den Kugeln von Schicht I zu liegen (translatorischidentisch in der Richtung der Z-Achse). Die zwischengeschaltete Schicht II hat ihre Kugelmittelpunkte zwar in halber Höhe des hexagonalen Parallelepipedes, jedoch nicht in dessen Körpermitte (s. Abb. 192 a); die Zelle ist also nicht

---

[1] Bei gewissen Strukturen des rhomboedrischen Systems, und zwar in den Klassen C_{3v}, D_3 und D_{3d}, aber auch in der hexagonalen Klasse D_{3h} kann Veranlassung sein, die Aufstellung H des hexagonalen Gitters zu wählen.

„körperzentriert" im üblichen Sinne. Die Berechnung ergibt, daß ein solches Parallelepiped hexagonal-dichtester Kugelpackung die Metrik $\dfrac{c}{a} = {}^2\!/_3 \sqrt{6}$ besitzt, d. i. 1,633.

Auch die Anordnung der Kugelschwerpunkte in einem flächenzentrierten *kubischen* Gitter entspricht einer dichtesten Kugelpackung. Es handelt sich hier

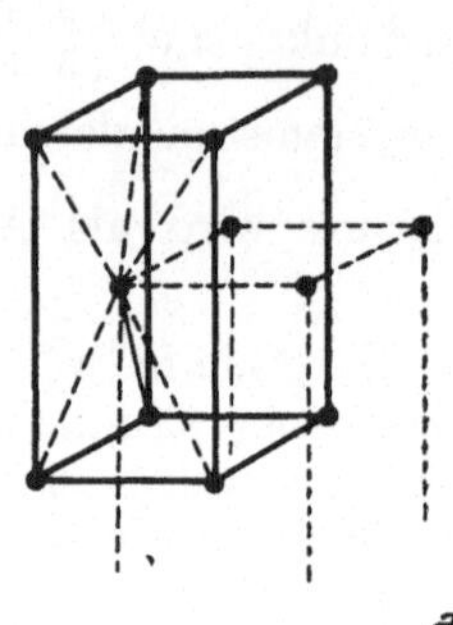

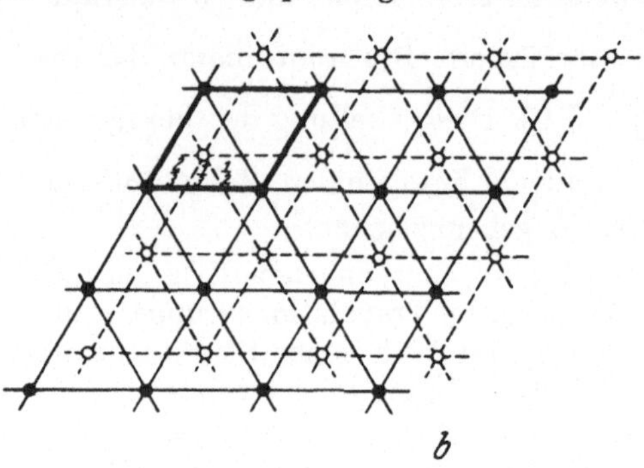

a   *b*

Abb. 192. a) Hexagonal-dichteste Kugelpackung: zwei einfache, kongruente, hexagonale Gitter sind parallel ineinander geschoben; b) Grundrißprojektion der hexagonal-dichtesten Kugelpackung (nach F. Machatschki)

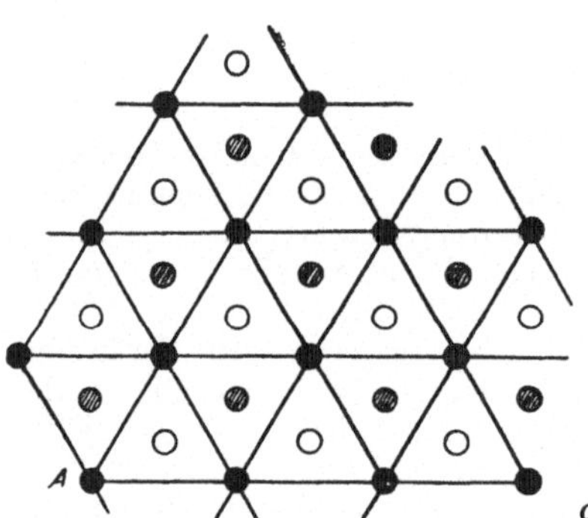

c

Abb. 192. c) Grundrißprojektion der kubisch-dichtesten Kugelpackung (nach P. P. Ewald)

um den Aufbau der Kugelschichten nach der Oktaederfläche, wo dieselbe Dreieckseinteilung vorliegt wie vorher in der Basisfläche einer hexagonalen Zelle. Der Unterschied im Aufbau liegt nur darin, daß im Falle einer kubischen Kugelpackung nach Schicht II noch eine Schicht III folgt, deren Kugelschwerpunkte über den bisher unbesetzt gelassenen Dreiecksmitten liegt (s. Abb. 192 c: auch die Positionen der schraffierten Ringelchen sind nun besetzt). Vgl. dazu auch die dreifachprimitiven hexagonalen Zellen, die primitive Rhomboeder ergeben (Abb. 190): nur in dem Falle, daß das Achsenverhältnis der dreifachprimitiven Zelle $\dfrac{c_h}{a_h}$ gleich $\sqrt{6}$ wird (das fehlende Drittel von der hexagonal-dichtesten Kugelpackung ist nun ergänzt, s. o.), entsteht die eben beschriebene kubisch-dichteste Kugelpackung; das primitive Rhomboeder der Abb. 189 ist zum Würfel „entartet".

Durch die Frankenheim-Bravaissche Theorie war erstmalig ein Strukturbild geschaffen, das den geometrischen und physikalischen Eigenschaften der Kristalle gerecht wurde und tatsächlich imstande war, die sieben Kristallsysteme einwandfrei zu erklären.

Noch gab es jedoch eine große Schwierigkeit. Alle diese vierzehn Raumgitterarten konnten jeweils immer nur die Vollform (die holoedrische Klasse) des betreffenden Kristallsystems erklären, nicht aber war es möglich, die Mindersymmetrien dadurch zu deuten. Die morphologische Kristallographie hatte aber durch einwandfreie Beobachtung der vorhandenen Kristallformen oder durch die beim Auflösungsvorgang zutage tretenden Symmetrieeigenschaften (Ätzfiguren!) mit Sicherheit die von Hessel theoretisch abgeleiteten 32 Kristallklassen in den weitaus meisten Fällen als tatsächlich in der Natur realisiert bereits erwiesen.

Wie sollten nun die mindersymmetrischen Klassen der einzelnen Kristallsysteme, die hemimorphen, hemiedrischen und tetartoedrischen Kristallgestalten durch die Bravaisschen Raumgitter erklärt werden?

Hier blieb nun tatsächlich nichts anderes übrig, als die betreffende Mindersymmetrie der Kristallklasse dem Baustein selbst zuzuschreiben.

Stellen wir uns beispielsweise ein einfaches tetragonales Gitter vor. Es besitzt, wenn wir uns die als Massenzentren aufzufassenden acht Eckpunkte des Elementarkörpers kugelförmig denken (also wie Punkte, die mit keinen Symmetriebesonderheiten ausgestattet sind), holoedrische Symmetrie. Setzen wir hingegen in die acht Eckpunkte anstatt der kugelförmigen Bausteine etwa lauter Kegel in paralleler Stellung, und zwar die Kegelachse in der Richtung der tetragonalen Gitterachse, so haben wir dadurch die *hemimorphe* Form gewonnen, da wir oben und unten nicht mehr vertauschen können.

Wollten wir gar den parallel orientierten Kegeln eine schiefe Stellung geben (Kegelachsen schräg gegenüber der vierzähligen Gitterachse), so ist dann nicht nur die horizontale Symmetrieebene der tetragonalen Vollform verschwunden, sondern auch alle anderen die Klasse kennzeichnenden Symmetrieelemente einschließlich der tetragonalen Hauptachse. Denn die Wirksamkeit einer vierzähligen Achse würde bei jeder Vierteldrehung des Gitters die schiefgestellten Kegel, mit ihren Spitzen um 90° gedreht, nach einer anderen Seite richten, wodurch aber die geforderte Parallelität der Bausteine verloren ginge; folglich *fehlt* hier die vierzählige Hauptachse.

Das Gitter entbehrt jeglichen Symmetrieelements. Durch dieses Beispiel sollte verdeutlicht werden, daß durch Verminderung der Bausteinsymmetrie die Symmetrie der Kristallgestalt in beliebigem Grade herabgesetzt werden könnte.

Doch befriedigt ein solcher Ausweg nicht. Dadurch würde ja das Problem der Symmetrie nicht gelöst, sondern nur um eine Etappe zurückverschoben werden. Es muß eine Anordnungsmöglichkeit gesucht werden, um die an den Kristallen tatsächlich beobachteten Mindersymmetrien aus der Konfiguration der Raumgitter selbst zu erklären. Diesem Ziele galten die Bemühungen L. Sohnckes.

XIII. Die Weiterentwicklung der Strukturtheorie

a) Die Sohnckeschen Punktsysteme

L. Sohncke versuchte eine Erweiterung der Bravaisschen Theorie durch Ineinanderstellung mehrerer kongruenter Gitter zu regelmäßigen Punktsystemen (von allseitig unendlicher Ausdehnung). Schon bei Bravais sind eine Anzahl von Gittern nicht einfachprimitiv, sondern durch Körperzentrierung bzw. Flächenzentrierung aus zwei oder mehreren ineinandergestellten Gittern entstanden. Während diese Bravaisschen Gitter immerhin noch ganz spezielle Fälle von Ineinanderstellungen kongruenter und parallel gestellter Einzelgitter verkörpern, verallgemeinerte SOHNCKE schon 1867[1] das Prinzip der Punktverteilung in dem Sinne, daß alle möglichen Einschaltungen neuer Gitterpunkte vorgenommen werden können, lediglich unter Beachtung des Grundsatzes, die Anordnung um jeden Massenpunkt müsse dieselbe sein wie um jeden anderen derselben Gitterschar. Dabei war stillschweigend noch immer die Parallellagerung der Molekeln vorausgesetzt worden.

Zunächst sei ganz allgemein der Einbau weiterer Gitterpunkte in das primitive Parallelepiped durch Abb. 193 demonstriert. Die Koordinaten x, y, z der neuen Ursprungspunkte für die einzuschiebenden Gitter sind $\xi . \tau_1$, $\eta . \tau_2$, $\zeta . \tau_3$, wobei ξ, η, ζ irgendwelche Bruchteile der betreffenden Translationen bzw. der Kantenlängen a_0, b_0, c_0 der Elementarzelle sind, ausgedrückt etwa in Hundertsteln dieser Grundparameterwerte.

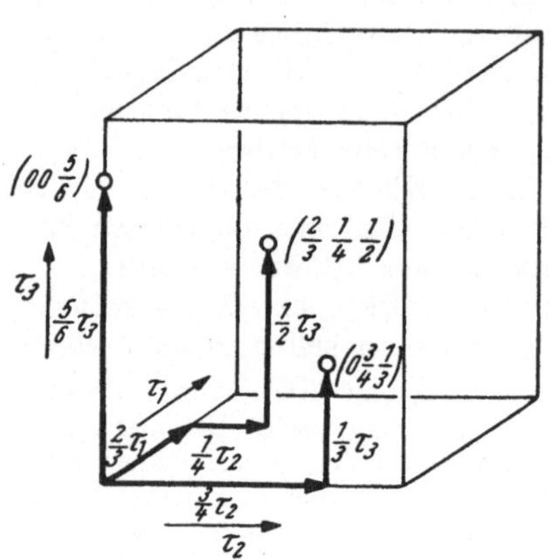

Abb. 193. Einbau weiterer Gitterpunkte in das primitive Parallelepiped und Koordinatendarstellung (nach E. BRANDENBERGER)

Die Ineinanderstellung bzw. gegenseitige Durchdringung zweier Gitter, also zweier Identitätsscharen von Gitterpunkten A und B, zeigt Abb. 194, wobei aber nach der damaligen SOHNCKEschen Annahme das A-Gitter und das B-Gitter materiell aus den gleichen Bausteinen bestehen sollten, die Gitter also nur parallel zueinander verschoben wären.

Vorher aber hatte schon CHR. WIENER[2] die Forderung nach Parallelstellung der konstruktiven Bausteine fallen gelassen, so daß dieselben — unbeschadet der Parallelität der Punktgitter selbst — auch in gedrehter Stellung zugelassen wurden; hingegen

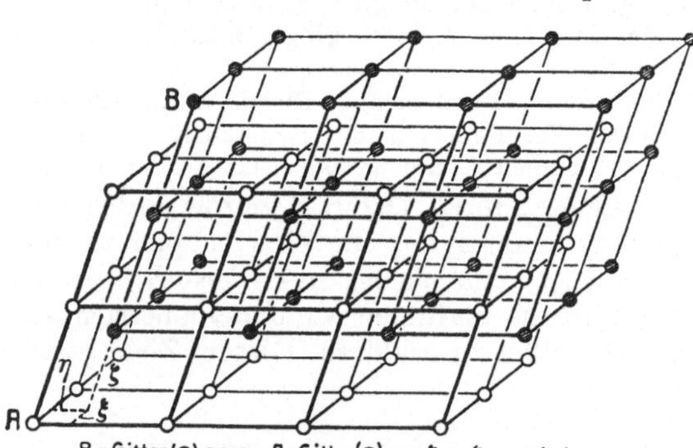

Abb. 194. Ineinanderstellung zweier Raumgitter: zwei Identitätsscharen von Punkten (nach P. NIGGLI)

---

[1] L. SOHNCKE: Die Gruppierung der Moleküle in den Kristallen. Poggendorffs Annalen, 1867.

[2] CHR. WIENER: Grundzüge der Weltordnung. Leipzig und Heidelberg 1863.

keine spiegelbildlichen Wiederholungen des Bausteins (weder in Form der Inversion durch das Symmetriezentrum noch als normale Spiegelung in bezug auf eine Symmetrieebene). Denn sowohl WIENER als auch zunächst SOHNCKE hielten an dem Grundsatz fest, mit einer *einzigen* Molekel-Sorte auszukommen (durchwegs kongruente Bausteine!), während

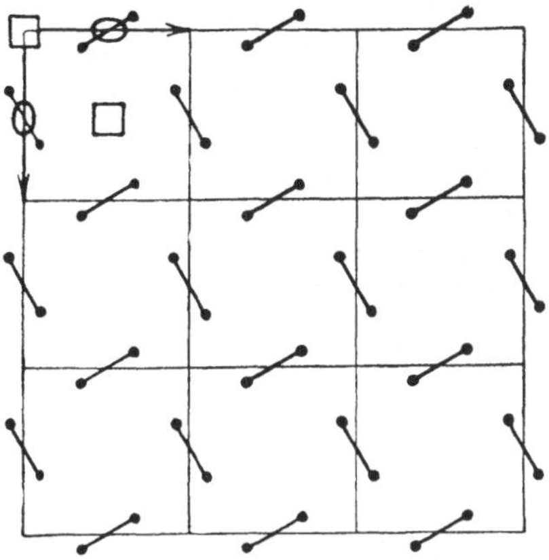

Abb. 195. a) Quadratisches Gitternetz (nach P. P. EWALD); b) Ineinanderstellung mehrerer Translationsgitter

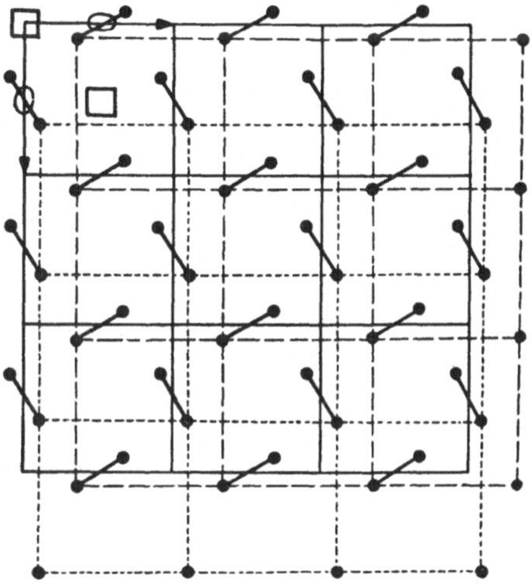

das Prinzip der Spiegelung zwei enantiomorphe Gestalten der Bausteine verlangt hätte.

Die von WIENER aufgezeigte Möglichkeit auch anderer Strukturformen als jener Raumgitter nach der HAÜY-BRAVAISSchen Theorie (mit parallel gestellten Bausteinen) wurde von SOHNCKE auf Grund der von C. JORDAN geschaffenen geometrischen Grundlagen über Bewegungsgruppen in seinem Werke: „Entwicklung einer Theorie der Kristallstruktur" 1879 kristallographisch behandelt. Es kommt also ein wesentlich neues Moment bei der Ineinanderstellung der Gitter hinzu: die einzelnen Punkte der eingeschalteten Gitterscharen — es sind immer Gitter kongruenter Form mit translatorisch-parallelen Bausteinen innerhalb jeder Gitterschar — können sich, wie gesagt, *in gedrehter Stellung* gegenüber den Punkten des Ausgangsgitters befinden; d. h. der Ursprungspunkt der eingeschalteten Gitterschar ist durch eine Deckbewegung aus dem Ursprungspunkte des Grundgitters entstanden. Die Vorstellung vom Einbau eines Punktes in gedrehter Lage gewinnt nur dadurch einen realen Sinn, wenn wir die damit geschaffene Konfiguration des gesamten Gitterbaues betrachten. Das aber will besagen, daß beim Übertritt eines Beschauers von einem Atom auf ein „gedrehtes" der Anblick des Punktsystems als Ganzem erst nach einer Wendung des Blickes um einen gewissen Winkelbetrag ein gleichartiger sein wird, die Identität gewissermaßen wieder erreicht ist.

Um dieses Prinzip der Drehung der Anfangspunkte eingestellter Gitter zu veranschaulichen, soll es der Einfachheit halber im Zweidimensionalen vorgeführt werden. Betrachten wir beispielsweise ein quadratisches Gitternetz, wie sich ein solches als horizontaler Querschnitt eines tetragonalen Raumgitters ergeben kann (Abb. 195 a). Eingesetzt sind in den Seitenmitten der Elementarmaschen doppelatomige Gebilde; sie wiederholen sich bei jeder Masche viermal, und zwar von einer Quadratseite zur andern um 90^0 gedreht. In der Mitte der Maschen stechen also Tetragyren aus, desgleichen aber auch an allen Eckpunkten der Elementarquadrate, wie der Weiterbau der Konfiguration ohneweiters erkennen läßt. Außer den Tetragyren sind in unserem Punktsystem, ebenfalls senkrecht zur Bildebene, auch Digyren durch alle Seitenmitten der Grundrißquadrate vorhanden; die eingesetzten Zweiergruppen bezeugen es.

Die vorgeführte Struktur mit zweiatomigen Baugruppen ist aber auch in isoliert gedachte Einzelelemente auflösbar, was Abb. 195 b demonstrieren soll. In dieser Figur sind von zwei Atomen *innerhalb* der Grundzelle ausgehend, die unter sich kongruenten Translationsgitter eingezeichnet (strichliert und punktiert); zwei weitere wären noch zu ergänzen. So handelt es sich im ganzen um eine Ineinanderstellung von vier Translationsgittern ein- und derselben Atomsorte; es ist aber klar, daß die Anfangspunkte dieser vier Gitter entsprechend den vorhandenen Symmetrieelementen um 90^0 gegeneinander gewendet sind (beachte die Wirkungsweise der Tetragyre in der Quadratmitte!). Was hier für die quadratische Masche im Zweidimensionalen erläutert wurde, gilt sinngemäß im Dreidimensionalen für die parallelepipedische tetragonale Elementarzelle.

Nehmen wir das aufgefundene Symmetriegerüst als das primär Gegebene an, so genügt das Einsetzen eines *einzigen* Konstruktionspunktes (des einen der Zweiergruppe) in einer der Elementarzellen, um durch Betätigung der Symmetrieelemente die vorgeführte Punktkonfiguration zu erzeugen. Der angenommene Punkt heißt daher „konstituierender Punkt".

Aus unserer Betrachtung folgt die wichtige Erkenntnis: dem Elementarkörper der Struktur kommen Symmetrieelemente zu, wovon bisher noch nie die Rede war. Die Lage der Ursprungspunkte der ineinandergestellten Gitter sind demnach durch ein Symmetriegerüst des Elementarkörpers geregelt. In unserem Falle ist das Nullpunktsgitter (an dessen Ecken und Basismitten vierzählige Deckachsen ausstechen) von Atomen unbesetzt geblieben.

Die Gesamtheit der Ursprungspunkte innerhalb des Elementarkörpers — bezogen auf dessen Nullpunkt — bezeichnen wir als die *Basis der Struktur;* man spricht daher auch von „Gittern mit Basis".

Sohncke gelangte auf Grund seines Prinzipes der Ineinanderstellung von Gittern zu insgesamt 65 Punktsystemen; dabei war Translation und Drehung verwendet worden, aber auch die Kombination von Drehung und Deckschiebung, die Schraubung, worüber noch kurz berichtet werden soll.

b) Zusätzliche Symmetrieelemente des Feinbaues

Während im makroskopischen Kristallbau an Symmetrieelementen lediglich die im Kapitel IV (a—d) gekennzeichneten in Betracht kommen, spielen im submikroskopischen Aufbau der Elementarteilchen auch Verschiebungen in der Größenordnung von Atomabständen eine Rolle.

1. Schraubenachsen

Wir wiesen soeben darauf hin, daß bei der SOHNCKEschen Entwicklung der Punktsysteme auch die Kombination von Drehung und Translation, nämlich die *Schraubung,* von Bedeutung sei. Es kommen somit außer den

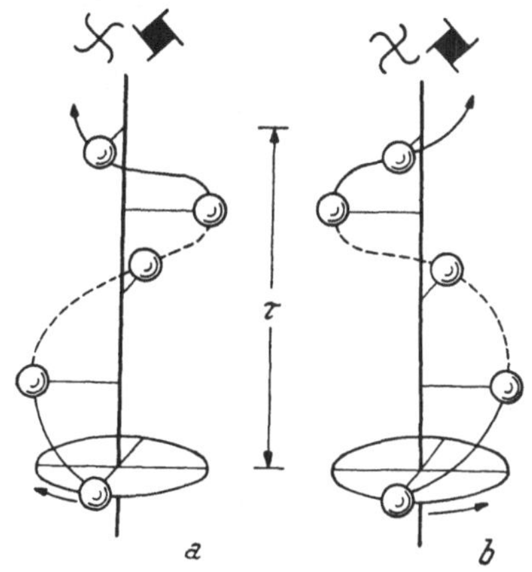

Abb. 196. Vierzählige Schraubenachsen. a) Linksschraubenachse; b) Rechtsschraubenachse

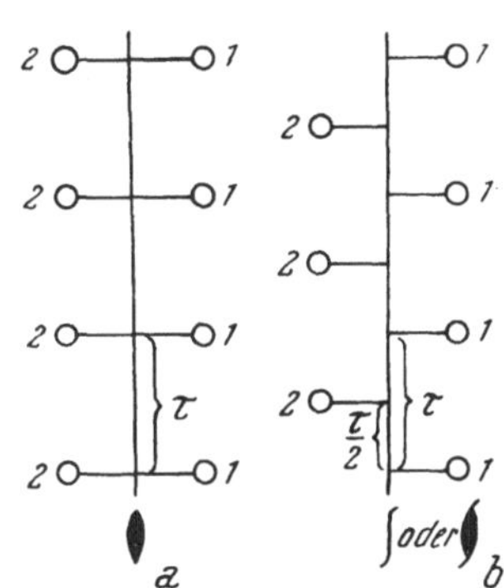

Abb. 197. a) Zweizählige Drehungsachse; b) zweizählige Schraubenachse

gewöhnlichen Deckachsen auch Schraubenachsen zur Anwendung. Abb. 196 a und b zeigt vierzählige Schraubenachsen. Der Sinn einer solchen Schraubenachse ist nun folgender:

Ein Ausgangsatom würde durch die Tätigkeit einer vierzähligen Deckachse nach 90⁰-Drehung wieder aufscheinen. Bei der vierzähligen Schraubenachse ist dies jedoch nicht der Fall, sondern das Atom wird um ein Viertel des Identitätsabstandes in der Richtung der Schraubenachse gleiten und daher erst um diesen Betrag gehoben wieder auftauchen. Die Weiterdrehung um 90⁰ mit gleichzeitiger Schiebung hebt das Atom um ein weiteres Viertel des Identitätsabstandes, also in die Halbierung, die nächste Vierteldrehung in drei Viertel und erst die vierte Vierteldrehung (die bei einer gewöhnlichen Deckachse das Atom zur Ausgangslage zurückbrächte) bringt es jetzt in eine neue Lage, genau oberhalb der Anfangsstellung, aber um den Betrag τ (Translations- oder Identitätsperiode) längs der Achse verschoben.

Je nachdem der Windungssinn der Schraubung (von oben gesehen) im Sinne des Uhrzeigers (vom vorn gelegenen Ausgangsatom nach links) oder im entgegengesetzten Sinne (nach rechts) erfolgt, spricht man von einer Links- oder Rechtsschraubenachse, s. Abb. 196 a und b.

Was hier am Beispiel einer vierzähligen Schraubenachse erläutert wurde, gilt in analoger Weise auch für die Achsen anderer Zähligkeit. Wenn wir die normale Symmetrieachse, die naturgemäß auch für die feinbauliche Konfiguration gilt, mitrechnen, läßt sich sagen: zweizählige Achsen des Feinbaues gibt es zwei, dreizählige drei, vierzählige vier und sechszählige sechs. Abb. 197 stellt die zweizählige Drehungsachse und Schraubenachse dar. Bei den tetragonalen Achsen gibt es außer der vorgeführten Links- und Rechtsschraubenachse auch eine Zweipunktschraubenachse, wo ein hantelförmiger Zweipunkt-Komplex (wie ihn eine Digyre hervorbringt) nun einer Schraubungsbewegung mit 90°-Drehung und Gleitkomponente $\tau/2$ unterworfen zu sein scheint (s. Abb. 198). In Wirklichkeit müssen wir auch hier von einem einzigen Punkte ausgehen und mit der Schraubungskomponente $^2/_4 \tau$ oder $\tau/2$ die anderen Punkte erzeugen; die Numerierung in der Abbildung mit 1, 2, 3, 4, ... erläutert die Entstehung der Punkte, wobei beispielsweise zum Punkte 3 unterhalb und oberhalb im Identitätsabstande τ gleichwertige Punkte ergänzt werden können (ebenso zum Punkte 2 der bei unserem Schraubungsvorgang nicht erzielte Punkt $2'$ usw.).

Von dreizähligen Achsen des Feinbaues gibt es außer der Trigyre nur eine Links- und eine Rechtsschraubenachse.

Hingegen gibt es bei den sechszähligen Schraubenachsen ebenfalls Zweipunktschraubenachsen, und zwar sowohl eine links- als auch eine rechtsgewundene. Äußerlich macht eine solche sechszählige

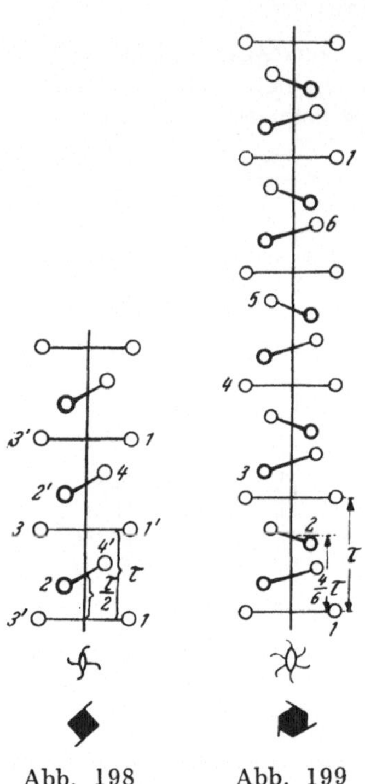

Abb. 198   Abb. 199

Abb. 198. Vierzählige Zweipunktschraubenachse

Abb. 199. Dreizählige, rechtsgewundene Zweipunktschraubenachse

Zweipunktschraubenachse den Eindruck einer dreizähligen Achse, bei der ein hantelförmiger Zweipunkter nach *trigonalem* Rhythmus der Schraubung unterworfen wird. Abb. 199 zeigt eine rechtsgewundene Zweipunktschraubenachse. Im hexagonalen System gibt es aber auch noch eine Dreipunktschraubenachse mit der Gleitkomponente $^3/_6 \tau$ oder $\tau/2$, bei der ein Windungssinn nicht in Betracht kommt (Dreipunkter mit digonalem Schraubungsrhythmus!). Näheres s. NIGGLI, Lb.

Die Schraubungskomponente — gekennzeichnet durch den ganzzahligen Faktor des reziproken Wertes der Zähligkeit — wird zur Symbolisierung der Schraubenachsen der Zähligkeitsziffer als Index beigefügt, z. B.: 4_1, 4_3 (linke und rechte vierzählige Schraubenachse); dabei ist für die Symbolisierung der Windungssinn immer links angenommen[1].

2. Gleitspiegelebenen

Wie wir im Falle der Schraubung die Drehung mit einer Deckschiebung kombinieren, möge anschließend gleich auch die *Gleitspiegelung* Erwähnung finden, bei der die Spiegelung mit einer Gleitung parallel der spiegelnden Ebene verbunden ist. In solchen Fällen ist das Atom *1* nicht jenseits der spiegelnden Ebene an seinem normalen Platz realisiert (wie in Abb. 200 a), sondern um die Hälfte des Identitätsabstandes längs der Spiegelebene nach *2* geglitten (s. Abb. 200 b), um erst bei der nächsten Rückspiegelung + Translation $\tau/_2$ in die neue Identitätslage *1* zu gelangen.

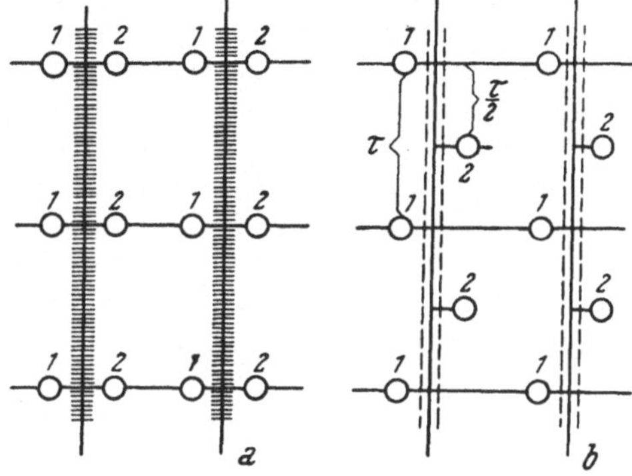

Abb. 200. Gleitspiegelung. a) Echte Spiegelebenen im Diskontinuum; b) Gleitspiegelebenen

Die Gleitung parallel der spiegelnden Fläche kann in der Richtung einer der beiden in Betracht kommenden kristallographischen Achsen erfolgen, oder aber in diagonaler Richtung. Mit andern Worten: ist beispielsweise (010) Spiegelebene, dann kann die Gleitrichtung [100] oder [001] sein bzw. [101] oder [$\bar{1}$01]; die Gleitkomponente beträgt dann $\frac{a}{2}$ oder $\frac{c}{2}$ bzw. $\frac{a+c}{2}$. (In der Diagonalrichtung kann es auch $^1/_4$ der Translationsperiode sein.)

c) Die Vollendung der Strukturtheorie

Wie erwähnt, gelangte SOHNCKE durch Heranziehung der Drehung und Schraubung zu seinen 65 Punktsystemen, die jedoch noch immer nicht imstande waren, die 32 Kristallklassen restlos zu deuten. So sah sich SOHNCKE 1888 zu einer Erweiterung seiner Theorie veranlaßt, indem er zwei (oder mehrere) *verschiedene* Bausteinsorten an einem „allgemeineren Punktsystem" teilhaben läßt. Dabei betonte SOHNCKE schon damals, daß diese Bausteine auch Atome sein könnten, eine Auffassung, die PAUL VON GROTH seit Anfang unseres Jahrhunderts aufs nachdrücklichste vertreten hat.

---

[1] 4_3 links gewunden ergibt nämlich die Rechtsschraubenachse Abb. 196 b mit $\tau/_4$ Schraubungskomponente rechts gewunden.

Will man aber dieses Zugeständnis — die Annahme verschiedenartiger Bausteine — machen, dann ist es zweifellos naheliegender, auch *spiegelbildlich* gleiche Kristallmoleküle zuzulassen. Dies um so mehr, als man gar nicht an dem Gedanken der Notwendigkeit zweier (enantiomorpher) Bausteinsorten Anstoß nehmen braucht; denn die Moleküle (bzw. Bausteingruppen) lassen sich in eine Konfiguration von einzelnen Atomen als konstituierende Punkte auflösen. Beachte die Konfiguration der SiO_4-Tetraeder in der in Abb. 210 dargestellten Struktur eines Silikats, die dort auch in zueinander spiegelbildlichen Stellungen vertreten sind[1]; die Lage der Spiegelebenen sind aus Abb. 209 zu entnehmen.

Durch Hinzunahme der Spiegelung und Gleitspiegelung zu den übrigen besprochenen Symmetrieelementen gelang es 1891 dem deutschen Mathematiker A. SCHOENFLIES, in strenger Form nachzuweisen, daß es **230** Raumsysteme des Feinbaues gibt, *„Raumgruppen"* genannt..

Auf ganz anderem Wege — nämlich durch seine Untersuchungen über Raumteilungen und Kugelpackungen — war auch der russische Kristallograph E. v. FEDOROW 1890 zu dem gleichen Resultat gelangt.

So lösen sich die 32 Kristallklassen, die die morphologische Kristallographie kennt, in 230 Raumgruppen auf, indem zu den Symmetrieelementen des makroskopischen Kristallbaues noch die Translation für die feinbaulichen Teilchen hinzukommt: somit zur Drehung die Schraubung, zur Spiegelung die Gleitspiegelung. Durch Wegfall dieser nur im Mikrokosmos sich auswirkenden zusätzlichen Translationen gelangt man jeweils auf die Symmetrie der betreffenden Kristallklasse.

Eine „Raumgruppe" ist demnach charakterisiert durch eine Kombination von Symmetrieelementen des Feinbaues, wie ihrerseits die Kristallklasse das Symmetriegerüst der äußeren Kristallform repräsentiert.

XIV. Die Schoenfliesschen Raumgruppen[2]

Durch die Darlegungen S. 143 hatten wir verständlich gemacht, daß die BRAVAISschen Gitter die Mindersymmetrien des betreffenden Kristallsystems zu erklären nicht imstande sind — es sei denn, daß die in Erscheinung tretende Symmetrieverminderung dem Baustein selbst schon zugeschrieben wird. Jetzt aber haben wir erkannt, daß dem Elementarkörper an sich ein Symmetriegerüst eigen ist, das die Art und Weise der Ineinanderstellung der verschiedenen, am Aufbau der Struktur teilnehmenden Translationsgitter bestimmt. Die Ursprungspunkte derselben in bezug auf das Nullpunktsgitter bezeichneten wir als die „Basis der Struktur"; diese ist somit von den dem Elementarkörper zukommenden Symmetrieelementen beherrscht. Zu jenen des morphologischen Kristallbaues

---

[1] Tetraeder in spiegelbildlicher Stellung sind zwar an sich kongruente Körper (ein und dieselbe Bausteinsorte), doch könnten wir uns für den Zweck dieser Überlegung auch Konfigurationen nach Art zweier enantiomorpher Tetartoeder denken.

[2] Internationale Tabellen zur Bestimmung von Kristallstrukturen. Berlin: Gebr. Borntraeger, 1935. — Neuausgabe: International Tables for X-Ray Crystallography; Vol. I: Symmetry Groups. Birmingham 1952.

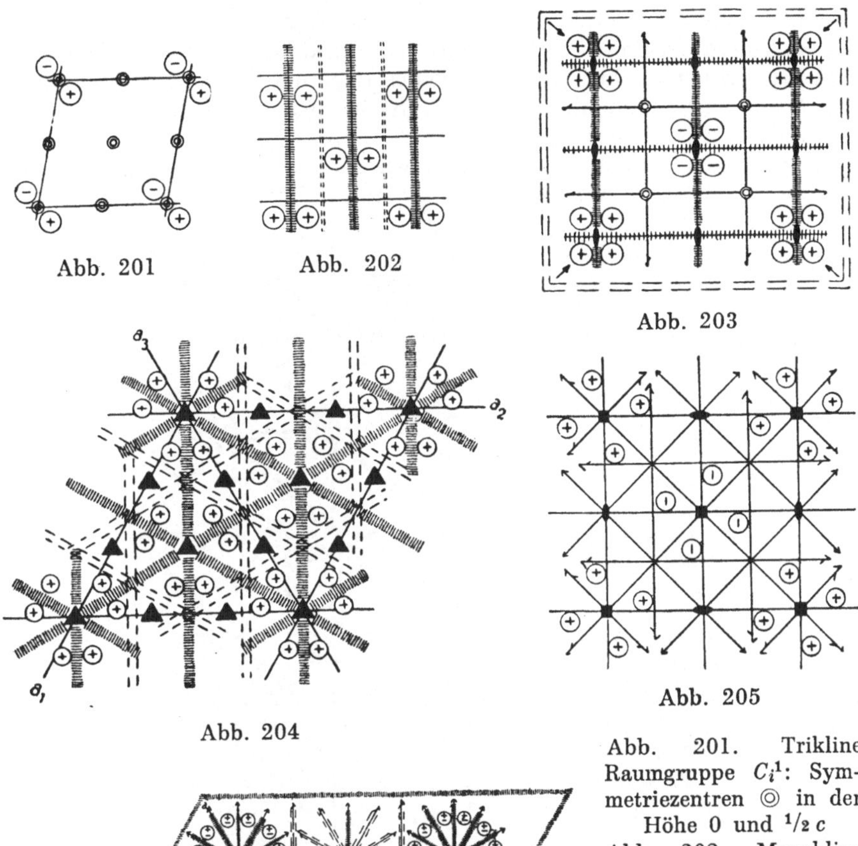

Abb. 201

Abb. 202

Abb. 203

Abb. 204

Abb. 205

Abb. 206

Abb. 201. Trikline Raumgruppe $C_i{}^1$: Symmetriezentren ◎ in der Höhe 0 und $^1/_2\,c$

Abb. 202. Monokline Raumgruppe $C_s{}^3$: Spiegelebenen und Gleitspiegelebenen ∥ (010)

Abb. 203. Rhombische Raumgruppe $V_h{}^{13}$: Vertikale Spiegelebenen, horizontale Gleitspiegelebenen (in 0 und $^1/_2\,c$ Höhe) mit diagonaler Gleitkomponente; zweizählige Deckachsen und Schraubenachsen sowie Symmetriezentren

Abb. 204. Trigonale Raumgruppe $C_{3v}{}^2$: Vertikale dreizählige Deckachsen ▲, Spiegelebenen und Gleitspiegelebenen

Abb. 205. Tetragonale Raumgruppe $D_4{}^2$: Lediglich Deckachsen und Schraubenachsen

Abb. 206. Hexagonale Raumgruppe $D_{6h}{}^1$: Vertikale Deckachsen, darunter auch sechszählige; zweizählige horizontale Deck- und Schraubenachsen; Spiegelebenen und Gleitspiegelebenen sowie Symmetriezentren

kommen, wie wir hörten, noch Schraubenachsen und Gleitspiegelebenen hinzu. Durch Wegfall der diese letzteren charakterisierenden zusätzlichen Translationen reduziert sich das Symmetriegerüst des Diskontinuums zu einem solchen der Punktsymmetrie (s. S. 44), wie sie der äußerlich wahrnehmbare Kristall besitzt.

So ist nun erreicht, was erstrebt wurde: die 32 Kristallklassen, die die morphologische Kristallographie kennt, finden ihre restlose Erklä-

Abb. 207. Kubische Raumgruppe $O_h{}^5$: Verschiedene Arten von Deck- und Schraubenachsen, Spiegel-, Gleitspiegelebenen; außerdem Symmetriezentren

rung im Aufbau der 230 Raumgruppen. Die konstituierenden Punkte in allgemeinster Lage können daher als symmetrielos (d. h. mit keinen Symmetriebesonderheiten begabt) aufgefaßt werden.

Zur Illustrierung des Gesagten möge noch eine kleine Auswahl von Symmetriegerüsten der 230 Raumgruppen — und zwar je ein Beispiel für jedes Kristallsystem — wiedergegeben werden (Abb. 201 bis 207). Daraus ist zu ersehen, wie mannigfaltig sich bereits ein einziger konstituierender Punkt (der in allgemeinster Lage angenommen ist) durch die Wirksamkeit der Raumgruppensymmetrie innerhalb des Elementarkörpers wiederholt.

a) Punktlagen: Zähligkeit und Eigensymmetrie

Nun besteht aber im Elementarkörper einer Raumgruppe nicht nur die Möglichkeit, den konstituierenden Punkt — wie in den aufgezeigten Beispielen — in „allgemeinster Lage" anzunehmen (d. h. auf keinem der vorhandenen Symmetrieelemente placiert, so daß bezüglich aller drei

Raumkoordinaten Variationsmöglichkeit besteht), sondern der konstituierende Punkt kann ebensogut auf einem der Symmetrieelemente gelegen sein.

Betrachten wir zum Verständnis dieser Verhältnisse eine Tetragyre innerhalb einer Raumgruppe (Abb. 208). Ein konstituierender Punkt liege seitlich von ihr. Durch die Wirksamkeit dieser Symmetrieachse wird der angenommene Punkt noch dreimal wiederholt, so daß nun vier Punkte im Winkelabstand von 90^0 vorhanden sind. Die Gesamtzahl strukturell gleichwertiger Punkte im Elementarkörper bezeichnet man als *Zähligkeit der Punktlage*. Verschieben wir nun den Punkt derart, daß er auf die Tetragyre zu liegen kommt: Jetzt bewirkt dieselbe keinerlei Vervielfältigung des Punktes mehr, sondern er kommt im Verlaufe einer Volldrehung nur viermal mit sich selbst zur Deckung. Dem Punkte muß also jetzt eine entsprechende *Eigensymmetrie* zukommen. Die Zähligkeit in bezug auf die Tetragyre ist nun nur noch eins, wogegen sie im ersten Falle vier war.

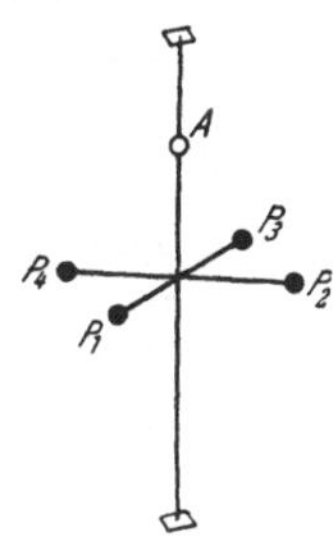

Abb. 208. Zähligkeit einer Punktlage

Diesem Verlust an Zähligkeit entspricht ein bestimmter Gewinn an Eigensymmetrie; denn das Gebilde (wenn es sich um einen materiellen Baustein handelt) muß notwendigerweise tetragonale Symmetrie besitzen, während die abseits der Tetragyre liegenden Punkte asymmetrisch sein konnten.

Während der Punkt P abseits der Symmetrieachse drei *Freiheitsgrade* (x, y, z) besaß — er konnte, ohne an der Konfiguration grundsätzlich etwas zu ändern, in drei Raumrichtungen frei bewegt werden —, hat ein auf der Tetragyre befindlicher Punkt nur mehr einen Freiheitsgrad; denn er kann jetzt, ohne seine Zähligkeit zu ändern, nur noch längs der Tetragyre verschoben werden. Wir können ganz allgemein den Satz formulieren: *Der geringeren Anzahl an Freiheitsgraden entspricht eine geringere Zähligkeit der betreffenden Punktlage, die dafür an Eigensymmetrie gewinnt.* Dieser Zusammenhang von Zähligkeit und Eigensymmetrie ist der nämliche wie in der morphologischen Kristallographie zwischen Flächenzahl und Flächensymmetrie einer bestimmten Kristallform (s. S. 41). Jeder Raumgruppe kommt eine gewisse Anzahl möglicher Punktlagen zu, deren jede ihre bestimmte Zähligkeit und ihre charakteristische Eigensymmetrie besitzt.

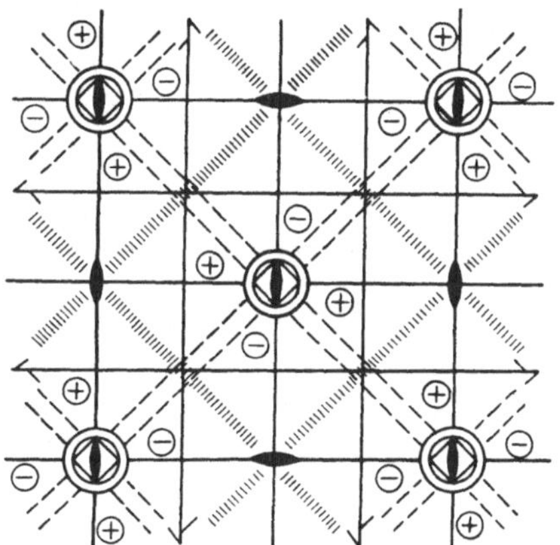

Abb. 209. Symmetriegerüst der tetragonalen Raumgruppe $V_d{}^3$ $(D_{2d}{}^3)$ im Grundriß. ⬓ Vertikale vierzählige Inversionsachsen; ⬩ vertikale zweizählige Deckachsen; ⟵⟶ horizontale zweizählige Schraubenachsen; �𝍸 Spuren vertikaler Spiegelebenen; ═══ Ortho-Gleitspiegelebenen (in vertikaler Lage)

Um ein konkretes Beispiel zu geben, sei das Symmetriegerüst einer tetragonalen Raumgruppe im Grundriß zur Darstellung gebracht (Abb. 209); es ist die Raumgruppe mit dem SCHOENFLIESSchen Symbol $V_d{}^3$.

An Symmetrieelementen bemerken wir vierzählige Inversionsachsen, die (in vertikaler Richtung) durch die Eckpunkte und Basismitten des Elementarkörpers verlaufen. Weiters sind vorhanden horizontale zweizählige Schraubenachsen $\|$ [100] durch $0\,\frac{1}{4}\,0$, $0\,\frac{3}{4}\,0$ sowie $0\,\frac{1}{4}\,\frac{1}{2}$, $0\,\frac{3}{4}\,\frac{1}{2}$, und analog auch solche $\|$ [010]; ferner zweizählige vertikale Deckachsen durch $\frac{1}{2}\,0\,0$, $0\,\frac{1}{2}\,0$. Von Spiegelebenen finden sich vertikale Orthogleitspiegelebenen (Gleitkomponente $\frac{d}{2}$) diagonal durch die Mitte des Elementarkörpers und vertikale (echte) Spiegelebenen diagonal durch die Viertelquader.

Der in diesem Raumgruppenschema eingesetzte Punkt in allgemeinster Lage ist achtzählig, d. h. innerhalb der Grenzen eines einzigen Elementarkörpers kommt er achtmal vor. In der Zeichnung ist die Konfiguration der Punkte an den Ecken über den in Betracht kommenden Bereich hinaus in die Nachbarzellen ergänzt worden; je drei dieser Punkte zählen also nicht für unseren Elementarkörper. Die Ringelchen mit $+$ bedeuten die Punkte oberhalb der Grundfläche der Zelle, jene mit $-$ wären

Tabelle 8

Bezeichnung	Koordinatensymbol des Punktkomplexes	Symmetrie der Punktlage
2 (a)	$\{000\}$	S_4
2 (b)	$\{00\,\tfrac{1}{2}\}$	S_4
2 (c)	$\{0\,\tfrac{1}{2}\,u\}$	C_{2v}
4 (d)	$\{00\,u\}$	C_2
4 (e)	$\{u,\,\tfrac{1}{2}-u,\,v\}$	C_s
8 (f)	$\{x\,y\,z\}$	C_1

Anmerkung: Als erste Punktlagen (a) und (b) figurieren solche ohne Freiheitsgrad; es folgen jene mit einem und zwei Freiheitsgraden und entsprechend ihrer Zähligkeit; am Schluß steht die Punktlage mit drei Freiheitsgraden, die sog. allgemeinste Punktlage.

solche mit gleichem Betrage unterhalb der Grundfläche; oder, was dasselbe ist: unterhalb der Decke (obere Basisfläche). Also zählen sowohl die betreffenden $\oplus$ als auch die $\ominus$ für den Bereich unserer Grundzelle; so sind es im Ganzen acht.

Wenn nun aber der konstituierende Punkt spezielle Lagen einnimmt, d. h. auf irgendwelchen Symmetrieelementen der Raumgruppe liegt, dann vermindern sich in entsprechender Weise die ihm zukommenden Freiheitsgrade, und ebenso wird auch seine Zähligkeit herabgesetzt.

In unserer Raumgruppe $V_d{}^3$ sind prinzipiell sechs verschiedene Punktlagen möglich. Man bezeichnet die Punktlagen einer Raumgruppe fortlaufend mit den Buchstaben des Alphabetes, wobei die jeweilige Zähligkeit durch eine Ziffer vor dem Buchstaben (der auch eingeklammert geschrieben werden kann) angegeben wird.

In der Tab. 8 sind die Punktlagen der Raumgruppe $V_d{}^3$ mit ihren allgemeinen Koordinaten verzeichnet; in der letzten Kolumne ist die Punktsymmetrie mit den Schoenfliesschen Symbolen angeführt.

b) Beispiel einer Struktur

Zur Verdeutlichung des Ganzen soll anschließend eine Struktur vorgeführt werden, der das Symmetriegerüst der eben besprochenen Raumgruppe zukommt. Es handelt sich um ein Calcium-Aluminium-Silikat von der Formel $Ca_2 Al_2 Si O_7$, den *Gehlenit* — das eine Endglied der isomorphen Mischungsreihe der Melilithe. Es ist eine stabile Verbindung mit kongruentem Schmelzpunkt (1590^0) aus dem Dreistoffsystem $CaO-Al_2O_3-SiO_2$, und zwar jene von der stöchiometrischen Zusammensetzung $2\,CaO\,.\,Al_2O_3\,.\,SiO_2$, während die andere desselben Dreistoffsystems durch den Anorthit $CaO\,.\,Al_2O_3\,.\,2\,SiO_2$ repräsentiert wird.

Im Elementarkörper sind zwei Moleküle der genannten Verbindung enthalten; also waren folgende Atome unterzubringen:

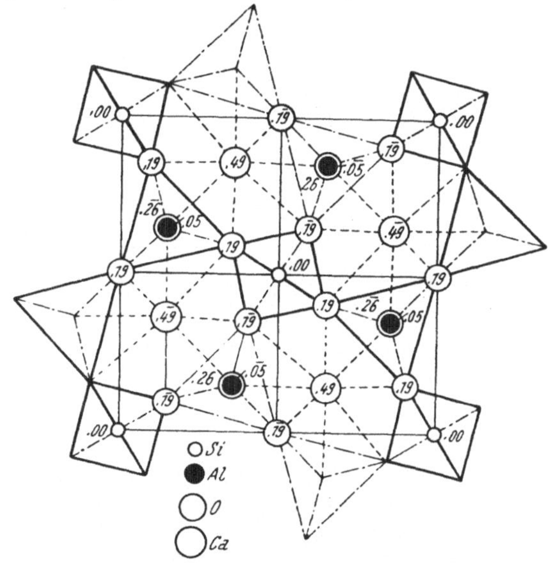

Abb. 210. Struktur des synthetischen Gehlenits $2\,CaO\,.\,Al_2O_3\,.\,SiO_2$ im Grundriß. (Die Ziffern bei den Atompositionen bedeuten die z-Koordinaten in Hundertsteln von c_0)

$$2\,Si,\quad 4\,Al,\quad 4\,Ca,\quad 14\,O.$$

Die Abb. 210 gibt die Struktur im Grundriß wieder[1].

Die Si-Atome nehmen die Eckpunkte und die Basismittelpunkte der Zelle ein, befinden sich somit auf der Punktlage 2 (a): acht Ecken zu je $1/_8$ gezählt + zwei Flächenmitten zu je $1/_2$! Jedes Si ist tetraedrisch von 4 O-Atomen umgeben. (In der Projektion zeigen diese Tetraeder quadratischen Umriß.)

Auch das Al ist tetraedrisch von je 4 O-Atomen umgeben. Hier liegt aber eine der Tetraederflächen horizontal (parallel der Projektionsebene) und projiziert sich daher als gleichseitiges Dreieck; die Spitze dieser Tetraeder ragt entweder nach abwärts (voll ausgezogene Dreiecke!) oder nach aufwärts (strichpunktiert gezeichnete Tetraeder!). Wie ersichtlich, liegen die vier Aluminiumatome auf den Spiegelebenen, die jeden Viertelquader des Elementarkörpers diagonal teilen; es ist dies die Punktlage 4 (e).

Das Ca — ebenfalls auf den Spiegelebenen gelegen, also auch Punktlage 4 (e) — nimmt die Mitte des freien Raumes zwischen der oberen und unteren Tetraederschichte ein und ist von acht Sauerstoffatomen um-

Tabelle 9. Parameterwerte der Gehlenit-Struktur

Atom	Punktlage	x	y	z
Si	2 (a)	0,00	0,00	0,00
Al	4 (e)	0,35	$\frac{1}{2} - x$	0,05
Ca	4 (e)	0,16	$\frac{1}{2} - x$	0,49
O	2 (c)	0,00	0,50	−0,19
	4 (e)	0,35	$\frac{1}{2} - x$	−0,26
	8 (f)	0,15	0,09	0,19

geben (8er Koordination!); es liegt ungefähr in der Höhenmitte ($+$ 0,49 bzw. $-$ 0,49 von c_0).

Damit sind auch bereits die 14 O-Atome untergebracht. Aber sie liegen auf keiner einheitlichen Punktlage; eine 14-zählige Punktlage gibt es in dieser Raumgruppe gar nicht!

---

[1] F. RAAZ: Über den Feinbau des Gehlenit. Sitzber. Akad. Wiss. Wien, *139*, 645 (1930). Eine neuere Arbeit von J. V. SMITH im American Mineralogist [*38*, 643—661 (1953)] scheint die Ansicht des Verfassers bezüglich der Si- und Al-Positionen im synthetischen Gehlenit zu stützen.

Vier O-Atome, die die erwähnten Spitzen der Al-Tetraeder bilden, liegen somit (wie das Zentralatom Al) auf den Symmetrieebenen; also gleichfalls Punktlage 4 (e). Je ein Sauerstoff-Eck der Al-Tetraeder befindet sich ersichtlicherweise auf den in den Kantenmitten des Grundrißquadrates ausstechenden zweizähligen Deckachsen: unsere Punktlage 2 (c). Diese vier in den Seitenflächen des Elementarkörpers sitzenden Atome zählen für unsere Zelle je nur zur Hälfte, also zweizählig! Die übrigen acht O-Atome nehmen die achtzählige Punktlage 8 (f) ein.

Die Tab. 9 der Parameterwerte (Koordinaten in Hundertsteln von a_0 und c_0) bietet gleichzeitig einen Überblick über die hier erörterte Struktur.

Erschließung der Kristallstruktur: Röntgenkristallographie

Im vorstehenden Kapitel, das den SCHOENFLIESSchen Raumgruppen gewidmet war, wurde — um vom Feinbau im Diskontinuum eine anschauliche Vorstellung zu gewinnen — auch das Ergebnis einer Strukturuntersuchung behandelt, wiewohl die *Arbeitsmethoden,* die ein solches Resultat herbeizuführen imstande sind, noch gar nicht erwähnt worden waren. Dies soll nun in diesem dritten Abschnitt des kristallographischen Teiles geschehen[1].

Durch die grundlegende Entdeckung MAX VON LAUES 1912 über die Interferenz der Röntgenstrahlen am Kristallgitter und die in der Folgezeit eifrigst betriebene Röntgenanalyse von Kristallen wurde die Richtigkeit der Strukturtheorie experimentell erprobt und bestätigt.

XV. Das Laue-Verfahren

a) Experimentelle Durchführung und Erklärung durch das Braggsche Reflexionsgesetz

Der klassische Versuch, Beugungserscheinungen von Röntgenstrahlung durch den Gitterbau eines Kristalles hervorzurufen, wurde auf Anregung LAUES von W. FRIEDRICH und P. KNIPPING in München unternommen.

Ein fein ausgeblendetes Bündel von Röntgenstrahlen war auf einen orientiert aufgestellten Zinkblendekristall gelenkt und der Effekt dieser Bestrahlung auf einer hinter dem Kristall befindlichen photographischen Platte ($\perp$-Primärstrahl) aufgefangen worden. Die Versuchsanordnung

---

[1] Grundlegende Darstellungen s. u. a. W. L. BRAGG: The Crystalline State, 1. General Theory. London: Bell, 1949. — CH. MAUGUIN: La Structure des Cristaux. Paris: Blanchard, 1924. — R. W. G. WYCKOFF: The Structure of Crystals. New York: Chem. Cat. Comp., 1935. — P. P. EWALD: Die Erforschung des Aufbaues der Materie mit Röntgenstrahlen. Handb. d. Physik, Bd. XXIII/2, 2. Aufl. Berlin: Springer, 1933. — H. OTT: Strukturbestimmung mit Röntgeninterferenzen. Handb. d. Experimentalphysik, Bd. VII/2. Leipzig: Akad. Verl.-Ges., 1926. — M. v. LAUE: Röntgenstrahl-Interferenzen. Leipzig: Akad. Verl.-Ges., 1941.

geht aus Abb. 211 hervor. Die Abb. 212 a und b zeigen das Resultat des Versuches: Abb. 212 a ist das Interferenzbild bei einer Durchstrahlung ‖ [111]; es war also eine Tetraederfläche (111) senkrecht zum Primärstrahl eingestellt. Abb. 212 b ist das Interferenzmuster bei Durchstrahlung ‖ [100] (eine Würfelfläche der Zinkblende wurde senkrecht durchstrahlt).

In der Mitte beider Bilder sehen wir den intensiven Schwärzungsfleck des unabgelenkt den Kristall durchsetzenden Primärstrahlenbündels. Die Anordnung der abgebeugten Sekundärstrahlen entspricht der Symmetrie der senkrecht getroffenen Fläche: Die Durchstrahlung in der Richtung der Körperdiagonale des Würfels ergibt ein trisymmetrisches Bild.

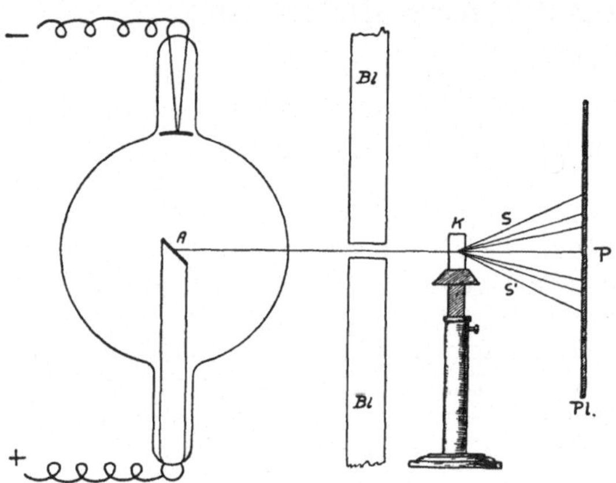

Abb. 211. LAUE-Apparatur (nach P. P. EWALD). *A* Antikathode; *Bl* Blende; *K* Kristall; *Pl* photographische Platte; *P* Primärstrahl; *S, S'* Sekundärstrahlen

Im zweiten Fall aber erkennen wir tetrasymmetrische Verteilung der Interferenzflecken[1].

Die mathematische Theorie über das Zustandekommen der Interferenzen als einer Beugungserscheinung im dreidimensionalen Gitter gab M. VON LAUE bereits im Juni 1912 gelegentlich der Veröffentlichung der Versuchsergebnisse in der Bayerischen Akademie der Wissenschaften. Im nächsten Jahre haben die englischen Physiker W. H. und W. L. BRAGG (Vater und Sohn) gezeigt, daß sich der Interferenzvorgang im dreidimensionalen Gitter formal überaus anschaulich deuten lasse: die resultierenden Sekundärstrahlen stellen sich dar als *Reflexionen* an den inneren Strukturebenen des durchstrahlten Kristalls[2].

Die folgende Skizze (Abb. 213) soll das für eine herausgegriffene Netzebenenschar illustrieren: Der von links einfallende Primärstrahl *p* erzielt auf der photographischen Platte (*Ph. Pl.*) den Primärfleck *P*. Da der Primärstrahl unter einem Winkel (ϑ) die in Betracht gezogene Netzebenenschar trifft, wäre nach den elementaren Gesetzen der Optik ein reflektierter Strahl *s* zu erwarten, der in die photographische Platte im Punkte

---

[1] Die Würfelfläche der kubisch-hemiedrischen Zinkblende ist zwar nur disymmetrisch, das LAUE-Diagramm jedoch tetrasymmetrisch! Bei Durchstrahlungsvorgängen kommt nämlich ein Symmetriezentrum automatisch hinzu, so daß der Effekt ein solcher ist, als handle es sich um einen kubisch-holoedrischen Kristall.

[2] Das hatte W. L. BRAGG auch schon in einer Arbeit vom November 1912 zum Ausdruck gebracht.

S einsticht; so könnte also die gezeichnete Netzebenenschar einen „abgebeugten" Sekundärstrahl liefern (die Bedingung, ob sie es tut, wird gleich erörtert werden!).

Da wir aber in dem durchstrahlten Kristall eine beträchtliche Zahl von Netzebenen mit entsprechender Besetzungsdichte annehmen müssen, erhalten wir beim Laue-Versuch ein ganzes Interferenzmuster von Sekundärflecken, wie es uns die wiedergegebenen Originalaufnahmen an der Zinkblende zeigen.

Die schematische Darstellung der Abb. 214 a und b soll zur Verdeutlichung des Reflexionsvorganges an inneren Strukturebenen dienen: Figur a zeigt ein einfaches kubisches Gitter in Grundrißprojektion (xy-Ebene). Die eingezeichneten Gitterlinien stellen demnach die Spuren von Netzebenen dar, die senkrecht auf der Bildebene stehen, also durch die z-Achse hindurchgelegt sind. Ohne Rücksicht auf die Vorzeichen der Indices (der zweite müßte negativ sein!) ergeben sich die Netzebenensymbole 110, 120, 130 usw. Der Primärstrahl trifft von links kommend senkrecht auf die Würfelfläche (100) auf; er verläuft also in Richtung der x-Achse.

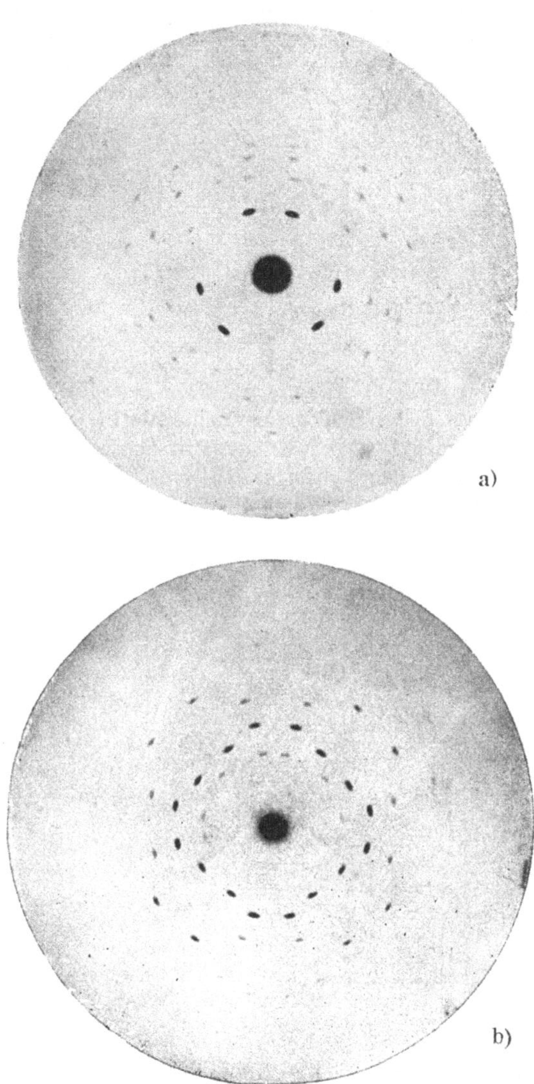

Abb. 212. Laue-Diagramme von Zinkblende (nach v. Laue, Friedrich und Knipping). a) Bei Durchstrahlung ‖ [111], dreizählig; b) bei Durchstrahlung ‖ [100], vierzählig

Das Bild b, ganz entsprechend der Abb. 214 a, demonstriert das Entstehen von Sekundärstrahlen, die von den Netzebenen 120, 130, 140 usw. herrühren, während der an 110 erzielte Sekundärstrahl parallel der photographischen Platte verläuft und daher nicht aufgefangen werden kann.

Jede Netzebenenschar hat ihren bestimmten d-Wert, der sich — für ein einfaches Translationsgitter — aus den Gitterkonstanten (a, b, c, α, β, γ) und den MILLERschen Indices der betreffenden Netzebene berechnen läßt (vgl. dazu S. 125).

Am einfachsten liegen die Verhältnisse im kubischen System; hier gilt:

$$d_{hkl} = \frac{a_w}{\sqrt{h^2 + k^2 + l^2}},$$

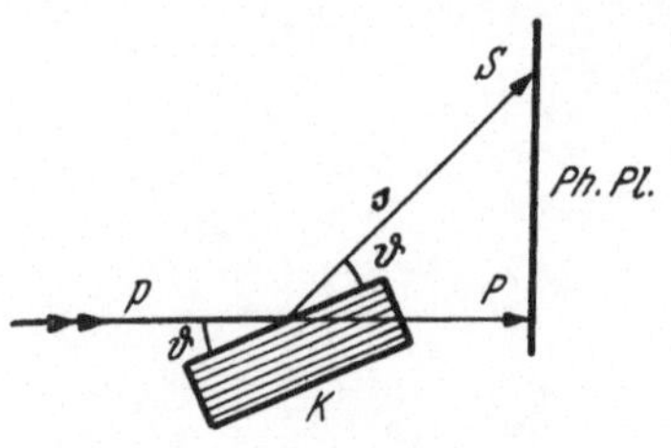

Abb. 213. Reflexion an einer Netzebenenschar

wenn a_w die Würfelkante der primitiven Zelle und $h\,k\,l$ das MILLERsche Symbol der zu berechnenden Netzebenenschar ist.

Der Winkel ϑ, den der Primärstrahl mit einer Netzebene bildet und den wir in der Röntgenographie als „*Glanzwinkel*" bezeichnen (es ist der Komplementärwinkel zu dem in der Optik verwendeten „Einfallswinkel" gegenüber dem Einfallslot!) ist für jede der reflektierenden Netzebenen von vorgegebener, feststehender Größe; der Kristall ist jedoch ruhend dem Primärstrahl entgegengestellt.

Nun war bereits oben angedeutet worden, daß eine bestimmte Bedingung erfüllt sein müsse, wenn ein reflektierter Strahl zustandekommen

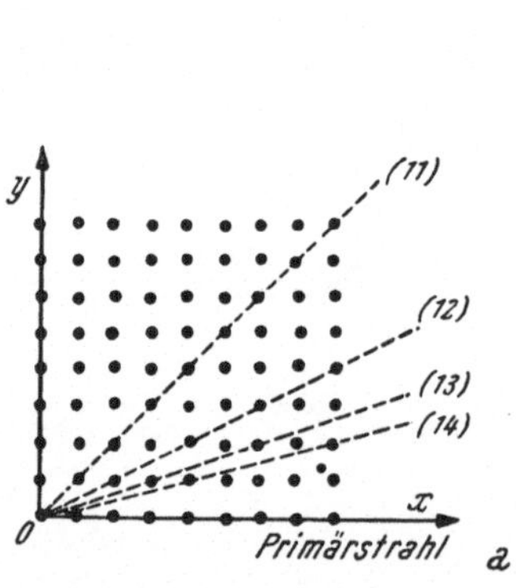
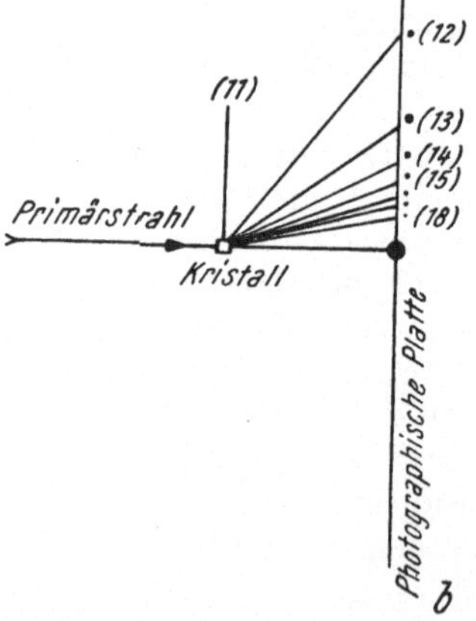

Abb. 214. Reflexionsvorgang an inneren Strukturebenen des Kristalls (nach SCHLEEDE-SCHNEIDER). a) Zweidimensionales Gitter mit Spurlinien von Netzebenen; b) Entstehung des Interferenzbildes

soll. Diese Bedingung hat W. L. BRAGG im Jahre 1913 erkannt und formuliert; es ist das „BRAGGsche Reflexionsgesetz".

Abb. 215 zeigt die Spuren einer Netzebenenschar, auf die ein Bündel paralleler Röntgenstrahlen unter dem Glanzwinkel ϑ einfällt; der Abstand zweier nächstbenachbarter identischer Netzebenen ist d.

Es ist angenommen, daß jede einzelne Netzebene die Fähigkeit hat, einen einfallenden Strahl analog den optischen Reflexionsgesetzen zu reflektieren — auch dann, wenn der einfallende Strahl (wie dies hier für die Ebene E_2, E_3, E_4 gilt) nicht gerade auf ein Atom trifft. Das ließe sich leicht beweisen!

Doch ist unsere Annahme von der Reflexionsfähigkeit der Netzebenen immer nur für eine *einzelne* dieser Ebenen zutreffend. Hier aber handelt es sich um ein räumliches Gitter, wo wir in bezug auf die ins Auge gefaßte Netzebenenlage eine ganze Schar paralleler Netzebenen in ihrer Gesamtwirkung untersuchen müssen. Wir müssen also feststellen, ob Gangunterschiede auftreten und welchen Gangunterschied zwei an aufeinanderfolgenden Ebenen reflektierte Strahlen (z. B. *1* und *2*) gegeneinander aufweisen. Das ist aus unserer Zeichnung leicht zu entnehmen.

Fällen wir von Q aus das Lot auf Strahl *2*; L ist sein Fußpunkt. QL

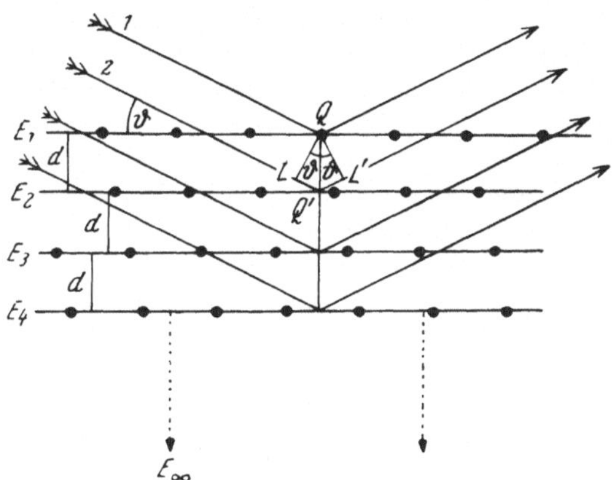

Abb. 215.   Braggsches Reflexionsgesetz
(nach F. Machatschki)

bedeutet die *ebene* Wellenfront zweier benachbarter paralleler Strahlen. Bis dorthin sind sie also ohne Gangunterschied, sie befinden sich „in Phase". Der an der Netzebene E_2 bei Q' reflektierte Strahl hat aber einen längeren Weg zu durchlaufen als der an E_1 bei Q reflektierte: Bis zum Auftreffen auf E_2 ist der Weg um die Strecke $\overline{LQ'}$ länger; diese Wegdifferenz ergibt sich aber aus dem rechtwinkligen Dreieck $QQ'L$ zu $d \cdot \sin \vartheta$ (denn $\sphericalangle LQQ' = \vartheta$, als Normalenwinkel!).

Wegen der Symmetrie der Erscheinung ist die Gesamtdifferenz der Strahlenwege gleich $LQ' + Q'L' = 2\,d \sin \vartheta$.

Die an den ungeheuer vielen parallel liegenden Strukturebenen reflektierten Strahlen wirken aber nur dann gleichsinnig und sich verstärkend zusammen, wenn der Gangunterschied von Strahlen je zweier benachbarter Netzebenen eine ganze Anzahl n von Wellenlängen λ beträgt. Daher ergibt sich die Bedingung

$$\boxed{n \cdot \lambda = 2\,d \sin \vartheta.}$$

Das ist das Braggsche Reflexionsgesetz. Die Zahl n ($= 0, 1, 2, 3 \ldots$) bezeichnet man als „die Ordnung der Reflexion".

Wir sehen in der Reflexionsbedingung eine Verknüpfung dreier physikalischer Daten: der Wellenlänge der benützten Röntgenstrahlung, der Netzebenenabstände als Materialkonstanten und der jeweiligen Glanzwinkel.

Nun ist es offensichtlich, daß man bei der experimentellen Anordnung einer LAUE-Aufnahme zwei dieser drei Werte unverändert festliegend hat: die d_{hkl}-Werte und die Einfallswinkel. Würde nun auch noch mit einer *bestimmten* monochromatischen Röntgenstrahlung gearbeitet werden (vorgegebenes λ!), so wäre es ein reiner Zufall, wenn die Reflexionsbedingung für irgendeine der vielen Netzebenenscharen erfüllt wäre. Mit andern Worten: mit monochromatischem Röntgenlicht kann man beim LAUE-Verfahren nichts erreichen. Wir benötigen polychromatische Strahlung, das kontinuierliche Röntgenspektrum! Dann kann jede der reflexionsfähigen Netzebenen mit jener Wellenlänge reflektieren, die gemäß ihrem d- und ϑ-Wert die BRAGGsche Gleichung erfüllt. Es kommen somit in jeder orientierten Kristallage (s. die beiden Zinkblendeaufnahmen!) eine mehr oder minder große Anzahl von Strukturebenen zur Reflexion. Es war daher unsere eingangs mit Vorbehalt gegebene Darstellung des LAUE-Effektes als Reflexion an den verschiedenen Netzebenenlagen im Prinzip zutreffend. Nur wissen wir jetzt, daß sie nur Geltung haben kann, wenn *polychromatische* Strahlung zur Anwendung gelangt und sich so jede Netzebenenschar die zu ihr passende Wellenlänge aussuchen kann.

b) Die Indizierung einer Laue-Aufnahme

Nach dem Gesagten ist also jedem Interferenzfleck eine bestimmte Netzebenenlage zugeordnet. Diese können wir auf einfache Weise aus dem Reflexbild des Röntgenphotogrammes feststellen und so jedem Interferenzpunkt des LAUE-Bildes das MILLERsche Symbol jener Netzebenenschar beilegen, von der er herrührt. Die Abb. 216 wird diesen Zusammenhang aufzeigen.

K sei der Mittelpunkt eines Kristalls, BC bezeichne die Spur einer Netzebene desselben, die auf der Zeichenebene senkrecht steht. Der Primärstrahl AK (in der Zeichenebene gelegen) falle von unten her auf die genannte Netzebene ein und wird in Richtung J

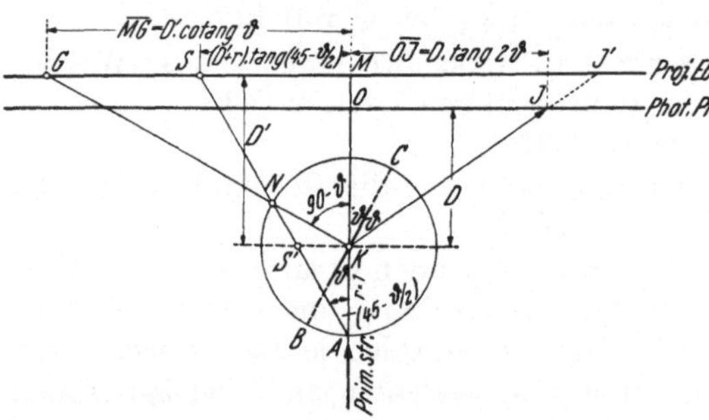

Abb. 216. Zusammenhang zwischen Reflexbild und gnomonischer bzw. stereographischer Projektion

reflektiert. Senkrecht zur Primärstrahlenrichtung steht in der Entfernung D vom Mittelpunkt des Kristalls die photographische Platte, wo der Primärstrahl im Punkte O auftrifft; J ist der Einstichpunkt des Sekundärstrahls. Seine Entfernung von O, die aus der Aufnahme zu entnehmen ist, liefert sofort den Glanzwinkel ϑ; denn im Dreieck KOJ ist

$$\overline{OJ} = D \cdot \tang 2\vartheta.$$

(2 ϑ als Winkel zwischen Primärstrahl und Sekundärstrahl heißt „Abbeugungswinkel".)

Um aber die Millerschen Indices der reflektierenden Netzebene zu ermitteln, bedienen wir uns einer der in der Kristallographie üblichen Projektionsverfahren, am zweckmäßigsten der gnomonischen Projektion. Nehmen wir als Projektionsebene eine Ebene im Abstande D' von K ($\parallel$ der photographischen Platte) an, so stellt Punkt G die gnomonische Projektion der Netzebene BC dar, denn KG ist senkrecht BC. Die Entfernung des darstellenden Punktes G vom Mittelpunkt der gnomonischen Projektion — es ist dies der Punkt M — ergibt sich aus dem Dreieck KMG; der Winkel bei K ist ersichtlicherweise $(90 - \vartheta)$. Daher

$$\overline{MG} = D' \cdot \tang (90 - \vartheta) = D' \cdot \cotang \vartheta.$$

Aber auch die stereographische Projektion der reflektierenden Netzebenenlage läßt sich leicht finden:

Wir schlagen um K einen Kreis als Schnitt der Einheitskugel $(r = 1)$ mit der Bildebene. N ist der Pol der Netzebene BC auf dieser Lagekugel. Dieser muß durch Zentralprojektion (Augpunkt der Südpol der Kugel A)

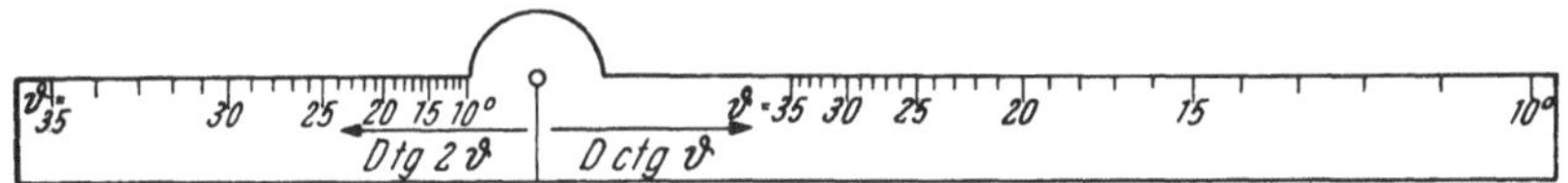

Abb. 217. Gnomonisches Lineal nach Wyckoff

auf der gewählten Projektionsebene abgebildet werden. (Gewöhnlich wird die Äquatorebene als Bildebene der stereographischen Projektion angenommen.)

Nehmen wir, um eine direkte Vergleichsmöglichkeit zu haben, diesmal die gleiche Projektionsebene wie zuvor, dann trifft der Projektionsstrahl AN unsere Projektionsebene im Punkte S. Seine Entfernung vom Mittelpunkt des Projektionsbildes folgt aus dem Dreieck AMS:

$$\overline{MS} = (D' + r) \cdot \tang (45 - \vartheta/2);$$

denn der Winkel bei A ist als Peripheriewinkel von $\sphericalangle MKN$ gleich $1/2 \cdot (90 - \vartheta)$.

Anmerkung: Hätten wir die stereographische Projektion auf der Äquatorebene der Einheitskugel angefertigt, dann wäre die Entfernung des stereographischen Punktes S' vom Mittelpunkt des Projektionsbildes K gegeben durch

$$\overline{KS'} = r \cdot \tang (45 - \vartheta/2) = \tang (45 - \vartheta/2).$$

Die Vermessung der LAUE-Aufnahme liefert, wie wir gesehen haben, den jeweiligen Glanzwinkel ϑ. Mit seiner Hilfe kann also eine gnomonische oder stereographische Projektion angefertigt werden. Die Projektionspunkte liegen immer diametral in bezug auf J bzw. J' (jenseits O bzw. M); ihre Distanzen vom Mittelpunkt sind auf Grund obiger Formeln gegeben.

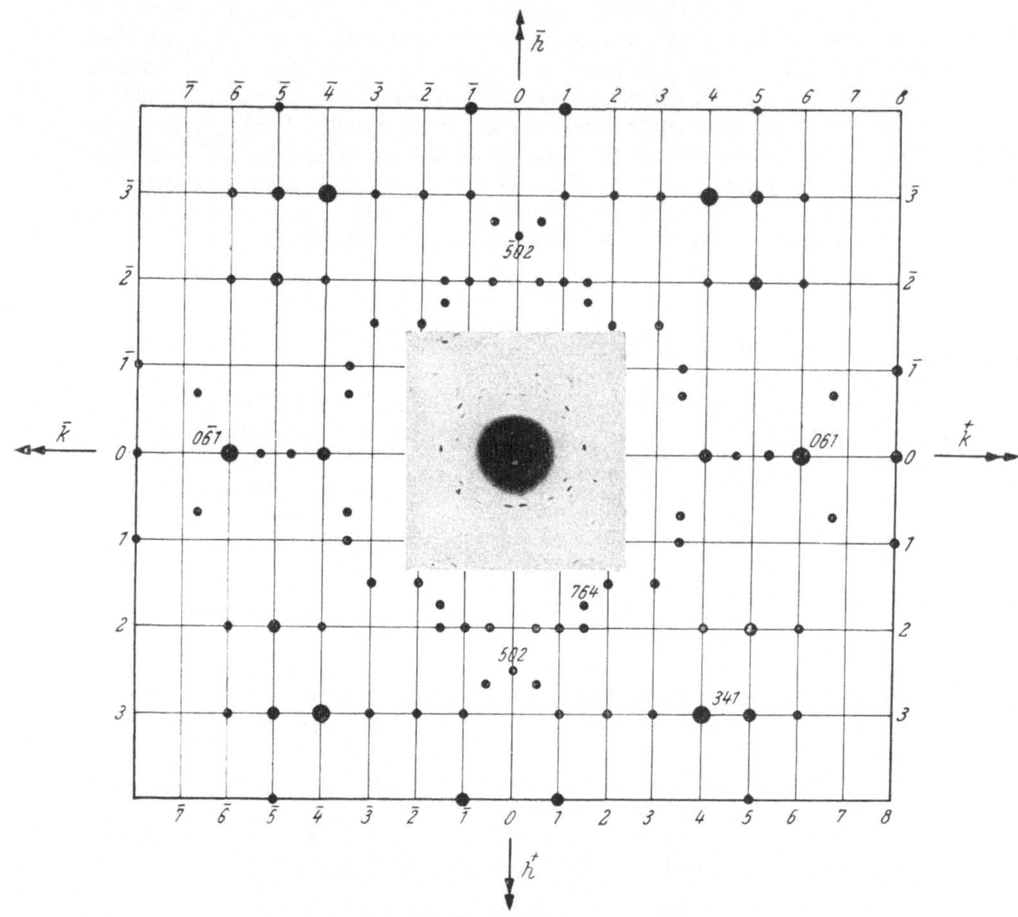

Abb. 218. Übertragung eines LAUE-Bildes in gnomonische Projektion (nach einer Röntgenogramm-Umzeichnung aus R. GLOCKER, Materialprüfung mit Röntgenstrahlen): *Topas,* in Richtung der z-Achse durchstrahlt

Da die Orientierung des aufgenommenen Kristalls zum Primärstrahl und also auch zur Projektionsebene bekannt ist, bietet die Übertragung des LAUE-Bildes in die betreffende Projektion keinerlei Schwierigkeiten. Die Übertragung in gnomonische Projektion kann mit Hilfe eines gnomonischen Lineals (s. Abb. 217)[1] leicht bewerkstelligt werden. Eine solche Umzeichnung ist in Abb. 218 reproduziert. Das gnomonische Lineal wird zu diesem Zweck mit seinem Nullpunkt im Einstichpunkt des Primärstrahls drehbar befestigt, so daß jeder Laue-Punkt durch Ablesung des ϑ-Winkels (linke Seite des Lineals) auf die andere Seite übertragen werden kann. Die Indizierung der auf den Schnittpunkten zweier Zonenlinien (h const., k const.) befindlichen Projektionspunkte ist ohneweiters ersichtlich — der dritte Index l ist gleich 1, weil die Durchstrahlung $\parallel z$ erfolgte. Die Punkte mit Bruchteilen ganzer Zahlen von h und k sind als solche festzustellen, z. B. $1^3/_4$, $1^1/_2$, 1, und dann ist das Verhältnis ganzzahlig zu machen: $^7/_4\,^6/_4\,^4/_4$, also 764 (s. diesen Punkt in der Projektion Abb. 218).

c) Die im Laue-Bild direkt erkennbaren kristallographischen Gesetzmäßigkeiten

1. Der Zonenverband

Im vorhergehenden Teilkapitel haben wir dargetan, wie sich durch Umzeichnung der Laue-Aufnahme in gnomonische Projektion ein übersichtliches Bild der kristallographischen Verhältnisse ergibt und wie

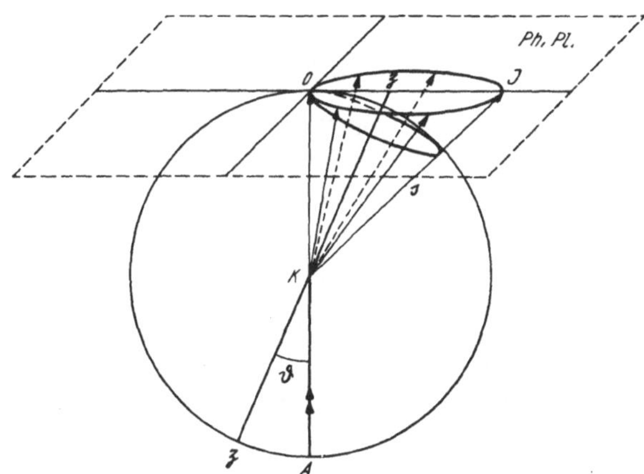

Abb. 219. Zonenverband im Laue-Diagramm (nach F. Rinne).
Der Winkel zwischen Primärstrahl und Zonenachse zz möge allgemein α heißen; er entspricht dem Glanzwinkel ϑ der Netzebene BC von Abb. 216

gerade hier der Zonenverband — der sich durch geradlinige Anordnung der die Netzebenen darstellenden Punkte kundtut — besonders klar hervortritt.

Aber auch schon das Laue-Diagramm selbst verrät durch die Anordnung der Interferenzflecken diesen Zusammenhang.

---

[1] In der Abbildung ist der Abstand D' der Projektionsebene vom Kristall gleich dem Plattenabstand D angenommen worden.

Greifen wir nochmals auf unsere Abb. 216 zurück, wo das Zustande-kommen der Interferenzpunkte auf der photographischen Platte als Spiegelung des Primärstrahls an einer Netzebene dargestellt wurde. Stellen wir uns vor, die Netzebene, die durch ihre Spur BC versinnbildlicht wurde, rotiere um die Linie BC als Drehungsachse. Dann rotiert eben auch der Interferenzstrahl um diese Achse und beschreibt somit einen Kegelmantel, dessen Achse BC ist.

Dies sei in einer eigenen Abbildung — diesmal perspektivisch — zur Darstellung gebracht (Abb. 219). Die Linie BC ist nun aber zur Zonenachse zz geworden für alle jene Flächenlagen, die ihr parallel sind, d. h. die zusammen eine kristallographische Zone bilden. Der Schnitt unseres Interferenzkegels mit der photographischen Platte ist ein Kegelschnitt, in unserem Falle eine Ellipse. Das besagt aber: Die Reflexpunkte von Netzebenen, die einer Zone angehören, ordnen sich im LAUE-Bild in Kegelschnittlinien an. Wie wir bemerken, ist der Primärstrahl auch eine Erzeugende des betreffenden Interferenzkegels; die Kegelschnittlinien des Diagramms gehen also durch den Primärfleck hindurch, wie das für die Ellipse in unserer Abb. 219 ersichtlich ist.

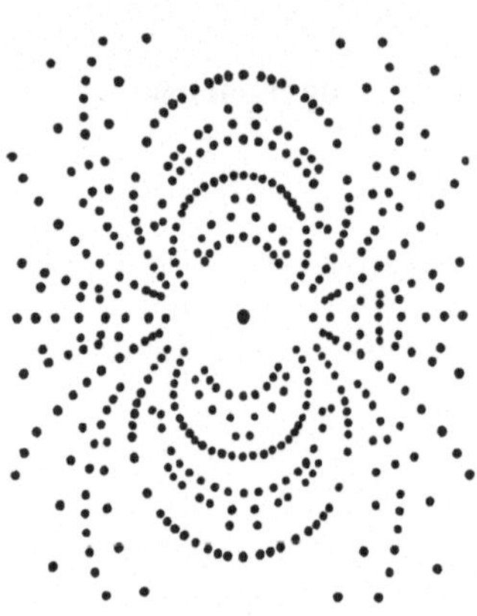

Abb. 220. LAUE-Diagramm von Anhydrit, schematisch. (Aus F. RINNE: Kristallographische Formenlehre)

Nun ist folgendes leicht zu erkennen: Ist der Winkel zwischen Primärstrahl und Zonenachse[1] α kleiner als 45^0, dann ist der maximale Abbeugungswinkel $(2\,\vartheta = 2\,\alpha)$ des von O entferntesten Interferenzpunktes J (Reflex der Netzebene BC!) kleiner als 90^0, d. h. der Interferenzstrahl kann die photographische Platte treffen. Die Kurve der tautozonalen Interferenzpunkte ist eine Ellipse.

Ist jedoch $\alpha = 45^0$, somit $2\,\alpha = 90^0$, d. h. der Interferenzstrahl parallel zur photographischen Platte, dann ist der Kegelschnitt ein solcher mit einem Punkt im Unendlichen — eine Parabel.

Bei Zonenkegeln mit α zwischen 45^0 und 90^0 erhalten wir Hyperbeln. Steht schließlich die Zonenachse senkrecht zum Primärstrahl $(\alpha = 90^0)$, dann artet die Kurve zu einer Geraden aus: Die LAUE-Punkte von Flächen einer Zone $\perp$ Primärstrahl ordnen sich in einer geraden Linie an, die durch den Primärfleck geht; dieser selbst ist der Interferenzpunkt jener Fläche der Zone, die vom Primärstrahl senkrecht getroffen wird. Eine schematische Reproduktion eines LAUE-Bildes soll diese Verhältnisse illustrieren (Abb. 220).

---

[1] Er würde dem Glanzwinkel ϑ jener senkrecht auf der Bildebene stehenden Netzebene BC entsprechen (s. auch Abb. 216).

2. Die Symmetrie

Was in der Laue-Aufnahme besonders eindrucksvoll hervortritt, sind — wie schon eingangs erwähnt — die Symmetrieverhältnisse, die jenen der senkrecht durchstrahlten Fläche entsprechen. Da sich aber kein Unterschied ergibt zwischen Symmetrieklassen, die sich nur durch das Vorhandensein oder Fehlen eines Symmetriezentrums unterscheiden, können innerhalb der 32 Kristallklassen nur 11 Gruppen der Laue-Symmetrie unterschieden werden. Diese sind in der letzten Kolumne der Tab. 10 verzeichnet.

Tabelle 10. Symmetrie des Laue-Bildes
(Bezeichnung der Symmetrieklassen nach Schoenflies)

Kristallsystem	Kristallklasse	Symmetrie des Laue-Bildes
Triklin	C_1, C_i	C_i
Monoklin	C_s, C_2, C_{2h}	C_{2h}
Rhombisch	C_{2v}, D_2, D_{2h}	D_{2h}
Tetragonal	S_4, C_4, C_{4h}	C_{4h}
	D_{2d}, C_{4v}, D_4, D_{4h}	D_{4h}
Hexagonal	C_{3h}, C_6, C_{6h}	C_{6h}
	D_{3h}, C_{6v}, D_6, D_{6h}	D_{6h}
Rhomboedrisch	C_3, C_{3i}	C_{3i}
	C_{3v}, D_3, D_{3d}	D_{3d}
Kubisch	T, T_h	T_h
	T_d, O, O_h	O_h

d) Die Strukturermittlung der Alkalihalogenide

W. L. Bragg hatte es im Jahre 1913[1] unternommen, durch kritischen Vergleich der Laue-Diagramme einiger einfacher Verbindungen, vor allem der Alkalihalogenide, eine Vorstellung von der Atomanordnung in diesen Kristallen zu gewinnen; wir beschränken uns auf die Strukturbestimmung des NaCl als der Standardsubstanz in der Röntgenographie.

Die Laue-Bilder von KCl, KBr und NaCl wiesen dieselbe Tendenz in der Anordnung der Interferenzflecken auf. Die Diagramme von Kaliumchlorid und Kaliumbromid seien zunächst einander gegenübergestellt. Die

---

[1] Proc. Roy. Soc. (A) *89*, 248.

Abbildungen sind insofern schematisiert, als die Reflexe von tautozonalen Flächen, die sich im Laue-Photogramm (wie wir gehört haben) in Ellipsen anordnen, hier durch Kreise wiedergegeben sind[1]; dadurch vereinfacht sich die zeichnerische Konstruktion erheblich.

In der Abbildung der KCl-Aufnahme (Abb. 221), ‖ [001] durchstrahlt, ist die Indizierung der Interferenzflecken (die durch ihre Größe die Intensitätsverhältnisse andeuten) in einem Quadranten durchgeführt;

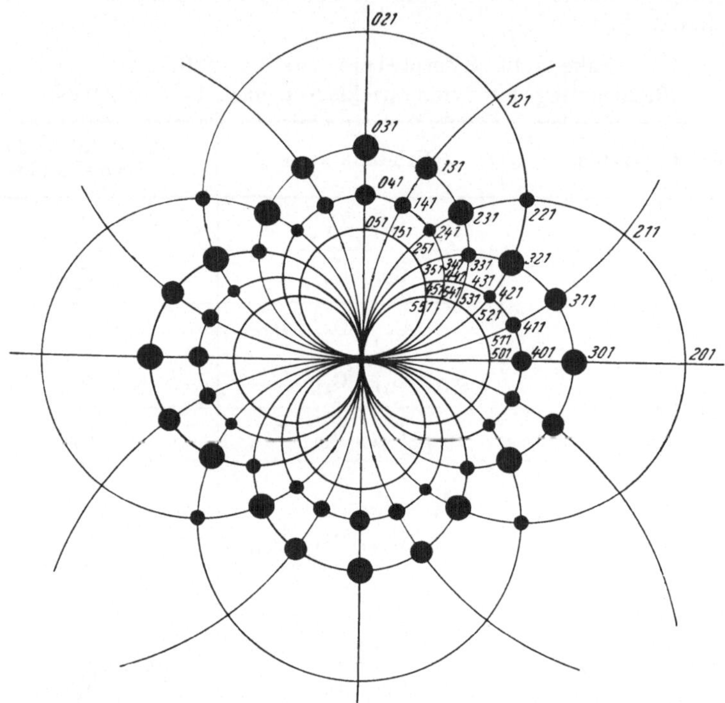

Abb. 221. Laue-Diagramm von Kaliumchlorid, stereographische Projektion
(nach W. L. Bragg)

die Interferenzen liegen immer nur im Schnittpunkt zweier Kreise — ihr dritter Index ist durchwegs 1. Dieses Interferenzmuster läßt in seiner Einfachheit auf eine sehr regelmäßige Anordnung der automaren Beugungszentren schließen. Man kann ein einfaches Würfelgitter zugrunde legen, allerdings mit alternierender Besetzung der Eckpunkte durch die beiden Atomsorten. Dabei war die Annahme gemacht worden, daß die beiden als Beugungszentren wirkenden Atome K und Cl ungefähr den gleichen Beitrag

---

[1] Es ist das nichts anderes als die stereographische Projektion jener Kleinkreise auf der Lagekugel, die sich als Schnitt mit dem Interferenzstrahlenkegel (s. Abb. 219) ergeben.

zur Erzeugung eines Sekundärstrahls liefern. Dies schien plausibel, wenn man das atomare Streuvermögen proportional der Ordnungszahl[1] des betreffenden Atoms im periodischen System setzen dürfte. Die Ordnungszahlen von K und Cl sind 19 und 17, also von annähernd gleicher Größe; so konnte auch ihr Beugungseffekt praktisch als gleichwertig angesehen werden.

Diese Annahme wurde durch folgende Beobachtung gestützt: Das LAUE-Diagramm von KBr ließ im Vergleich zu jenem von KCl erkennen, daß eine auffallend andere Verteilung in den Intensitätsverhältnissen vor-

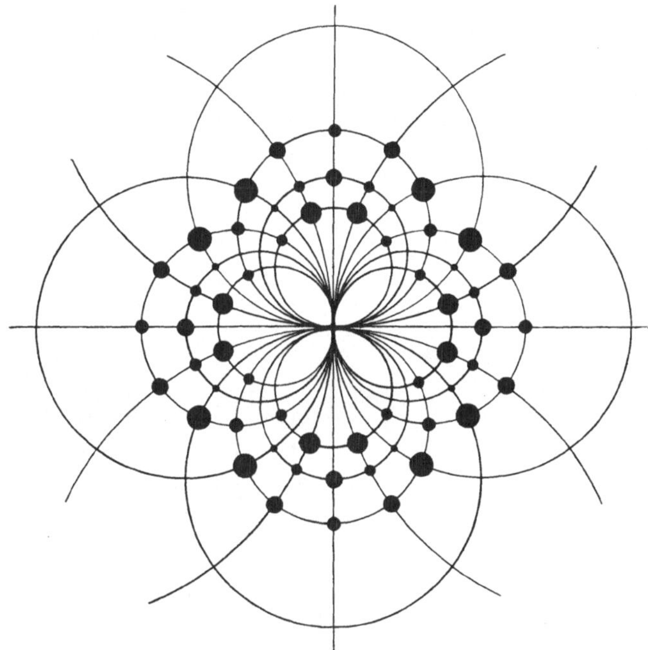

Abb. 222. LAUE-Diagramm von Kaliumbromid (nach W. L. BRAGG)

lag (Abb. 222). Gewisse Strukturebenen, die im Diagramm des KCl deutlich in Erscheinung traten, reflektierten beim KBr überhaupt nicht mehr, wie 221 und 421; dafür traten neue zum Teil mit beträchtlicher Intensität hervor (511, 531). Es scheint die Tendenz vorzuherrschen, daß Ebenen mit ungeraden Indices an erster und zweiter Stelle — der dritte Index war immer 1 — bevorzugt reflektieren. Das aber würde bedeuten, daß solche Ebenen vor allem Atome mit größerem Streuungsvermögen enthalten; und das wäre das Brom mit der Ordnungszahl 35. Da im KBr das

---

[1] BRAGG hatte ursprünglich Proportionalität mit den Atomgewichten angenommen.

Br mit fast doppelt so großer Ordnungszahl röntgenographisch dominiert, ergeben sich Verhältnisse, als ob die Röntgenstreuung fast ausschließlich vom System der Bromatome im Kristallgitter abhinge.

Im Falle des KCl können die beiden Atomsorten röntgenographisch als gleichwertig angesehen werden: Man kann sie sich also als einheitliches System von Vollpunkten denken. Dementsprechend war auch die Röntgenreflexion! (Vgl. Abb. 214.)

Anders im Falle des KBr: Denken wir uns an Hand der Abb. 214 a das zweidimensionale Gitter aus zwei verschiedenen Atomarten alternierend aufgebaut, dann ergibt sich, daß die Spurlinien von Netzebenen mit ungeraden Indices (11, 13, 15) jeweils nur aus einer einzigen Atomsorte bestehen, freilich in abwechselnder Schichtfolge. Die Spurlinien mit gemischten Indices jedoch sind mit beiderlei Atomen, also gemischt besetzt. Kann man nun die eine Atomart hinsichtlich ihrer röntgenographischen Auswirkung als nicht existent betrachten, so sind dann die einheitlich besetzten Gitterlinien mit den *ungeraden* Indices relativ *dichter* mit

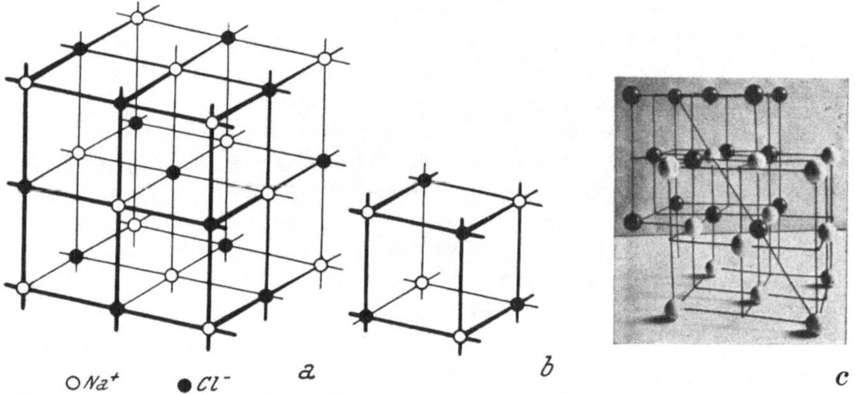

Abb. 223. Steinsalz-Struktur. a) Elementarkörper; b) Achtelwürfel des Elementarkörpers; c) Ineinanderstellung zweier flächenzentrierter kubischer Gitter

Atomen besetzt als jene mit gemischten Indices (wo die zweite Atomsorte praktisch ausfällt!). Das Resultat wird sein, daß vorherrschend die Interferenzen mit ungeraden Indices — von den Netzebenen der schwereren Atome herrührend — auftreten[1].

Das NaCl — mit 11 und 17 als Ordnungszahlen seiner Atome — nimmt in seinem Laue-Bild gewissermaßen eine Mittelstellung ein zwischen jenen von KCl und KBr.

Aus Gründen der Analogie in chemischer und kristallographischer Hinsicht bei den genannten Halogeniden ist es naheliegend, auch strukturelle Gleichheit in der Anordnung von Alkalimetall- und Halogenatomen

---

[1] Allerdings reflektiert auch 041 bzw. 401 beim KBr in fast ungeschwächter Weise.

anzunehmen. Somit ergibt sich für alle drei Verbindungen (und ebenso für das Kaliumjodid) eine Struktur von würfeligen Zellen mit abwechselnder Besetzung der Eckpunkte, s. Abb. 223 b. Strukturtheoretisch entspricht das aber einem Elementarkörper, wie er in Abb. 223 a dargestellt ist. Wir erkennen ein flächenzentriertes Würfelgitter der einen Atomsorte und sehen die andere Atomsorte in der Körpermitte und in den Kantenmitten des Elementarkörpers placiert: Das entspricht aber im dreidimensional-unendlichen Diskontinuum einer Durchdringung zweier geometrisch kongruenter flächenzentrierter kubischer Gitter mit der Verschiebung des Anfangspunktes um die halbe Körperdiagonale, s. Abb. 223 c. So kommt ein Atom des zweiten Gitters in die Körpermitte des ersten und die übrigen Atome der zweiten Sorte, soweit sie in den Bereich des gezeichneten Elementarkörpers fallen, gelangen in die Kantenmitten des Grundgitters.

Mit der soeben besprochenen Erkundung der Atomanordnung bei den Alkalihalogeniden haben wir eine Basis gewonnen, auch zahlenmäßig die Dimensionen in dieser Struktur zu bestimmen. Das gelingt exakt mit Hilfe des spezifischen Gewichtes[1] der betreffenden Substanz σ und der LOSCHMIDTschen Zahl L. Wir wollen dies für das NaCl durchführen:

1 Gramm-Molekül enthält $L = 0{,}6061 \cdot 10^{24}$ Moleküle (Wert nach GEIGER-SCHEEL, Hdb. d. Phys., 2, 487).

Volumen eines *Gramm-Moleküls*

$$V_{\mathrm{NaCl}} = \frac{\text{Gewicht}}{\text{spez. Gewicht}} = \frac{\mathrm{Mol}_{\mathrm{NaCl}}}{\sigma};$$

darin sind L Moleküle bzw. $2\,L$ Atome enthalten.

Durchschnittsvolumen *eines Atoms*

$$V_{\mathrm{Atom}} = \frac{\mathrm{Mol}_{\mathrm{NaCl}}}{\sigma \cdot 2\,L}.$$

Anderseits lehrt uns die Betrachtung der NaCl-Struktur, daß das Volumen eines Atoms im Kristallverbande der Achtelwürfel unseres Strukturmodells Abb. 223 b ist. Denn alle acht Ecken sind mit Atomen besetzt, und zwar abwechselnd mit beiden Sorten. Also entfällt für den Bereich dieses Volumens ein *einziges* Atom $\left(8 \cdot \dfrac{1}{8}\right)$. Den kürzesten Abstand zweier Atome, nämlich die Kantenlänge des Achtelwürfels, wollen wir d nennen; es ist der Netzebenenabstand der Würfelfläche für die gesamte Struktur.

Das Volumen des Achtelwürfels ist also das Durchschnittsvolumen *eines* Atoms in der NaCl-Struktur; es ist d^3.

---

[1] Im kristallphysikalischen Teile wird dafür der Buchstabe s verwendet, der hier vermieden wurde, weil s im röntgenographischen Abschnitt für die Nummer der Schichtlinie gebraucht wird (S. 181).

Die auf zwei getrennten Wegen gefundenen Ausdrücke für das Atomvolumen sind einander gleichzusetzen:

$$d^3 = \frac{Mol_{NaCl}}{\sigma \cdot 2\,L},$$

$$d = \sqrt[3]{\frac{1}{\sigma} \cdot \frac{Mol_{NaCl}}{2 \cdot L}}.$$

Unter Annahme der Atomgewichte von 1927:

spez. Gewicht des kristallisierten NaCl: $\sigma = 2{,}164$

$$\begin{aligned} Cl &= 35{,}46 \\ Na &= 23{,}00 \end{aligned}$$

Molekulargewicht von NaCl   58,46

$$d = \sqrt[3]{\frac{58{,}46}{2{,}164 \cdot 2 \cdot 0{,}6061 \cdot 10^{24}}} = 2{,}814 \cdot 10^{-8} \text{ cm oder } 2\,814 \text{ X-Einheiten}[1].$$

Auf diesem Wege war durch W. L. BRAGG (1913) erstmalig eine Gitterkonstante ermittelt worden. Dieser d-Wert für Steinsalz gilt von da an als Standardwert in der Röntgenographie, unbeschadet der Tatsache, daß spätere Verbesserungen in den Ausgangswerten — vor allem die genauere Bestimmung des L-Wertes zu $0{,}60234 \cdot 10^{24}$, einen etwas größeren d-Wert ergaben, nämlich $2{,}8197 \cdot 10^{-8}$.

Es bleibt aber bei $d = 2{,}8140$ Å; die Einheit Å war als „Ångström" bezeichnet worden[2]. Sie ist nur angenähert 10^{-8} cm, denn in Wirklichkeit ist ein bisheriges $Å = 1\,kX = 1{,}00202 \cdot 10^{-8}$ cm.

Das LAUE-Verfahren wäre wegen seiner Übersichtlichkeit und leichten Indizierbarkeit ein geradezu ideales Untersuchungsmittel der Röntgenanalyse; es offenbart am klarsten die Beziehungen zu den kristallographischen Gegebenheiten. Aber ein großer Nachteil haftet ihm an: Jeder Interferenzpunkt ist mit einer ihm eigenen Wellenlänge zustande gekommen, und wir kennen sie nicht! Daher können wir auch die BRAGGsche Gleichung n $\cdot \lambda = 2\,d$ sin ϑ *nicht* zur Bestimmung der d_{hkl}-Werte benützen. Durch Vermessung der Aufnahme bekannt sind immer nur die Glanzwinkel. Auch die Ordnung der Reflexion (die Zahl n) ist unbekannt. Durch die Indizierung der LAUE-Aufnahme wird lediglich festgestellt, welche Netzebenen — rein kristallographisch indiziert! — zur Reflexion gelangt sind, nicht aber, in welcher Ordnung dies geschah (ob mit 1, 2 oder 3 Wellenlängen Gangunterschied). Sollten gleichzeitig zwei Ordnungen der Reflexion von ein und derselben Netzebene vorhanden sein, so ist gleichwohl nur ein einziger Interferenzpunkt erzielt worden; z. B. I. Ordnung mit einer bestimmten Wellenlänge λ, II. Ordnung mit $\lambda/2$ hervorgerufen!

---

[1] Mit obigen Zahlen ergibt sich allerdings der Wert $2{,}8141_5 \cdot 10^{-8}$ cm, während MOSELEY (1913) 2,8140 errechnete.

[2] A. J. ÅNGSTRÖM, schwedischer Astronom und Spektroskopiker, 1814—1874.

Zum Zwecke einer quantitativen Auswertung war man also gezwungen, sich nach anderen Methoden umzusehen. Das LAUE-Verfahren kann mit Vorteil für manche Spezialaufgaben herangezogen werden; als alleiniges Verfahren für eine Kristallstrukturbestimmung kommt es heutzutage nicht mehr in Betracht.

XVI. Das Braggsche Spektrometerverfahren

a) Prinzip und experimentelle Durchführung

Hier gelangt im Prinzip *monochromatisches* Röntgenlicht zur Anwendung, d. h. Röntgenstrahlung von einer bestimmten, genau bekannten Wellenlänge[1].

Erinnern wir uns der Ableitung des BRAGGschen Reflexionsgesetzes (s. Abb. 215) und stellen uns nun vor, daß der Röntgenstrahl zunächst auf die Kristallplatte streifend einfalle (Abb. 224). Der Winkel zwischen Primärstrahl und der Netzebenenschicht wird kontinuierlich vergrößert, bis jener Wert des Glanzwinkels ϑ_1 erreicht ist, der die BRAGGsche Gleichung befriedigt. Es kann dies — im Gegensatz zur Darstellung in Abb. 224 — durch Drehung der Kristallplatte bewerkstelligt werden bei Festhaltung der Einfallsrichtung des Primärstrahls. Nun wird erstmalig ein reflektierter Strahl erzeugt, da wir einen Gangunterschied von 1 λ erzielt haben: Es ist die Reflexion I. Ordnung nach der Gleichung

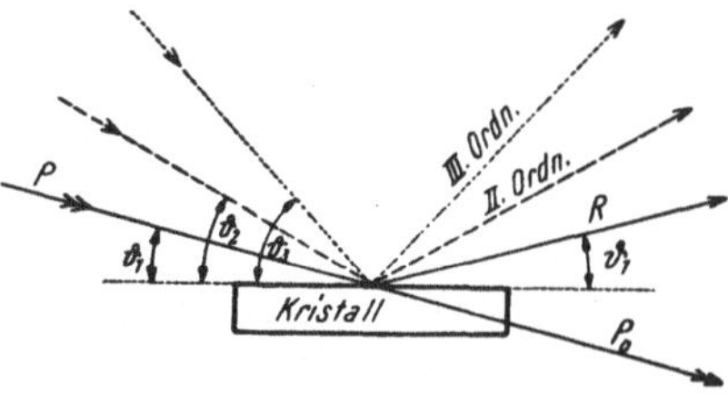

Abb. 224. Reflexionen I., II., III. Ordnung an einer Kristallplatte

$$1. \quad \lambda = 2\,d \sin \vartheta_1.$$

Bei Weiterdrehung (Vergrößerung des Winkels ϑ) wird der Sekundärstrahl wieder zum Verlöschen kommen, da die Verhältnisse nicht mehr der BRAGGschen Gleichung genügen. Aber wir erzielen neuerlich einen Sekundärstrahl bei einem Winkel ϑ_2, dessen Sinus gerade das Doppelte von sin ϑ_1 ausmacht. Wir haben die Reflexion II. Ordnung vor uns:

$$2. \quad \lambda = 2\,d \sin \vartheta_2.$$

Und so können wir auch noch zu einer Reflexion III. (oder höherer) Ordnung gelangen bei weiteren Glanzwinkeln. Die Intensitäten der Sekundärstrahlen werden allerdings mit aufsteigender Ordnung immer schwächer; der Normalabfall für ein einfaches kubisches Gitter entspricht

---

[1] Es kann freilich auch mit einer Dublette von Wellenlängen gearbeitet werden, z. B. mit der α- und β-Strahlung der K-Serie einer bestimmten Antikathode (Eigenstrahlung!); dies ist immer dann der Fall, wenn die β-Strahlung nicht (durch Filterung oder sonstwie) ausgeschaltet wird.

ungefähr dem Verhältnis 100 : 20 : 7 : 3 : 1, wenn die Intensität der I. Ordnung gleich 100 gesetzt wird.

Eine Apparatur, die den skizzierten Vorgang experimentell ermöglicht, ist 1913 von W. H. (und W. L.) Bragg geschaffen worden. Prinzip ist: Drehung des reflektierenden Kristalls bei Verwendung monochromatischen Röntgenlichtes.

Dieses Prinzip einer Drehkristallaufnahme ist durch Abb. 225 versinnbildlicht. Links eine Röntgenröhre (mit Antikathode A), deren Betrieb so geregelt wurde, daß nicht das kontinuierliche Bremsspektrum zur Geltung kam, sondern in der Hauptsache die selektive Eigenstrahlung des Antikathodenmaterials erhalten wurde. Bl bedeutet eine Blendenvorrichtung aus Blei mit senkrechtem Schlitz, der ein bandförmiges Bündel der monochromatischen Strahlung auf den Kristall K lenkt, welcher auf einem drehbaren Tischchen so montiert ist, daß eine natürliche oder angeschliffene

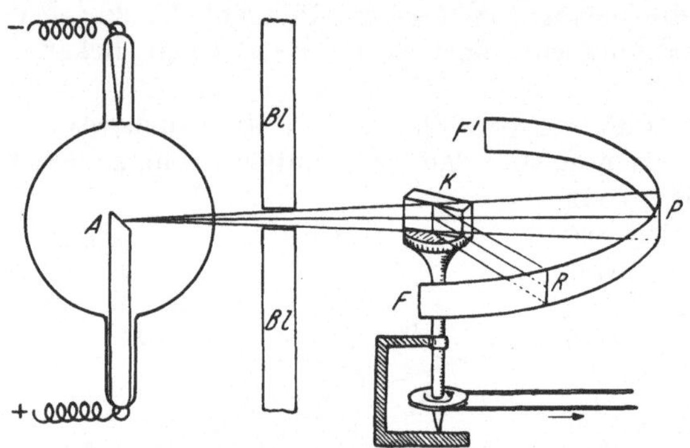

Abb. 225. Prinzip einer Drehkristallaufnahme (nach P. P. Ewald)

Fläche vertikal steht und die (vertikale) Drehachse in sich enthält; das Strahlenband soll die Drehachsenlinie der reflektierenden Kristallfläche treffen. Primärstrahlenrichtung und Drehachse sind aufeinander senkrecht! Laut Zeichnung ist nun koaxial mit der Drehvorrichtung ein zylindrischer Filmstreifen FF' angebracht, der die Röntgenreflexe auffängt: P bedeutet den Einschnitt des primären Strahlenbandes, R die Auftreffstelle eines reflektierten Strahls auf der photographischen Schicht[1].

Das Röntgenspektrometer von Bragg hingegen verwendet zum Nachweis der Sekundärstrahlen eine Ionisationskammer. Das ganze Aufnahmegerät ist nach Art eines einkreisigen Goniometers (mit horizontalem Teilkreis) gebaut, wobei anstelle des Beobachtungsfernrohres die Ionisationskammer tritt; statt des Kollimatorrohres ist die Blende zu denken. Die Ionisationskammer ist um die nämliche Achse wie der Kristall drehbar befestigt. Wird nun der Kristall, beginnend von streifendem Einfall des Primärstrahls, langsam gedreht, so wird die Ionisationskammer gleichsinnig mitgedreht, jedoch um den doppelten Winkelbetrag: Ist der Winkel zwischen spiegelnder Kristallfläche und Primärstrahlenband ϑ, so muß die Ionisationskammer von der Ausgangsstellung (entsprechend dem Primärstrich P auf dem Film) um $2\,\vartheta$ bis R weiterbewegt werden.

---

[1] Die photographische Registrierung beim Drehkristallverfahren stammt von Herwegh und De Broglie.

Die Stellung des Kristallträgers sowohl wie auch jene der Ionisationskammer sind an entsprechenden Kreisteilungen ablesbar. Die Abb. 226 stellt das BRAGGsche Spektrometer dar, bei dem (rechts oben) die Ionisationskammer deutlich zu sehen ist. Der Ionisationsstrom wird durch ein Elektroskop (E in der Abbildung) direkt gemessen.

Um jedoch scharfe Einstellungen zu ermöglichen, haben W. H. und W. L. BRAGG die *fokussierende* Eigenschaft der Röntgenspiegelung bei ihrem Spektrometer zur Anwendung gebracht (s. Abb. 227). Dies wurde dadurch erreicht, daß die Spaltblendenöffnung O und der Eintrittsspalt der Ionisationskammer Q von der Drehachse des Kristalltischchens S gleich weit entfernt sind; diese drei Punkte liegen demnach auf der Peripherie eines Kreises, wie das Abb. 227 zu erkennen gibt.

Die Wirkungsweise der Fokussierung ist nun ohne weiteres ersichtlich: Während der Drehung der Kristallplatte ST reflektieren der Reihe nach verschiedene Stellen derselben — immer jene, die gerade den Kreisbogen schneiden (in unserer Zeichnung ist nur die Reflexion bei S und T' dargestellt); denn die Abbeugungswinkel bei S und T' (bzw. die Glanzwinkel ϑ) sind einander gleich (Peripheriewinkel!). So senden also alle zur Reflexion gelangenden Partien der Platte ihre Sekundärstrahlen zum selben Punkt Q, der Eintrittsöffnung der Ionisationskammer.

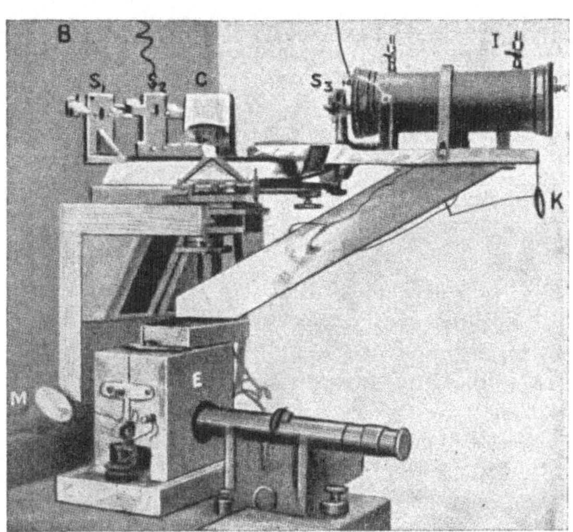

Abb. 226. BRAGGsches Röntgenspektrometer. (Aus EWALD: Kristalle und Röntgenstrahlen)

b) Die Verifizierung der NaCl-Struktur

Wir haben gehört, daß bei Drehkristallaufnahmen die Wellenlänge der verwendeten Strahlung bekannt sein muß. Da uns eine genau bekannte Gitterkonstante zur Verfügung steht (s. NaCl, Kapitel XV d, S. 172), ist der Weg nun frei, durch Verwendung der BRAGGschen Beziehung Wellenlängen zu eichen. So sind wir in die Lage versetzt, das Spektrometerverfahren wirksam zur Erkundung von Kristallstrukturen einzusetzen. Das tat W. L. BRAGG[1] 1914 zunächst zur Analyse von NaCl und anderer kubischer Kristalle.

---

[1] Proc. Roy. Soc. (A) *89*, 468 (1914).

Zum Unterschied gegenüber der Laue-Methode, wo mit einem Schlag eine große Anzahl von Interferenzen erzielt wird, werden bei Benützung des Röntgenspektrometers die Flächen einzeln nacheinander untersucht.

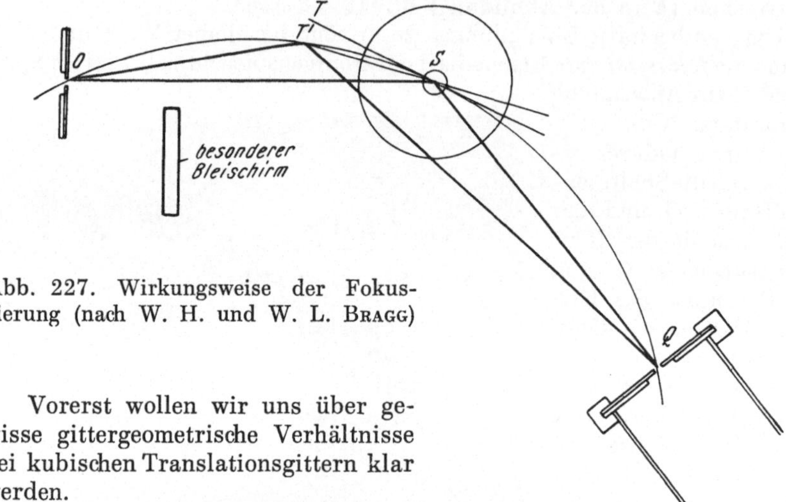

Abb. 227. Wirkungsweise der Fokussierung (nach W. H. und W. L. Bragg)

Vorerst wollen wir uns über gewisse gittergeometrische Verhältnisse bei kubischen Translationsgittern klar werden.

In einem einfachen Würfelgitter mit der Kantenlänge a verhalten sich die Netzebenenabstände der primären Hauptflächen wie folgt:

$$d_{100} : d_{110} : d_{111} = a : \frac{a\sqrt{2}}{2} : \frac{a\sqrt{3}}{3},$$

$$= 1 : \frac{1}{\sqrt{2}} : \frac{1}{\sqrt{3}}.$$

Und die Sinusfunktionen der Glanzwinkel sind gemäß der Braggschen Gleichung reziprok zu den d-Werten; es gilt daher für das einfache Würfelgitter

$$\sin \vartheta_{100} : \sin \vartheta_{110} : \sin \vartheta_{111} = 1 : \sqrt{2} : \sqrt{3}.$$

Im flächenzentrierten kubischen Gitter jedoch sind die Netzebenenabstände bei Würfel- und Rhombendodekaederfläche durch die Einschaltung der neuen Gitterpunkte halbiert, während der Netzebenenabstand für die Oktaederfläche nicht unterteilt ist. Wir erhalten daher

$$d_{100} : d_{110} : d_{111} = \frac{1}{2} : \frac{1}{2\sqrt{2}} : \frac{1}{\sqrt{3}}$$

und die Sinuswerte stehen im Verhältnis:

$$\sin \vartheta_{100} : \sin \vartheta_{110} : \sin \vartheta_{111} = 2 : 2\sqrt{2} : \sqrt{3}.$$

Das bedeutet: Im Gegensatz zum einfachen Würfelgitter treten die Interferenzen I. Ordnung beim flächenzentrierten Gitter für die Würfel- und Rhombendodekaederfläche erst im doppelten Winkelabstand auf, wenn wir — bei relativ kleinen Glanzwinkeln — die Winkel selbst statt ihrer Sinus setzen dürfen.

Um diese Verhältnisse leichter zu überblicken, wollen wir eine schematische Darstellung zu Hilfe nehmen, in die wir die Resultate der Braggschen Spektrometeruntersuchung am Steinsalz eintragen. Als Abszisse dieses Diagramms ist sin ϑ aufgetragen, als Ordinate die relative Intensität der Reflexe, wobei innerhalb jeder Netzebenenschar der stärkste Reflex der Zahl 100 gleichgesetzt ist[1].

Die Abb. 228 zeigt ein solches Schema für die drei Hauptflächen des NaCl. Wir bemerken zunächst an der Einteilung der Abszisse, daß sich die Einheitsabstände für das Auftreten der verschiedenen Ordnungen an der (100)-, (110)- und (111)-Fläche verhalten wie $1 : \sqrt{2} : \sqrt{3}$, weil ja die Sinuswerte der bezüglichen Glanzwinkel der jeweiligen I. Ordnung an den drei Flächen diesem Verhältnis entsprechen müssen, wie vorher entwickelt worden ist. Ferner erkennen wir beim Vergleich der Interferenzergebnisse an den drei Hauptflächen, daß die beobachteten ersten Reflexionen an (100) und (110) ganz in Übereinstimmung mit dem erkannten Verhältnis der Sinus-Werte eines flächenzentrierten kubischen Gitters stehen, d. h. nicht bei dem ersten Teilstrich auftreten, sondern beim zweiten des betreffenden Reflexions-

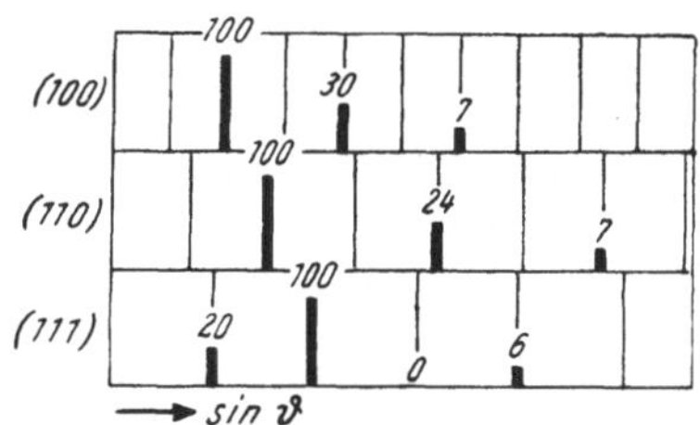

Abb. 228. Reflex-Schema von NaCl (nach P. P. Ewald)

schemas; und ebenso die weiteren Ordnungen beim vierten und sechsten Teilstrich. Es liegen also hier, verglichen mit den Verhältnissen des einfachen Würfelgitters, die Reflexionen II., IV., VI. Ordnung vor, während die Reflexionen I., III., V. Ordnung fehlen. Wir stellen somit bei den Interferenzen an (100) und (110) den *Ausfall der ungeraden Ordnungen* fest.

Das ist auch auf Grund folgender Überlegung leicht zu verstehen: Beim flächenzentrierten kubischen Translationsgitter sind für (100) und (110) mitten zwischen die vorhandenen Netzebenen des einfachen Gitters gleichbelastete Netzebenen eingeschoben worden; der Netzebenenabstand wurde also halbiert. Kam es bezüglich des ursprünglichen d-Wertes zu einer Reflexion I. Ordnung, so entsprach das einem Gangunterschied von

1λ. Ist jetzt der Netzebenenabstand nur $\dfrac{d}{2}$, so entspricht das einem Gangunterschied von $\dfrac{\lambda}{2}$; dann aber herrscht Auslöschung!

---

[1] Diese an Würfel, Dodekaeder und Oktaeder erzielten stärksten und daher mit 100 bezeichneten Intensitäten sind untereinander aber durchaus nicht gleich, sondern verhalten sich annähernd wie $1 : {}^{1}/_{2} : {}^{1}/_{3}$.

Wir stellen zusammen:

I. Ordnung ... Gangunterschied $\dfrac{\lambda}{2}$ ... Auslöschung

II.   „   ...   „ $2 \cdot \dfrac{\lambda}{2} = \lambda$ ... Interferenzstrahl

III.   „   ...   „ $3 \cdot \dfrac{\lambda}{2}$ ... Auslöschung

IV.   „   ...   „ $4 \cdot \dfrac{\lambda}{2} = 2\lambda$ ... Interferenzstrahl

So ergibt sich das Resultat: „Werden mitten zwischen die vorhandenen Netzebenen neue von gleichem Streuungsvermögen eingeschaltet, so fallen die Reflexionen ungerader Ordnung aus."

Nun handelt es sich doch aber bei der NaCl-Struktur (s. Kapitel XV d, S. 171) um die Ineinanderstellung zweier flächenzentrierter Gitter der einen und der anderen Atomsorte. Die Betrachtung des Strukturmodells (s. Abb. 223 a) und der Vergleich mit dem flächenzentrierten Translationsgitter belehrt uns, daß für die Würfel- und Rhombendodekaederflächen infolge der Ineinanderstellung der beiden Atomgitter *keine* neuen Netzebenen aufgetreten sind; denn die Atome des eingestellten Gitters fügen sich den bereits bestehenden Netzebenen von (100) und (110) ein. Dafür weisen die genannten Flächen gemischte Atombesetzung auf, wobei Na- und Cl-Atome in gleicher Zahl auftreten. Die für das flächenzentrierte Einzelgitter geltende Verdopplung der $\sin \vartheta$-Werte gegenüber einem primitiven kubischen Gitter ist also bei der Ineinanderstellung zweier flächenzentrierter Gitter in der NaCl-Struktur für die Würfel- und Rhombendodekaederfläche unverändert erhalten geblieben.

Demgegenüber zeigen die Strukturebenen der Oktaederfläche alternierend *ungemischte* Schichten, einmal von Na-, dann von Cl-Atomen, so daß der Netzebenenabstand der (111)-Fläche (der mit dem eines einfachen Würfelgitters identisch war) durch den Einbau des zweiten Atomgitters in der Mitte unterteilt wird: Wir haben also die Zwischenschaltung neuer Netzebenen zu berücksichtigen. Wären sie von gleichem Streuungsvermögen wie die anderen, so müßten wir den Ausfall aller ungeraden Ordnungen erwarten. Da aber die Na- und die Cl-Schichten entsprechend der Ordnungszahl ihrer Atome verschiedenes Streuvermögen besitzen, so bleibt — trotz des Gegeneinanderwirkens der beiden Wellenzüge — noch ein Rest an Intensität übrig. So sehen wir beim dritten Diagramm (Reflexion an 111), daß die I. Ordnung (die sonst die stärkste sein müßte) wesentlich geschwächt ist; die III. Ordnung fehlt infolge des normalen Intensitätsabfalls praktisch ganz. Die II. und IV. Ordnung hingegen sind vorhanden. Da die II. Ordnung die stärkste der hier auftretenden Interferenzen ist, ist ihr der Wert 100 beigelegt.

Die BRAGGschen Spektrometermessungen am Steinsalz beweisen in exakter Art die Richtigkeit der ursprünglich auf Grund von LAUE-Aufnahmen gedeuteten NaCl-Struktur.

Für die vorstehende Diskussion war die Kenntnis der verwendeten Wellenlänge noch nicht erforderlich, da wir lediglich die Aufeinander-

folge von Netzebenenschichten in den verschiedenen Flächenlagen dis-
kutierten. Es ist aber klar, daß man bei Kenntnis von λ in jedem einzelnen Falle den Netzebenenabstand der spiegelnden Fläche aus der
BRAGGschen Gleichung quantitativ bestimmen kann. So ist es also mit
dem hier geschilderten Verfahren möglich, die Struktur jedes Kristalls
zu erforschen, wenn das auch bei komplizierteren Typen nicht immer
ganz leicht ist. W. L. BRAGG untersuchte in der zitierten Arbeit außer
Steinsalz zunächst die Strukturen von Zinkblende, Flußspat, Pyrit und die
der trigonalen Karbonate vom Typus Calcit, nachdem schon vorher (1913)
in einer gemeinsamen Arbeit der beiden BRAGG die Struktur des Diamanten erkundet worden war.

XVII. Das Drehkristallverfahren
mit photographischer Registrierung der Reflexe

a) Schichtlinienaufnahmen

Schon bei der Besprechung der BRAGGschen Methode (Kapitel XVI a,
S. 173) wurde zur besseren Veranschaulichung des Vorganges zunächst
eine Skizze mit photographischer Registrierung der Interferenzen gebracht (Abb. 225). Diese kann auch als Grundlage für das nunmehr zu er-
örternde Verfahren der Schichtlinienaufnahmen dienen. Wesentlich hiebei
sind nun folgende zwei Momente: 1. Die Linie, um die der Kristall gedreht wird, muß genau einer definierten Gitterrichtung entsprechen, und
zwar einer niedrig indizierten Kristallkante parallel sein. 2. Der Filmstreifen,
der an der Innenwand einer zylindrischen Kamera anliegt, in deren
Achse eben die betreffende Gitterrichtung des Kristalls einjustiert ist (Drehachse!),
muß von entspre

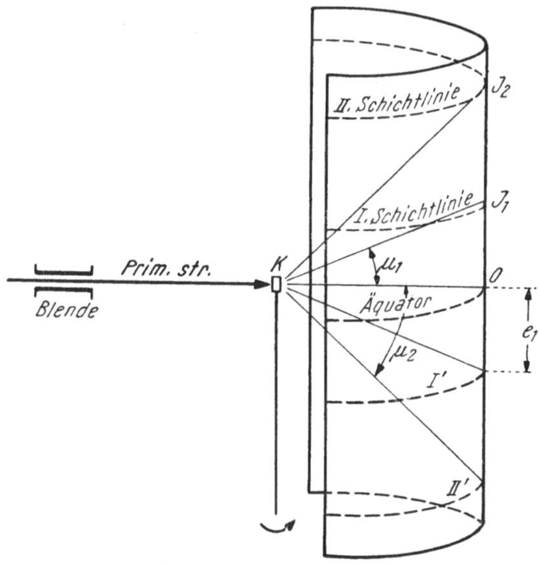

Abb. 229. Entstehung der Schichtlinien

chender Höhe sein. Denn nun sollen nicht nur die äquatorialen Reflexionen
von Netzebenen, die der Zone der Drehachse angehören, aufgefangen
werden, sondern auch alle sonstigen Interferenzen, soweit sie unter den
jeweiligen Versuchsbedingungen nach dem BRAGGschen Beugungsgesetz
oberhalb und unterhalb der Mitte des Filmstreifens möglich sind.

So ergibt sich als experimentelle Anordnung eine solche, wie sie in Abb. 229 skizziert ist. Auf dem entwickelten und in ebener Fläche ausgebreiteten Film sind dann die Interferenzflecken in parallelen Reihen angeordnet, wie das Abb. 230 a zeigt. Die Erklärung für diese Gesetzmäßigkeit wird sich aus folgender Überlegung ergeben:

Greifen wir eine einzelne Gitterlinie des einjustierten Kristalls der Abb. 229 heraus, und zwar eine solche parallel der Drehachse; sie wird von dem einfallenden Strahlenbündel senkrecht getroffen (s. Abb. 231). In der Fortsetzung des Primärstrahls ergibt sich auf der photographi-

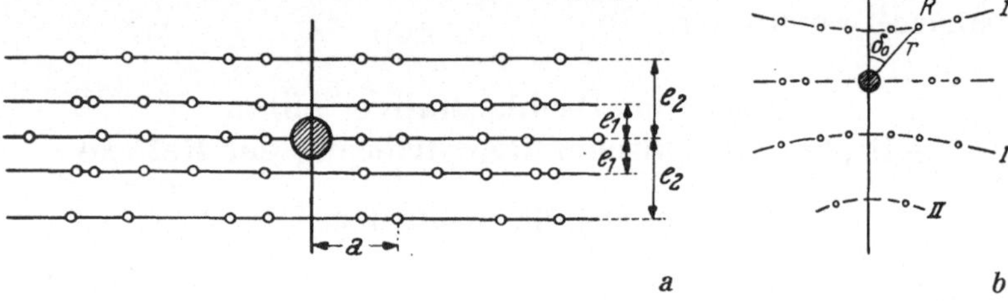

a   b

Abb. 230. Drehkristallaufnahmen, schematisch (nach R. Glocker). a) Schichtliniendiagramm auf zylindrischem Film; b) Drehkristallaufnahme auf ebener Platte

schen Schicht der Primärfleck O (am Film ausgestanzt!); oberhalb und unterhalb davon werden sich aber Sekundärstrahlen ergeben, wie das schon in Abb. 229 zum Ausdruck gebracht ist. Denn die einzelnen Atome der vom Primärstrahl getroffenen Punktreihe des Gitters sind ihrerseits Ausgangspunkte von sekundären Kugelwellen (Huygenssches Prinzip!), die sich immer dann, wenn der Gangunterschied zwischen zwei solchen, die von benachbarten Atomen der Gitterlinie herstammen, eine ganze Anzahl von Wellenlängen beträgt, in ihrer Wirkung verstärken und so zur Entstehung eines Sekundärstrahls Anlaß geben. Dies wird also zwischen zwei Wellenzügen der Fall sein, die vom Atom 1 und 2 ausgehen, wenn ihr Gangunterschied $1\,\lambda$, $2\,\lambda$ usw. ausmacht. Je ein solches Strahlenpaar I. und II. Ordnung ist in Abb. 231 gezeichnet worden; in Wirklichkeit handelt es sich jeweils um einen ganzen Interferenzkegel (bzw. Doppelkegel), von dem hier nur die in der Bildebene liegenden Erzeugenden nach rechts oben hin gezeichnet sind. Zwischendurch aber wird Vernichtung der Sekundärstrahlung durch Interferenz erfolgen.

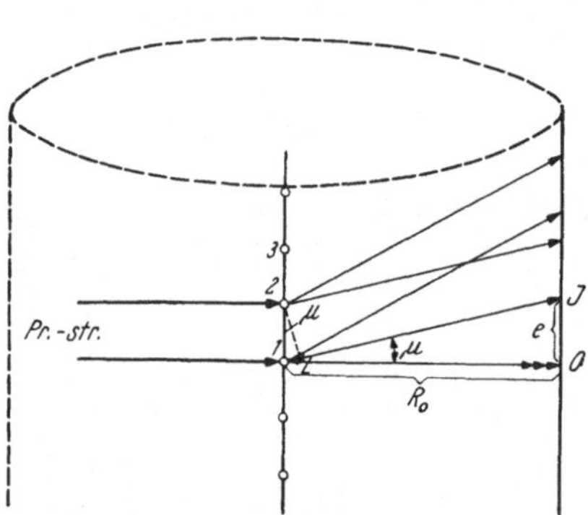

Abb. 231.   Schichtlinienbeziehung

Der von 1 kommende Strahl trifft die photographische Schicht im Punkte J (Interferenzpunkt). Die von den Atomen 2, 3 ... ausgehenden parallelen Sekundärstrahlen liegen zwar in unserer Zeichnung getrennt übereinander, experimentell ergibt sich aber ein und derselbe Interferenzpunkt, da ja die Abstände der parallelen Einzelstrahlen — ebenso wie die Abstände der sie erzeugenden Atome· — nur in der Größenordnung von Ångströmeinheiten liegen. Praktisch ist es also für jede Interferenz nur *ein* Einstichpunkt; für die I. Ordnung ist es J.

Wir wollen den Gangunterschied der beiden vom Atom 1 und 2 ausgehenden Strahlen geometrisch ermitteln: Wir ziehen von 2 aus die Senkrechte auf den benachbarten Strahl, das Lot $\overrightarrow{2\,L}$; es versinnbildlicht uns die Wellenfront des austretenden Sekundärstrahls. Durch die Abbeugung des Primärstrahls hat sich eine Wegdifferenz von der Größe der Strecke $\overline{1\,L}$ ergeben; diese Wegdifferenz ist aber das Maß des zwischen zwei benachbarten Strahlen bestehenden Gangunterschiedes. Ist der Abbeugungswinkel des betreffenden Sekundärstrahles μ, so läßt sich diese Wegdifferenz aus dem Dreieck 1 2 L leicht mit Hilfe der Gitterkonstanten T (Translationsperiode der Punktreihe) berechnen:

$$\overline{1L} = T \cdot \sin\mu;$$

dieser Ausdruck muß aber gleich 1 λ, 2 λ, 3 λ . . . sein, wenn die Wellen wieder in Phase sein sollen. Also ist

$$T \cdot \sin\mu = s \cdot \lambda, \text{ wobei } s = 1, 2, 3 \ldots \text{ ist.}$$

Die Interferenzen ordnen sich bei dieser Aufnahmetechnik in sog. „Schichtlinien" an: Es sind dies für jede Ordnung die Durchdringung des betreffenden Interferenzkegels mit der Zylinderfläche des Films; der in obiger Formel verwendete Buchstabe s bedeutet aber nicht nur die Ordnung der Reflexion, sondern gleichzeitig auch die Nummer der Schichtlinie (vom Äquator nach oben positiv, nach unten negativ gezählt). Die Schichtlinien bei eingespanntem Film sind Kreise, die jedoch auf dem photographisch entwickelten und in ebener Fläche ausgebreiteten Film parallele Gerade ergeben, wie das Abb. 230 a erkennen läßt.

Um aus der Formel $T \cdot \sin\mu_s = s \cdot \lambda$ den Identitätsabstand (Translationsperiode) in der Drehungsachse des Kristalls bestimmen zu können, ist es notwendig, den Winkel μ_s zu kennen; er heißt „Schichtwinkel" der betreffenden Schichtlinie s. Dieser ist aber leicht aus den Schichtlinienabständen e_1, e_2 . . . zu berechnen (vgl. Abb. 230 a). Nach unserer Skizze Abb. 231 ergibt sich der Winkel μ aus dem rechtwinkligen Dreieck 1OJ, in welchem $\overline{OJ} = e$ durch Messung des Schichtlinienabstandes vom Äquator (bzw. der Entfernung zweier gleichnumerierter Schichtlinien oberhalb und unterhalb des Äquators) bekannt ist; ebenso ist R_0, der Radius der zylindrischen Aufnahmekamera, bekannt.

So ergibt sich für eine gewisse Schichtlinie s die Beziehung

$$\tan\mu_s = \frac{\overline{OJ}}{R_0} = \frac{e_s}{R_0}$$

und somit der μ-Wert für die einzelnen Schichtlinien, die wir in die Berechnungsformel für T einsetzen:

$$T = \frac{s \cdot \lambda}{\sin \mu_s}$$

(POLANYIsche Schichtlinienbeziehung).

Die Erklärung des Schichtlinien-Phänomens haben wir unter Zugrundelegung einer einzigen fiktiven Gitterlinie vorgenommen. Für das Verständnis der Schichtlinienentstehung war das ausreichend, denn die Periodizität in der betreffenden Gitterrichtung trifft für den ganzen Kristall zu. Das dreidimensionale Diskontinuum ließe sich ja auch als parallele Bündelung unendlich vieler solcher Gitterlinien in Richtung der Drehungsachse auffassen.

Aber der dreidimensionale Kristall liefert keine kontinuierlichen Interferenzkurven, wie es die besprochenen Schichtlinien sind, sondern

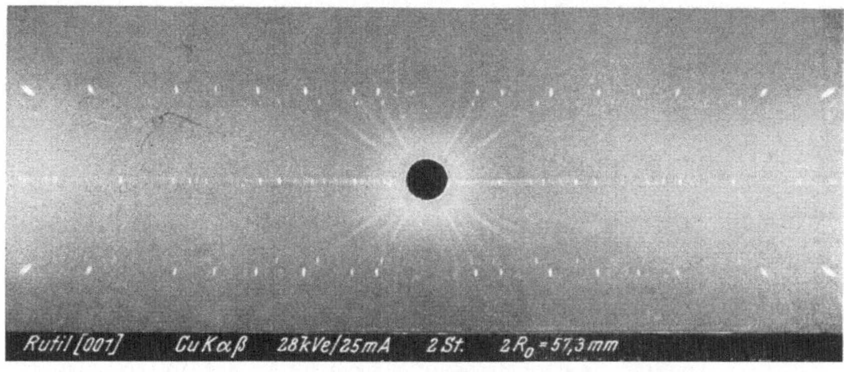

Abb. 232. Schichtlinienaufnahme von Rutil, gedreht um [001]; Cu-K$_{\alpha,\beta}$-Strahlung. (Negativ.) (Aus dem Institut Prof. MACHATSCHKIS)

diskrete Interferenzflecken gemäß den Bedingungen des BRAGGschen Beugungsgesetzes. *Die Anordnung der einzelnen Interferenzen* jedoch geschieht bei der hier besprochenen Art von Drehkristallaufnahmen nach den parallel liegenden Schichtlinien (s. Abb. 232). Vor allem ist der große Vorteil offenkundig, den diese Methode hat, wenn der Identitätsabstand in Richtung der Drehungsachse gesucht wird. Er ergibt sich gewissermaßen *unmittelbar*, indem lediglich der Abstand der Schichtlinien zu vermessen ist (die Indizierung der Aufnahme ist dazu gar nicht erforderlich).

Will man also die Kantenlängen des Elementarkörpers a_0, b_0, c_0 bestimmen, so hat man drei Schichtliniendiagramme anzufertigen, jeweils mit der a-, b- oder c-Richtung als Drehungsachse. Aber auch die Prüfung, ob der so bestimmte Elementarkörper basiszentriert, allseitig flächenzentriert oder innenzentriert ist, ist ohneweiters durchführbar: Man muß

nur um die in Frage kommenden Flächendiagonalen bzw. um die Körperdiagonale des Elementarparallelepipeds Schichtlinienaufnahmen herstellen. So kann bestimmt werden, ob in der Mitte dieser Diagonalen
ein mit den Eckpunkten der Zelle identisches Atom sitzt oder nicht.

b) Diskussion der Möglichkeit eindeutiger Indizierung von Drehkristallaufnahmen im allgemeinen

1. Der Begriff des „reziproken Gitters"

In der Röntgenographie hat sich eine geometrische Konzeption für
die Ermittlung der Interferenzbedingungen als besonders zweckmäßig
erwiesen: Es ist dies der Begriff des *Reziproken Gitters* und seine Handhabung bei der Durchführung von Strukturanalysen. Diese Methode
wurde von P. P. Ewald ersonnen und in die röntgenographische Praxis
eingeführt.

Wie wir in der morphologischen Kristallographie gewohnt sind, die
Kristallflächen durch Vektorstrahlen zur Darstellung zu bringen, so
bedienen wir uns hier eines analogen Vorganges, um die Netzebenenscharen zu kennzeichnen. In der Makrokristallographie spielt die Entfernung einer Fläche vom Koordinatenanfangspunkt grundsätzlich keine
Rolle, es sei denn, daß wir (wie bei Trachtstudien) diese Zentraldistanzen
von einem Keimpunkt aus als Maß für die Wachstumsgeschwindigkeit
in Richtung der Flächennormalen besonders bewerten. Sonst aber wird
ja bekanntlich bei der kristallographischen Darstellung das Vektoren-
büschel der Begrenzungsflächen eines Kristalls mit der umschriebenen
Kugel zum Schnitt gebracht (gleiche Länge aller Vektoren!) und die so
auf der Lagekugel erhaltenen darstellenden Punkte in stereographischer
oder gnomonischer Projektion wiedergegeben.

Nun, beim reziproken Gitter verwenden wir ebenfalls einen Vektor
senkrecht auf der betreffenden Netzebene als Fahrstrahl; die Länge des
Vektors ist aber jeweils der reziproke Wert des Netzebenenabstandes,
also $\dfrac{1}{d_{hkl}}$. So wird jede Netzebenenschar durch einen Punkt dargestellt.
Besonders wichtig ist die Tatsache, daß die Netzebenenabstände, die für
die Strukturanalyse von grundlegender Bedeutung sind, mit ihren Vektor-
längen (Ursprungspunkt — figurativer Punkt) im reziproken Gitter direkt
aufscheinen. Die Punkte des reziproken Gitters geben also nicht nur die
Lage der Netzebenen im Kristallraum an, sondern auch ihre d-Werte.
Wenn wir die Braggsche Gleichung $n \cdot \lambda = 2\, d \cdot \sin \vartheta$ betrachten und
— wie beim Drehkristallverfahren — λ als bekannt voraussetzen können,
den Glanzwinkel aber aus der Vermessung der Aufnahme entnehmen,
so sehen wir, daß für die Bestimmung des d-Wertes die Kenntnis der
Ordnungszahl notwendig ist. Diese Ordnungszahl müssen wir daher auch
irgendwie im reziproken Gitter zum Ausdruck bringen, wenn es uns als
brauchbare Handhabe bei der Auswertung von Röntgendiagrammen
dienen soll.

Schreiben wir die Braggsche Gleichung in der Form

$$1. \; \lambda = 2 \cdot \frac{d}{n} \cdot \sin \vartheta,$$

so bedeutet dies, daß man die Reflexion n^{ter} Ordnung auch auffassen kann als eine Reflexion erster Ordnung für den Netzebenenabstand $\frac{d}{n}$; d. h. aber, daß man den Reflexionen 2ter, 3ter ... n^{ter} Ordnung fiktiv eine Unterteilung der Netzebenen zuordnen kann mit einem Abstand von $\frac{1}{2}$, $\frac{1}{3}$, $\frac{1}{4}$ ... $\frac{1}{n}$ des ursprünglichen, real gegebenen Wertes. Somit können wir formal jede Interferenz als eine solche I. Ordnung auffassen, allerdings mit entsprechendem d-Wert.

Ist der d-Wert im Falle einer II., III., IV. Ordnung nur die Hälfte bzw. ein Drittel, ein Viertel, so ist der Fahrstrahl zu den betreffenden Punkten des reziproken Gitters zweimal bzw. dreimal, viermal so lang.

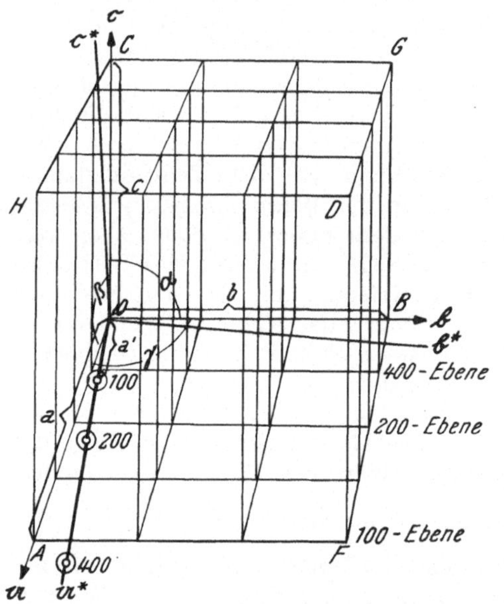

Wir sehen also, den höheren Ordnungen der Reflexion entsprechen im reziproken Gitter *eigene* figurative Punkte, fußend auf der Fiktion, daß einer II., III., ... n^{ten} Ordnung ein unterteilter d_{hkl}-Wert zugeordnet ist. Abb. 233 soll davon, wie auch von der Entwicklung des reziproken Gitters aus dem primären Raumgitter, eine Vorstellung vermitteln. Die Abb. 234 stellt einen geschlossenen Ausschnitt eines reziproken Gitters dar, welcher zeigt, daß es sich auch hier um ein dreidimensional-periodisches Punktsystem handelt, ganz analog der gittermäßigen Anordnung der Punkte in einem Translationsgitter.

Abb. 233. Entwicklung des reziproken Gitters (nach: J. W. Gruner, Amer. Min. *13*)

Es wäre aber des weiteren noch zweckmäßig, nicht nur geometrisch die verschiedenen Ordnungen einer Reflexion an hkl in dieser Weise zum Ausdruck zu bringen, sondern die Ordnungszahl n der Braggschen Gleichung selbst zu eliminieren und ihre Bedeutung in anderer Form zur Geltung zu bringen.

Wir hatten geschrieben:

$$1. \; \lambda = 2 \cdot \frac{d}{n} \cdot \sin \vartheta.$$

Nach unseren Darlegungen S. 132 ist der d-Wert eine Funktion der Gitterkonstanten des Kristalls und der MILLERschen Indices $h\,k\,l$ der betreffenden Netzebene. Für das kubische System (s. S. 160) gilt:

$$d_{hkl} = \frac{a_w}{\sqrt{h^2 + k^2 + l^2}}.$$

Substituieren wir diesen Ausdruck für d in die obige Gleichung, so können wir schreiben

$$\lambda = 2 \cdot \frac{a_w}{n \cdot \sqrt{h^2 + k^2 + l^2}} \cdot \sin \vartheta,$$

$$= 2 \cdot \frac{a_w}{\sqrt{n^2 h^2 + n^2 k^2 + n^2 l^2}} \cdot \sin \vartheta$$

oder

$$\lambda = 2 \cdot \frac{a_w}{\sqrt{H^2 + K^2 + L^2}} \cdot \sin \vartheta,$$

wenn wir $H = n\,h$, $K = n\,k$, $L = n\,l$ setzen.

Unsere Umformung bedeutet: An Stelle der d-Werte der BRAGGschen Gleichung führen wir die Gitterkonstanten (im Falle des kubischen Systems die Würfelkante a_w) und die MILLERschen Indices ein. An Stelle der Ordnungszahl n und der teilerfremden $(h\,k\,l)$-Werte symbolisieren wir die höheren Ordnungen durch Multiplikation der Indices h, k, l mit n; symbolisch ist $(HKL) = n \cdot (h\,k\,l)$.

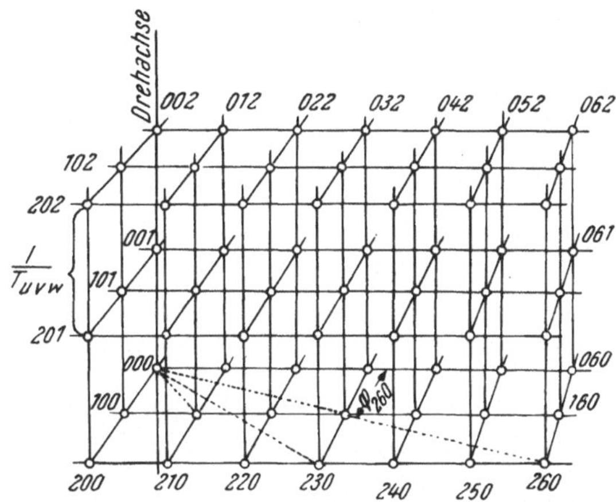

Abb. 234. Ausschnitt aus einem reziproken Gitter

So bezeichnet man also

  eine Reflexion   I. Ordnung an der Netzebene (100) mit 100,
  eine Reflexion II. Ordnung an der Netzebene (100) mit 200,
  eine Reflexion IV. Ordnung an der Netzebene (100) mit 400,

(s. Abb. 233).

Kristallographisch ist eine Fläche 100, 200 usw. identisch. Hingegen ist der Netzebenenabstand von 200 nur halb so groß wie der von 100 und erfordert den doppelten $\sin \vartheta_{100}$ (weil das Produkt $2 \cdot \dfrac{d}{n} \cdot \sin \vartheta$ der Gleichung von S. 184 konstant λ ist).

Um nicht falsche Vorstellungen aufkommen zu lassen, sei auf folgenden Umstand besonders hingewiesen: Die Verdoppelung, Verdreifachung, Vervierfachung der $(h\,k\,l)$-Werte bzw. die Halbierung, Drittelung, Viertelung der Netzebenenabstände ist rein formal aufzufassen, lediglich als *Symbolisierung* für das Auftreten einer Interferenz II., III., IV. Ordnung an der Netzebenenschar $h\,k\,l$ mit ihrem *real* vorhandenen (nicht unterteilten!) d-Wert.

Finden wir jedoch — wie das bei der Diskussion der NaCl-Spektrometeraufnahmen (Reflexschema Abb. 228, S. 177) der Fall war —, daß an (100) und (110) nur die geraden Ordnungen auftreten, also 200, 400, 600 bzw. 220, 440, 660, so handelt es sich hier *tatsächlich* um die Einschaltung einer neuen Netzebene mitten zwischen die schon beim einfachprimitiven Gitter vorhandenen. Hier ist somit der Netzebenenabstand d_{100} und d_{110} wirklich halbiert, und die auftretenden Reflexionen — die wir als II., IV., VI. Ordnung registrierten — sind in Wirklichkeit die erste, zweite, dritte Ordnung an der *real vorhandenen* Netzebenenschar mit $\dfrac{d_{100}}{2}$ bzw. $\dfrac{d_{110}}{2}$.

Aus dem gesetzmäßigen Ausfall bestimmter Reflexionen (in obigem Beispiel der ungeraden Ordnungen!) kann man hinsichtlich der realen Beschaffenheit des untersuchten Gitters konkrete Schlüsse ziehen. Das ist ein sehr wesentliches Faktum. Ermöglicht es doch die Feststellung, wo Schraubenachsen oder Gleitspiegelebenen im Gitteraufbau vorhanden sind; denn diese Symmetrieelemente des Feinbaues bewirken eine Unterteilung der Netzebenenabstände des einfachen Translationsgitters. So ist uns in der systematischen Zusammenstellung der *Auslöschungsgesetze* von Röntgeninterferenzen ein Mittel an die Hand gegeben, eine Raumgruppenbestimmung vorzunehmen. Ist ja doch die Raumgruppe gerade durch diese Verfeinerung der Symmetrieverhältnisse (zusätzliche Translationen als Schraubungskomponente bzw. Gleitkomponente!) gegenüber den 32 Kristallklassen charakterisiert.

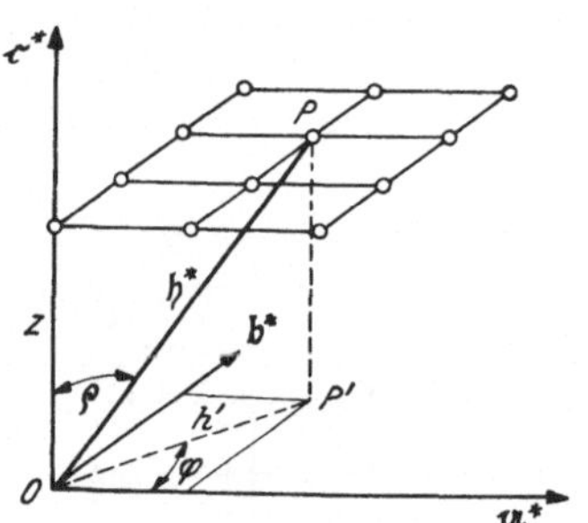

Abb. 235. Polarkoordinaten im reziproken Gitter (nach R. GLOCKER)

Es ist nun klar, daß wir eine eindeutige Indizierung von Röntgenaufnahmen nur dann erreichen können, wenn durch die experimentell erhaltenen Daten der die Interferenz darstellende Punkt des reziproken Gitters unmißverständlich festgelegt ist. Um das zu können, sind drei voneinander unabhängige Daten erforderlich: Zur Festlegung des Fahrstrahls benötigen wir beispielsweise die zwei Polarkoordinaten φ und ϱ; für die Länge des Fahrstrahls $\mathfrak{h}^*$ müssen wir den Wert $\dfrac{1}{d_{hkl}}$ kennen (s. Abb. 235). Nun, dafür ist uns das $\sin\vartheta$ der BRAGGschen Gleichung ein Maßstab. Denn nach der Beziehung $\lambda = 2\cdot d\,\sin\vartheta$, wobei λ konstant, sind d und $\sin\vartheta$ umgekehrt proportional. Die Länge des Fahrstrahls bis zum Punkt P des reziproken Gitters ist also festlegbar, weil ϑ der Aufnahme zu entnehmen ist. Von den beiden Polarkoordinaten liefert uns die Drehkristallaufnahme aber nur den Wert ϱ_{P} für den Fahrstrahl des

Punktes *P*. Zwar läßt sich auch ein φ_P aus dem Diagramm rechnerisch ermitteln, aber es ist dies das *Azimut* des Netzebenenpols *im Momente der Reflexion* ($\varphi_P{}'$), nicht aber das φ_P der reflektierenden Netzebene in der Ausgangslage (vor Beginn der Drehung!). Die verschiedenen Netzebenenscharen gelangen natürlich im Verlaufe der Drehung des Kristalls zu verschiedenen Zeitpunkten zur Reflexion. Zur Festlegung der gegenseitigen Lage aller *P*-Punkte wäre aber das φ_P in der Ruhelage erforderlich.

Drehkristallaufnahmen dieser Art genügen also den für eine eindeutige Indizierung notwendigen Bedingungen nicht zur Gänze. Sie können dies aus prinzipiellen Gründen nicht: ein zweidimensionales Diagramm liefert nur zwei Koordinaten als Vermessungsergebnis seiner Interferenzpunkte (z. B. *a* und *e* in Abb. 230 a); es kann daher letzten Endes auch nur zwei von den erforderlichen drei Grunddaten bereitstellen.

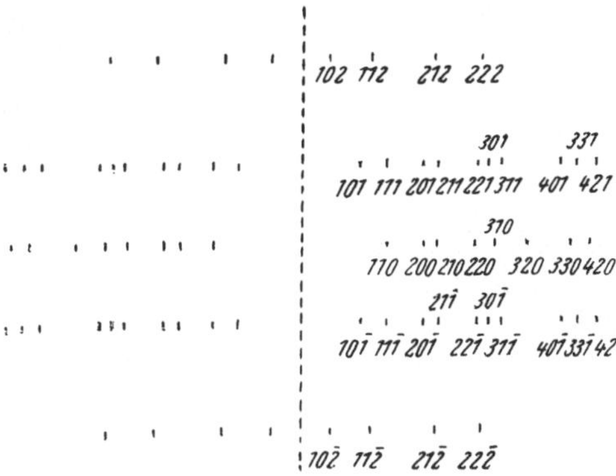

Durch die Anordnung der Interferenzflecken in Schicht-

Abb. 236. Indizierung eines Schichtliniendiagrammes von Harnstoff, gedreht um [001] (nach R. Glocker)

linien ist zwar eine verhältnismäßig leicht kontrollierbare Indizierung möglich; denn der eine der drei Indices (z. B. *l*, wenn um die *c*-Achse gedreht wurde) bleibt innerhalb jeder Schichtlinie konstant und stimmt mit der Nummer *s* der betreffenden Schichtlinie überein (s. Abb. 236)[1]. Aber es besteht doch die Gefahr, daß im Verlaufe der Drehung um die einjustierte Gitterlinie Reflexionen verschiedenartiger Netzebenen, deren figurative Punkte derselben Schichtebene des reziproken Gitters angehören (s. dazu Abb. 235), auf dieselbe Stelle einer Schichtlinie fallen. Es ist dies allerdings nur dann möglich, wenn es Fahrstrahlen zu Punkten der betreffenden Schichtebene des reziproken Gitters von annähernd gleicher Vertikalneigung und gleicher Länge gibt (ϱ und sin ϑ praktisch gleich groß!). Nur so können zwei verschiedene Vektoren des reziproken Gitters während der Volldrehung um *z* (jeweils im Momente der Reflexion) in dieselbe Lage gelangen, in jene nämlich, in welcher die Reflexionsbedingung erfüllt ist.

2. Drehung um einen beschränkten Winkelbereich
(Schwenkaufnahmen)

Um dem soeben geschilderten Übelstande bei Drehdiagrammen abzuhelfen oder die Unsicherheit doch weitgehend einzuschränken, wird der Kristall nicht fortlaufend um 360⁰ gedreht, sondern nur um einen be-

---

[1] S. diesbezüglich auch Fußnote 1 auf S. 196.

grenzten Winkelbereich, z. B. um 30⁰ hin- und hergeschwenkt: *Schwenkaufnahmen*. Dadurch ist die Möglichkeit gegeben, durch Konstruktion des reziproken Gitters (Indicesfeld!) vorherzubestimmen, welche Reflexionen überhaupt im Bereiche des vorgesehenen Schwenkwinkels zustande kommen können und welche nicht. E. SCHIEBOLD hat dieses Verfahren ausgebildet, verwendet jedoch einen *ebenen* Film (bzw. photographische Platte) analog dem Vorgange bei LAUE-Aufnahmen. Eine Originalaufnahme dieser Art ist in Abb. 237 wiedergegeben. Wir bemerken, daß bei einer solchen Aufnahme, im Vergleich zu einem Schichtliniendiagramm (s. Abb. 232), nur die eine Hälfte zur Darstellung kommt, weil der Kristall wie beim Spektrometerverfahren als angeschliffene Platte von der Ausgangslage streifenden Einfalls der Röntgenstrahlung nur nach einer Seite bewegt (hin- und zurückgeschwenkt) wird. Dabei wird — nach der SEEMANNschen Schneidemethode — das einfallende Röntgenstrahlenbündel durch Aufsetzen einer abschirmenden Metallschneide auf die Kristallfläche (und zwar parallel zur Drehungsachse!) scharf begrenzt, was die strichförmige Ausbildung der Interferenzflecke bewirkt, die demnach in der Richtung der Drehachse orientiert sind. Ferner ist zu beachten, daß sich hier — bei Auffangen der Sekundärstrahlen auf ebener Platte — die Anordnung der Strichmitten unserer Interferenzen nicht mehr in geradliniger Folge

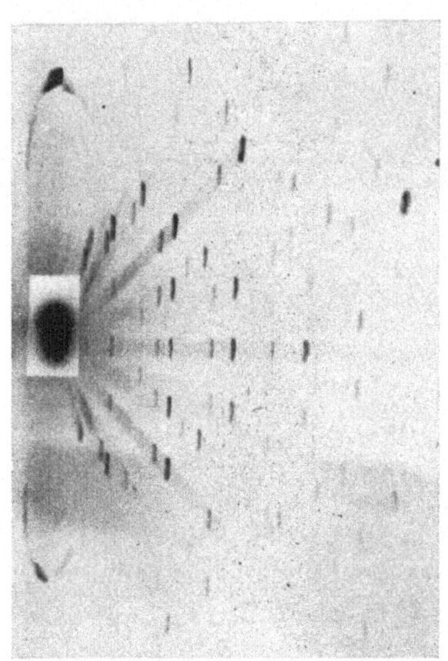

Abb. 237. Schwenkaufnahme von Gehlenit (s. Abb. 210): (1$\bar{1}$0)-Fläche geschwenkt um [1$\bar{1}$0], Mo-K$_{\alpha,\beta}$-Strahlung

wie bei den Schichtlinienaufnahmen vollzieht, sondern (s. Abb. 230 b) in Gestalt flachgezogener Kurven (Hyperbeläste) oberhalb und unterhalb des „Hauptspektrums" (Äquatorlinie!): Da die strichförmigen Interferenzen senkrecht zum Kurvenverlauf stehen, ist die Anordnung in flach-hyperbolischen Schichtlinien bei Betrachtung der Aufnahme nicht so ohne weiteres zu erkennen. Das Schwenkverfahren kann auch auf dem zylindrischen Film einer normalen Schichtlinienkamera durchgeführt werden, wenn eine geeignete Schwenkvorrichtung am Deckel angebracht ist.

3. Drehkristallaufnahmen bei gleichzeitiger Mitbewegung des photographischen Films in bestimmter Richtung
(Röntgengoniometerverfahren)

Nach all dem Gesagten ist es klar, daß das Drehkristallverfahren grundsätzlich nur dann eine zwangsläufige Indizierung ermöglicht, wenn die dritte unabhängige Koordinate, das φ_P in der Ausgangslage, bestimmt werden kann. Das wäre durchführbar, wenn von jeder zur Reflexion gelangenden Netzebene gesagt werden könnte, um welchen Winkelbetrag ω sie aus der Ruhelage gedreht worden ist, bis sie ihre Reflexionsstellung erreichte. Denn das *Azimut in diesem Moment* (φ_P') ist, wie schon erwähnt, aus den Vermessungsdaten des Films, und zwar durch Auflösung sphärischer Dreiecke der Lagekugel, berechenbar. Also wäre nur von diesem φ_P' um ω Grade zurückzugehen, und das φ_P der Ausgangslage wäre damit gefunden.

Um die Drehung aus der Ausgangslage für jede reflektierende Netzebenenschar festzustellen, ist eine Mitbewegung des photographischen Films während der Aufnahme erforderlich. Die Methode von Weissenberg, der das Schichtlinienverfahren zugrunde liegt, bewerkstelligt dies in folgender Weise:

Die zu verwendende Kamera, das Weissenbergsche Röntgengoniometer (schematisch Abb. 238), ist (wie die Schichtlinienkamera) von zylindrischer Form und gibt die Möglichkeit, die Äquatorlinie oder die erste bzw. zweite Schichtlinie einzeln auszublenden. Es kann nämlich mit einer Aufnahme jeweils nur eine einzige Schichtlinie untersucht werden. Das Wesentliche ist nun, daß der Filmzylinder während der Exposition bei Drehung des Kristalls um 360^0 gleichzeitig eine Verschiebung parallel seiner Achse in Form einer gleichförmigen Bewegung um 360 mm (oder aber 180 mm) erfährt; der Drehung des Kristalls um 1^0 entspricht also eine Verschiebung des Films um 1 mm (bzw. $^1/_2$ mm).

Infolge dieses Mechanismus ist nun die jeweils eingestellte Schichtlinie (Äquatorlinie = 0te Schichtlinie!) nicht mehr kreis

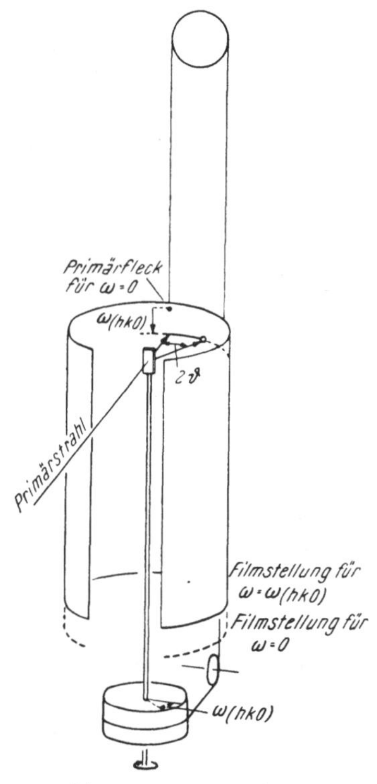

Abb. 238. Weissenberg-Kamera, schematisch (nach M. J. Buerger)

förmig geschlossen bzw. geradlinig angeordnet, sondern die einzelnen Reflexpunkte sind in der Richtung der Drehachse um ungleiche Beträge auseinandergezogen und bedecken nun die zweidimensionale Filmfläche. Abb. 239 stellt ein Weissenberg-Diagramm dar und zeigt zum Vergleich (auf demselben Bilde) die Drehaufnahme der betreffenden Schichtlinie. Die Bogenwerte der Interferenzpunkte senkrecht der Drehungsachse sind die gleichen wie bei der entsprechenden Schichtlinienaufnahme (s. Azimutwerte a in Abb. 230 a). Die Vertikalverschiebung jedoch (parallel der Drehachse) gibt ein Maß für die Drehung des Kristalls aus seiner Ausgangslage heraus für jeden der einzelnen Interferenzpunkte der betreffenden

Schichtlinie; jedem Millimeter Vertikalverschiebung entspricht nach obigem 1^0 (bzw. 2^0) Kristalldrehung[1]. So kann für jeden Interferenzpunkt

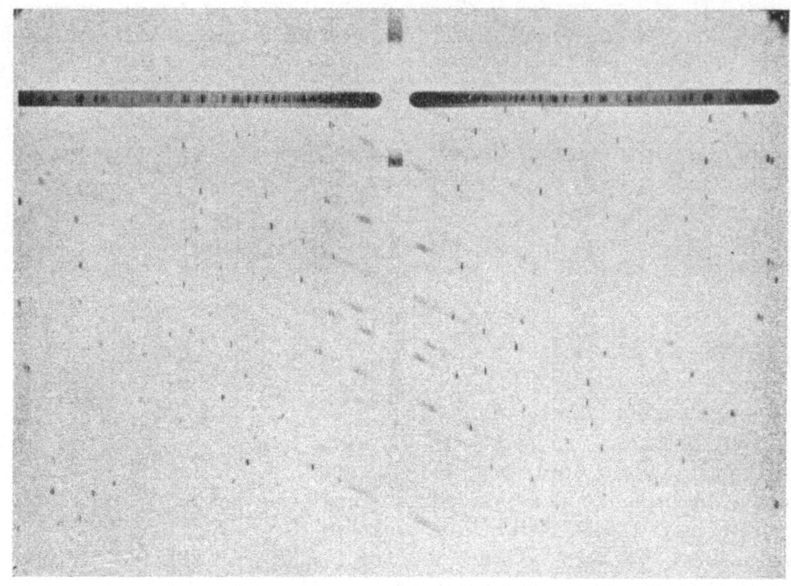

Abb. 239. Weissenberg-Diagramm in der Orientierung analog Abb. 238; oben z. Vgl. die Abbildung der eingestellten Schichtlinie des normalen Drehdiagramms (nach M. J. Buerger)

das zugehörige ω ermittelt werden, und die notwendigen Daten für eine eindeutige Indizierung der Aufnahme sind gegeben.

XVIII. Das Pulver-Verfahren nach Debye-Scherrer und Hull

a) Prinzip und Aufnahmetechnik

Außer durch Drehung des Kristalls gibt es noch eine andere Möglichkeit, die notwendige Variation des Einfallswinkels herbeizuführen. Anstatt einen Einkristall zu verwenden und diesen durch Drehung während der Aufnahme in vielen möglichen Stellungen dem einfallenden monochromatischen Röntgenlichte darzubieten, kann man die Kristallsubstanz in pulverförmigem Zustande untersuchen. Jetzt besteht das durchstrahlte

---

[1] Die Schnittlinie des Films mit der Ebene Primärstrahl/Drehachse kommt normalerweise als breites schwarzes Band auf dem Film zum Ausdruck (hier nur blaß angedeutet); dieses wird „Mittellinie" genannt. Parallel zu ihr wird die „Höhenkoordinate" gemessen, die dem Drehungswinkel ω entspricht. Allerdings ist es üblich, den Weissenberg-Film gegenüber dem gewöhnlichen Schichtliniendiagramm um 90^0 gedreht zu betrachten und zu vermessen, so daß die Mittellinie und mit ihr die Höhenkoordinate horizontal zu liegen kommt.

Präparat aus einer ungeheuren Anzahl kleinster Kristallsplitter, die in völlig ungeordneter Lage von der Röntgenstrahlung getroffen werden. In diesem Haufwerk kristalliner Körnchen sind praktisch alle überhaupt möglichen Lagen vorhanden. Daher sind die verschiedenartigen Netzebenenscharen, die zur Reflexion gelangen sollen, in allen nur denkbaren Stellungen in bezug auf das einfallende Röntgenstrahlenbündel vertreten. Sie werden daher bei geeigneter Lage zur Reflexion gelangen; freilich stammen ihre Reflexe von einer Unzahl verschiedener Splitterchen her.

Was also beim Drehkristallverfahren zeitlich nacheinander geschieht, das erfolgt bei den Pulveraufnahmen gleichzeitig. Dieses Verfahren stammt von DEBYE und SCHERRER (1915) und wurde unabhängig davon

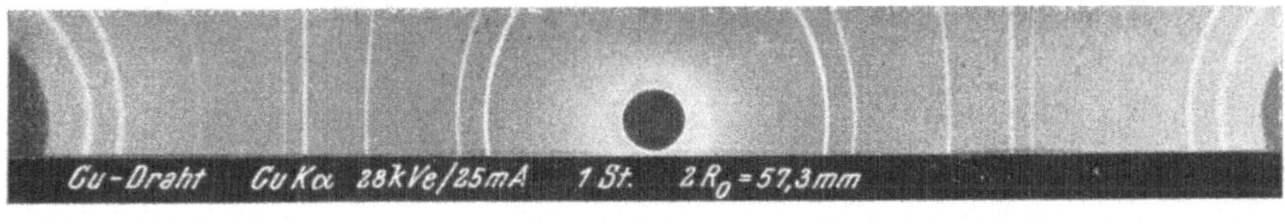

a

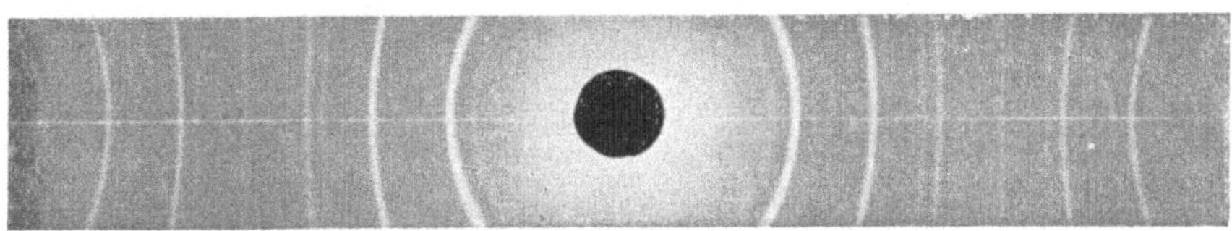

b

Abb. 240. DEBYE-SCHERRER-Diagramme. (Negative.) a) Kupferdraht (flächenzentriertes Würfelgitter); b) DEBYE-Diagramm von MgO (Periklas); Cu-K$_{\alpha,\beta}$-Strahlung. Struktur: Steinsalztypus

1917 von A. W. HULL in Amerika angegeben. Die Pulveraufnahmen werden häufig als DEBYE-SCHERRER-Diagramme oder Photogramme nach DEBYE-SCHERRER und HULL bezeichnet.

Abb. 240 a, b stellen solche Pulverdiagramme dar: Wir erkennen Systeme kreisähnlicher Ringe (Bogenstücke) von verschiedener Intensität. Sie erklären sich als Durchdringung von Reflexkegeln der bestrahlten Substanz mit der Zylinderfläche des Films. Es wird nämlich im Prinzip eine gleiche Kamera verwendet wie bei den Schichtlinienaufnahmen. Statt des auf der Drehachse einer Schichtlinienkamera aufgesetzten Einkristalls wird bei Pulveraufnahmen eine Kapillare (in der Achsenlinie) befestigt, die mit der feinpulverisierten Substanz gefüllt ist.

Jeder der auf dem Film erzeugten Interferenzringe entspricht einer bestimmten Netzebenenschar. Wie schon erwähnt, kommt ein solcher Ring zustande als Schnittkurve der Zylinderfläche des Films mit einem *Interferenzstrahlenkegel.* Letzterer besteht aus der Gesamtheit der Reflexionsstrahlen aller unter gleichem Glanzwinkel rings um den Primärstrahl gescharten gleichartigen Netzebenen.

Man stelle sich vor: der Primärstrahl als feststehende Achse, eine bestimmte Netzebene gegen ihn unter dem für sie charakteristischen Glanzwinkel geneigt (Abb. 241 a). Nun lasse man die Netzebene um die Achse rotieren, so daß ihre Lagen als einhüllende Tangentialebenen einer Kegelmantelfläche fungieren. Netzebenen der gleichen Art, allerdings einer Unzahl von Kristallkörnern angehörend, werden (in ihren unterschiedlichen Azimutlagen rings um den Primärstrahl) einen solchen Tangentialebenen-Kegel ergeben. Jede dieser unendlich vielen Tangentialebenen wird — da der Glanzwinkel der BRAGGschen Gleichung entspricht — einen Sekundärstrahl entsenden. Sie alle zusammen bilden wieder einen Kegelmantel, nämlich jenen Interferenzstrahlenkegel, von dem oben gesprochen wurde (vgl. Abb. 241 a: Mit dem Rotieren der spiegelnden Fläche rotiert auch der Sekundärstrahl um den Primärstrahl als Drehachse).

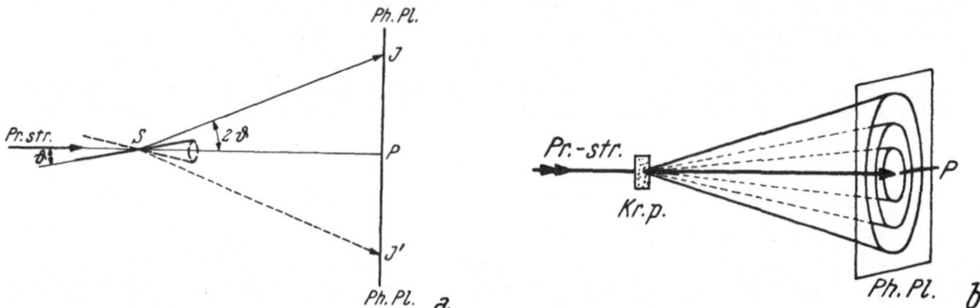

Abb. 241. a) Entstehung der Interferenzkegel beim DEBYE-SCHERRER-Verfahren; b) Auffangen der Interferenzkegel auf senkrecht zum Primärstrahl gestellter photographischer Platte (nach F. RINNE)

Jeder Interferenzring auf dem Film setzt sich somit aus unendlich vielen Reflexpunkten zusammen, die von zahllosen Einzelkörnchen des Kristallpulvers herrühren. So erklärt es sich, daß die den einzelnen Netzebenen entsprechenden Interferenzen nicht, wie bei LAUE- oder Drehkristallaufnahmen, in diskreten Punkten (bzw. strichförmigen Flecken) auftreten, sondern jeweils einen ganzen Ring bilden. Würden die Interferenzkegel, deren jeder einer bestimmten Strukturebene zugeordnet ist, auf einer ebenen Platte (senkrecht zum Primärstrahl) — statt des zylindrisch liegenden Films — aufgefangen werden, so ergäbe sich ein System konzentrischer Kreise, wie das Abb. 241 b verdeutlichen soll. Bei unserer Versuchsanordnung mit der Zylinderkamera sind es, wie gesagt, Raumkurven als Schnitte von Kegel- und Zylinderfläche, die allerdings nach Ausbreiten des Films in die Ebene verschieden stark gekrümmten Kreisbogen nahekommen, wie es die DEBYE-Diagramme Abb. 240 zeigen. Ist der Glanzwinkel ϑ für eine bestimmte Netzebene 45^0, der Abbeugungswinkel χ ($= 2\,\vartheta$) also 90^0, dann artet der Interferenzstrahlenkegel zu einer Ebene aus, die dann die Zylinderfläche in einer geraden Linie (einer Erzeugenden des Zylindermantels) schneidet. Eine solche geradlinige Interferenz ist auch auf dem reproduzierten DEBYE-Diagramm Abb. 240 a deutlich zu erkennen; bei größerem Glanzwinkel ist die Krümmung der Interferenzringe konkav nach außen zu.

Da es sich bei der Vermessung indessen nur um die Distanzwerte auf der horizontalen Mittellinie (der Äquatorlinie) des Films handelt, aus denen, wie wir sehen werden, die Glanzwinkel zu eruieren sind, ist die Form der Kurven völlig belanglos. Es ist daher hier — zum Unterschied von Schichtlinienaufnahmen — nur eine niedrige Zylinderkamera (bzw. schmaler Filmstreifen!) erforderlich.

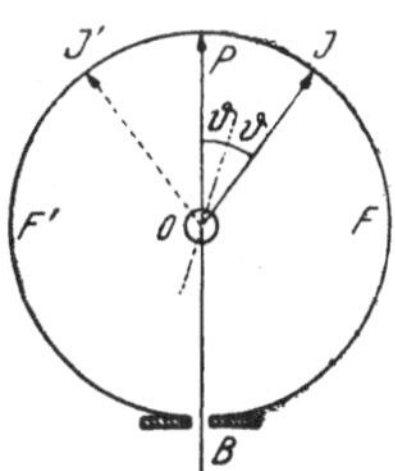

Abb. 242 zeigt eine Skizze für die Entstehung einer Debye-Aufnahme: Wir sehen (im Querschnitt) in der Drehungsachse einer zylindrischen Kamera die Kapillare, die das Kristallpulver enthält; senkrecht zu ihr fällt — durch eine Blende, welche die Zylinderwand durchbohrt — monochromatisches Röntgenlicht auf das Pulverpräparat; in der Fortsetzung des Primärstrahls ergibt sich auf der gegenüberliegenden Zylinderwand der Einstichpunkt desselben. Der Film wird aber an dieser Stelle lochförmig ausgestanzt (s. Abb. 240), um den Überstrahlungshof zu vermeiden. Übrigens trifft der Primärstrahl auch nicht die Metallwand der

Abb. 242. Aufnahmeprinzip beim Debye-Scherrer-Verfahren (nach R. Glocker)

Kamera, sondern an dieser Stelle ist ein Auslaufrohr zum Auffangen des Primärstrahls angesetzt, das an seinem Ende zweckmäßigerweise durch ein Leuchtschirmscheibchen abgeschlossen ist. In unserer Skizze ist aber der fiktive Primärfleck P durch das Auftreffen des zentralen, einfallenden Strahles gekennzeichnet. Das Bogenstück zwischen P und dem Interferenzpunkt J (bzw. J' auf der andern Seite) entspricht offensichtlich dem Abbeugungswinkel $\chi = 2\,\vartheta$; der Bogen JJ' (zwischen zwei korrespondierenden Interferenzlinien links und rechts) somit dem vierfachen Glanzwinkel ($4\,\vartheta$). Also braucht man den Abstand der korrespondierenden Linien des in die Ebene ausgebreiteten Pulverdiagramms nur längs der Äquatorlinie mit einem Millimetermaßstab zu vermessen ($2\,r$) und erhält damit direkt die Glanzwinkel für die verschiedenen Interferenzen.

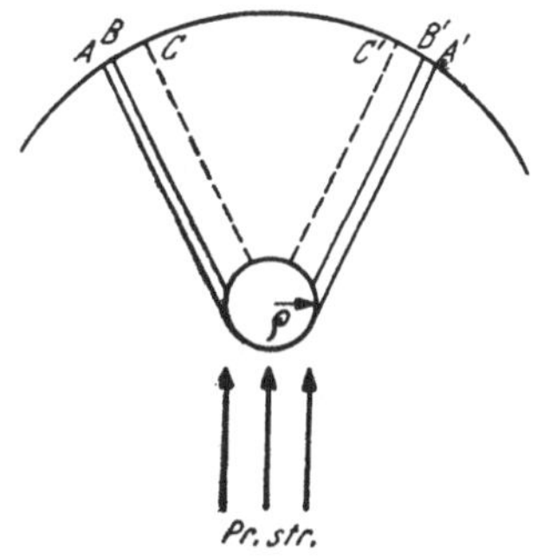

Abb. 243. Absorptionskorrektur für Debye-Diagramme (nach R. Glocker)

Häufig werden die Pulverkameras so hergestellt, daß der innere Zylindermantel einen Umfang von 360 mm oder aber 180 mm hat; im ersten Fall wäre der Kameradurchmesser 114,6 mm, im zweiten Fall 57,3 mm. Bei der großen Kamera entspricht dann jedem Millimeter auf dem Film (längs des Äquators) unmittelbar ein Grad; bei der kleinen Kamera ist 1 mm = 2°. Vermessen wir die zusammengehörigen Linien links— rechts, so wäre der erhaltene Betrag in Graden noch durch vier zu dividieren, denn das so vermessene Bogenstück entsprach ja dem Werte $4\,\vartheta$.

Absorptionskorrektur. Es sei noch auf eine notwendige Korrektur bei der Vermessung von DEBYE-Filmen aufmerksam gemacht. Abb. 243 diene zur Erläuterung: Würden nur die Kristalliten in der Mitte der Kapillare die Reflexion bewirken, so entstände der Interferenzpunkt C und C'. Stärker absorbierende Substanzen werden aber hauptsächlich in den peripheren Teilen der Kapillarenfüllung zur Wirkung kommen, und es entsteht dann die Interferenzschwärzung zwischen A und B bzw. A' und B'; eventuell erfüllt die Schwärzung den ganzen Bereich AC ($A'C'$). Es handelt sich hier also um die Berücksichtigung der Linienbreite.

HADDING hat eine einfache Regel für diese Absorptionskorrektur angegeben: man vermißt den Abstand der Außenkanten der Interferenzringe $2\,r_a$ (entsprechend dem Bogen AA' der Abbildung) und subtrahiert davon die Stäbchendicke $2\,\varrho$:

$$2\,r_{korr.} = 2\,r_a - 2\,\varrho.$$

Genauer allerdings arbeitet man bei Vermessung der Linienmitten $2\,r_0$ und mit Berücksichtigung der *Größe des Glanzwinkels* ϑ nach der ebenfalls von HADDING angegebenen Formel:

$$2\,r_{korr.} = 2\,r_0 - \varrho\,(1 \pm \cos 2\vartheta);$$

(in der Klammer $+ \ldots$ für $2\,\vartheta < 90^0$; $- \ldots$ für $2\,\vartheta > 90^0$, so daß das zweite Glied jedenfalls zu 1 *addiert* wird!).

Im allgemeinen wird man so in ausreichendem Maße dem Einflusse der Stäbchendicke gerecht[1]. Die Kapillare soll im Durchmesser nur Zehntelmillimeter bis höchstens 1 mm betragen. Häufig wird an Stelle einer Kapillare (aus Glas oder Gelatine) ein Glasfaden, ein Haar od. dgl. als Substanzträger verwendet; dieser wird nach Einfettung in gleichmäßig-dünner Schicht mit dem Pulver überrindet. Die Substanz muß in allen Fällen äußerst fein pulverisiert sein.

b) Auswertung von Debye-Scherrer-Diagrammen

Das einzige, was uns die Pulverdiagramme für die Zwecke der Indizierung liefern, sind die Glanzwinkel. Nach den Betrachtungen im Kapitel XVII b, S. 186, ist es daher von vornherein klar, daß solche Diagramme ganz allgemein zur eindeutigen Indizierung nicht ausreichen können. Gleichwohl gibt es Fälle, wo dies in weitgehendem Maße möglich ist. Dazu gehören vor allem die Aufnahmen von Kristallsubstanzen kubischer Symmetrie.

Schreiben wir — wie bereits S. 184 — die BRAGGsche Gleichung in der Form

$$\lambda = 2 \cdot \frac{d}{n} \cdot \sin \vartheta$$

---

[1] Eine dritte, von OTT stammende Formel berücksichtigt außerdem noch einen Faktor ε, der von der Stärke der Absorption abhängt.

und stellen wir das $\sin \vartheta$ (auf das es uns jetzt ankommt) heraus, so ergibt sich in quadrierter Form:

$$\sin^2 \vartheta = \frac{\lambda^2}{4} \cdot \frac{n^2}{d^2}.$$

Wieder substituieren wir für d den für das kubische System geltenden Ausdruck

$$d_{hkl} = \frac{a_w}{\sqrt{h^2 + k^2 + l^2}}$$

und erhalten so:

$$\sin^2 \vartheta = \frac{\lambda^2}{4} \cdot n^2 \cdot \frac{h^2 + k^2 + l^2}{a_w^2}$$

$$\sin^2 \vartheta = \frac{\lambda^2}{4\,a_w^2}(H^2 + K^2 + L^2); \quad \text{vgl. S. 185.}$$

das ist die sog. „*quadratische Form*" der BRAGGschen Gleichung für das kubische System[1]. Mit ihrer Hilfe läßt sich das DEBYE-Diagramm leicht indizieren.

Ein Beispiel möge dies illustrieren: In Tab. 11 ist die Auswertung einer Pulveraufnahme von Fluorit vorgeführt. Die Aufnahme wurde mit einer Röntgenröhre mit Kupferantikathode hergestellt, die schon gefilterte $Cu_{K\alpha}$-Strahlung lieferte (die β-Strahlung ist durch Zwischenschaltung einer Ni-Folie eliminiert worden).

Die erste Vertikalkolonne unserer Tabelle gibt lediglich die Numerierung der Interferenzen von innen nach außen zu. Daneben ist die Intensität der Linien auf Grund visueller Schätzung verzeichnet unter Zugrundelegung einer Zehnerskala.

Die nächste Kolonne enthält die gemessenen Distanzwerte der Linien: die doppelten Ringradien $2\,r_a$ in Millimetern. Sie liefern *direkt*[2] den Abbeugungswinkel $\chi = 2\,\vartheta$, der in der vierten Kolonne notiert ist; hiebei wurde die einfache HADDINGsche Stäbchenkorrektur angewendet (Ringdurchmesser minus Stäbchendicke!). Die fünfte Kolonne bietet die $\sin^2 \vartheta$-Werte.

Nach der soeben entwickelten quadratischen Form sind die $\sin^2 \vartheta$ gleich $(H^2 + K^2 + L^2)$ multipliziert mit einem Quotienten $\frac{\lambda^2}{4\,a_w^2}$; wir wollen ihn kurz Q nennen bzw. — da es sich hier um den auf der Wellenlänge der α-Strahlung fußenden Wert handelt — Q_α. Der Klammeraus-

---

[1] Für das tetragonale System lautet sie: $\sin^2 \vartheta = \frac{\lambda^2}{4\,a^2} \cdot \left(H^2 + K^2 + \frac{a^2}{c^2} L^2\right)$; für das hexagonale System: $\sin^2 \vartheta = \frac{\lambda^2}{4\,a^2} \cdot \left[\frac{4}{3}(H^2 + K^2 + HK) + \frac{a^2}{c^2} L^2\right]$.

[2] Der Kameradurchmesser war nämlich 57,3 mm, also jeder Millimeter 2^0. $2\,r$ entspricht aber $4\,\vartheta$. Um $2\,\vartheta$ zu erhalten, wäre der Messungswert zu halbieren. Multiplikation mit 2 und erforderliche Division durch 2 heben sich auf; folglich ist der $2\,r$-Wert $2\,\vartheta$ gleichzusetzen.

druck muß als Summe von quadrierten Indices auf alle Fälle eine *ganze Zahl* sein. Diese gilt es für jede einzelne Linie zu ermitteln. Man braucht dann nur von der festgestellten Zahl auf die Indices übergehen[1]. Im vorliegenden Falle des kubischen Systems kommt uns die Zulässigkeit der Indicesvertauschung ganz besonders zustatten.

Für die ersten ganzen Zahlen ergeben sich folgende Indicestripel:

	hkl		hkl
1	001	5	012
2	011	6	112
3	111	8	022
4	002	9	122, 003

Es ist zu beachten, daß die Zahl 7 fehlt; es fehlen aber weiterhin auch die Zahlen 15, 23, 28, 31, 39, 47, 55, 60, 63, . . . Es sind dies die Vielfachen von 8 minus 1, ferner die vierfachen Werte der genannten fehlenden, so 28 (4 . 7) und 60 (4 . 15). Diese fehlenden Ziffern würden sich nicht als Summe dreier quadrierter Zahlen darstellen lassen.

Tabelle 11. **Fluorit aus einem Barytgang von Pottäng** (Insel Alnö), Schweden

Pulveraufnahme mit gefilterter Kupferstrahlung: $Cu_{K\alpha} = 1{,}539$ Å. Kameradurchmesser 57,30 mm; Substanzträger: gespanntes Frauenhaar, Kristallpulver mit Collodium aufgebracht; Präparatdicke $2\varrho = 0{,}6$ mm. 40 Kilovolt Scheitelspannung, 10 Milliampère, 110 Min.

Nr.	Int. beob.	$2\,r_a$	$\dfrac{2\vartheta}{2\,r_a - 2\varrho}$	$\sin^2\vartheta$	$(H^2+K^2+L^2)\times Q_\alpha$	Indices
1	9	40,1	39,5	0,0591	$3 \times 0{,}0197_0$	111
2	10	66,5	65,9	0,1594	$8 \times 0{,}0199_2$	022
3	$4^{1}/_{2}$	78,9	78,3	0,2197	$11 \times 0{,}0199_7$	113
4	$3^{1}/_{2}$	96,8	96,2	0,3185	$16 \times 0{,}0199_1$	004
5	3	106,9	106,3	0,3782	$19 \times 0{,}0199_0$	313
6	4	123,3	122,7	0,4791	$24 \times 0{,}0199_6$	224
7	3	132,7	132,1	0,5377	$27 \times 0{,}0199_2$	{ 333 { 115
8	$2^{1}/_{2}$	148,9	148,3	0,6368	$32 \times 0{,}0199_0$	440
9	4	159,1	158,5	0,6968	$35 \times 0{,}0199_1$	531
10	5	177,7	177,1	0,7971	$40 \times 0{,}0199_3$	620
11	3	190,3	189,7	0,8564	$43 \times 0{,}0199_2$	533

$$\Sigma \sin^2\vartheta$$
$$5{,}1388 : 258 = 0{,}019991_8 \ (= Q_\alpha);$$

daraus ergibt sich: $a_w = 5{,}4525$ Å.

Nun haben wir in der sechsten Kolonne die festgestellten $\sin^2\vartheta$-Werte als Produkte einer ganzen Zahl und eines theoretisch konstanten Wertes,

---

[1] Nach dem gleichen Prinzip lassen sich auch Schichtlinienaufnahmen tetragonaler und hexagonaler Kristalle indizieren. Ihre quadratischen Formen enthalten zwar das Achsenverhältnis im Faktor von L^2 (s. Fußn. 1, S. 195); doch fällt dieses Glied bei der Indizierung der Äquatorinterferenzen ($l = 0$) weg.

nämlich des besagten Quotienten Q_α, aufgespalten. Die ganzen Zahlen liefern uns, wie wir nun wissen, die Indices der reflektierenden Netzebenen; sie sind in der letzten Kolonne verzeichnet.

Kämen in der aufsteigenden Reihe der Faktoren irgendwo Bruchzahlen vor, so ist das ein Zeichen dafür, daß der Quotient Q zu groß angenommen wurde; er wird dann halbiert, gedrittelt . . . werden müssen, um durchgehends ganzzahlige Faktoren zu erhalten. So konnte in unserem Diagramm das $\sin^2 \vartheta$ der ersten Linie nicht bereits als Q-Wert angenommen werden $(1 . Q)$, sondern es mußte gedrittelt werden.

Ein Blick auf die Indizierung zeigt uns, daß bei Linie 7 zwei MILLERsche Symbole vermerkt sind; der Faktor 27 ist eben in zweifacher Weise als Quadratsumme dreier Indices zu deuten (333 und 115). Das wäre auch der Fall bei den Ziffern 9 (122 und 003), 17 (014, 223), 18 (033, 114), 25 (034, 005), 26 (314, 015) . . . .; doch kommen diese Faktoren bei unserem Diagramm nicht vor. In diesem Sachverhalt haben wir wieder den Beweis für die eingangs erwähnte Mehrdeutigkeit der Indizierung. Bei DEBYE-Aufnahmen liegt ja quasi nur ein eindimensionales Diagramm vor: lediglich die ϑ-Werte! Diese bestimmen jedoch als $\sin \vartheta$ nur die Länge des Vektors im reziproken Gitter, nicht aber die Richtung des Fahrstrahls (s. S. 186).

Was die Berechnung der Gitterkonstante a_w anbelangt, so kann sie aus dem Quotienten $\dfrac{\lambda^2}{4\,a_w^2}$ erst dann vorgenommen werden, wenn sein wahrscheinlichster Wert präzisiert worden ist.

Die Q-Werte so vieler vermessener Linien weisen naturgemäß eine gewisse, mehr oder weniger große Streuung auf. Bei unserem Diagramm ist sie — abgesehen vom Werte der innersten Linie — relativ unbedeutend. Trotzdem wäre eine einfache Mittelwertsbildung nicht richtig. Denn den äußeren Linien kommt, gleiche Meßgenauigkeit vorausgesetzt, das größere Gewicht zu. Der Fehler bei der Berechnung des Quotienten ist um so kleiner, je größer der Divisor ist, durch den die $\sin^2 \vartheta$-Werte geteilt wurden.

Um diesem Umstand Rechnung zu tragen und die Verschiedenheit der relativen Fehler auszugleichen, hat sich folgender Vorgang bewährt: Man summiert die Kolonne der $\sin^2 \vartheta$-Werte und dividiert diese Zahl durch die Summe der ganzzahligen Faktoren; dadurch ist der Einfluß der Größenverschiedenheit der Faktoren bei der Bildung der einzelnen Quotienten ausgeschaltet.

Die Erläuterung der Auswertung einer DEBYE-Aufnahme hat uns gezeigt, daß nicht einmal bei dem höchstsymmetrischen System die Indizierung eindeutig gelingt. Im hexagonalen, tetragonalen und rhomboedrischen System (mit hexagonaler Indizierung) wäre zu einer Auswertung noch die Kenntnis des Achsenverhältnisses erforderlich. Allerdings erlaubt die Anwendung der HULL-DAVEYschen Kurven (auf die wir hier nicht eingehen können) auch eine Indizierung auf graphischem Wege; doch ist ohne Kenntnis des Achsenverhältnisses schon eine gewisse Unsicherheit damit verbunden. Bei den niedrig-symmetrischen Systemen ist, ohne Kenntnis der Gitterkonstanten, die Indizierung von Pulveraufnahmen so gut wie unmöglich.

Wenn auch solcherart DEBYE-Aufnahmen in den meisten Fällen zur strukturanalytischen Auswertung allein nicht ausreichen, so kommt dieser Methode trotzdem eine hohe Bedeutung zu. In vielen Fällen kommt es nämlich gar nicht auf eine „vollständige Strukturbestimmung" an, sondern oft handelt es sich nur um eine *Identifizierung* des Untersuchungsmaterials. Und da leistet die DEBYE-SCHERRER-Methode unschätzbare Dienste. Auch ist mit Hilfe von Pulveraufnahmen sofort feststellbar, ob eine Probe kristallin ist oder einer amorphen Substanz angehört. Letztere würde kein Liniensystem liefern, sondern bestenfalls den einen oder anderen verwaschenen Ring in der Nähe des Primärflecks.

Gegenüber allen anderen Verfahren besitzt die Pulvermethode noch den großen Vorzug der leichten Materialbeschaffung. Während wir für die LAUE-Aufnahmen und für das Drehkristallverfahren ungestörte Einzelindividuen benötigen, die nicht in allen Fällen so ohne weiteres zur Verfügung stehen, braucht man beim DEBYE-Verfahren nur ein geringfügiges Quantum an Kristallpulver.

Es ist im Rahmen dieses Buches nicht möglich, die strukturanalytischen Methoden der Röntgenuntersuchung von Kristallen *eingehender* zu behandeln[1]. In diesem Kapitel sollte indessen für den einfachst liegenden Fall eines kubischen Kristalls wenigstens die Indizierung an einem konkreten Beispiel gezeigt werden, weil letztere für die Raumgruppenbestimmung Voraussetzung ist.

XIX. Der Gang einer Strukturanalyse im allgemeinen

In den vorangegangenen Kapiteln ist das Prinzipielle in den gebräuchlichen Verfahren der Röntgenanalyse kurz skizziert worden. Hier soll nun der Hergang bei einer Strukturanalyse noch zusammenfassend behandelt werden.

Drei Etappen wären dabei zu unterscheiden:

A

1. *Bestimmung von Gestalt und Größe des Elementarkörpers.* Erforderlich ist die Auswahl dreier Kanten als kristallographische Achsen zwecks Anfertigung von drei Schichtlinienaufnahmen, um auf Grund der Schichtlinienbeziehung die Grundparameter a_0, b_0, c_0 zu bestimmen. Für die Präzisierung dieser Werte kann noch das Hauptspektrum (entspricht der Äquatorlinie!) von Schwenkaufnahmen herangezogen werden; daraus ergibt sich exakt der d-Wert der jeweils eingestellten Ausgangsfläche.

2. *Bestimmung der Translationsgruppe.* Durch weitere Schichtlinienaufnahmen mit Drehung um die Richtungen [110], [101], [011] und [111] des Elementarkörpers ist festzustellen, ob Flächenzentrierungen vorliegen bzw. ob die gewählte Zelle raumzentriert ist (vgl. S. 182). Es kann sein, daß der so bestimmte Elementarkörper selbst schon eine Zelle

---

[1] Das ist einem im gleichen Verlag in Vorbereitung befindlichen Buch des Verfassers: „*Grundzüge der Röntgenkristallographie*" vorbehalten.

der Bravaisschen Gitter darstellt; andernfalls wäre seine Rückführung auf eines der 14 Translationsgitter möglich.

3. *Bestimmung des materiellen Inhaltes des nach (1) bestimmten Elementarkörpers, d. h. Feststellung der Anzahl Z darin enthaltener Moleküle.* Ähnlich wie bei der Ermittlung der Gitterkonstanten von NaCl (S. 171) basiert die Bestimmung auch hier auf der Kenntnis des spezifischen Gewichtes der Substanz (σ) und der Loschmidtschen Zahl L. Das *Molekülgewicht G_L,* d. h. der Gewichtsanteil *eines* Moleküls am Mol, ist bestimmt durch

$$G_L = \frac{\text{Molekulargewicht}}{L}.$$

Anderseits ist das Gewicht eines Moleküls im Elementarkörper (der Z Moleküle enthält) gleich

$$\frac{\text{Gewicht des Elementarkörpers}}{Z} = \frac{\text{Vol}_{EK} \cdot \sigma}{Z}.$$

Beide, auf verschiedenem Wege gewonnenen Ausdrücke sind einander gleichzusetzen:

$$\frac{\text{Vol}_{EK} \cdot \sigma}{Z} = \frac{\text{Molekulargewicht}}{L};$$

somit ist

$$Z = \frac{\text{Vol}_{EK} \cdot \sigma \cdot L}{\text{Molekulargewicht}}.$$

So wurde in dem auf S. 155 vorgeführten Beispiel einer Struktur für Z die Zahl 2 gefunden; d. h. zwei Moleküle der betreffenden Verbindung sind in dem der Größe nach ermittelten Elementarkörper enthalten.

B

Der nächste Schritt zielt auf die Bestimmung der Raumgruppe ab: Aus 230 Möglichkeiten soll das Symmetriegerüst des Feinbaues ermittelt werden.

Wenn die Kristallklasse (32 Möglichkeiten!) schon aus kristallographischen Beobachtungen (gegebenenfalls Ätzfiguren) bekannt ist, erleichtert dies die Durchführung; sonst könnten aus der Symmetrie eventuell vorhandener Laue-Diagramme 11 Symmetriegruppen auseinandergehalten werden.

Die Bestimmung der Raumgruppe selbst gründet sich auf die Untersuchung, welche charakteristische *„Auslöschungen"* von Röntgenreflexen zu konstatieren sind. Wie schon früher erwähnt (s. S. 178), fallen durch Einschaltung gleichbelasteter Netzebenen zwischen jene des Grundgitters gewisse Reflexionen aus. Durch systematische Prüfung der Symmetriegerüste der 230 Raumgruppen sind die Auslöschungsgesetze festgestellt; sie sind u. a. in den „Internationalen Tabellen zur Bestimmung von Kristallstrukturen"[1] niedergelegt.

---

[1] Berlin: Gebr. Borntraeger, 1935; Neuausgabe: Birmingham, 1952.

Um die ein für allemal festgelegten Auslöschungsgesetze zur Bestimmung der Raumgruppe benützen zu können, benötigt man die *Statistik der Röntgenreflexionen* des betreffenden Untersuchungsmaterials, d. h. aber: Sämtliche zur Verfügung stehenden Aufnahmen müssen verläßlich indiziert worden sein. Daraus erkennen wir, wie grundlegend wichtig der Vorgang der Indizierung ist. Deshalb haben wir in den Kapiteln XVII und XVIII den Versuch gemacht, die Sicherheit einer solchen bei den verschiedenen monochromatischen Verfahren kritisch zu beleuchten.

C

Bestimmung der Atomlagen (Punktlagenbesetzung)

Konnte auf Grund einer Statistik der Röntgenreflexionen die Raumgruppe mit Sicherheit bestimmt oder doch wahrscheinlich gemacht werden, so ist damit das Symmetriegerüst der Atomkonfiguration gegeben. Es sind dann die zur Verfügung stehenden Punktlagen bekannt (Internationale Tabellen!).

Da wir nach A (3) den materiellen Inhalt der Zelle kennen, wissen wir genau, wieviel Atome jeglicher Sorte im Elementarkörper unterzubringen sind. Ein Beispiel dafür wurde gelegentlich der Diskussion der Gehlenit-Struktur (S. 155) gegeben.

Der Versuch, innerhalb der vorhandenen Möglichkeiten eine Struktur zu bauen, muß aber noch durch die Berechnung des Strukturfaktors überprüft und verifiziert werden. Was hat es damit für eine Bewandtnis?

Wir haben schon bei der Besprechung der BRAGGschen Spektrometeraufnahmen auf die bedeutungsvolle Tatsache der Intensitäten der registrierten Reflexe hingewiesen. Wir haben ferner auch bei dem Beispiel einer DEBYE-Aufnahme (s. Tab. 11) die Intensitäten der Linien verzeichnet, die vor allem für die Atomlagenbestimmung von eminenter Bedeutung sind.

Unter B haben wir erkannt, daß das völlige Fehlen gewisser Kategorien von Reflexen (systematische Auslöschungen!) für die Raumgruppenbestimmung ausschlaggebend war. Die *graduellen* Intensitätsunterschiede bei den vorhandenen Reflexionen dienen nun dazu, die Positionen der Atome möglichst genau festzulegen. Diese Notwendigkeit wird verständlich, wenn wir uns vergegenwärtigen, daß wir es in jeder Raumgruppe nicht nur mit Punktlagen ohne Freiheitsgrad zu tun haben, sondern daß auch solche mit einem oder zwei Freiheitsgraden vorhanden sind, und schließlich solche mit drei, wo also drei Koordinaten festzulegen sind (allgemeinste Punktlage!).

Die Ermittlung dieser Koordinaten oder Parameter der Struktur (s. Tabelle der Gehlenitstruktur, S. 156) geschieht nun mit Hilfe des *Strukturfaktors*. Darunter versteht man die resultierende Amplitude, die sich infolge der Ineinanderstellung mehrerer Gitter (jedes mit seinem definierten Anfangspunkt innerhalb des Elementarkörpers) durch das phasenverschiebende Zusammentreten der von den Einzelgittern herrührenden Wellen ergibt. Die Intensität aber ist proportional dem Quadrate der Amplitude.

Der Strukturfaktor S bzw. die Intensität I $(= S^2)$ läßt sich unter Gebrauch komplexer Zahlen bündigerweise durch folgenden Ausdruck zur Darstellung bringen:

$$I \sim |S|^2 = |\Sigma_m A_m e^{2\pi i (x_m H + y_m K + z_m L)}|^2,$$

wobei x_m, y_m, z_m die jeweiligen Koordinaten x, y, z (Parameter) der strukturell verschiedenen Atomlagen A_1, A_2, $A_3 \ldots A_m$ sind[1]. Die Auflösung obigen Ausdrucks für den Strukturfaktor stellt sich in trigonometrischen Funktionen folgendermaßen dar:

$$|S|^2 = [A_1 \cos 2\pi (x_1 H + y_1 K + z_1 L) + A_2 \cos 2\pi (x_2 H + y_2 K + z_2 L) +$$
$$+ \ldots A_m \cos 2\pi (x_m H + y_m K + z_m L)]^2 + [A_1 \sin 2\pi (x_1 H + y_1 K +$$
$$+ z_1 L) + A_2 \sin 2\pi (x_2 H + y_2 K + z_2 L) + \ldots A_m \sin 2\pi (x_m H +$$
$$+ y_m K + z_m L)]^2.$$

In unserer Gehlenitstruktur waren 10 Parameter (die x-, y-, z-Werte der Tabelle 9) festzulegen.

Der Strukturfaktor ist nicht der einzige Faktor, der die Intensität bestimmt, aber er ist jener, der von der geometrischen Konfiguration der Atome in der Zelle, der *Struktur*, direkt abhängig ist. Dadurch bietet er ein Mittel, mit seiner Hilfe die geometrischen Einzelheiten im Aufbau des Elementarkörpers — mit andern Worten „die Basis der Struktur" — zu ergründen. Andere Intensitätsfaktoren, die bei den verschiedenen experimentellen Verfahren in größerem oder geringerem Maße eine Rolle spielen, sind der LORENTZ-Faktor, der Polarisationsfaktor, der Flächenhäufigkeitsfaktor, der DEBYEsche Wärmefaktor.

Für jede als wahrscheinlich angenommene Struktur muß für die einzelnen Interferenzen die Intensität *berechnet* werden. Der daraufhin durchzuführende Vergleich mit den *beobachteten* Intensitäten der Aufnahme gibt erst die Möglichkeit, zu entscheiden, ob die angenommene Struktur richtig sein kann oder nicht.

Aus dem Gesagten geht hervor, daß die drei einzeln behandelten Etappen einer Strukturanalyse grundsätzlich in nur zwei Hauptteile zu fassen wären: einerseits die Auswertung der Röntgenaufnahmen in *geometrischer* Hinsicht, d. i. Konstatierung des Vorhandenseins und der Lage der Interferenzen (woraus sich auch die Indizierung ergibt!): Etappe A und B: anderseits die Beurteilung der Intensitätsunterschiede und ihre rechnungsmäßige Überprüfung mit Hilfe der Intensitätsfaktoren, insbesondere des Strukturfaktors: Etappe C.

Dieser letzte Schritt, der zur Ermittlung einer möglichen und befriedigenden Punktlagenbesetzung erforderlich ist, hat zweifellos einen gewissen Grad von Unsicherheit in sich. Hier fallen eine Reihe *physikalischer* Momente wirksamer ins Gewicht, die nicht immer mit der wünschenswerten Exaktheit zu erfassen sind. Erst durch die praktische Anwendung der FOURIER- und der PATTERSON-Analyse, die auf eine *direkte*

---

[1] In den Berechnungsformeln bedeuten die A-Werte einen *Atomfaktor* („atomares Streuvermögen"), der für die verschiedenen Elemente verschieden und überdies von $\sin \vartheta / \lambda$ abhängig ist.

Bestimmung der Elektronenverteilung im Kristallraum und damit auf die Lokalisierung der Streuungszentren abzielen, sind „primär" die Grundlagen für eine Ermittlung der Atomkonfiguration im Elementarkörper geschaffen worden.

Quellennachweis

für eine Anzahl von Figuren in den letzten beiden Abschnitten dieses Teiles (Kapitel XI bis XVIII)[1]

W. H. und W. L. Bragg: Die Reflexion von Röntgenstrahlen an Kristallen. Leipzig 1928.

E. Brandenberger: Angewandte Kristallstrukturlehre. Berlin 1938.

M. J. Buerger: X-Ray Crystallography. New York 1942.

P. P. Ewald: Kristalle und Röntgenstrahlen. Berlin 1923.

R. Glocker: Materialprüfung mit Röntgenstrahlen. Berlin 1927.

F. Machatschki: Grundlagen der allgemeinen Mineralogie und Kristallchemie. Wien 1946.

H. Mark: Die Verwendung der Röntgenstrahlen in Chemie und Technik. Leipzig 1926.

P. Niggli: Lehrbuch der Mineralogie und Kristallchemie, I. Teil. Berlin 1941.

F. Rinne: Kristallographische Formenlehre und Anleitung zu kristallographisch-optischen sowie röntgenographischen Untersuchungen. Leipzig 1922.

E. Schiebold: Herleitung und Nomenklatur der 230 kristallographischen Raumgruppen. Mit Atlas der Raumgruppen-Projektionen. Leipzig 1929.

A. Schleede und E. Schneider: Röntgenspektroskopie und Kristallstrukturanalyse. Berlin und Leipzig 1929.

Internationale Tabellen zur Bestimmung von Kristallstrukturen. Berlin 1935.

---

[1] Die Autoren der Werke, aus denen die betreffenden Abbildungen stammen, sind in den Abbildungsunterschriften genannt. Sie beziehen sich auf die oben verzeichneten, bekannten Lehrbücher (und Tabellen-Werke), denen ich auch in anderer Hinsicht mancherlei Anregungen verdanke.   Der Verfasser

Zweiter Teil

Kristallphysik

Einleitung

Das Verhalten von Kristallen bei Einwirkung äußerer Kräfte, also ohne Änderung des stofflichen Aufbaues, wird in dem Begriffe der *Kristallphysik* zusammengefaßt. Auch hier liegt, wie bei der Formausbildung bzw. dem strukturellen Bau der Kristalle, das Prinzip der Richtungsabhängigkeit, der *Anisotropie*, zugrunde, doch wird dieses Grundprinzip nicht bei jeder physikalischen Beanspruchung und nicht in gleichem Maße wie bei der Formausbildung deutlich. Nach dem Grade dieser Abhängigkeit von der Richtung kann man dreierlei Arten physikalischer Einwirkung unterscheiden:

1. *Vektorielle* Erscheinungen, wobei sich in dem gleichen Vektor noch Richtung und Gegenrichtung unterscheiden lassen (Härte, Pyroelektrizität, bezüglich Wachstum und Auflösung vgl. den ersten Teil).

2. *Tensorielle* Erscheinungen, die keine Polarität der Richtung mehr zeigen, sondern sich immer zentrosymmetrisch verhalten (alle Strahlungserscheinungen, Wärmeverhalten u. a.).

3. *Skalare* Erscheinungen, bei denen überhaupt jede Richtungsabhängigkeit fehlt (spez. Gewicht, spez. Wärme).

Hinsichtlich der Art der äußeren Einwirkung kann man unterscheiden:

1. *Mechanische Beanspruchung* (Elastizität, Plastizität, Spaltbarkeit, Härte, Zerreiß- und Zermalmungs-Festigkeit, Schlag- und Druckfiguren). Man faßt diese als die „Festigkeitserscheinungen" zusammen.

2. *Optisches Verhalten* (Durchlicht- und Auflichterscheinungen[1]).

3. *Wärmeverhalten, elektrisches und magnetisches Verhalten.*

4. *Spezifisches Gewicht (Dichte).*

Die Festigkeitserscheinungen[2]

Die Reihenfolge, in der die hieher gehörigen Erscheinungen besprochen werden, ist so zu verstehen, daß zunächst jene mechanischen Einwirkungen behandelt werden, in denen der Gitterbau noch nicht zerstört

---

[1] Das auch hieher gehörige *röntgenographische* Verhalten wurde schon im ersten Teil (S. 157—202) behandelt.

[2] Näheres vgl. hiezu bei GROTH: Physikalische Kristallographie, Leipzig 1905; LIEBISCH: Physikalische Kristallographie, Leipzig 1891; E. SCHMID und

wird, wo also trotz der Verformung („Deformation“) der Kristallbau erhalten bleibt. Und hier sind wieder jene Erscheinungen vorangestellt, bei denen die durch eine äußere, mechanische Kraft erzielte Deformation nach Aufhören der äußeren Einwirkung wieder vollständig zurückgeht („Rückfedern“); das ist aber das Kennzeichen der Elastizität.

I. Elastizität

Da bei Einwirkung von gerichtetem Druck oder Zug sich Richtung und Gegenrichtung gleich verhalten, handelt es sich hier um eine tensorielle, kristallphysikalische Erscheinung. Wesentlich ist dabei, daß der Gitterverband im Kristall erhalten bleibt, daß also Zonenverband und Flächenindices trotz der deformierenden Einwirkung einer mechanischen Kraft innerhalb der „Elastizitätsgrenze“ unverändert fortbestehen, nicht aber die Symmetrie.

Wenn z. B. ein Flußspatwürfel in der Richtung einer A^4 gestreckt wird, dehnt sich der Kristall nur in der einen A^4 aus, nicht aber auch in den beiden anderen Hauptachsen, so daß die drei A^4 gegenseitig nicht mehr ausgetauscht werden können. Aus dem Würfel wurde ein quadratisches Prisma.

Solange der Gitterverband bestehen bleibt, also innerhalb der „Elastizitätsgrenze“, die bei Kristallen je nach der geprüften Richtung verschiedene Werte annimmt, besteht zwischen der Größe der einwirkenden Kraft (P) und der damit erzielten Längenänderung des untersuchten Kristallstabes $\left(\lambda = \dfrac{dl}{l}\right)$ die einfache Beziehung $\dfrac{\lambda}{P} = a$ *(Dehnungskoeffi-zient)*. Diese Zahl gibt die Längenänderung eines Stabes von 1 cm Länge und 1 mm² Querschnitt bei Dehnung oder Pressung durch 1 g. Fragt man dagegen um die Kraft, die nötig wäre, das Stäbchen auf die doppelte Länge auszudehnen, wobei $\lambda = 1$ ist, da $dl = l$ wird, so ergibt sich aus $\dfrac{P}{\lambda} = E$ der *Dehnungswiderstand* oder *Youngsche Modul*. Beide Größen sind reziprok zueinander $E = \dfrac{1}{a}$. Bei der Dehnung des Stabes in seiner Längsrichtung wird im allgemeinen der Querschnitt kleiner. Mit $\dfrac{dq}{q} = \beta$, wobei q der Querschnitt ist, erhält man den *Kontraktionskoeffizienten*.

Das Maß der durch Streckung oder Pressung erzielten Verformung ist bei den Kristallen im allgemeinen sehr gering, wodurch die zahlenmäßige Bestimmung der Elastizitätskonstanten sehr erschwert wird.

In origineller Weise versuchte zuerst SAVART (1827) das elastische Verhalten von Kristallen messend zu verfolgen. Er verwendete kreisförmige Quarzplatten gleicher Dicke zur Erzeugung und Beobachtung von Klangfiguren. Deren

W. BOAS: Kristallplastizität, Berlin 1935; TERTSCH: Festigkeitserscheinungen der Kristalle, Wien 1949; VOIGT: Lehrbuch der Kristallphysik (mit Ausschluß der Kristalloptik), Leipzig 1910; H. G. F. WINKLER: Struktur und Eigenschaften der Kristalle, Berlin-Göttingen-Heidelberg 1950; außerdem die bekannten Lehrbücher der Mineralogie von C. W. CORRENS, P. ESKOLA, KLOCKMANN-RAMDOHR, P. NIGGLI, W. SCHMIDT-E. BAIER, TSCHERMAK-BECKE.

Aussehen und beobachtete Tonhöhen sollten Aufschluß über das elastische Verhalten geben, doch konnten keine mathematisch einwandfreien Messungswerte daraus abgeleitet werden.

Um das elastische Verhalten eines Kristalls quantitativ richtig zu erfassen, ist es nötig, die Größen α (E) und β in verschiedenen Richtungen zu bestimmen. Dazu werden Stäbchen in diesen Richtungen geschnitten und bezüglich α und β vermessen. Da es sich dabei um sehr kleine Größen handelt und leider Stäbe aus absolut fehlerfreien Kristallen in den gewünschten Richtungen nur sehr selten mehr als zentimeterlang sind, bereiten solche Messungen die größten Schwierigkeiten. Auch die Anwendung stärkster, mikroskopischer Vergrößerungen reicht zumeist dazu nicht aus. Dagegen kann man mit Vorteil die *Durchbiegung* eines solchen Stäbchens, das über zwei Schneiden nahe seinen Enden gelegt und in der Mitte belastet wird (wobei natürlich nur die zwischen den Schneiden liegende, freie Länge in Rechnung gezogen werden kann), zur genauen Ausmessung verwenden (vgl. LIEBISCH). Wie Abb. 244 zeigt, erfolgt bei

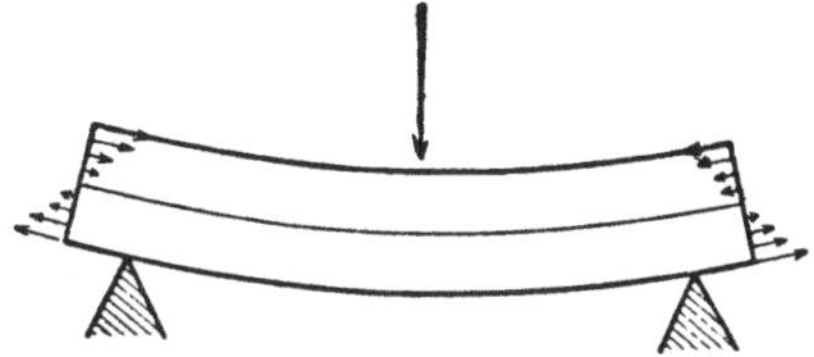

Abb. 244. Druck- und Zugspannungsverhältnisse an einem elastisch durchgebogenen Kristallstab

der Biegung Dehnung auf der Konvexseite des gebogenen Stabes, Pressung in der Konkavseite, die Mitte bleibt in ihrer Länge unverändert. Aus dem Maß der Durchbiegung lassen sich eindeutige, mathematische Beziehungen zu dem Wert α in der Längsrichtung ableiten.

Berücksichtigt man, daß z. B. die Würfelfläche 100 bei der Streckung zu einem Rechteck wird, wobei aber die entsprechenden Massenpunkte nach wie vor zueinander parallel orientiert sind, dann sieht man sofort, daß nicht nur die Kantenlänge des Würfels und damit die Diagonalen gedehnt werden, sondern daß nunmehr auch die Orientierung der parallel gebliebenen Gitterpunkte gegenüber der neuen Diagonalrichtung *gedreht* erscheint. Ganz allgemein ist mit jeder Dehnung (Pressung) auch eine *Drehung, Drillung (Torsion)* der Gitterpunkte verbunden. Nur in ganz besonderen, durch die Kristallsymmetrie gebundenen Richtungen unterbleibt diese Drehung. W. VOIGT hat nachdrücklichst darauf aufmerksam gemacht, daß erst die Kenntnis der Dehnungs- *und* Drillungs-(Torsions-) Koeffizienten ein einwandfreies Bild des elastischen Verhaltens eines Kristalles gibt.

Die von W. VOIGT entwickelte, vollständige und durch Versuchsmessungen bestätigte Theorie elastischer Deformationen und damit des elastischen Verhaltens der Kristalle führt im allgemeinsten Fall (Triklines System) zu einer Zustandsgleichung, die 21 voneinander unabhängige Konstanten aufweist. Durch gewisse Symmetriebedingungen verringert sich die Zahl der Konstanten bedeutend. Im ganzen kann man nach dem elastischen Verhalten unter den 32 Kristallklassen 9 elastische Gruppen unterscheiden, da von den 11 zentrosymmetrischen Gruppen je die beiden hexagonalen und kubischen Gruppen zusammenfallen[1]. Die Zahl der unabhängigen Konstanten in den Zustandsgleichungen ist dem-

---

[1] Senkrecht zu einer A^6 oder A^3 ist das elastische Verhalten überall gleich, als läge eine A^∞ vor. Derartige Schnitte durch die Elastizitätsflächen sind demnach kreisförmig.

nach bei: Triklin 21, Monoklin 13, Tetragonal 7 und 6, Hexagonal 5, Trigonal 7 und 6, Kubisch 3. Trägt man die für die einzelnen Richtungen ermittelten Messungswerte von einem Punkt aus in diesen Richtungen zahlenmäßig auf, so führen die Endpunkte dieser Strecken zur „*Dehnungsoberfläche*" bzw. „*Drillungsoberfläche*", und die zentralen Schnitte dieser

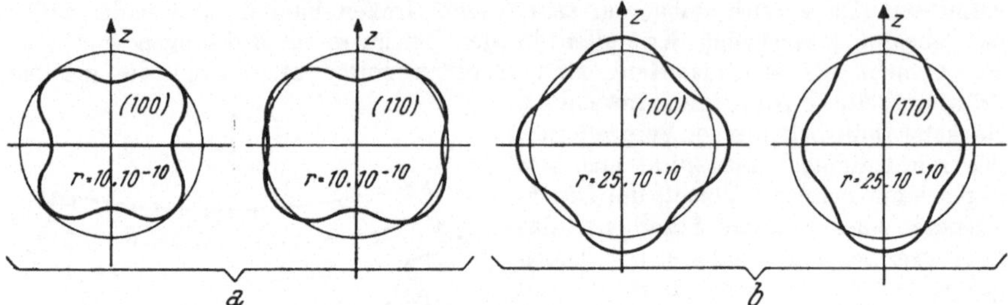

Abb. 245. Flußspat: Schnitte durch a) Dehnungsoberfläche, b) Drillungsoberfläche
(nach VOIGT)

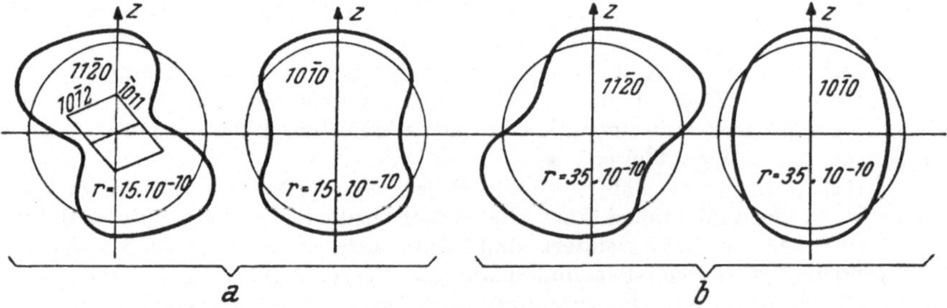

Abb. 246. Kalkspat: Schnitte durch a) Dehnungsoberfläche, b) Drillungsoberfläche
(nach VOIGT)

Flächen parallel gegebenen Kristallflächen kennzeichnen dann das elastische Verhalten dieser Flächen nach verschiedenen in ihnen liegenden Richtungen.

Als Beispiele seien nach VOIGT einige Messungswerte bzw. die zugehörigen Schnittkurven durch die Dehnungs- und Drillungsoberflächen gegeben.

Flußspat (farblos, Brienzer See) (Abb. 245):
Dehnungsoberfläche:

$$\alpha_{100} = 6{,}79 \cdot 10^{-10}, \quad \alpha_{110} = 9{,}91 \cdot 10^{-10}, \quad \alpha_{111} = 10{,}89 \cdot 10^{-10},$$
$$E_{100} = 14\,730 \text{ kg}, \quad E_{110} = 10\,080 \text{ kg}, \quad E_{111} = 9\,100 \text{ kg}.$$

Werden die Schnitte durch die Elastizitätsoberflächen entsprechend der Kristallsymmetrie ineinandergesteckt, so erhält man für die Dehnungsoberfläche einen stark abgerundeten Würfel mit eingedrückten Flächen, für die Drillungsoberfläche eine oktaederähnliche Form.

Andere kubische Kristalle liefern ähnliche Verhältnisse, doch findet man bei *Pyrit* die kleinsten, beobachteten α-Werte. Seine Verformbarkeit bleibt noch unterhalb jener des besten Stahles. Außerdem beobachtet man bei Natriumchlorat und Pyrit die seltsame Tatsache, daß bei *Streckung* entsprechend geschnittener Stäbchen der Querschnitt *wächst*, β also positiv ist!

Kalkspat (Island) (Abb. 246): Da sich alle Richtungen normal zu einer A^3 oder A^6 elastisch gleich verhalten, genügt es, die Verhältnisse in der Ebene $\perp A^2$ ($\parallel 11\bar{2}0$) und $\parallel A^2$ ($\parallel 10\bar{1}0$) anzugeben. Die beigesetzten Winkel sind gegen z gemessen.

$$\alpha_{-51} = 19{,}49 \cdot 10^{-10}, \quad \alpha_0 = 17{,}13 \cdot 10^{-10}, \quad \alpha_{+67} = 6{,}94 \cdot 10^{-10}, \quad \alpha_{90} = 11{,}14 \cdot 10^{-10},$$
$$E_{-51} = 5\,150 \text{ kg}, \quad E_0 = 5\,837 \text{ kg}, \quad E_{+67} = 14\,500 \text{ kg}, \quad E_{90} = 8\,977 \text{ kg}.$$

In Abb. 246 a sind wieder die charakteristischen Schnitte durch die Elastizitätsflächen dargestellt. Der A^3 gemäß müssen diese Schnitte dreifach ineinandergesteckt werden.

Besonders interessant ist der Vergleich der Schnitte durch die Dehnungsoberflächen parallel den Spaltflächen von *Kalkspat* und *Dolomit* (Abb. 247). Das Fehlen der Symmetrieebene beim Dolomit ist ungemein kennzeichnend.

Schließlich ist in Abb. 248 noch die Dehnungsoberfläche von *Baryt* (ALSTON MOORE) skizziert. Für die drei Hauptachsen gelten die Werte

$$\alpha_x = 16{,}13 \cdot 10^{-10}, \quad \alpha_y = 18{,}57 \cdot 10^{-10}, \quad \alpha_z = 10{,}42 \cdot 10^{-10}.$$

Über den Einfluß, den das elastische Verhalten der Kristalle auf die Untersuchungen von Eindruckhärte und Piezoelektrizität nimmt, vgl. S. 232 und 344.

Wenn eine dünne Glimmerplatte gebogen wird, schnellt sie nach Aufhören der äußeren Einwirkung wieder in die ursprüngliche Lage und Form zurück. Wird der gleiche Versuch aber an einer gleich dicken Platte von Gips

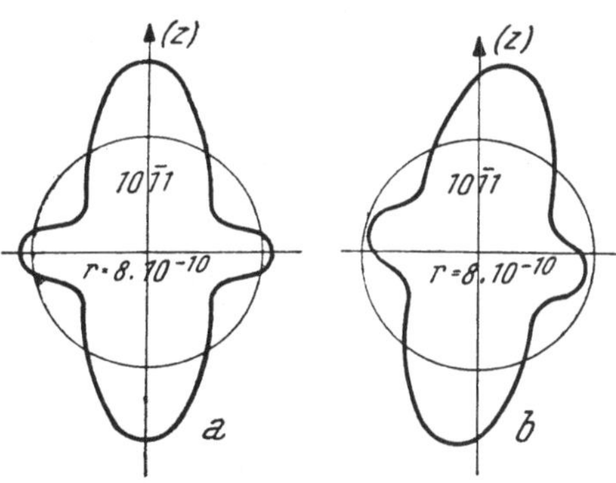

Abb. 247. Schnitte durch die Dehnungsoberflächen $\parallel 10\bar{1}1$. a) Kalkspat; b) Dolomit (nach VOIGT)

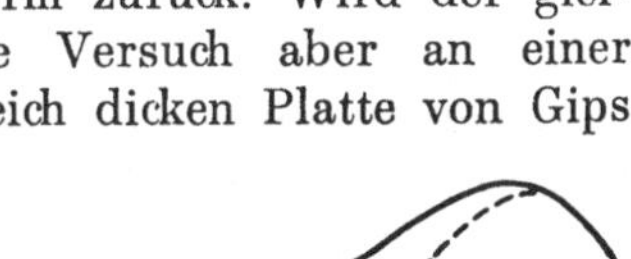
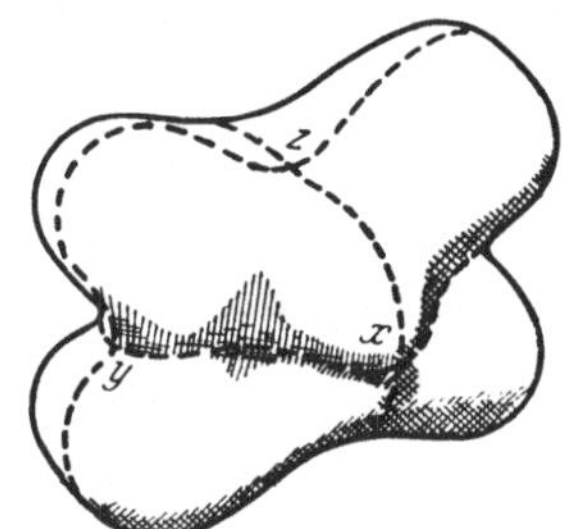

Abb. 248. Baryt, Dehnungsoberfläche (nach GROTH)

ausgeführt, dann bleibt die Biegung, die Deformation, unverändert bestehen. Diese Nicht-Umkehrbarkeit der Verformung ohne Verlust des inneren Zusammenhanges des Kristallgitters kennzeichnet die Plastizität.

II. Plastizität

Die plastische Deformation des Kristallgitters erfolgt parallel bestimmten Kristallflächen (Gitterebenen), den „*Gleitflächen*" (T), und innerhalb dieser nach bestimmten Richtungen („*Gleitrichtungen*" $= t$) immer dann, wenn in den untersuchten Richtungen die Elastizitätsgrenze überschritten wurde. Es sind verschiedene Arten der plastischen Verformung durch Gleitung möglich: 1. Blattgleitung (Translation), 2. Zwillingsgleitung[1].

a) Blattgleitung, Translation

("Schiebung zur Identität" nach NIGGLI)

Wie schon der Name sagt, werden hier durch seitlichen Druck entlang der „Gleitfläche" parallele Gitterebenen bzw. Pakete solcher Gitterebenen in der „Gleitrichtung" verschoben. Flächen, die der Zone (*t*) angehören, also auch die Gleitfläche *T* selbst, bleiben unverändert. Flächen, geneigt zu *t*, zeigen eine Riefung parallel der Spur von *T*. Die kristallographische

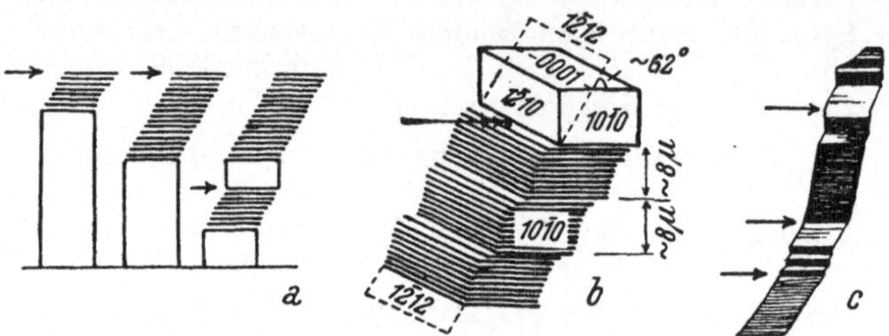

Abb. 249. Translation an Zn-Kristallen (nach STRAUMANIS). a) Grober, b) feiner Aufbau nach Blättern; c) Skizze eines verformten Kristalls

Orientierung bleibt völlig unverändert, wie sich eindeutig aus der Erhaltung der Spaltrichtungen, des optischen Verhaltens, der Ätzfiguren usw. ergibt. Durch Blattgleitung verformte Kristalle wachsen in der Mutterlauge ungestört weiter, als ob es sich um den ursprünglichen Kristall handelte.

Die einzelnen Schiebeblätter haben meist 0,1 bis 1 μ Dicke. Das Maß der Verschiebung ist zwar meist um so größer, je weiter der Kristallteil

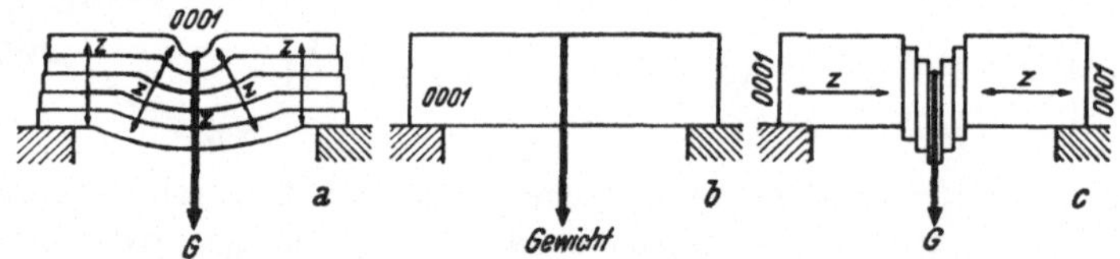

Abb. 250. Translationen an Eisprismen. Bei Eisprismen Belastungsebene bei a) ∥ *z* und ⊥ (0001); b) ⊥ *z* und ⊥ (0001); c) ⊥ *z* und ∥ (0001)

von der wirksamen Gleitfläche absteht, doch besteht hiebei keine einfache, mathematische Beziehung, im Gegensatz zum Verhalten der Zwillingsgleitung (s. S. 212), auch erfolgt die Verformung allmählich, nicht sprunghaft (Abb. 249).

Die eigentümliche Bedeutung von *T* und *t* wird ausgezeichnet sichtbar bei Translationsversuchen an *Eisprismen* (MÜGGE). Abb. 250 gibt in sehr vergröber-

---

[1] Bezüglich der dritten, bisher nur vom Quarz bekannten Art, der „Drehgleitung", vgl. TERTSCH S. 75 und 267.

ter Form die Versuchsergebnisse wieder. Als Gleitfläche dient die Basisebene der hexagonalen Eiskristalle, die bei einer Eisdecke immer nach oben gekehrt ist und die mehrere gleichwertige Gleitrichtungen enthält. Ist das Eisprisma so geschnitten, daß die durch 0001 gebildete Seitenfläche oben liegt (Fall *a*), dann wird durch Belastung (Zug) dieses Prisma plastisch durchgebogen („Biegegleitung"). Im Fall *b* ist die 0001 nach vorne gekehrt und die Belastung erfolgt also normal zu der von vorne nach hinten laufenden z-Achse. In diesem Fall ist keinerlei Deformation zu beobachten. Hohe Belastungen führen nur zum Bruch des Eisprismas. Liegt aber die Gleitfläche 0001 den Endflächen des Prismas parallel (Fall *c*), dann erhält man schon bei geringen Belastungen (1,5 kg/cm^2) eine sehr ausgeprägte Translation. Das Verhalten des Eises läßt sich leicht durch ein Paket Kartenblätter veranschaulichen. Bei Druck auf die Blattfläche läßt sich das Paket durchbiegen, wobei leicht zu sehen ist, daß die Einzelblätter sich bei dieser Biegung gegeneinander verschieben. Eine gleich dicke Holzplatte, wo also keine Blattgleitung möglich wäre, würde bei gleichem Druck *keine* Biegung zeigen. Das auf die Kante gestellte Kartenpaket (Fall *b*) zeigt überhaupt keiner-

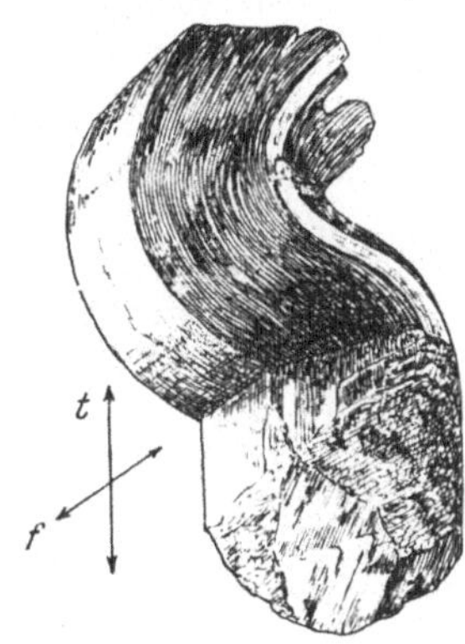

Abb. 251. Natürlich gebogener Gipskristall von Jena

lei Verformung, dagegen lassen sich leicht aus dem Paket durch seitlichen Druck Blätter herausschieben, Blattgleitung ohne Biegung (Fall *c*).

Bei der „*Biegegleitung*", deren verformende Wirkung oft an natürlichen Kristallen, z. B. Gips oder Antimonit, zu beobachten ist (Abb. 251), liegt in der Gleitfläche T normal zur Gleitrichtung t die Biegungs- oder „Fältelungsachse" f.

Erfahrungen an Gesteinen und an Metallgüssen zeigten, daß die Reaktion solcher Kristallaggregate auf gerichteten Druck (Zug) nicht in einer gegenseitigen Verschiebung der Kristallkörner an den Korngrenzen, sondern in überwiegendem Maße in Gleitungen *innerhalb* der

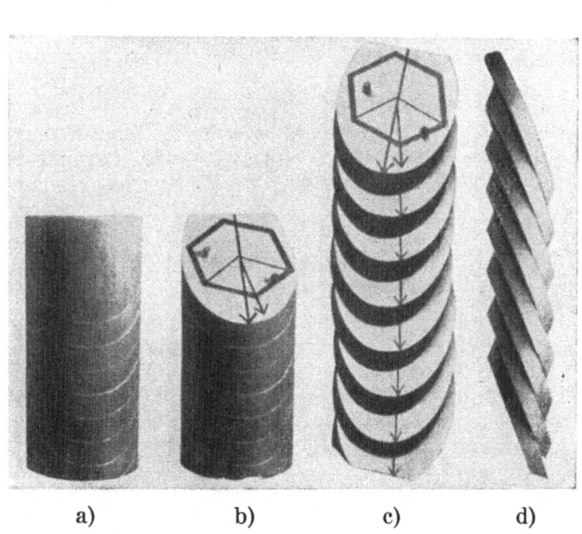

Abb. 252. Modell der Dehnung (nach E. Schmid). a) Dehnbarer Draht, an der Mantelfläche die elliptischen Spuren der schiefliegenden Gleitflächen; b) diese als Basisfläche frei gelegt, großer Pfeil = große Achse der Gleitellipse, kleiner Pfeil = Gleitrichtung; c), d) Vorder- und Seitenansicht des „gedehnten" Modells

Körner besteht. Ein guter Teil der „Gefügeregelung" (SANDER) geht auf derartige plastische Deformationen zurück. Beispiele: Disthen $T = 100$, $t = [001]$, Gips $T = 010$, $t = [001]$, Glimmer $T = 001$, $t = [100]$ und $[110]$ (also auch hier pseudohexagonal), Antimonit $T = 010$, $t = [001]$, Zink $T = 0001$, $t = [01\bar{1}0]$, Dolomit $T = 0001$, $t = [1\bar{2}\bar{1}0]$, Steinsalz $T = 110$, $t = [1\bar{1}0]$, Bleiglanz $T = 001$, $t = [110]$.

Die Kaltbearbeitung von Metallen (Kaltrecken, Walzen) mit ihrer plastischen „*Dehnbarkeit*", die das Ausziehen dünnster Drähte und Auswalzen feinster Folien („Goldschlägerhäutchen") gestattet, ist im überwiegenden Maße eine Folge der Blatt- und Biegegleitung. E. SCHMIDS grundlegende Untersuchungen von Metall-*Ein*kristallen, besonders von Zink, ermöglichten eine auch für die technische Metallurgie weitgehende Festlegung des hiefür maßgebenden plastischen Verhaltens. Besonders auffällig ist bei der plastischen Dehnung („Reckung") von Einkristalldrähten das Auftreten von *Band*formen im Dehnungsbereich. Da das hexagonal kristallisierende Zink nur *eine* Gleitfläche, nämlich 0001, besitzt, liegen hier die Verhältnisse ziemlich einfach und werden durch das Modell (Abb. 252) gut zur Anschauung gebracht. Auch die gelegentliche Verbreiterung des Bandes (große Achse der Gleitellipse) wird damit verständlich.

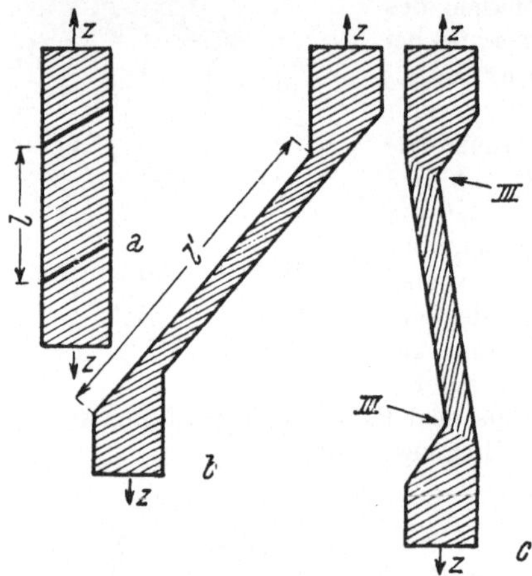

Abb. 253. a) Ausgangsdraht; b) Dehnung durch ebene Gleitung; c) Einstellen des gedehnten Teiles in die Zugrichtung durch Biegegleitung (nach E. SCHMID)

Liegt im allgemeinen die Gleitfläche schief zur Drahtachse = Zugrichtung, dann muß sich an den Stellen, wo die Gleitung beginnt und endet, neben der ebenen Blattgleitung noch eine *Biegegleitung* einstellen (Abb. 253). Die bei Gleitung erzielte „Dehnung" ist ganz außerordentlich und geht in einzelnen Fällen weit über 100 % der ursprünglichen Länge hinaus. Durch die Biegegleitungen erfolgt eine weitgehende Einregelung der Gleitrichtungen in die Zugrichtung bei Drähten bzw. Walzrichtung bei Blechen, aber auch bei Gesteinsgemengteilen, wie dies z. B. in Glimmerschiefer zu erkennen ist.

In *kubischen* Kristallen, wo also mehrere gleichwertige T und t verschiedener Lage im gleichen Korn vorliegen, ist die translatorische Richtungsabhängigkeit weniger auffallend.

Die auf die Translation gegründeten Dehnungsversuche ergeben die Tatsache, daß durch die an den Kristalldraht angelegte „*Spannung*" (bezogen auf 1 mm² des Ausgangsquerschnittes) sehr verschiedenen physikalischen Vorgängen entspricht, wenn diese Spannung ansteigt. Aus Abb. 254 ist zu entnehmen, daß zunächst bei Anstieg der Spannung eine (geringe) elastische Dehnung erfolgt. Erst wenn die „*Schubspannung*" die „*Streckgrenze*" und damit die Elastizitätsgrenze erreicht hat (*MN* in der Kurve), beginnt die *plastische* Dehnung, das sog. „*Abgleiten*", wo schon geringe Steigerungen der Schubspannung sehr bedeutende Dehnungen hervorrufen, bis bei dem Punkt P endlich ein *Zerreißen* des Kristalls

erfolgt. Die für die Erreichung der Streckgrenze nötige „kritische Schubspannung" ist im Kristall in weitem Maße richtungsabhängig.

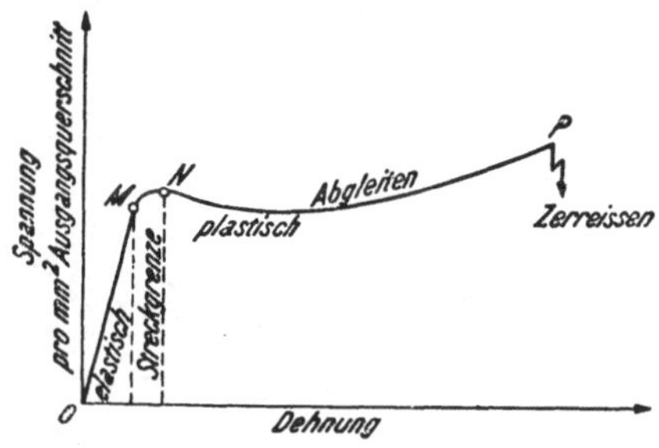

Es ist auch noch bemerkenswert, daß von N an die Dehnung nicht mit konstanter Schubspannung vor sich geht, sondern daß der Widerstand gegen die Dehnung steigt, d. h. daß eine *wachsende* Schubspannung angelegt werden muß, der Kristall sich also „verfestigt".

Abb. 254. Allgemeine Gestalt der Dehnungskurve eines Einkristalls (nach E. SCHMID und NIGGLI)

Da die „Spannungszustände" nicht nur durch Druck (Zug), sondern auch durch Temperaturerhöhung wesentlich beeinflußt werden, ist es verständlich, daß sich viele Translationsversuche leichter durchführen lassen, wenn eine Erwärmung

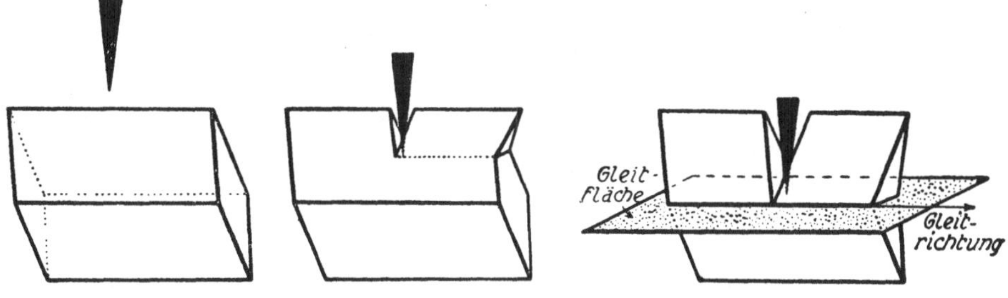

Abb. 255. Druckzwillingserzeugung, Methode BAUMHAUER (nach NIGGLI)

stattfindet. Dadurch erklärt sich auch die Tatsache, daß bei tektonischen Vorgängen und damit verbundener Erhöhung der Temperatur die Gesteine durch Gleitung einzelner Gemengteile weitgehend „geregelt" werden (SANDER).

b) Zwillingsgleitung = „einfache Schiebung"

(„Schiebung 1. und 2. Art" nach NIGGLI)

An vielen Spaltstücken von Kalkspat und besonders in Dünnschliffen von Marmor sieht man eine dichte Zwillingslamellierung parallel der langen Diagonalen der Spaltfläche. REUSCH zeigte (1867), daß hier eine Verzwilligung durch Druck vorliege, wobei die (10$\bar{1}$2) als Zwillingsebene dient. Diese Druckverzwilligung läßt sich nach BAUMHAUER leicht künstlich herstellen, indem man senkrecht auf die Polkante des Spaltrhomboeders eine Schneide von beliebigem Keilwinkel einsetzt, wodurch der gegen die Polecke liegende Teil des Spaltstückes in die Zwillingslage umschnappt (Abb. 255). Es ist leicht zu sehen, daß eine Gleitung nach der

(10$\bar{1}$2) vorliegt, deren Größe aber, im Gegensatz zur Blattgleitung, in einem streng mathematischen, linearen Verhältnis zu dem Abstand von der als Zwillingsebene dienenden Gleitfläche steht. Da ein Teil in Zwillingsstellung kommt, ändert sich auch die kristallographische Orientierung dieses Teiles. Die ursprüngliche Polecke wird zur Randecke und umgekehrt, d. h. hier liegen die Verhältnisse komplizierter als bei der einfachen Blattgleitung. TH. LIEBISCH erbrachte den Nachweis, daß da ein Fall der „homogenen Deformation" vorliegt.

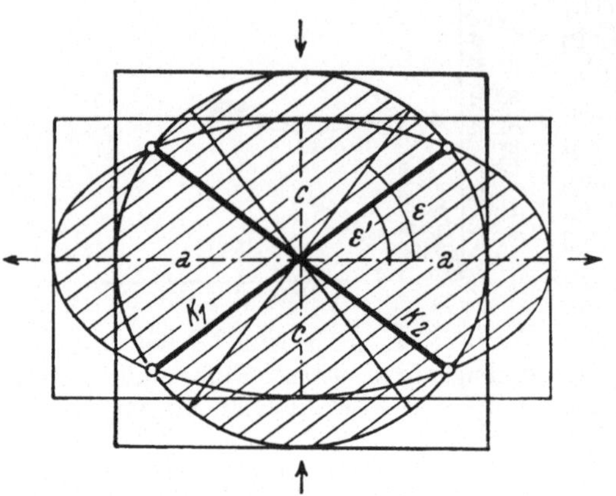

Abb. 256. Homogene Deformation eines Würfels (nach NIGGLI). K_1, K_2 Kreisschnittebenen nach der Deformation, unter $\sphericalangle\,\varepsilon$ die gleichen Ebenen *vor* der Verformung

Bei einer *homogenen Deformation* erfahren alle gleichberechtigten Richtungen die gleiche Verformung, alle parallelen Richtungen werden in gleicher Weise verändert. Gerade und Ebenen bleiben auch nach der Deformation Gerade und Ebenen. Das Längenverhältnis paralleler Geraden wird nicht geändert, es bleiben also auch im deformierten Kristallteile (Gleitzwillinge) Zonenverband und Rationalitätsgesetz erhalten, allerdings bezogen auf das *verformte* Achsenkreuz.

Wird unter der Voraussetzung der Erhaltung des Volumens ein Würfel nach einer seiner Kanten gestreckt, nach einer anderen gestaucht, während die dritte Kantenrichtung unverändert bleibt, dann wird aus dem Würfel ein rechtwinkeliges Parallelepiped bzw. aus einer eingeschriebenen Kugel ein dreiachsiges Ellipsoid gleichen Volumens (Abb. 256).

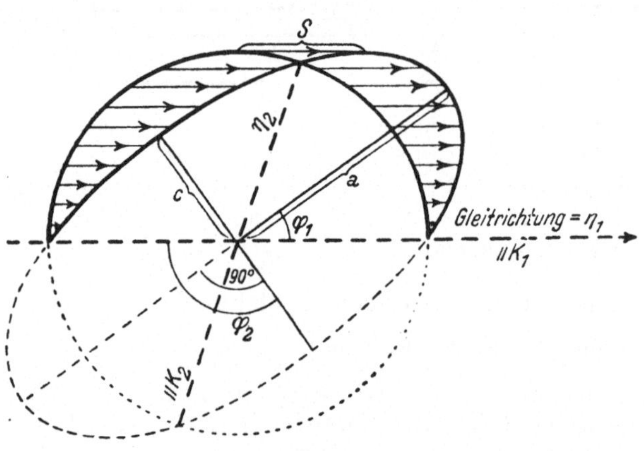

Abb. 257. Die „einfache Schiebung" als homogene Deformation (nach NIGGLI), die „Ebene der Schiebung" ist die Zeichenebene

In einem solchen Ellipsoid gibt es zwei *Kreisschnitte* (K_1 und K_2), die vor und nach der Deformation in ihrer Größe, nicht aber in ihrer Lage unverändert bleiben. Und diese Kreisschnittebenen dienen als „*Gleitflächen*". Bezeichnet man die

Zwillingsgleitung = „einfache Schiebung" 213

Ebenen, in der die größte und die kleinste Achse des Ellipsoides liegen, als die „Ebene der Schiebung" (S), dann ergeben die Schnitte der beiden Kreisschnitte mit S die beiden „Gleitrichtungen" η_1 und η_2. Hält man K_1 und η_1 fest, dann läßt sich die Zwillingsgleitung durch die Abb. 257 darstellen.

Die „Gleitzwillingselemente" K_1, K_2, η_1, η_2 geben ein vollständiges Bild von der Lage und dem Ausmaß der „einfachen Schiebung". Der Winkel $K_1 K_2$ und die auf den Radius 1 bezogene „Größe der Schiebung" (s) stehen zu den Elementen in einfacher mathematischer Beziehung (vgl. Liebisch, Niggli). Beim Kalkspat sind alle vier Elemente rational bezogen auf den *unverformten* Kristall, doch *müssen* jedenfalls je *zwei* dieser Elemente ($K_1 + \eta_2$ oder $\eta_1 + K_2$) rational sein. Im Falle rationaler K_1 und η_2 erhält man einen „Ebenenzwilling" mit K_1 als Zwillings- und Verwachsungsebene (z. B. Albitzwilling) (Schiebung 1. Art nach Niggli). Bei rationalem η_1 und K_2 ergibt sich dagegen ein „Achsenzwilling" (z. B. Periklinzwilling) (Schiebung 2. Art nach Niggli). Lassen sich K_1 und K_2 wechselweise vertauschen, dann liegt eine „reziproke Schiebung" vor [z. B. bei Bleiglanz mit $K_1 = (112)$ und $K_2 = (33\bar{2})$].

Beispiele für Translationen und Gleitzwillinge bei Mineralen

Mineral-name	Kristall-symme-trie	Translations-elemente		Gleitzwillingselemente			
		T	t	K_1 oder $[\eta_1]$	K_2 oder $[\eta_2]$	$\measuredangle\, K_1 K_2$	s
Anhydrit	rhomb.	(001)	$[010]$				
		(012)	$[100]?\ [021]?$	(101)	$(\bar{1}01)$	$83° 30'$	0,228
Aragonit	rhomb.	(010)	$[100]$	(110)	$(1\bar{3}0)$	$86° 16'$	0,1303
Baryt	rhomb.	(001)	$[100]\ [010]$	$(110)?$	$(1\bar{1}0)$	$78° 22^{1}/_{2}{}'$	0,411
		(012)	$[0\bar{1}1]\ [100]$				
Bleiglanz	kubisch	(001)	$[110]\ [100]$	$(113)\ (441)$	$(11\bar{1})\ (001)$		
				$(332)\ (221)?$	$(11\bar{2})\ (22\bar{5})$	$79° 88^{1}/_{2}{}'$	0,354
				(112)	$(33\bar{2})$		
Dolomit	trig.	(0001)	$[\bar{1}2\bar{1}0]$	$(02\bar{2}1)?$	$(0\bar{1}11)$	$73° 37'$	0,588
Eisenspat	trig.	(0001)	$[\bar{1}2\bar{1}0]$	$(\bar{1}012)$	$(10\bar{1}1)$	$68° 40'$	0,7809
Kalkspat	trig.	$(0001)?$	—	$(\bar{1}012)$	$(10\bar{1}1)$	$70° 52'$	0,6934
Magnesit	trig.	(0001)	$[\bar{1}2\bar{1}0]$	$(\bar{1}012)?$	$(10\bar{1}1)$	$68° 13^{1}/_{2}{}'$	0,7989
Plagioklas	trikl.	—	—	(010)	$[010]$	$85° 41'$	0,1511
				$[010]$	(010)	Anorthit	
Zink	hexag.	(0001)	$[10\bar{1}0]$	$(\bar{1}012)$	$(101\bar{2})$	$85° 55'$	0,1428
Zinn	tetrag.	(100)	$[001]\ [011]$	(331)	(111)	$86° 34^{1}/_{2}{}'$	0,1197
		(110)	$[001]\ [1\bar{1}2]$				

Während bei der Translation (Blattgleitung) in den meisten Fällen die Spaltfläche auch Gleitebene ist, trifft das für die Zwillingsgleitung nicht zu. In vielen Fällen besteht sogar ein gewisser Gegensatz im Verhalten der Spalt- und Gleitebenen (vgl. S. 233). Es ist aber verständlich, daß oft Gleitzwillinge nach der Gleitfläche zerfallen, wie dies schon an künstlichen Kalkspatzwillingen zu erkennen ist.

Die Beziehungen zwischen Spaltfläche und Gleitzwillingsebene sind noch durchaus ungeklärt. Sehr auffallend ist z. B. die Tatsache, daß Kalkspat und Dolomit bei *gleicher* Spaltbarkeit doch ganz verschiedene Gleitverzwilligungen zeigen, die sich auch diagnostisch gut verwenden lassen. Im Kalkspat laufen die Spuren der Zwillingslamellen auf der Spaltfläche parallel der langen Diagonale bzw. den Polkanten, bei dem Dolomit dagegen hauptsächlich parallel der kurzen Diagonale ($K_1 = 02\bar{2}1$), seltener nach der langen Diagonale, *nicht* parallel den Kanten. Der Versuch, diese Verschiedenheit aus den Schwerpunktslagen der Gitterbausteine zu deuten, mißlingt, da die Verteilung der Anionen und Kationen im Kalkspat- und Dolomitgitter durchaus gleich ist. Inwieweit Größe und Form der Bausteine (Ca und Mg) hiebei maßgebend einwirken, konnte noch nicht festgestellt werden.

Zahlreiche, hauptsächlich von O. Mügge ausgeführte Versuche ließen erkennen, daß sich nur in den seltensten Fällen Gleitzwillinge durch Druck so leicht herstellen lassen wie bei dem Kalkspat. Sehr häufig sind dazu ganz bedeutende Drucksteigerungen erforderlich.

Auch hier stehen Kalkspat und Dolomit trotz weitgehender Gleichheit des Gitterbaues einander gegensätzlich gegenüber. Während bei Kalkspat schon der bei der Herstellung von Dünnschliffen angewendete Druck genügt, um das Kalkspatkorn zu einer dichten Zwillingslamellierung zu veranlassen, ist bei Dolomit nichts davon zu bemerken und sind bei ihm nur aus natürlich gepreßten Gesteinen Zwillingslamellierungen bekannt.

Auffallend ist bei den Gleitzwillingen die meist sehr ausgeprägte Lamellierung („polysynthetische Zwillinge"), wie sie in besonderem Ausmaß bei den Plagioklasen, aber auch bei vielen mimetischen Mineralen (z. B. Leucit) beobachtet werden. Regelrechte „Wachstumszwillinge" bestehen nur aus zwei oder ganz wenigen Teilindividuen. Durch Wachstum lassen sich die feinlamellierten Verzwilligungen von Feldspaten, Leucit, Boracit usw. nicht erklären. Aufgewachsene Albitkristalle sind z. B. fast ausschließlich aus zwei Teilkristallen aufgebaut, ähnlich so die bekannten Karlsbader oder Bavenoer Feldspatzwillinge. Da aber bei Ergußgesteinen, die die schönsten lamellaren Plagioklaszwillinge zeigen, ein gerichteter Druck (Pressung) nicht in Frage kommt, muß es auch noch eine andere Möglichkeit zur Bildung von Gleitzwillingen geben, und diese liegt in der Einwirkung *hoher Temperaturen*. In der Tat ließen sich auch vielfach Gleitzwillinge unter Druck erst dann künstlich herstellen, wenn gleichzeitig die Temperatur erhöht wurde.

F. Heide gelang dies am Baryt bei 400⁰ C, was bei 300⁰ C, selbst unter Verwendung eines Druckes von 16 000 Atm., noch nicht zu erreichen war. Offenkundig wird durch die Erwärmung die innere Reibung vermindert, und der Kristall kann durch die Verzwilligung eine Entspannung erfahren. Das ist besonders deutlich bei mimetischen Kristallen nach Art des Leucites. Dieses, über 650⁰ C kubisch kristallisierende Mineral wird in seinem Inneren bei Abkühlung starke Spannungszustände erleiden, da die durch die Erstarrung schon festgelegte Kristalloberfläche den Symmetriebedingungen der rhombischen Tief-Modifikation nicht mehr entspricht. Durch Bildung von Gleitzwillingslamellen lösen sich die Spannungen. Hier erfolgt die Zwillingsbildung *ohne* Druck nur durch die Änderung der Symmetriebedingungen bei Unterschreitung des Umwandlungspunktes. Es ist bezeichnend, daß die Verzwilligung nicht an bestimmte Stellen des Kristalls der Hoch-Modifikation gebunden ist. Beobachtungen unter dem Heizmikroskop zeigen, daß bei Erwärmung über den Umwandlungspunkt die Zwillinge völlig verschwinden, bei Abkühlung jedoch sich wieder zeigen, aber nicht an der gleichen Stelle, in gleicher Form und Verteilung wie am Anfang des Versuches.

Als wesentlicher Unterschied zwischen der Blatt- und Zwillingsgleitung muß noch betont werden, daß bei der Blattgleitung nach Erreichung der notwendigen Schubspannungsgrenze der Vorgang bis zur Zerreißung

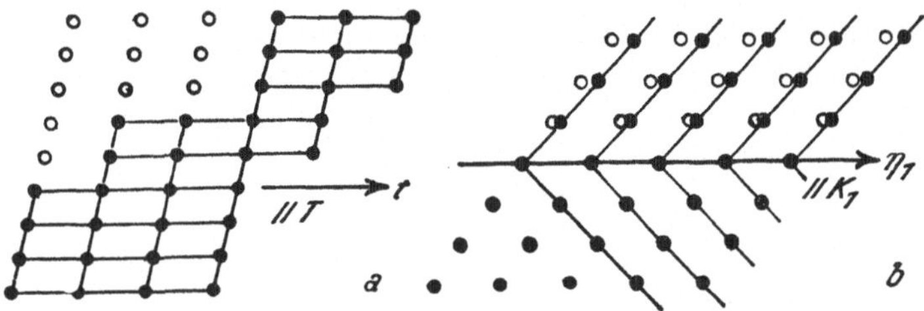

Abb. 258. Gitterschiebungen (nach SCHMID-BOAS). a) Schiebung zur Identität = Translation; b) „einfache Schiebung" = Gleitzwilling mit K_1 als Zwillingsebene

allmählich, stetig verläuft, die Zwillingsgleitung dagegen *sprunghaft* einsetzt, also unstetig in die neue Lage übergeht, oft sogar mit einem deutlichen Knacken verbunden.

Sowohl bei der Blattgleitung als auch bei der Zwillingsgleitung sind die Beziehungen zum Gitterbau der Kristalle unverkennbar, wenn es auch trotz den zahlreichen Versuchen mit ihrem reichen Beobachtungsmaterial und der Kenntnis des Gitterbaues der plastisch verformten Kristalle noch immer nicht gelang, die tatsächlichen Schiebungsvorgänge restlos zu erklären. Geht man mit NIGGLI von dem „primitiven Translationsgitter" aus und berücksichtigt man, daß bei der „homogenen Deformation" die beobachtbaren Kristalleigenschaften auch nach der Deformation (wenn auch in neuer Lage) erhalten bleiben, dann muß das zugrundeliegende Kristallgitter bei der Verformung *in sich selbst* (entweder unmittelbar oder in Zwillingslage) *überführt* werden. Wie aus Abb. 258 ersichtlich ist, gelingt das leicht bei der Translation („Schiebung zur Identität"), ist aber weniger sinnfällig bei den Gleitzwillingen („einfache Schiebung I. Art"). In diesem Falle muß neben der Schiebung der einzelnen Baustein-Schwerpunkte in die Zwillingslage noch unbedingt eine *Drehung* dieser Bausteine oder Bausteingruppen angenommen werden (Abb. 259). Beim Kalkspat z. B. kommt die z-Achse in eine neue Lage, und die in Ebenen $\perp z$ liegenden CO_3-Gruppen müssen sich in die neue Lage hineindrehen.

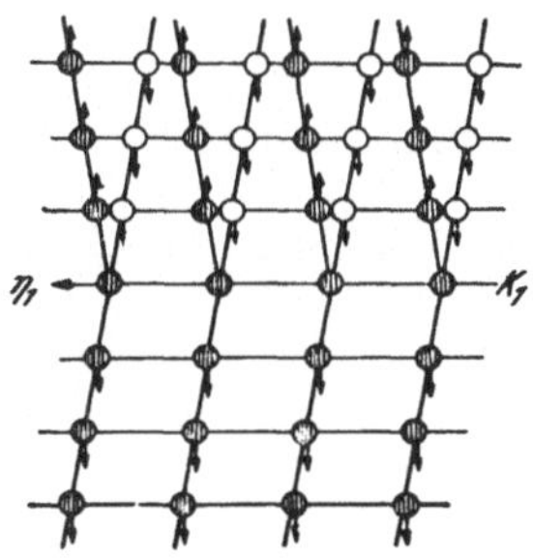

Abb. 259. Drehung der Teilchen bei Zwillingsschiebung (nach NIGGLI)

Dadurch wird die Verbreitung der Gleitzwillingsbildungen schwer verständlich. In der Tat finden sich auch (besonders bei Metallen und bei Mineralen mit Schichtgittern) Translationen viel häufiger und sind in ihren Wirkungen ausgiebiger, so daß man zum Zustandekommen von Gleitzwillingen wohl annehmen muß, es sei hiezu ein geringerer Energieaufwand nötig als für die „Schiebung zur Identität" (Translation), (vgl. Abb. 258 b und 259 in der auf K_1 folgenden Netzebene).

Der Versuch, das Auftreten von Gleitflächen aus der Bausteinanordnung im Kristallgitter (größte Besetzungsdichte gewisser Netzebenen) zu deuten, führte zu keinem eindeutigen Ergebnis (vgl. auch S. 220). Beim Kalkspat gibt es eine Translation ‖ (0001), also nach Netzebenen mit den größten gegenseitigen Abständen, die Zwillingsbildung verläuft dagegen ‖ (10$\overline{1}$2) und die vollkommene Spaltbarkeit nach (10$\overline{1}$1). In Wirklichkeit erfolgt auch die Gleitung um einige Zehnerpotenzen leichter, als sich nach dem Energieinhalt des idealen Kristallgitters erwarten ließe. Wie bei allen Festigkeitserscheinungen liegen sehr komplizierte Probleme vor.

Das überaus verschiedene Verhalten einzelner Minerale gegenüber einer mechanischen Verformung läßt zwei nicht scharf getrennte Gruppen von Mineralen unterscheiden: 1. *Spröde* Minerale, die schon bei geringer mechanischer Beanspruchung unter knisterndem Geräusch und Abspringen von Splittern bzw. Pulver zu Bruch gehen, was sich besonders leicht bei Ritzhärteversuchen zeigt. Entstandene Sprünge erweitern sich oft selbsttätig (Feldspat, Flußspat...). 2. *Milde* Minerale, bei denen die losgetrennten Splitter liegen bleiben (Graphit, Speckstein...). Unter Umständen kommt es trotz mechanischem Angriff zu keiner Splitterbildung, das Mineral gibt der Einwirkung vollkommen plastisch nach (die meisten Metalle, Silberglanz...). Hier spricht man auch von „*geschmeidig*" oder „*plastisch*" schlechtweg. Die „Dehnbarkeit", besser „Reckbarkeit" („Duktilität") und „Hämmerbarkeit" vieler Metalle sind die praktischen Folgen dieser „Geschmeidigkeit". Die Herleitung dieses verschiedenartigen Verhaltens ist noch ausständig.

Vielfach wird in ähnlichem Sinne auch der Ausdruck „*zäh*" gebraucht, doch gilt diese Bezeichnung, die darauf hinweist, daß sich das Mineral gar nicht oder nur sehr schwer zerschlagen läßt, eigentlich nur für Mineral*aggregate* und nicht für den Einzelkristall. Tatsächlich handelt es sich dabei immer um ein feinverfilztes, dichtes Kristallgemenge wie bei vielen Metallgüssen, aber auch bei Nephrit u. a.

Wird durch mechanische Kräfte der Kristallbau zerstört, dann ist oft zu beobachten, daß der Zerfall des Kristalls mehr oder weniger leicht nach bestimmten kristallographischen Ebenen erfolgt. Man spricht dann von Spaltbarkeit.

III. Spaltbarkeit

Spaltbarkeit ist die Eigenschaft eines Kristalls, durch mechanische Inanspruchnahme parallel einer oder mehrerer ebener Flächen, die dem Rationalitätsgesetz gehorchen, teilbar zu sein.

Die Unterschiede in der leichteren oder schwereren Durchführung der Spaltung von Kristallen sind außerordentlich groß. Rein qualitativ unterscheidet man nach KOECHLIN folgende Grade: „*ausgezeichnet*" (Glimmer,

Kalkspat, Steinsalz . . .), *„vollkommen"* (Flußspat, Hornblende . . .),
„gut" (Diopsid . . .), *„unvollkommen"* (Beryll, Zinnstein . . .), *„deutlich"*
(Augit . . .), *„undeutlich"* (Pyrit . . .). In allen Fällen gelten folgende
Gesetze:

1. Spaltflächen verlaufen immer parallel vorhandenen oder möglichen Kristallflächen.

Zumeist handelt es sich dabei um Formen mit sehr einfachen Indices bzw.
werden bei niedrig-symmetrischen Systemen Spaltflächen gewöhnlich als „Primitivflächen" gewählt.

2. Der Grad der Spaltbarkeit ist bei kristallographisch verschiedenen
Flächen des gleichen Minerales verschieden.

Lehrreich ist hier der Vergleich der würfeligen Spaltbarkeit bei Steinsalz
und Anhydrit. Bei dem kubischen Steinsalz sind *alle* Würfelflächen gleich ausgezeichnet spaltend. Der rhombische Anhydrit, aus dem sich nach den drei

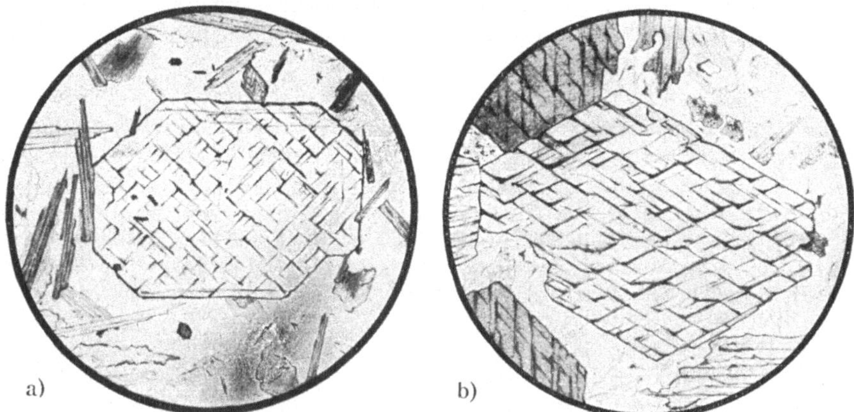

Abb. 260. Spaltrisse in Dünnschliffen. Querschnitte von a) Pyroxen, b) Hornblende

Endflächen gleichfalls würfelige Formen herausspalten lassen, zeigt dagegen
deutliche Verschiedenheiten im Sinne $(001) > (010) \gg (100)$.

3. Die Verteilung der Spaltflächen und der Grad der Spaltbarkeit
sind für jede Kristallart (Mineral) charakteristisch und konstant (ausgezeichnet diagnostisch verwertbare Erscheinung).

Vorzüglich spaltende Minerale zeigen schon bei jeder Zertrümmerung die
glänzenden Spaltflächen an den Bruchstücken. Oft wird aber eine Spaltung
bloß vorgetäuscht durch das Auftreten von *„Absonderungsflächen"*. Vielfach
sind es Gleitflächen oder die Folgen schaligen Wachstums (Kappenquarze,
Schalenbau nach (100) bei Bronzit und Diallag . .). Von der echten Spaltbarkeit unterscheidet sich diese Pseudospaltbarkeit dadurch, daß sie an ganz besondere Stellen im Kristall, eben die Absonderungsflächen, gebunden ist, während
die echte Spaltbarkeit an jeder beliebigen Stelle des Kristalls erzeugt werden kann.

Zur Erkennung der minderen Grade der Spaltbarkeit ist es oft nötig, dünne
Platten normal zur Spaltebene zu untersuchen, wie sie vielfach in Dünnschliffen
vorliegen (Abb. 260).

a) Bruch

Die „undeutliche", praktisch nur schwer feststellbare Spaltbarkeit leitet zu Kristallen über, die überhaupt keinerlei Spaltbarkeit erkennen lassen (z. B. Fahlerze). In solchen Fällen ist der *Bruch* zu beachten („ebener", „unebener", „muscheliger", „splittriger" Bruch).

Streng davon zu trennen sind „körniger", „erdiger", „seidiger", „fasriger" Bruch, die nicht Eigenschaften des Einzelkristalls sind, sondern einem Kristall-*Aggregat* zugehören. Dazu zählen die meisten besonderen Bruchformen (die bei Metallen angeführt werden, bei denen man es in der Praxis nie mit Einzelkristallen zu tun hat).

b) Spaltarten

Verschiedene Versuche, die Spaltbarkeitsgrade messend zu verfolgen (TERTSCH), führten zu der Erkenntnis, daß die Spaltbarkeit auch von der Art ihrer Entstehung *(„Spaltart")* abhängt. Demzufolge lassen sich deutlich drei Spaltarten unterscheiden (alle Erscheinungen haben tensoriellen Charakter):

1. Schlagspaltung. Dazu wird eine scharfe Keilschneide (Messerschneide) genau parallel der Spur der Spaltfläche mit einzelnen, kurzen Schlägen in den Kristall eingetrieben (Wirkung von „Momentankräften").

Die Fläche, auf der die Spaltung geprüft wird, muß zu der gewünschten Spaltfläche senkrecht liegen. Die Spaltung verläuft ruhig, ohne Abspringen des abgespaltenen Teiles. Manchmal müssen die beiden Spaltteile förmlich voneinander abgezogen werden, obwohl die Spaltung ganz durchgeht. Diese Spaltart ist gegen Fehlorientierungen der Messerschneide gegenüber der wahren Spaltspur überaus empfindlich.

2. Druckspaltung. Hier versucht man, die Schneide in eine Kristallplatte, senkrecht zur gewünschten Spaltfläche, unter ständig wachsendem Druck genau in der Spur dieser Fläche einzutreiben (Wirkung einer „Dauerkraft").

Auch hier ist der Vorgang sehr empfindlich gegen eine Fehllage der Keilschneide, die aber durchaus nicht scharf sein muß, sondern Keilwinkel von 60⁰ und mehr aufweisen kann. Auffällig ist, daß hiebei vielfach explosionsartige Erscheinungen beobachtet werden, als würde der Kristall von innen her zersprengt. Preßt man einen Steinsalzwürfel zwischen flachkeiligen Backen einer Schraubenpresse genau in der Spaltspur, so erfolgt ein explosionsartiges Zerspalten in der Ebene, die beide Keilschneiden verbindet.

3. Zugspaltung. Eine Kristallplatte senkrecht zur Spaltfläche wird hohlgelegt, entsprechend der Spaltfläche durchgebogen und endlich geknickt. Der auf der Unterseite der Platte auftretende Zug bringt die Platte von unten nach oben zum Durchreißen. Auch hier wirkt eine „Dauerkraft".

Diese Spaltart ist gänzlich unempfindlich gegen die Orientierung der „Schneide". Man kann z. B. leicht eine dünne Steinsalzplatte *ohne* Keilschneide einfach zwischen den Fingern durchknicken, wobei am Bruch glänzende Spaltflächen entstehen. Diese merkwürdige Spaltart ist wohl der Grund für die seltsame Tatsache, daß bei Dünnschliffen sich auch minder gut spaltende Minerale durch Spaltrisse auszeichnen (vgl. Abb. 260 a). Der elastische Druck beim Schleifen hat zu Zugspaltungen geführt.

Da die Versuchsplatte dazu hohl liegen muß, um sie durchbiegen zu können, hat diese Spaltart wenig Beachtung gefunden und tritt praktisch kaum in Erscheinung.

Daß es sich bei den drei Spaltarten um grundsätzlich verschiedene Beanspruchungen handelt, ergibt sich aus zahlreichen Meßversuchen. Schlag- und Druckspaltung sind bezüglich der Keilschneidenlage außerordentlich empfindlich, die Zugspaltung unempfindlich. Bei *Schlag-* und *Zug*-Spaltung steht die zur Spaltung nötige Energie angenähert im *quadratischen* Verhältnis zur Plattendicke, bei der *Druck*spaltung dagegen in *linearer* Beziehung. Auch die Reihenfolge in der Güte der Spaltbarkeit nach mehreren Flächen kann bei verschiedenen Spaltarten verschieden sein (z. B. Steinsalz: Schlagspaltung $110 >$ > 100, aber Druckspaltung $100 > 110$).

Die an einem fallbeilartigen Instrument durchgeführten Schlag- und Druckversuche bewiesen auch eine überaus große Empfindlichkeit gegenüber den geringsten Baufehlern der sorgfältigst ausgesuchten Kristalle („Strukturempfindlichkeit" nach Smekal), so daß sich die Versuchsergebnisse bei der gleichen Art der Beanspruchung nicht in einer einfachen Kurve ordnen, sondern mehr oder weniger breite Streufelder überdecken. Gleichwohl sind die angeführten Grundgesetze für das Spaltverhalten unverkennbar (Abb. 261).

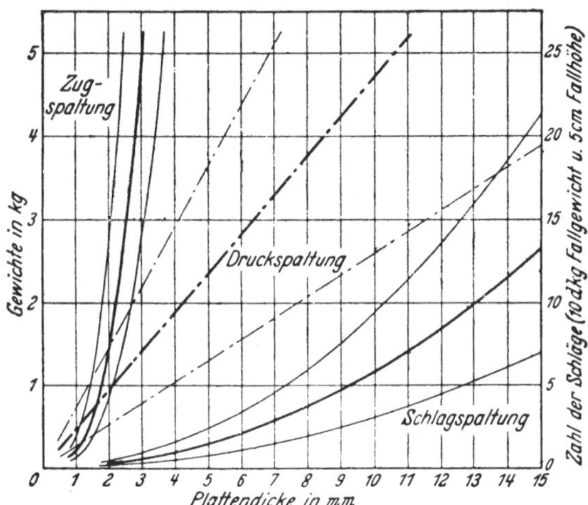

Abb. 261. Steinsalz (100). Vergleich der Streufelder der Schlag-, Druck- und Zugspaltung; die Mittelwertskurven sind stark ausgezogen

c) Spaltformen

Von den gut bekannten Mineralarten zeigen rund 70 % mehr oder weniger deutliche Spaltbarkeit. Dabei kann man verschiedene *Spaltformen* unterscheiden: 1. „*blättrig*", nur nach einer Netzebene spaltend (Glimmer ...), 2. „*prismatisch*", Spaltung nach zwei gleichwertigen Ebenen (Hornblenden ...), 3. „*parallelepipedisch*", nach drei nicht in der gleichen Zone liegenden Flächen spaltend (Kalkspat, Steinsalz ...), 4. „*pyramidal*", Spaltung nach vier oder mehr, nicht zu dreien in einer Zone liegenden Flächen (Flußspat, aber auch Zinkblende ...). „Blättrig" und „prismatisch" bilden *offene* Spaltformen, die nicht für sich allein den Kristall umgrenzen können, dagegen sind „parallelepipedisch" und „pyramidal" *geschlossene* Spaltformen.

In ganz reinem Zustand sind die vier Spaltformen selten entwickelt. Meist schließen sich mehrere *ungleiche* Spaltformen zu *gemischten* Spaltformen zusammen, die eine höhere, womöglich geschlossene Spaltform ersetzen sollen, z. B. die drei „blättrigen" Endflächenspaltungen des Anhydrits oder die Basis- und Prismenspaltung des Barytes zu parallelepipedischen Formen oder die (001)- und (010)-Spaltung der Feldspate zu einer prismatischen Form.

Schon bei den ältesten Versuchen, den Kristallaufbau zu deuten, spielte die Beobachtung allfälliger Spaltbarkeiten eine entscheidende Rolle. Frankenheim und Bravais haben die Ausgestaltung der Raumgitterlehre geradezu darauf aufgebaut und Bravais entwickelte eine Formel, wonach sich aus den Abmessungen des Raumgitters die Lage der wahrscheinlichen Spaltfläche berechnen lassen müsse. Es müßte das jene Gitterebene sein, die bei dichtester Eigenbesetzung den größten Abstand von den Nachbarebenen hat. Diese auf dem Gedanken aufgebaute Annahme, das Kristallmolekül diene als Baustein, konnte nicht mehr aufrecht erhalten werden, als man die Atome oder Ionen als die wirklichen Bausteine erkannte. Dazu kommt noch die Tatsache, daß z. B. Diamant und Zinkblende *geometrisch* die *gleiche* Schwerpunktsverteilung der Bausteine zeigen, aber in der Spaltform grundverschieden sind (Oktaeder bzw. Dodekaeder). Während nun beim Diamant mit einerlei Bausteinen (homöopolare Bindung) im erweiterten Sinn noch der Bravaissche Gedanke in Anwendung gebracht werden kann, ist dies bei der Zinkblende mit zweierlei Bausteinen (heteropolare Bindung) nicht mehr möglich, d. h. die Bausteinanordnung allein reicht nicht aus, die Spaltbarkeit zu erklären.

Schon frühzeitig wurde der Versuch gemacht, bei Ionenkristallen die elektrischen Ladungen der Bausteine mit in Rechnung zu ziehen und die algebraische Summe der auf ein Ion einwirkenden, anziehenden *und* abstoßenden Kräfte der Nachbarionen zu bestimmen, deren Minimum in bestimmten Richtungen die Lage einer möglichen Spaltebene andeuten müßte. Tatsächlich ließ sich daraus die Spaltung der Zinkblende trotz „Diamant"-Gitter ableiten. In letzter Zeit betont H. G. F. Winkler neuerlich die Notwendigkeit, zu ermitteln, wie viele oder wie wenige „Bindungen" *zerrissen* werden, wenn man den Kristall nach bestimmten Ebenen teilen will. Auch auf diesem Wege lassen sich die besonderen Spaltverhältnisse deuten, hauptsächlich hinsichtlich der Reihenfolge der Flächen bei Kristallen mit mehrfacher Spaltbarkeit [Steinsalz (100 und 110), Rutil, Anhydrit].

Übereinstimmend lassen sich bei Ionenkristallen folgende Beziehungen zum Gitterbau feststellen: Als Spaltebenen dienen vor allem *Netzebenen mit geringer Außenwirkung,* also hauptsächlich *„gemischte"* Ionenebenen, die schon in sich weitestgehend abgesättigt sind (z. B. (100) und (110) im Steinsalzgitter), dann aber auch *ungemischte* Ebenen, die einer *gleich geladenen,* ungemischten Ebene benachbart sind (z. B. Fluorebenen parallel 111 beim Flußspat, denn in der 111-Normalen ist die Ebenenfolge: F-Ca-F-/-F-Ca-F ..). Zwischen solchen Ebenenpaaren wirken die abstoßenden Kräfte besonders stark.

Bei allen solchen Überlegungen bleibt aber die Tatsache ungeklärt, daß die Trennung nach den Spaltflächen um das Hundert- und Tausendfache *leichter* erfolgt als nach anderen Gitterebenen. Die praktische Spaltfähigkeit ist unvergleichbar größer als die aus dem Gitterbau errechnete.

Die aus dem idealen Gitterbau erschließbare Spaltfähigkeit nach einzelnen Flächen bewegt sich innerhalb der gleichen Größenordnung wie der Zusammenhalt nach irgendeiner anderen Flächenlage, während die praktische Spaltung um einige Zehnerpotenzen höher liegt.

A. SMEKAL sieht den Grund dafür in der wesentlichen Tatsache, daß in der Natur niemals ein *Ideal*kristall zu beobachten ist, sondern immer nur Kristalle mit mehr oder weniger Baufehlern *(Realkristall)*, was sich z.B. lichtelektrisch auch bei dem äußerlich „tadellosesten" Kristall nachweisen läßt. Da nun die Spaltbarkeit eine „strukturempfindliche" Eigenschaft ist, müssen sich Unstimmigkeiten des Baues *(„Lockerstellen")* in erhöhter Trennbarkeit zeigen, wie sich ja auch die Gußfehler in einem Metallkörper durch besondere Bruchgefahr verraten.

Diese „Lockerstellen" müssen nicht durchgehende Netzebenen darstellen, auch nicht offene Lücken, sondern nur Baufehler, durch die das Idealgitter in mehr oder weniger umgrenzte „Gitterblöcke" zer

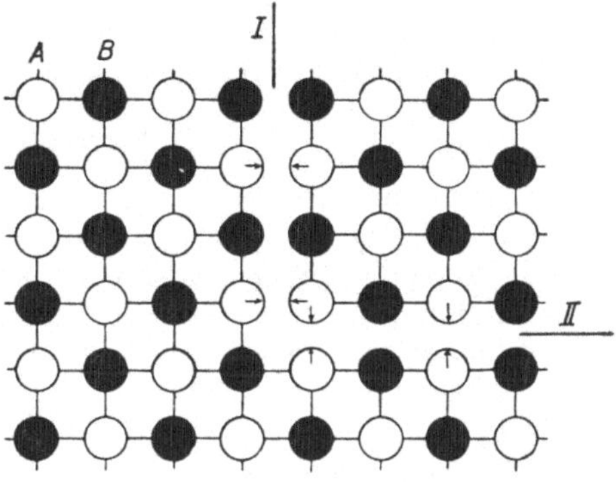

Abb. 262. Typus des Steinsalzgitters. (100)-Ebene; *I* und *II* potentielle Störungsebenen

fällt (Abb. 262). Der Realkristall zeigt eine Art *Mosaikstruktur* (DARWIN, NIGGLI, Abb. 263 b). Aus vielfachen röntgenographischen und anderen Beobachtungen ergeben sich für die Größe solcher „Gitterblöcke" Kantenlängen von einigen

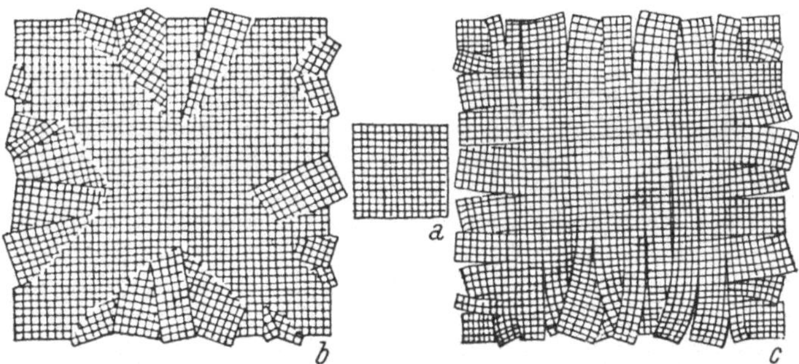

Abb. 263. Kristallaufbau. a) Gitterblock mit Idealstruktur; b) Realkristall („Mosaikstruktur") (nach DARWIN und NIGGLI); c) „Verzweigungsstruktur" (nach BÜRGER)

10^{-5} cm (bei Zink $5 \cdot 10^{-5}$ bis $9 \cdot 10^{-5}$ cm). Es ist leicht verständlich, daß an solchen Unstimmigkeitsstellen die Trennung um vieles leichter erfolgen muß als im Idealgitter.

Es fragt sich nun, welche Netzebenen besonders geeignet sind, die „Blöcke" zu umgrenzen, also im Realkristall Lockerstellen zu liefern. Auch hier sind es wieder die Flächen mit geringster Außenwirkung (vor allem „gemischte" Ebenen) und solche, bei denen gleichgeladene, ungemischte Ebenen unmittelbar nebeneinander zu liegen kommen. Das hängt aber mit der Frage um das Aussehen des *Gitterkeimes* zusammen (z. B. bei Steinsalz ein Teilwürfel mit 4 Na und 4 Cl, bei Diamant ein zentriertes Tetraeder mit 5 C). Bei „Schichtgittern", wo sich die Keime *flächig* entwickeln, ist eine *blättrige* Spaltung nach der „Schicht" zu erwarten wie bei einem Paket Kartenblätter (Glimmer . . .). Liegen „Ketten"- und „Bandgitter" vor, dann ist eine Gitter*gerade* besonders betont und daher die Ausbildung einer *prismatischen* Spaltung zu erwarten wie bei einem Bündel Bleistifte (Pyroxene, Hornblenden . . .).

d) Zerreißfestigkeit

Im engsten Zusammenhang mit einer allfälligen Spaltbarkeit steht die *Zerreißfestigkeit*. SOHNCKE hatte schon 1869 am Steinsalz grundlegende Versuche durchgeführt und das Gesetz aufgestellt: „Der Kristall zerreißt dann, wenn senkrecht zur Rißfläche (bei Steinsalz immer die Würfelfläche) eine bestimmte Normalspannung erreicht ist." Es ist also eine starke Richtungsabhängigkeit zu erwarten.

VOIGT nahm die Versuche wieder auf und gibt folgende Mittelwerte der stark streuenden Versuche an Steinsalzstäbchen verschiedener Orientierung an.

Zerreißversuche am Steinsalz (VOIGT)

Längs- und eine Querrichtung des Stäbchens

a) in (100)	$\sphericalangle\,\varphi$ (gegen [001])	0^0	15^0	30^0	45^0	
	g/mm^2	571	553	737	1150	
b) in (110)	$\sphericalangle\,\psi$ (gegen [001])	0^0	32^0	$54^1/_2{}^0$	72^0	90^0
	g/mm^2	917	1870	2150	2240	1840

Weitere Versuche, bei denen die kristallographische Orientierung der „Querrichtungen" variiert wurde, zeitigten das überraschende Ergebnis, daß auch hiedurch die Zerreißfestigkeit wesentlich beeinflußt wird, was gegen das SOHNCKEsche Normalspannungsgesetz spräche. Wenn man aber zylindrische Stäbchen benützt, wo also nur die Längsrichtung kristallographisch festgelegt werden kann, findet sich im allgemeinen das SOHNCKEsche Gesetz bestätigt. Es müßten daher alle Zerreißfestigkeiten sich von einer konstanten Normalfestigkeit der Würfelfläche ableiten lassen, abhängig von dem Winkel der Zugrichtung gegen die am meisten querliegende Würfelfläche. Die Zerreißungswerte (Z) müßten sich dann verhalten [100] : [110] : [111] = 1 : 2 : 3. Die Messungswerte ergaben 1 : 2,22 : 3,51 (E. SCHMID-VAUPEL). Für Kristalle vom Steinsalztypus ergibt sich ein „Reißfestigkeitskörper" wie in Abb. 264 mit deutlich geringer Reißfestigkeit in den Würfelnormalen und Maxima in den Oktaedernormalen.

Die Zerreißfestigkeit ist auch von der Temperatur insofern abhängig, als bei höheren Temperaturen und sehr langsamer Belastungssteigerung sehr bedeutende *plastische* Verformungen vorausgehen können, wodurch die Erreichung der Spannungsgrenze stark hinaufgeschoben werden kann („Reißverfestigung").

Bei Steinsalz von Wieliczka fand THEILE bei 600^0 und langsamer Zugsteigerung eine Reißfestigkeit von 10 000 g/mm^2 gegenüber einer von 260 g/mm^2 bei 20^0 C.

Niedrige Reißfestigkeit und stark anisotropes Verhalten beobachtet man nur bei Kristallen mit glatten Spalt- (Reiß-) Ebenen. Geht mangels an Spaltflächen der Bruch ungeregelt durch den Kristall, dann ist die Anisotropie der Reißfestigkeit gering und der Festigkeitswert bedeutend höher.

Auf eine merkwürdige Beeinflussung der Reißfestigkeit des Steinsalzes durch „Bewässerung" sei nur hingewiesen. Näheres vgl. TERTSCH, S. 126 ff.

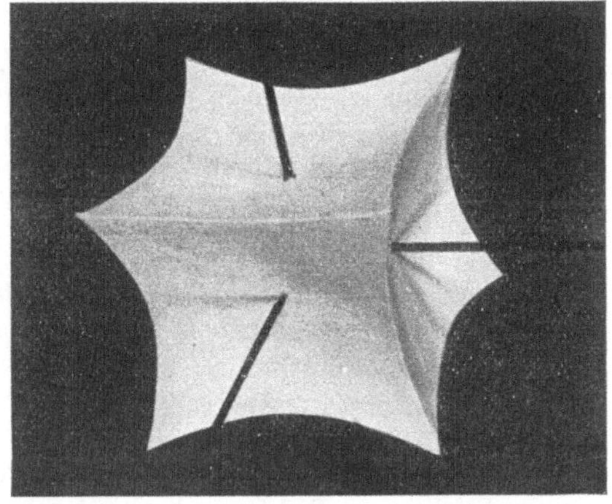

Abb. 264. Reißfestigkeitskörper kubischer Kristalle mit Würfelspaltung (nach SCHMID-VAUPEL)

Fremde Zusätze wirken im allgemeinen sowohl bezüglich der plastischen Streckgrenze (S) wie auch der Zerreißfestigkeit (Z) verfestigend. Besonders interessant ist, daß Steinsalz durch zweiwertige Zusatz-Kationen (Ca, auch Sr) stärker verfestigt wird als durch einwertige (K) (Abb. 265).

e) Zermalmungsfestigkeit

Wird bei der Zerreißfestigkeit der Kristall auf Zug beansprucht, so gibt die *Zermalmungsfestigkeit* Aufschluß über das Verhalten gegen Stauchung, Druck. A. ROSIWAL definiert als Zermalmungsfestigkeit „die Arbeit, die erforderlich ist, um 1 cm³ des Materials in Sand und Staub zu zermalmen".

Diesbezügliche Versuche ließen den starken Einfluß einer allfälligen Spaltbarkeit, aber wohl auch von Gleitflächen erkennen. Bei vollkommener Spaltbarkeit nach drei oder mehr Ebenen (Steinsalz, Flußspat, Baryt, Kalkspat) beträgt die Zermalmungsfestigkeit 0,82 bis 1,28 mkg/cm³. Minerale, die nur nach einer oder zwei Ebenen vollkommen spalten (Gips, Biotit, Hornblende, Orthoklas ...), zeigen

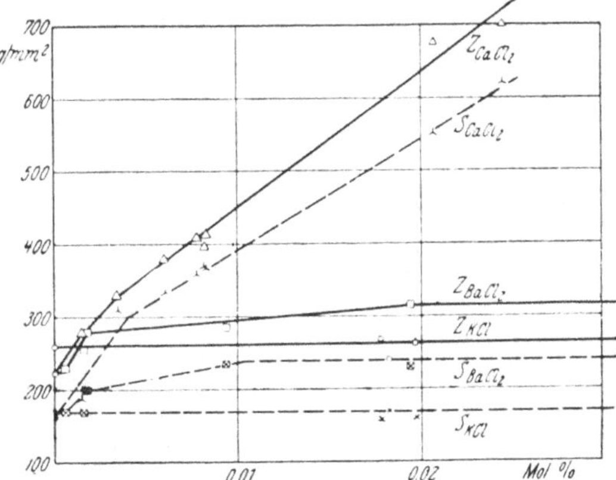

Abb. 265. Einfluß von Zusätzen auf die Zerreißfestigkeit (Z) und die Streckgrenze (S) bei Steinsalzkristallen (nach EDNER)

Werte von 1,65 bis 1,98 mkg/cm³. Schlecht oder gar nicht spaltende Minerale (Augit, Quarz, Pyrit ...) werden bei 2,29 bis 3,06 mkg/cm³ zermalmt.

Leider wurden wieder unterschiedslos Einzelkristalle und Kristallaggregate untersucht, so daß auch auf diesem Wege kein gesichertes Maß für die „Zähigkeit" gewonnen wurde. Aggregate erzielen natürlich höhere Werte, weil die Einzelkörner sich gegenseitig am Ausweichen hindern. Sehr lehrreich ist eine Messungsreihe am Kalkspat: Spaltstück 1,28, grobkörniger Marmor 1,70, feinkörniger Kalk 2,72, dichter Kalk 3,85. Nephrit erreicht 20,6 mkg/cm^3, Metalle noch viel höhere Werte (z. B. weißes Roheisen 132,2 mkg/cm^3!).

Eine deutliche Richtungsabhängigkeit war bei den gewählten Versuchsbedingungen nicht zu erkennen.

Neben dem Einfluß, den Spalt- und Gleitflächen auf die Größe der Zermalmungsfestigkeit ausüben, kommt noch eine weitere Eigenschaft in Frage, nämlich die Härte.

IV. Härte

Man definiert sie als „das Maß des Widerstandes, den ein Kristall je nach Fläche und Richtung der mechanischen Verletzung seiner Oberfläche entgegensetzt".

Da es sehr verschiedene Arten der mechanischen „Verletzung der Oberflächenschichten" eines Kristalls gibt, werden auch sehr verschiedene Methoden zur Bestimmung des Maßes des Widerstandes angegeben und verwendet, deren Zahlenwerte eben wegen der großen Verschiedenheiten der Ausgangsbedingungen miteinander nicht vergleichbar sind.

Man benützt hauptsächlich zwei Gruppen von Meßmethoden: 1. *dynamische* Methoden, wobei der Prüfkörper sich gleichzeitig über die zu untersuchende Kristallfläche hinweg bewegt (Ritzen, Hobeln, Schleifen, Schneiden, Bohren) und 2. *statische* Methoden, ausschließlich auf den Eindringungswiderstand aufgebaut (Kugel-, Kegel-, Pyramidendruck, Pendelmethode . . .).

Weitaus am längsten bekannt und für diagnostische Zwecke auch heute noch am meisten angewendet ist die Methode der Ritzhärte.

a) Ritzhärte

Die harte Spitze (Ecke) eines Prüfkörpers wird über die Kristallfläche unter konstantem Druck hinweggeführt. Da es bei verschiedenen Kristallen immer verschiedener Drucke bedarf, um einen deutlichen Ritz zu erzeugen, wurde schon frühzeitig versucht, diese Erscheinung diagnostisch auszunützen. A. WERNER stellte 1774 eine sechsgliedrige Härteskala auf, die von MOHS 1822 durch die heute noch verwendete zehngliedrige Skala (Talk, Steinsalz, Kalkspat, Flußspat, Apatit, Orthoklas, Quarz, Topas, Korund, Diamant) ersetzt wurde.

Soll ein Mineral auf seine Härte geprüft werden, so sucht man in der Skala jene Stufe, die nicht mehr durch eine Ecke des Minerals geritzt wird, aber selbst das Mineral zu ritzen vermag. Die Härte des Minerals muß dann zwischen dieser und der vorhergehenden Härtestufe liegen. Im Falle Mineral und Kristall der Härtestufe einander *gegenseitig* ritzen können (wenn auch schwer), sind Mineral und Härtestufe gleich hart. Diese Erscheinung beruht darauf, daß eine Ecke sich immer härter erweist als eine Fläche.

Schon Freihandversuche ergaben im allgemeinen, daß die mit gleichem Druck ausgeführten Kratzer verschieden aussehen können, je nach der Richtung, in der der Kratzer geführt wird. Das klassische Beispiel für diese „*Härte-Anisotropie*" an Kristallen bietet die Spaltfläche des Kalkspates, bei der schon HUYGENS (1690) deutlich erkannte, daß die Ritzhärte einen ausgesprochen *vektoriellen* Charakter hat, denn sie ist innerhalb der kurzen Diagonale der Spaltfläche in der Richtung *von* der Polecke fast doppelt so groß wie in jener *zur* Polecke hin. Die unter gleichem Druck erzielten Ritzfurchen haben auch ein durchaus verschiedenes Aussehen. Von der Polecke weg ist die Ritzfurche ganz hart und glatt, gegen die Polecke hin dagegen vielfach ausgesplittert und breit. In der langen Diagonale der Spaltfläche sind die Ritzfurchen nach beiden Richtungen ganz gleich, zeigen sich aber einseitig befranst (Abb. 266), genau entsprechend der Symmetrie der Spaltfläche des Kalkspates.

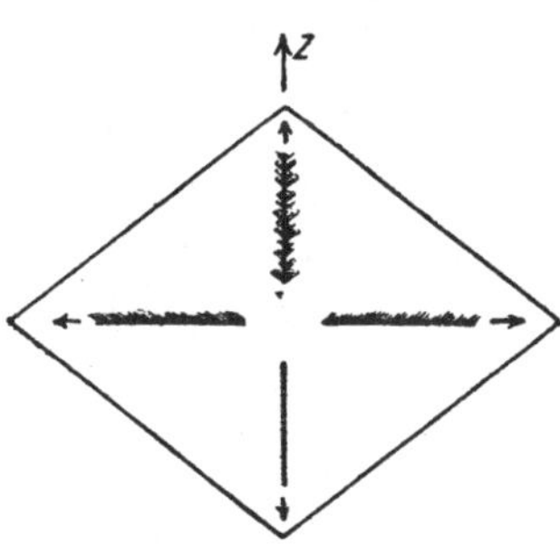

Abb. 266. Spaltfläche des Kalkspates. Aussehen der Ritzfurchen nach verschiedenen Richtungen

Wenn auch nicht so auffallend, zeigen doch auch viele andere Minerale diese starke Richtungsabhängigkeit der Härte. So hatte z. B. HAÜY dem *Disthen* (zweifach fest) seinen Namen gerade darum gegeben, weil dieser nach der später aufgestellten MOHSschen Skala in der Richtung der Stengelachse die Härte 4, senkrecht dazu die Härte 7 (!) zeigt.

Da die Freihandversuche nur eine grobe Schätzung der Härte erlauben, wurden Meßmethoden ausgearbeitet, die alle mehr oder weniger auf dem gleichen Prinzip aufgebaut sind (Abb. 267, „Sklerometer" = = Härtemesser, SEEBECK).

Ein Schlittentisch mit drehbarer Platte läßt sich unter einer scharfen Spitze (Stahl oder Diamant) wegziehen. Auf dem Tisch liegt der zu untersuchende Kristall, die sorgfältig geglättete Fläche genau horizontal gelegt. Vor Versuchsbeginn ruht die Spitze *ohne* Druck (Gegengewicht!) auf der Kristallfläche. Nun wird die Spitze durch steigende Gewichte belastet, bis

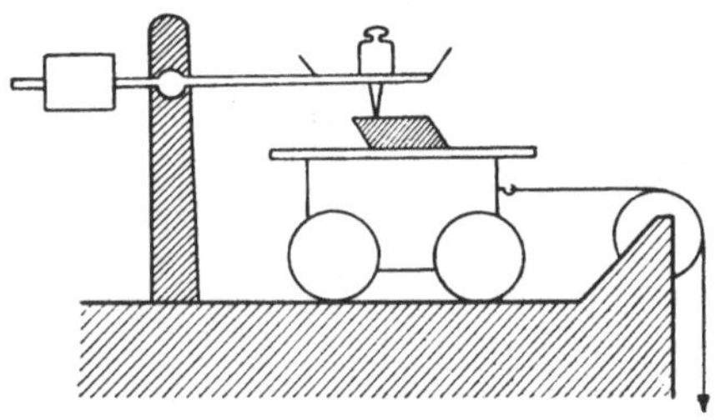

Abb. 267. Prinzip eines „Sklerometers"

endlich auf dem unter ihr weggezogenen Kristall in der Zugrichtung eine deutliche Ritzspur sichtbar wird. Dann gilt das aufgelegte Gewicht als ein Maß für die in der Zugrichtung wirksame Härte. Zahlreiche kleine Abänderungen und Verbesserungen an dieser Prüfmethode haben grundsätzlich nichts Neues geliefert.

F. EXNER (1873) stellte die Härteanisotropie der von ihm untersuchten Kristalle durch Angabe der „*Härtekurven*" dar. Von einem Punkt der Fläche aus werden in den geprüften Richtungen in beliebigem Maßstabe die Mindestgewichte aufgetragen, bei denen Ritzfurchen erzielt werden konnten. Die Verbindung der Endpunkte dieser Strecken gibt

dann die Härtekurve (Abb. 268). Die Abhängigkeit dieser Kurven von
der Symmetrie der geprüften Fläche ist unverkennbar. Die Verhältnisse
an der Spaltfläche des Kalkspates zeigt Abb. 269.

Sehr aufschlußreich ist ein Ritzversuch am Kalkspat, wobei die ritzende
Spitze exzentrisch zum Mittelpunkt des Präparattisches angesetzt und der Tisch
gedreht wird (Franz, Abb. 270). Die Abbildung läßt deutlich die gewaltige Verschiedenheit der kreisförmigen Ritzspur je nach der Ritzrichtung (Tangente im jeweiligen Punkt der Kurve) bei *gleichbleibender* Belastung erkennen.

In allen Fällen erweist sich die Anisotropie der Ritzhärte ungemein abhängig von dem Vorhandensein und der Lage von Spaltflächen gegenüber der Ritzspur. Minerale ohne deutliche Spaltbarkeit zeigen auf den Flächen fast kreisförmige Härtekurven.

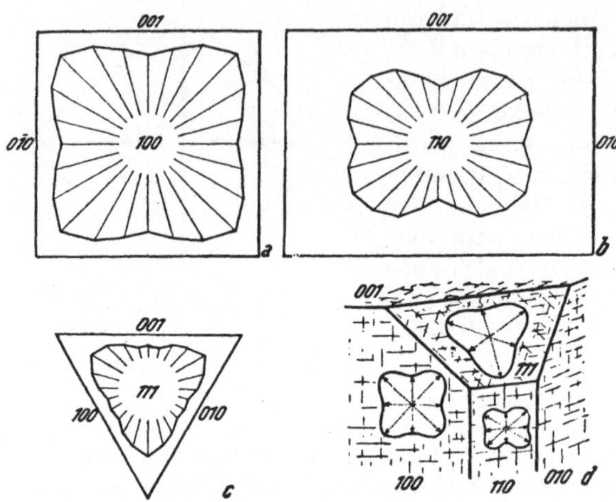

Abb. 268. Ritzhärtekurven am Steinsalz (nach
Exner). a) (100); b) (110); c) (111); d) Übersicht
an einer Würfelecke

Wird die geprüfte Kristallfläche von einer Spaltfläche durchschnitten,
dann ist die Ritzhärte parallel dieser Spur am kleinsten, senkrecht dazu
am größten (vgl. Disthen). Liegt die Spaltebene geneigt zur untersuchten
Fläche, dann ist im allgemeinen das Ritzen über dem stumpfen Winkel
zwischen beiden Flächen schwieriger als über dem spitzen Winkel (vgl. dazu das Ritzen über einen schiefgehaltenen Buchschnitt; Abb. 271).

Während sich diese Regel bei den Ritzversuchen an der Spaltfläche des Kalkspates durchaus bewährte, liegen bei dem in ganz gleicher Weise vorzüglich spaltenden Dolomit die Ritzhärten in der kurzen Diagonale der Spaltfläche genau *verkehrt*. Es scheinen hier also noch andere, bisher unbekannte Einflüsse wirksam zu sein.

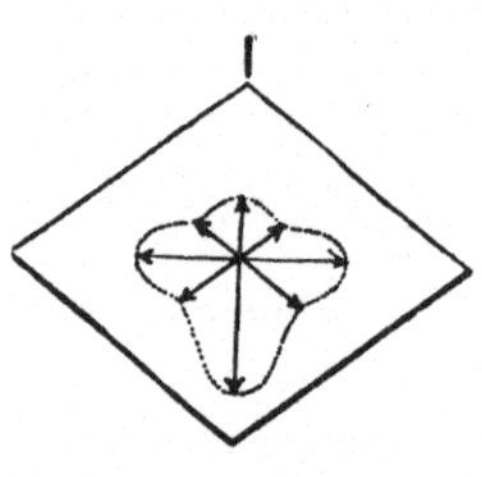

Abb. 269. Kalkspat,
(1011), Exnersche
Härtekurve

Überall ist die Ritzhärte der besten Spaltfläche eines Kristalls auch ein Minimum für alle Härtewerte dieses Kristalls.

Auch hier besteht eine sehr bezeichnende Ausnahme: Die Oktaederfläche
des Diamants, nach der dieser ausgezeichnet spaltbar ist, läßt sich nämlich
praktisch überhaupt *nicht* ritzen oder schleifen (Eppler). Beim „Rondieren"
eines Spaltoktaeders von Diamant, also bei der Herstellung eines Doppelkegels

mit (001) als Kegelachse, bleiben an den Spaltflächen kleine, kreisrunde Flecke, die *nicht* geschliffen wurden (vgl. Abb. 275).

Aus alledem geht deutlich hervor, daß die Ritzhärte eine durchaus *komplexe* Erscheinung ist, bei der sich mindestens zwei sehr verschiedene physikalische Beanspruchungen überlagern: 1. Widerstand gegen das Eindringen der Prüfspitze in die Oberfläche des Kristalls (*„Eindringungshärte"*), 2. Widerstand gegen eine seitliche Verschiebung einzelner Flächenteile gegen die Unterlage *(Scherfestigkeit).* Wenn der Kristall kein Eindringen der Spitze erlaubt (Diamant), ist auch keine Seitenverschiebung von Netzteilen möglich. So kann man zwar bei einem Paket Kartenblätter mit Hilfe eines auf das oberste Blatt aufgesetzten Nagels dieses Blatt verschieben, nicht aber bei einem Paket gleich großer Blechtafeln. Da die Scherfestigkeit parallel allfälliger Spaltflächen am kleinsten ist, wird auch die leichte Verschiebung oberflächlicher Netzebenen nach

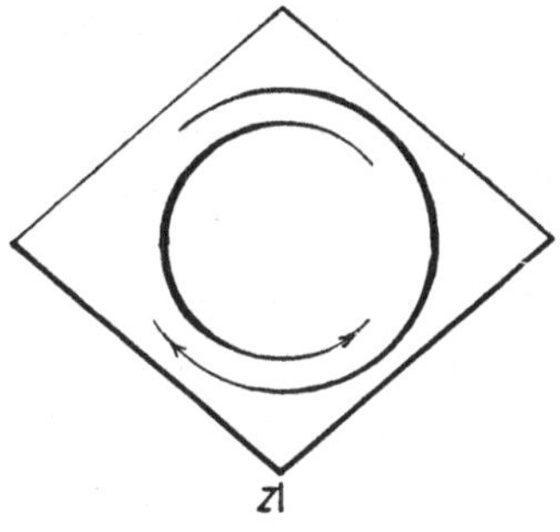

Abb. 270. Kreisritzversuch an der Spaltfläche des Kalkspates (nach R. FRANZ)

einer Spaltfläche, oder gar auf dieser selbst, leicht begreiflich.

Trotz vielfachen Versuchen und mehrfachen Abänderungen der Sklerometer-Form, bzw. Verwendung *hobelnder* und *bohrender* Methoden gelang es immer nur, *Vergleichs*werte für die Messung der Ritzhärte nach Fläche und Richtung zu erzielen. Eines wurde dabei aber deutlich, daß nämlich die MoHssche Härteskala zwei grobe Mängel besitzt. 1. Die Unterschiede zwischen den Ritzhärten der einzelnen „Stufen" sind außerordentlich *ungleich.* Flußspat und Apatit stehen einander sehr nahe, dagegen sind Korund und Diamant stärker verschieden als Korund und Steinsalz. 2. Mit Ausnahme des Quar-

Abb. 271. Härteunterschiede bei geneigter Spaltfläche (nach NIGGLI)

zes besitzen alle „Härtestufen" mehr oder weniger gute Spaltbarkeit, d. h. bei ihnen ist von vornherein eine starke Abhängigkeit der Ritzhärte nach Fläche und Richtung zu erwarten (vgl. besonders den Kalkspat). Es liegen also gar keine *konstanten* Vergleichswerte vor, und daraus folgt die Gefahr weitgehender Fehlbestimmungen. Darum ist es auch müßig, die Ritzhärtebestimmungen nach MoHs besonders verfeinern zu wollen. In der Praxis begnügt man sich daher vielfach mit der Unterscheidung von: *sehr weich* (1 bis 2), mit dem Fingernagel ritzbar, *weich* (2 bis 3), mit Eisennagel ritzbar, *halbhart* (3 bis 4), mit Messer ritzbar, *hart* (5 bis 6), mit gutem Stahlmesser oder Glas ritzbar, *sehr hart* (7 und darüber), („Edelsteinhärten"), selbst Glas ritzend.

b) Schleifhärte

Die Schleifhärte, die unter den dynamischen Prüfmethoden praktisch wohl die bedeutendste Rolle spielt (Edelsteinschleifereien), wird durch den Volumsverlust gekennzeichnet, den ein Kristall durch Schleifen mit einer gegebenen Schleifpulvermenge nach Fläche und Richtung erfährt (ROSIWAL). $H_1 : H_2 = V_2 : V_1$. Man bezieht die erzielten, zum abgeschliffenen Volumen reziproken Härtezahlen zumeist auf die Mittelhärte des Korundes, die willkürlich mit 1000 angesetzt wird, oder auf jene des Quarzes mit 100 (genauer 105,5) (ROSIWAL).

Wie aus beistehender Tabelle ersichtlich ist, verraten sich auch durch die Schleifmethode bedeutende Härteunterschiede an den einzelnen Stufen der MOHSschen Härteskala. Bei Kalkspat ist diese Härteanisotropie so groß, daß auf (11$\bar2$0) die Härte größer ist als auf der Basis des Apa-

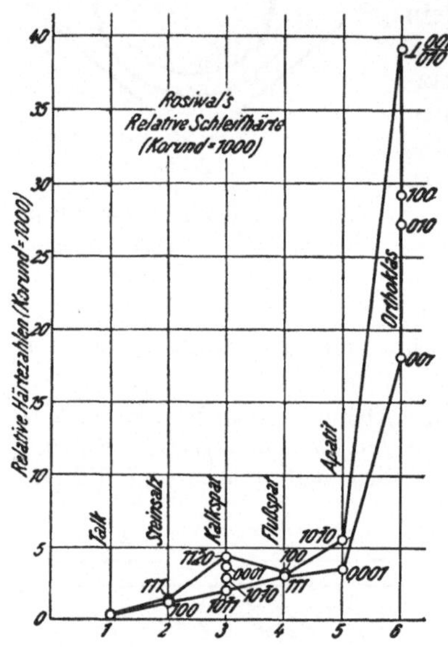

Abb. 272. Die relative Schleifhärte an Mineralen der MOHSschen Härteskala (nach ROSIWAL)

Relative Schleifhärte nach Rosiwal (Auszug)

Korund........	(Mittel)	1000
Topas	(110)	127,5
	(001)	91,4
Quarz	(0001)	105,5
	(10$\bar1$1)	77,4
Orthoklas	⊥ (001/010)	39,2
	(010)	27,1
	(001)	18,1
Apatit........	(0001)	3,48
Flußspat	(111)	3,01
Kalkspat	(10$\bar1$1)	2,02
	(10$\bar1$0)	2,90
	(11$\bar2$0)	4,07 (!)
	(0001)	3,63
Steinsalz	(100)	1,24
	(111)	1,42
Gips (1½)	(010)	0,37
	⊥ z	0,64
Talk	(dicht)	0,50

tites, also ein Sprung über zwei Stufen! Der Diamant wäre mit der Schleifhärte 140 000 anzusetzen, d. h. Diamant ist 300 000mal härter als Talk (Abb. 272).

Mit der Schleifmethode lassen sich aber auch allfällige Härteanisotropien innerhalb der gleichen Fläche prüfen, wenn dafür gesorgt wird, daß das Schleifpulver in bestimmter Richtung über die Kristallfläche geführt wird. Es zeigen sich dabei ähnliche Verhältnisse wie bei der Ritzhärte (TERTSCH)[1].

---

[1] Im Zusammenhang mit dem Schleifverfahren sei erwähnt, daß das „Polieren", wie man es besonders für „Anschliffe" benötigt (vgl. S. 327), nicht gleichbedeutend ist mit einem besonders weit getriebenen Feinschleifen, sondern ein Verlagern von Oberflächenteilchen, eine Art Verschmieren der Oberfläche ohne Ablösung von Teilchen bedeutet (RAYLEIGH 1902). Diese Polier-

In der Abb. 273 sind die Ergebnisse von Schleifversuchen an den Spaltflächen von Kalkspat und Dolomit dargestellt (die „reduzierten Gewichtsverluste"
beziehen sich auf 1 cm² der Schliffläche). Die Kurve der „relativen Härte"

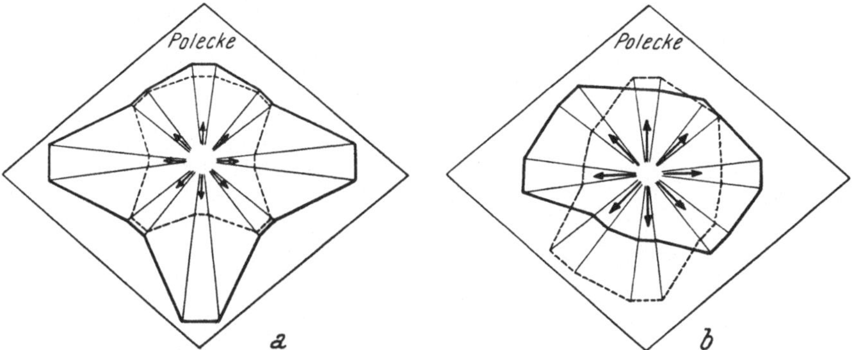

Abb. 273. Schleifhärtekurven auf der Spaltfläche von a) Kalkspat, b) Dolomit.
---- „Reduzierte Gewichtsverluste"; —— Kurve der „relativen Schleifhärte"

zeigt beim Kalkspat große Ähnlichkeit mit der Ritzhärtekurve (vgl. Abb. 269).
Die entsprechende Kurve am Dolomit ist dagegen vollständig asymmetrisch und
zeigt auch die schon bei der Ritzhärte auffallende Vertauschung von Richtung
und Gegenrichtung innerhalb der kurzen Diagonale.

Abb. 274 bringt das Aussehen der Schleifhärtekurven auf den beiden Spaltflächen des Barytes. Auch hier ist die Härte über dem stumpfen 110-1$\bar{1}$0-
Winkel (Richtung θ) kleiner als über dem spitzen Winkel. Die Beziehung zur

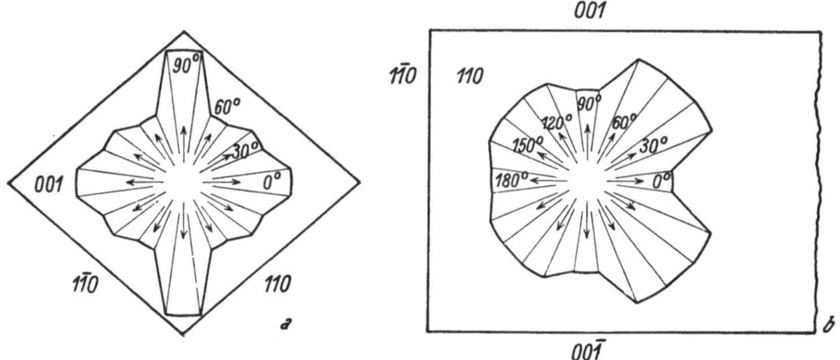

Abb. 274. Schleifhärtekurven beim Baryt. a) Basisfläche; b) Prismenfläche

Spaltbarkeit ist allein also nicht hinreichend, die Härteanisotropie vollständig
zu erklären. Besonders interessante Versuche stellte WINCHELL am Diamant an,
wo sich nicht nur Unterschiede in Richtung und Gegenrichtung zeigen, sondern

---

schicht (Oberflächenhaut) kann amorph sein oder durch Rekristallisation (vom
Kristall ausgehend) kristallin (BEILBY, FINCH). Daraus erklärt sich die Möglichkeit des Polierens *ohne* Anwendung eines Schleifmittels (vgl. TERTSCH S. 217).

überhaupt ganz gewaltige Härteunterschiede je nach der Richtung beobachtet wurden (Abb. 275).

Trotz vielfachen Ähnlichkeiten ist doch ein direkter Vergleich von Ritz- und Schleifhärte nicht möglich, denn bei der Schleifhärte macht sich die *Sprödigkeit* eines Kristalls sehr deutlich bemerkbar. Kalkspat verhält sich in gewissem Sinne plastisch, Baryt dagegen ausgesprochen spröde. In der Schleif- härte erscheint der Baryt tatsächlich *weicher* als der Kalkspat, obwohl er der Ritzhärte nach härter ist. HOLMQUIST machte ähnliche Erfahrungen bei Vergleich der Schleif- härten von Quarz und Topas. Nach seinen Messungen vertauschen diese geradezu ihre Plätze in der Härteskala.

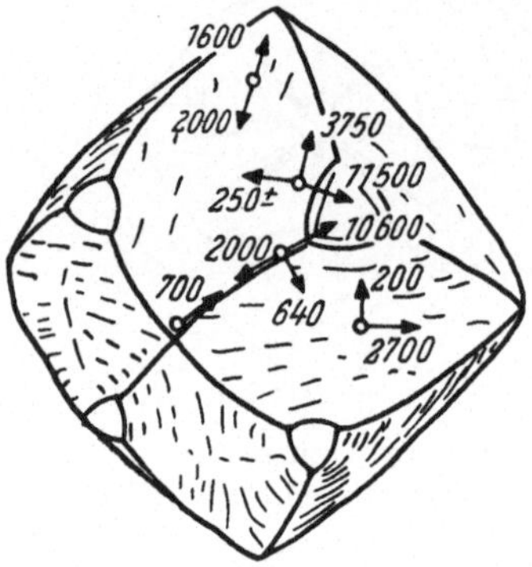

Merkwürdig ist die Abhängigkeit der Härte von der verwendeten *Einbettungsflüs- sigkeit*. ENGELHARDT fand besonders starke Unterschiede am Quarz (0001). Wird die Schleifhärte im Wasser mit 100 angesetzt, so ist sie in Benzol 103, in Oktanol dagegen nur 59, also fast die Hälfte der Härte in Wasser. Nach allen Versuchen wirken Dipol-Flüssig- keiten stark härtemindernd. Besonders stark ist die Härteverminderung bei Verwendung wässeriger Lösungen von organischen Stoffen und auch von Sulfitlauge, einem Abfallpro- dukt der Zellstoffherstellung.

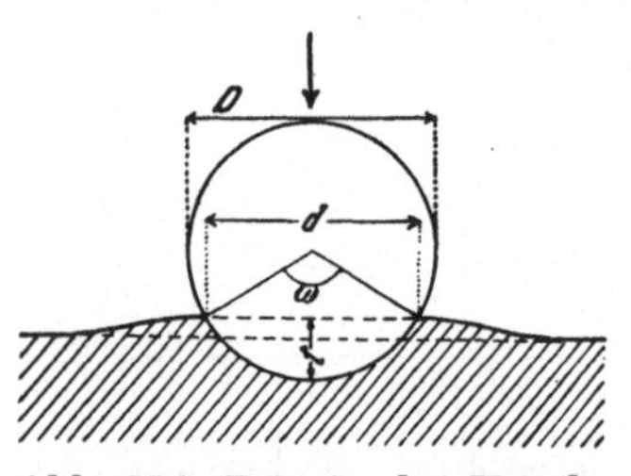

Abb. 275. Schleifhärten auf einem rondierten, dodekaedri- schen Diamantkristall nach WINCHELL. Die Schleifhärten sind nach Richtung und Größe (in einer angenommenen, will- kürlichen Einheit) eingezeichnet

c) Eindruckhärten

Die geringe Vergleichsmöglichkeit bei Verwendung verschiedener dynamischer Meßmethoden drängt dazu, für die Härtemessung von ganz anderen phy- sikalischen Voraussetzungen auszugehen. So definierte H. HERTZ (1882) die Härte als „die Elastizitätsgrenze eines Körpers bei Berührung einer ebenen Fläche desselben mit einer Kugelfläche eines anderen Körpers", d. h.

„die Härte ist durch den mittleren Druck gegeben, der eine bleibende Veränderung (Sprungbild oder Eindruck ohne Rißbil- dung) hervorruft" (Abb. 276). Da HERTZ in seiner Definition ausdrücklich die Be- ziehung zum elastischen Verhalten hinein- nimmt, müssen sich spröde und plastische Körper durchaus verschieden verhalten.

Bei spröden Körpern kommt es zur Sprung- bildung, bei plastischen dagegen zu einer ste- tigen Anpassung (AUERBACH). Im ersten Fall ist das Verhältnis $q = p/d^3$ (vgl. Abb. 276, $p = $ Druck, $d = $ Durchmesser des Eindruckes)

Abb. 276. Prinzip der Kugel- druckhärte nach HERTZ-AUER- BACH

eine Konstante, im zweiten Fall dagegen nicht, q nimmt ständig ab. Zwischen beiden Typen gibt es auch Übergangsformen. So entstehen z. B. beim Kalkspat unter wachsendem Druck *allmählich* sich ausbreitende Sprünge.

Nach A. BRINELL ist $H = P/O$, d. h. die Härte ist durch das Verhältnis der Prüflast (*P*) zu der Oberfläche des bleibenden Eindruckes (*O*) gegeben.

Bei der „*Kugeldruckhärte*" = *Brinell-Härte* bereitet nun die Ausmessung der Oberfläche des Eindruckes bedeutende Schwierigkeiten, da zwischen dieser und dem meßbaren Durchmesser des Eindruckes keine einfache Proportionalität herrscht. Verschieden tiefe Kugelkalotten sind einander nicht ähnlich. Dagegen besteht eine solche einfache Beziehung bei „*Kegel*"- und „*Pyramidendruckhärten*". In allen Fällen finden sich am Rande des Eindruckes mehr oder weniger deutliche Wulstbildungen (Abb. 277). Sehr häufig zeigen die Eindrucksumrisse durch Verzerrung gewisse Beziehungen zur Symmetrie der geprüften Fläche (Abb. 278, 279).

Besonders deutlich werden die Beziehungen zur Kristallsymmetrie bei Verwendung der VICKERS-Methode *(Pyramidendruckhärte)*, wobei eine streng quadratische Diamantpyramide unter verschiedenen Prüflasten in die zu untersuchende Fläche eingepreßt und die Größe dieses Eindruckes durch Ausmessung der „Diagonale" (Projektion der Pyramidenkanten) ermittelt wird. Nach E. MEYER gilt $P = a \cdot d^n$, wobei P die Prüflast, d die Länge der „Diagonale" und a bzw. n zwei für die Fläche gültige Konstanten bedeuten. Da auch die Eindrucksoberfläche (*O*) bei bekannter Neigung der Pyramidenflächen mit d in eindeutiger Beziehung steht, lassen sich alle für die Bestimmung von H nötigen Größen aus den vermessenen P und d ermitteln.

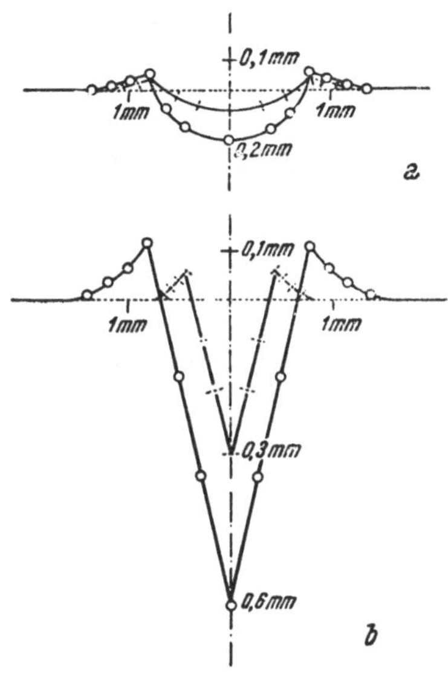

Abb. 277. Kugel- und Kegeldruck bei verschiedener Belastung. a) Bei Kugeldruck keine Ähnlichkeit der Eindrücke; b) bei Kegeldruck ähnliche Eindrücke (Vertikalmaßstab stark überhöht)

Das MEYER-Gesetz gibt eine Exponentialfunktion, d. h. die Härte ist nicht konstant bei Anwendung verschiedener Prüflasten. Nur für $n = 2$ erhält man für alle Prüflasten den gleichen Härtewert. Die Notwendigkeit, die Exponentialbeziehung zu ermitteln, verlangt, daß die Verwendung verschiedener Prüflasten am *gleichen* Kristallkorn und in gleicher Orientierung vorgenommen werden muß. Das bedeutet aber, daß man nur mit mikroskopischen Methoden (*„Mikro-Härte"*) genaue Messungen vornehmen kann, da selten die zu prüfende Kristallfläche für mehrfache makroskopische Eindrücke genügend groß ist.

Bei gleicher Prüflast sind die Eindrücke ihrer Form und Größe nach gleich, bei verschiedenen Prüflasten einander vollkommen ähnlich. Da

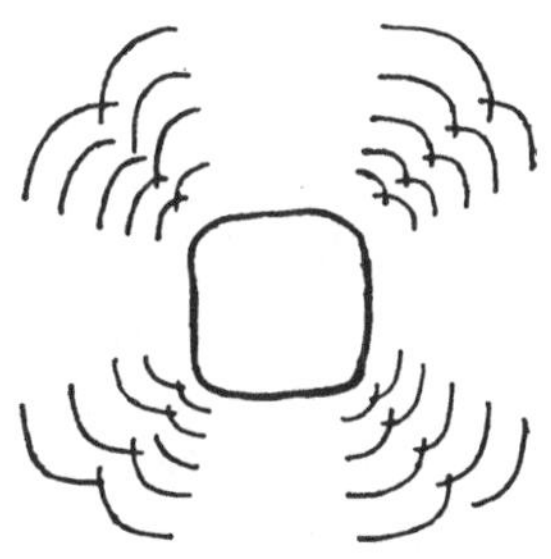

Abb. 278. Kugeleindruck und Wallbildung auf (001) des Steinsalzes (nach RINNE-RIEZLER)

15 a*

die Härte im allgemeinen bei geänderter Prüflast nicht konstant bleibt, gibt man die Härte für $d = 10\,\mu$ unter Zufügung des Wertes n an, also $^{n}MH_{10\,\mu}$ (Mitsche-Onitsch). Eine erste Übersicht über die Vickers-Mikrohärte an den Mineralen der Härteskala ergab in kg/mm² für $d = 10\,\mu$:

	n	kg
Talk	1,72	2
Steinsalz (100) ..	1,80	35
Kalkspat (10$\bar{1}$1) ..	1,78	172
Flußspat (111) ..	2,00	185
Apatit (10$\bar{1}$0) ..	1,00	760
Adular (110) ..	0,74	1150
Quarz (10$\bar{1}$0) ..	1,10	1230
Topas (110) ..	1,30	1130
Korund..........	1,26	2100

Vielfach beobachtet man, daß die Eindrücke Verzerrungen zeigen, die streng von der Symmetrie der untersuchten Fläche abhängen, wie sich bei günstiger Orientierung der „Diagonalen" der Eindrücke gegenüber der geprüften Fläche deutlich erkennen läßt.

So verzerren sich auf der Spaltfläche des Kalkspates die Eindrücke deltoidisch, wenn die Diagonalen parallel und senkrecht zum Hauptschnitt (Pfeil in Abb. 280) orientiert sind. Besonders lehrreich ist die Verzerrung auf (11$\bar{2}$0), also auf einer Fläche normal zu einer zweizähligen Achse. Bei Orientierung der Diagonalen unter 45⁰ zur Kante gegen 10$\bar{1}$1 erhält man einen *rechteckigen* Eindruck mit geschweiften Umrissen und Diagonalen, die nicht mehr 90⁰ einschließen (Abb. 281). Die daraus abzuleitenden Härteunterschiede je nach der Richtung der Kantenspuren können beträchtlich sein. Als $^{n}MH_{10\,\mu}$ erhält man auf der Spaltfläche gegen die Polecke ^{1,86}193,0, gegen die Randecke ^{1,97}107,5 und gegen die seitlichen Ecken ^{1,90}161,4. Es ist zu beachten, daß die Kantenspuren *nicht* die Richtungen der Druckhärte angeben, daß also die

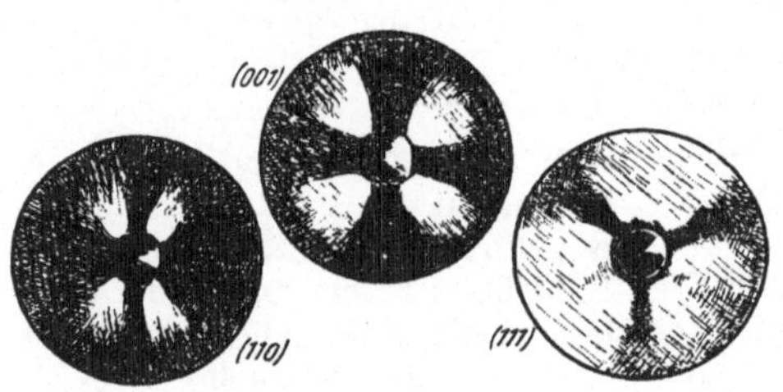

Abb. 279. Kegeleindrücke auf verschiedenen Flächen von Kupfer-Einkristallen (nach Engel-Heidtkamp)

vorhandenen Härteunterschiede sich nicht auf verschiedene Richtungen innerhalb der gleichen geprüften Fläche verteilen. Die Druckrichtungen verlaufen, im Gegensatz dazu, senkrecht auf die Pyramidenkanten in die Tiefe des Kristalls, also in Richtungen, die unter einem steilen Winkel zur geprüften Fläche stehen (Abb. 282). Die Ergebnisse der Eindruckhärten sind also mit jenen der Ritz- und Schleifhärten völlig unvergleichbar.

Die Mikrohärteprüfung nach der Vickers-Methode zeigt eine deutliche Abhängigkeit von dem *elastischen* Verhalten des geprüften Kristalls. Da die Elastizitätsgrenze der Kristalle für verschiedene Druckrichtungen verschieden hoch liegt, erfolgt auch das „Rückfedern" nach Aufhören des gerichteten Druckes je nach der Richtung verschieden stark, womit sich die Verzerrungen der Eindrücke wie auch die Schweifungen im Umriß erklären. Zur vollständigen Deutung der Druckergebnisse ist demnach außer dem Eindringungswiderstand noch die genaue Kenntnis des elastischen und plastischen Verhaltens des geprüften Kristalls notwendig. Jedenfalls ergeben aber die beobachteten Verzerrungen, daß auch die „statischen" Eindruckmethoden mehr oder weniger deutlich Härteanisotropien erkennen lassen.

Bei kubischen Kristallen, amorphen Körpern und bei sehr dichtem, kristallinem Material (z. B. gute Metallgüsse) beobachtet man keine deutlichen Verzerrungen der Eindrücke. Solche Körper verhalten sich durchgehends „isotrop".

Alle bisherigen Versuche und Erfahrungen ergaben, daß man nur dann gut vermeßbare

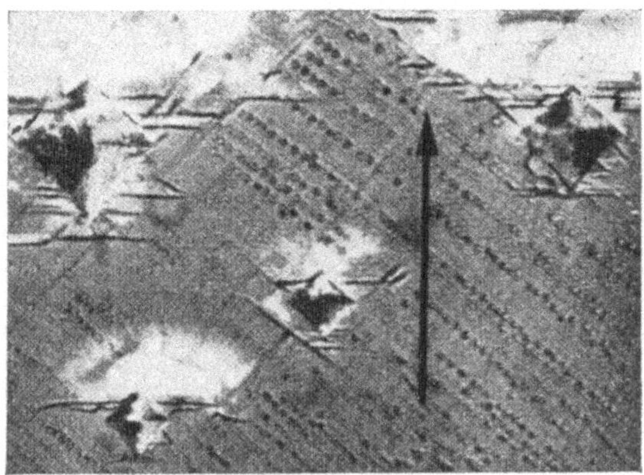

Abb. 280. Vickers-Eindrücke auf der Spaltfläche des Kalkspates mit 17, 51 und 87 g Prüflast (Pfeil = Hauptschnitt)

Eindrücke nach der Kugel-, Kegel- und Pyramidendruckmethode erhält, wenn der Kristall Ausweichmöglichkeiten besitzt, sich also plastisch verhält. Daraus erhellt die besondere Bedeutung der *Gleit-, nicht* Spaltflächen für die Form bzw. allfällige Verzerrung der erzielten Eindrücke („Randwülste"). Sowohl im elastischen als auch im plastischen Verhalten bleibt ja das Kristallgitter noch erhalten, wenn auch verformt.

Auf den besten Spaltflächen, die ja Flächen lockerster Bindung im Gitter darstellen, liefern die Eindrücke ein formloses Trümmerwerk, Aufsplitterung, Aufblättern, so daß man z. B. auf Glimmerplatten überhaupt keinen *figurierten*, vermeßbaren Eindruck erhält. Bei Adular zeigt

Abb. 281. Vickers-Eindrücke auf $(11\bar{2}0)$ des Kalkspates (Pfeil parallel der Kante gegen $[10\bar{1}1]$)

die (001) das gleiche Verhalten, die (010) bietet unter hundert Eindrücken kaum einen, der sich streng vermessen läßt, die (110) ist dagegen, wenn auch nur schwer, noch vermeßbar. Auf der Spaltfläche des Kalkspates erzielt man nur darum meßbare Eindrücke, weil die Gleitfläche $(10\bar{1}2)$ die nötige Ausweichmöglichkeit ohne die völlige Zerstörung des Gitters bietet.

Da bei *spröden* Kristallen Ausweichmöglichkeiten nicht oder nur in sehr geringem Maße vorliegen, gelingt es bei diesen, und hier besonders an den guten Spaltflächen, nur schwer, *gut vermeßbare* Eindrücke zu erhalten.

Trotz vielfachen Untersuchungen über Kristallhärte nach den verschiedensten Methoden ist der zu erwartende Zusammenhang mit dem Feinbau noch immer nicht ganz geklärt. Aus den Erfahrungen der mittleren Ritz- und Schleifhärten läßt sich nur feststellen, daß die geprüfte *Härte um so größer ist, je kleiner die Ionen bzw. Atome, je größer die Ladung (Wertigkeit) und je größer die Packungsdichte der Bausteine ist* (WINKLER).

Eine Übersicht über die Minerale, die sich aus Elementen mit kleinem Atomvolumen zusammensetzen, ergibt schon, daß bei diesen die höheren Ritzhärten beobachtet werden (Diamant, Korund, Topas, Quarz ...). Wachsende Ionenabstände in Kristallen von gleichem Gittertypus veranlassen Abnahme der Härte (die eingeklammerten Zahlen bedeuten den Bausteinabstand), z. B.: MgO (2,10), 6; CaO (2,40), 4,5; SrO (2,57), 3,5; BaO (2,76), 3,3.

Ein Beispiel für die Abhängigkeit von der Ladungsgröße gibt bei gleichem Gittertypus und gleichem Ionenabstand (Ionenladung eingeklammert): LiF (1), 4; MgO (2), 6,5; ScN (3), 7,5; TiC (4), 8,5.

Der Einfluß der Packungsdichte zeigt sich sehr deutlich bei polymorphen Modifikationen der gleichen Verbindung, z. B. Kalkspat, $s = 2{,}72$, $H = 3$ und Aragonit, $s = 2{,}94$, $H = 4$.

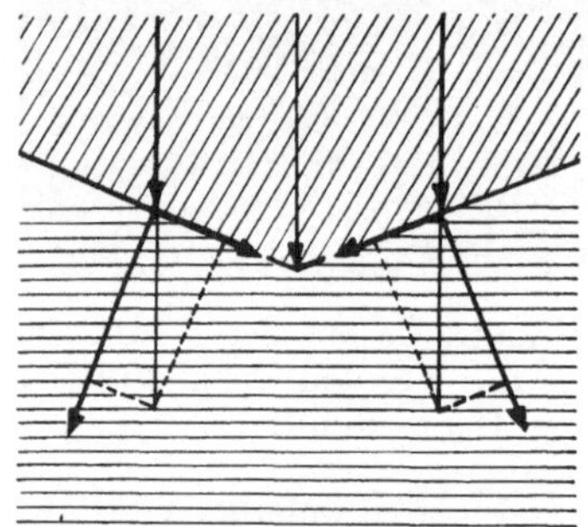

Abb. 282. Druckverteilung bei Einpressen der VICKERS-Pyramide

Demnach müssen *gepreßte* Kristalle *höhere* Härten annehmen als unbehandelte, was sich auch messend verfolgen läßt. Merkwürdig ist nur, daß nach längerer Zeit sich solche gepreßte Körper wieder „erholen", also zur Normalhärte zurückkehren (TERTSCH).

Auch die Temperatur nimmt einen ähnlichen Einfluß auf die Härte *(Abnahme der Härte bei steigender Temperatur)*, z. B. bei Eis: $-78{,}5^0$ C, $H = 6$; -44^0 C, $H = 4$; nahe dem Schmelzpunkt, $H = 1{,}5$.

Das Maß der Härte ist also offenbar durch die Zahl und Stärke der Bindungen, bezogen auf die Flächeneinheit der geprüften Netzebene, bedingt. Die allzu ungleiche Beanspruchung der Kristalle durch die verschiedenen Untersuchungsmethoden war bisher einer eindeutigen Klärung der Härtefrage hinderlich.

Die Erscheinungen der Spaltbarkeit, Plastizität und Härte finden sich in den mannnigfaltigsten Kombinationen bei Schlag- und Druckfiguren.

V. Schlag- und Druckfiguren

Schlagfiguren werden zumeist dadurch gewonnen, daß eine scharfe Nadelspitze durch Schläge in die Kristallfläche eingetrieben wird. Eine etwas andere Herstellung von Schlagfiguren verwendeten SCHUBNIKOW und ZINSERLING, die eine kleine Stahlkugel aus etwas über 1 m Höhe auf die verschiedenen Flächen von Quarz auffallen ließen. Die *Druckfiguren* erhält man dagegen durch Einpressen einer kleinen Kugel von wenigen Millimetern Durchmesser oder verschiedener anderer, auch eckiger Stempelformen in die Oberfläche des Kristalls.

In allen Fällen war im Aussehen der erzielten Schlag- und Druckfiguren eine deutliche Abhängigkeit von der Symmetrie der behandelten Fläche erkennbar. Auffällig ist, daß hiebei die Spaltflächen eine viel geringere Rolle spielen als die Gleitflächen, ganz ähnlich, wie das schon bei den verschiedenartigsten Härteuntersuchungen zu beobachten ist.

Die sehr verschiedene Beanspruchung der Kristalle bei der Herstellung von Schlag- und Druckfiguren ließ vermuten, daß sich zwischen diesen tiefergehende Unterschiede zeigen würden, das ist aber nicht der Fall. Nur bei Kristallen mit ausgesprochenen Schichtgittern, die auch in genügend großen Platten zur Verfügung stehen (Glimmer, Chlorit, Talk), ist eine deutliche Verschiedenheit im Aussehen und vor allem in der Orientierung der erzielten Figuren bemerkbar. In den anderen Fällen zeigt sich kein grundsätzlicher Unterschied im Aussehen und in

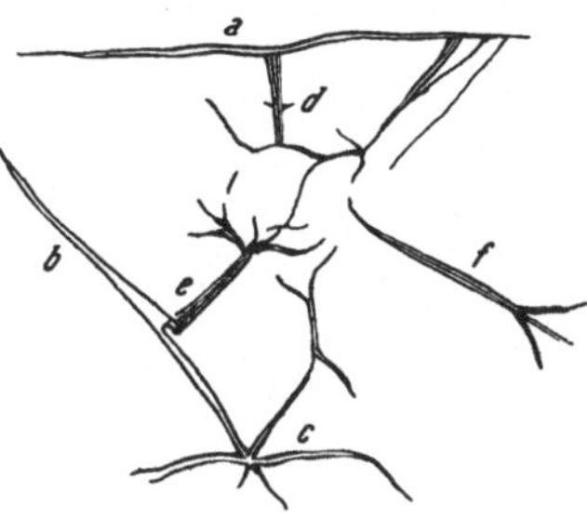

Abb. 283. Chlorit, Druckfigur. *a, b, c* Risse der Schlagstrahlen; *d, e, f* Druckstrahlen

der Orientierung der Schlag- und Druckfiguren. Bei niedrigen Temperaturen werden im allgemeinen die Erscheinungen deutlicher, da mit sinkender Temperatur die Sprödigkeit zunimmt.

Bei den näher untersuchten Schichtgitterkristallen des monoklinen Systems, den Glimmern, Chlorit und Talk, findet man auf der „Schicht"-Ebene (001) als Schlag- und Druckfiguren sechsstrahlige Sterne. Die „*Schlagfigur*" zeigt immer einen Hauptstrahl parallel (010), mehr oder weniger deutlich verschieden von den beiden anderen, unter 60⁰ zum Hauptstrahl verlaufenden Strahlen. In der Verschiedenheit dieser Schlagstrahlen prägt sich die monokline Symmetrie der pseudohexagonalen (001)-Fläche aus. Man kann hiernach sogar unregelmäßig begrenzte Spaltplatten kristallographisch orientieren. Die Schlagstrahlen, besonders der Hauptstrahl, erscheinen oft als offene Risse.

Die sehr viel schwieriger herzustellenden *Druckfiguren* (Tschermak) bilden ebenfalls einen sechsstrahligen Stern, der aber gegenüber der Schlagfigur um 90⁰ gedreht erscheint, so daß ein Druckstrahl

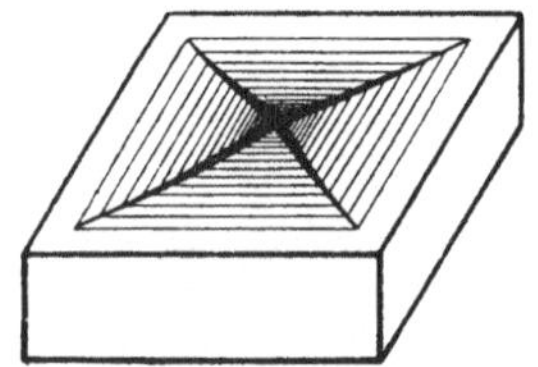

Abb. 284. Steinsalz, Schlagfigur auf (001) (nach Niggli)

senkrecht zu (010) verläuft (Abb. 283). Offene Risse parallel den Druckstrahlen wurden nicht beobachtet.

Bekanntlich lassen sich die Glimmer nach den Richtungen der Schlag- *und* Druckstrahlen leicht durchknicken und durchreißen, wobei die Druckstrahlrichtungen, obwohl sie keine offenen Risse bilden, wirksamer sind.

Die Abb. 284 gibt ein Bild der Schlagfigur auf (001) von Steinsalz. Die Schlag- (und Druck-) Strahlen gehen nach den Dodekaederflächen und entsprechen genau dem Verhalten des Steinsalzes bei der *Schlag*spaltung. Bei diesem ergaben die Messungen, daß bei (110) die Schlagspaltung leichter erfolgt als bei (100), während die Druck- und Zugspaltung der (100) den Vorrang gibt. Zwischen den Strahlen der Schlagfigur liegen ein wenig aufgewölbte Flächenteile, als Folgen der Gleitung nach den geneigt liegenden Dodekaederflächen.

Auf alle Fälle finden sich beim Steinsalz die Schlag- und Druckfiguren begleitet von Zonen einer mehr oder weniger kräftigen Spannungsdoppelbrechung infolge der durch den Schlag oder Druck bedingten plastischen Verformungen. — Bei Kristallen von γ-Eisen (flächenzentriertes Würfelgitter) zeigen die mit stumpfer Nadel erzeugten Druckfiguren deutliche Gleitungen nach (111) (Abb. 285).

Am Kalkspat sieht man auf der Spaltfläche einfachsymmetrische Schlag- und Druckfiguren, die gegen die Polecke durch Gleitzwillingslamellen aufgeblättert sind, wie man schon an dem Aussehen der Vickers-Eindrücke (vgl. Abb. 280) erkennen kann. Beim Dolomit fehlt diese Aufblätterung, und die Schlagfigur weist keine Symmetrie auf (Abb. 286)[1].

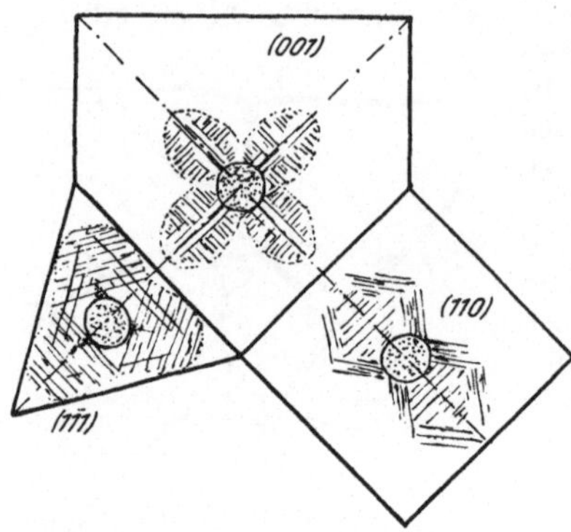

Abb. 285. Druckfiguren mit einer stumpfen Nadel bei γ-Eisen (nach Osmond-Cartaud)

Da sich charakteristische Schlagfiguren nur bei weicheren Mineralen erzielen lassen, wurde nach Ersatzmethoden gesucht (z. B. Durchschlag eines elektrischen Funkens durch eine Kristallplatte), doch konnten keine praktischen Erfolge damit erzielt werden (Kreft-Steinmetz, Tertsch vgl. S. 276 ff.).

In den vorhergehenden Abschnitten wurden die zur Bestimmung von Mineralen so wertvollen „äußeren Kennzeichen" behandelt, wie sie sich bei mechanischer Beanspruchung der Kristalle ergeben. Nun ist aber noch das wichtigste der äußeren Kennzeichen, nämlich das *Aussehen* der Kristalle, zu behandeln, das in Form, Farbe und Glanz so auffallend in Erscheinung tritt. Während nun die „Form" in der geometrischen Kristallographie besprochen wird, gehören „Farbe und Glanz" und alle damit zusammen-

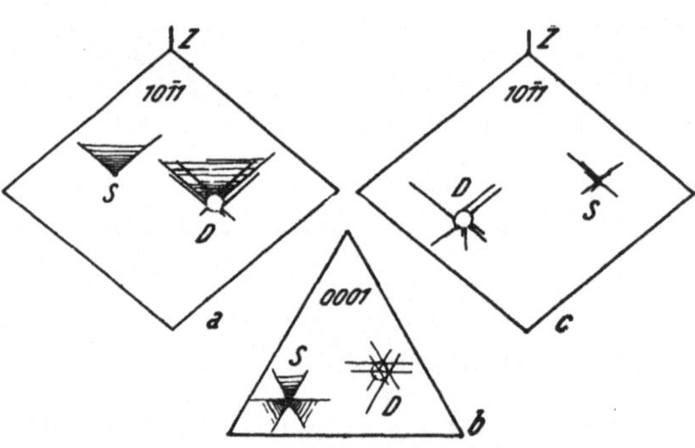

Abb. 286. Schlag- (S) und Druck- (D) Figuren bei Kalkspat (a, b) und Dolomit (c)

menhängenden Erscheinungen, wie Reflexion und Brechung, Interferenz und Beugung, Polarisation und Doppelbrechung, in das praktisch so überaus wichtige und umfangreiche Kapitel der Kristalloptik.

---

[1] Bezüglich der interessanten Beobachtungen am Quarz durch Schubnikow-Zinserling vgl. Tertsch S. 267 ff.

Kristalloptik[1]

VI. Grundlagen im optischen Verhalten nicht absorbierender Kristalle

Die Geschichte der „Lehre vom Licht" ist engstens mit der Entwicklung kristalloptischer Erfahrungen und Erkenntnisse verbunden. CH. HUYGENS' grundlegende Darstellung von der Ausbreitung des Lichtes nach Art einer Wellenbewegung (1690), seine beispielgebende Beschreibung und Deutung der Doppel-Brechung gingen vom Kalkspat aus. Am gleichen Material fand MALUS (1808) die Transversalität der Lichtwellen (Polarisation), Erfahrungen, die dann A. FRESNEL (1821) zu einer vollständigen Theorie über die Lichtausbreitung in Kristallen ausgestaltete. Diese Theorie war noch auf der Grundlage der elastischen Lichtäthertheorie ausgearbeitet worden. Sie hat sich jedoch in allen praktischen Einzelheiten bewährt, auch als man von der elastischen Lichttheorie zu der von MAXWELL-HERTZ (1888) begründeten und seither allgemein angenommenen elektromagnetischen Theorie der Lichtausbreitung überging. So kommt der FRESNELschen Theorie über die Lichtausbreitung im Kristall auch heute noch die volle Gültigkeit zu, wenn sich auch die Deutung der Grundlagen geändert hat.

Tritt das Licht, das sich im leeren Raum mit der Geschwindigkeit $c = 300\,000$ km ($3 \cdot 10^{10}$ cm/sec) fortpflanzt, in einen Körper ein, so vermindert sich die Geschwindigkeit, und zwar für verschiedene Lichtarten (Spektralfarben) in verschiedenem Maße. Bedeutet v die Geschwindigkeit einer Lichtart im Körper, so gibt c/v das Maß für die Hemmung. Dieses Verhältnis $c/v = n$ (als Verhältniszahl unbenannt!) heißt der „*Brechungsquotient*" oder die „*Brechzahl*". Da $c/v_1 = n_1$, $c/v_2 = n_2 \ldots$, so ist $v_2/v_1 = n_1/n_2$. Geschwindigkeit und Brechzahl stehen demnach im umgekehrten Verhältnis. Für die meisten Messungen kann man statt der Lichtgeschwindigkeit im leeren Raum jene in Luft setzen, deren $n = 1,00029$. Der Brechungsquotient ist also eine Art *Widerstandsgröße*. Seinen Ausdruck findet er in dem SNELLIUSschen Brechungsgesetz (1662): $\sin i/\sin r = n$ ($i =$ Einfallswinkel, $r =$ Brechungswinkel beim Übertritt in den zweiten Körper). Die Brechungsquotienten der meisten Minerale liegen zwischen 1,4 und 2,0, ihre genaue Kenntnis liefert wichtige Bestimmungsmerkmale.

Die verschiedenen Lichtarten (Spektralfarben) unterscheiden sich durch ihre „*Wellenlänge*" (λ), also durch die Entfernung zweier Punkte gleichen Schwingungszustandes („Phase") längs des Lichtstrahls. Aus $\lambda = c \cdot \tau$ folgt auch die

---

[1] Zur Ergänzung und Vertiefung sei auf die folgenden, grundlegenden Werke verwiesen: F. BECKE: Optische Untersuchungsmethoden, Denkschr. d. Akad. d. Wiss. Wien 75 (1904); M. BEREK: Mikroskopische Mineralbestimmung auf Grund der Universaldrehtischmethoden, Berlin 1924; C. BURRI: Das Polarisationsmikroskop, Basel 1950; TH. LIEBISCH: Physikalische Kristallographie, Leipzig 1891; P. NIGGLI: Lehrbuch der Mineralogie, 3. Aufl., II, Berlin 1942; K. PRZIBRAM: Verfärbung und Lumineszenz, Wien 1953; M. REINHARD: Universaldrehtischmethoden, Basel 1931; F. RINNE und M. BEREK: Anleitung zu optischen Untersuchungen mit dem Polarisationsmikroskop, 2. Aufl., Stuttgart 1953; H. ROSENBUSCH und E. A. WÜLFING: Mikroskopische Physiographie der petrographisch wichtigen Mineralien, 5. Aufl., I/1, Stuttgart 1921/24; H. SCHNEIDERHÖHN: Erzmikroskopisches Praktikum, Stuttgart 1952; H. SCHNEIDERHÖHN und P. RAMDOHR: Lehrbuch der Erzmikroskopie I u. II, Berlin 1934; H. G. F. WINKLER: Struktur und Eigenschaften der Kristalle, Göttingen 1950.

der Einzelwelle zugehörige „Schwingungsdauer" (τ) und mit $1/\tau = \nu$ ist die *„Schwingungszahl" (Frequenz)*, die Zahl der „Pendel"-Schwingungen in 1 Sekunde gegeben ($\nu = c/\lambda$). Da es unvorstellbar ist, daß der Schwingungsrhythmus (Frequenz) bei dem Übertritt in ein anderes Medium geändert wird, folgt, daß mit abnehmender Geschwindigkeit (v) auch λ abnehmen muß, soll ν erhalten bleiben. Die Verlangsamung der Lichtausbreitung in einem Körper erfolgt also nicht durch Vergrößerung von τ bzw. Verkleinerung von ν, sondern durch Verkleinerung der Wellenlänge λ. Es wird also nicht das „Tempo der Schritte" verlangsamt, sondern die „Schrittlänge" wird verkürzt[1]. Licht von einerlei Wellenlänge in Luft (oder mit nur ganz wenig verschiedenen Wellenlängen) wird als *monochromatisch* bezeichnet (z. B. das Licht eine Na-Flamme).

Die Wellenlängen des sichtbaren Lichts bewegen sich zwischen rund 4000 bis 8000 Å (1 Ångström-Einheit $= 10^{-8}$ cm)[2]. Das violette Ende des Spektrums eines weißglühenden Körpers ist das kurzwellige. Glühende Li-Dämpfe senden ein rotes Licht aus mit $\lambda = 6700$ Å, Na-Dämpfe ein gelbes Licht mit $\lambda = 5890$ Å, Tl ein grünes mit $\lambda = 5350$ Å usw. Das Helligkeitshöchstmaß liegt für unser Auge im gelben Teil des Spektrums.

Nach den Gesetzen der Wellenbewegung müssen sich Wellen gleicher Wellenlänge (bzw. Schwingungszahl), aber verschiedener Phase (verschiedenen Schwingungs*zustandes)*, die in der gleichen Fortpflanzungsrichtung (Strahlenrichtung) hintereinanderlaufen, durch Übereinanderlagerung *(Interferenz)* gegenseitig beeinflussen. Wichtig ist vor allem die Tatsache, daß Wellen mit einem „Gangunterschied" von *ganzen* Wellenlängen sich durch Interferenz in höchstmöglicher Weise verstärken, sich dagegen bei einem Gangunterschied von ungeraden Vielfachen *halber* Wellenlängen gegenseitig vernichten. Gerade die Kristalloptik bietet zahllose Gelegenheiten, solche Erscheinungen zu beobachten („Newtonsche Interferenzfarben", vgl. S. 243 ff.).

Die bisherigen Andeutungen über die Gesetze der Lichtwellenbewegung lassen noch nicht erkennen, ob es sich um „Longitudinalwellen" (wie z. B. beim Schall) oder um „Transversalwellen" (wie etwa bei Wasserwellen) handelt. Für letztere ist kennzeichnend, daß es außer der „Fortpflanzungsrichtung" (Strahl) auch noch eine „Schwingungsrichtung" senkrecht zur Fortpflanzungsrichtung und damit eine „Schwingungsebene" gibt. Eine einfache Transversalwelle, die demnach durch Fortpflanzungsrichtung und Schwingungsrichtung festgelegt ist, wird als *„linear polarisiert"* bezeichnet (Malus). Daraus ließen sich nun zahlreiche, ungemein bezeichnende optische Erscheinungen an Mineralen einwandfrei erklären, so daß man die Kristalloptik geradezu als die Optik polarisierter Lichtstrahlen bezeichnen kann.

Es sei noch daran erinnnert, daß nach Huygens' Theorie ein einzelner Strahl nicht genug Energie führt, um auf unser Auge zu wirken. Wir sehen nie einzelne Strahlen, sondern immer ganze Strahlen*bündel*. Von einem Lichtpunkt aus breitet sich das Licht allseits in Wellenbewegungen aus („Kugelwelle"), und jeder von der Kugelwelle erfaßte Punkt wird wieder zum Erregungsmittelpunkt neuer Kugelwellen. Diese übergreifen und stören einander, so daß nur die „Einhüllende" aller neu entstandenen Kugelwellen als *„Wellenfront"* weiter

---

[1] Ein einfacher Versuch macht das deutlich. Füllt man in einem „Newtonschen Farbenglas" den ringförmigen Hohlraum zwischen der Plankonvexlinse und Glasplatte mit Wasser statt mit Luft, so rücken bei *gleicher* Lichtart (z. B. Na-Licht) die Dunkelstreifen (vgl. „Interferenzfarben" S. 241 ff.) näher zusammen, d. h. das λ ist *kleiner* geworden.

[2] Heute wird fast allgemein diese *metrische* Ångström-Einheit verwendet. 1 „bisherige" Å $= 1 \varkappa$ X $= 1{,}00202 \cdot 10^{-8}$ cm $= 1{,}00202$ „metrische" Å.

fortschreitet. Ist die Lichtquelle im Unendlichen (bzw. im Brennpunkt einer Konvexlinse), dann wird die Wellenfront zu einer Ebene *(„ebene Welle")*. Die Wellenfront (ebene Welle) steht auf der Fortpflanzungsrichtung senkrecht. Unser Auge ist nur für Wellenfronten empfindlich, und es wird angenommen, daß wir nur jene Lichteindrücke gleichzeitig wahrnehmen, deren Wellenfronten parallel sind.

a) Farbe, Durchlässigkeit, Glanz

Das Folgende wird zunächst noch ohne Bezugnahme auf die optische Anisotropie besprochen.

Bei jedem Übertritt des Lichts aus einem optischen Medium in ein anderes, davon verschiedenes wird die auf der Grenzfläche auftreffende Lichtmenge in einen *gespiegelten* (zurückgeworfenen, reflektierten) Anteil S und einen in das zweite Medium eindringenden, *gebrochenen* Anteil B zerlegt $(L = S + B)$. Dieser gebrochene Anteil unterscheidet sich von dem eindringenden Licht L nicht nur durch eine andere Brechzahl n, sondern auch noch dadurch, daß ein Teil der Lichtenergie *absorbiert*, gedämpft wird. Ist d die Dicke der durchlaufenen Schicht, dann gilt $J = J_0 . e^{-md}$ (BIOT) (e = Basis des natürlichen Logarithmus, m ist eine von dem durchstrahlten Medium abhängige Materialkonstante [„Absorptionsmodul"]). Wird mit CAUCHY $m = (4\,\pi/\lambda) . \varkappa$ gesetzt (λ = Wellenlänge im absorbierenden Medium), dann erhält man in $\varkappa$ den „Absorptionsindex". Aus $\lambda_0 = n . \lambda$ (λ_0 im leeren Raum) ergibt sich $J = J_0 . e^{-(4\,\pi/\lambda_0)k}$ ($k = n\,\varkappa$). k ist der *„Absorptionskoeffizient"*. Diese Größe ist bei kristalloptischen Untersuchungen besonders vorteilhaft verwendbar (vgl. die Erzmikroskopie). Für verschiedene Lichtsorten (λ) bzw. verschiedene Minerale ist die Aufteilung von S und B bzw. die Größe k durchaus verschieden (vgl. BURRI, RINNE-BEREK).

1. Farbe

Hier kommt vor allem der gebrochene Anteil B in Frage.

Ist B sehr groß, dann erscheint das Mineral im durchfallenden Licht *durchsichtig* (z. B. Bergkristall). Wird der Anteil an durchfallendem Licht geringer oder klein, dann wird das Mineral *durchscheinend* (bzw. „kantendurchscheinend"), wie etwa Milchquarz, oder *undurchsichtig*. Da die Lichtdurchlässigkeit stark von der Dicke der durchstrahlten Schicht abhängt, ergibt sich, daß das Maß der Vernichtung des eintretenden Lichts durch die Absorption von Bedeutung ist.

So sind z. B. gewöhnliche Augitkristalle undurchsichtig schwarz, aber dünne Schichten davon, wie sie im Dünnschliff zu sehen sind, hellgrau oder bräunlich durchsichtig.

Erfolgt die Absorption für alle Lichtarten (λ) ganz oder angenähert gleichmäßig, dann ist das durchfallende Licht nur in der Intensität geschwächt („trübweiß"). In der überwiegenden Zahl der Fälle werden aber verschiedene Lichtarten verschieden stark und in verschiedener Auswahl absorbiert („Absorptionsbande" im Spektrum), d. h. das einfallende weiße Licht wird durch Vernichtung einiger Spektralanteile nach dem

Durchgang *farbig,* und zwar in der *Mischung der durchgelassenen Rest-farben.* Die so entstehenden Mineralfarben sind überaus mannigfaltig und quantitativ sehr schwer zu bestimmen.

Man begnügt sich meist mit einer qualitativen Umschreibung des Farbeindruckes, wie etwa „rotbraun" oder „grasgrün" oder „weingelb", aber auch „kupferrot", „goldgelb" usw. Bezüglich der Verschiedenheit der „auswählenden Absorption" je nach der kristallographischen Richtung vgl. S. 318 ff.

Die Absorption muß auch je nach der angewendeten Lichtquelle verschieden ausfallen. So erklärt sich die Verschiedenheit der Färbung mancher Minerale im Sonnenlicht oder etwa bei Kerzenbeleuchtung (z. B. Alexandrit im weißen Licht grünlich, im Kerzenlicht rötlich).

Ist der gebrochene Anteil des eintretenden Lichts (B) fast gleich Null und der Absorptionskoeffizient k besonders hoch, so daß schon in sehr dünnen Schichten des Minerals alles eintretende Licht verschluckt (absorbiert) wird, dann nennt man ein solches Mineral *undurchsichtig (opak)* (vgl. S. 326).

Ebensowenig es vollkommen durchsichtige Minerale gibt ($B = L$), ebensowenig gibt es auch absolut undurchsichtige (opake) ($B = 0$). In *sehr* dünnen Schichten ist jedes Mineral, auch Metall, für gewisse Lichtsorten beschränkt durchlässig. So läßt z. B. ein Goldschlägerhäutchen dunkelgrünes Licht hindurch, und der im sichtbaren Spektrum ganz lichtundurchlässige Graphit ist für gewisse Teile des Infrarots durchlässig.

Je nach der Größe des gebrochenen Anteils verändern die Mischfarben der Minerale für unser Auge ihren Charakter. Bei *sehr kleinem B* und hohem k ergeben sich die *Metallfarben* (Silberweiß, Kupferrot, Messinggelb, . . .), *hoher B*-Anteil und kleines k gibt *Gemeinfarben* (Rubinrot, Weingelb, Himmelblau, . . .). Natürlich gibt es zwischen den beiden Farbreihen auch Übergänge entsprechend einer mittleren Größe des durchgelassenen Anteils. Solche Minerale nennt man dann ihrer Farbe nach *„halbmetallisch".*

Diese sind in dickeren Schichten (in ganzen Kristallen) ihrem Aussehen nach „metallisch", in dünnen Schichten aber „gemeinfarbig", wie etwa der *Eisenglanz,* der in dünnen Schichten rot durchsichtig ist.

Im auffallenden Licht, also bei der gewöhnlichen Betrachtungsweise von Mineralen, ergeben sich noch kompliziertere Mischfarbenbildungen, da der gespiegelte Lichtanteil S durch B und k in verschiedenster Weise beeinflußt wird. Im allgemeinen erweist sich aber auch hier der Farbcharakter durch B und k bestimmt. (Bezüglich metallischer Reflexionsfarben vgl. S. 328.)

Nicht alle Farbbeobachtungen an Mineralen sind auch zu Bestimmungszwecken verwendbar, sondern nur, wenn die Farbe der *chemisch reinen Substanz* selbst eigen ist, wie das Gelb des Schwefels, das Rot des Kupfers, das Grün des Malachits usw. Solche Minerale heißen *„eigenfarbig"* („idiochromatisch"). Hier bildet die Farbe ein wesentliches Kennzeichen.

Viele andere Minerale sind aber in reinem Zustand farblos, weisen jedoch in der Natur oft die verschiedensten Färbungen auf. Hier ist die

Farbe nur ein fremder Zusatz, der für das reine Mineral *nicht* kennzeichnend ist. Solche Minerale nennt man „*fremdfarbig*" oder „*gefärbt*" („allochromatisch").

So ist Quarz an sich farblos, kann aber die verschiedensten Färbungen annehmen (Violett im Amethyst, Gelb im Zitrin, Braun im Rauchquarz usw.). Die Färbung kann durch erkennbare Einlagerung farbiger Fremdkörper (auch isomorpher Mischungsglieder) bedingt sein, wie z. B. rötliche Glimmerschüppchen im Avanturinquarz oder die so vielfach in den verschiedensten Mineralen verbreitete Rotfärbung durch Einlagerung von Eisenglanzteilchen. Oft treten auch kolloidale Farbträger auf, die dann „dilute" Färbungen ergeben (z. B. kolloidales Na im „blauen" Steinsalz). Solche Färbungen sind durch die verschiedensten Bestrahlungsvorgänge beeinflußbar und veränderlich. Leider ist bei einer großen Zahl fremdfarbiger Minerale der färbende Fremdkörper noch immer ein Rätsel[1].

Strich. Unter dem „Strich" eines Minerals versteht man die Farbe seines Pulvers. Zur Unterscheidung von *eigen-* oder *fremd*farbig ist der „Strich" der Minerale besonders geeignet. *Eigenfarbige* Minerale zeigen die *gleiche* Farbe (allerdings heller, mit Weiß gemischt) auch im Pulver (Strich). *Fremdfarbige* Minerale haben dagegen einen ganz weißen (oder nur ganz schwach getönten) Strich.

Auch die Unterscheidung, ob „metallisch" oder „nichtmetallisch", ist mit dem Strich leicht möglich. Infolge der starken Absorption erscheint für *metallische* Minerale das Pulver *schwarz* (z. B. bei Bleiglanz, Pyrit, Kupferkies usw.) oder in der Metallfarbe selbst spiegelnd (z. B. Gold auf schwarzem Kieselschiefer). Sog. *halbmetallische* Minerale (z. B. Hämatit) verraten sich durch einen *dunkelfarbigen* Strich, *nichtmetallische* durch *hellfarbigen* oder *weißen* Strich.

Zur Herstellung des Striches bedient man sich einer rauhen, weißen Porzellanplatte (Strichtafel), an der man das Mineral streicht. Das dabei entstehende feine Strichpulver zeigt in dem von der weißen Unterlage zurückgeworfenen Licht Ausmaß und Art seiner Absorption. Natürlich muß das Mineral weicher sein als die Porzellanplatte, da man sonst beim Streichen nicht das Pulver des Minerals, sondern jenes des Porzellans bekäme. Daß metallische Körper einen schwarzen (oder metallfarbigen) Strich geben, kommt daher, weil durch das feine Pulver wegen seiner hohen Absorption *kein* Licht von der weißen Unterlage durchzudringen vermag.

Interferenzfarben. Obwohl diese nicht den Mineralen als solchen angehören, sondern nur gelegentlich als „Anlauffarben" oder bei Aufblätterungen, Sprüngen usw. an Mineralen beobachtet werden, sind sie doch bei Anwendung verschiedener optischer Untersuchungsmethoden so überaus häufig, daß ihre genaue Kenntnis für den Kristalloptiker unerläßlich ist.

Fällt auf ein „farbendünnes" Blättchen von der Dicke d ein monochromatisches Lichtbündel, so erfolgt bei dessen Spiegelung eine Interferenz dadurch, daß sich immer zwei Strahlen finden, die im gespiegelten

---

[1] Änderungen der Farben („Verfärbung") durch verschiedene Arten von Bestrahlung s. S. 335.

Strahl (*DE* der Abb. 287 a) zusammenfallen, aber doch bis zu *D verschiedene* Wege zurücklegten (nämlich *ABCD* bzw. *A'D*). Der „*Gangunterschied*" der beiden Strahlen, von denen der eine nach Brechung in *B* auf der Unterseite in *C* reflektiert und in *D* neuerlich gebrochen wird, der andere dagegen nur auf der Oberseite in *D* gespiegelt wird, beträgt *BCD*, d. h. er entspricht bei senkrechtem Lichteinfall 2 *d*. Gemäß diesem Gangunterschied müssen die Strahlen miteinander interferieren. Es ist aber noch zu beachten, daß die Reflexion in *C* und *D* nicht unter den gleichen Bedingungen erfolgt. Nach der Abb. 287 a verläuft sie in *C* gegenüber

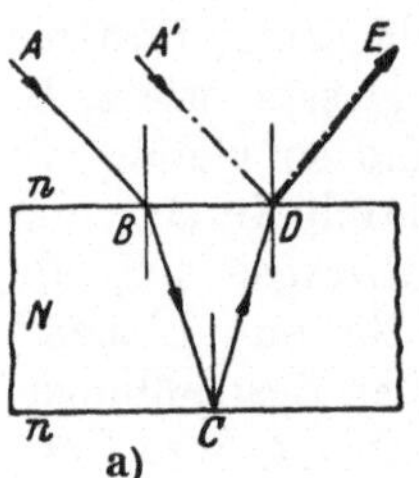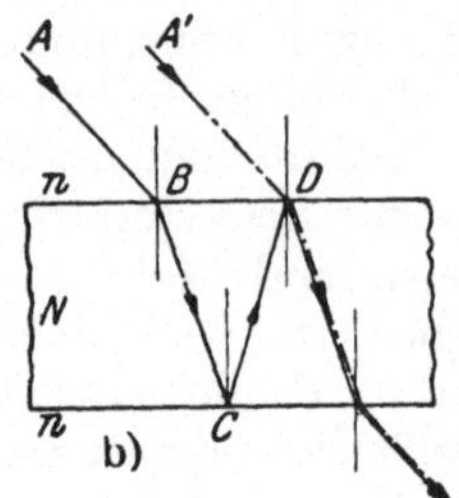

Abb. 287. Interferenz an „farbendünnen" Blättchen. a) Im auffallenden, b) im durchfallenden Licht

dem optisch dünneren Medium (wie etwa das freie Ende einer Seilwelle), in *D* aber gegenüber dem optisch dichteren Medium (wie an dem gebundenen Ende einer Seilwelle). In letzterem Falle läuft die Welle verkehrt zurück, d. h. nach den Gesetzen der Wellenbewegung ist hier die Spiegelung mit dem Verlust einer halben Wellenlänge verbunden. Ist also z. B. die doppelte Plattendicke gleich einer *ganzen* Wellenlänge, so ist nicht, wie man erwarten sollte, Helligkeit des gespiegelten Lichts zu sehen, sondern *Dunkelheit*, denn $\lambda - \dfrac{\lambda}{2} = \dfrac{\lambda}{2}$ und bei $\dfrac{\lambda}{2}$ Unterschied interferieren die Wellen zu Dunkelheit. Die *Phasendifferenz* der interferierenden Strahlen ist gleich dem *Gangunterschied weniger* $\dfrac{\lambda}{2}$.

Verwendet man nun einen sehr flachen Keil mit gleichmäßig zunehmender Dicke, so müssen bei Anwendung *monochromatischen* Lichts regelmäßige dunkle und helle Streifen auftreten. Dort, wo 2 *d* einer *geraden* Anzahl halber Wellenlängen (also ganzen λ) entspricht, müssen bei der Spiegelung *dunkle* Streifen auftreten (mit Einschluß der Keilschneide). Wo dagegen die doppelte Dicke einer *ungeraden* Anzahl von $\dfrac{\lambda}{2}$ entspricht, ist höchste *Helligkeit* zu beobachten.

Da die ganze Erscheinung in eindeutiger Abhängigkeit von der Größe λ steht, müssen für kleine Wellenlängen (z. B. im violetten Licht) die Dunkelstreifen näher beisammen liegen als für lange Wellen (z. B. in rotem Licht).

Bei dem *Durchgang* des Lichts durch eine solche dünne Platte ist der Gangunterschied zwar der gleiche, aber hier erfolgt (vgl. Abb. 287 b) in *C und D* eine Reflexion im *gleichen* Sinne und demnach ein Phasenverlust von $2 \cdot \dfrac{\lambda}{2}$. Es treten also beim Durchgang des Lichts gegenüber der Spiegelung Komplementärerscheinungen auf. Außerdem bringt die doppelte Spiegelung eine starke Schwächung mit sich.

Ist das Plättchen oder der Keil aus einem optisch dünneren Medium als seine Umgebung, so ändern sich zwar die Winkel der Brechung, an dem Zustandekommen der Interferenz ändert sich aber nichts. Dieser Fall ist besonders häufig (z. B. Luftlamellen zwischen Spaltebenen von Mineralen).

Da man meist im weißen Licht beobachtet, erhält man im Interferenzkeil nicht helle und dunkle einfarbige Streifen, sondern die *Newtonschen Interferenzfarben*. Ihr Zustandekommen ergibt sich aus der Übereinanderlagerung der Interferenzerscheinungen der einzelnen Spektralfarben.

Beobachtet man einen mit weißem Licht beleuchteten Interferenzkeil durch ein geradsichtiges Spektroskop so, daß sich das Spektrum parallel der Keilschneide entfaltet, dann bemerkt man bei zunehmender Keildicke schwarze Streifen, die sich immer schräger gegen die Keilschneide stellen („MÜLLER-TALBOTsche Streifen"). Es sind das die Spuren der Dunkelstreifen der einzelnen Lichtarten des Spektrums.

In Abb. 288 sind die Verhältnisse skizziert und gleichzeitig für das rote und violette Ende des Spektrums wie auch für Gelb und Blau entlang den entsprechenden Stellen des Keiles die zugehörigen Intensitätskurven (*nicht* Wellen!) eingezeichnet.

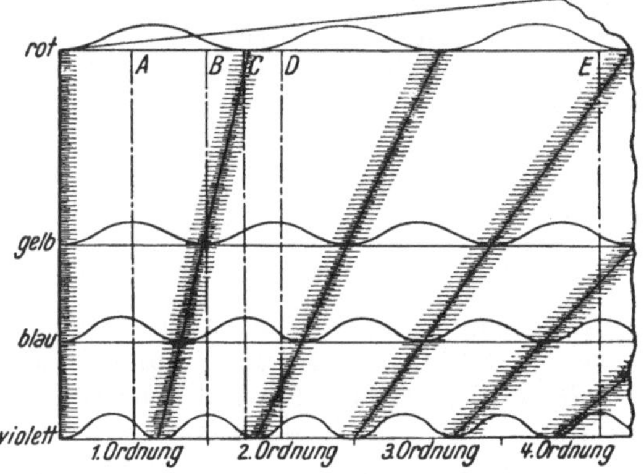

Abb. 288

An der Keilschneide selbst und in deren Nähe haben alle Farben des Spektrums ungefähr gleiche Intensität, geben daher ein dunkles Grau mit einem blauvioletten Stich („Eisengrau" und „Lavendelgrau"), weil die blauen Töne rascher ihre Höchstintensität erreichen. Bei der Dicke *A* in Abb. 288 sind alle Spektralfarben kräftig, wenn auch nicht gleich stark. Bei dieser Dicke erscheint also der Keil weiß („Weiß der ersten Ordnung"). Bei weiterer Dickenzunahme überwiegt die Intensität der gelben und roten Lichtarten. Es treten ockergelbe, orangefarbige und rote Töne auf, die sich bei jener Keildicke, wo das Gelbe ausgelöscht ist, zu einem schönen *Purpurrot* („Rot der ersten Ordnung") steigert (Keildicke *B*). Unmittelbar dahinter liegt mit raschem Übergang ein schönes, sattes Blau, da bei dieser Dicke die anderen Farben noch immer sehr geringe Intensitäten besitzen (Dicke *C*). Bei *D* wirkt das Gelb fast allein, das sich aus dem Blau über ein lebhaftes Grasgrün ableitet. Dieses scharfe Zitronengelb geht allmählich in ein helleres Purpurrot („Rot der zweiten Ordnung") über usw. (vgl. auch Abb. 325).

Man unterscheidet nach den sehr auffälligen und gegen kleinste Dickenänderungen empfindlichen Rotgrenzen verschiedene „Ordnungen" der Interferenzfarben. In der „ersten Ordnung" sind die Farben ziemlich stumpf, der hellste Teil der Ordnung ist durch das „Weiß der ersten

Ordnung" gebildet. Die „zweite Ordnung" zeigt die leuchtendsten Farben. In den folgenden Ordnungen werden die Farben zwar immer heller, aber auch immer weniger farbkräftig, da sich die in den einzelnen Spektralfarben längs einer bestimmten Keildicke durchschnittenen Dunkelstellen immer gleichmäßiger über das ganze Spektrum verteilen (z. B. bei E). Man sieht dann eigentlich nur mehr einen Wechsel von immer blasser werdenden grünen und roten Tönen, bis endlich auch diese nicht mehr unterscheidbar werden („Weiß der höheren Ordnung"). Daher lassen sich die Interferenzfarben durch Spiegelung immer nur an sehr dünnen Plättchen oder Keilen beobachten.

Bei Beobachtung im *durchfallenden* Licht müssen auch hier *komplementäre* Farberscheinungen auftreten.

Abgesehen von dem Auftreten der Interferenzfarben an Luftlamellen und -keilen innerhalb der Minerale, erscheinen sie öfters auch als *„Anlauffarben"* durch Reflexion und Interferenz an sehr dünnen oberflächlichen Zersetzungshäutchen (z. B. am Kupferkies). In diesen Fällen sind die Farben durch die Mitwirkung der Eigenfarbe des Minerals etwas abgeändert. Auch auf Wasser erscheinen sie, wenn ein dünnes Ölhäutchen oder ein Häutchen von Limonitgel u. ä. sich auf der Oberfläche ausbreitet (Seifenblasen).

2. Brechung (Durchlässigkeit)

Die Bestimmung der Brechungsquotienten liefert wichtige Unterscheidungsmerkmale der Minerale. Da die Brechbarkeit nach der Lichtart verschieden ist („Dispersion der Brechungsquotienten"), ist für genaue Messungen die Verwendung von monochromatischem Licht notwendig. Die Brechungsquotienten werden immer in ihrem Verhältnis gegen Luft festgestellt.

Prismenmethode. Diese ist weitaus die genaueste, aber auch die umständlichste Methode bei Mineralen.

Bekanntlich geben isotrope Prismen bei symmetrischem Lichtdurchgang die *kleinste* Abweichung des aus dem Prisma austretenden Strahles von dem einfallenden Strahl. Ist ω der Winkel an der „brechenden Kante" des Prismas und δ der kleinste gemessene Abweichungswinkel, dann ist:

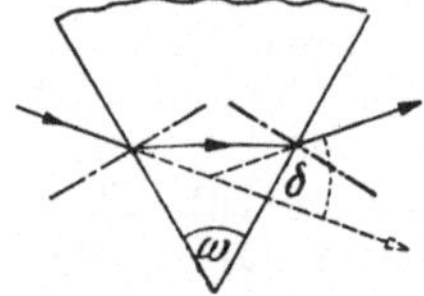

$$n = \frac{\sin i}{\sin r} = \frac{\sin \dfrac{\omega + \delta}{2}}{\sin \dfrac{\omega}{2}}$$

Abb. 289   Nicht selten kann man an einem natürlichen Kristall zwei geeignete Flächen finden, die zueinander unter einem günstigen Winkel (ω) geneigt sind, um mit deren Hilfe die Bestimmung vorzunehmen. Es muß dazu die brechende Kante als solche gar nicht ausgebildet, sondern sie kann etwa durch andere Flächen abgestumpft sein. Falls ein geeignetes Flächenpaar fehlt, ist es notwendig, unter einer passenden Neigung zu einer natürlichen gegebenen Fläche eine neue künstlich anzuschleifen. Natürlich müssen die verwendeten Flächen vollkommen glatt und eben sein.

Bezüglich der Behandlung anisotroper Kristalle vgl. S. 267.

Verwendet man ein mit *Flüssigkeit* gefülltes Hohlprisma, so erhält man in gleicher Weise den Brechungsquotienten der Flüssigkeit. Da nun bei den im folgenden behandelten Bestimmungsmethoden der Brechzahl mit Hilfe der Einbettungsmethode die Ermittlung der Brechbarkeit verschiedener Einbettungsflüssigkeiten sehr wichtig ist, verdient das von E. E. JELLEY geschaffene „Mikrorefraktometer" mit seiner überaus einfachen Handhabung besondere Beachtung.

Durch den keilförmigen Ausschliff eines Prismas *P* (Abb. 290) wird eine Spalte *S* anvisiert, die mit monochromatischem Licht (*D*-Linie) beleuchtet wird. In den Keilanschliff des Prismas wird ein Tropfen der zu prüfenden Flüssigkeit (es genügen 0,0005 cm³!) ge-

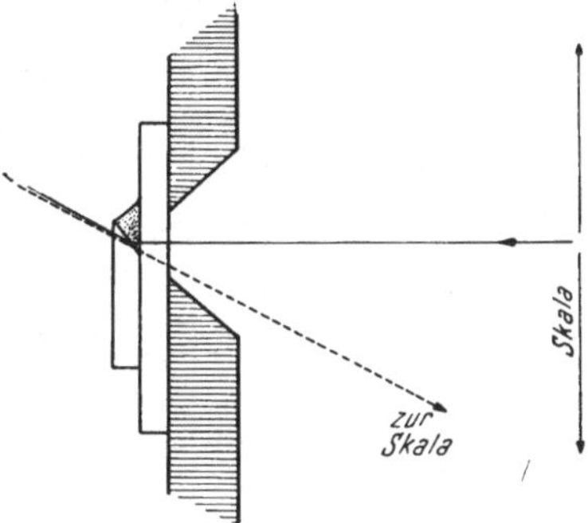

Abb. 290. Prinzip des JELLEYschen Mikrorefraktometers

bracht und bildet also ein Flüssigkeitsprisma, durch das die Spalte *S* beobachtet wird. Durch die prismatische Ablenkung erscheint das Bild der Spalte verschoben (gestrichelte Linie). Hat das kleine Flüssigkeitsprisma die gleiche Brechzahl wie das Glasprisma, dann geht das von *S* kommende Licht ungebrochen hindurch. Ist die Brechbarkeit der Flüssigkeit kleiner als jene des Glasprismas, dann erscheint das Bild der Spalte nach oben verschoben, im anderen Falle (vgl. Abb. 290) nach unten.

Die an dem Apparat befestigte Skala gestattet für die Na-Linie die Ablesung der Brechungsquotienten auf drei Dezimalen und umfaßt einen Meßbereich von 1,333 (*W*) bis 1,920 (RINNE-BEREK). Bedeutet ± *X* (in cm, zwei Dezimalen) den Abstand des Spaltbildes entlang der Skala vom Lichteintritt *S*, α den Prismenwinkel, *R* Abstand des Prismas vom Spalt, N_λ Brechzahl des Prismas für die verwendete Lichtart und n_λ die Lichtbrechung der Flüssigkeit, dann ist nach MEIXNER[1]

$$n_\lambda = \frac{X_\lambda \cot \alpha + \sqrt{X_\lambda{}^2(N_\lambda{}^2 - 1) + N_\lambda{}^2 R^2}}{\sqrt{X_\lambda{}^2 + R^2}}.$$

Es läßt sich also, wenn die Spaltablenkung (X_λ) in Zentimetern gemessen wird, für jede Wellenlänge (λ) die Brechzahl n_λ leicht aus dem abgelesenen X_λ bei bekanntem (ein für alle Male bestimmtem) α und N_λ berechnen. Durch Verwendung von Prismen mit anderem α bzw. mit anderen Brechungsquotienten N_λ könnte der Meßbereich über 1,92 bis etwa 3,2 erweitert werden (MEIXNER).

Einbettungsmethode. Diese ist mit der Prismenmethode nahe verwandt. Durchsichtige, unregelmäßige, sehr kleine Mineralsplitter werden

---

[1] H. MEIXNER: Mikroskopie *6*, 41 ff. (1951).

in einen geeigneten Flüssigkeitstropfen gebracht und unter dem Mikroskop die Grenze des Korns gegenüber der Flüssigkeit beobachtet. Sind Korn und Flüssigkeit gleich stark lichtbrechend, dann scheint das Korn, wenn es nicht eine Eigenfarbe besitzt, in der Flüssigkeit zu verschwinden. Im anderen Fall sind die Korngrenzen mehr oder minder deutlich zu

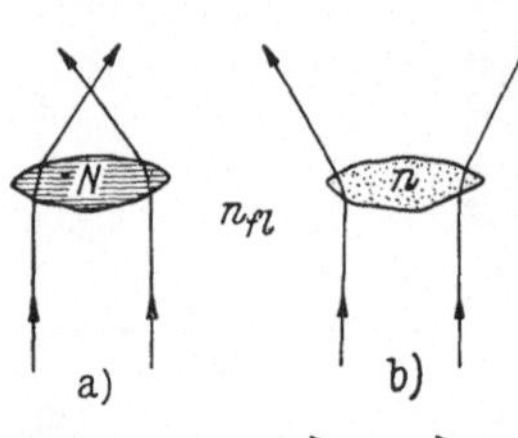

Abb. 291. $N > n_{fl} > n$

sehen. Um nun den Fall des Unsichtbarwerdens des Korns in der Flüssigkeit zu erreichen, *mischt* man zwei Flüssigkeiten, von denen die eine stärker, die andere schwächer brechend ist als das Mineralkorn. Ist das Korn stärker brechend als die Flüssigkeit, dann scheint es in sich (an den Rändern) das eintretende Licht zu sammeln (Abb. 291 a). Im Falle das Mineral schwächer bricht als die Flüssigkeit, erfolgt diese Lichtanhäufung an den Rändern außerhalb des Korns (Abb. 291 b). Die Abbildung läßt erkennen, daß es sich dabei um eine Art „Prismen"ablenkung des Lichts beim Übertritt von der Flüssigkeit in das Korn handelt.

Bei Anwendung monochromatischen Lichts, Verkleinerung des Lichtbündels (Zuziehen der Beleuchtungsblende), allfälliger schräger Beleuchtung usw. läßt sich die Empfindlichkeit der Methode leicht so weit steigern, daß man durch Mischung geeigneter Einbettungsflüssigkeiten die Lichtbrechung des Mineralkorns bis etwa auf die dritte Dezimale bestimmen kann.

Die von SCHROEDER VAN DER KOLK zuerst angegebene und seither vielfach verbesserte Methode verwendet verschiedene Mischflüssigkeiten, z. B.:

Mischbar mit Wasser:		*Mischbar mit Benzol:*	
Wasser	$n = 1,333$	Äther	$n = 1,357$
Alkohol	1,362	Alkohol	1,362
Glyzerin	1,473	Benzol	1,502
K-Hg-Jodid	1,717	Nelkenöl	1,537
		α-Monobromnaphthalin	1,660
		Jodmethylen	1,740

Durch Lösung von Schwefel in Methylenjodid läßt sich dessen Brechbarkeit bis 1,78 steigern und Methylenjodid mit SbJ_3, As_2S_3, Sb_2S_3, S führt bis zu 1,96 (vgl. BURRI). Mischungen von Methylenjodid bzw. α-Monobromnaphthalin mit AsBr, As, S, AsS zeigen Brechbarkeiten zwischen 1,74 und 2,00[1]. Wird Schwefel und weißer Phosphor (!) in Methylenjodid gelöst, so kann man bis 2,06 gelangen (C. D. WEST — Vorsicht wegen Giftigkeit und Selbstentzündlichkeit!).

Für höher brechende Minerale ist es notwendig, glasig erstarrende Schmelzen als Einbettungsflüssigkeiten zu verwenden (z. B. Schwefel in Selen). BARTH gelangt durch Zusammenschmelzen von Thalliumbromür und Thalliumjodür bis zu $n = 2,4$ bis 2,8, wobei die isotropen Kristalle im Gegensatz zu den fast nur für Rot durchsichtigen Schwefel-Selen-Schmelzen für den größten Teil des Spektrums durchsichtig sind (vgl. BURRI).

---

[1] MEYROWITZ: Am. Min. *36* (1951) und *37* (1952).

Auf jeden Fall muß dann, wenn durch geeignete Mischung Übereinstimmung der Brechung des Mineralkorns und des Flüssigkeitsgemisches erzielt ist, erst noch der Brechungsquotient der Flüssigkeit bestimmt werden (vgl. auch S. 245).

Die Methode hat den Vorteil, daß sie auch bei Mineralpulver und völlig unregelmäßigen kleinen Splittern anwendbar ist.

Im Zusammenhang damit steht auch das sog. „Relief" verschiedener Minerale in Dünnschliffen. Da sich das Licht in den höher brechenden Körnern „sammelt", erscheinen diese inselartig gehoben, dem Auge scheinbar näher gerückt, als lägen sie höher, obwohl ja für alle Körner eines Dünnschliffes die Schlifffläche in gleicher Höhe liegt. Außerdem beobachtet man bei verschiedenen Körnern im Dünnschliff scheinbar verschiedene Glätte bzw. Rauhigkeit der Oberfläche („Chagrin"). Die durch das Schleifen bedingten Unebenheiten der Oberfläche sind im allgemeinen für alle Körner des Dünnschliffes gleich. Für jene Körner aber, die einen der Einbettungsmasse (z. B. Kanadabalsam) naheliegenden Brechungsquotienten besitzen, wird der Übertritt des Lichtes vom Korn in die Einbettungsmasse ohne sichtbare Brechung erfolgen. Bei Körnern mit stark davon verschiedener Brechzahl wird es dagegen an den Unebenheiten der Schlifffläche zu starker Zerstreuung und Ablenkung des austretenden Lichtes kommen, die Oberfläche also rauh erscheinen. Darum erscheinen z. B. Feldspäte und Quarz im Dünnschliff glatt, Pyroxene, Hornblenden, Olivine... dagegen rauh.

Methode der Totalreflexion. Für zwei optische Medien mit den Brechungsquotienten N und n gilt: $n' = \dfrac{\sin i}{\sin r} = \dfrac{N}{n}$. Da dieser Wert immer von 1 verschieden ist, gibt es auch für den Fall, daß $i = 90^0$ und damit $\sin i = 1$ wird, also wenn der Lichtstrahl in der Grenzfläche („streifend") einfällt, immer noch einen gebrochenen Anteil, da $\sin r$ einen von 1 verschiedenen Wert behält $n' = \dfrac{1}{\sin t} = \dfrac{N}{n}$. Es ist das der *größte* Winkel t, unter dem bei gegebenem n' ein von der Seite des schwächer brechenden Mediums kommendes Licht überhaupt in das stärker brechende Medium übertreten kann.

Umgekehrt kann Licht, das von der Seite des N kommt, nur dann in das Medium n übergehen, wenn sein Einfallswinkel kleiner oder höchstens gleich jenem „Grenzwinkel" t ist. Alle jene Lichtstrahlen,

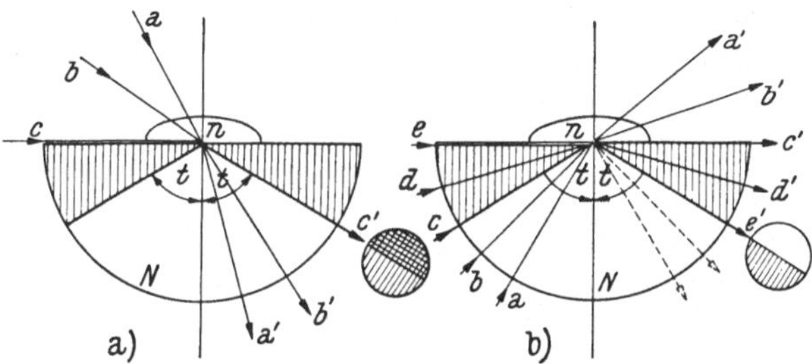

Abb. 292. Der „Raum der Totalreflexion" ist schraffiert

die von der Seite des N aus unter einem *größeren* Winkel auf die Grenzfläche auftreffen, können *nicht* nach n übertreten, sondern *werden ohne jeden Brechungsverlust nach N rückgespiegelt („Totalreflexion")*. Die Bestimmung des „Grenzwinkels der Totalreflexion" gibt also eine ausgezeichnete Möglichkeit zur Ermittlung von Brechungsquotienten (Abb. 292).

Zur praktischen Durchführung dient am besten ein *„Halbkugel-refraktometer"* (ABBE-PULFRICH), dessen um die Normale zur Äquatorebene drehbare Halbkugel aus einem sehr hoch brechenden Glas (N etwa 1,9) hergestellt und dessen Brechungsquotient N genau bekannt ist. Aus der oben gegebenen Formel ergibt sich dann: $n = N \cdot \sin t$. Zwecks Beobachtung der Totalreflexionsgrenze wird ein verschwenkbares Fernrohr mit Fadenkreuz (Schwenkachse in der Äquatorebene) an der Halbkugel vorbeigedreht, bis die Lichtgrenze im Fadenkreuz erscheint. Der zugehörige Grenzwinkel t wird an einem vertikalen Teilkreis abgelesen.

Es sei der Brechungsquotient einer Flüssigkeit zu bestimmen, von der ein Tropfen auf die Äquatorebene des Halbkugelrefraktometers gebracht wird. In der Abb. 292 a sind die Beleuchtungsverhältnisse für den Fall dargestellt, daß das Licht von der Seite des Tropfens n einfällt. Beobachtet man nun von der Seite der Halbkugel aus, so muß sich bei dem Grenzwinkel t eine *Helligkeitsgrenze* zeigen. Das bis zu dem Winkel t hindurchgelassene gebrochene Licht setzt sich scharf gegen den *„Raum der Totalreflexion"* ab, der völlig lichtlos ist (also Halbhell gegen Dunkel).

Beleuchtet man von der Seite der Glashalbkugel N (Abb. 292 b), so treten in das andere Medium (Flüssigkeitstropfen) nur Lichtstrahlen in den Lagen $a-c$ über, jene von $c-e$ werden *vollkommen* im Raume der Totalreflexion nach $c'-e'$ gespiegelt, da für solche Einfallswinkel keine Übertrittsmöglichkeit nach n mehr besteht. Hier erscheint die Grenze zwischen Halbhell und Ganzhell, ist also leichter zu beobachten.

Soll ein isotropes *Mineralkorn* seiner Brechung nach damit bestimmt werden, dann muß es mit einer glatten Fläche auf die Äquatorebene der Halbkugel aufgelegt und durch einen geeigneten Flüssigkeitstropfen festgekittet werden. Es ist nur zu beachten, daß der Brechungsquotient der Kittflüssigkeit seinem Werte nach *zwischen* dem des Minerals und jenem der Glashalbkugel liegen muß, da sonst die Totalreflexion schon an der Kittflüssigkeit erfolgt. Ist aber die angegebene Bedingung erfüllt, dann bleibt (wie leicht zu zeigen) die Kittflüssigkeit ohne Einfluß auf die Bestimmung des Brechungsquotienten des Minerals (vgl. dazu auch S. 268 ff.).

Sozusagen im Taschenformat wurde die totalreflektierende Halbkugel schon von BERTRAND zur Bestimmung von Brechungsquotienten eingeführt (vgl. ROSEN-BUSCH-WÜLFING), doch sind genauere Messungen damit nicht durchführbar.

Wenn es sich bloß um die Bestimmung der Brechzahl bei Flüssigkeiten handelt, wie sie für die „Einbettungsmethode" wichtig sind, wurde von ABBE ein wesentlich vereinfachtes Instrument angegeben, bei dem die Halbkugel durch ein rechtwinkliges Prisma ersetzt wird, auf dessen Hypotenuse der Flüssigkeitstropfen aufgetragen wird. An einer Skala wird der Brechungsquotient abgelesen.

Beckesche Lichtlinie. Im Dünnschliff sieht man häufig bei nicht ganz scharfer Einstellung und eingeengtem Lichtzutritt (zugezogener Tischblende) die Grenzen der Mineralkörner durch eine helle Lichtlinie gesäumt. Diese Lichtlinien verschwinden bei Scharfeinstellung. Nach BECKE handelt es sich dabei hauptsächlich um die Wirkung der Totalreflexion an der ungefähr senkrechten Grenzfläche zweier Mineralkörner im Dünnschliff (Abb. 293).

Von dem einfallenden Lichtbüschel $a-e$ tritt nur der Anteil $a-b$ von dem stärker brechenden Korn (N) an der Grenzfläche in das schwächer brechende (n) nach $a'-b'$ über, $b-c$ wird „total" nach $b'-c'$ reflektiert und nur das von der Seite des n kommende Licht $c-e$ dringt als $c'-e'$ in das stärker brechende Medium (N) ein. Das ursprünglich symmetrisch gebaute Strahlenbüschel wird von 0 aus völlig unsymmetrisch. Ist das Mikroskop scharf (auf 0) eingestellt, dann läßt sich nichts davon erkennen, wird aber der Tubus ge**ho**ben, dann wandert die Lichtlinie der Grenze als **h**eller Streifen in das **hö**her brechende Mineral, bei **S**enkung geht sie in das schwächer brechende Mineral.

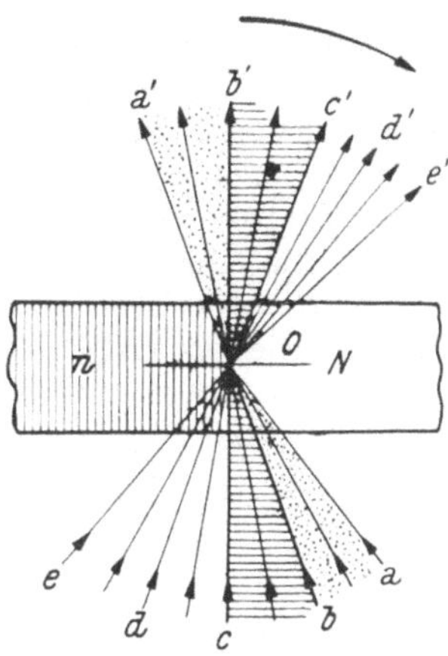

Abb. 293. Strahlengang der Beckeschen Lichtlinie

Die gegebene Erklärung umfaßt nicht das ganze Problem. Sie reicht nur aus bei Grenzflächen, die verhältnismäßig groß sind gegen λ. In vielen Fällen beobachtet man aber in Dünnschliffen an winzigen Einschlüssen gleichwohl in aller Schärfe die Beckesche Lichtlinie, ein Beweis, daß hierbei der *Beugung* des Lichtes an der Grenzfläche zweier Körner eine wesentliche Rolle zukommt (Theorie von Berek, vgl. Rinne-Berek).

Becke machte schon darauf aufmerksam, daß die Lichtlinie um so undeutlicher wird, je größer der Brechungsunterschied der aneinandergrenzenden Mineralkörner ist (zu starkes „Relief"). In solchen Fällen ist die Verwendung höher brechender Einbettungsflüssigkeiten vorteilhaft. Auch ist zu beachten, daß die Erscheinung der Beckeschen Lichtlinie nur dann gültige Schlüsse gestattet, wenn die Grenzfläche zweier Körner genau oder mindestens angenähert parallel mit der Tubusachse

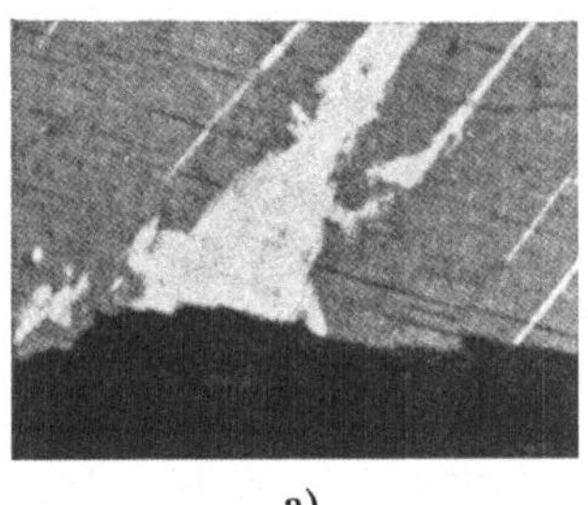

a)

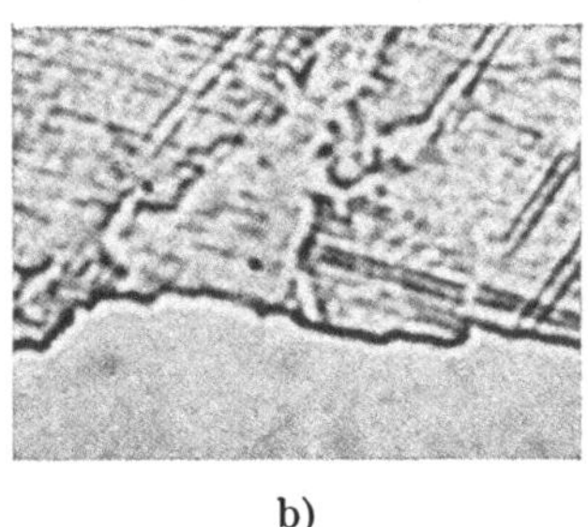

b)

Abb. 294. Dünnschliff eines Mikroperthites nach (010), a) bei gekreuzten Polarisatoren: weiß = Albit, grau = Orthoklas, schwarz = Kanadabalsam; b) die gleiche Stelle bei gehobenem Tubus im gewöhnlichen Licht; Brechung von Orthoklas $<$ $<$ Albit $<$ Kanadabalsam

des Mikroskopes liegt, also als scharfe, nicht sich verschiebende Linie erscheint. Schräg liegende Grenzflächen können die tatsächlichen Verhältnisse beträchtlich verfälschen.

Der im Dünnschliff als Kitt meistverwendete Kanadabalsam hat ziemlich einheitlich $n = 1{,}54$. Im Vergleich damit lassen sich also z. B. leicht die albit-

nahen Plagioklase (mit *kleinerem n*) wie auch der Orthoklas von den anorthit-
reicheren Plagioklasen mit $n > 1{,}54$ unterscheiden[1] (Abb. 294).

Diese Beobachtung gestattet allerdings keine zahlenmäßige Bestimmung von *n*, ermöglicht aber doch die sichere Entscheidung, ob ein
Mineralkorn höher oder tiefer lichtbrechend ist als jenes, an das es an-
stößt. Ist für eines der beiden Körner die Lichtbrechung bekannt, so ist
damit für das unbekannte Nachbarkorn schon eine gewisse Einschränkung
in den Werten der Brechungsquotienten gegeben.

Erst durch Verwertung der BECKEschen Lichtlinie, die noch mit aller
Schärfe die Unterscheidung von Brechbarkeiten in einer Einheit der
3. Dezimale der Brechzahl *n* gestattet, wurde die Bestimmung der Brechungsquotienten mit Hilfe der SCHROEDER VAN DER KOLKschen Einbettungsmethode zu einem einfachen und hinreichend genauen Rüstzeug des ar-
beitenden Mineralogen und Petrographen. (Näheres vgl. BURRI, S. 221 ff.)

3. Glanz

Eine eigentümliche Folge des Zusammenwirkens von Spiegelung und
Brechung an der Oberfläche von Kristallen ist der Glanz. Wenn auch die
Glanzwirkung wesentlich durch die Glätte der Kristallfläche bedingt ist,
liegt doch die Hauptursache der verschiedenen Arten des Glanzes von
Mineralen in der Höhe der *Brech-
barkeit. Hoch* lichtbrechende Minerale zeigen *Diamantglanz*, schwä-
cher brechende dagegen *Glasglanz*.
Der Glanz ist vor allem abhängig
von der *inneren* Reflexion des einfallenden Lichts, diese aber wieder
von der Größe des „Raumes der
Totalreflexion".

Daß der Glanz nicht einfach
von der Form und Glätte der
spiegelnden Fläche allein abhängt, beweist die bekannte
Tatsache, daß auch die genaueste
Glasnachahmung geschliffener
Diamanten *niemals* den Diamant*glanz* nachzubilden vermag.

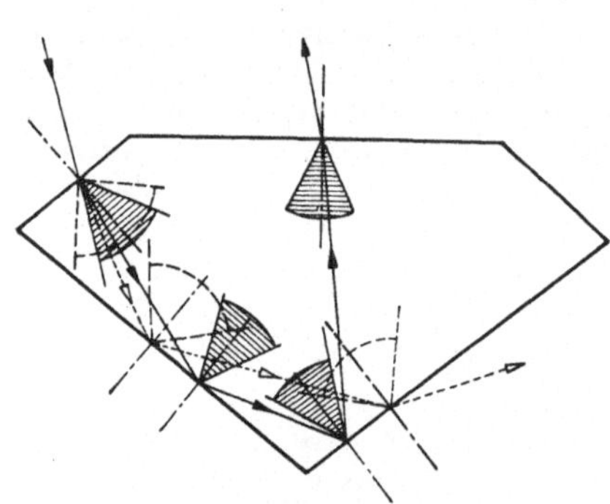

Abb. 295. Strahlengang für Diamant
(——) und Glas (----). Der Winkel der
Totalreflexion für Diamant ist schraffiert

Für *Diamant* ($n = 2{,}4$) ist der Grenzwinkel der Totalreflexion $24^0\,35'$,
für *Glas* ($n = 1{,}5$) dagegen $41^0\,45'$. Das heißt, der Raum der Totalreflexion umfaßt bei Diamant $65^0\,25'$ (!), bei Glas nur $48^0\,15'$. Die Möglichkeit, daß das Licht infolge innerer totaler Reflexion seitlich gar nicht

---

[1] Unter Berücksichtigung der Doppelbrechungsverhältnisse bei den Plagioklasen läßt sich im Vergleich mit dem doppelbrechenden Quarz die Unterscheidung der einzelnen Plagioklasmischungen durch die BECKEsche Lichtlinie sehr
weit treiben (ROSENBUSCH-WÜLFING nach BECKE).

aus dem Körper austritt, sondern von der Innenseite rückgespiegelt wird, ist also bei hochbrechenden Körpern sehr viel größer als bei schwächer brechenden. In Abb. 295 sind die bezüglichen Verhältnisse bei dem *gleichen* Schliffkörper für die Werte $n_d = 2{,}4$ und $n_g = 1{,}5$ dargestellt. Das Anschleifen möglichst zahlreicher spiegelnder Grenzflächen und die Einhaltung gewisser, besonders günstiger Winkelneigungen dieser Flächen erhöhen wesentlich die Glanzwirkung („Brillantschliff").

Da auch bei sehr hohem Absorptionskoeffizienten immer noch gewisse Anteile von Licht in den Körper eindringen, müssen sich auch bei „metallfarbigen" Mineralen ähnliche Glanzunterscheidungen ergeben. Man spricht darum auch von *„diamantähnlichem Metallglanz"* (oder „metallischem Diamantglanz") bei metallischen Mineralien mit *hohem* Brechungsquotienten (z. B. Hämatit, $n \sim 2{,}9$).

Bei schwächerer Brechbarkeit spricht man von *„Metallglanz"* schlechtweg.

Vom Innenbau der Minerale hängen weitere Glanzarten ab, die als Fett-, Seiden- und Perlmutterglanz unterschieden werden. Bei *Fett- (Pech-, Wachs-) Glanz* handelt es sich um den Glanz von Mineralen mit vielen winzigen Einschlüssen (Trübungen) bzw. einem Gemisch amorpher und kristalliner Teile (Schwefel, Wachsopal usw.). Er ist bedingt durch eine stark zerstreute (diffuse) innere Reflexion. *Seidenglanz* findet sich an feinfaserigen Mineralen (Asbest, Fasergips usw.) und ist bedingt durch die innere Spiegelung an gleichgerichteten Fasern. *Perlmutterglanz* beobachtet man bei blättrig-schuppiger Struktur der Minerale, besonders wenn schon eine leichte Aufblätterung erfolgte (Glimmer, Gips usw.).

Bei rauher Oberfläche verschwindet infolge unregelmäßiger Lichtzerstreuung die Erscheinung des Glanzes.

b) Doppelbrechung und Polarisation

1. Doppelbrechung

Die von E. Bartholinus (Berthelsen) 1669 am Kalkspat entdeckte und von Ch. Huygens 1690 in klassischer Form untersuchte und gedeutete *Doppelbrechung* ist auch an zahllosen anderen Mineralen zu beachten und erwies sich als eine Folge der Anisotropie der Kristalle. Allerdings sind die Doppelbrechungserscheinungen selten so überaus auffällig wie bei dem Kalkspat.

Fällt ein Lichtbündel senkrecht auf eine Spaltplatte des Kalkspats, dann zerlegt es sich in *zwei* Strahlenbündel, von denen eines die Platte senkrecht durchsetzt (wie bei einer Glasplatte). Diesen Anteil nennt man den *„ordentlichen Strahl"* (*o*); er gehorcht den bekannten Brechungsgesetzen und liegt auch für einen geneigten Lichteinfall ($\sphericalangle i$) mit diesem und dem Lot in der gleichen Ebene (Einfallsebene). Das zweite Strahlenbündel weicht dagegen von der Senkrechten zur Spaltplatte ab und wandert bei Drehung der Platte in ihrer Ebene im Kreis um den ordentlichen Strahl herum (*„außerordentlicher Strahl"* = *e*). Dieser Strahl tritt also fallweise aus der Einfallsebene heraus. Bei Übertritt in Luft ist zwar nach den geltenden Brechungsgesetzen die Richtung der Anteile *o* und *e* gleich, aber sie treten an verschiedenen Stellen der Spaltplatte aus (Abb. 296).

Schiefer Lichteinfall läßt erkennen, daß beim Kalkspat der *ordentliche* Strahl der *stärker* gebrochene ist (Abb. 297). Dabei liegen die beiden „Bilder" *o* und *e* immer in einer Geraden, die zur *kurzen* Diagonale der Spaltrhomboederfläche parallel ist, nebeneinander.

HUYGENS' überaus genaue Untersuchungen ergaben: 1. Gleichdicke Platten der *gleichen Neigung* gegen die Hauptachse des Spaltrhomboeders geben die *gleiche Größe* der gegenseitigen *Verschiebung* der beiden Strahlenanteile.

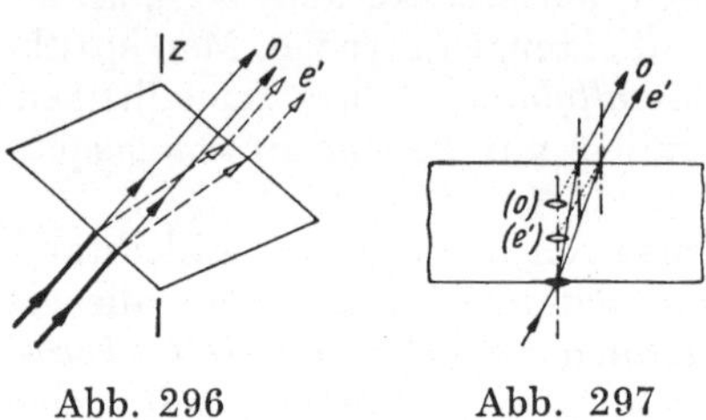

Abb. 296   Abb. 297

2. Bei gleicher Plattendicke, aber *verschiedener* Neigung zur Hauptachse behält der *ordentliche* Strahl immer die gleiche Geschwindigkeit *o* bzw. den *gleichen Brechungsquotienten* ω. Der *außerordentliche* Strahl *ändert* dagegen seine Geschwindigkeit e' und damit seinen Brechungsquotienten ε' gesetzmäßig mit der Neigung zur Hauptachse. Der Unterschied gegenüber *o* bzw. ω ist am *größten* bei Durchstrahlung des Kalkspats *senkrecht* zur Hauptachse, dagegen wird $e = o$ bzw. $\varepsilon = \omega$, wenn die Durchstrahlung *in* der Hauptachse (senkrecht zu 0001) erfolgt. Es gilt dabei: $o < e' < e$ für die Geschwindigkeiten, bzw. $\omega > \varepsilon' > \varepsilon$ für die Brechbarkeit.

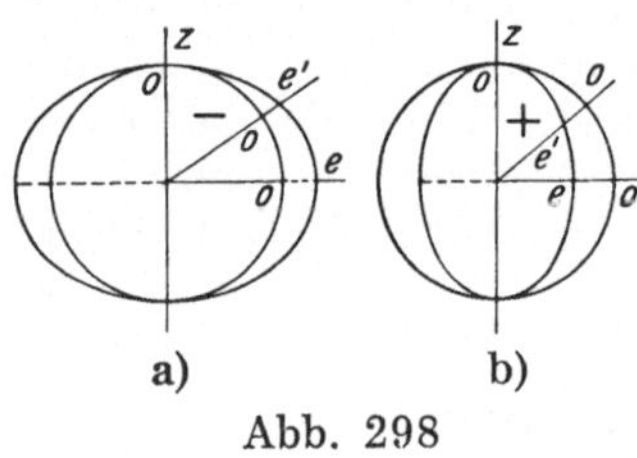

a)   b)

Abb. 298

Trägt man in einer durch die Hauptachse gelegten Ebene *(„Hauptschnitt")* von einem Punkt aus in den einzelnen Durchstrahlungsrichtungen die „Strahlengeschwindigkeiten" zahlenmäßig auf, so erhält man einen Kreis und eine umschriebene Ellipse, die einander an jenen Stellen berühren, wo die Hauptachse die Ellipse durchschneidet (Abb. 298 a). Da sich außerdem die Doppelbrechungsverhältnisse am Kalkspat rings um die Hauptachse bei gleicher Neigung zu dieser gleich verhalten, erhielt HUYGENS als die elementare Lichtausbreitungsform im Kalkspat eine *doppelschalige Strahlengeschwindigkeitsfläche*, die aus einer *Kugel* (für den *ordentlichen* Strahl) und einem konzentrisch umschriebenen *Drehellipsoid* (für den *außerordentlichen* Strahl) besteht, die einander in der Richtung der Hauptachse berühren (Abb. 299).

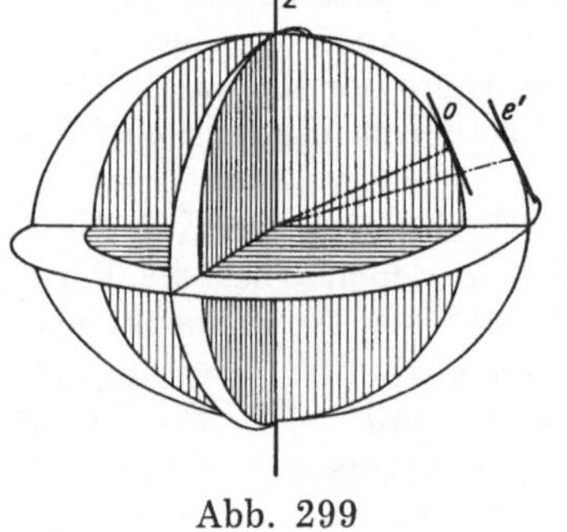

Abb. 299

Das *Maß der „Doppelbrechung"* ist durch den *größten* Unterschied der Geschwindigkeiten $(e-o)$ bzw. der Brechungsquotienten $(\varepsilon-\omega)$ gegeben, wie er bei Durchstrahlung senkrecht zur Hauptachse zu beobachten ist.

Mit einer Drehsymmetrie vereinbar wäre auch die Verbindung einer ordentlichen Kugelwelle mit einer außerordentlichen drehellipsoidischen Lichtausbreitung, die aber der Kugel *eingeschrieben* ist. In diesem Fall ist der *außerordentliche* Strahl der *langsamere* und damit der Extremwert $e<o$ bzw. $\varepsilon>\omega$ (Abb. 298 b, z. B. Rutil). Der größtmögliche Unterschied der beiden Brechungsquotienten $(\varepsilon-\omega) = $ „*Doppelbrechung*" wird dabei zu einer positiven Zahl, weshalb man einen solchen Körper *positiv doppelbrechend* nennt. Im Gegensatz dazu ist der Kalkspat ein *negativ doppelbrechender* Körper $(\varepsilon<\omega)$.

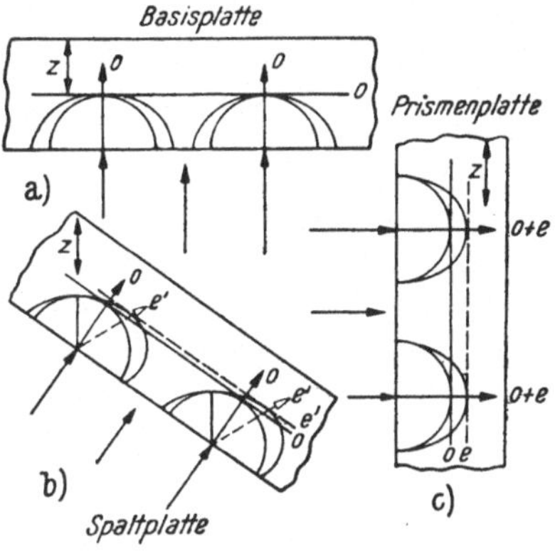

Abb. 300

Mit Hilfe dieser doppelschaligen Strahlengeschwindigkeitsfläche von HUYGENS lassen sich die Lichtverhältnisse in Kalkspatplatten verschiedener Neigung zur Hauptachse sehr leicht erläutern (Abb. 300).

1. *Platte parallel zur Basis*, Lichteinfall *in* der Hauptachse. Wo ein Lichtstrahl die Platte trifft, wird der betreffende Punkt zum Erregungszentrum einer doppelschaligen Ausbreitungsfläche, deren Lage im Kristall durch die Richtung der Hauptachse genau bestimmt ist. Nach einer bestimmten Zeit sind die doppelschaligen Flächen von den Erregungszentren gleich weit vorgerückt, interferieren im allgemeinen, und es bleibt nur die gemeinsame Tangentialfläche (die „Einhüllende") übrig (o in Abb. 300 a), die in diesem Falle für die Kugelwelle und die ellipsoidische Welle *zusammenfällt*, in dieser Richtung herrscht also *Einfachbrechung*.

2. Bei einer *Platte schräg zur Achse* (z. B. Spaltplatte) bilden sich infolge des (senkrechten) Lichteinfalles gleichfalls elementare doppelschalige Wellen aus, deren Drehachse ($\parallel z$) nun aber schräg zur Strahlenrichtung steht. In diesem Fall entstehen *zwei* Einhüllende (o und e'). Die Tangentialebene an die elliptischen Wellen ist parallel zu jener an die Kugelwellen. Da aber im allgemeinen die Tangenten in Ellipsenpunkten auf den zugehörigen Vektoren *nicht* senkrecht stehen, weicht der Strahl e' von dem Strahl o in der Richtung ab (Abb. 300 b).

3. In einer *Prismenplatte* (Lichteinfall *senkrecht* zur Hauptachse) bilden sich gleichfalls zwei einhüllende Wellenfronten o und e, die hier den größten Geschwindigkeitsunterschied erreichen. In diesem Fall haben zwar beide Strahlen die gleiche Richtung, aber es ist doch eine *doppelte* Brechung vorhanden. Die beiden „Bilder" liegen genau hintereinander (Abb. 300 c).

Wie ersichtlich, ist bei dem *außerordentlichen* Strahl die Wellenfront im allgemeinen *nicht senkrecht* zu der zugehörigen Strahlenrichtung. Die

Fortpflanzungsrichtung der *Wellen*front *(„Wellennormale")* fällt nur im ersten und dritten Fall mit der Strahlenrichtung zusammen, *im allgemeinen aber nicht.* Wir sehen also gar nicht die Geschwindigkeitsunterschiede der beiden Strahlenarten *gleicher* Winkelneigung zur Hauptachse, sondern *jener* Strahlenrichtungen, die *parallele Wellenfronten* (Tangentialflächen) besitzen.

Will man die „doppelschalige *Wellen*geschwindigkeitsfläche" konstruieren, dann muß man, während sich hierin für die Kugelwelle nichts ändert, für die ellipsoidische Welle die „Fußpunktskurve" der Normalen zu den Tangenten suchen, die ein „Oval" bildet (ähnlich einem Rechteck mit stark gerundeten Ecken). Wir *messen* eigentlich immer nur *Wellen*geschwindigkeiten, d. h. die Geschwindigkeit ihrer Fortpflanzung in der Wellennormale. Die Strahlengeschwindigkeiten lassen sich dann konstruktiv ermitteln.

Bei jeder Doppelbrechung zerlegt sich das einfallende Licht (Welle) in zwei Strahlen (Wellen) mit *verschiedenen* Geschwindigkeiten (bzw. Brechbarkeit). Man pflegt ganz allgemein den *„rascheren"* Strahl mit α (α'), den *„langsameren"* mit γ (γ') zu bezeichnen[1].

Die Verschiedenheit in der Fortpflanzungsgeschwindigkeit bedeutet aber *nicht* eine Verschiedenheit in der „Frequenz" und damit in der Schwingungs*dauer* (τ), sondern eine Veränderung der Wellenlänge λ (vgl. S. 238).

2. Polarisation

Die beiden mittels einer Kalkspatspaltplatte erhaltenen Bilder o und e eines Lichtpunktes zeigen keine Besonderheiten, solange man gewöhnliches Licht verwendet. *Im gespiegelten Licht* beobachtet man dagegen auffallende Veränderungen.

Läßt man das Licht vor dem Eintritt in den Kalkspat zunächst an einer Glasfläche spiegeln ($\parallel P$ in Abb. 301), so erhält man in bestimmten Lagen der Kalkspatplatte nur ein Bild. Ist die lange Diagonale parallel P, so erscheint das ordentliche Bild allein, ist die kurze Diagonale parallel P, dann tritt das außerordentliche Bild allein auf. In Zwischenlagen beobachtet man beide Bilder mit wechselnder Helligkeit.

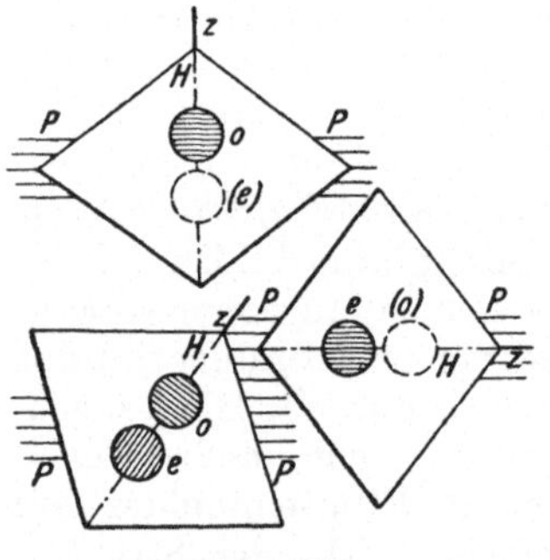

Abb. 301

Das gespiegelte Licht hat demnach seinen ursprünglichen Charakter verloren und der Kalkspat gibt in seiner Doppelbrechung die Möglichkeit, das zu erkennen.

---

[1] Häufig werden auch die Zeichen α und c verwendet, doch geben die oben verwendeten griechischen Buchstaben weniger Anlaß zu Verwechslungen. Am richtigsten wäre die Bezeichnung n_α ($n_{\alpha'}$) und n_γ ($n_{\gamma'}$), doch ist diese Schreibweise etwas umständlich.

Spiegelpolarisation. Fällt ein gewöhnlicher Lichtstrahl auf die spiegelnde Grenzfläche eines durchsichtigen Körpers, so erfährt er eine Änderung in dem Sinne, daß eine Auslese der Wellen in bezug auf ihre Schwingungsrichtungen stattfindet. Nach FRESNELS sehr anschaulicher *bildhafter* Darstellung ist anzunehmen, daß das *„gewöhnliche Licht"* Wellen aller nur denkbaren Schwingungsrichtungen enthält, die wohl in überaus raschem Wechsel ihre Schwingungsrichtungen ständig ändern. Für unser Auge scheint dann der gewöhnliche Lichtstrahl alle Schwingungsrichtungen *gleichzeitig* zu enthalten. Abb. 302 gibt einen „Querschnitt" durch einen solchen Strahl gewöhnlichen Lichts mit Eintragung der möglichen Schwingungsrichtungen.

Abb. 302

Trifft nun ein solcher Lichtstrahl auf die Grenzfläche eines Körpers auf (*P* in Abb. 302), dann müssen die verschiedenen Schwingungsrichtungen dadurch verschieden beeinflußt werden. Jene, die parallel *P* liegen, sind wohl besonders geeignet, „elastisch abzuprallen" und *„gespiegelt"* zu werden. Jene dagegen, die senkrecht zu *P* schwingen, werden wohl am kräftigsten in das andere Medium *eindringen*. Und alle Zwischenlagen zerlegen sich nach den Gesetzen des Bewegungsparallelogramms in einen Anteil parallel und einen senkrecht zur Richtung *P*.

Damit verteilt sich das auftreffende Licht nicht nur auf einen reflektierten und einen gebrochenen Anteil, sondern es werden auch gleichzeitig die *Schwingungsrichtungen gesondert*. Im *gespiegelten* Anteil liegt nach FRESNELS anschaulicher, *bildhafter* Hypothese die Schwingungsrichtung *parallel P*, im *gebrochenen* Anteil *senkrecht* zu *P*. Die beiden Anteile sind *linear polarisiert*,

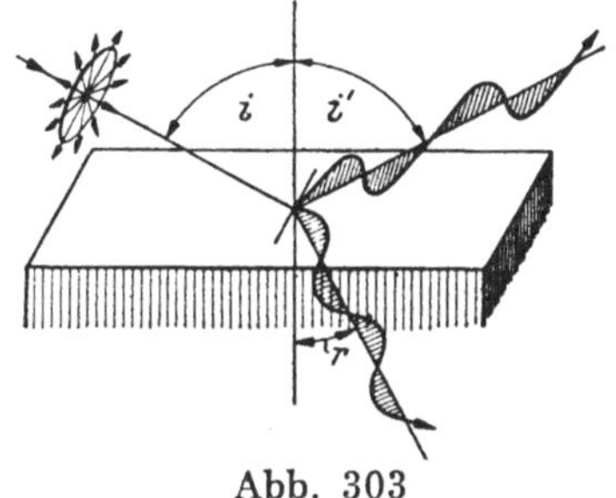

Abb. 303

und zwar immer *senkrecht zueinander polarisiert*, d. h. die Schwingungsebenen der beiden Anteile stehen aufeinander senkrecht (Abb. 303).

Die Sonderung der Schwingungsrichtungen erfolgt am schärfsten, wenn der *gespiegelte* und der *gebrochene Strahl* aufeinander normal stehen,

d. h. wenn $\dfrac{\sin i}{\sin (90 - i)} = n = \operatorname{tg} i$ (BREWSTER 1815). Dieser „Polarisationswinkel" ist also durch den Brechungsquotienten bestimmt[1].

	n	i		n	i
Eis	1,31	52⁰ 40′	Obsidian	1,51	56⁰ 30′
Fluorit	1,44	55⁰ 7′	Pyrop	1,75	61⁰ 4′
Glas	1,50	56⁰ 20′	Zinkblende	2,37	67⁰ 8′

Unter anderen Beleuchtungswinkeln erhält man nur *teilweise* polarisiertes Licht. Ist der Anteil des gebrochenen (eindringenden) Lichts

---

[1] Das von den sog. „Meeren" des *Mondes* reflektierte Licht hat einen Polarisationswinkel von 56⁰ 43′, ähnlich wie bei Glas oder Obsidian, keinesfalls aber wie bei Eis.

praktisch gleich Null (wie bei den Metallen), so ist auch keine geradlinige Spiegelpolarisation zu erreichen.

Doppelbrechungspolarisation. Die Beobachtung der Kalkspatdoppelbrechung im *polarisierten Licht* (einer spiegelnden Glasplatte, Schwingungsrichtung parallel P) läßt erkennen, daß die beiden gebrochenen Strahlen *o und e gleichfalls normal aufeinander polarisiert* sind. Nach Abb. 301 liegt die Schwingungsrichtung des *ordentlichen* Strahles parallel der *langen* Diagonale der Spaltfläche, jene des *außerordentlichen* Strahles parallel der *kurzen* Diagonale. Da die letztgenannte Richtung dem Hauptschnitt entspricht (vgl. S. 252), so nennt man den *ordentlichen Strahl senkrecht zum Hauptschnitt, den außerordentlichen im Hauptschnitt polarisiert.*

Liegen die beiden Diagonalen der Spaltfläche *schief* gegen die Schwingungsrichtung P des einfallenden Lichts, dann erscheinen *beide* Bilder, wenn auch in wechselnder Stärke. Es wird also das eindringende polarisierte Licht unter allen Umständen auf die beiden *kristallographisch*

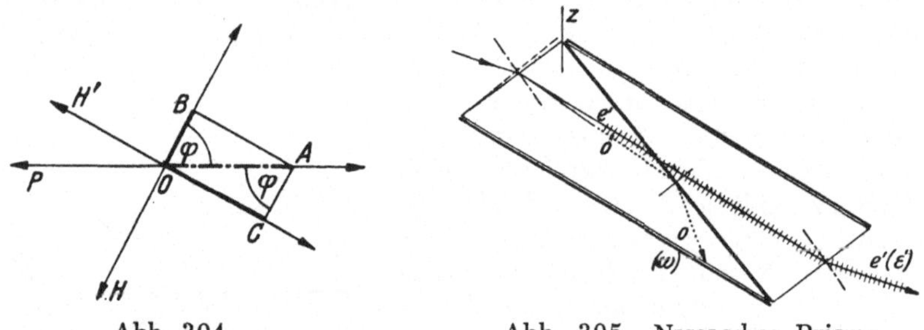

Abb. 304
Abb. 305. Nicolsches Prisma

allein möglichen Schwingungsrichtungen parallel und senkrecht zum Hauptschnitt *umpolarisiert.* Andere Schwingungsrichtungen als die angegebenen sind im Kalkspatkristall nicht möglich.

Die wechselnde Helligkeit der beiden Strahlen bei Beobachtung im polarisierten Licht weist sehr einfache mathematische Gesetzmäßigkeiten auf. Es sei O in Abb. 304 der Durchstoßpunkt eines parallel P schwingenden, polarisierten Lichtstrahles senkrecht zur Bildebene. OA gibt die Schwingungsweite (Amplitude) an und damit ein Maß für die Intensität. H sei die Richtung des Hauptschnittes einer darübergelegten doppelbrechenden Platte, H' ist die Richtung senkrecht dazu. Der Hauptschnitt sei unter φ gegen die Schwingungsrichtung P des eintretenden Lichts geneigt. Dann zerlegt sich OA in die beiden nach H und H' polarisierten Schwingungsrichtungen OB und OC, wobei $OB = OA \cdot \cos \varphi$ und $OC = OA \cdot \sin \varphi$. Ist $\varphi = 0$, H also $\parallel P$, dann ist $OB = OA$ und der Anteil OC wird gleich Null (e bleibt allein). Bei $\varphi = 90^0$ ($H \perp P$) wird OB gleich Null und $OC = OA$ (also o allein). In den Zwischenlagen ergeben sich die Schwingungsweiten (bzw. Intensitäten) aus den Winkelfunktionen für φ.

Die Schwingungsrichtungen *parallel* und *senkrecht zum Hauptschnitt* sind in *allen* Durchstrahlungsrichtungen des Kalkspates *kristallographisch verschiedenwertig,* ausgenommen, wenn die Durchstrahlung in der Achsenrichtung selbst erfolgt. Senkrecht zur Hauptachse liegen nämlich bei wirteligen Kristallen *gleichwertige* Nebenachsen, d. h. daß alle Schwingungsrichtungen senkrecht zur Hauptachse *gleich* sind, H wird gleich H'.

Die Doppelbrechung und die damit verbundene Polarisation beider Strahlen ist demnach eine *Folge der Kristallsymmetrie. In jenen Strahlenrichtungen, in denen H und H' kristallographisch ungleichwertig sind, ist Doppelbrechung; wird H = H', so zeigt die zugehörige Strahlenrichtung Einfachbrechung.*

Die „Doppelbrechungspolarisation" gestattet auch die Konstruktion eines Apparats zur Herstellung linear-polarisierten Lichts bei *durchfallender* Beleuchtung („Polarisator"). Am häufigsten bedient man sich einer Konstruktionsgrundlage von NICOL (1828), weshalb solche Polarisatoren auch als *„Nicolsche Prismen"* bezeichnet werden (Abb. 305).

Ein etwas in die Länge gezogenes Kalkspatspaltstück wird ungefähr senkrecht zu einer Spaltfläche von der Polecke aus zersägt und mit Kanadabalsam wieder zusammengekittet. (Bezüglich der genauen Winkel- und Längenverhältnisse vgl. ROSENBUSCH-WÜLFING und BURRI.) Für Kalkspat gilt: $\omega = 1{,}658$, $\varepsilon = 1{,}486$ und ε' in der Richtung der langen Rhomboederkante $= 1{,}54$, für Kanadabalsam $n = 1{,}54$. Die Abmessungen und Durchleuchtungsbedingungen sind so getroffen, daß von den beiden im Kalkspat durch Doppelbrechung entstehenden Strahlenanteilen der *außerordentliche* Strahl einen Brechungsquotienten ε' zeigt, der jenem des Kanadabalsams gleich ist. Für den außerordentlichen Strahl verhält sich also die Balsamschicht so, als wäre sie gar nicht vorhanden. Dieser Lichtanteil geht ungehindert hindurch.

Der stärker gebrochene *ordentliche* Strahl jedoch mit dem gegenüber der Balsamschicht viel höheren Brechungsquotienten trifft auf diese Kittschicht unter solchen Winkeln auf, daß er innerhalb des „Raumes der Totalreflexion" *gänzlich zur Seite gespiegelt* wird. Dadurch ist eine strenge Sonderung der beiden Strahlen erzielt. Nur der im Hauptschnitt polarisierte außerordentliche Strahl dringt durch, der ordentliche Strahl wird seitlich abgelenkt und in der lichtundurchlässigen Fassung des NICOLschen Prismas durch Absorption vernichtet.

Die NICOLsche Konstruktion hat nur eine geringe Weite des hindurchgehenden Lichtkegels. Dieser Übelstand, wie auch der große Materialverbrauch führten zu anderen Konstruktionen (GLAN-THOMPSON oder AHRENS, vgl. ROSENBUSCH-WÜLFING).

In neuerer Zeit kommen mit steigendem Erfolg *„Filterpolarisatoren"* („Polaroidfilter") zur Verwendung, bei denen von den beiden durch Doppelbrechung entstandenen polarisierten Strahlen einer durch *Absorption* ausgeschieden wird.

Eigentlich ist die älteste Form der Polarisatoren, nämlich Turmalinplatten, parallel der Hauptachse geschnitten, auf dem gleichen Prinzip aufgebaut, denn von den beiden aus einer solchen Platte austretenden Strahlen dringt infolge der sehr hohen Absorption des ordentlichen Strahles (schwarz) nur der außerordentliche Strahl mit grünem Licht (Schwingungsrichtung parallel der Hauptachse) durch. Die sehr störende Farbe des Minerales wie auch die nicht völlige Vernichtung des ordentlichen Strahles machen aber solche „natürliche Polarisatoren" für genauere Bestimmungen unbrauchbar. Seither wurden jedoch mehrere Substanzen gefunden (z. B. Chininsulfatperjodid u. a.), bei deren Kristallen der eine der beiden Strahlen praktisch vollständig absorbiert wird, der andere aber mit einer über das ganze Spektrum reichenden Helligkeit durchdringt. Meist werden solche Kriställchen in großer Zahl in streng paralleler Orientierung in Folien eingebettet, wodurch es auch möglich wird, Polaroidfilter in beliebig großer Fläche herzustellen, was gegenüber dem beschränkten Öffnungswinkel auch der besten „Nicole“ von gewaltigem Vorteil ist. Auch die Anbringung an und in Mikroskopen ist wesentlich einfacher und handlicher (vgl. Burri).

Da Beobachtungen im durchfallenden Licht viel bequemer sind als solche im auffallenden Licht, wird heute fast ausschließlich von Doppelbrechungspolarisatoren Gebrauch gemacht.

Um die Schwingungsrichtung eines solchen Polarisators zu bestimmen, visiert man mit ihm eine nichtmetallische, spiegelnde (horizontale) Fläche an. Wenn das Spiegellicht mit größter Helligkeit zu erkennen ist, liegt die Schwingungsrichtung des Polarisators der anvisierten Fläche parallel (horizontal).

Besonders aufschlußreich ist das *Verhalten doppelbrechender Platten zwischen zwei Polarisatoren.*

Man verwendet dabei die beiden Polarisatoren fast ausschließlich in jener Stellung, wobei deren Schwingungsrichtungen *aufeinander senkrecht* stehen *(„gekreuzte Nicole“).* Das Gesichtsfeld muß dann völlig dunkel erscheinen, da das aus dem ersten Polarisator kommende Licht, auf den zweiten umpolarisiert, in dessen Schwingungsrichtung nur die Intensität Null erreicht (vgl. Abb. 304, P und H bei $\varphi = 90^0$).

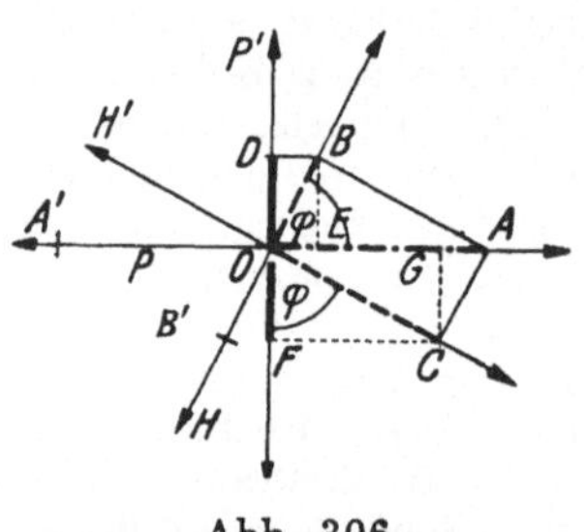

Abb. 306

Legt man eine doppelbrechende Platte dazwischen, dann wird diese bei Drehung in ihrer Ebene abwechselnd hell und dunkel. Anknüpfend an Abb. 304 sind in Abb. 306 die Verhältnisse dargestellt. Der normal zur Zeichenebene in O durchstoßende Strahl mit der Schwingungsrichtung P und der Amplitude OA wird in der doppelbrechenden Platte mit den Schwingungsrichtungen H und H' auf diese nach OB und OC umpolarisiert. Diese beiden Schwingungen kommen nun zum zweiten Polarisator P' (oft auch „Analysator“ genannt) und müssen auf *dessen* Schwingungsrichtung umpolarisiert werden. OB zerfällt in die Anteile OD und OE. Es ist $OD = OB \cdot \sin\varphi$, $OE = OB \cdot \cos\varphi$. Ebenso zerlegt sich OC in zwei Anteile, $OF = OC \cdot \cos\varphi$, $OG = OC \cdot \sin\varphi$. Die Anteile OE und OG können durch P' nicht hindurch, sondern werden *„ausgelöscht“.* Dagegen wird: $OD = OF = OA \cdot \sin\varphi \cdot \cos\varphi$. Die nach P' laufenden, hindurchgehenden Schwingungsamplituden sind numerisch gleich, aber mit entgegengesetztem Vorzeichen versehen. Es darf nicht übersehen werden, daß durch die dargestellten Verhältnisse nur die aus der Größe des $\sphericalangle\,\varphi$ folgenden Höchstwerte (Amplituden) der Anteile OD und OF, *nicht* aber deren *Schwingungszustände (Phasen)* gekennzeichnet werden.

Ist $\varphi = 90^0$ oder ein Vielfaches davon, so wird jedenfalls der obige Ausdruck gleich Null, also kann bei P' *kein* Licht austreten, *„die doppelbrechende Platte befindet sich in Auslöschungsstellung“.* Den Maximalwert erreicht das Produkt $\sin\varphi \cdot \cos\varphi$, wenn $\varphi = 45^0$ ist („45^0-Stellung“ oder „Diagonalstellung“). *Der Wechsel von Auslöschung und Aufhellung* bei Drehung des Präparats im Dunkelfeld gekreuzter Polarisatoren in Abständen von je 90^0 *ist das sicherste Kennzeichen dafür,* daß die eingeschaltete Platte *doppelbrechend* ist.

Diese Methode gestattet die Erkennung der Doppelbrechung auch dann, wenn die Brechungsunterschiede der doppelbrechenden Platte außerordentlich klein sind. Nur sehr wenige Minerale sind so hoch doppelbrechend, daß man schon ohne Hilfsmittel die Auseinanderlegung der beiden Strahlen o und e beobachten kann wie beim Kalkspat.

Da beide Strahlen eines doppelbrechenden Körpers verschiedene Geschwindigkeit besitzen, werden sie auch bei dem Austritt aus einer Platte mit der Dicke d einen bestimmten *Gangunterschied* (Γ) aufweisen. Durch den Übertritt in Luft wird zwar die Geschwindigkeit für beide Strahlenanteile wieder gleich, aber der bei dem Durchgang durch die Platte erzielte Gangunterschied bleibt erhalten. Kommen nun die beiden Strahlen in den zweiten Polarisator, so werden sie dort auf die gleiche Schwingungsrichtung umpolarisiert und werden nun *miteinander interferieren* (entsprechend der Größe von Γ). Es müssen also hier ähnliche Interferenzerscheinungen auftreten wie bei farbendünnen Blättchen bzw. bei dem NEWTONschen Farbenkeil.

Es seien a' und c' die Geschwindigkeiten bzw. α' und γ' die Brechungsquotienten des rascheren und des langsameren Strahles einer doppelbrechenden Platte mit der Dicke d. Der bei Übertritt in Luft erhalten bleibende Gangunterschied ist: $\Gamma = t \cdot v$, wobei v die Lichtgeschwindigkeit in Luft bedeutet und t der Unterschied der Zeiten ist, die beide Strahlen benötigen, um die Plattendicke d zu durcheilen ($t = t_{\gamma'} - t_{\alpha'}$). Nach der

allgemeinen Wegformel ist dann $t_{\gamma'} = \dfrac{d}{c'}$ und $t_{\alpha'} = \dfrac{d}{a'}$. Und somit

$$\Gamma = v \cdot (t_{\gamma'} - t_{\alpha'}) = v \cdot \left(\frac{d}{c'} - \frac{d}{a'} \right) = d \cdot \left(\frac{v}{c'} - \frac{v}{a'} \right) \text{ und da } \frac{v}{c'} = \gamma', \text{ bzw.}$$

$\dfrac{v}{a'} = \alpha'$ ist, ergibt sich:

$$\Gamma = d \left(\gamma' - \alpha' \right) = p \cdot \lambda.$$

(wobei p jede positive Zahl sein kann). Der Gangunterschied ist demnach von der Dicke der Platte und der *„Größe der Doppelbrechung"* abhängig.

Aus Abb. 306 ist zu entnehmen, daß, ähnlich wie beim Reflexionskeil, dann, wenn der Gangunterschied ein *gerades* Vielfaches halber Wellenlängen beträgt, *Dunkelheit* eintritt, ist aber Γ ein ungerades Vielfaches von $\dfrac{\lambda}{2}$, so ergibt sich Helligkeit (vgl. S. 242). Wenn z. B. $\Gamma = 0$ oder λ ist, so heißt das, daß im gleichen Augenblick von O aus der ordentliche Strahl nach OC, der außerordentliche nach OB ausschwingt. Die Umpolarisierung auf OD und OF gibt dann ein Ausschwingen nach *entgegengesetzten* Richtungen, also gegenseitige Vernichtung. Ist dagegen der Gangunterschied beider Strahlen (α' und γ') gleich $\dfrac{\lambda}{2}$, so bedeutet dies, daß der nach H schwingende Strahl schon von O über B nach O zurückpendelte, ehe der nach H' schwingende Strahl seine Schwingung beginnt. Während nun dieser nach OC ausschwingt, ist jener nach OB' gependelt. Die Umpolarisierung auf P' gibt dann OD und OF nach der *gleichen* Seite gerichtet, also sich verstärkend.

Da es nicht vorstellbar ist, daß ein und dasselbe „Ätherteilchen" die Schwingungen der beiden Strahlen α' und γ' gleichzeitig in zwei aufeinander senkrechten Schwingungsrichtungen ausführen kann, müssen die beiden Schwingungsformen durch Übereinanderlagerung zu einer *resultierenden* Schwingung zusammentreten.

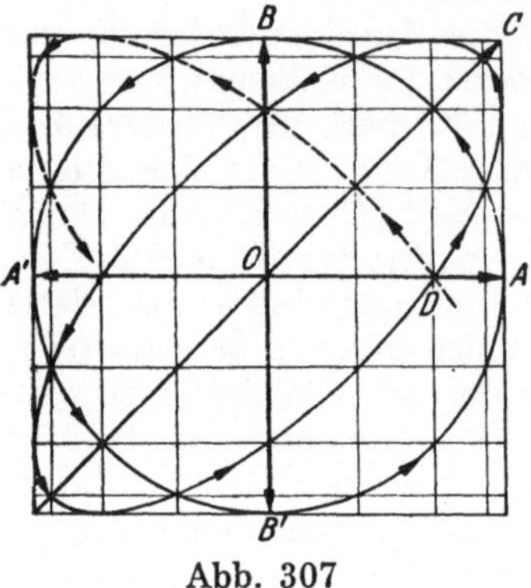

Abb. 307

Jede Pendelschwingung läßt sich nach den Gesetzen der Zentralbewegung verstehen. Nach diesem Gesetz sei in Abb. 307 für die beiden Schwingungsrichtungen OA und OB (mit *gleichen* Amplituden) die jeweilige Schwingungsweite nach je $^1/_{16}$ der Pendelschwingung (Umlaufszeit) eingetragen. O ist die Projektion der beiden senkrecht zur Zeichenebene laufenden gleichgerichteten Strahlen.

Ist $\Gamma = 0$, so schwingen beide Strahlen gleichzeitig von O nach A und B aus. Die Resultierende dieser Bewegung muß dann eine *geradlinig polarisierte* Schwingung mit der Schwingungsrichtung und Amplitude OC sein.

Ist $\Gamma = \dfrac{\lambda}{8}$, so ist der eine Strahl in seiner Schwingung schon bis D gekommen, ehe der zweite in O gegen B beginnt. Verfolgt man die Punktlagen nach je $^1/_{16}$ der Schwingungsdauer, so ergibt sich eine *elliptisch polarisierte* Welle. Die „Pendelbewegung" erfolgt in einer Ellipse, die linksläufig ist und deren Hauptachse parallel der nach rechts gehenden Diagonale des Quadrates läuft.

Ist $\Gamma = \dfrac{\lambda}{4}$, so ergibt der gleiche Gedankengang (erste Schwingung schon in A, wenn die zweite erst in O beginnt) eine *kreisförmig (zirkular) polarisierte* Welle (ebenfalls linksläufig).

Bei $\Gamma = \dfrac{3\lambda}{8}$ gibt es eine linksläufige, elliptisch polarisierte Welle, deren große Achse parallel der nach links gerichteten Diagonalen läuft.

Ist $\Gamma = \dfrac{\lambda}{2}$, so ist der erste Strahl schon über A nach O zurückgeschwungen, bevor der zweite Strahl seine Schwingung gegen B beginnt. Beide Schwingungen setzen sich zu einer linearpolarisierten Schwingung parallel der nach links gerichteten Diagonale zusammen.

$\Gamma = \dfrac{5\lambda}{8}$ liefert eine rechtsläufige Schwingungsellipse usw.

Je nach dem Gangunterschied ist also der Polarisationszustand der resultierenden Schwingung durchaus verschieden.

c) Beziehungen zur Kristallsymmetrie

Sind drei aufeinander senkrecht stehende Raumrichtungen im Kristall geometrisch *gleichwertig,* so herrscht nur *Einfachbrechung,* da kein Anlaß zu optischer Anisotropie gegeben ist. Die Ausbreitungsform der elementaren Lichtwelle ist eine *Kugel (kubische Kristalle* und *amorphe Körper).*

Haben die Kristalle *Wirtelsymmetrie,* d. h. eine ausgezeichnete Richtung und senkrecht dazu mehrere gleichwertige Richtungen, dann erfolgt die Lichtausbreitung in *doppelschaligen* Elementarwellen *(Kugel* und um- oder eingeschriebenes *Drehellipsoid),* deren beide Schalen sich in der Richtung der Hauptachse berühren. Der Kristall ist *doppelbrechend* mit einziger Ausnahme der Richtung der Hauptachse, in der er sich einfachbrechend verhält *(„optische einachsige"* Kristalle, *tetragonale, hexagonale und trigonale* Kristalle).

1. Fletchers Indikatrix

Zur leichteren Übersicht der zahlenmäßigen Doppelbrechungsverhältnisse bedient man sich einer *einschaligen* Bezugsfläche *(„Indikatrix"),* die *nur konstruktiven* Charakter hat und die *Brechungsquotienten (nicht* Geschwindigkeiten!) benutzt.

Für die Wirtelkristalle dient dazu ein *Drehellipsoid,* dessen Achse z dem Wert ε und dessen Äquatorradius dem ω entspricht. Jeder „Hauptschnitt" ist dann eine Ellipse mit ω und ε. In jeder Ellipse ist die Fläche des Parallelogramms aus zwei konjugierten Halbmessern konstant ($= OA \cdot OB = 1$). Irgendein Punkt R in einem Hauptschnitt dieses Drehellipsoides, gibt nun in dem Halbmesser OS, der zu der in R konstruierten Tangente parallel ist, die *Strahlenrichtung,* in SW (parallel zu RO und gleichzeitig Tangente in S) die zugehörige *Wellenfront* und *Schwingungsrichtung.* Da $\# ROST = OS \cdot RU = OA \cdot OB = 1$ ist, stellt RU den für den *Strahl OS* gültigen *Brechungsquotienten* ε_s' dar. Da sich aber $\# ROST$ auch durch $RO \cdot OW$ deuten

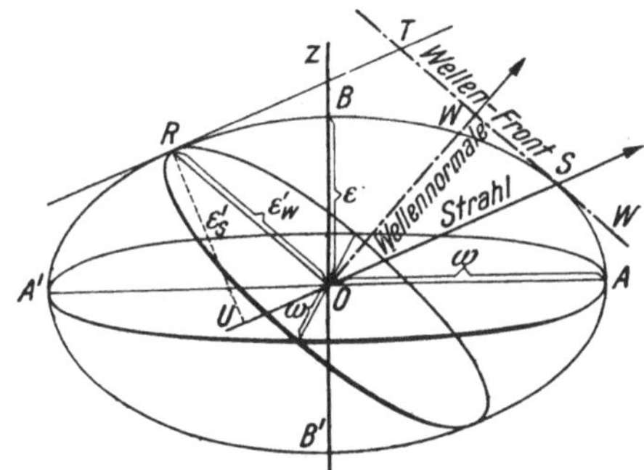

Abb. 308. Fletchers Indikatrix für optisch einachsige, negative Kristalle

läßt, wobei OW die *Wellennormale* ist, bedeutet RO den *Brechungsquotienten* ε_w' der zum Strahl OS gehörigen Wellenfront (Abb. 308).

Legt man durch R eine zentrale, zum Hauptschnitt senkrechte Schnittellipse, so schneidet diese das Drehellipsoid im Äquator mit ω. OR und dieser Schnitt mit dem Äquator stehen aufeinander *senkrecht,* die kleine Achse der Schnittellipse ist ε_w', die große ist ω. Die durch R gehende, zentrale Schnittellipse gibt also in ihrer kleinen Achse die Schwingungsrichtung und Größe für ε_w', in ihrer großen Achse Schwingungsrichtung und Größe von ω. *Parallel* zu ihr liegt die *Wellenfront* (SW), *senkrecht* zu ihr die *Fortpflanzungsrichtung* der Welle.

Für eine durch z gehende Schnittellipse $(R = B)$ liegt dann die Strahlenrichtung in OA ($\perp z$), gleichzeitig Wellennormale. Als Achsen der Schnittellipse gelten die Extremwerte ε und ω.

Liegt R in A', also im Äquator, dann ist die Strahlenrichtung $OB = z$, die dazugehörige Wellenfront ist parallel dem Äquator und, da dieser ein Kreis ist, gibt es keinen Unterschied zwischen ε' und ω, alle Schwingungsrichtungen sind gleich ω.

2. Beckes Skiodromen[1]

Zur Verdeutlichung aller möglichen Schwingungsverhältnisse in einem optisch einachsigen Kristall schlug BECKE die Eintragung aller Schwingungsrichtungen auf einer Kugeloberfläche vor.

Man denkt sich dazu aus dem Wirtelkristall eine Kugel geschliffen und auf dieser die Achsenpole eingetragen. Soll nun für irgendeinen Punkt dieser Kugel bei Beleuchtung aus deren Mittelpunkt (also radial) das Schwingungskreuz für diese Radialstrahlrichtung bestimmt werden, so ist nur zu beachten, daß die Verbindung eines Kugeloberflächenpunktes mit der Achse einen Hauptschnitt liefert, zu dem parallel (tangential in dem gewählten Punkte) der außerordentliche Strahl schwingt. Senkrecht zu dieser Richtung liegt in jedem Kugelpunkt die Schwingungsrichtung des ordentlichen Strahles (Abb. 309).

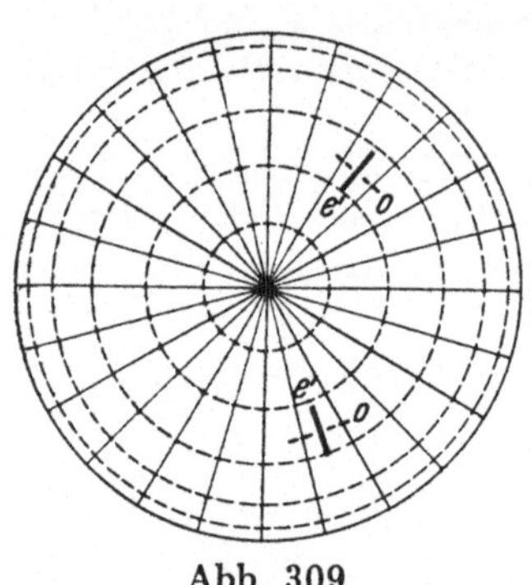

Abb. 309

Die Eintragung aller Schwingungsrichtungen auf einer Kugel gibt nun für den *außerordentlichen* Strahl ein System von *Meridiankreisen*. Die Schwingungsrichtungen der *ordentlichen* Strahlen werden dann durch ein System von *Parallelkreisen* dargestellt, die auf den Meridiankreisen senkrecht stehen. Damit ist für jede Durchstrahlungsrichtung (Kugelradius) eindeutig das Schwingungskreuz bestimmt.

3. Optik der niederen Kristallsysteme

Die *Dreh*symmetrie der doppelten Lichtausbreitung, ähnlich jener im Kalkspat, *verträgt sich nicht* mit der Symmetrie der rhombischen, monoklinen und triklinen Kristalle. Die doppelschalige Wellenfläche für diese Systeme ist viel komplizierter und besitzt *zwei* Richtungen sogenannter Einfachbrechung („*optisch zweiachsige* Kristalle").

Die Ableitung der doppelschaligen Strahlengeschwindigkeitsfläche läßt sich durch eine geometrische Schlußfolgerung verständlich machen. Ist für die isotropen Körper (amorph und kubisch) die *Kugel*welle die kennzeichnende Ausbreitungsform und Indikatrix und läßt sich das Verhalten der Wirtelkristalle durch eine *drehellipsoidische* Bezugsfläche (Indikatrix) versinnlichen, so ist es naheliegend, den niederen Kristallsystemen eine Lichtausbreitung zuzuschreiben, die sich von einer *Indikatrix*

---

[1] Griechisch = Schattenläufer. Es handelt sich um die Konstruktion von Auslöschungskurven (vgl. BECKE, S. 75).

in Form eines *dreiachsigen Ellipsoides* (jeder zentrale Schnitt eine Ellipse) ableiten läßt.

Als Symmetrieachsen des dreiachsigen Ellipsoides verwenden wir die drei Hauptbrechungsquotienten α, β, γ entsprechend den drei aufeinander senkrechten Raumachsen, wobei immer gilt: $\alpha < \beta < \gamma$ (Abb. 310). Für die zugehörigen Geschwindigkeiten gilt dann: $a > b > c$.

Ist x eine Strahlenrichtung, dann zeigt die Indikatrix, daß die dazu normale, zentrale Schnittellipse die Achsen β und γ enthält und damit

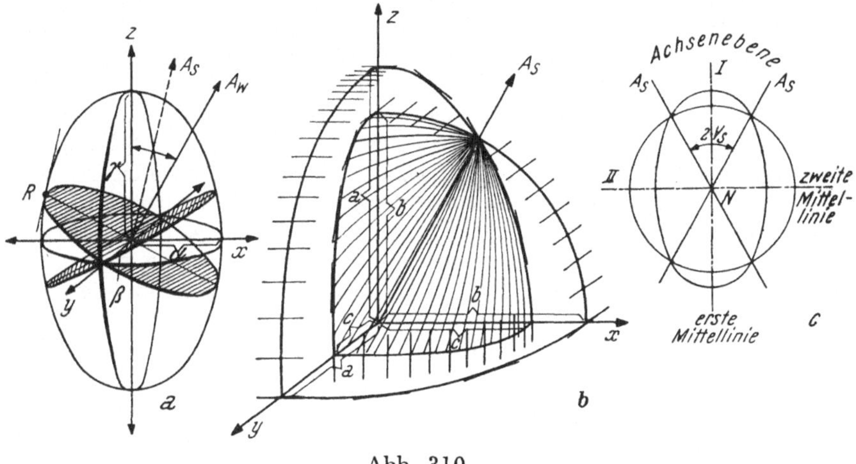

Abb. 310

gleichzeitig deren Schwingungsrichtungen. Es bewegen sich also in der Richtung x zwei Strahlen; der eine hat die Geschwindigkeit b $\left(\text{prop.} \dfrac{1}{\beta}\right)$ mit der Schwingungsrichtung $\parallel \beta$, der andere die kleinere Geschwindigkeit c $\left(\text{prop.} \dfrac{1}{\gamma}\right)$ mit der Schwingungsrichtung γ. Entsprechend erhält man in der Strahlenrichtung y einen Strahl mit der Geschwindigkeit a $\left(\text{prop.} \dfrac{1}{\alpha}\right)$ und der Schwingungsrichtung α und einen zweiten mit der Geschwindigkeit c und der Schwingungsrichtung γ. In der dritten Symmetrieachse z laufen die beiden Strahlen mit den Geschwindigkeiten a und b und den zugehörigen Schwingungsrichtungen $\parallel \alpha$ und β (Abb. 310 b).

Nimmt man nun in einem der Symmetrieschnitte (z. B. xz) einen Punkt R an (Abb. 310 a), so gibt dieser in seiner Tangente die im gleichen Schnitt liegende Strahlenrichtung (OA). Die durch R senkrecht zu xz gelegte, zentrale Schnittellipse hat eine Hauptachse in β, die zweite (RO) besitzt einen zwischen α und γ liegenden Wert. Für *alle* Punkte R in der Symmetrieellipse xz der Indikatrix ergibt sich demnach ein Strahl mit der Schwingungsrichtung β und der Geschwindigkeit b. Der andere Strahl schwankt in seinen Geschwindigkeiten zwischen a (in z) und c (in x)

entsprechend einer Ellipsenfunktion. Die zugehörigen Schwingungsrichtungen sind durch die Tangenten in einzelnen Ellipsenpunkten gegeben. Der xz-Schnitt der elementaren doppelschaligen Ausbreitungs-
welle ist also durch einen Kreis mit b und eine Ellipse mit a und c gegeben (Abb. 310 c).

Analog erhält man für Strahlen der optischen Symmetrieebene xy
einen Kreis mit dem Radius c und der Schwingungsrichtung $\parallel \gamma$ und eine
Ellipse mit b (in x) und a (in y) und den Schwingungsrichtungen $\parallel \beta$ bzw.
$\parallel \alpha$. Endlich liefert die Ebene yz einen Kreis mit a (Schwingungsrichtung
$\parallel \alpha$) und eine Ellipse mit b und c. In der Abb. 310 b sind für einen Oktanten die Geschwindigkeiten und Schwingungsrichtungen der doppelschaligen Strahlengeschwindigkeitsfläche eingetragen.

Die so entwickelte doppelschalige Wellenfläche *ohne* Drehsymmetrie
hat *zwei Richtungen* (vier Punkte), in denen sich die beiden Schalen berühren. Dabei hat keine der Schalen eine Kugelform und daher ist auch
keiner der beiden Strahlen als „ordentlicher" Strahl anzusprechen. Die
Berührung der beiden Schalen erfolgt an jenen Stellen, wo im xz-Schnitt
der Kreis mit b von der Ellipse mit a und c durchschnitten wird. Hier
zeigt die innere Schale eine Ausbuchtung, die äußere Schale dagegen eine
nabelartige Vertiefung. An dieser Stelle hat auch der Vektor der Ellipse
den Wert b, d. h. dort ist für diese Strahlenrichtung *kein Geschwindigkeitsunterschied* und darum *Ein-
fachbrechung* („*sekundäre optische
Achse*", „*Strahlenachse*") (Abb.
310 c). Da es zwei solche Richtungen im Kristall gibt, nennt man
Kristalle mit einer derartigen Lichtausbreitung „*optisch zweiachsig*".

Aus Abb. 311 a ist zu entnehmen, daß zu der *Strahlenachse* ein
ganzer Kegel von tangentialen Wellenfronten (bzw. deren Wellennormalen) rings um den Achsenpol
gehört („*äußere konische Refraktion*"). Betrachtet man dagegen die

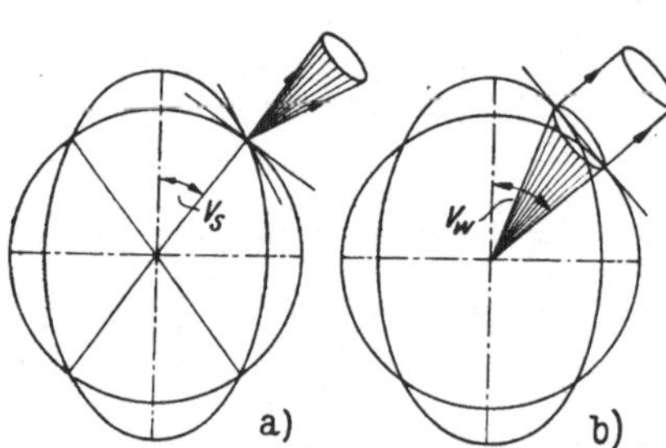

Abb. 311. a) Äußere, b) innere konische Refraktion

beiden Schalen *gemeinsame, einhüllende* Tangentialebene in diesem
Bereich, so ergibt sich, daß diese *eine* Wellenfront (und Wellennormale) eigentlich einem ganzen Kegel von Strahlen zugehört („*innere
konische Refraktion*") (Abb. 311 b)[1]. Die Fortpflanzungsrichtung dieser
gemeinsamen Wellenfront bezeichnet man als die *Wellenachse* bzw. „*primäre optische Achse*". Strahlenachsen und Wellenachsen sind als *nicht*
gleich und *keine* der beiden genügt vollständig den Anforderungen optischer *Isotropie*, so daß man nur bedingt von Richtungen der Einfach-

---

[1] Die beiden Formen der konischen Refraktion sind nur schwer sichtbar
zu machen und bleiben praktisch ohne Bedeutung, da der Richtungsunterschied
von Strahlen- und Wellenachse meist nur wenige Minuten beträgt.

brechung in optisch zweiachsigen Kristallen reden kann. Praktisch kommt *nur der Winkel der Wellenachsen* (V_w in Abb. 311 b) in Betracht, da wir Strahlen als solche und noch dazu mit nicht parallelen Wellenfronten nicht beobachten können. (Bezüglich Einzelheiten vgl. ROSENBUSCH-WÜLFING und LIEBISCH.)

In der Indikatrix mit α, β, γ verrät sich die Richtung der Wellenachsen dadurch, daß die zugehörige zentrale Schnittellipse zu einem *Kreis* entartet, da auf der Ellipse mit α und γ der Vektor an irgendeiner Stelle einmal den Wert β durcheilen muß. β ist aber auch die zweite Achse des zu dem Punkt R gehörigen zentralen Schnittes. Die beiden in einem dreiachsigen Ellipsoid möglichen *„Kreisschnitte"* geben in ihren *Normalen* die Richtungen der *„primären optischen Achsen"* (Wellenachsen, vgl. Abb. 310 a).

Die xz-Ebene, in der die beiden optischen Achsen liegen, heißt *„Achsenebene" (AE)*. Der Winkel zwischen den beiden Achsenrichtungen ist der *„Achsenwinkel"* 2 V (gemeint ist dabei immer der Winkel der *Wellenachsen!*). Aus einer einfachen Rechnung ergibt sich (vgl. LIEBISCH):

$$\sin V_w = \sqrt{\dfrac{\dfrac{1}{\alpha^2} - \dfrac{1}{\beta^2}}{\dfrac{1}{\alpha^2} - \dfrac{1}{\gamma^2}}}$$

bzw.

$$\operatorname{tg} V_w = \sqrt{\dfrac{\dfrac{1}{\alpha^2} - \dfrac{1}{\beta^2}}{\dfrac{1}{\beta^2} - \dfrac{1}{\gamma^2}}} = \operatorname{tg} V_w = \dfrac{\gamma}{\alpha} \sqrt{\dfrac{\beta^2 - \alpha^2}{\gamma^2 - \beta^2}}.^{[1]}$$

Die Symmetrale des *spitzen* Achsenwinkels heißt *„erste Mittellinie"* (auch „spitze" Mittellinie oder „Bisektrix"), jene des stumpfen Winkels zwischen den Achsen wird *„zweite"* oder „stumpfe *Mittellinie"* genannt. Die Senkrechte auf die Achsenebene (in der Richtung $y = \beta$) ist die *„optische Normale"* (N in Abb. 310 c).

Entspricht die erste Mittellinie der Richtung γ (wie in der Abb. 310), so heißt das Mineral *„optisch positiv zweiachsig"*. Ist dagegen α die erste Mittellinie, dann ist das Mineral *„optisch negativ zweiachsig"*. Ist 2 V = 90°, dann ist eine Entscheidung, ob positiv oder negativ, unmöglich. *Lage der Achsenebene*, Größe des *Achsenwinkels* und Art des *„optischen Charakters"*

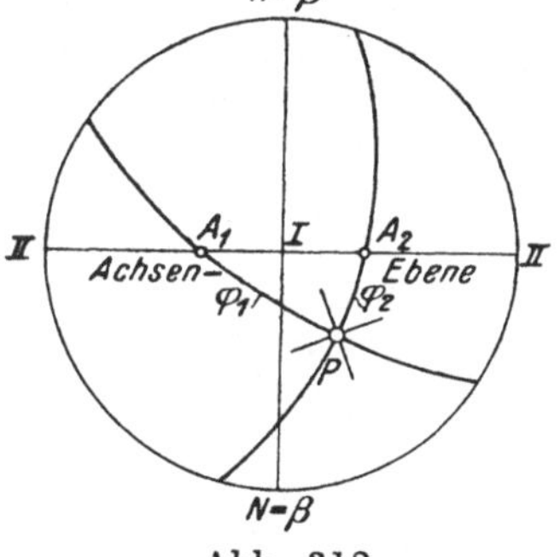

Abb. 312

(positiv oder negativ) geben überaus wichtige Bestimmungsdaten.

FRESNEL gab eine einfache Konstruktion zur Bestimmung der beiden Schwingungsrichtungen für eine beliebige Strahlenrichtung in optisch

---

[1] Die Formel bezieht sich immer auf einen Winkel 2 V um γ herum!

zweiachsigen Kristallen (Abb. 312). Man trägt dazu die Lage der Achsenebene und die Größe des Achsenwinkels in eine stereographische Projektion ein. Durch P sei die Strahlenrichtung gegeben. Das für diese
Richtung geltende Schwingungskreuz erhält man dadurch, daß man P
mit den Achsenpolen A_1 und A_2 durch Großkreise verbindet und die
Winkel zwischen diesen Großkreisen halbiert. Die beiden Symmetralen
in P liefern die Schwingungsrichtungen. (Vgl. LIEBISCH[1].)

Die Grundlage dieser Konstruktion ist aus der Indikatrix leicht zu verstehen. Mit P ist nicht nur die Richtung der Wellennormale, sondern durch die
zugeordnete zentrale Schnittellipse sind in der großen und kleinen Achse dieser
Ellipse auch die Schwingungsrichtungen für diese Strahlenrichtung gegeben.
Da nun im allgemeinen eine beliebige, schief durch die Indikatrix gelegte, zentrale Schnittellipse die beiden *Kreisschnitte* (normal zu den Achsenrichtungen!)
schneiden muß, sind damit in der Schnittellipse zwei *gleich große* Radien gegeben,
d. h. die beiden Achsen der Ellipse, also die „Schwingungsrichtungen", müssen
in den *Symmetralen* zwischen den Kreisschnittradien liegen.

Mit Hilfe der FRESNELschen Konstruktion lassen sich auch für optisch
zweiachsige Kristalle leicht die *Beckeschen Skiodromen* konstruieren. Man
erhält zwei Systeme konfokaler Kugelellipsen[2], wobei die beiden Achsen-

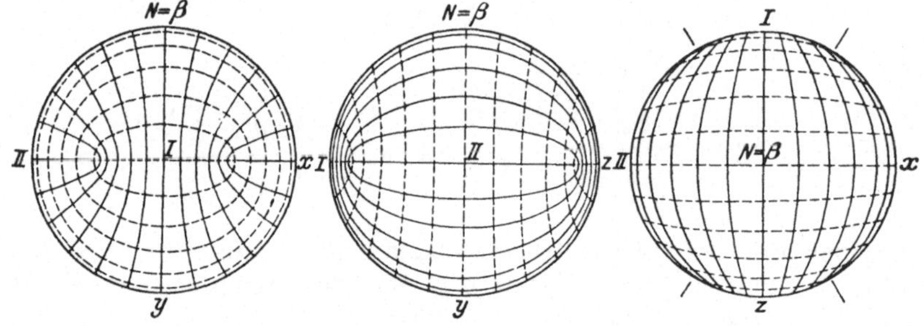

Abb. 313. Die Skiodromennetze nach den drei Hauptebenen der Indikatrix
(nach BECKE). Es bedeuten für $\gamma = 1$. Mittellinie (optisch positiv) ---- rascherer
Strahl, —— langsamerer Strahl; für $\alpha = 1$. Mittellinie (optisch negativ) —— rascherer Strahl, ---- langsamerer Strahl

pole als Brennpunkte dienen. Die um die *spitze* Mittellinie laufenden
Skiodromen sind die „*Parallelellipsen*", jene, die um die *stumpfe* Mittellinie laufen und auf den ersteren in jedem Schnittpunkt *senkrecht* stehen,
die „*Meridianellipsen*". Die Abb. 313 zeigt das Aussehen einer solchen

---

[1] Umgekehrt läßt sich aus der Auslöschung in einer kristallographisch bekannten Fläche und bekannter Lage der Achsenebene und von γ die Größe des
Achsenwinkels $2 V_\gamma$ ableiten [TERTSCH: Tschermaks Min. Petr. Mitt. (3. Folge)
1 (1948)].

[2] „Kugelellipsen" sind Kurven, die man auf der Kugeloberfläche unter
Verwendung der Summe von Bogenstücken gegenüber zwei gegebenen Polen
(Brennpunkten) ($A_1 P$ und $A_2 P$ in Abb. 312) genau so erhält wie gewöhnliche
Ellipsen in der Ebene: Summe der Bogen (Abstände) zu den Brennpunkten
ist eine konstante Größe (gleich der großen Achse).

Skiodromenkugel, jeweils von der ersten und zweiten Mittellinie und von der optischen Normalen aus gesehen (vgl. BECKE)[1].

Die Verteilung der Skiodromen zweiachsiger Kristalle und ihre Beziehungen zu jenen einachsiger Körper läßt sich leicht versinnlichen, wenn man sich vorstellt, die optische Achse eines einachsigen Minerals werde „gespalten“ und die beiden Teile auseinandergerückt. Dabei müssen die ursprünglich kreisförmigen Skiodromen zu Ellipsen entarten und die Drehsymmetrie geht verloren.

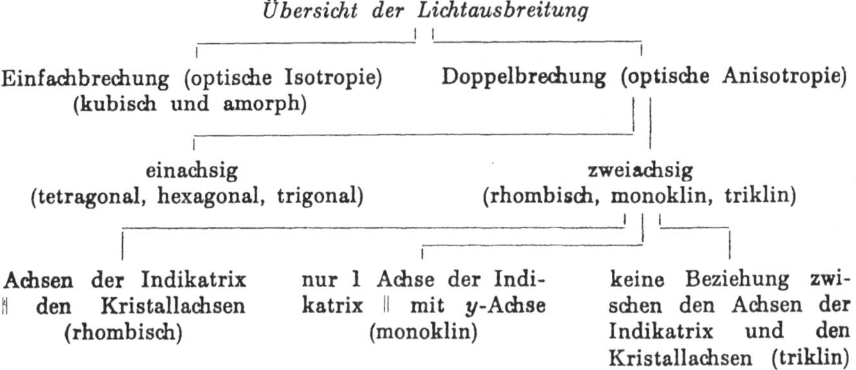

d) Die Brechungsquotienten doppelbrechender Kristalle

Zur genauen optischen Kennzeichnung eines Kristalls ist die Bestimmung der Brechungsquotienten nötig.

Kubische (isotrope) Kristalle haben *einen* Brechungsquotienten (n).

Tetragonale, hexagonale, trigonale Kristalle haben *zwei* Hauptbrechungsquotienten (ω, ε).

Rhombische, monokline, trikline Kristalle haben *drei* Hauptbrechungsquotienten (α, β, γ).

1. Prismenmethode

Bezüglich der ersten Gruppe vgl. S. 244.

Bei *wirteligen* Kristallen kann man *beide* Hauptbrechungsquotienten (ω und ε) an dem gleichen Prisma im Minimum der Lichtablenkung bestimmen, wenn die Hauptachse des Kristalls entweder parallel der brechenden Kante oder mindestens innerhalb der Symmetrieebene des verwendeten Prismas liegt (Abb. 314). Bei symmetrischem Lichtdurchgang beobachtet man dann die Durchstrahlung senkrecht zur kristallographischen und optischen Achse und erhält daher zwei abgelenkte Strahlen mit ω und ε. Mit Hilfe eines vorgeschalteten Polarisators lassen sich deren Schwingungsrichtungen und damit ihre Bedeutung, ob ω oder ε, feststellen.

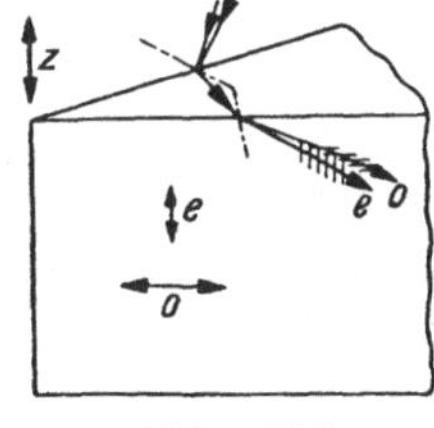

Abb. 314

---

[1] Es ist sehr vorteilhaft, sich mit kleinen Holzkugeln oder einfärbigen Gummibällen Skiodromenmodelle anzufertigen.

Für optisch zweiachsige, *niedrig-symmetrische* Kristalle wird die Verwendung der Prismenmethode schon sehr schwierig. Wird der Winkel des brechenden Prismas durch eine der optischen Symmetrieebenen der Indikatrix halbiert, dann lassen sich im symmetrischen Lichtdurchgang (ähnlich wie in Abb. 314) gleichzeitig *zwei* Hauptbrechungsquotienten bestimmen. So erhält man z. B. bei einer Durchstrahlung $\| x$ in Abb. 310 b (Ebene yz Symmetrale des brechenden Prismas) zwei Strahlen mit den Schwingungsrichtungen y und z und den zugehörigen Brechungsquotienten β und γ.

Alle drei Hauptbrechungsquotienten in *einem* Prisma zu bestimmen, ist im allgemeinen nicht durchführbar, sondern nur für ganz besondere Fälle möglich (vgl. hiezu Einzelheiten bei LIEBISCH).

2. Einbettungsmethode

Bezüglich der Verwendbarkeit dieser Methode bei doppelbrechenden Kristallen vgl. S. 246. Unter Ausnützung der BECKESCHEN Lichtlinie ist dies die einzige Methode, die auch anwendbar ist und ausreichend genaue Werte liefert, wenn das Mineral nur in Splittern vorliegt.

3. Methode der Totalreflexion

Diese Methode wird bei doppelbrechenden Kristallen besonders häufig angewendet, weil sie es ermöglicht, an *einer* beliebig orientierten Platte die nötigen Hauptwerte der Brechbarkeit zu bestimmen.

Optisch einachsige Kristalle. Es werde eine schräg zur Hauptachse eines Wirtelkristalls geschnittene Platte (n) (z. B. Spaltplatte vom *Kalkspat*) am Halbkugelrefraktometer (N) untersucht (Abb. 315). Ist die Hauptachse z mit dem einfallenden Lichtstrahl und der Drehachse der Halbkugel (Plattennormale) in der gleichen Ebene (Abb. 315 a), so müssen zwei Strahlen ω und ε' auftreten, wie bei jeder schiefen Durchstrahlung eines optisch einachsigen Kristalls. Es erscheinen im Beobachtungsfernrohr zwei

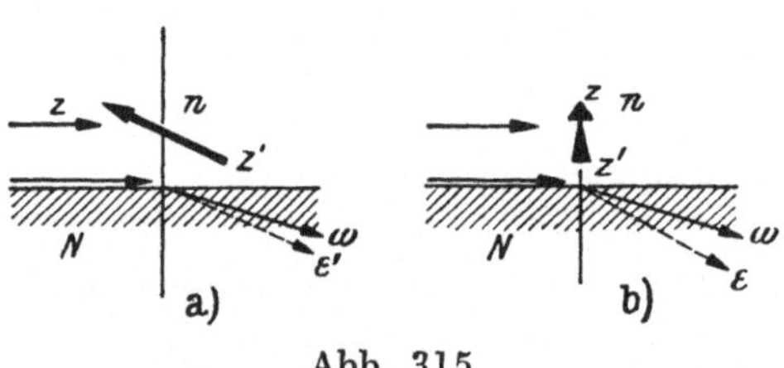

Abb. 315

Schattengrenzen, und die hiebei abgelesenen Totalreflexionswinkel gestatten die zahlenmäßige Bestimmung von ω und ε' (vgl. dazu S. 248).

Dreht man nun die Halbkugel samt der Platte um deren Normale, so werden andere Winkel der Totalreflexion für ε' erscheinen, jener für ω bleibt aber immer gleich, da ja der ordentliche Strahl allseits die gleiche Brechbarkeit besitzt. 90^0 von der ersten Stellung entfernt ist eine Lage, bei der die z-Achse schräg von vorn nach hinten zieht und das *einfallende Licht senkrecht auf die Achse auftritt* (Abb. 315 b). In diesem Falle müssen die Extremwerte ω und ε erreicht werden. Nach der Formel $n = N \cdot \sin t$ (vgl. S. 248) ist der gesuchte Brechungsquotient proportional dem sin des Winkels der Totalreflexion.

Trägt man in den verschiedenen Stellungen der Platte (auf den zugehörigen Azimuten) die den jeweils vermessenen Winkeln t entsprechenden Brechungsquotienten ein, so erhält man z. B. für Kalkspat einen *Kreis* mit dem Radius ω und (bei optisch negativen Kristallen) eine eingeschriebene[1] Ellipse mit der großen Halbachse ε' und der *kleinen Halbachse* ε. Damit sind aber die Hauptbrechungsquotienten gegeben.

In der Praxis trägt man auf der Abszissenachse eines Schaubildes die einzelnen Azimute ein und in den zugehörigen Ordinaten die beobachteten Brechungsquotienten. In dem eben angenommenen Falle erhielte man dann eine gerade Linie mit der Ordinate ω (entsprechend dem ω-Kreis) und eine darunter liegende Wellenkurve mit dem Höchstwert ε' und dem Mindestwert ε, entsprechend dem Ellipsenschnitt. In der Regel führt man in Azimutabständen von je 10^0 bis 15^0 die Messungen durch. In der Nähe der vermuteten Maxima und Minima müssen dann die zugehörigen Azimute genauer bestimmt werden. Auch hier verwendet man zur reinlichen Sonderung der beiden polarisierten Strahlen (Grenzen) einen Vorsatzpolarisator.

Ist die Platte *parallel* zur Achse, dann gibt die Durchmessung als Grenzkurven einen Kreis mit ω und eine eingeschriebene Ellipse mit ε und ω, die in den Punkten des Achsendurchstoßes den Kreis berührt. Liegt die Platte *senkrecht* zur Achse, so erhält man analog zwei konzentrische Kreise mit ω und ε als Grenzkurven.

Optisch zweiachsige Kristalle. In einer stereographischen Projektion sei die optische Orientierung des Kristalls mit seinem Achsenwinkel eingetragen. Die Lage eines beliebigen Schnittes wird durch den Großkreis $MNPM'$ in der Abb.

316 a dargestellt. Dieser Schnitt führt durch alle drei optischen Symmetrieebenen der doppelschaligen Wellenfläche und muß demnach in den Punkten M, N und P bzw. M' in den entsprechenden Strahlenrichtungen in drei

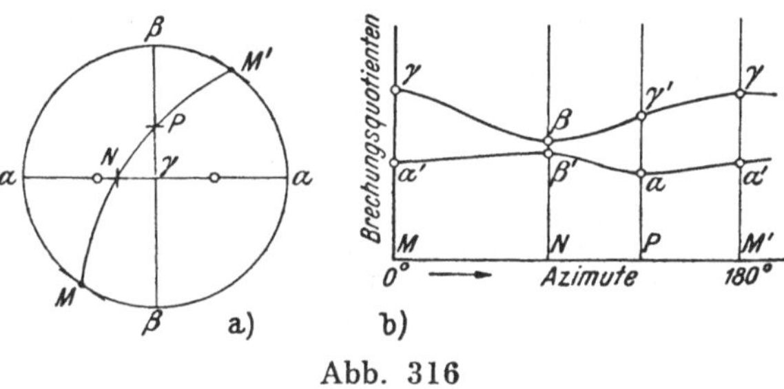

Abb. 316

Hauptbrechungsquotienten α, β, γ liefern. Da jede Strahlenrichtung innerhalb der Ebene $MNPM'$ je zwei senkrecht zueinander polarisierte Schwingungen mit entsprechenden Brechungsquotienten aufweist, erhält man bei dem schrittweisen Durchdrehen der Platte in ihrer Ebene zwei Kurven von Winkeln der Totalreflexion und damit *zwei Kurven der Brechungsquotienten.*

---

[1] Man erinnere sich, daß Lichtgeschwindigkeit (e) und Brechbarkeit (ε) zueinander gewissermaßen *reziprok* sind. Ist also die *Geschwindigkeits*fläche des außerordentlichen Strahles bei negativen Kristallen ein *umgeschriebenes* Ellipsoid, so ist die Fläche der Brechungsquotienten (ε') ein *eingeschriebenes* Ellipsoid.

In der Richtung M (Abb. 316 a) bewegt sich ein Strahl, der $\parallel \gamma$ schwingt und die Brechbarkeit γ besitzt. Der andere Strahl gleicher Richtung schwingt parallel der Tangente in M und besitzt einen zwischen α und β liegenden Brechungsquotienten α'. Von den beiden Strahlen der Richtung N schwingt der eine $\parallel \beta$ und zeigt die Brechbarkeit β, der andere schwingt nach der in der Achsenebene liegenden Tangente von N, parallel einer zwischen α und β (Brechbarkeit des Strahles in der Achsenrichtung) liegenden Richtung, und besitzt den entsprechenden Brechungsquotienten β'. In der Richtung P endlich läuft ein Strahl mit der Schwingungsrichtung und dem zugehörigen Brechungsquotienten α, der andere, der in der $\beta\gamma$-Ebene schwingt, zeigt einen zwischen β und γ liegenden Brechungsquotienten γ'.

Trägt man nun in einem Schaubild in der Abszissenachse die Azimute der durchgemessenen Stellungen ein und als Ordinaten die zugehörigen, gemessenen Brechungsquotienten (vgl. Abb. 316 b), so ergeben sich zwei Kurven, die in ihren *Höchst-* bzw. *Tiefst*werten die drei Hauptbrechungsquotienten enthalten müssen.

Der *größte* Wert aller Messungen muß dem größten Brechungsquotienten γ entsprechen (Maximum der äußeren Kurve), der absolut *kleinste* gemessene Wert muß α sein (Minimum der inneren Kurve). Von den beiden noch übrigbleibenden Extremwerten (Minimum der äußeren und Maximum der inneren Kurve) muß einer dem Brechungsquotienten β entsprechen. Die Entscheidung, ob es sich um den Wert β oder β' (in der Abb. 316 b) handelt, kann entweder durch Beachtung der Schwingungsrichtungen erfolgen oder man setzt jeden der beiden Werte in die Formel für den (als bekannt vorausgesetzten) Achsenwinkel ein (vgl. S. 265). Es gilt dann jener Extremwert, der dieser Formel genügt.

In dem besonderen Falle, daß man eine Platte parallel der Achsenebene mit dem Halbkugelrefraktometer untersucht, erhält man als Kurven der Brechungsquotienten einen Kreis mit dem Radius β und eine Ellipse mit den Halbachsen α und γ (bzw. im Schaubild eine Gerade mit β und eine Wellenkurve mit α und γ), die einander *durchschneiden*. Die Winkelabstände der Azimute dieser Schnittpunkte gibt gleichzeitig die Größe des Achsenwinkels 2 V.

VII. Das Polarisationsmikroskop

Zur Gewinnung fast aller für die optische Kennzeichnung von Mineralen nötigen Angaben bedient man sich des Polarisationsmikroskops, das sich in seiner Anlage von den gewöhnlichen Mikroskopen unterscheidet. Da die Erkennung der Doppelbrechung am leichtesten und sichersten bei Drehung des Präparats zwischen gekreuzten Polarisatoren gelingt, ist neben der rein optisch vergrößernden Einrichtung vor allem ein *drehbarer Tisch* und der Einbau von *zwei Polarisatoren* unter- und oberhalb des Tisches nötig (Abb. 317).

Der *untere Polarisator* (P), unmittelbar über dem Beleuchtungsspiegel (nur angedeutet in der Abbildung), ist mit einem einfachen *Beleuchtungsapparat (Kondensor K)* zusammengebaut. Es ist auch noch vorgesorgt, daß der Beleuchtungsapparat durch Zusatzlinsen (in der Abbildung VK) verstärkt werden kann (vgl. S. 288). Ebenso ist meist noch eine Blende eingebaut. Der am (nicht dargestellten) Stativ befestigte *Tischträger* (*TT*) besitzt einseitig eine Marke, mit der die Stellung des eingebauten und mit einer Gradeinteilung versehenen, *drehbaren Tisches* (*T*) abgelesen werden kann.

Der gleichfalls vom Stativ getragene und in seiner Höhe mit Grob- und Feintrieb (Mikrometerschraube) verstellbare Mikroskoptubus trägt unten das *Objektiv* (*Ob*) und am oberen Rande das *Okular* (*Ok*). Oberhalb des Objektivs liegt dessen „*Brennfläche*" (*BF*) (vgl. S. 288). Das von dem Objektiv erzeugte reelle Bild liegt im Bereiche des Okulars, das nur als Lupenvergrößerung für dieses Bild wirkt. Über dem Objektiv befindet sich auch ein *unter* 45⁰ zu den Nicolrichtungen liegender *Schlitz* (*SG*) zum Einschieben einer schmalen Platte oder eines Keiles von Gips, Quarz, Glimmer usw. (vgl. S. 274, 276).

Darüber kann mit einem Schuber der *obere Polarisator* (*P′* = *Analysator*) eingeschaltet werden, dessen Schwingungsrichtung gegenüber jener des unteren Nicols gekreuzt ist[1]. Zwischen dem oberen Nicol und dem Okular ist noch eine Einschublinse, die *Amici-Bertrandsche Linse* (*BL;* vgl. S. 288, 302).

Da der untere Nicol fest eingebaut ist, erfolgt auch bei Ausschaltung des oberen Polarisators die Beobachtung *immer im linear-polarisierten Licht,* dessen Schwingungsrichtung durch die Stellung des unteren Polarisators gegeben ist.

Je nach der Art der Beleuchtung (durch den Kondensator) unterscheidet man Beobachtungen im „*parallelen Licht*" *(Orthoskop)* und solche im „*konvergenten Licht*" *(Konoskop)*. Für die erste Form verwendet man keinen oder einen nur sehr schwachen Kondensator. Bei konoskopischer

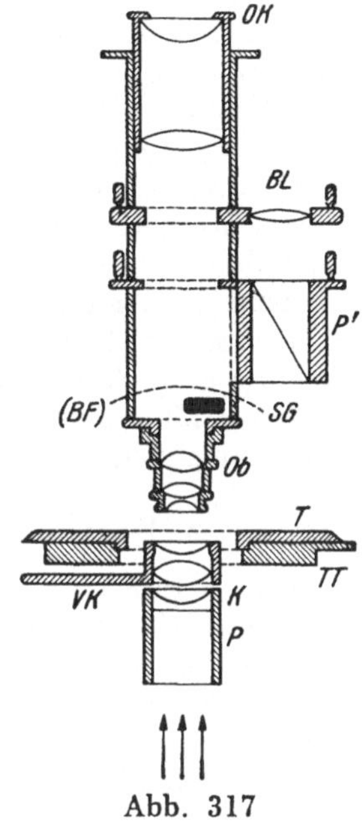
Abb. 317

Betrachtung ist dagegen ein starker Kondensor (Verwendung des Zusatzkondensors *VK*) nötig, aus dem ein Licht*kegel* austritt. Auf jeden Fall erfolgt der Lichtdurchgang in der Mikroskopachse *senkrecht zur Plattenebene* des auf dem drehbaren Tisch aufliegenden Kristalls.

Die folgenden Bemerkungen gelten alle für die „*Durchlicht*"-Beobachtungen gewöhnlicher Mikroskope. Die zu untersuchenden Minerale müssen demnach durchsichtig sein, bzw. durch Herstellung von Dünnschliffen lichtdurchlässig gemacht werden.

Die „*Auflicht*"-Untersuchungen mit Hilfe geeignet gebauter Mikroskope, die nur mit gespiegeltem Licht arbeiten können, finden ihre ausgedehnte Verwendung in der *Erzmikroskopie*. Dieser in starker Entwicklung begriffene Teil der Mikroskopie fordert besondere Apparaturen und ist auch durch die starke Einflußnahme einer beträchtlichen *Absorption* theoretisch viel schwieriger und verwickelter als die Beobachtung von Dünnschliffen im Durchlicht (s. S. 326 ff.).

---

[1] Gelegentlich ist auch die Möglichkeit geboten, den oberen Polarisator (und manchmal auch den unteren) um bestimmte Winkelgrade zu verdrehen.

a) „Durchlicht"-Beobachtungen im Orthoskop

1. Unterscheidung von Einfachbrechung und Doppelbrechung

Das Kristallplättchen wird in das dunkle Gesichtsfeld der beiden gekreuzten Polarisatoren gebracht und der Mikroskoptisch gedreht. Nach S. 258 muß sich die *Doppelbrechung* der Platte bei senkrecht (von unten) durchfallendem Licht durch *abwechselnde Aufhellung* und wieder *Verdunklung* bei der Tischdrehung verraten. Bleibt dagegen trotz Einschaltung der Platte das Gesichtsfeld *dunkel*, dann ist der Kristall (wenigstens für *diese* Strahlenrichtung) *einfachbrechend*.

Da auch doppelbrechende Kristalle eine oder sogar zwei Richtungen der Einfachbrechung besitzen (vgl. S. 261 und 262), ist mit einem einzigen Kristallschnitt eine unbedingte Entscheidung, ob einfach- oder doppelbrechend, noch nicht erzielbar, denn Platten, die *senkrecht zu einer optischen Achse* stehen, bleiben zwischen gekreuzten Polarisatoren bei der Drehung *auch* dunkel. Man muß also auch noch andere Schnittlagen des fraglichen Minerals untersuchen. Geben auch diese bei Tischdrehung keine Aufhellung, dann ist das Mineral einfachbrechend.

2. Bestimmung der Auslöschungsrichtungen

Nach S. 258 ist eine doppelbrechende Mineralplatte zwischen gekreuzten Polarisatoren dann dunkel, *wenn ihre Schwingungsrichtungen mit jenen der beiden Polarisatoren parallel sind.* Zur Festlegung dieser Schwingungsrichtungen dient ein *Fadenkreuz* im Okular, das so justiert ist, daß seine Fäden den Nicolrichtungen parallel gestellt sind.

Zur zahlenmäßigen Festlegung der *„Auslöschungsrichtung"* dient die Bestimmung des Winkels φ zwischen einer Schwingungsrichtung der Platte und einer am Kristall erkennbaren kristallographischen Richtung (Kristallkante, Spaltriß od. ä.). Jedenfalls muß die Richtung, auf die man die Messung bezieht, kristallographisch bekannt sein (Abb. 318).

In vielen Fällen ist $\varphi = 0$, d. h. die Schwingungsrichtungen im Kristall laufen *parallel* (bzw. senkrecht) zu der gewählten Kante *(„gerade Auslöschung")*. Hat aber φ einen von 0 oder 90⁰ verschiedenen **Wert**, dann spricht man von *„schiefer Auslöschung"*.

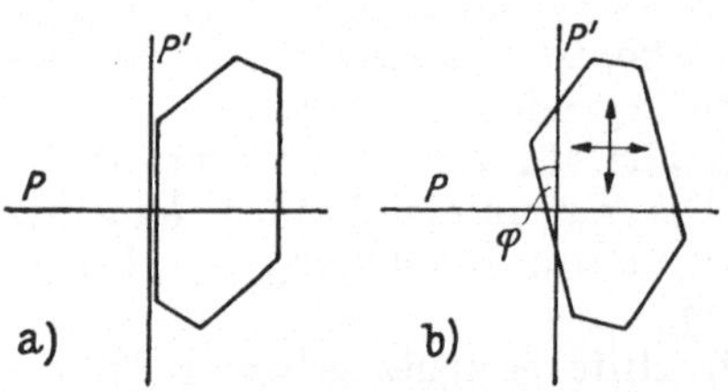

Abb. 318. Bestimmung der Auslöschungsschiefe

Man beobachtet zunächst bei Ausschaltung des oberen Polarisators im hellen Gesichtsfeld und stellt eine ausgewählte Kante des Präparats parallel einem Faden des Fadenkreuzes. In dieser Lage macht man sich eine Skizze des Präparats (Abb. 318 a). Diese Stellung des Kristalls (und Tisches) wird an der Gradeinteilung des Tisches abgelesen. Dann dreht man den Tisch mit dem darauf festgeklemmten Mineral in die nächstliegende Auslöschungsstellung. Die Skizze des Präparats wird im gleichen Sinn mitgedreht. Durch die Lage des Fadenkreuzes über der Kristallplatte ist auch die Lage der Schwingungsrichtungen gekennzeichnet. Die dazu notwendige Tischdrehung ist an der Gradeinteilung leicht abzulesen und gibt, verglichen mit der vorhergehenden Ablesung, die Zahlengröße für den Winkel φ (Abb. 318 b).

Da die Auslöschungslage (Stellung *stärkster* Verdunklung) nicht immer leicht einzustellen ist, ist es vorteilhaft, diese Einstellung mehrfach zu wiederholen und den Mittelwert der gemessenen Winkel φ zu nehmen. Dabei ist es günstig, um die Auslöschungslage zu „pendeln", damit man nicht immer nur von einer Seite an die Dunkelstellung herankommt.

Die Lage der Auslöschungsrichtungen steht in engem Zusammenhang mit der Kristallsymmetrie. *Gerade* Auslöschung muß immer dort sein, wo die gewählte Kristallkante einer der optischen Symmetrielinien (Hauptachse der Wirtelkristalle oder α, β, γ der optisch zweiachsigen Kristalle) parallel liegt. Das trifft alle Flächen der Vertikalzone wirteliger Kristalle (z. B. Quarzstengel), wie auch alle Flächen, die zu α, β oder γ parallel laufen, wie z. B. die Prismenzonen rhombischer Kristalle oder die Zone der y-Achse bei monoklinen Kristallen (etwa die Basisfläche des Orthoklases).

Die Tatsache der *geraden* Auslöschung läßt sich umgekehrt dazu benutzen, die optische *Justierung* des Mikroskops zu überprüfen. Dazu kann man z. B. ein Spaltplättchen des rhombischen *Anhydrits* verwenden und stellt es auf vollkommene Auslöschung ein. Ergibt sich dabei ein kleiner Winkel zwischen der Kante des Plättchens und dem Fadenkreuz, so ist dieses nicht genau parallel den Nicolrichtungen justiert, denn bei richtiger Orientierung kann an einer Endfläche des Anhydrits keine „schiefe" Auslöschung beobachtet werden.

In allen oben nicht genannten Fällen erhält man eine *schiefe* Auslöschung.

Eine besondere Abart davon ist die *symmetrische Auslöschung* bei allen jenen Flächen, die auf einer kristallographischen Symmetrieebene senkrecht stehen, aber zu der Wirtelachse oder zu den Richtungen α, β, γ geneigt sind (z. B. Pyramidenflächen erster und zweiter Art im tetragonalen und hexagonalen System oder Rhomboederflächen trigonaler Kristalle oder die 201-Fläche des Orthoklases usw.).

Bei *monoklinen* und *triklinen* Mineralen ist nicht selten zu beobachten, daß der Auslöschungswinkel φ für verschiedene Lichtarten *ungleich* ist (*„Auslöschungsdispersion"*). Im weißen Licht gibt es dann keine vollständige Dunkelstellung, sondern es zeigen sich immer *farbige* Tönungen der dunkelsten Lage.

Ist die Platte z. B. für rotes Licht in der Auslöschungsstellung, dann dringen noch blaue Lichtarten durch, geben also einen graublauen Farbton. Bei Dunkelstellung für Blau ist aber das Rot und das Gelb nicht ganz ausgelöscht, daher ein braunroter Farbton (z. B. bei manchen Augiten auf der 010-Fläche).

In solchen Fällen muß der Winkel φ für einzelne Lichtarten *gesondert* bestimmt werden oder mindestens angegeben werden, ob die Auslöschung im roten oder im blauen Licht größer ist (z. B. $\varphi_r > \varphi_{bl}$)[1].

Plättchen mit sehr niedriger Doppelbrechung, die also zwischen gekreuzten Polarisatoren schon an sich dunkelgrau erscheinen, bereiten der genauen Festlegung der Auslöschungslage ziemliche Schwierigkeiten, da sich die „Dunkel"- und „Hell"-Stellungen nur wenig voneinander unterscheiden. In solchen Fällen kann man sich durch Darüberlegen einer Gipsplatte mit dem Rot der ersten Ordnung (in 45°-Stellung) helfen. Diese Grenzfarbe der ersten Ordnung ist ungemein empfindlich und bleibt *nur* dann *ungestört*, wenn das untersuchte Mineral sich in vollkommener Auslöschung befindet. Vgl. dazu auch w. unten. (Über besondere Hilfsapparate zur genauen Ermittlung der Auslöschungsschiefe vgl. ROSENBUSCH-WÜLFING.)

3. Bestimmung von α' und γ'

Neben der zahlenmäßigen Bestimmung der „Auslöschungsschiefe" ist es von besonderer Wichtigkeit, die Lage der Schwingungsrichtungen des *„rascheren"* (α') und des *„langsameren"* (γ') Strahles zu unterscheiden. Das geschieht durch Vermittlung einer Hilfsplatte von bekannter optischer Orientierung.

Derzeit verwendet man dazu fast ausschließlich *Spaltplättchen von Gips* mit einer Dicke, daß zwischen gekreuzten Polarisatoren das empfindliche „Rot der ersten Ordnung" erscheint.

Meist wird es in der Form eines langgestreckten Rechteckes verwendet, wobei die *lange* Kante der Schwingungsrichtung α des Gipses parallel läuft. Dieses durch Glasplatten geschützte schmale Plättchen wird oberhalb des Objektivs in einen Tubusschlitz (*SG* in Abb. 317) eingeschoben, der eine Führung unter *45° gegen die Polarisatorrichtungen* besitzt. Die *„Regelstellung"* ist so, daß das Gipsplättchen entsprechend der kartographischen Richtung SO—NW eingeführt wird. Manchmal besitzen die Mikroskope schon einen entsprechenden Schuber mit einer eingebauten Gipsplatte.

Bringt man das Mineralkorn aus seiner eben bestimmten Auslöschungsstellung durch *Drehung um 45°* in die Lage größter Aufhellung („Diagonalstellung", vgl. S. 258), so sind im Vergleich zu dem in Regelstellung eingeschobenen Gipsplättchen nur zwei Lagen möglich: entweder α und γ sind im Mineralkorn und im Gips *gleichgerichtet parallel*, oder sie sind *wechselweise parallel* in dem Sinn, daß jeweils das α' des Minerals mit dem γ des Gipses gleichgerichtet ist und umgekehrt.

1. *Gleichgerichtet parallele Stellung.* Der im Mineralkorn rascher sich fortpflanzende Strahl trifft auch im Gips auf die Richtung größerer Geschwindigkeit, wird also weiter beschleunigt, der langsamere Strahl des Minerals wird gleicherweise im Gips weiter verzögert. Der Gangunterschied muß also *zunehmen*, d. h. das Mineral erhält höhere Interferenzfarben, so als wäre einfach die Dicke des Mineralkorns und jene der Gips-

---

[1] Manchmal ist keine Dunkelstellung zu erzielen, weil mehrere Körner oder Teile eines Zwillings mit verschiedener Orientierung *übereinander* liegen. Solche Fälle sind für Bestimmungen natürlich gänzlich unbrauchbar.

platte *zusammengezählt* worden („*steigende Farben*", „*Additionsstellung*", Abb. 319).

Das Grau der ersten Ordnung wird zu einem lebhaften Blau der zweiten Ordnung, das Weiß zu einem Lichtgrün, das Ockergelb zu einem Zitronengelb usw. Entsprechend dem Rot der ersten Ordnung im Gips ist jede Farbe um eine ganze Ordnung im Sinne einer Dickenzunahme verschoben.

2. *Wechselweise parallele Stellung.* Hier trifft der raschere Strahl α' des Minerals im Gips die Schwingungsrichtung des langsameren Strahles, wird also verzögert. Anderseits wird der langsamere Strahl des Minerals (γ') im Gips in seiner Geschwindigkeit beschleunigt, da er dort auf α trifft. Der Gangunterschied, den beide Strahlen bei ihrem Austritt aus der Mineralplatte be-saßen, wird demnach durch die Gegenwirkung der Gipsplatte wieder zum Teil oder vollständig aufgehoben („*kompensiert*"). Der Erfolg ist so, als hätte man die

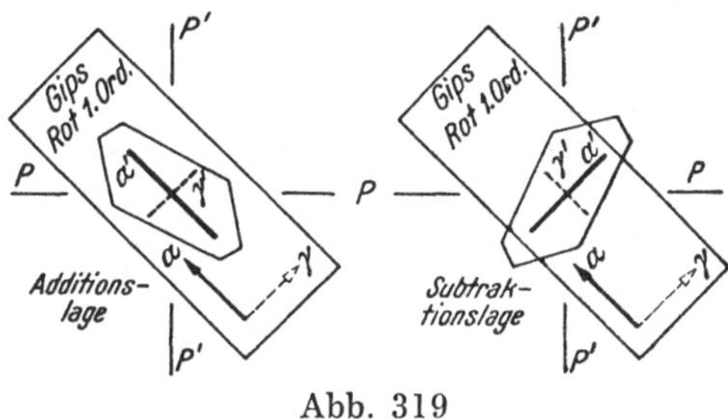

Abb. 319

Mineralplatte (oder den Gips) in der Dicke verringert („*fallende Farben*", „*Subtraktionsstellung*") (Abb. 319).

Diese „Subtraktion" erfolgt am besten von jener Platte, die die *höhere* Farbe besitzt. Ist das Mineralkorn mit höheren Farben als das Rot der ersten Ordnung ausgezeichnet, so werden dessen Farben durch die Gipsplatte einfach um eine ganze Ordnung erniedrigt erscheinen. Hat das Mineral Farben der ersten Ordnung, so wird man besser dessen Gangunterschied von jenem der Gipsplatte „subtrahieren".

Falls das Mineral das Weiß oder sehr helle Gelb der ersten Ordnung zeigt, erhält man in der Subtraktionsstellung dieselbe oder eine sehr nahestehende Farbe. Scheinbar bleibt das Korn also unverändert. Dreht man aber das Mineral um 90^0 weiter in die andere Diagonalstellung, so müssen sich nun (in der Additionslage) die kräftigen Farben der zweiten Ordnung zeigen.

Mit der Feststellung der Additions- bzw. Subtraktionslage ist die Lage von α' und γ' im Mineral eindeutig gegeben. Bei der *Additionslage* liegt α' (entsprechend dem α des Gipses) in der kartographischen Rich-tung SO—NW, in der *Subtraktionsstellung* hat α' dagegen die Richtung SW—NO. Es ist vorteilhaft, das Mineralkorn (und dessen parallel ge-stellte Zeichnung mit dem eingetragenen Schwingungskreuz) in *beide* Diagonalstellungen zu drehen, um eine völlig sichere Entscheidung, ob Additions- oder Subtraktionsstellung, zu erzielen.

Während bei den üblichen Dünnschliffdicken die meisten Minerale Farben der ersten Ordnung und nur selten höhere Farben zeigen, kann man an Splittern, Spaltplättchen usw. oder bei besonders hoher Doppel-brechung sogar auch im Dünnschliff Farben höherer Ordnungen zu sehen bekommen. Dann ist es nicht immer leicht, zu entscheiden, ob die Farben „steigen" oder „fallen", da sich die höheren Ordnungen der Newtonschen

Interferenzfarben nur wenig voneinander unterscheiden und sehr schwach getönt sind. In solchen Fällen sind besondere Verfahren nötig.

Hat das Mineral *keilförmige Ränder*, so kann man an diesen (wenn die Farbstreifen sehr dicht liegen bei stärkerer Vergrößerung) doch Stellen beobachten, wo sich Farben der ersten oder wenigstens der zweiten Ordnung finden. An solchen Stellen wird man dann die Prüfung vornehmen. Erhält man in der Diagonalstellung an solchen Stellen einen *schwarzen* Streifen, so bedeutet das, daß an dieser Stelle das Rot der ersten Ordnung des Minerals in *Subtraktions*stellung durch das Rot des Gipses aufgehoben (kompensiert) wurde. In der Additionsstellung müßte dort ein helleres Rot erscheinen.

Sind die Keilränder des Mineralkorns aber sehr steil und damit die Farbstreifen sehr dicht, so ist meist eine deutliche Farbunterscheidung nicht mehr durchführbar. Hier verwendet man mit Vorteil einen *Gips-* oder *Quarzkeil* gleicher Orientierung (α in der Längsrichtung) an Stelle der Gipsplatte. Dieser

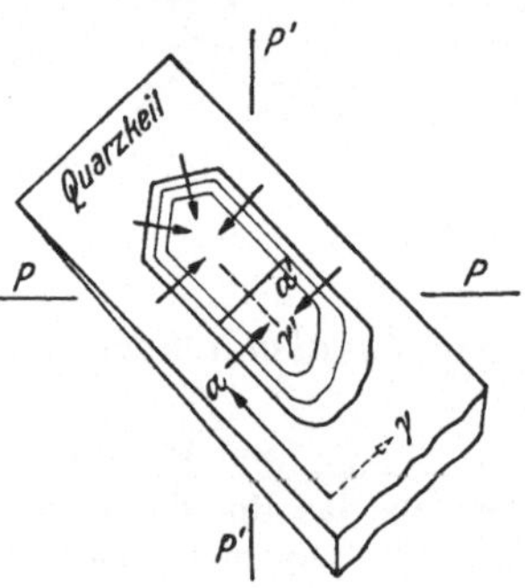

Keil gestattet die Verwendung *wachsender* Gangunterschiede zur Addition oder besser zur *Subtraktion (Kompensation)*. Zeigt ein solches in blassen Farben interferierendes Korn bei Einschieben des Keiles (mit der Keilschneide voran) immer kräftigere Färbung, so ist der Keil gegenüber der Mineralplatte in Subtraktionsstellung, denn nur so kann man auf niedrige Farben oder gar bis zur völligen Kompensation (Schwarz) kommen. Werden dagegen bei Einschieben des Keiles die Farben noch blasser oder verschwinden im Weiß der höheren Ordnung, dann befindet sich das Präparat in Additionslage.

Abb. 320. (Nach M. STARK)

Gleichzeitig kann man beobachten, daß an den Keilrändern des Minerals bei *Additionsstellung* die feinen Interferenzstreifen durch Einschieben des Keiles noch weiter *gegen den Rand geschoben* werden, dagegen kommen dem eindringenden Keil in der *Subtraktionslage* die Interferenzstreifen scheinbar *entgegen* (vgl. Abb. 320 für die Subtraktionsstellung). Dieses *Wandern* der Interferenzstreifen an den keilförmigen Rändern ist auch im monochromatischen Licht (wo ja eine Unterscheidung der Ordnungen an sich nicht möglich ist) gut zu beobachten und daher zur Unterscheidung von Additions- und Subtraktionsstellung verwendbar[1].

Ziemlich bedeutende Schwierigkeiten ergeben sich, wenn das Mineral auch in dünnen Platten (Dünnschliff) eine kräftige Eigenfarbe besitzt, da durch diese die Interferenzfarben starke Abänderungen erfahren. Auch hier erweist sich die Methode der Einführung eines Interferenz*keiles* und der dabei zu beobachtenden Wanderung der Farben als recht zweckmäßig.

4. Bestimmung der Brechungsquotienten α' und γ'

Abgesehen von den schon S. 267 ff. angegebenen Methoden lassen sich für günstige Schnittlagen auch noch mit der eingangs erwähnten *Einbettungsmethode* (vgl. S. 264) brauchbare Bestimmungen von Brechungsquotienten doppelbrechender Kristalle erzielen.

---

[1] Zur Verwendbarkeit des BEREK-Kompensators für die STARKsche Methode s. H. MEIXNER: Schweizer. Min. Petr. M. *32* (1952).

Das ist immer möglich, wenn in der untersuchten Mineralplatte eine oder beide Schwingungsrichtungen den Hauptwerten ε und ω bzw. α, β und γ entsprechen. (Zum Beispiel eine Spaltplatte von Gips, die in der Auslöschungslage die Messung der Extremwerte α und γ gestattet, da die Spaltfläche der Achsenebene, also dem Schnitt $x\,z$ der Abb. 310, parallel ist.)

Man stellt dazu auf Auslöschung ein und schaltet dann den oberen Nicol aus. In dieser Lage läßt sich dann in der Platte jener Strahl beobachten, dessen Schwingungsrichtung *parallel der Schwingungsrichtung des unteren Polarisators* ist. In dieser Stellung wird die Brechbarkeit durch Einbettung in eine geeignet gemischte Flüssigkeit bestimmt. Dann wird das Präparat um 90^0 gedreht und nun für die andere Schwingungsrichtung die Bestimmung vorgenommen.

Für Gips ergäbe im Na-Licht die Bestimmung ein $\alpha = 1{,}521$ und ein $\gamma = 1{,}531$. Daß die Methode ziemlich empfindlich ist, zeigt sich, wenn man das Plättchen, das für *eine* Lage schon in der richtigen Einbettungsflüssigkeit liegt (also scheinbar verschwindet), aus dieser Lage herausdreht. Sofort zeigen sich die Erscheinungen der Beckeschen Linie (vgl. S. 248 ff). (Eine ausführlichere Darstellung dieser Methode s. bei Burri, S. 221 ff.)

5. Bestimmung der Doppelbrechung $(\gamma' - \alpha')$

Wie schon S. 259 gezeigt wurde, ist der Gangunterschied der beiden, eine doppelbrechende Platte senkrecht durchsetzenden Strahlen nach ihrem Übertritt in Luft: $\Gamma = d\,(\gamma' - \alpha') = p\,.\,\lambda$. Ist also λ und die Dicke der Platte (d) bekannt, so muß die Messung des Gangunterschiedes die *Größe der Doppelbrechung* $(\gamma' - \alpha')$ ergeben.

Die Differenz des größten und des kleinsten dem Mineral zugehörigen Brechungsquotienten, $(\gamma - \alpha)$, wird als die *„Hauptdoppelbrechung"* bezeichnet und dient als wichtige Bestimmungsgröße.

Zwischen dieser Hauptdoppelbrechung $(\gamma - \alpha)$ und der in einer Mineralplatte bekannter Lage gegenüber den Achsen gemessenen Doppelbrechung $(\gamma' - \alpha')$ gilt

$$\left(\frac{1}{\alpha'^2} - \frac{1}{\gamma'^2}\right) = \left(\frac{1}{\alpha^2} - \frac{1}{\gamma^2}\right) \sin \varphi_1 . \sin \varphi_2$$

(Neumann), bzw. bloß angenähert $(\gamma' - \alpha') = (\gamma - \alpha) . \sin \psi_1 . \sin \varphi_2$ (Biot). Dabei bedeuten φ_1 und φ_2 die Winkel der Plattennormale (Durchstrahlungsrichtung) zu den beiden optischen Achsen (vgl. auch Abb. 312).

Der Wert $(\gamma' - \alpha')$ kann dadurch bestimmt werden, daß die Doppelbrechung des Minerals durch Einschieben eines *Keiles* in der Subtraktionsstellung kompensiert wird *(„Keilkompensator")*. Häufig erfolgt dies vermittels eines verschiebbaren Quarzkeiles. Die häufigste Ausführungsart ist die des *Babinetschen Kompensators.*

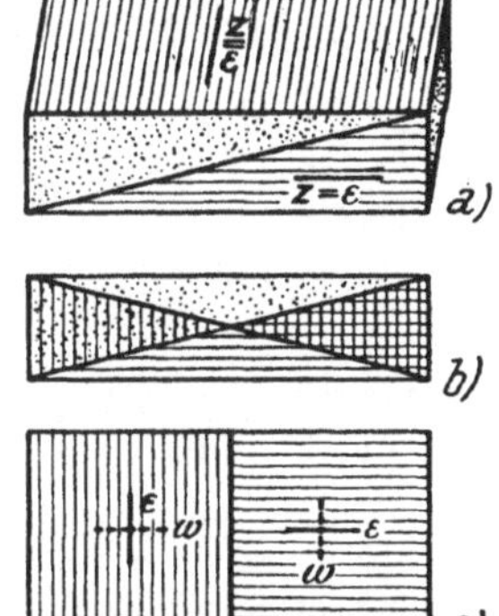

Abb. 321. Babinetscher Kompensator

Zwei sehr flache Qarzkeile mit gleichem Keilwinkel (etwa 1^0) sind so orientiert, daß in dem einen die Keilschneide parallel, in dem anderen senkrecht zur Hauptachse z steht; sie befinden sich also zueinander in Subtraktionsstellung.

Diese beiden Keile sind gleitend beweglich übereinandergelegt und können
durch einen Feintrieb gegeneinander parallel verschoben werden (Abb. 321 a).
An jener Stelle, wo die beiden Keile gleich dick sind (bei der Nullstellung
genau in der Mitte), müssen sie sich gegenseitig vollständig kompensieren. Dort
erscheint die „wirksame Dicke" gleich Null. An allen übrigen Stellen ist die wirksame Dicke gleich dem Unterschied der Dicke der aufeinanderliegenden Teile
(vgl. in Abb. 321 b die senkrecht schraffierten Teile).

Der Erfolg dieser Anordnung ist, daß in der Mitte mit der idealen Keildicke Null scheinbar zwei Keile mit entgegengesetzter Orientierung zusammen-
stoßen (vgl. Abb. 321 c, Ansicht von oben). Im weißen Licht sieht man also bei
Nullstellung in der Mitte einen schwarzen Kompensationsstreifen und rechts und
links die ansteigende Folge NEWTONscher Interferenzfarben.

Dieser BABINETsche Kompensator wird an Stelle des Okulars in
Diagonalstellung (!) eingesetzt und als zweiter Polarisator ein *Aufsatz-
Nicol* darübergestülpt. Die mit dem Feintrieb vorgenommene Parallel-
verschiebung der Keilteile wird an einer Trommelskala abgelesen. Die
Nullstellung des Kompensationsstreifens (Mitte des Gesichtsfeldes) ist
im Okular durch ein Kreuz festgelegt.

Im monochromatischen Licht gibt es nur helle und dunkle Streifen.
Deshalb muß die Nullstellung immer im weißen Licht bestimmt werden.

Bringt man bei Nullstellung des Kompensators ein doppelbrechendes
Mineral *in Diagonalstellung* in das Gesichtsfeld der gekreuzten Polarisatoren, so muß dieses Mineral für die eine Hälfte des Kompensatorfeldes

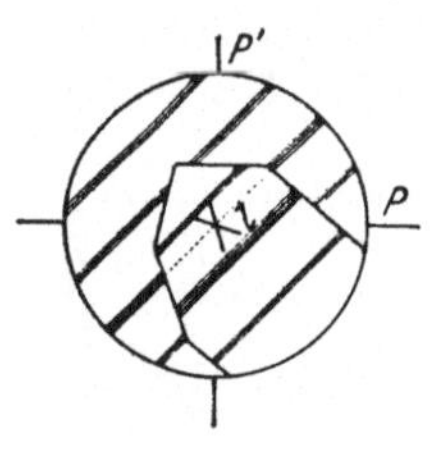

Abb. 322

in Additionsstellung, für die andere Hälfte in Subtraktionsstellung sein, d. h. der Kompensationsstreif
erscheint um ein bestimmtes Stück (l) verschoben
(Abb. 322). Um den Kompensationsstreif innerhalb
des Mineralkorns wieder in die durch das eingeritzte
Kreuz gekennzeichnete Nullstellung zu bringen, ist
eine entsprechende Verschiebung des einen Keiles
gegen den anderen nötig, die an der Skala abgelesen
wird. Diese Skala wird mit bekannten Gangunterschieden geeicht, d. h. man setzt $\Gamma = l \cdot C$, wobei l
die abgelesene Verschiebung und C eine Instrument-
konstante bedeutet (vgl. auch BECKE). Aus $\Gamma = l \cdot C = d\,(\gamma' - \alpha')$ ergibt
sich bei bekanntem d dann leicht die Größe $(\gamma' - \alpha')$.

Sicherer wird die Bestimmung von l, wenn man das Präparat auch noch
um 90° dreht, also die Orientierung gegenüber dem Kompensator verkehrt. Der
Kompensationsstreifen wandert dann um das gleiche l nach der anderen Seite
der Nullstellung. Die Differenz der beiden Skalenablesungen beträgt dann 2 l.

Im BABINET-SOLEIL-*Kompensator* (vgl. ROSENBUSCH-WÜLFING) wird der Quarz-
Doppelkeil noch mit einer planparallelen Quarzplatte parallel der Achse verbunden. Der Überschuß der Dicke der Platte über das Keilpaar ist ausschlaggebend für die betreffende Farbe, die sich dann gleichmäßig über das ganze Gesichtsfeld verbreiten muß.

Die Notwendigkeit, Aufsatzpolarisatoren verwenden zu müssen, wie auch die
technisch unvermeidliche Beschränkung des Quarz-Doppelkeiles auf einen Gangunterschied von wenigen Wellenlängen ließ eine andere Art von Kompensatoren
zweckmäßiger erscheinen.

Drehkompensatoren. BEREK verwendet eine Kalkspatplatte, senkrecht zur Achse geschnitten, die bei senkrechter Durchstrahlung einfachbrechend wirkt, also zwischen gekreuzten Polarisatoren dunkel bleibt. Wird nun diese Platte gegen die Mikroskopachse um eine diagonal gegen die beiden Polarisatorrichtungen orientierte Achse geneigt („gedreht"), so stellt sich mit wachsender Neigung auch eine Zunahme der Doppelbrechung ein (vgl. Abb. 298, 299, 331). Befindet sich das Präparat in der Subtraktionsstellung, so kann durch die zunehmende Neigung der Achsenplatte des Kalkspates die Doppelbrechung des Minerals zur Kompensation gebracht werden. Der hiezu nötige Drehwinkel i kann an einer Trommel des *Berek-Kompensators* abgelesen werden und gestattet unter Verwendung beigegebener Tabellen die Bestimmung der Größe der Doppelbrechung.

Eine solche Achsenplatte von 0,1 mm Dicke gestattet bei einer Neigung von 30^0 die Messung von Gangunterschieden bis zu $4 \lambda_{Na}$.

Der Apparat besitzt noch den besonderen Vorteil, daß er in den für die Einführung einer Gipsplatte oder eines Quarzkeiles bestimmten diagonalen Tubusschlitz (vgl. S. 271) und damit zwischen die beiden Polarisatoren eingeführt werden kann. Dadurch entfällt die lästige Verwendung eines Aufsatzpolarisators (vgl. RINNE-BEREK S. 163 ff.).

In ähnlicher Weise benützte NIKITIN dünne, schräg zur Achse geschnittene Quarzplatten. Besser und vielseitig verwendbar ist dagegen der *Ehringhaussche Drehkompensator,* bei dem zwei gleich dicke Platten des technisch so ausgezeichnet verwendbaren Quarzes verwendet werden, die parallel zur Achse geschnitten und in Subtraktionsstellung übereinandergekittet sind. Die Verwendung dieses Plattenpaares erfolgt genau so wie bei dem BEREK-Kompensator. Durch Kombination von Quarzplatten parallel der Achse weicht man auch den nahe der Achse zu beobachtenden „übernormalen" Interferenzfarben (vgl. S. 281) aus.

Die durch Drehung des Plattenpaares um den $\sphericalangle i$ erzielte Kompensation der Doppelbrechung des Schliffes ist gegeben durch: $\varDelta_s = \lambda \cdot \varDelta = \sqrt{\varepsilon^2 - \sin^2 i} -$

$- \dfrac{\varepsilon}{\omega} \sqrt{\omega^2 - \sin^2 i}$. Bei einem Drehwinkel von $68,5^0$ in Luft sind Gangunterschiede bis zu $7 \lambda_{Na}$ meßbar. Auch für Messung sehr kleiner Gangunterschiede ist die EHRINGHAUSsche Doppelplatte sehr vorteilhaft[1].

R. MOSEBACH gab einfache und vorteilhafte Verfahren zur Erhöhung der Meßgenauigkeit von Gangunterschieden an, die sowohl eine Erweiterung des Meßbereiches normaler Drehkompensatoren wie auch eine Verfeinerung der Messung im Bereich von $\varGamma = 0 - 1\lambda$ betreffen[2].

Für alle Fälle ist es empfehlenswert, zur Erzielung besonderer Meßgenauigkeit monochromatisches Licht zu verwenden.

Jedenfalls ist die Kenntnis der *Dicke d* der untersuchten Mineralplatte nötig. Zu deren Bestimmung gibt es verschiedene Methoden. Ist das Plättchen lose, so kann seine Dicke mittels eines Tastmikrometers bestimmt werden. Andernfalls kann man mit Hilfe eines Drehtisches

---

[1] A. EHRINGHAUS: Z. Krist. *76* (1931) und *98* (1938).

[2] Heidelberger Beiträge *2* (1949). Ein der Ermittlung der Doppelbrechung bei Verwendung des BEREK-Kompensators dienendes Nomogramm s. bei W. E. TRÖGER: Tabellen zur optischen Bestimmung. Stuttgart 1952.

(vgl. S. 283) das Präparat (den Dünnschliff) vertikal stellen und im Mikroskop mit einem Schraubenmikrometerokular die jetzt waagrecht liegende Plattendicke ausmessen. Häufig benutzt man auch die Methode von Duc de Chaulnes, die ursprünglich zur Bestimmung der Brechungsquotienten ersonnen war, dazu aber wenig geeignet ist.

Bei dem Lichtdurchgang durch eine planparallele Platte erscheint eine Marke M (z. B. ein Staubkorn auf der Unterseite der Platte, Abb. 323) in ihrer Höhe nach M' verschoben. Statt der wirklichen Dicke d erscheint die Platte unter der scheinbaren Dicke d'. Aus Abb. 323 ergibt sich, daß $\dfrac{d}{d'} = \dfrac{\operatorname{tg} i}{\operatorname{tg} r}$. Da für nahezu senkrechten Lichteinfall (also bei kleinen Einfallswinkeln) das Tangentenverhältnis sich kaum von dem Sinusverhältnis unterscheidet, kann man angenähert $\dfrac{d}{d'} \sim \dfrac{\sin i}{\sin r}$ und damit $= n$ setzen.

Ist nun der Brechungsquotient des Minerals ungefähr (auf ein bis zwei Dezimalen) bekannt, so läßt sich aus der scheinbaren Plattendicke d' und n das d leicht ermitteln. Dazu stellt man auf Unreinigkeiten der Unter- und Oberseite des Minerals ein und liest den Wert d' an der Mikrometerstellschraube des Mikroskoptubus ab. (Vgl. dazu auch Burri und Rinne-Berek.)

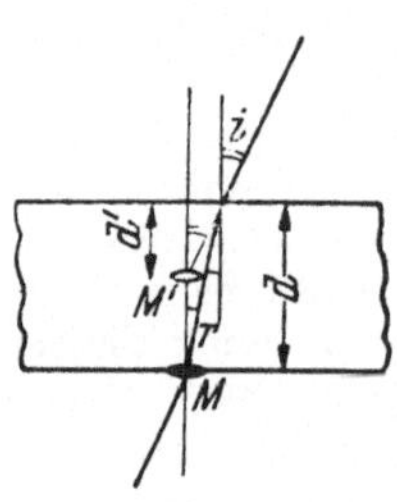

Abb. 323

Mangelt die auch nur angenäherte Kenntnis der Brechbarkeit des zu prüfenden Korns, so kann man sich im Dünnschliff dadurch helfen, daß man an einem Nachbarkorn, dessen Brechbarkeit man kennt, die Dicke mißt und (allerdings nur angenähert) der Dicke des unbekannten Minerals gleichsetzt[1].

Die bisherigen Darlegungen schlossen sich eng an die Verhältnisse im Newtonschen Interferenzkeil an, bei dem für einen bestimmten Gangunterschied die erforderliche Dicke nur der Wellenlänge des angewendeten Lichts einfach proportional ist. Aus der grundlegenden Beziehung $d\,(\gamma' - \alpha') = p \cdot \lambda$ folgt aber die Abhängigkeit $d = \dfrac{p\,\lambda}{\gamma' - \alpha'}$, d. h. die zur Erzielung eines bestimmten Gangunterschiedes nötige Plattendicke ist nicht nur der Wellenlänge gerade, sondern auch *der Doppelbrechung verkehrt proportional*. Die obigen Auseinandersetzungen behalten also ihre Gültigkeit nur, *wenn die Doppelbrechung für alle Lichtarten gleich ist*. In diesem Falle erscheint die *normale Farbfolge*. Diese Forderung ist aber bei den wenigsten Mineralen wirklich erfüllt; ziemlich angenähert, wenn auch nicht vollkommen, findet man die Farbfolge beim Quarz.

In der überwiegenden Zahl der Fälle ist die Doppelbrechung für die gleiche Mineralplatte bei Verwendung verschiedener Lichtarten *verschie-*

---

[1] Das wäre nur dann ganz richtig, wenn die beiden Minerale gleiche Härte besäßen. Ist das nicht der Fall, dann schleift sich das weichere Mineral muldenförmig aus, das härtere ragt narbig hervor, die Dicke ist also etwas verschieden (vgl. S. 327).

den („Dispersion der Doppelbrechung") (vgl. BECKE). Im allgemeinen lassen sich dabei zwei Typen abweichender Farbfolgen unterscheiden.

1. *Übernormale Farben.* Da bei gleichem Γ die erforderliche Plattendicke mit wachsendem $(\gamma' - \alpha')$ abnimmt, muß im Falle $(\gamma' - \alpha')_r <$ $< (\gamma' - \alpha')_v$ die Folge eintreten, daß im Roten die erforderliche Plattendicke größer (bzw. im Violetten kleiner) sein muß, als es dem Normalfall entspräche.

In Abb. 324 sind die Verhältnisse vergleichsweise dargestellt (vgl. dazu Abb. 288). Ist $(\gamma' - \alpha')_r < v$, so wird im violetten Teile des Spektrums schon eine kleinere Dicke (d_v) zu dem verlangten Γ führen als im Normalfall, bzw. ist für das rote Ende des Spektrums eine verhältnismäßig größere Dicke nötig. Man sieht, daß die Dunkelstreifen (MÜLLER-TALBOTsche Streifen) schon in der ersten Ordnung eine Neigung annehmen, die im Normalfall erst bei der zweiten Ordnung oder noch später zu sehen wäre.

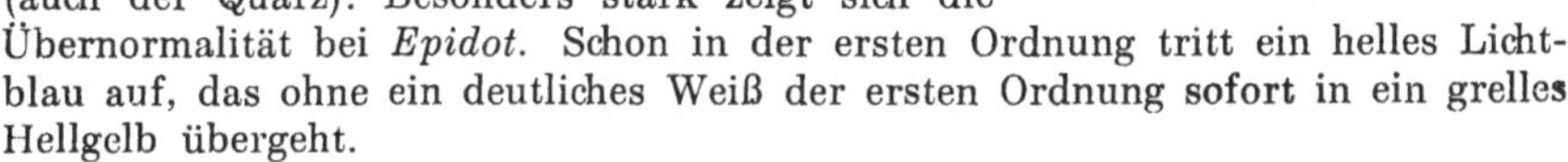
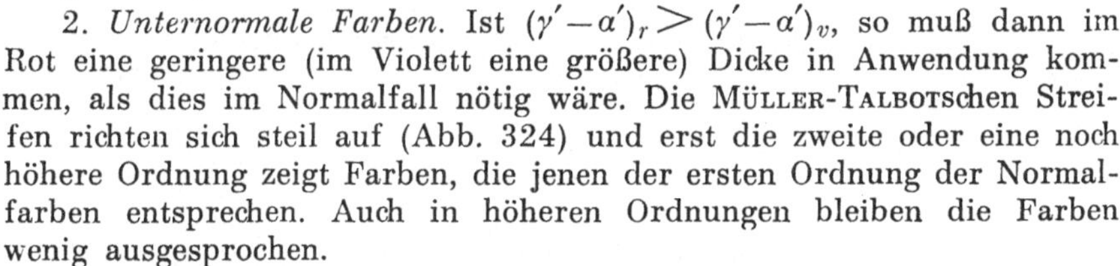

Abb. 324

Schon die erste Ordnung zeigt auffallend kräftige und leuchtende Farben, und die folgenden Ordnungen streben besonders rasch dem Weiß höherer Ordnung zu. Wegen der Lebhaftigkeit der Farben spricht BECKE hier von *übernormalen Farben.*

Die meisten Minerale sind schwach übernormal (auch der Quarz). Besonders stark zeigt sich die Übernormalität bei *Epidot.* Schon in der ersten Ordnung tritt ein helles Lichtblau auf, das ohne ein deutliches Weiß der ersten Ordnung sofort in ein grelles Hellgelb übergeht.

2. *Unternormale Farben.* Ist $(\gamma' - \alpha')_r > (\gamma' - \alpha')_v$, so muß dann im Rot eine geringere (im Violett eine größere) Dicke in Anwendung kommen, als dies im Normalfall nötig wäre. Die MÜLLER-TALBOTschen Streifen richten sich steil auf (Abb. 324) und erst die zweite oder eine noch höhere Ordnung zeigt Farben, die jenen der ersten Ordnung der Normalfarben entsprechen. Auch in höheren Ordnungen bleiben die Farben wenig ausgesprochen.

In solchen Fällen erscheinen stumpfe Farben, violettgraue, bräunliche und fahlgrüne Töne sind bevorzugt, die als *„unternormale Farben"* bezeichnet werden.

Manchmal kann sich die Aufrichtung der Dunkelstreifen (Abb. 324) bis zur völligen Parallelität mit der Keilschneide steigern. Dann sieht man auch bei Anwendung weißen Lichts nur helle, schmutzigweiße und dunkle Streifen (z. B. bei manchen Varietäten des Apophyllits). Die bekanntesten Beispiele für unternormale Farben geben Klinochlor und eisenarme Chlorite, auch manche Hornblenden.

Wenn die Beziehungen der Doppelbrechung nicht in einfachen Verhältnissen zur Wellenlänge des angewendeten Lichts stehen, wie in den genannten Fällen, kommt es zur Ausbildung von „*anomalen*“ Farben (z. B. bei Vesuvian, einigen Chloriten u. a.; vgl. BECKE).

Solche Erscheinungen hängen oft mit einer Änderung des „optischen Charakters“ innerhalb des Bereiches des sichtbaren Spektrums zusammen (vgl. Abb. 341), wobei für ein bestimmtes λ die Doppelbrechung überhaupt gleich Null wird. Dann treten in dem einen Teil des Spektrums „übernormale“, im anderen

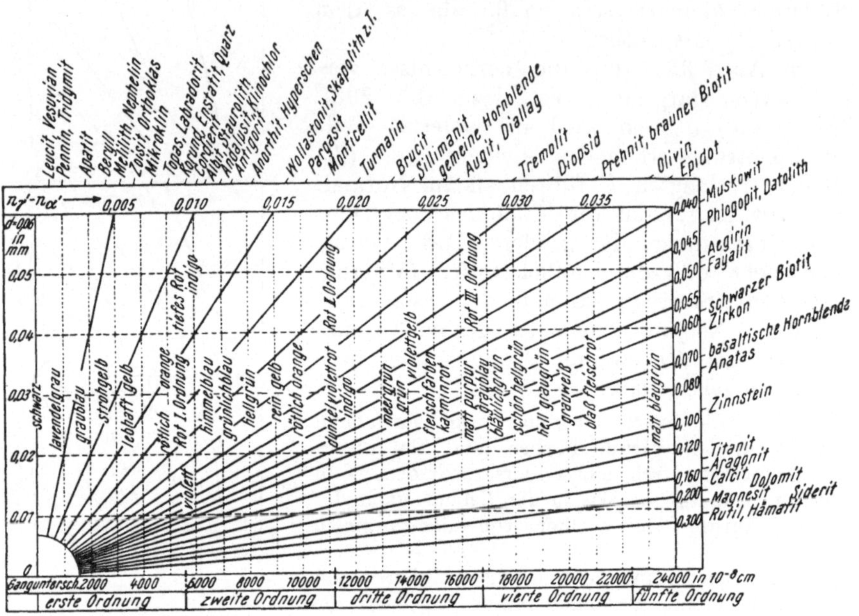

Abb. 325. Zusammenhang zwischen $(\gamma' - \alpha')$ und d bei normaler Farbenfolge mit Eintragung einiger Mineralbeispiele (nach P. NIGGLI)

„unternormale“ Farben auf, die sich zu völlig *anomalen* Interferenzfarben mischen. Hier muß die Doppelbrechung für jede Farbe gesondert bestimmt werden (vgl. auch BURRI).

Bei bekannter Schliffdicke und (praktisch) „normaler“ Doppelbrechung läßt sich einfach aus den beobachteten Interferenzfarben schon ein Schluß auf die Größe $(\gamma' - \alpha')$ ziehen (Abb. 325).

Alle Interferenzfarben an doppelbrechenden Platten, die von den „normalen Farben“ abweichen, können durch Verwendung eines nahezu normalfarbigen Kompensators (BABINET, BEREK, EHRINGHAUS) im weißen Licht nicht vollständig zu Schwarz kompensiert werden. Der Kompensationsstreif zeigt immer mehr oder weniger deutliche farbige Säume. Bezüglich deren Lage und Verwertungsmöglichkeiten vgl. BECKE.

6. Bestimmung des „optischen Charakters“

Sowohl bei den optisch einachsigen als auch bei den optisch zweiachsigen Kristallen gibt es je zweierlei Lichtausbreitungsformen, die als *positiv* und *negativ* unterschieden werden (vgl. S. 252 und 265), die aber durch die Kristallsymmetrie nicht voraus bedingt sind, sondern nur mit dieser vereinbar sein müssen.

Für die *optisch einachsigen* Kristalle bedarf man zur Ermittlung des optischen Charakters nur der Prüfung des *außerordentlichen Strahles*. Ist dieser der *langsamere* Strahl ($\varepsilon > \omega$), so handelt es sich um einen optisch *positiven* Kristall, ist dagegen der außerordentliche Strahl der *raschere* ($\varepsilon < \omega$), so liegt ein *negativ* einachsiger Kristall vor.

Es ist aber nötig, vorher zwei Fragen zu erledigen, nämlich ob das zu prüfende Mineral überhaupt optisch einachsig ist, und wie darin dessen Wirtelachse = optische Achse liegt, denn erst damit ist der Hauptschnitt und dadurch die Schwingungsebene des außerordentlichen Strahles gegeben.

In vielen Fällen haben die wirteligen Kristalle einen stengeligen Bau nach der Hauptachse, so daß der „optische Charakter der Hauptzone" mit dem wahren optischen Charakter zusammenfällt. So zeigt z. B. *Rutil* oder *Zirkon* in der Richtung der Stengelachse die Schwingung des langsameren Strahles und ist daher als optisch *positiv* zu bezeichnen. Entsprechend liegt die Längserstreckung der *Apatit*-Säulchen parallel der Schwingung des rascheren Strahles, also ist Apatit optisch *negativ*.

Sind aber Wirtelkristalle *tafelig* nach der Basis entwickelt, so erscheinen sie im senkrechten Durchschnitt als Leisten, die *quer* zur Hauptachse gestreckt sind. Der optische Charakter der Hauptzone ist dann entgegengesetzt jenem des Minerals (z. B. bei *Hämatit*-Tafeln).

Wird bei orthoskopischer Beobachtung die Bestimmung des optischen Charakters schon bei einachsigen Kristallen manchmal recht umständlich, so häufen sich die Schwierigkeiten, wenn es sich um *zweiachsige* Kristalle handelt.

In beiden Fällen ist man gezwungen, möglichst verschiedene Schnitte desselben Minerals zu untersuchen, um durch Vereinigung der dabei gemachten Beobachtungen einen Schluß auf den optischen Charakter ziehen zu können.

Im Dünnschliff wird man dazu womöglich alle Körner, die als zu dem gleichen Mineral gehörig erkannt wurden, durchprüfen. Wenn aber nur ganz wenige solche Körner vorliegen oder nicht sicher ist, welche Körner als gleichartig zusammengehören, versagen die orthoskopischen Methoden, wenn es nicht gelingt, das *einzelne* Korn *nach mehreren Richtungen* zu durchleuchten und damit optisch zu überprüfen.

7. Drehtischmethoden

Die Durchleuchtung eines Mineralkorns nach *verschiedenen* Richtungen ist dann möglich, wenn man das Präparat räumlich allseits drehbar im Mikroskop beobachtet. Die dazu nötigen Vorrichtungen werden als *Drehtische* (Universaldrehtische) bzw. nach ihren Konstrukteuren als FEDEROW- (WRIGHT-) Tische bezeichnet.

Es sind Tischchen, die auf den Mikroskoptisch aufgeschraubt werden und im wesentlichen aus drei Kreisringen bestehen, die nach drei in der Null-Lage aufeinander senkrechten Durchmessern drehbar sind. In der

Normallage entspricht die Drehachse des einen Ringes der Mikroskopachse; es ist die „Normalachse" $(N = A_1)$. Die Achsen der beiden anderen Ringe liegen in der Ebene des ersten Ringes und stehen aufeinander senkrecht; die eine „Horizontalachse" $(H = A_2)$ liegt in der kartographischen NS-Richtung, die andere, die „Kontrollachse" $(K = A_4)$, in der OW-Richtung. In der Normallage sind die Achsen H und K parallel den

Abb. 326. Fedorowscher Drehtisch (nach R. Fuess)

Schwingungsrichtungen der Polarisatoren des Mikroskops. Durch diese dreifache Drehbarkeit ist es möglich, jede gewünschte Richtung in die Mikroskopachse und damit in den Lichtgang zu bringen (Abb. 326). Für jede Achse, bzw. Kreisring ist die Drehung an entsprechenden Teilkreisen ablesbar.

Das Präparat wird in der üblichen Weise auf dem innersten Ring befestigt, doch muß noch vorgesorgt werden, daß nicht bei der Drehung infolge schiefen Lichteinfalls in das Präparat durch Totalreflexion die Beobachtung unmöglich wird. Zu diesem Zwecke wird das Präparat zwischen zwei Kugelsegmente eingeklemmt, so daß es mit diesen zusammen eine allseits kugelige Oberfläche bildet und daher von jeder zentralen Strahlenrichtung senkrecht zur Oberfläche, d. h. ohne Ablenkung, durcheilt wird. Nur müssen dazu Präparat, Einbettungsmasse und Segmente, die meist mit Glyzerin mit dem Präparat verbunden werden, *gleiche* oder nahezu gleiche Brechbarkeit besitzen. Die Methode hat also große Vorteile bei Quarz oder Feldspat, wird aber immer umständlicher in der Anwendung, je höher brechend das zu untersuchende Mineral ist. In diesem

Falle müssen höher brechende Glassegmente verwendet werden, die allerdings derzeit schon bis zu einem $n = 1,92$ in den Handel gebracht werden[1].

Solange die Brechbarkeit des Minerals n_M nicht allzu verschieden ist von der der Kugelsegmente n_S, hält sich die Änderung des Kippwinkels i beim Übergang vom Mineral in das Segment innerhalb der Beobachtungsfehler. Bei stärkerer Verschiedenheit läßt sich nach dem SNELLIUS-Gesetz: $n_M \cdot \sin i_M = = n_S \cdot \sin i_S$ die Änderung des Kippwinkels in Rechnung setzen. E. TRÖGER gab Nomogramme zur graphischen Bestimmung des hiebei auftretenden Fehlers[2].

Infolge der Notwendigkeit, solche, der Brechbarkeit des Minerales möglichst entsprechende Kugelsegmente auf das Präparat aufzukitten, ist es nicht möglich, starke Objektive zu benützen, da man die Frontlinse solcher Systeme nicht nahe genug an das Präparat heranbringen kann, man müßte denn sehr kleine Segmente verwenden. Dadurch scheint aber die Verwendungsmöglichkeit des Universaldrehtisches auf schwache Vergrößerungen bzw. auf rein orthoskopische Methoden beschränkt und konoskopische Methoden ausgeschaltet. Demgegenüber entwickelte H. SCHUMANN[3] eine *drehkonoskopische Methode,* wobei er besonders konstruierte Objekte (z. B. BEREK-LEITZ UM$_4$) bzw. Kondensatoren zusammen mit dem Drehtisch üblicher Größe verwendet.

Bleibt das Mineral auf dem Drehtisch zwischen gekreuzten Polarisatoren auch bei Drehung um jede der beiden horizontalen Achsen dunkel, dann ist der Körper *einfachbrechend.*

Liegt ein beliebiger Schnitt eines *einachsigen* Kristalls vor, so wird dieser zunächst sich bei Drehung zwischen gekreuzten Nicolen aufhellen. Man bringt nun durch Drehung um die Normalachse $N = A_1$ den Kristall in die Auslöschungslage, dann müssen die beiden Nicolrichtungen mit dem Hauptschnitt, bzw. der Senkrechten dazu parallel liegen (vgl. Abb. 309 und 334, das Skiodromennetz einachsiger Kristalle). Es muß also der gesuchte Hauptschnitt mit der Achse $H = A_2$ oder der Achse $K = A_4$ zusammenfallen.

Liegt er in der H-Achse, so wird die Betätigung der K-Achse *keine* Aufhellung ergeben, da hierbei nur Schwingungsrichtungen innerhalb des *gleichen* Meridiankreises (parallel einem Nicolschnitt) zur Einstellung kommen. Trotz Drehung um K bleibt also das Korn dunkel. Liegt aber der Hauptschnitt in der K-Achse, dann gibt die Drehung um K Aufhellung. In diesem Falle dreht man um 90^0 um die N- (Normal-) Mikroskopachse, was einem Austausch der Richtungen H und K entspricht. Handelt es sich wirklich um ein einachsiges Mineral, so muß jetzt trotz neuerlicher Betätigung von K die Dunkellage erhalten bleiben.

Hat man damit einmal einen Hauptschnitt in die Lage von $H = A_2$ gebracht, so wird der *Mikroskoptisch samt dem Drehtisch* in die 45^0-Lage gedreht, was natürlich Aufhellung gibt. Wenn man nun $K = A_4$ wieder in Tätigkeit setzt, muß diese Bewegung allmählich auch die *optische Achse* in das Ge-

---

[1] V. ARSHINOV vereinfacht die Apparatur dadurch, daß er eine massive Glashalbkugel, die den Objektträger und das obere Glassegment trägt, in eine sphärische Schale gleicher Krümmung, die auch gleichzeitig zur Regelung der Beleuchtung dient, beweglich einbettet. V. ARSHINOV: Primenenie nakloniaemuch stolikov-gemispher dlia rabotu po Fedorowskomu metodu (nur russisch, Moskau 1952).

[2] Zbl. Min. 1939, 177 ff.

[3] Fortschr. Min. 25, 215 ff. (1941).

sichtsfeld bringen, d. h. in dieser Diagonalstellung wird die Doppelbrechung bei Drehung um K immer geringer werden, bis endlich dann, wenn die Achse selbst in die Tubusachse gedreht ist, *auch in der 45°-Stellung völlige Dunkelheit herrscht.*

Ist einmal die Richtung des Hauptschnittes festgelegt, so genügt die einfache Ermittlung von γ' oder α', um den optischen Charakter zu bestimmen (vgl. S. 283). Dabei bleibt die optische Orientierung bei weiterer Drehung um K *vor* und *hinter* der Achse im gleichen Hauptschnitt *gleich.*

Bei optisch *zweiachsigen* Kristallen verhalten sich die Schnitte senkrecht zu einer der drei Symmetrieebenen der dreiachsigen Indikatrix ganz ähnlich den schiefen Schnitten einachsiger Kristalle. Es werden daher beliebig schiefe Schnitte eines zweiachsigen Kristalls zunächst durch schrittweise Verwendung von H und K in Lagen senkrecht zu einer der drei Symmetrieebenen übergeführt, dann ist die Normale darauf (K) eine der drei Achsen der Indikatrix.

Hat man nun die *Achsenebene* gefunden, so erfolgt die Einstellung der Achse selbst genau so wie bei den einachsigen Kristallen. Man beachte aber, daß die optische Orientierung innerhalb der Achsenebene *vor* und *hinter* dem Achsenpol *entgegengesetzt* ist (vgl. Abb. 313 und 350 b)! Dadurch unterscheidet sich also die Einstellung der Achse eines zweiachsigen Kristalls von jener eines einachsigen. Man wird hier *beiderseits* der Achse die Bestimmung des optischen Charakters vornehmen müssen und erfährt dadurch, auf welcher Seite der Achse α und auf welcher γ liegt. Durch die Überprüfung, ob γ oder α im *spitzen* Winkel der Achsen liegt, ist dann die Lage und der Charakter der ersten Mittellinie, ob *positiv* oder *negativ*, gegeben[1].

Bei höher licht- und doppelbrechenden Kristallen und vor allem, wenn Achsen- oder Mittelliniendispersionen vorliegen (vgl. S. 304 ff.), stellen sich Unsicherheiten ein, bzw. der Zwang, nur im monochromatischen Licht zu arbeiten. Man erhält dann im weißen Licht keine absolute Dunkellage für die optische Achse und kann die dispergierte Mittellinie nicht eindeutig in die Lage der $K = A_4$-Achse bringen. In solchen Fällen sind die im folgenden skizzierten konoskopischen Methoden weit aufschlußreicher und handlicher.

Das von H. Schumann angegebene *Drehkonoskop* stellt die Vereinigung der Drehtischmethoden mit konoskopischen Methoden dar und hat die Arbeitsmöglichkeiten mit dem Drehtisch beträchtlich erweitert bzw. die bisher anhaftenden Mängel großenteils behoben, so daß der Drehtisch auch für genauere Dispersionsmessungen bei Achsenwinkel und Mittellinie verwendet werden kann. (Vgl. auch Burri, S. 284.)

Es ist zu beachten, daß es *nicht* angeht, bei Messungen der „Auslöschungsschiefe" den Drehtisch zur „Verbesserung der Schnittlage" zu verwenden. Die Bestimmung der Auslöschungsschiefe erfolgt ja gegenüber einer *in der Schnittebene* sichtbaren *Spur* einer (Kristall-, Spalt-, Zwillings-) Fläche (P). Diese, der Schnittebene (S) angehörige Spur ist geometrisch aber *nicht* identisch mit

---

[1] R. Mosebach [Heidelberger Beiträge 2 (1950)] zeigt, daß sich mit Hilfe des Drehtisches Achsenwinkel und mittlere Brechbarkeit (β) bestimmen lassen, wenn in einem Dünnschliff Mineralkörner so orientiert sind, daß der scheinbare Winkel 2 S (gegen das Glassegment gemessen!) sowohl um die spitze wie um die stumpfe Mittellinie meßbar ist.

jener Schnittspur, die die gleiche Fläche (*P*) in jener Fläche (*F*) zeichnen würde, deren Normale man zwecks Bestimmung der für *diese* geltenden Auslöschung in die Mikroskopachse hineindreht, sondern es handelt sich dabei nur um die *Projektion* der in der Schnittebene sichtbaren Spur auf eine *neue* optische Ebene (*F*). Daher können sich je nach der gegenseitigen Lage der spurenbildenden Fläche *P* und der in das Zentrum gedrehten Fläche *F* zur Schnittebene *S* recht beträchtliche Fehler einstellen. Es ist das eine ähnliche Aufgabe wie die Bestimmung der Kantenwinkel einer Kristallfläche aus den im Kopfbild aufscheinenden projizierten Kantenwinkeln. Einwandfreie Messungen sind nur dann gewährleistet, wenn *S, P* und *F* in der *gleichen* Zone liegen, oder *P* der Pol der Zone [*S—F*] ist. (TERTSCH, Min. petr. Mitt. *53* (1941), 64.)

Für gewisse Sonderaufgaben, z. B. bei den Feldspaten und ihren komplizierten Zwillingsbildungen, bietet allerdings die Drehtischmethode Messungsmöglichkeiten, wie sie in gleicher Genauigkeit und Vollständigkeit kaum von einer anderen Methode erreicht werden. (Ausführlicheres vgl. bei BEREK, BURRI und REINHARD.)

Besonders wertvoll werden die Drehtischmethoden bei dem Studium der *„Gefügeregelung"* in Gesteinen (SANDER, SCHMID). Es gelingt damit leicht, besonders kennzeichnende Minerale wie etwa den Quarz in ihrer *räumlichen* Anordnung innerhalb des Gesteins zu studieren (z. B. die statistische Häufigkeit gewisser Lagen der Stengelachsen des Quarzes bezogen auf die Schieferungsebene oder Streckungsrichtung).

Eine originelle Erweiterung der Drehtisch-Methoden bietet die von H. WALDMANN angegebene *Glashohlkugel*[1], in deren Mitte ganze Kristalle bis zu 11 mm Durchmesser eingeschlossen werden können. Der restlich verbleibende Hohlraum wird mit einer dem *n* der Glashohlkugel entsprechenden Flüssigkeit ausgefüllt und die geschlossene Kugel als Ganzes an Stelle der sonst verwendeten Kugelsegmente in den Drehtisch eingesetzt. Hier lassen sich leicht kristallographische und kristalloptische Beobachtungen vereinen. Besonders bei Edelsteinuntersuchungen vorteilhaft verwendbar.

b) „Durchlicht"-Beobachtungen im Konoskop

1. Beobachtungsgrundlagen

Gestatten die Drehtischmethoden, einen Kristall im Nacheinander nach verschiedenen Richtungen zu durchforschen, so erlaubt das Konoskop im Nebeneinander eine *gleichzeitige* Überprüfung *verschiedener* Richtungen, weil man hier statt des üblichen Lichtbündels ein mehr oder weniger weites Licht*büschel (Lichtkegel)* verwendet. Dazu bedarf es eines starken Linsensystems, das *konvergentes Licht* erzeugt *(Kondensor)*, und eines zweiten, das die reellen Bilder der verschiedenen Lichtdurchgänge liefert *(starkes Objektiv)*. Zwischen beide wird die Mineralplatte gebracht, außerdem sind unter-, bzw. oberhalb der beiden Linsensysteme die beiden Polarisatoren einzusetzen.

Wenn man schlechtweg von einem Lichtkegel spricht, bedeutet das, daß eine unendliche Zahl von Licht*bündeln* (also parallelen Strahlen) in *verschiedenen Neigungen zur Achse des Instruments,* und zwar im Bereich eines Kegels von bestimmtem Öffnungswinkel aus dem Linsensystem (Kondensor) austritt.

---

[1] Schweizer. Min. Petr. M. *27* (1947) und *28* (1948) (Tinzenit).

Diese Lichtbündel verschiedener Richtung werden dann durch das zweite Linsensystem, jedes gesondert, wieder in den entsprechenden Brennpunkten der rückwärtigen (oberen) Brennfläche des Objektivs vereinigt (Abb. 327; die im Mineral erfolgende Brechung ist dabei vernachlässigt). *Jeder* Punkt der Brennfläche (*BF*) bedeutet also das reelle Bild eines Strahlenbündels, das unter einem genau bestimmbaren Winkel gegen die Mikroachse das Mineral durchsetzt. Man kann demnach in dieser Brennfläche des Objektivs tatsächlich *nebeneinander* die Ergebnisse der Durchstrahlung des Minerals in *verschiedenen Richtungen* zur Plattennormale beobachten.

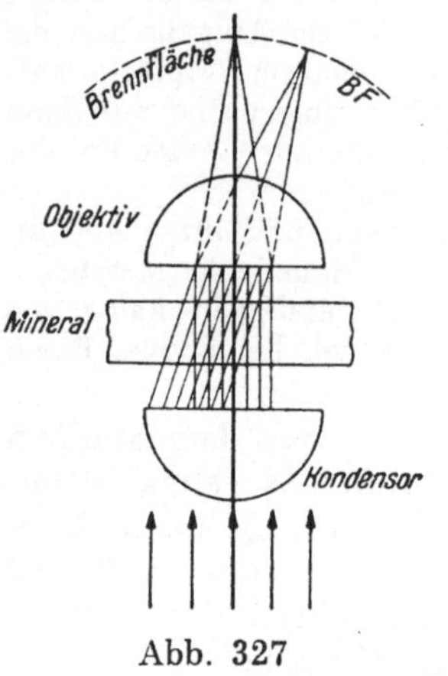

Abb. 327

In dieser einfachen Anordnung (zwei Linsensysteme und zwei Polarisatoren) wurden zuerst besondere „Polarisationsinstrumente" bzw. „*Konoskope*" von NÖRRENBERG konstruiert. Heute verwendet man dazu vorteilhaft das *Polarisationsmikroskop* selbst, wobei man durch eine Vorschaltlinse (*VK* in Abb. 317) die Beleuchtungsvorrichtung zu einem stärkeren System umwandelt, und als zweites System ein möglichst starkes Objektiv verwendet, das den nötigen Öffnungswinkel besitzt (bis etwa zu 120⁰). Schwache Objektive haben nur 10⁰ bis 20⁰ Öffnungswinkel und sind daher für diese Betrachtungsweise ungeeignet.

Will man das Polarisationsmikroskop als Konoskop benutzen, so muß man das Okular *ausschalten,* denn es handelt sich um die Beobachtung der Brennfläche des Objektivs, auf die das Okular nicht eingestellt ist. Wir projizieren dabei die Erscheinungen in der rückwärtigen Brennfläche eigentlich orthogonal auf eine Horizontalebene. Allerdings erscheinen diese Bilder, mit dem freien Auge betrachtet, ziemlich klein, befinden sich aber in günstiger Sehweite für das Auge.

Will man die Bilder etwas vergrößern, so kann dazu nicht ohne weiteres das für eine ganz andere Bildweite eingestellte Okular dienen, sondern man muß sozusagen ein *Hilfsmikroskop* auf die Brennfläche des Objektivs einstellen. Das geschieht dadurch, daß man in den Tubus ein Hilfsobjektiv, .die *Amici-Bertrandsche Linse* (vgl. Abb. 317, *BL*) einschaltet und mit dem Okular zu einem kleinen Mikroskop vereinigt. Natürlich ist in diesem Falle das Bild gegenüber dem wahren Bild um 180⁰ verdreht!

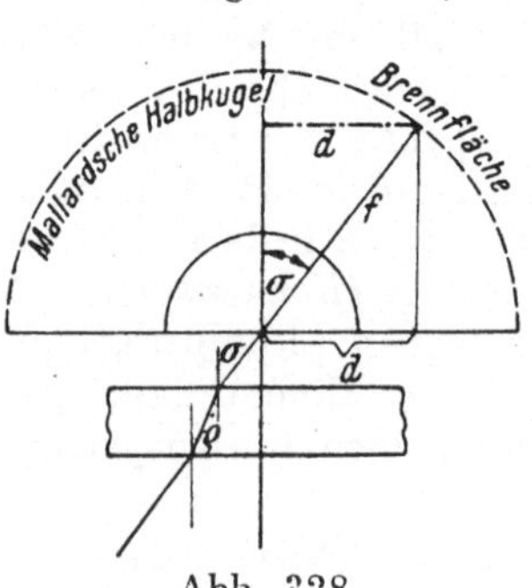

Abb. 328

Die reellen Bildpunkte der rückwärtigen Brennfläche stehen mit der Neigung des Strahles gegenüber der Mikroskopachse in Luft und im Mineral in einfachen Beziehungen, wenn man mit MALLARD die Brennfläche in erster Annäherung als Kugelfläche ansieht[1]. Nach Abb. 328 ist der lineare Abstand *d* des Bildpunktes von der Bildmitte proportional einer

---

[1] Mit der „Äquivalentbrennweite" als Radius.

Sinusgröße: sin $\sigma = d \cdot \varkappa$, wobei der Proportionalitätsfaktor $\varkappa$ als *Mallardsche Konstante* bezeichnet wird, die für jedes Objektiv gesondert bestimmt werden muß. Der Radius der als kugelig angenommenen Brennfläche, die Äquivalentbrennweite, ist dann $f = \dfrac{1}{\varkappa}$.

σ bedeutet den Winkel in Luft, also den *scheinbaren* Winkel; die *wahre* Strahlenrichtung im Kristall ergibt sich aus:

$$\frac{\sin \sigma}{\sin \varrho} = n \qquad \text{zu} \qquad \sin \varrho = \frac{\sin \sigma}{n} = \frac{d \cdot \varkappa}{n}.^1$$

Bezüglich genauerer Einzelheiten über das Aussehen der Brennfläche vgl. ROSENBUSCH-WÜLFING. Daraus ergibt sich, daß die MALLARDsche Konstante keine wirkliche „Konstante" ist und nur für den *mittleren* Teil des Gesichtsfeldes eine zahlenmäßige Gültigkeit besitzt.

2. Achsenbilder einachsiger Kristalle

Während wir in orthoskopischer Betrachtung immer nur die Optik *einer* Strahlenrichtung (oder weniger sehr nahe beisammenliegender Richtungen) beobachten, sehen wir im Konoskop einen größeren Winkelbereich von Strahlenrichtungen, d. h. wir beobachten einen *Kugelsektor* der Skiodromenkugel, dessen Winkelöffnung möglichst groß gemacht wird.

Angenommen, die Skiodromenkugel werde so in den Strahlengang gebracht, daß die Instrumentachse mit der optischen Achse des *einachsigen* Kristalls parallel ist (vgl. Abb. 309). Im Dunkelfeld gekreuzter Polarisatoren werden dann alle jene Stellen der Kugel hell erscheinen müssen, deren Schwingungskreuze schief zu den Nicolrichtungen liegen. Dort aber, wo die Schwingungsrichtungen (Skiodromentangenten) mit den Polarisatorrichtungen parallel laufen, muß Auslöschung sein (Abb. 329).

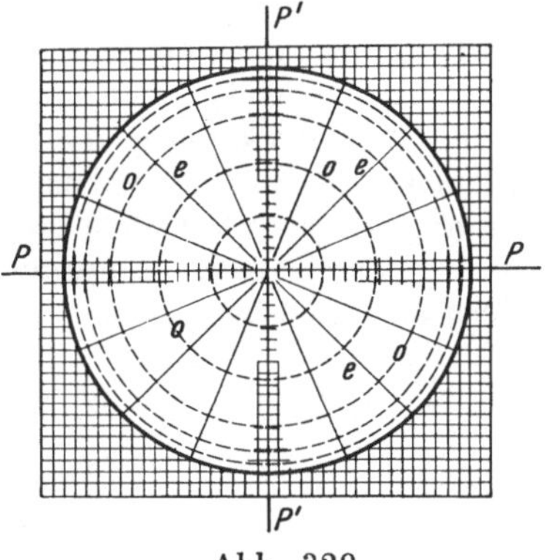

Abb. 329

Der Polarisator P vernichtet z. B. alle außerordentlichen Schwingungsrichtungen, die dem zu P' parallelen Meridiankreis gehören, und alle ordentlichen Schwingungsrichtungen in dem zu P selbst parallelen Durchmesser. Der zweite Polarisator P' löscht in beiden Durchmessern die noch von P durchgelassenen Schwingungsrichtungen aus. Solche Schwingungsrichtungen, die den beiden Durchmessern nur angenähert parallel sind, werden stark geschwächt (vgl. BECKE).

---

[1] Es ist vorteilhaft, sich für ein gegebenes Objektiv (und Hilfsmikroskop) mit Hilfe von $\varkappa$ die für verschiedene d gültigen $\sphericalangle \sigma$ auszurechnen und in ein Schaubild einzutragen. In das gleiche Diagramm kann man für die Werte 1,5, 1,6, 1,7, 1,8 von n die zugehörigen $\sphericalangle \varrho$, die „wahren" Winkel, eintragen und so bei Messungen von d die Winkelwerte unmittelbar ablesen.

Es entsteht ein *schwarzes Kreuz,* dessen Arme den Polarisatorrichtungen parallel laufen (Abb. 330). Die dunklen Balken dieses Kreuzes, die alle Punkte *gleicher* Schwingungsrichtungen (parallel den Nicolrichtungen) zusammenfassen, werden als *Isogyren* bezeichnet. Da bei Drehung der Skiodromenkugel um die Achse immer wieder zwei aufeinander senkrechte Meridiankreise parallel zu den Nicolrichtungen sein müssen, *bleibt dieses schwarze Kreuz auch bei der Drehung des Präparats immer erhalten und geschlossen.*

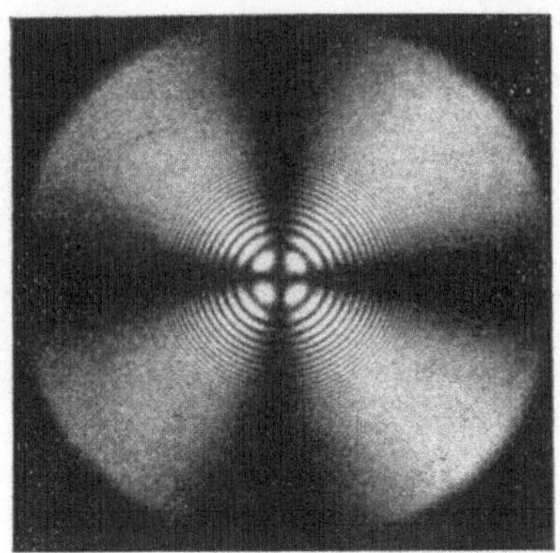

Abb. 330. Achsenbild des Kalkspates (nach Liebisch)

Zur Beobachtung dieses „*Achsenbildes*" eines einachsigen Kristalls verwendet man eine Platte, die senkrecht zur optischen (und kristallographischen Haupt-) Achse eines wirteligen Kristalls geschnitten ist *(Achsenplatte).* Dabei erkennt man nicht nur das so bezeichnende schwarze Kreuz, sondern auch konzentrische Ringe in den Newtonschen Interferenzfarben bzw. in den bei der Doppelbrechung möglichen Farben (vgl. S. 280 ff.).

Das Zustandekommen dieser Ringe erklärt sich sehr einfach durch die rund um die Achse mit zunehmender Winkelneigung der Strahlen immer stärker anwachsende Doppelbrechung (Abb. 331). Es müssen also um die Achse in ringförmiger Anordnung immer höher ansteigende Interferenzfarben zu beobachten sein.

Dabei ist zu beachten, daß in einer Achsenplatte die Doppelbrechung nicht allein von der mit der Neigung zur Achse zunehmenden Differenz $(\varepsilon' - \omega)$ abhängt, sondern auch noch von den immer mehr wachsenden Wegen des Lichts im Kristall. Es werden also die äußeren Ringe immer dichter zusammenrücken, weil sich dabei die Wirkungen der zunehmenden Doppelbrechung und des wachsenden Weges addieren.

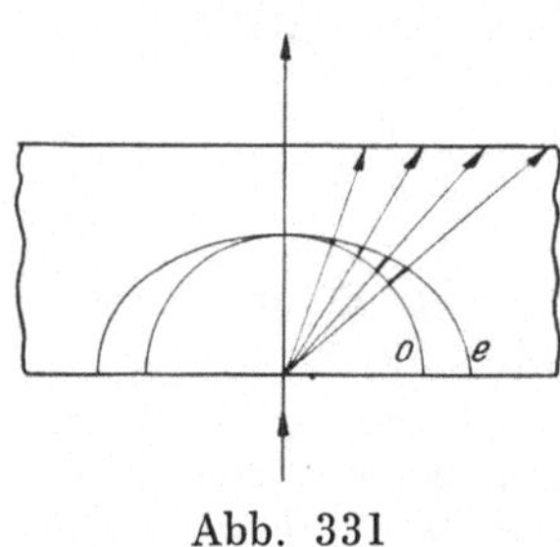

Abb. 331

Diese farbigen Ringkurven sind Durchschnitte durch die *„Oberflächen gleichen Gangunterschieds" (Bertinsche Flächen).* Wenn man sich nämlich die Frage stellt, wie dick einzelne Platten eines einachsigen Kristalls sein müssen, um bei Durchstrahlung unter verschiedenen Winkeln zur Hauptachse einen *bestimmten* Gangunterschied (z. B. 1 λ) zu erreichen, und wenn man in den betreffenden Richtungen die notwendigen Dicken aufträgt, erhält man eine *sanduhrförmige Drehfläche* (Bertinsche Fläche), die „Oberfläche gleichen Gangunterschiedes".

In Abb. 332 bedeuten die eingetragenen Strecken OA, OB, OC, ..., Oz die einzelnen Strahlenrichtungen und gleichzeitig die erforderlichen Plattendicken, für die durch die Doppelbrechung der gleiche geforderte Gangunterschied erzeugt wird. In der Richtung der Hauptachse könnte auch eine unendlich dicke Platte niemals den verlangten Gangunterschied liefern, denn dort herrscht ja Einfachbrechung.

Bezüglich der ziemlich umständlichen Ableitung dieser Flächen vgl. ROSENBUSCH-WÜLFING.

Selbstverständlich umhüllen einander die Flächen mit 1 λ, 2 λ, 3 λ usw. Gangunterschied konaxial. Ihre Schnitte mit beliebigen Ebenen liefern die in diesen Ebenen zu beobachtenden Farbkurven bei konoskopischer Betrachtung.

Mit Hilfe dieser konzentrisch-schaligen „Oberflächen gleichen Gangunterschiedes" kann man auch leicht die Tatsache verständlich machen, daß die Interferenzringe in *dicken* Platten sehr *eng* geschart liegen, dagegen in *dünnen* Platten des gleichen Minerals weit von der Achse *abrücken*.

In Abb. 333 seien drei solche Schalen skizziert und in der linken Bildhälfte eine dünne, in der rechten eine dicke Achsenplatte eingetragen. Die Lage der MALLARDschen Konstruktionskugel ist gestrichelt dargestellt. Wirksam für den Gangunterschied sind jene Punkte (Kurven), in denen die einzelnen Schalen der BERTINschen Flächen die Oberfläche der Platte durchstoßen. Für die dicke Platte sind es die Punkte 1, 2, 3. Die zugehörigen Strahlenrichtungen sind 01, 02, 03, . . . Diese durchsetzen die MALLARDsche Kugel in (1), (2), (3) und projizieren sich demnach im Konoskop in 1, 2, 3. In der dünnen Platte sind die entsprechenden Ausgangspunkte 1′, 2′, 3′, und diese ergeben dann in der gleichen Weise wie bei der dicken Platte die Punkte 1′, 2′, 3′, die, wie man sieht, vom Nullpunkt weit abliegen, wogegen 1, 2, 3 diesem ziemlich genähert sind. Die Achse selbst, die ja in keiner der BERTINschen Flächen liegt, bleibt davon gänzlich unberührt.

Natürlich hängt das Auftreten der Interferenzringe auch von dem Grad der Doppelbrechung ab. Stark doppelbrechende Kristalle haben sehr eng gescharte BERTINsche Flächen, geben also auch in dünnen Platten noch deutliche Ringe. Schwach doppelbrechende Minerale zeigen dagegen wenige, oder bei Dünnschliffdicke gar keine Ringe mehr, da schon der erste Ring außerhalb des Gesichtsfeldes liegt.

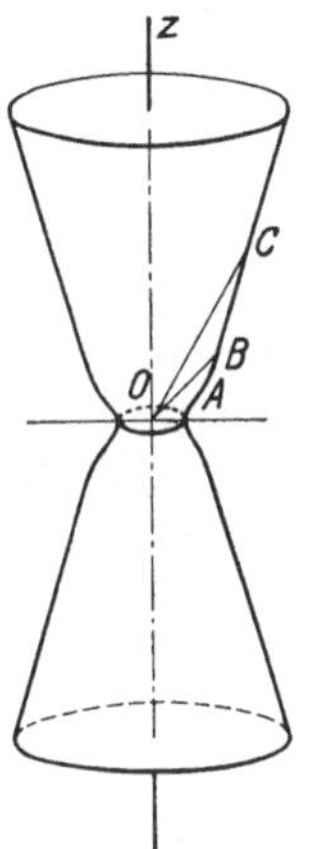

Abb. 332. BERTINsche Fläche eines einachsigen Kristalls

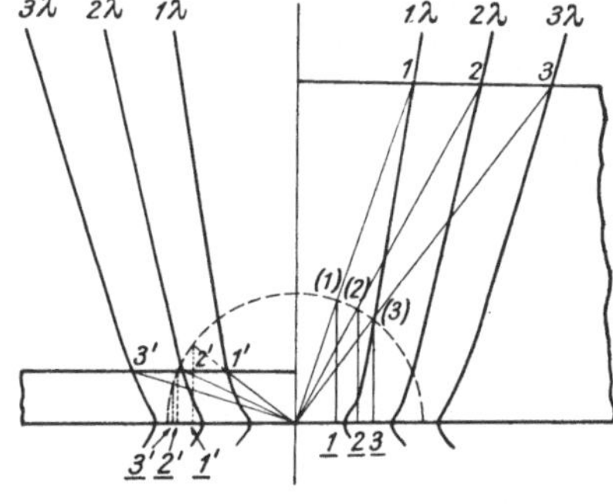

Abb. 333

Für eine Platte, die *schief zur Achse* geschnitten ist, kann man die Verhältnisse an der Skiodromenkugel leicht ableiten, wenn deren Schwingungsnetz in geänderter Lage entsprechend der Richtung der Mikroskopachse orthogonal auf die Horizontale projiziert wird (Abb. 334).

Wenn sich der Achsenpol noch innerhalb des Gesichtsfeldes befindet, entsteht wieder ein schwarzes Kreuz, das aber exzentrisch liegt. Man kann sich leicht überzeugen, daß bei Drehung der Skiodromenkugel um die Tubusachse im Achsenpol *immer wieder* Meridiankreise aufscheinen, die parallel zu den Nicolrichtungen liegen, also ausgelöscht werden, d. h. das exzentrisch liegende schwarze Kreuz bleibt auch hier bei der Drehung *immer geschlossen.* Die ganze Erscheinung ist so, als

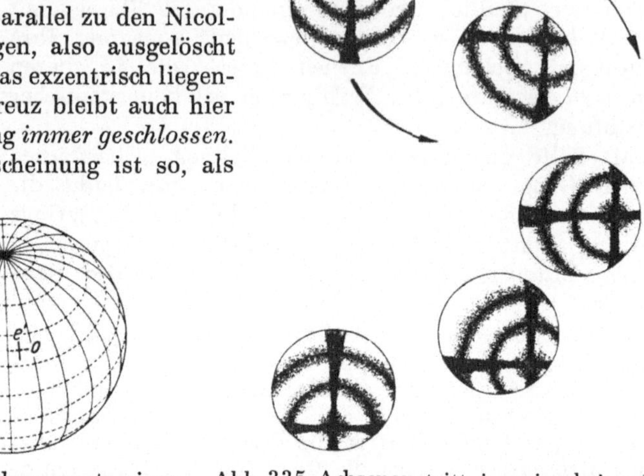

Abb. 334. Skiodromennetz eines einachsigen Kristalls, schief zur Achse projiziert (nach BECKE)

Abb. 335. Achsenaustritt eines einachsigen Kristalls schief zur Tubusachse, Drehung des Präparates im Uhrzeigersinn (nach WEINSCHENK)

hätte man aus dem gewöhnlichen Achsenbild exzentrisch einen Teil herausgeschnitten (Abb. 335).

An jeder Isogyre lassen sich zwei Enden unterscheiden, die sich verschieden verhalten. Jenes Ende, das in der Achse selbst liegt (oder ihr genähert ist), wandert bei der Drehung des Präparats mit dieser Achse immer *mit* („*homodromes*" Ende des

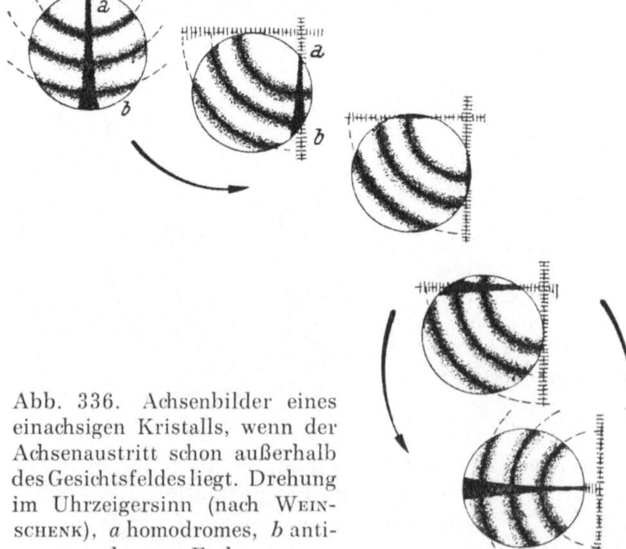

Abb. 336. Achsenbilder eines einachsigen Kristalls, wenn der Achsenaustritt schon außerhalb des Gesichtsfeldes liegt. Drehung im Uhrzeigersinn (nach WEINSCHENK), *a* homodromes, *b* antidromes Ende

schwarzen Balkens), jenes dagegen, das von der Achse abgekehrt ist, läuft der Drehung *entgegen („antidromes"* Ende). Mit Hilfe dieser Unterscheidung wird es möglich, die Richtung, in der die Achse zu suchen ist, auch dann zu erkennen, wenn die Achse selbst nicht mehr im Gesichtsfeld ist (Abb. 336). Ist die Neigung der Achse nicht allzu groß, so kann man das achsennahe Ende des schwarzen Balkens auch ziemlich leicht an seiner größeren Schärfe und Schmalheit erkennen, während das achsenferne Ende stark verwaschen ist.

Im großen hat man den Eindruck, als wanderten bei der Drehung der Platte die beiden Arme des Kreuzes immer *parallel zu sich selbst* und zu den Nicolschnitten durch das Gesichtsfeld.

Bei einachsigen Kristallen ist immer dann, wenn ein Achsenbalken genau durch die *Mitte* des Gesichtsfeldes geht, dieser streng *parallel einem Nicolschnitt* (vgl. hiezu in Abb. 335 die erste, dritte und fünfte Stellung, in Abb. 336 die erste und fünfte Lage). Jeder Schnitt verhält sich so, als stünde er auf einer Symmetrieebene senkrecht, was eben der Drehsymmetrie der Lichtausbreitung entspricht.

Auf der Skiodromenkugel findet sich immer ein als Durchmesser erscheinender Meridiankreis, der sich parallel einem Nicolschnitt stellen läßt, so daß die entsprechende Isogyre das Gesichtsfeld symmetrisch teilt.

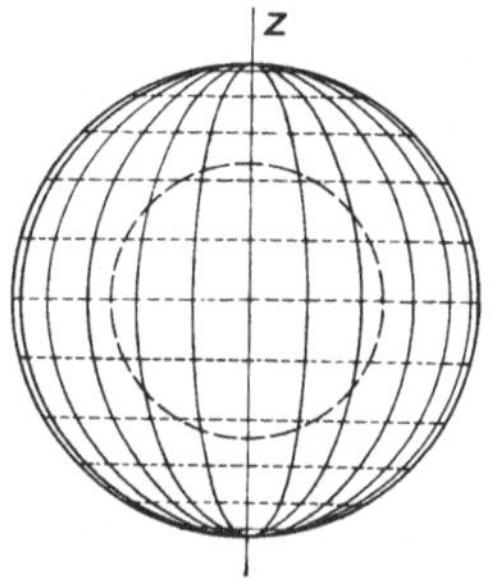

Die Abb. 337 zeigt die Skiodromenkugel senkrecht zur Achse projiziert. Man überblickt

Abb. 337. (Nach BECKE)

dabei die konoskopischen Verhältnisse von Platten einachsiger Kristalle, die *parallel der Achse* geschnitten sind. Hier ist das Achsenkreuz nicht mehr zu erkennen und eine sichere Unterscheidung gegenüber optisch zweiachsigen Kristallen kaum mehr möglich.

Innerhalb des Gesichtsfeldes (gestrichelter Kreis in Abb. 337) sind in der Dunkelstellung fast alle Teile der Skiodromen parallel zu den Polarisatorrichtungen. Nur in den Quadranten ist schwache Aufhellung zu erwarten. Man erhält also ein *sehr verwaschenes* schwarzes Kreuz, das sich aber bei der geringsten Drehung aufhellt, weil sich dann alle Skiodromen *schräg* zu den Nicolrichtungen stellen.

3. Einachsiges Achsenbild und optischer Charakter

Im Achsenbild ist die Bestimmung des optischen Charakters sehr leicht. Unmittelbar in den *Winkeln* des Achsenkreuzes liegt auch bei den schwächst doppelbrechenden und dünnsten Platten das Grau bzw. Weiß der ersten Ordnung. Wird nun in der Regelstellung eine Gipsplatte mit dem Rot der ersten Ordnung darübergelegt, so wird das schwarze Kreuz rot erscheinen und die vier Kreuzwinkel müssen ihre Farbe ändern.

Ist der Kristall *optisch positiv,* also $\varepsilon > \omega$, d. h. $\varepsilon = \gamma'$ (langsamer Strahl) und $\omega = \alpha'$ (rascher Strahl), so ergibt sich die Orientierung wie in Abb. 338 a (vgl. dazu auch das Skiodromennetz in Abb. 329 a). Man sieht, daß die Quadranten SO und NW (Regelstellung) gegenüber dem Gips verkehrt, die anderen Quadranten (SW und NO) dagegen gleich orientiert

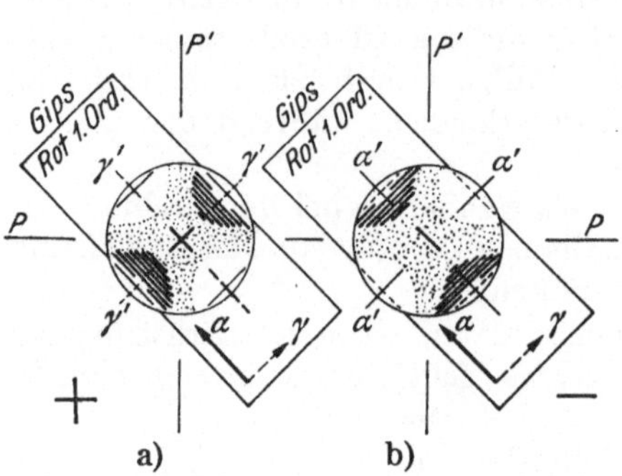

Abb. 338. Die dunklen Stellen bedeuten die blauen Flecken, punktiert ist das Rot der ersten Ordnung

sind. Die ersten geben also Subtraktionsfarben, die zweiten *Additionsfarben*. Nun folgt unmittelbar nach dem Rot der ersten Ordnung *steigend* ein sehr schönes lebhaftes Blau (in der Abbildung kräftig schraffiert). Diese *blauen* Flecken sind ausgezeichnete Hilfen für die Bestimmung. Liegt deren Verbindungslinie zur Regelstellung des Gipses *gekreuzt* (+ !), so ist der Körper *positiv*.

Im anderen Falle ($\varepsilon < \omega$, d. h. $\varepsilon = \alpha'$, $\omega = \gamma'$) finden sich die blauen Flecken in den der Regelstellung (SO—NW) entsprechenden Quadranten, bilden also mit dem Gips nur *eine* Linie (− !), daher optisch *negativ* (Abb. 338 b).

Diese einfache Bestimmung gelingt auch bei *schiefem* Achsenaustritt. Solange die Achse noch selbst im Gesichtsfeld zu erkennen ist, bedarf es keiner weiteren Anleitung. Ist aber die Achse schon außerhalb des Gesichtsfeldes, dann ist es nur notwendig, das „homodrome Ende" der Isogyre zu bestimmen, denn nach dieser Seite kann man dann die Achse ergänzen. Ist das aber einmal erreicht, dann bringt man das Achsenbild in eine symmetrische Lage (am besten die Isogyre N—S einstellen) und beobachtet

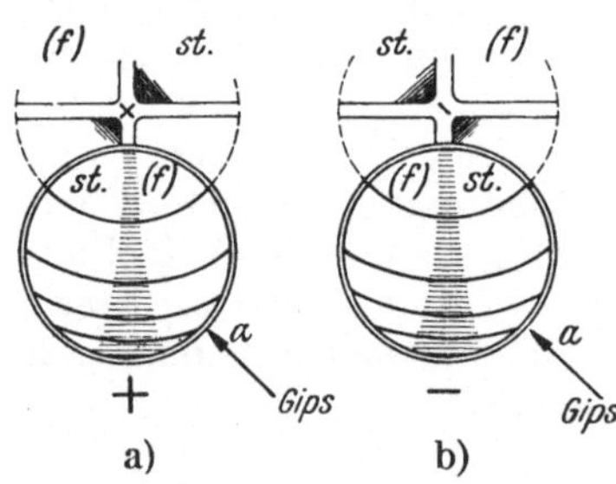

Abb. 339. *st* Steigende Farbe; *f* fallende Farbe

dann mit dem Gips das Auftreten der *steigenden Farben*. In diesem Falle muß man nämlich auf die steigenden Farben achten, weil das schöne Blau, das nur im Winkel unmittelbar an der Achse selbst liegen kann, hier nicht mehr zu sehen ist. Für die *steigenden Farben gelten dann die oben angegebenen Regeln* (s. Abb. 339 a für *positive* und Abb. 339 b für *negative* Kristalle).

Bei sehr engen Interferenzringen verwendet man besser einen Gips- oder Quarz*keil* mit α in der Längsrichtung. Eine einfache Überlegung zeigt, daß dann die Quadranten mit *gleicher* Orientierung von Platte und Keil (also jene Quadranten, wo bei Verwendung der Gipsplatte die blauen Flecken auftreten) bei Einschieben des Keiles eine Bewegung der Ringe *gegen* die Achse erkennen lassen müssen, da die sonst weiter draußen liegenden höheren Farben nun auch schon näher der Mitte erreicht werden. Die Quadranten in Subtraktionsstellung zeigen dagegen eine Bewegung der Ringe *von* der Mitte weg. An Stelle der blauen Flecken sind also jene Quadranten zu beachten, in denen die Ringe bei Einschieben des Keiles *gegen die Achse wandern*.

Sogar in Schnitten *parallel der Achse* läßt sich der optische Charakter bestimmen. Dazu verwenden wir wieder die BERTINSCHEN Flächen. In Abb. 340 ist im Aufriß und Grundriß das Verhalten einer Platte dargestellt, die (parallel zur Achse geschnitten) bei senkrechter Durchstrahlung einen Gangunterschied von $1\,^{1}/_{2}\,\lambda$ besitzt. Man erkennt, daß die Platte (im Aufriß) entsprechend der z-Richtung die Fläche $1\,\lambda$ durchschneidet (AA'), dagegen in der Querrichtung (im Grundriß BB') schon die Fläche für $2\,\lambda$ trifft. Dreht man also die Platte in die Diagonalstellung, so ergeben sich zwei Quadranten mit Farben, die niedriger, zwei andere mit Farben, die höher sind als die

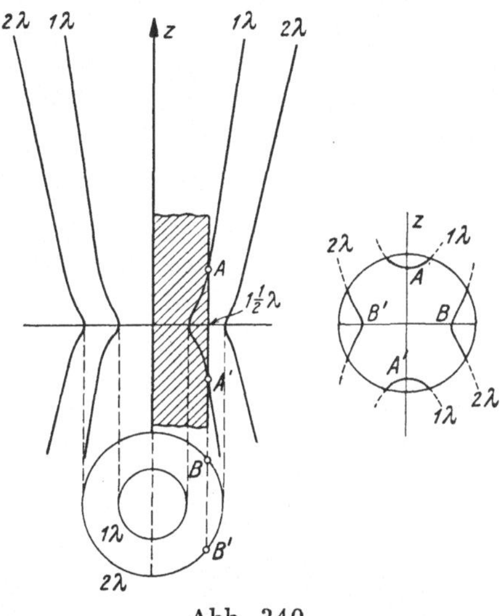

Abb. 340

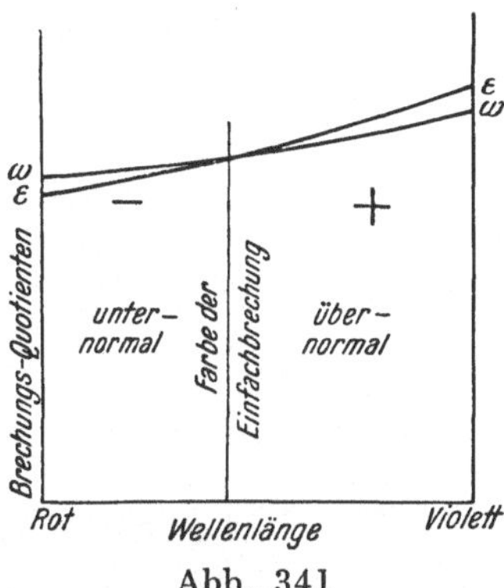

Abb. 341

Farbe des Mittelfeldes. Man hat jetzt nur die Richtung der *fallenden Farben* (*z!*) nachzuprüfen. Liegt in dieser Richtung γ, so ist der Kristall *positiv*, liegt α darin, so ist er *negativ*.

Der optische Charakter kann für verschiedene Lichtarten *verschieden* sein. Manche *Vesuviane* z. B. sind für rotes Licht optisch negativ, für blaues Licht dagegen positiv. Das kommt daher, daß die Brechbarkeit von Rot bis Blau für den außerordentlichen Strahl *rascher ansteigt* als für den ordentlichen (Abb. 341). Bei einer mittleren Wellenlänge muß es dann zu einer Kreuzung der Kurven der Brechungsquotienten kommen, d. h. für diese Farbe (und *nur* für diese Farbe) ist der Vesuvian *einfachbrechend*.

4. Achsenbilder zweiachsiger Kristalle

Deutliche „Achsenbilder" bekommt man wohl nur, wenn die untersuchte Platte senkrecht zur ersten Mittellinie, senkrecht zu einer Achse oder zu einer diesen beiden Richtungen naheliegenden Richtung geschnitten ist.

In *Platten senkrecht zur ersten Mittellinie* gibt, wie leicht abzuleiten ist, jene Stellung, bei der die Achsenebene einem Nicolschnitt parallel liegt, ganz ähnliche Verhältnisse wie das Achsenbild einachsiger Kristalle.

Auch hier erhält man ein *schwarzes Kreuz,* doch sind die beiden *Kreuz-arme nicht* mehr *gleich.* Man unterscheidet einen schmäleren „*Achsen-balken*", der die beiden Achsen verbindet und sich in den Achsen selbst zuschärft, und einen breiteren, verwascheneren „*Mittelbalken*" (Abb. 342, 343 a und 344 a). Die Drehung des Präparats bringt aber ein *Öffnen des schwarzen Kreuzes,* denn, wie das Skiodromennetz zeigt, liegen dann im Bereich der ersten Mittellinie die Auslöschungsrichtungen nicht mehr parallel den Nicolschnitten. In der 45°-Stellung sind die *Isogyren hyperbelartig,* gehen aber

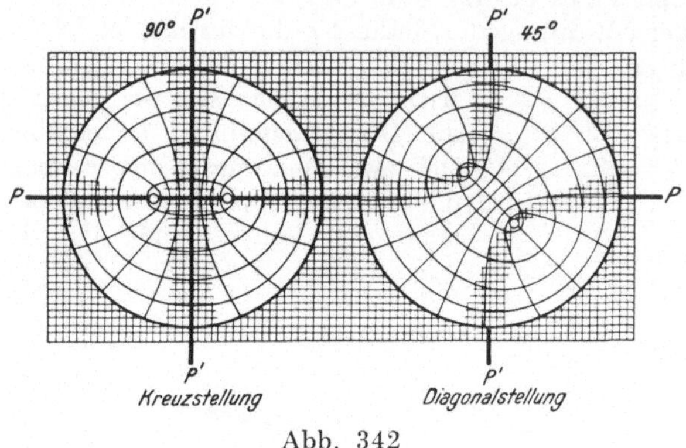

Abb. 342

unter allen Umständen durch die Achsen hindurch (Richtungen der Einfachbrechung!) (Abb. 342 und 343 b). *An dem Öffnen des schwarzen Kreuzes ist die Zweiachsigkeit sofort zu erkennen.* Bei größerem Achsenwinkel (vgl. Abb. 344) und auch wenn die Achsen selbst schon außerhalb

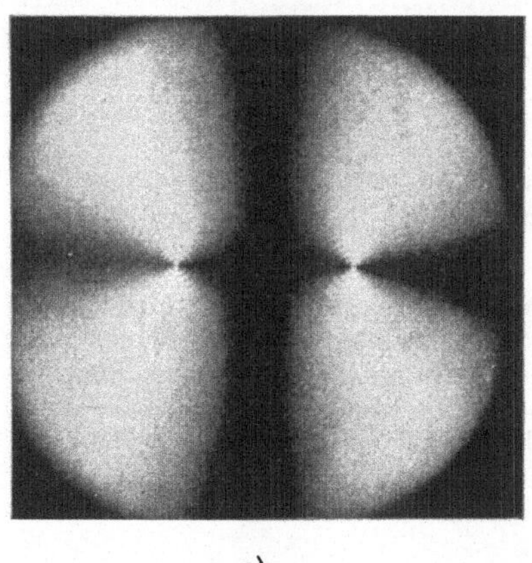

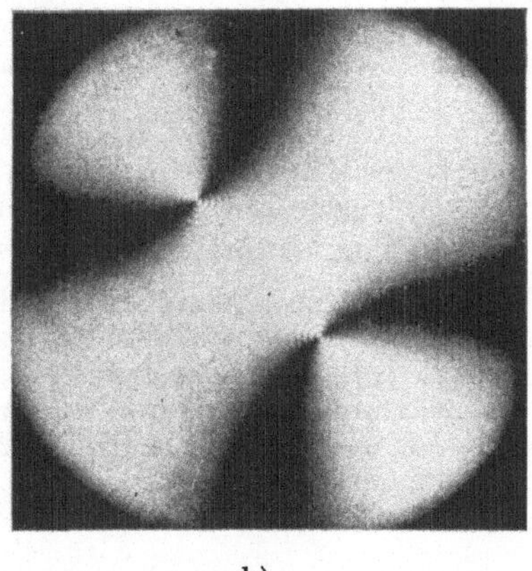

a)   b)

Abb. 343. Aragonit-Achsenbild. a) Kreuzstellung; b) Diagonalstellung

des Gesichtsfeldes zu liegen kommen, wird die Verschiedenheit der beiden Kreuzbalken immer deutlicher.

Platten, die etwas schräg zur Mittellinie liegen, zeigen ganz gleichartige Verhältnisse (Abb. 345). Besonders interessant sind Platten, die eine *einzelne Achse* austreten lassen. Wenn der Achsenwinkel (bzw. Entfernung zur ersten Mittellinie) groß ist, sieht man auch in der Kreuzstellung nur die Achse allein (ohne Mittelbalken), was an sich schon ein gutes Kennzeichen der Zweiachsigkeit ist. Bei der Drehung der Platte schwänzelt die Isogyre hin und her, geht aber immer durch den Achsenpol hindurch. Bezüglich der Bewegung des Achsenbalkens vgl. Abb. 346. In der

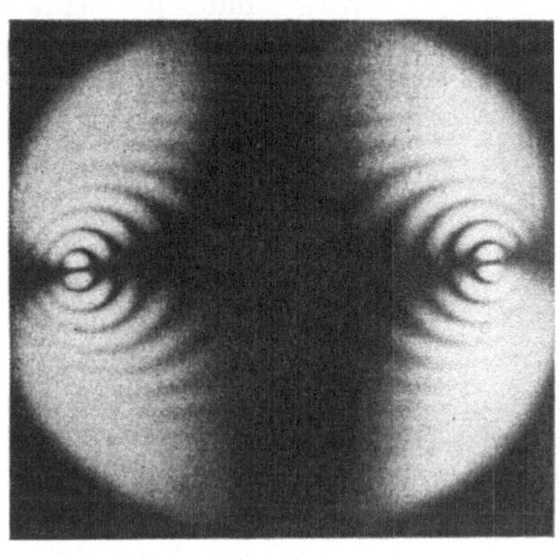

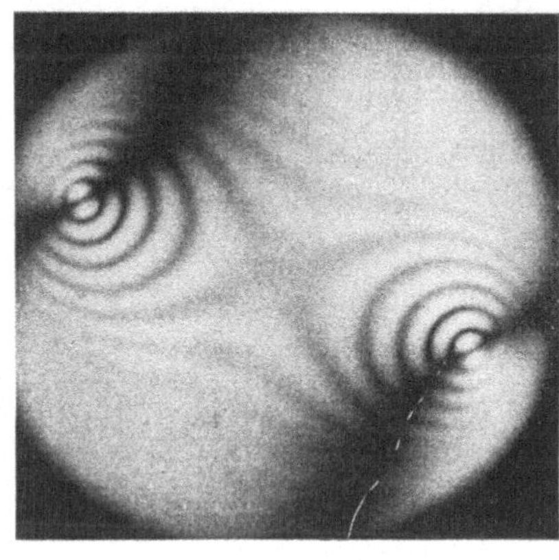

a)   b)

Abb. 344. Muskovit-Achsenbild. a) Kreuzstellung; b) um etwa 20⁰ gedreht

„Kreuzstellung" läuft der Balken *gerade gestreckt und parallel einem Nicolschnitt* und gibt damit gleichzeitig die Lage der *Achsenebene* an. In der „Diagonalstellung" ist er mehr oder weniger stark gekrümmt. Der *Scheitel der Krümmung* ist immer *gegen die erste Mittellinie gekehrt* (Abb. 347). Wird der Achsenwinkel nahe an 90^0, dann flacht sich die Krümmung in der Diagonalstellung immer mehr aus. Bei $2\,V = 90^0$ ist der Balken auch in dieser Lage ganz *gerade;* eine Unterscheidung der Mittellinien ist dann nicht mehr möglich.

Platten senkrecht zur zweiten Mittellinie verhalten sich analog jenen

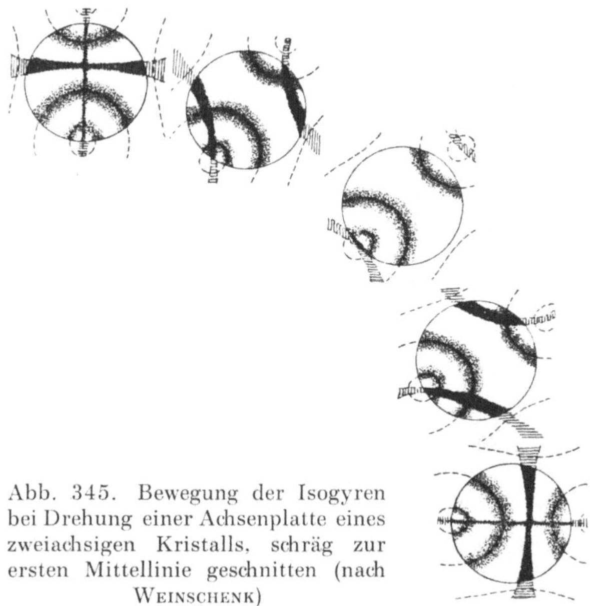

Abb. 345. Bewegung der Isogyren bei Drehung einer Achsenplatte eines zweiachsigen Kristalls, schräg zur ersten Mittellinie geschnitten (nach WEINSCHENK)

senkrecht zur ersten Mittellinie, doch sind die Achsen selbst wegen des stumpfen Winkels nie mehr im Bilde erkennbar. In der Kreuzstellung be-

herrscht der breite Mittelbalken das ganze Bild, und bei einer Drehung wandern die Isogyren rasch aus dem Gesichtsfeld.

Platten parallel zur Achsenebene zeigen ganz ähnliche Erscheinungen wie einachsige Kristalle parallel zur Achse (vgl. S. 293).

In allen Fällen, wo die untersuchte Platte senkrecht zu einer der drei optischen Symmetrieebenen der Indikatrix liegt, sind die Achsenbilder symmetrisch. Liegt die Platte *schief* zu den Hauptebenen, dann ist das

Abb. 346. Bewegung der Isogyre in einer Achsenplatte mit dem Austritt *einer* Achse allein (nach WEINSCHENK)

Achsenbild *unsymmetrisch*. Im allgemeinen geht dann die Isogyre, wenn sie durch die *Mitte* des Gesichtsfeldes läuft, *schräg* zu den Nicolrichtungen, ein Verhalten, das *nur* bei *zweiachsigen* Kristallen möglich ist (Abb. 348).

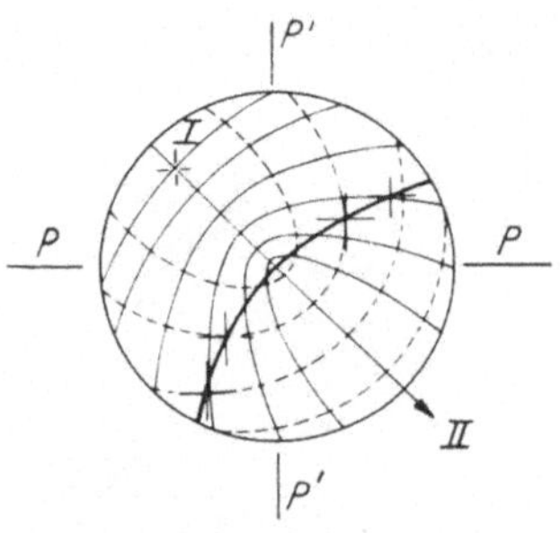

Abb. 347. (Nach BECKE)

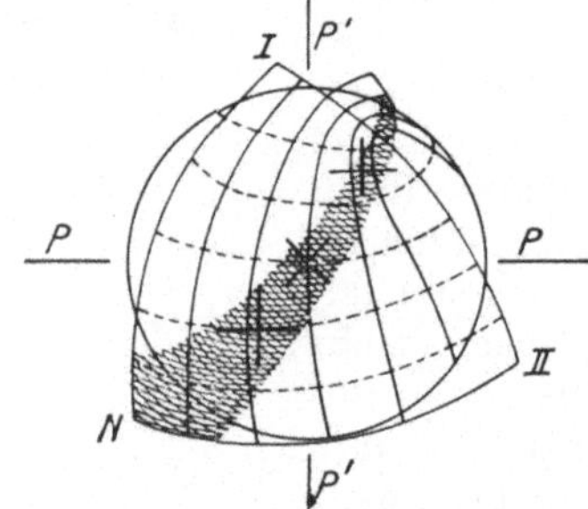

Abb. 348. (Nach BECKE)

Bezüglich der Ableitung der Isogyren für alle möglichen Lagen der Platte s. BECKE.

5. Zweiachsiges Achsenbild und optischer Charakter

Die Bestimmung des optischen Charakters zweiachsiger Kristalle schließt sich eng an jene bei einachsigen Kristallen an, nur darf man sich dabei nicht an die Kreuzwinkel der Kreuzstellung, sondern an die beiden

Seiten des Achsenbalkens *innerhalb des ersten Farbringes* um jede einzelne Achse halten.

Ebenso wie bei einachsigen Kristallen laufen auch hier um jede Achse im Achsenbild farbige Ringe, die bei dicken Platten oder hoher Doppelbrechung dicht geschart sind und die einzelnen Achsen (wenigstens für die innersten Ringe) *gesondert* umlaufen, bei dünnen Platten oder niedrigerer Doppelbrechung aber weiter von den Achsen abrücken und oft beide Achsen in *gemeinsamer* Kurve *(Lemniskate)* umlaufen. Vgl. dazu die Abb. 349, die die BERTINsche Fläche für einachsige Kristalle darstellt. Sie kann als zwei ineinandergesteckte BERTINsche Flächen für einachsige Kristalle angesehen werden. In der Abbildung sind noch einige weitere Schalen angedeutet.

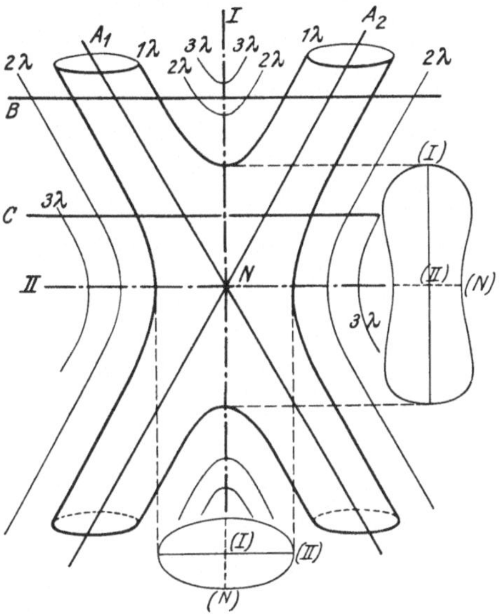

Beachte die Schnitte B (dicke Platte) und C (dünne Platte). Bei B wird die erste und zweite Schale für jede Achse in *gesonderten* Ringen

Abb. 349. BERTINsche Flächen bei zweiachsigen Kristallen

durchschnitten, bei C umspannt dagegen schon der erste Ring *beide Achsen* $(A_1$ und $A_2)$.

Ist der erste Farbenring beiden Achsen *gemeinsam,* so gelten einfach die Regeln für einachsige Kristalle. Hat dagegen jede Achse ihren gesonderten ersten Farbring, so zeigt Abb. 350, daß bei Einschaltung der Gipsplatte die *blauen Flecken* nur am Achsenbalken *innerhalb des ersten Ringes* auftreten können. Jene Quadranten, in denen diese blauen Flecken zu sehen sind, zeigen *steigende* Farben, die beiden anderen Quadranten natürlich fallende Farben. In diesem muß der *erste* Ring, für den hier Subtraktionsstellung vorliegt, zu *Schwarz* kompensiert sein. Auch

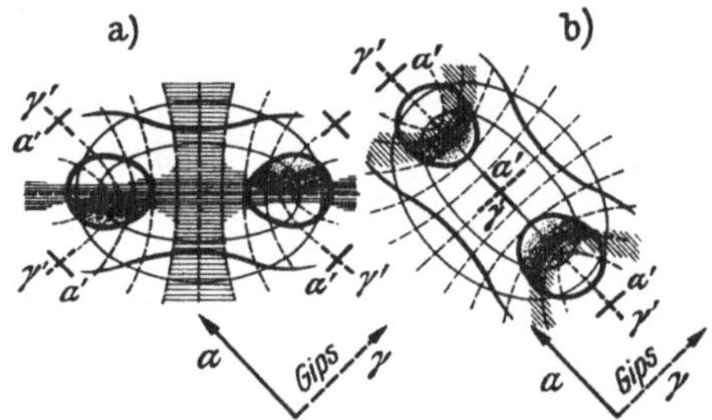

Abb. 350. Achsenbild eines positiven Kristalls. Teile des Skiodromennetzes sind eingetragen, die dunklen Stellen bedeuten die blauen Flecken. a) Kreuzstellung; b) Diagonalstellung

für zweiachsige Kristalle gilt: Bei Einschaltung der Gipsplatte *blaue Flecken (steigende Farben) SW—NO . . . positiv, dagegen SO—NW negativ . . .*

Besonders deutlich wird die Erscheinung in der Diagonalstellung. Man bringt dazu die Achsenebene in die Regelstellung (SO—NW) und schiebt die Gipsplatte ein. Zu beachten sind jetzt nur die beiden „*Winkel*" der dunklen Hyperbeln. Sieht man *in* diesen die *blauen Flecke in gleicher Richtung* mit α des Gipses, so ist das Mineral optisch *negativ*. Fehlen dagegen diese in den Hyperbelwinkeln und sind dafür an den *Scheiteln* der Hyperbeln (also *zwischen den Achsen*) zu sehen, so ist der Kristall optisch *positiv* („in der Mulde negativ, auf der Wölbung positiv") (vgl. Abb. 350 b).

Das Mittelfeld zwischen den Achsenhyperbeln zeigt in der Diagonalstellung bei *positiven* Kristallen nach Einschaltung der Gipsplatte *steigende* Farben, bei *negativen* Kristallen *fallende* Farben. Bringt man bei *positiven* Kristallen die Achsenebene in die Richtung SW—NO, so liegen bei Verwendung des Gipses die blauen Flecken wieder in den Hyperbel*winkeln,* aber *gekreuzt* zur Gipsrichtung. Grundregel: Denkt man sich beide *Achsenpole zusammengeschoben,* so ergeben sich einfach die *gleichen Regeln wie für einachsige Kristalle.*

Meist ist nur eine Achse mit seitlich verschobener Mittellinie oder überhaupt nur eine Achse allein zu sehen. In diesem Falle versucht man zunächst in der „Kreuzstellung", d. h. dann, wenn der Achsenbalken einem Nicolschnitt parallel läuft (am besten in der O—W-Richtung), durch Vermittlung der Gipsplatte die Lagen der beiden Mittellinien α und γ zu bestimmen. Dazu ergänzt man sich beiderseits der Achse das „Kreuz" der Mittellinien. In der Abb. 351 liegt für die rechts liegende Mittellinie der beobachtete blaue Fleck im SW, ist also auch im NO zu ergänzen. Für die links liegende Mittellinie befindet er sich dagegen im SO und ist daher nach NW zu ergänzen, d. h. in

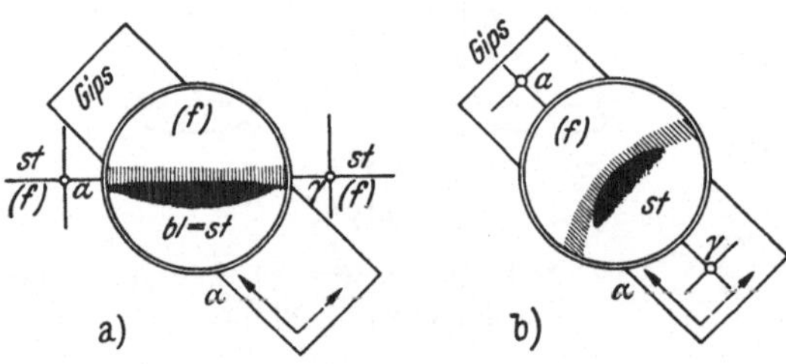

Abb. 351. Bestimmung der ersten Mittellinie bei einer einzelnen Achse eines zweiachsigen Kristalls. *st* Steigende Farben; *f* fallende Farben. a) Kreuzstellung; b) Diagonalstellung

Abb. 351 liegt links α und rechts γ. Zur Entscheidung, welche der beiden Mittellinien die erste ist, also den optischen Charakter bestimmt, dreht man in die Diagonalstellung. Dann ist jene die erste Mittellinie, gegen die sich der Scheitel der Hyperbel kehrt (in der Abb. 351 die Mittellinie α, also ein optisch *negativer* Kristall). Gleichzeitig muß in dem gezeichneten Fall im Hyperbelwinkel wieder der blaue Fleck erscheinen.

Wenn die Achse oder erste Mittellinie nicht im Gesichtsfeld liegt, wird die Bestimmung des optischen Charakters sehr mühselig und nicht immer sicher. Beachtung verdient noch eine *Platte parallel der Achsenebene.* Da zeigen sich ganz ähnliche Erscheinungen wie bei Platten parallel der Achse einachsiger Kristalle. Wie aus Abb. 349 im Vergleich mit Abb. 340 ersichtlich ist, liegt auch hier die erste Mittellinie (entsprechend der optischen Achse einachsiger Kristalle) in der Richtung der *fallenden Farben* innerhalb der Diagonalstellung. Diese Richtung ist dann mittels der Gipsplatte in der üblichen Weise auf ihren Wert, ob γ oder α, zu untersuchen und gibt damit (genau wie bei einachsigen Kristallen) den *positiven* bzw. *negativen* Charakter des Minerals an (vgl. auch BECKE).

In allen Fällen, wo die Interferenzringe um die Achsenpole sehr dicht geschart sind, kann man zur Erkennung des optischen Charakters mit Vorteil statt der Gipsplatte einen *Keil* verwenden, um die Stellen der *steigenden* Farben sicher zu erkennen (vgl. dazu S. 276 und 294).

Man beachte aber dabei, daß die Interferenzringe des Achsenbildes nach außen hin immer *höhere* Farben zeigen (entgegen der Farbverteilung an den Keilrändern eines Korns im Orthoskop). Nehmen wir nun an, es liege ein optisch *positives* Achsen-

bild mit dichten In-
terferenzringen vor.
Man dreht das Prä-
parat in die Diago-
nalstellung. Nach
Abb. 350 b ist dann
das Mittelfeld *zwi-
schen* den beiden Ach-
sen, also das Gebiet
der ersten Mittel-
linie, mit dem einzu-
schiebenden Quarz-
oder Gipskeil in par-
alleler Orientierung.

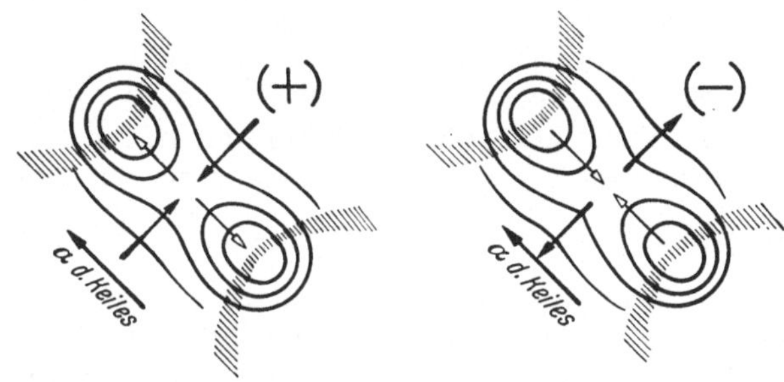

Abb. 352. Bewegung der Interferenzringe bei Einschub eines Interferenzkeiles, (+) für *positive*, (−) für *negative* Kristalle

Bei Einschub des Keiles *steigen* also die Farben des Mittelfeldes, d. h. die höheren Farben, die ursprünglich weiter draußen lagen, rücken nun zwischen den Achsen, *quer* zur Achsenebene, *gegen die Mitte vor* und schieben sich *in* der Achsenebene wieder gegen die beiden Achsen auseinander (Abb. 352).

Im Falle eines *negativen* Achsenbildes „fliehen" die Farbringe in der Richtung *quer* zur Achsenebene *aus der Mitte heraus. In* der Richtung der Achsenebene rücken dagegen die Farben gegen die Mittellinie zusammen.

Diese Bewegung der Farbkurven im Gebiete der ersten Mittellinie *quer zur Achsenebene* bei Diagonalstellung einmal *zur* Mitte *(positiv),* dann wieder *von der Mitte weg (negativ),* ist auch dann noch gut zu erkennen, wenn die Unterscheidung der Farbringe selbst bezüglich der Höhe ihrer Farben nicht mehr durchführbar ist.

6. Messung des Achsenwinkels

Aus der S. 289 dargelegten Sinusbeziehung zwischen dem Mittelpunktsabstand eines Punktes des Achsenbildes und der zugehörigen Strahlenrichtung ergibt sich, daß damit der Achsenwinkel 2 *V* bestimmbar sein muß. Da aber meist in Luft beobachtet wird, ist zu beachten, daß nicht der *wahre* Achsenwinkel 2 *V,* sondern der *scheinbare Achsenwinkel* 2 *E* zur Messung gelangt (Abb. 353). Da sich die Strahlen in der Achse selbst mit der mittleren Geschwindigkeit *b* (bzw. dem Brechungsquotient β) bewegen, besteht die einfache

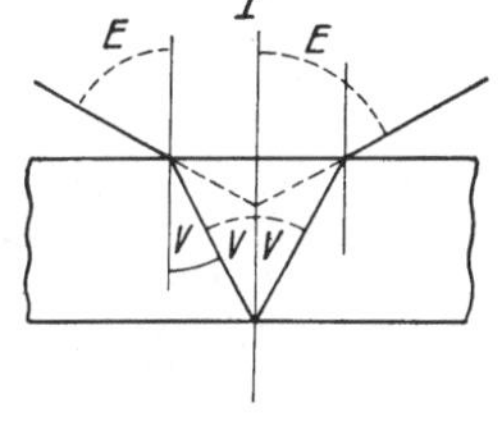

Abb. 353

Beziehung: $\sin V = \dfrac{\sin E}{\beta}.$

Sollte zwischen Objektiv und Achsenplatte eine Immersionsflüssigkeit verwendet werden, so ist natürlich deren Brechungsquotient mit zu berücksichtigen. Hat die Immersionsflüssigkeit die Brechbarkeit n, so ist $\sin V = \dfrac{\sin H}{\beta} \cdot n$, wenn H der halbe scheinbare Achsenwinkel bei Messung in der Immersionsflüssigkeit ist.

Nach der ältesten Methode („KOHLRAUSCH' Achsenwinkelapparat") wird die Achsenplatte hängend in einem horizontal liegenden Konoskop, drehbar um die optische Normale, eingeschaltet und an einem Teilkreis der Winkel abgelesen (2 E!), der notwendig ist, um jede der Achsen nacheinander in die Mitte des Gesichtsfeldes zu bringen. Die Nicole befinden sich dabei in Diagonalstellung, so daß man zwischen den beiden Scheiteln der Hyperbeln mißt.

Im Mikroskop ist es nur nötig, mit irgendeiner Methode den Abstand des Achsenpoles von der Bildmitte zu messen und dann die MALLARDsche Beziehung: $\sin \sigma = d \cdot \varkappa$ für den *scheinbaren* Winkel, bzw. $\sin \varrho = \dfrac{d \cdot \varkappa}{n}$ für den *wahren* Winkel auszunutzen (vgl. S. 289). Alle hierauf gegründeten Methoden der Achsenwinkelmessung müssen das Randgebiet des konoskopischen Gesichtsfeldes vermeiden, da im äußeren Drittel des Bildradius die MALLARDsche Konstante nicht mehr vollgültig ist.

a)   b)   c)

Abb. 354

In Platten *senkrecht zur ersten Mittellinie* genügt zur Bestimmung des scheinbaren Achsenwinkels 2 E die Messung des Abstandes d in Abb. 354 a.

Ist die Achsenebene senkrecht auf der Platte, aber die erste Mittellinie schon exzentrisch (Abb. 354 b), dann gibt die Messung d_1 und d_2 zwei Winkelwerte, die addiert 2 E geben. Es wäre hier falsch, die Abstände zur Mittellinie zu messen, denn die Sinusbeziehung gilt nur für Abstände von der *Bildmitte*. Ist in einer Platte senkrecht zur Achsenebene nur *eine Achse mit der Mittellinie* zu beobachten (Abb. 354 c), so mißt man einerseits den Abstand der Achse von der Bildmitte (d_1), am besten in der Diagonallage, anderseits den Mittellinienabstand (d_2), wertet die zugehörigen Winkel aus und erhält aus deren Summe den *halben* scheinbaren Achsenwinkel (E).

Bezüglich einer kleinen Verfälschung der Messung bei stark exzentrischer Lage der Mittellinie und deren Korrektor vgl. BECKE.

Die Mittellinienlage kann nur in der „Kreuzstellung" beobachtet werden, dagegen ist in dieser Lage die genaue Feststellung des Achsenpoles meist nicht durchführbar. Sehr leicht geschieht dies aber in der Diagonalstellung; der *Scheitel* der schwarzen *Hyperbel* ist der Achsenpol.

Die Mittelpunktsdistanzen (d) könnten an einer feststehenden geeichten Glasskala abgelesen werden, viel genauer ist aber die Verwendung eines Schraubenmikrometerokulars (zusammen mit der BERTRANDschen Linse).

Mit Hilfe des *Schraubenmikrometerokulars* werden die Werte d dadurch bestimmt, daß der eine Faden des Fadenkreuzes mit Feintrieb und Trommelablesung parallel verschiebbar ist. Dabei wird in der Kreuzstellung der bewegliche Faden auf die Mittellinie eingestellt, in der Diagonalstellung (auch des Okulars!) tangential an den Scheitel der Hyperbel gelegt. Unter Zugrundelegung eines bekannten Achsenwinkels wird zunächst die nötige MALLARDsche Instrumentkonstante ermittelt und damit der Apparat geeicht.

Das Schraubenmikrometerokular gestattet mit leichter Abänderung auch die Durchführung der von BECKE für den „Zeichentisch" ausgearbeiteten konoskopischen *Achsenwinkelmessungs-Methoden.* Es wird dabei gleichzeitig ein grundsätzlicher Übelstand vermieden, der jedem konoskopischen Gesichtsfeld anhaftet, nämlich die Tatsache, daß in den Quadranten des Feldes zwischen gekreuzten Polarisatoren infolge elliptischer Polarisation an den Objektivlinsen eine leichte Aufhellung zu beobachten ist, die Schwingungsrichtungen der Polarisatoren also nur in breiten Streifen entsprechend den beiden Schwingungsdurchmessern unverfälscht erhalten blei-

ben. Die Isogyren zeigen demnach nur in den beiden Nicolrichtungen das durch diese gegebene Schwingungskreuz. Einzig die Richtungen der optischen Achsen, in denen ja praktisch alle Schwingungsrichtungen enthalten und ausgelöscht sind, behalten unter allen Umständen ihre richtige Lage.

Unter Berücksichtigung dieses Umstandes lassen sich auch leicht 2-*V*-Messungen durchführen, wenn die Achsenebene nicht senkrecht auf der Schnittebene steht, also nicht durch die Bildmitte geht. Man bringt dazu die *AE* in die „Kreuzstellung", und zwar parallel dem beweglichen Faden (NS-Richtung) des Mikrometerokulares und bestimmt den Abstand (Winkel), unter dem die *AE* gegen die Bildmitte geneigt ist (d_{AE}). Dann wird die *AE* und ebenso

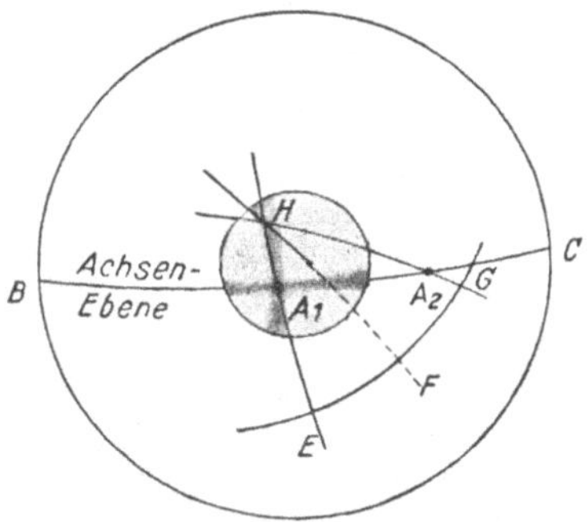

Abb. 355. Das Grundprinzip der BECKESchen Achsenwinkelmessung aus der Hyperbelkrümmung

das Okular in die Diagonalstellung gebracht und es werden die Abstände d_{A_1} und d_{A_2} gemessen, die man dadurch erhält, daß man den beweglichen Faden des Okulars an den dunkelsten Teil des *Scheitels* der hyperbelartigen Isogyren der einen und der anderen Achse tangential anlegt. Mit diesen beiden Werten sind *nicht* die Winkelabstände der Achsen A_1 und A_2 gegeben, sondern die Neigungen jener Ebenen, die senkrecht zur *AE* durch die beiden optischen Achsen hindurchgehen. In einer stereographischen Projektion ist dann mit dem zu d_{AE} gehörigen Winkelabstand ein Großkreis (*A E*!) zu ziehen und *senkrecht* zu dieser Projektion der *A E* zwei Großkreise, entsprechend den Winkeln für d_{A_1} und d_{A_2}. Im Schnitt dieser mit dem *AE*-Großkreis liegen dann die beiden Achsen, und 2 *V* wie auch die Lage der spitzen Mittellinie sind unmittelbar ablesbar.

Ist nur Achse und Mittellinie sichtbar, dann ist es besser, mit der Achse allein zu arbeiten, denn eine exzentrische Mittellinie zeigt immer eine Verfälschung der Lage, dagegen ist es nach BECKE leicht, aus der Lage *einer optischen Achse allein* den Achsenwinkel zu ermitteln, wenn die Achse nicht genau zentrisch liegt.

Die BECKEsche „*Achsenwinkelbestimmung aus der Hyperbelkrümmung*" ist einfach die Umkehrung der FRESNELschen Konstruktion (vgl. Abb. 312, S. 265). In Abb. 355 sei in der Achsenebene *BC* die Achse A_1 sicht- und meßbar. Außerdem ist von einem Punkt *H* innerhalb des gedrehten Achsenbalkens die Lage der Schwingungsrichtungen gegeben (*H F*, hier 45⁰ gegen *B C*). In dem zu *H* als

Pol gehörigen Großkreis ($E\,F\,G$) muß dann nach FRESNEL der durch den Großkreis $H\,A_1$ bestimmte Punkt E von F genau soweit abstehen, wie dieser von G,
wobei $H\,G$ jenen Großkreis bedeutet, der durch die zweite Achse (A_2) gehen muß.
Es handelt sich also nur um die Wahl des Punktes H[1]. Dazu wählt man den
Punkt, in dem der Achsenbalken nach einer bestimmten Winkeldrehung (z. B.
15⁰) den fixen Faden des in der „Normallage" eingesetzten Okulares schneidet,
ein Punkt, dessen Lage durch den beweglichen Faden genau gemessen werden
kann. Damit sind alle Bedingungen zur rückläufigen FRESNELschen Konstruktion gegeben.

Zur Umrechnung des scheinbaren Achsenwinkels $2\,E$ auf den wahren
Achsenwinkel $2\,V$ genügt im allgemeinen bei gesteinsbildenden Mineralen
die Kenntnis des mittleren Brechungsquotienten des Minerals auf ein
bis höchstens zwei Dezimalstellen.

Beispiele für 2 V (durchwegs im Na-Licht gemessen)

Mineral	α	β	γ	$2\,V_\gamma$	$2\,V_\alpha$	
Schwerspat	1,6363	1,6375	1,6480	36⁰ 45′		
Gips	1,5207	1,5228	1,5305	54⁰ 52′		
Topas	1,6116	1,6138	1,6211	56⁰ 57′		positiv
Diopsid	1,6727	1,6798	1,7026	58⁰ 59′		
Schwefel	1,9505	2,0383	2,2405	72⁰ 20′		
Albit	1,5285	1,5321	1,5387	77⁰ 39′		
Olivin	1,661	1,678	1,697	87⁰ 55′		
Oligoklas	1,5388	1,5428	1,5463	92⁰ 56′	(87⁰ 4′)	
Andalusit	1,632	1,638	1,643	96⁰ 46′	(83⁰ 14′)	
Anorthit	1,5757	1,5837	1,5884	102⁰ 42′	(77⁰ 18′)	
Orthoklas (Adular)	1,5192	1,5230	1,5246	113⁰ 55′	(66⁰ 5′)	negativ
Glimmer	1,5609	1,5941	1,5997	136⁰ 11′	(43⁰ 49′)	
Orthoklas (Sanidin)	1,5206	1,5250	1,5253	151⁰ 2′	(28⁰ 58′)	
Aragonit	1,5301	1,6826	1,6859	162⁰ 10′	(17⁰ 50′)	
Cerussit	1,8037	2,0763	2,0780	171⁰ 46′	(8⁰ 14′)	

7. Achsenwinkeldispersion

Der Achsenwinkel ist meist nicht für alle Farben des Spektrums
gleich, man beobachtet also eine *Dispersion des Achsenwinkels*. Diese
hängt mit der Dispersion der Doppelbrechung (vgl. S. 281) und diese
wieder mit der Dispersion der Brechungsquotienten im Bereiche des
Spektrums zusammen (vgl. auch S. 295 und Abb. 341).

Da der Achsenwinkel in strenger Abhängigkeit zu den Werten α, β, γ
steht (s. S. 265), müssen Ungleichartigkeiten in der Dispersion der Brechungsquotienten im Bereiche der Spektralfarben zu Änderungen des
Achsenwinkels führen. Ist die Differenz ($\gamma-\beta$) groß im Verhältnis zu

---

[1] Die BECKEsche Weiterbehandlung setzt die Verwendung eines Zeichenti-
sches voraus, kommt aber gerade damit in die unsicheren „Quadranten"-Felder.
Das Schraubenmikrometerokular vermeidet diese Fehlerquelle und liefert darum
genauere Ergebnisse (vgl. TERTSCH: Zbl. f. Min. Abt. A, 1940, 166).

$(\beta - \alpha)$, so ist der Kristall optisch positiv mit einem kleinen Achsenwinkel. Dieser steigt, je ähnlicher die Werte $(\gamma - \beta)$ und $(\beta - \alpha)$ einander werden, erreicht in 90^0 einen Grenzwert und führt dann zu einem Kristall mit optisch negativem Charakter, wenn $(\gamma - \beta) <$ $< (\beta - \alpha)$. Wenn also die Dispersion des mittleren Brechungsquotienten kräftiger oder auch schwächer erfolgt als jene von α und γ, so muß eine Änderung des Achsenwinkels eintreten.

Rhombische Kristalle. Da die Hauptachsen der optischen Indikatrix paarweise mit den Bezugsachsen des Kristalls zusammenfallen müssen, kann sich zwar die Größe des Achsenwinkels, nicht aber die *zweifache Symmetrie* des Achsenbildes ändern *(„normale Achsendispersion")*. Um die feststehende Mittellinie kann $2V$ für Rot wesentlich andere Werte haben als $2V$ für Violett. Es sind dabei zwei Fälle zu unterscheiden: $2V_\varrho > 2V_v$ oder $2V_\varrho < 2V_v$ (Abb. 356).

Im Achsenbild sieht man die Dispersion des Achsenwinkels am besten in der Diagonalstellung. Die Kreuzstellung läßt nur an dem ersten Farbring um jede Achse erkennen, daß die innere Hälfte des Ringes etwas anders gefärbt ist als die äußere Hälfte. In der Diagonalstellung ist aber

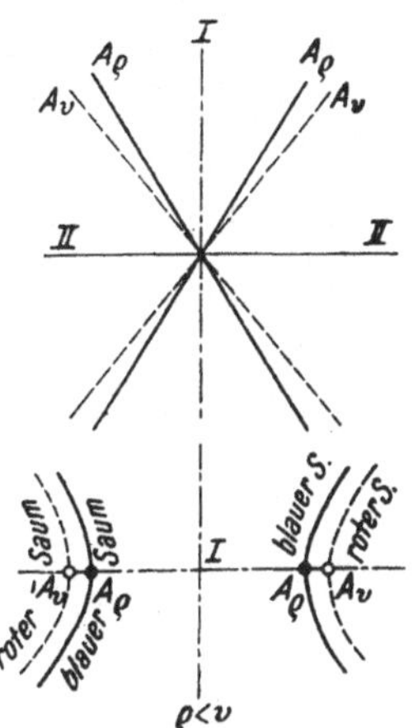

Abb. 356. Normale Dispersion. Achsen (bzw. Balken) für Rot (ϱ) ——, für Blau (v) ----

eine deutliche *Farbensäumung* der hyperbelartigen *Isogyren* zu sehen. Dort, wo die Achse für *rotes* Licht liegt, ist sie für Rot in der Auslöschung, für Blau aber *nicht,* daher erscheint der Achsenbalken *dort bläulich gesäumt.*

Wo dagegen die Achse für *Blau* liegt und sich in Auslöschung befindet, kann noch Rot hindurch, also ein *roter* Saum. *Die Lage der Säume liegt also verkehrt zu der wahren Achsenlage.* Ist $2V_\varrho < 2V_v$ (Abb. 356), so liegt der rote Farbsaum *weiter* von der Mittellinie ab als der blaue. Im Falle $\varrho > v$ liegt dagegen der rote Farbsaum der Mittellinie *näher.*

In seltenen Fällen kann auch hier die Dispersion der Brechungsquotienten so ungleichartig erfolgen, daß zwei Kurven der Brechbarkeit einander durchkreuzen

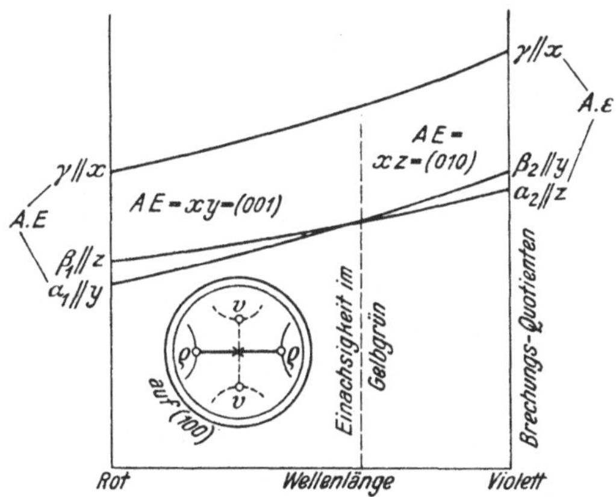

Abb. 357. Brookit, Kreuzung der Achsenebenen

(vgl. dazu Abb. 341). Dann tritt auch eine *Kreuzung der Achsenebenen* ein (z. B. bei *Brookit*). In dem Diagramm Abb. 357 ist zu ersehen, daß die erste

Mittellinie des optisch positiven Brookits, also γ, parallel zur kristallographischen x-Achse liegt. In der z-Achse liegt für rotes Licht die optische Normale β_1, diese wächst aber gegen das violette Ende so langsam, daß sie von der rascheren zweiten Mittellinie ($\alpha_1 = y$) überholt wird. Dadurch tauschen aber die beiden kristallographischen Achsen y und z ihren optischen Charakter, die zu y parallele Richtung wird zu β_2 und die zu z parallele zu α_2. Damit wird aber die für *rotes* Licht parallel zur 001 liegende Achsenebene von einer parallel 010 liegenden im *blauen* Licht abgelöst. Für *eine* Farbe (an Brookit von Tirol bei einem $\lambda = 5550$ Å) wird der Kristall optisch *einachsig* positiv. Da für Brookit die erste Mittellinie senkrecht auf 100 steht, kann in dieser Platte leicht die Verschiedenheit der Achsenebene für verschiedene Farben beobachtet werden. Im weißen Licht sieht man ein sehr verwickeltes Kombinationsbild.

Monokline Kristalle. Da bei monoklinen Kristallen nur *eine* Hauptachse der Indikatrix mit der Kristallachse y zusammenfallen kann, gibt es außer der Verschiedenartigkeit des Achsenwinkels auch noch eine *Auslöschungsdispersion* (s. S. 273). Es sind drei grundsätzlich verschiedene Arten der Verteilung der drei Hauptachsen der Indikatrix möglich: 1. *Achsenebene parallel der Symmetrieebene, y-Achse = optische Normale;* 2. *Achsenebene senkrecht zur Symmetrieebene,* a) erste Mittellinie in der Symmetrieebene, zweite Mittellinie = y, b) erste Mittellinie = y, zweite Mittellinie in der Symmetrieebene.

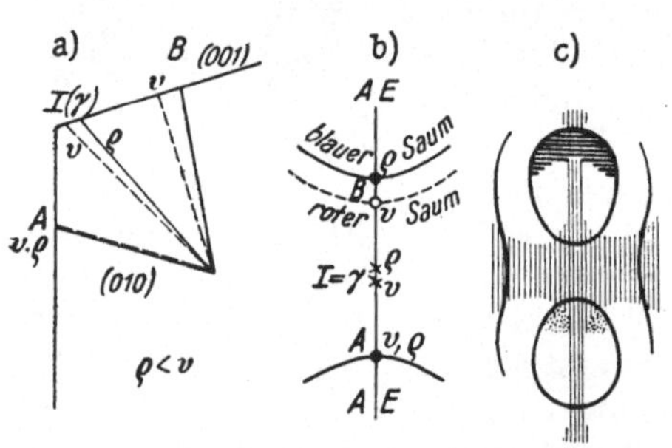

Abb. 358. Geneigte Dispersion. Achsen (bzw. Balken) für Rot (ϱ) ——, für Blau (v) ----. a) Orientierung auf (010); b) Achsenverteilung in einem Mittellinienschnitt (Säume in Diagonalstellung); c) Achsenbild mit einfach-symmetrischer Farbverteilung (Mittellinienschnitt)

ad 1. In der Abb. 358 ist nach Messungen am Augit von Renfrew ein Beispiel für diese Art der Achsendispersion gegeben. Man sieht in Abb. 358 a eine Mittelliniendispersion für γ gegenüber der z-Achse $z\gamma_\varrho < z\gamma_v$ und außerdem eine Achsendispersion $\varrho > v$. Da bei solchen Dispersionen die erste Mittellinie zusammen mit dem Achsenwinkel gegenüber der Vertikalen verschieden stark „geneigt" ist, spricht man von einer „geneigten Dispersion".

Im Achsenbild verrät sich das durch eine nur *einfach symmetrische* Farbverteilung mit der *Achsenebene als Symmetrale.* Besonders schön ist die Erscheinung, wenn man die Achsenebene N—S legt, doch zeigt auch die Diagonalstellung diese symmetrische Verteilung gemäß der Achsenebene. Die Beobachtung einer *einzelnen* Achse genügt noch nicht zur richtigen Erkenntnis der Dispersion. Im gezeichneten Falle ist die Achse A praktisch *un*dispergiert, die Achse B hat eine Dispersion $\varrho > v$, d. h. die A-Achse hat in ihrer Umgebung ziemlich normale Farben, die B-Achse dagegen stark veränderte Farbringe, aber immer symmetrisch zur Achsenebene (Abb. 358 b und c).

ad 2 a. Hier liegt die zweite Mittellinie in der y-Achse, und die Achsenebene schaukelt um diese Linie, d. h. die Achsenebenen für verschiedene Lichtarten liegen scheinbar in verschiedenen „Horizonten", daher der Ausdruck *„horizontale Dispersion"* (Abb. 359 a). Wie man aus Abb. 359 b erkennen kann, handelt es sich dabei besonders um die Auswirkung der Mittelliniendispersion (I_ϱ, bzw. I_v). In der Kreuzstellung muß dabei der schmale *Achsen*balken farbige Säume zeigen, aber zu beiden Seiten der Symmetrieebene streng symmetrisch verteilt (Abb. 359 c) (Beispiel: Adular).

Bei der horizontalen Dispersion zeigen *beide* Achsen in Kreuz- oder Diagonalstellung die *gleichen* Dispersionserscheinungen, nur symmetrisch angeordnet. Durch eine geeignete Drehung kann man die Isogyre so legen, daß sie für *eine* Achse gerade durch die Verbindung der roten und blauen Achsenpole geht.

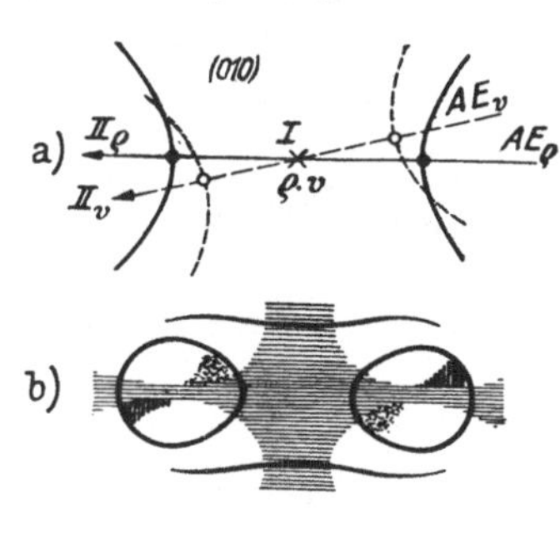

Abb. 359. Horizontale Dispersion. Achsen (bzw. Balken) für Rot (ϱ) ——, für Blau (v) ----. a) Räumliche Verteilung der Achsen; b) Achsenverteilung in einem Mittellinienschnitt; c) Achsenbild (Mittellinienschnitt); d) Isogyren in Grau- bzw. Farbstellung

Diese Isogyre kann dann in dieser Lage *keinerlei* Farbsäume zeigen, weil alle Achsenpole in ihr selbst enthalten, also gleichzeitig ausgelöscht sind (BECKES *„Graustellung"*). Man erkennt leicht, daß bei der horizontalen Dispersion dann die *andere* Achse bei gleicher Winkellage die Isogyren für Rot und Blau stark auseinanderlegt, also bei dieser Achse schärfste „Farbstellung" auftreten muß (Abb. 359 d).

ad 2 b. Die erste Mittellinie ist in der y-Achse festgelegt, die zweite Mittellinie aber, die in der Symmetrieebene liegt, kann in ihren Neigungen zur Vertikalen etwas schwanken. Es sind eigentlich ähnliche Verhältnisse wie in 2 a, nur daß man jetzt das Achsenbild in der (010) sieht (Abb. 360 a). In der Kreuz- und Diagonalstellung haben die Isogyren innerhalb des ersten Ringes farbige Säume, die aber in bezug auf den Austritt der ersten Mittellinie *zentrisch symmetrisch* bzw. *dimetrisch* angeordnet sind (Abb. 360 b) (Beispiel: Borax). Wegen der Kreuzung der Achsenebenen für verschiedene Lichtarten spricht man von einer *„gekreuzten Dispersion"* (auch „gedrehte Dispersion").

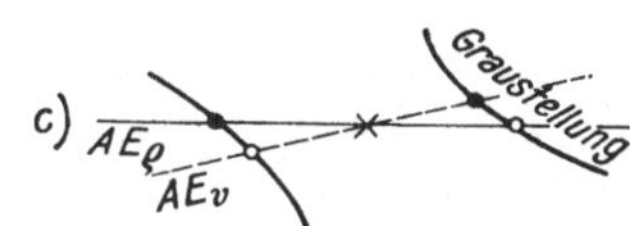

Abb. 360. Gekreuzte Dispersion. a) Achsenverteilung in einem Mittellinienschnitt (parallel [010]); b) Achsenbild; c) Graustellung

Bringt man in einem solchen Falle die eine Seite des Achsenbildes in die „Graustellung" dadurch, daß man die Isogyre gleichzeitig durch die Achsenpole für Rot und Blau gehen läßt (Abb. 360 c), so verlangt die zentrische Symmetrie des Achsenbildes, daß *gleichzeitig* sich auch die andere Achse in Graustellung befindet.

Trikline Kristalle. In diesem Kristallsystem gibt es keine einzige ausgezeichnete Richtung oder Ebene, daher besteht auch für die optische Indikatrix keine irgendwie geartete Bindung an gewisse Richtungen im Kristall. Die Lage der Indikatrix kann für einzelne Farben eine recht verschiedene sein, was zu einem Achsenbilde von völlig *unsymmetrischer* Ausbildung im weißen Lichte führen muß *(„asymmetrische Dispersion")* (Abb. 361) (Beispiel: Oligoklas).

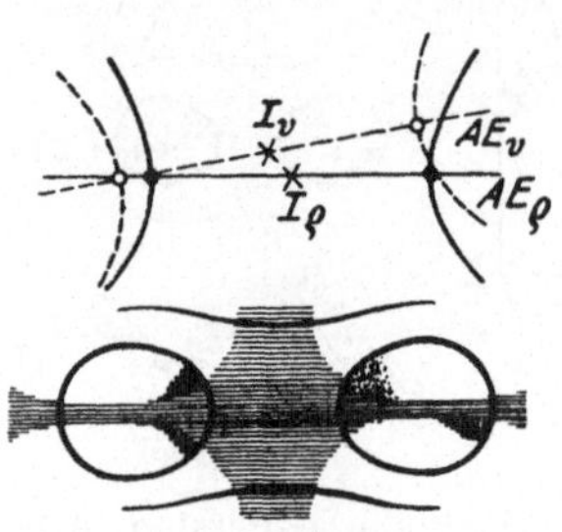

Abb. 361. Asymmetrische Dispersion

Öfters zeigt sich z. B. die eine Achse nach Art der „geneigten Dispersion" entwickelt, die andere dagegen nach Art der „horizontalen Dispersion", oder es ist auch bei den einzelnen Achsen keine Spur einer symmetrischen Farbverteilung zu beobachten. Auch die „Graustellungen" liegen für beide Achsen in durchaus verschiedenen, asymmetrischen Winkellagen.

Die Bestimmung der Art der Achsendispersion gestattet eine optische Unterscheidung der drei niederen Kristallsysteme:

„Normale Dispersion" (zweifach symmetrisch) . . . . . . rhombische Kristalle.
„Geneigte, horizontale, gekreuzte Dispersion" . . . . monokline Kristalle.
„Asymmetrische Dispersion" . . . . trikline Kristalle.

Die Frage, ob $\varrho > v$ oder $\varrho < v$ ist, also der rein numerische Vergleich der *Größe* des Achsenwinkels 2 *V* für verschiedene Farben, ist von der Kristallsymmetrie völlig unabhängig und kann darum der Unterscheidung der drei niederen Systeme *nicht* dienen.

c) Kristalle mit optischem Drehvermögen

1. Die Grunderscheinungen des optischen Drehvermögens

Dickere *Achsenplatten von Quarz* geben zwischen gekreuzten Polarisatoren keine Dunkelheit, sondern Aufhellung und Interferenzfarben. Verwendet man. einfarbiges Licht, so gelingt es, doch zu einer Dunkelstellung zu kommen, wenn man den oberen Nicol *um einen bestimmten Winkel dreht.* In der Achse des Quarzes tritt also nicht Einfachbrechung, sondern *Doppelbrechung* auf, und außerdem erweist sich die Schwingungsebene des aus dem Quarz austretenden Lichts gegenüber der Schwingungsebene des einfallenden Lichts gedreht *(„optisches Drehvermögen").*

Die Verwendung verschiedener Lichtarten ergibt für die *gleiche* Platte verschieden große Drehwinkel, immer in dem Sinn, daß die Schwingungsrichtung des roten Lichts weniger stark herausgedreht ist als jene des violetten Lichts. Es gibt demnach nicht nur eine Auseinanderlegung des weißen Lichts (Dispersion) durch Brechung und Beugung, sondern auch eine „*Rotationsdispersion*".

Diese Rotationsdispersion von Rot zu Violett kann aber in zweierlei Formen ausgebildet sein. Entweder wird diese Reihe der Spektralfarben bei *Rechtsdrehung* durcheilt oder bei *Linksdrehung*. Es ist nun eine sehr bezeichnende Tatsache, daß die „Rechtsquarze" (mit „rechten" Trapezoederflächen, vgl. S. 98 und Abb. 123) *rechts*drehend sind, die „Linksquarze" aber *links*drehend.

Das Ausmaß der Drehung (Drehungswinkel) steht in geradem Verhältnis zur *Dicke der Platte*.

Man gibt den Drehungswinkel α für Platten von 1 mm

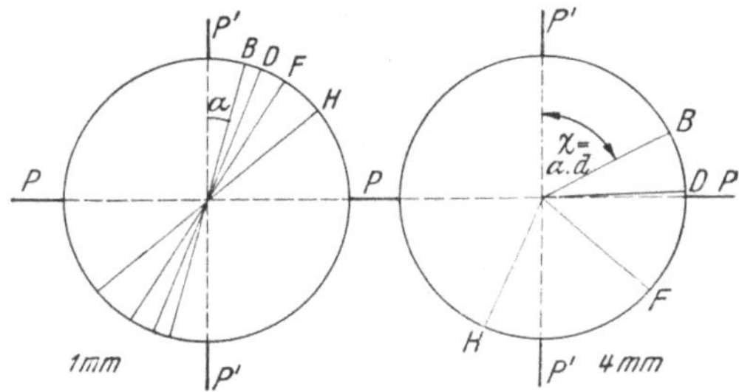

Abb. 362. *B* bis *H* Fraunhofersche Linien

Dicke an („*spezifisches Drehungsvermögen*"). Platten mit anderer Dicke (d) ergeben dann einen Drehwinkel $\chi = \alpha \cdot d$. Für die Frauenhoferschen Linien $B - H$ gilt nach Stefan (vgl. Abb. 362):

	B	C	D	E	F	G	H
$\alpha =$	$15,55^0$	$17,22^0$	$21,67^0$	$27,46^0$	$32,69^0$	$42,37^0$	$50,98^0$

Beobachtet man im weißen Licht, so wird durch Drehung des Analysators allmählich eine Lichtart nach der anderen ausgelöscht, und die jeweils durchgelassenen Anteile vereinigen sich, genau so wie beim Newtonschen Farbenkeil, zu *Mischfarben*. Erfolgt die Drehung des Analysators gleichsinnig mit dem Drehungssinn der Schwingungsrichtung im Quarz, so folgen diese Mischfarben im Sinne der Spektralfarben aufeinander (Rot, Gelb, Grün, Blau, Violett), im anderen Fall ist die Reihenfolge gegenläufig.

Diese Erscheinungen sind nicht nur im Orthoskop zu sehen, sondern auch im Konoskop. Das „Achsenbild" zeigt das schwarze Kreuz innerhalb des ersten Ringes stark geschwächt (Abb. 363) oder bei dickeren Platten auch ganz unterbrochen, so daß der innerste Ring hell und farbig erscheint. In diesem Teil des Achsen-

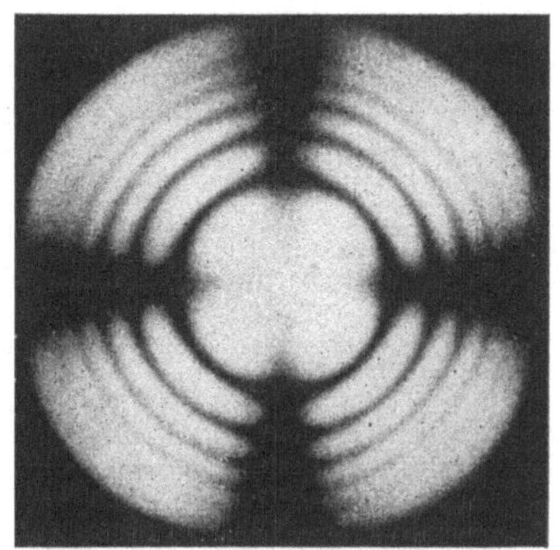

Abb. 363. Quarz-Achsenbild (nach Liebisch)

bildes führt eine Drehung des Analysators zu den oben beschriebenen Farbänderungen *ohne* Dunkelstellung.

Legt man zwei gleich dicke Achsenplatten eines Rechts- und eines Links-
quarzes übereinander, so ergeben sich im Konoskop statt des schwarzen Kreuzes die „*Airyschen Spiralen*".

Platten von Dünnschliffdicke geben ein fast normales Achsenbild, das sich
praktisch von dem Achsenbild nichtdrehender Wirtelkristalle nicht unterscheidet. Die Größe der Doppelbrechung in der Achse kann also nur sehr gering sein.

Sehr genaue Messungen der Brechbarkeit des Quarzes in verschiedenen
Richtungen stellte V. v. Lang an. Für Na-Licht fand er in der Richtung *senkrecht*
zur Achse $\omega = 1{,}5442243$, $\varepsilon = 1{,}5533243$, in der Richtung der *Achse* selbst
aber: $\omega_1 = 1{,}5441887$ und $\omega_2 = 1{,}5442605$ (vgl. Liebisch). Es besteht also für
Na-Licht *in* der Achse eine Doppelbrechung $0{,}0000718$.

Aus den sorgfältigen Messungen ergibt sich, daß die „doppelschalige
Wellenfläche" des Quarzes nur grob angenähert einer Kugel mit ein-

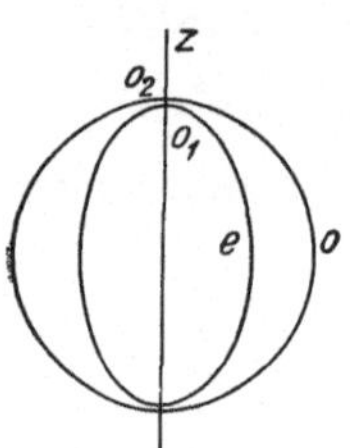

geschriebenem Drehellipsoid entspricht. An den Durch-
stoßpunkten der Achse mit dieser Doppelfläche, wo die
beiden Wellenflächen einander berühren sollten, ist die
Kugelfläche leicht ausgebaucht, das Drehellipsoid dagegen ganz schwach abgeplattet, so daß (auch in der
Achsenrichtung selbst) ein Zwischenraum zwischen beiden
Flächen besteht.

Abb. 364 gibt, stark vergröbert, ein Bild von dem Aussehen der doppelten Wellenfläche. Da es sich um Geschwin-
digkeitsflächen handelt, sind die zu den Brechungsquotienten
reziproken Werte (*o* und *e*) eingetragen. Schon in geringer

Abb. 364

Winkelneigung zur Achse ist der Unterschied gegen die Normalform praktisch
nicht mehr zu erkennen und selbst bei genauester Beobachtung herrschen unter
25^0 Neigung gegen die Achse durchaus normale Verhältnisse.

Die Doppelbrechung in der Achsenrichtung und die beobachtete
Drehung der Schwingungsebene gehen darauf zurück, daß sich *in der
Achse zwei zirkular polarisierte Strahlen mit entgegengesetztem Drehungs-
sinn und ungleicher Geschwindigkeit bewegen*. Schon Fresnel gelang es,

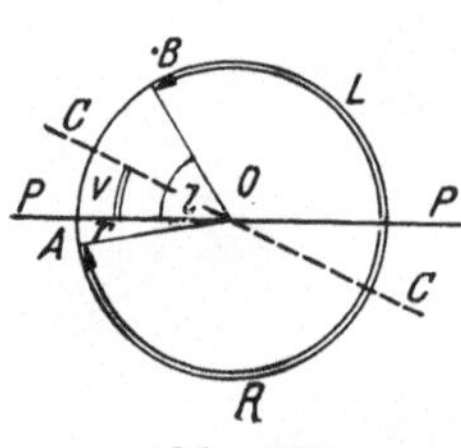

durch geeignete Versuchsanordnungen die beiden
in der Achse laufenden Strahlen zu trennen und
ihre Zirkularpolarisation mit entgegengesetztem
Drehungssinn nachzuweisen.

Zwischen diesen zirkularpolarisierten Strahlen
in der Achse und den linearpolarisierten in größerer Winkelneigung zur Achse bestehen Übergänge
in der Art, daß unmittelbar in der Nähe der Achse
elliptisch polarisierte Strahlen zu beobachten sind,

Abb. 365

deren Elliptizität sich immer mehr einer Geraden
anähnelt, je größer die Neigung des Strahles gegen die Achse wird. Über
25^0 hinaus ist kein Unterschied mehr gegenüber rein linearpolarisierten
Strahlen zu erkennen.

Jede linearpolarisierte Schwingung kann man sich als hervorgegangen
aus der Vereinigung zweier zirkularpolarisierter Schwingungen mit gegen-
läufigem Drehungssinn vorstellen. Das in den Quarz eintretende geradlinig polarisierte Licht zerlegt sich in der Achse des Kristalls in zwei

zirkularpolarisierte Strahlen und diese setzen sich nach dem Austritt in Luft wieder zu einem linearpolarisierten Strahl zusammen. Die Drehung von dessen Schwingungsrichtung ist eine einfache Folge des Geschwindigkeitsunterschiedes der beiden Strahlen.

Ist O in Abb. 365 der Durchstoßpunkt eines linearpolarisierten Strahles und PP seine Schwingungsrichtung, so kann dieser durch zwei zirkularpolarisierte Strahlen L und R ersetzt werden. Ist die rechtsdrehende Schwingung (R) mit der stärkeren Drehung bedacht, so ist diese in einem bestimmten Zeitpunkt bis A gekommen, der linksdrehende Strahl (L) aber bis B, mit dem entsprechenden Winkeln r und l gegen PP. In Luft treten die beiden wieder zu einer linearpolarisierten Schwingung zusammen, die um $v = \dfrac{l-r}{2}$ gegen PP gedreht ist. In Abb. 366 ist in perspektivischer Darstellung eine Skizze des Schwingungsverlaufes der beiden Strahlen gegeben und in gleichen Höhen das jeweilige Ergebnis des Zusammenwirkens beider Schwingungen zu einer Resultierenden dargestellt. Man sieht, daß die linearen Schwingungsrichtungen wie die Stufen einer *Wendeltreppe* aufeinander folgen.

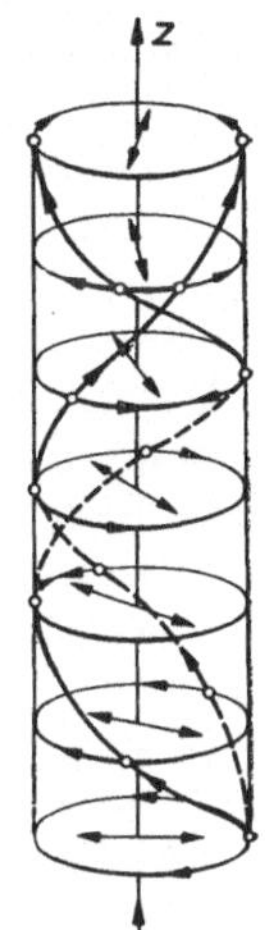

Abb. 366

Drehung der Schwingungsrichtung bei Durchstrahlung längs der Hauptachse

Tatsächlich konnte auch REUSCH durch das wendeltreppenartige Übereinanderschichten gleich dünner Glimmerplättchen die Erscheinungen der Zirkularpolarisation vollkommen nachbilden. Auch hierbei erhält man je nach der Art der schraubigen Übereinanderschichtung links- oder rechtsdrehende Glimmerpakete („REUSCH' *Glimmertreppe*")[1].

Die Nachbildungsmöglichkeiten des optischen Drehungsvermögens durch bestimmte Anordnung doppelbrechender Platten deutet darauf hin, daß eine der Ursachen dieser merkwürdigen optischen Erscheinung in der *Struktur* liegen dürfte.

2. Die Arten optisch aktiver Substanzen

Man kann dreierlei Arten „*optisch aktiver Substanzen*" unterscheiden:

1. Körper, die *nur im kristallisierten* Zustand drehen (z. B. Quarz, Natriumchlorat).

2. Körper, die im *kristallisierten und im flüssigen* Zustand drehen (z. B. Zucker).

3. Körper, die *nur im gelösten Zustand* drehen (ausschließlich komplizierte C-Verbindungen).

Zur *ersten Gruppe* gehören Kristalle, deren Drehvermögen offenbar eine reine Folge der Bausteinanordnung (Struktur) ist. Die Schraubensymmetrie des Vorganges ist nur mit jenen Symmetrieklassen verträglich, die *kein Symmetriezentrum* besitzen. Außer den durch eine reine Deckachsensymmetrie ausgezeichneten 11 enantiomorphen Klassen der

---

[1] Bekanntlich gab die Nachahmung des optischen Drehvermögens des Quarzes durch die „Glimmertreppe" SOHNCKE den Anlaß zu seiner Strukturvorstellung der „regelmäßigen Punktsysteme" bzw. zur Aufstellung des Begriffes der *Schraubenachse* (vgl. S. 147).

32 Kristallklassen ist aber das optische Drehvermögen auch noch mit der Stufe IV im monoklinen und rhombischen System vereinbar („monoklin domatisch" und „rhombisch pyramidal") und ebenso bei den beiden tetragonalen Klassen mit einer I^4. Dagegen zeigen die Klassen mit I^6 kein Drehvermögen, denn die I^6 entspricht einer $A^3 + E_h$, wodurch die Schraubenstruktur ausgeschlossen ist.

In den 15 angegebenen Kristallklassen *kann* ein optisches Drehvermögen ausgebildet sein, *muß aber nicht!* In der Tat sind auch nur wenige Vertreter optisch aktiver Kristalle bekannt.

Da die Zirkularpolarisation an die Richtungen der Einfachbrechung normaler Kristalle gebunden ist, kann man sie überall dort suchen, wo solche Richtungen vorhanden sind, wenn nur die Kristalle obigen Symmetriebedingungen genügen. Optisches Drehvermögen muß demnach auch bei *zweiachsigen* Kristallen in den Achsenrichtungen und bei optisch isotropen, *kubischen* Kristallen in allen Raumrichtungen möglich sein.

In allen Fällen sind *zwei* Schalen von Wellenflächen entwickelt, die einander aber nicht mehr berühren, sondern nur ganz nahe kommen. Das bedeutet für *kubische* Kristalle das Auftreten von *zwei konzentrischen Kugelwellen* mit ganz wenig verschiedenen Radien.

Beispiele: Na-Perjodat (trigonal pyramidal), Quarz und Zinnober (der 15 mal stärker dreht als Quarz), beide trigonal trapezoedrisch. Natriumchlorat (kubisch tetartoedrisch).

Substanzen der ersten Gruppe sind im gelösten Zustand optisch *nicht* aktiv. Daher können aus einer Lösung rechts- und linksdrehende Kristalle *nebeneinander* ausfallen bzw. kann man durch geeignete Impfung willkürlich die eine oder die andere Art zur Ausbildung bringen.

Substanzen der *zweiten Gruppe* dagegen, die auch in Lösung „drehen", können ihre optische Aktivität nicht aus dem Feinbau allein ableiten, denn dieser ist ja in der Lösung zerstört. Hier ist offenbar der chemische *Aufbau des Moleküls* (hauptsächlich mit dem „asymmetrischen Kohlenstoffatom" Pasteurs) der innere Grund für das Drehvermögen.

Beispiele: Unter den *zweiachsigen* Kristallen: Rohrzucker (monoklin sphenoidisch), Seignettesalz (rhombisch bisphenoidisch), unter den *einachsigen* Kristallen: schwefelsaures Strychnin (tetragonal trapezoedrisch).

Die *dritte Gruppe,* die ausschließlich organische Substanzen umfaßt und mit der Kristallform in keiner Beziehung steht, kann hier außer Betracht bleiben.

In Dünnschliffdicke ist praktisch von optischer Aktivität nichts mehr zu bemerken. Die Zirkularpolarisation kann daher bei Dünnschliffuntersuchungen nicht zu diagnostischen Zwecken herangezogen werden.

d) Beeinflussung des optischen Verhaltens der Kristalle

1. Einfluß der Temperatur auf die optischen Eigenschaften

Bei *kubischen Kristallen* ist *Temperaturerhöhung* im allgemeinen mit einer *Abnahme* der Brechbarkeit verknüpft.

Für die Temperatur ϑ und gemessen im Na-Licht ergibt z. B.
Steinsalz: $n = 1,54483 - 0,0000373\,\vartheta$ und *Flußspat:* $n = 1,43416 - 0,0000124\,\vartheta$.

Diamant zeigt dagegen ein *höheres* n mit steigender Temperatur.

Wirtelkristalle. Da die beiden Hauptbrechungsquotienten voraussichtlich von einer Temperaturänderung in *ungleicher* Weise beeinflußt werden, ist auch eine *Änderung der Doppelbrechung* zu erwarten. Der Charakter der Einachsigkeit bleibt aber auch bei Temperaturänderungen erhalten.

Bei Kalkspat nimmt sowohl ε als auch ω mit steigender Temperatur *zu*. Da aber der Anstieg des ω langsamer erfolgt, ergibt sich eine *Abnahme der Doppelbrechung* $(-\,0{,}00001024\,\vartheta)$. Bei *Quarz* ist wieder die Temperaturzunahme mit einer *Abnahme* der Brechbarkeit verbunden, aber auch hier führt die Ungleichartigkeit dieser Änderung für ε und ω zu einer *Abnahme* von $(\varepsilon - \omega)$. Die Drehung der Polarisationsebene *steigt* bei Quarz mit der Temperaturerhöhung $(\alpha_\vartheta = \alpha_0\,[1 + 0{,}000149\,\vartheta]$ nach V. v. Lang).

Kristalle der niederen Systeme werden bei Temperaturänderungen außer der Änderung der Brechbarkeit und der Doppelbrechung auch noch solche des Achsenwinkels, allenfalls auch der Achsenebene und der Achsendispersion erfahren müssen. Auch hier ist in vielen Fällen Temperatursteigerung mit einer *Abnahme* der Brechbarkeit verbunden.

Rhombisches System: Baryt (im Na-Licht) (Arzruni).

Temp.	α	β	γ	$2\,V$
20^0	1,63609	1,63712	1,64795	$37^0\,28'$
200^0	1,63344	1,63474	1,64426	$44^0\,18'$

Monoklines System: In diesem System kann sich außer den genannten Änderungen auch noch die Auslöschungsdispersion (besonders auf 010) ändern.

Gips: Optisch positiv, Achsenebene parallel 010. Achsenplatten zeigen sehr starke Änderungen des Achsenwinkels bei allgemeiner Abnahme der Brechbarkeit mit steigender Temperatur. Die beiden Achsen (mit *geneigter* Dispersion) bewegen sich dabei mit verschiedener Geschwindigkeit, folglich ist auch eine Mittellinienverschiebung um etwa $5^1/_2{}^0$ vorhanden. Am auffälligsten ist aber die Tatsache, daß mit Temperaturzunahme der Achsenwinkel *abnimmt,* für die einzelnen Farben (mit Violett beginnend)

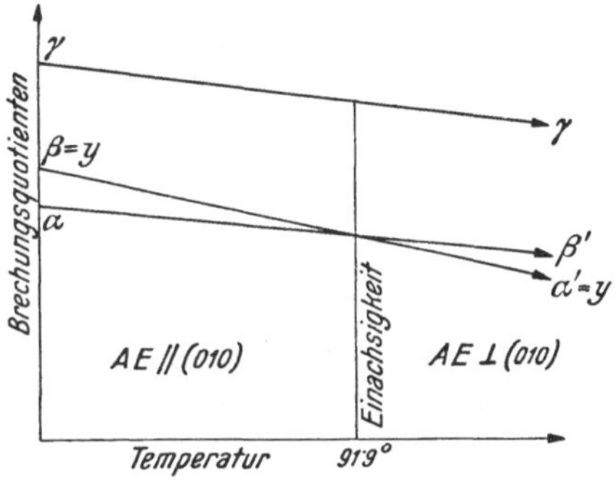

Abb. 367. Gips, Einfluß der Temperatur auf die optische Orientierung

zu Null absinkt und sich dann in einer *Ebene senkrecht zu 010* wieder öffnet. Für Na-Licht beobachtet man folgende scheinbare Achsenwinkel $2\,E$:

Temp.	0^0	22^0	32^0	42^0	62^0	$91{,}9^0$	100^0	120^0
$2\,E$ ...	$108^0\,50'$	$92^0\,54'$	$85^0\,13'$	$77^0\,21'$	$59^0\,35'$	0^0	$32^0\,25'$	$57^0\,13'$

Wie aus Abb. 367 zu ersehen ist, ergibt sich dieses Verhalten aus der Tatsache, daß der mittlere Brechungsquotient β viel rascher absinkt als α und γ und daher bei $91{,}9^0$ mit α seine Rolle tauscht.

Ähnlich liegen die Verhältnisse bei *Orthoklas.* Die Achsenebene liegt bei gewöhnlicher Temperatur für alle Farben senkrecht 010 (optisch negativ, *horizontale* Achsendispersion $\varrho > v$). Bei Erwärmung geht der Achsenwinkel für alle Farben (Violett voran) durch Null und öffnet sich dann in der Ebene parallel 010 mit der jetzt *geneigten* Achsendispersion $\varrho < v$. An einem Sanidin von Wehr (b. Laach) wurde gemessen für Rot:

Temp.	18,7⁰	42,5⁰	50⁰	70⁰	100⁰	200⁰	300⁰
2 E	16⁰	0⁰	12⁰	22⁰	30⁰	46⁰ 23′	59⁰ 46′

Achsenebene　senkrecht 010　　　　　　　　　　　　parallel 010

Im *triklinen System* ist wegen des völligen Mangels an Beziehungen zwischen den thermischen und optischen Symmetrierichtungen der Einfluß der Temperaturänderungen überaus verwickelt und praktisch kaum untersucht.

2. Einfluß des Druckes auf die optischen Eigenschaften

Gepreßtes Glas oder eine eintrocknende Gelatinehaut erweisen sich zwischen gekreuzten Polarisatoren doppelbrechend. Ebenso ist die Schlagfigur einer Steinsalzplatte von Doppelbrechungserscheinungen begleitet.

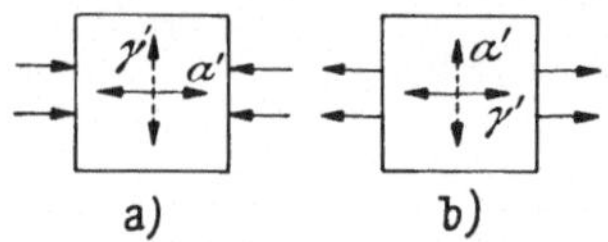

Abb. 368. Glaswürfel unter
a) Druck, b) Zug

Hier wie in zahlreichen anderen Fällen ist eine starke Beeinflussung des optischen Verhaltens eines Kristalls durch *einseitigen Druck oder Zug* zu beobachten.

Allseitiger Druck müßte trotz Deformation den Grundcharakter der Lichtausbreitung unverändert lassen (ähnlich wie im Falle thermischer Beeinflussung). Einfachbrechende Körper blieben einfachbrechend, einachsige einachsig usw. *Einseitiger* Druck oder Zug, sog. „Spannung", wirkt aber wesentlich anders.

Im allgemeinen wird *in der Richtung einseitigen Druckes die Lichtgeschwindigkeit erhöht*, in der Richtung des Zuges vermindert. Da durch Pressung ein Unterschied in den Richtungen parallel und senkrecht zur Druckrichtung geschaffen wird, muß sich auch in *isotropen* Körpern *Doppelbrechung* einstellen. In der Richtung des Druckes läuft der raschere Strahl α', senkrecht dazu der langsamere Strahl γ'.

Das läßt sich sehr leicht an *amorphen* Körpern zeigen. Ein Glaswürfel wird durch Pressung doppelbrechend mit α' in der Druckrichtung (Abb. 368 a), dagegen ist bei *Zug*wirkung auf den gleichen Würfel die raschere Schwingung *quer* zur Zugrichtung (Abb. 368 b).

Ein schmaler Glasstreifen, schwach gebogen, zeigt, von der Seite gesehen, zwischen gekreuzten Nicolen Doppelbrechung, und zwar an der Außenseite der Krümmung im Sinne eines *Zuges* (Dehnung) mit γ' parallel der Glasfläche, an der Innenseite der Biegung im Sinne eines *Druckes* mit α' parallel der Glasfläche.

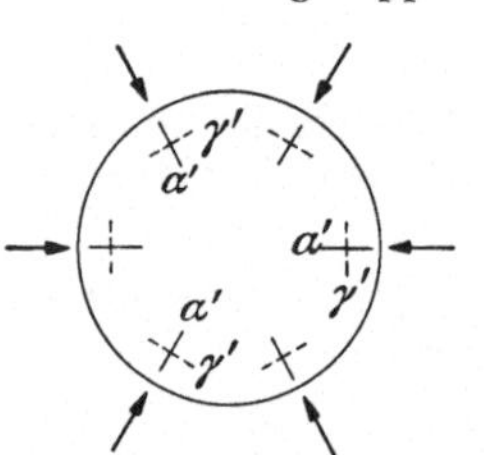

Abb. 369. Glasscheibe
unter randlichem
Druck

Wird eine dicke Kreisscheibe von Glas mit einer Schnur umwickelt und diese kräftig angezogen, so sieht man im *parallelen* Licht (*nicht* im Konoskop!) ein ausgesprochenes einachsiges Achsenbild negativen Charakters mit nach außen steigenden Interferenzringen.

Abb. 369 läßt leicht erkennen, daß der radial wirkende Druck eine Verteilung der „Auslöschungen" veranlaßt, die ganz den Skiodromen einachsig negativer Kristalle entspricht. Da die Druckwirkung und damit die Doppelbrechung von der Preßstelle gegen innen abnimmt, stellen sich auch Interferenzfarben ein, deren höchste am Rand, deren niederste in der Mitte sein müssen.

Wird ein Glaswürfel von zwei einander gegenüberliegenden Stellen gepreßt, so zeigt sich (wieder im *Orthoskop!*) ein scheinbares Achsenbild eines *zweiachsigen* Kristalls, wobei die beiden Druckstellen als „Achsen" aufscheinen, die von Interferenzringen umgeben sind (Abb. 370). Hier erkennt man aber deutlich schon an der Verteilung der Farbringe, daß es sich nicht wirklich um ein zweiachsiges Achsenbild handelt, denn die Ringe zeigen die *höchsten* Farben gerade an den „Achsen" (Druckstellen).

Entsprechende Gele (z. B. Gelatine oder Kieselgallerten usw.) zeigen gleichfalls Spannungsdoppelbrechung, die in unregelmäßiger Verteilung sichtbar wird (Opal, fossile Harze usw.).

Für alle Fälle von Spannungsdoppelbrechung gilt, daß sie an bestimmte Stellen in dem Körper (Kristall) gebunden sind und *nicht für den ganzen Kristall gleichmäßig in Erscheinung treten.*

Kubische Kristalle werden durch Pressung doppelbrechend, doch hängt die Art der Doppelbrechung von der Richtung ab, in der die Pressung erfolgt. Wird der Druck in den Richtungen *drei-* oder *vierzähliger* Deckachsen (also in *Wirtel*achsen!) ausgeübt, so verhalten sich derartige kubische Kristalle

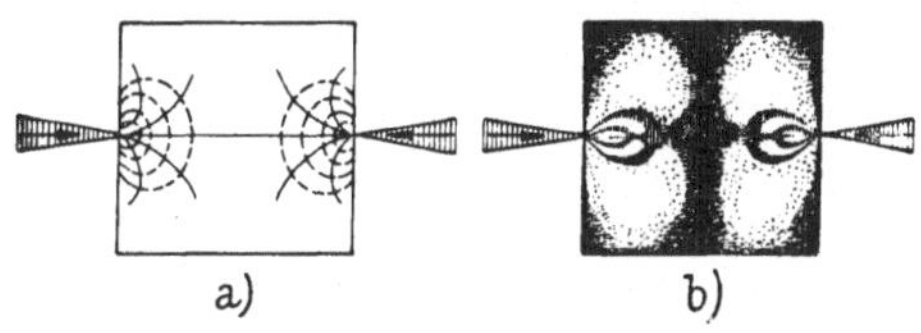

Abb. 370. a) Schwingungsrichtungen in einem gepreßten Glaswürfel: —— $= \alpha'$, ---- $= \gamma'$; b) Interferenzbild im *Orthoskop* (nach GROTH)

einachsig doppelbrechend. Bei Pressung in der Richtung der *zweizähligen* Deckachsen oder in ganz beliebigen Richtungen verhalten sich kubische Kristalle *zweiachsig.*

So ist *Steinsalz* bei Pressung senkrecht zu 001 oder zu 111 optisch *einachsig* negativ, bei Druck senkrecht zu 110 dagegen *zweiachsig* negativ. Als Achsenebene dient die zur Druckrichtung parallele Rhombendodekaederfläche, erste Mittellinie ist die Druckrichtung selbst. $2\,V = 49^0\,20'$. Flußspat und Sylvin weichen in Einzelheiten davon ab, zeigen aber grundsätzlich eine gleichartige Beeinflussung (vgl. dazu LIEBISCH).

Wirtelkristalle. Es war schon lange aufgefallen, daß manche Wirtelkristalle statt der zu erwartenden Einachsigkeit eine geringe, aber unverkennbare Zweiachsigkeit besitzen. Immer zeigte sich diese Zweiachsigkeit im Zusammenhang mit Druckspuren.

Pressung *in* der Richtung der optischen Achse kann den optischen Charakter nicht ändern, sondern nur die Größe der Doppelbrechung beeinflussen. Einseitiger Druck *senkrecht* zur Achse zerstört aber die optische *Drehsymmetrie*, es muß also Zweiachsigkeit eintreten. Die Lage der neuen Achsenebene ist dabei von dem ursprünglichen optischen Charakter abhängig. Es darf nicht verschwiegen werden, daß die Druckrichtung (normal zur optischen Achse) und die ursprüngliche Achse selbst (z-Richtung) nicht unbedingt auch Achsen der neuen „Indikatrix" werden müssen.

Für die einfachsten Fälle und in erster Annäherung kann man die Erscheinung der falschen Zweiachsigkeit etwa in folgender Art deuten.

Ein einachsig *positiver* Kristall hat parallel der Achse die Schwingungsrichtung des langsameren Strahles ($\varepsilon = \gamma$), senkrecht dazu die des rascheren Strahles ($\omega = \alpha$). Wird nun ein solcher Kristall senkrecht zur Achse gepreßt, so wird von den α-Strahlen jener, der in der Preßrichtung liegt, beschleunigt, d. h. sein Brechungsquotient wird um ein gewisses Maß δ *vermindert* ($\alpha - \delta = \alpha'$). Damit erhält man aber in den drei Raumrichtungen *ungleiche* Brechungsquotienten

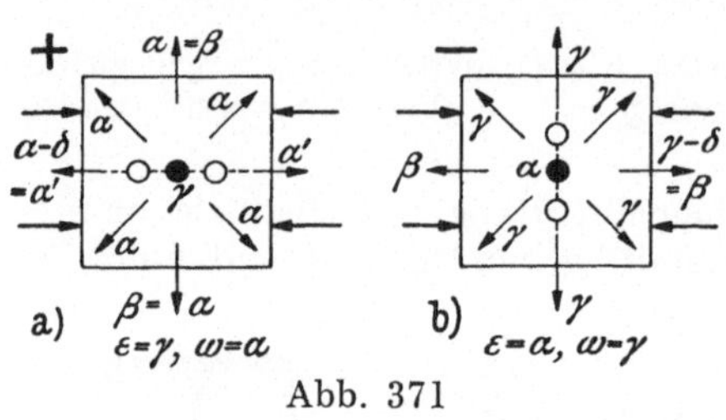

a) $\varepsilon = \gamma, \omega = \alpha$ b) $\varepsilon = \alpha, \omega = \gamma$

Abb. 371

(α', β, γ, wobei das β dem ursprünglichen α gleich ist), die zu einer Zweiachsigkeit mit *(kleinem)* Achsenwinkel um γ führen. Dabei liegt die Achsenebene *in* der Druckrichtung und diese selbst wird zur zweiten Mittellinie (Abb. 371 a).

Bei einachsig *negativen* Kristallen veranlaßt ein einseitiger Druck senkrecht zur Achse in ganz analoger Weise eine schwache Zweiachsigkeit mit der Achsenebene *quer* zur Druckrichtung. Die Pressungsrichtung wird dabei zur „optischen Normale" (Abb. 371 b).

Da die Zweiachsigkeit in beiden Fällen nie sehr stark ist, bleibt immer die ursprüngliche Wirtelachse erste Mittellinie, und der optische Charakter bleibt erhalten.

Es ist interessant, daß auf diese Weise der Quarz nicht nur zweiachsig werden kann, sondern daß dann auch die *beiden* Achsen Zirkularpolarisation zeigen.

Da diese falsche Zweiachsigkeit an die Pressung bzw. an Stellen von Spannung gebunden ist, kann man häufig neben gestörten Stellen auch solche finden, die ein ganz normales Verhalten zeigen.

Für optisch *zweiachsige Kristalle* gilt die gleiche Regel, daß durch Druck in dessen Richtung das Licht beschleunigt, also die *Brechung vermindert* wird.

Auch hier soll nur in erster Annäherung für den einfachsten Fall bei einem optisch *negativen,* zweiachsigen Kristall die Wirkung gerichteter Drucke erläu-

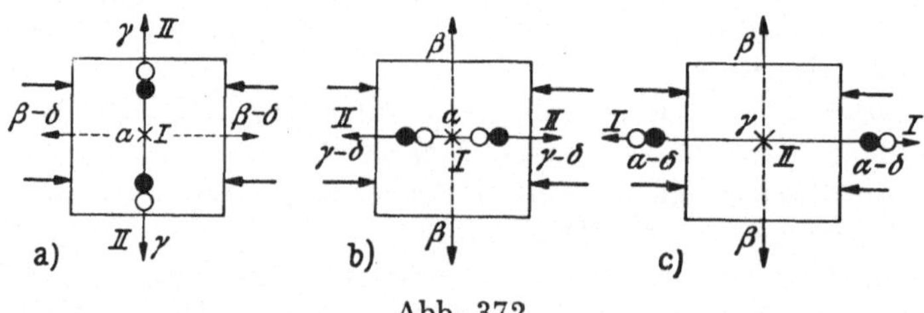

a)   b)   c)

Abb. 372

tert werden. In Wirklichkeit werden bei zweiachsigen Kristallen die durch gerichtete Drucke veranlaßten Änderungen des optischen Verhaltens überaus verwickelt.

1. *Druck senkrecht zur Achsenebene, parallel β.* Aus Abb. 372 a ist zu ersehen, daß β abnimmt. Ihrem Wert nach rücken also α und β einander näher. Bei einem *negativen* Kristall ist aber der Achsenwinkel um so kleiner, je

isolierter der Wert α gegenüber β und γ ist. Wenn sich daher β dem α nähert, *steigt der Achsenwinkel* (siehe die offenen Kreise der Abb. 372 a im Vergleich mit den schwarzen Scheibchen, die die ursprüngliche Achsenlage darstellen).

2. *Druck in der Achsenebene, parallel der zweiten Mittellinie.* Das in der Druckrichtung liegende γ nimmt ab, also eine *Annäherung* zwischen β und γ und damit eine schärfere *Isolierung* von α, d. h. der *Achsenwinkel fällt!* (Abb. 372 b.)

Ist 2 V an sich schon sehr klein, so kann hier durch den Druck der Achsenwinkel ganz verschwinden bzw. sich bei weiterem Druck in einer Ebene senkrecht zur Achsenebene wieder öffnen. Das gilt aber immer nur für eine Farbe und einen ganz bestimmten Druck.

3. *Druck in der Achsenebene, parallel der ersten Mittellinie.* α nimmt dabei ab, d. h. auch hier nähern sich β und γ einander, während α isoliert wird, also gleichfalls *Abnahme des Achsenwinkels* (Abb. 372 c).

Für optisch *positive* Kristalle (erste Mittellinie $= \gamma$) ist das Verhalten leicht in gleicher Weise abzuleiten. Hier ergibt die einfache Überlegung, daß im ersten Fall der Achsenwinkel fallen muß, während er in den Fällen 2 und 3 wächst.

Es kann also bei positiven Kristallen nur der Druck senkrecht zur Achsenebene bei kleinem Achsenwinkel eine künstliche Einachsigkeit hervorrufen.

Während sich die optischen Störungen durch einseitigen Druck bei einfachbrechenden Kristallen im Auftreten von Doppelbrechung und bei einachsigen Kristallen in einer abnormen Zweiachsigkeit sehr stark bemerkbar machen, ist bei den zweiachsigen Kristallen nur eine geringe Änderung der optischen Verhältnisse zu erwarten und entgeht darum meist der genaueren Beobachtung.

3. Optische Anomalien

Unter diesem Ausdruck faßt man alle jene optischen Erscheinungen zusammen, die scheinbar mit der Symmetrie der untersuchten Kristalle im Widerspruch stehen, z. B. Doppelbrechung bei Granat oder Alaun, Zweiachsigkeit bei Beryll usw.

In der Mehrzahl der Fälle handelt es sich um Folgeerscheinungen physikalischer Beeinflussungen durch Wärme und Druck (Spannung), sind also vorher schon behandelt. Bezeichnend ist, daß thermische oder Spannungswirkungen häufig nach dem Aufhören der wirkenden Kräfte nicht vollständig zurückgehen, sondern sich eben durch ein *anomales* optisches Verhalten verraten.

Viele *Sanidine* zeigen schon bei Zimmertemperatur eine Achsenebene parallel 010 statt senkrecht dazu, als Zeichen einer vorausgegangenen Erwärmung. Wenn nämlich normale Orthoklase andauernd und sehr hoch erhitzt werden, so bleibt die dadurch erzielte Änderung der Achsenebene (vgl. S. 314) *auch nach der Abkühlung erhalten.*

Noch leichter erhalten sich die durch Pressung hervorgerufenen inneren Spannungen.

In manchen Fällen sind es die Folgen eines *Schrumpfungsvorganges*, die zur Spannungsdoppelbrechung (orientiert nach der äußeren Umgrenzung) führen.

Frischer *Analcim* (eben erst gezüchtet oder aus frischem Gestein) ist als kubischer Körper einfachbrechend. Später stellen sich aber Spuren von Doppelbrechung ein als Folge eines Wasserverlustes, denn die Doppelbrechung verschwindet wieder, wenn die Kristalle eine Zeitlang im Wasserdampf gehalten werden (KLEIN).

Auch Fremdkörper *(Einschlüsse)* können in ihrer unmittelbaren Nähe Anlaß zur Spannungsdoppelbrechung des Wirtkristalls geben (z. B. Doppelbrechung im Diamant in der Umgebung von Gasblasen).

Besonders verbreitet sind solche Spannungserscheinungen bei *Bildung von Mischkristallen.* Das Zusammenkristallisieren verwandter, aber doch nicht durchaus gleicher Stoffe, der Einbau etwas abweichender Bausteine in das Gitter des Kristalls muß zu inneren Spannungen führen, die sich in „optischen Anomalien" bemerkbar machen.

Solche anomale Doppelbrechung beobachtet man öfters bei *Alaun,* doch konnte BRAUNS nachweisen, daß *reiner* Kalialaun oder reiner Ammoniakalaun als kubische Kristalle durchaus einfachbrechend sind, *nur die Mischkristalle* zeigen Doppelbrechung.

Ganz gleichartig dürfte wohl die oft kräftige anomale Doppelbrechung bei vielen *Granaten* zu deuten sein.

Die Doppelbrechung *mimetischer Kristalle,* d. h. solcher, die nur makroskopisch eine höhere Symmetrie vortäuschen, in Wirklichkeit aber aus einem Zwillingsgewebe mindersymmetrischer Einzelindividuen bestehen, kann eigentlich nicht als optische Anomalie bezeichnet werden, denn der erkennbare Einzelteil zeigt ein durchaus normales Verhalten.

VIII. Optik absorbierender Kristalle

a) Auswählende Absorption — Pleochroismus

Solange die einzelnen Minerale bei der normalen Dünnschliffdicke noch mehr oder weniger farbig durchsichtig erscheinen, ist der Absorptionskoeffizient k immer noch sehr klein, in der Größe 10^{-4} und darunter, und macht sich demnach nicht allzu störend bemerkbar. Für alle solche *„schwach absorbierende"* Kristalle kann man die bisher geschilderten Untersuchungsmethoden noch in vollem Ausmaß verwenden. (Bezüglich k vgl. S. 239.)

Sowohl im Orthoskop als auch im Konoskop werden die kennzeichnenden Farberscheinungen nicht unerheblich gestört, wenn das Mineral eine kräftige Eigenfarbe besitzt. Diese Eigenfarbe ist nur ein Beweis für das Vorhandensein einer *auswählenden Absorption,* derzufolge gewisse Lichtarten geschwächt oder ganz unterdrückt werden, so daß der durchgelassene Anteil des Lichts dann zu einer Mischfarbe zusammentritt (vgl. S. 240).

In anisotropen, doppelbrechenden Körpern wird nun im allgemeinen die zu beobachtende Mischfarbe *auch von der Richtung abhängen,* genau wie die Brechbarkeit oder das Maß der Doppelbrechung. Ein und dasselbe Mineral erscheint also bei Durchstrahlung in verschiedenen Richtungen *verschieden* gefärbt *(„Pleochroismus").*

Bei *Turmalin* erscheinen manche Platten parallel der Basis undurchsichtig, dagegen andere, gleich dicke Platten parallel der Hauptachse dunkelgrün durchsichtig. *Cordierit* läßt sogar bei Durchleuchtung nach den drei Bezugsachsen der rhombischen Kristalle drei verschiedene Farben sehen („Flächenfarben"). (Abb. 373.)

Die im allgemeinen bei der Doppelbrechung auftretenden beiden Strahlen sind nicht nur nach ihrer Brechbarkeit, sondern auch nach der Art ihrer Absorption verschieden, was leicht mit der *Haidingerschen Lupe („Dichroskop")* zu beobachten ist.

Diese besteht aus einem Kalkspat in Fassung, dem eine (meist quadratische) Lochblende vorgebaut ist, so daß man beim Durchblicken gegen eine Lichtquelle nebeneinander zwei Bilder der Öffnung beobachtet. Diese gehören dem ordentlichen bzw. außerordentlichen Strahl an. Wird nun eine doppelbrechende *pleochroitische* Mineralplatte vor die Öffnung gebracht, so sieht man beide Bilder farbig, aber im allgemeinen *ungleich* farbig. Das durch die Mineralplatte dringende Licht wird nämlich auf die beiden Schwingungsrichtungen im Kalkspat umpolarisiert. Die Farbenunterschiede zeigen sich dann am schärfsten, wenn die Schwingungsrichtungen der die Platte durchsetzenden Strahlen mit jenen im Kalkspat parallel liegen.

Man kann den Pleochroismus aber auch *im Mikroskop* beobachten, allerdings nicht für beide Schwingungsrichtungen gleichzeitig, sondern *nacheinander*. Dazu schaltet man den

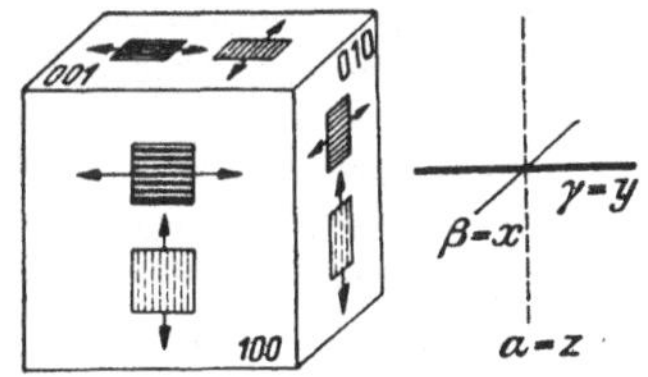

Abb. 373. Cordierit (nach Tschermak)

oberen Nicol aus und beobachtet mit dem unteren Polarisator allein, von dem die Lage seiner Schwingungsrichtung bekannt sein muß. Stellt man nun eine Schwingungsrichtung (Auslöschrichtung) der Platte parallel mit der Schwingungsrichtung des Polarisators, so beobachtet man die dieser Richtung entsprechende Farbe. Dreht man das Präparat um 90°, so kommt die Farbe der anderen Schwingungsrichtung zur Geltung. Mittellagen geben Mischfarben aus diesen beiden Farben.

Wenn man die drei Endflächen des *Cordierits* bezüglich der Zusammensetzung ihrer „Flächenfarben" mit dem Dichroskop oder unter dem Mikroskop überprüft, unterscheidet man leicht die „*Achsenfarben*", die den drei Bezugsachsen des Kristalls und damit den drei Hauptachsen der Indikatrix entsprechen. Es zeigt sich, daß die drei optischen Richtungen α, β, γ in ihrer Absorption und Farbe sich sehr wesentlich unterscheiden und daß aus diesen drei Achsenfarben leicht jene Farben abgeleitet werden können, die bei Durchstrahlung nach irgendeiner Richtung auftreten müssen (Abb. 373).

Bei zweiachsigen pleochroitischen Kristallen werden, entsprechend den drei Hauptachsen der Indikatrix, *drei* Achsenfarben unterschieden. Für Wirtelkristalle, deren Indikatrix ein Drehellipsoid ist, gelten nur *zwei* Achsenfarben, entsprechend der Wirtelachse und der Senkrechten dazu.

Man pflegt den Pleochroismus durch Angabe der Farbe für jede der optischen Symmetrieachsen und womöglich durch deren Intensität zu kennzeichnen. Zum Beispiel:

Hämatit . . . . ω (braunrot) $\gg$ ε (hellgelb).
Gemeine Hornblende γ (graugrün) $\geqq$ β (faulgrün) $\gg$ α (hellgelb).
Biotit . . . . γ (dunkelrotbraun) $\eqsim$ β (dunkelrotbraun) $\gg$ α (strohgelb).
Cordierit . . . . . . γ (dunkelblau) $\gg$ β (graublau) $\gg$ α (hellgelb).
Riebeckit . . . . . . γ (gelbgrün) $<$ β (hellblau) $<$ α (dunkelblau).
Axinit . . . . γ (zimtbraun) $<$ β (dunkelviolett) $>$ α (olivgrün).

Die Übereinstimmung der Absorptionsachsen (Achsenfarben) mit den drei Hauptsymmetrieachsen der Indikatrix und den Bezugsachsen der Kristalle gilt nur für das rhombische System in aller Schärfe. Im *monoklinen* und *triklinen* System können die Absorptionsachsen sehr *stark* von den Symmetrieachsen der Indikatrix *abweichen*, ja sie müssen nicht einmal mehr senkrecht aufeinanderstehen, ein ·sehr deutlicher Hinweis darauf, daß die Optik für *absorbierende* Kristalle wesentlich komplizierter ist, als jene für nicht-absorbierende.

So ist nach Ramsay (1888) für rotes und grünes Licht in der 010 des *Epidots* vom Untersulzbachtal die Auslöschung $z\,\alpha_r = 2^0\,56'$, $z\,\alpha_{gr} = 2^0\,26'$, aber das *Maximum der Absorption* für Rot $z_r = 31^0$, für Grün $z_{gr} = 38^0$, das *Minimum* der Absorption für Rot $z_r = 67^0$, für Grün $z_{gr} = 52^0$. Das heißt, im Rot sind die Absorptionsachsen 98^0 (!) voneinander entfernt (im Grün allerdings 90^0), und die Abweichung von den Auslöschungsrichtungen beträgt rund 30^0.

Durch starke Verschiedenheit in der Absorption der beiden in einer Richtung laufenden polarisierten Strahlen können also auch die konoskopischen Bilder stark beeinflußt und geändert werden, so daß schon ohne Polarisatoren Achsenbilder-ähnliche Erscheinungen beobachtet werden.

Manchmal zeigen Platten senkrecht zu optischen Achsen besonders stark pleochroitischer, zweiachsiger Minerale schon mit freiem Auge im gewöhnlichen Licht sog. „*Büschel*", andersfarbige Sektoren, die ähnlich den Achsenhyperbeln quer zur Achsenebene durch den Achsenpol ziehen (*„idiophane Achsenbilder"*). In den Abb. 313 und 347 zeigt das Skiodromennetz in der unmittelbaren Umgebung einer Achse eines zweiachsigen Kristalls einen ungemein raschen Wechsel der Schwingungsrichtungen. Ist nun mit der Änderung der Schwingungsrichtung auch noch eine starke Änderung der Absorption verbunden, so muß sich diese in Farbänderungen rund um die Achse bemerkbar machen und Farbverschiedenheiten in den Richtungen parallel und senkrecht zur Achsenebene bedingen. Dunkle *Epidote* lassen auf 001 an einer dort austretenden optischen Achse die dunklen Büschel sehr gut beobachten.

H. Schumann zeigte[1], daß sich die bei konoskopischer Betrachtung zwischen gekreuzten Polarisatoren sichtbaren, sehr gestörten Bilder dadurch nachahmen lassen, daß man entsprechend der Schwingungsrichtung des kräftig absorbierten Strahles einen dritten Polarisator verwendet, der aber zugleich mit einer normalmäßig nicht absorbiernden Platte (z. B. Quarz) im Gesichtsfeld mitgedreht wird (z. B. der Aufsatznicol). Stark pleochroitische Minerale tragen also sozusagen schon einen Polarisator in sich. Der angegebene Modellversuch zeigt alle Erscheinungen, die an stark pleochroitischen Kristallen beobachtet werden.

Je stärker die Absorption wirksam wird, um so mehr werden die optischen Verhältnisse der im Durchlicht beobachteten Kristalle davon beeinflußt. Besonders starke Absorption zwingt endlich zur Umstellung der Beobachtung auf Verwendung von *Auflicht (Erzmikroskopie)*.

---

[1] N. J., Mh. 1945, 100.

b) Optische Grundlagen für absorbierende Kristalle[1]

Sobald der Absorptionskoeffizient k (vgl. S. 239) in seiner Größe nicht mehr vernachlässigt werden kann, zwingt dessen genaue Berücksichtigung zu einer tiefgreifenden Erweiterung der Gesetze über die Lichtausbreitung. Es zeigt sich, daß das Snelliussche Brechungsgesetz, wonach n bei isotropen Medien eine vom Einfallswinkel unabhängige Größe ist, nicht mehr voll gilt, daß im Gegenteil sowohl n wie k gesetzmäßig vom Einfallswinkel abhängen.

P. Drude zeigte nun, daß die für nicht-absorbierende Medien abgeleiteten Gesetze der Lichtausbreitung, besonders in der Form der Indikatrix, sich formal mit den gleichen Formeln auch auf absorbierende Medien anwenden lassen, wenn man an Stelle der bisher verwendeten reellen Größen *komplexe* einführt, also n durch n' ersetzt, wobei $n' = n - ik$, $(i = \sqrt{-1})$. Drude und W. Voigt konnten rein rechnerisch mit dieser Begriffserweiterung dartun, daß auch für absorbierende Kristalle die Fletchersche Indikatrix gültig ist und aus ihr sowohl die Verhältnisse der Lichtausbreitung als auch jene der Polarisation ableitbar sind, nur ist diese Indikatrix selbst komplex. Darum erweist sich der Brechungsquotient n vom Einfallswinkel i in Luft in folgender Weise abhängig:

$$n^2{}_i = \frac{1}{2}\left(n^2 - k^2 + \sin^2 i + \sqrt{4\,n^2 k^2 + (n^2 - k^2 - \sin^2 i)^2}\right).$$

wobei n und k die Hauptwerte für $i = 0$ bedeuten (senkrechter Lichteinfall). Mathematisch ergibt sich, daß die Grundgleichungen sowohl in ihren reellen als in ihren imaginären Anteilen je zu einem dreiachsigen Ellipsoid mit gemeinsamem Mittelpunkt führen. Das komplexe Indexellipsoid ist also sozusagen ein Nebeneinander zweier dreiachsiger Ellipsoide mit gemeinsamem Zentrum. Die damit erzielte mathematische Vereinfachung ist aber gänzlich ungeeignet zur Veranschaulichung der optischen Verhältnisse bei absorbierenden Kristallen.

M. Berek stellte in den Vordergrund die Forderung, daß die Radien der Bezugsfläche Indices darstellen müßten, wie bei der Indikatrix durchsichtiger Kristalle. Dann können die Bezugsflächen allerdings nicht mehr ellipsoidischen Charakter haben. Absorbierende Kristalle sind also gerade durch die *Abweichung der Gestalt ihrer Indikatrix von einem Ellipsoid* gekennzeichnet.

Die Trennung in die Bezugsflächen für Brechbarkeit und Absorption wird selbst bei schwacher Absorption durch die auf S. 320 angeführten Werte für *Epidot* sehr deutlich. Dort zeigt sich auch die starke Abweichung von der ellipsoidischen Symmetrie, da Maxima und Minima der Absorption für Rot nicht mehr aufeinander normal stehen.

Für alle absorbierenden Kristalle gilt, daß im allgemeinen infolge des komplexen Charakters der Ausbreitungsformeln nicht lineare, sondern *elliptische Polarisation* zu beobachten ist. Nur wenn die Symmetrie des Kristalls es nach bestimmten Ebenen und Richtungen verlangt, beobachtet man auch lineare Polarisation.

Bei *kubischen* Kristallen besteht die komplexe Indikatrix aus konzentrischen Kugeln mit n und k als Radien. Hier ist nur die durch k

---

[1] Ausführliche Darstellung siehe besonders bei H. Schneiderhöhn (Erzmikroskopisches Praktikum, 1952), wie auch bei Schneiderhöhn - Ramdohr und Rinne - Berek.

bedingte Schwächung der Intensität bemerkbar, wogegen bezüglich Geschwindigkeit (Brechbarkeit) und Polarisation kein Unterschied gegenüber vollkommen durchsichtigen Kristallen besteht.

Wirtelige Kristalle (tetragonal, hexagonal, trigonal) haben eine komplexe Indikatrix, die aus zwei Rotationsflächen, aber mit verschieden langen Drehachsen besteht. Durch die eine der beiden Flächen wird n, durch die andere k dargestellt. Die beiden Rotationsflächen sind aber nicht Rotationsellipsoide, wenn auch für die n-Fläche die Abweichung

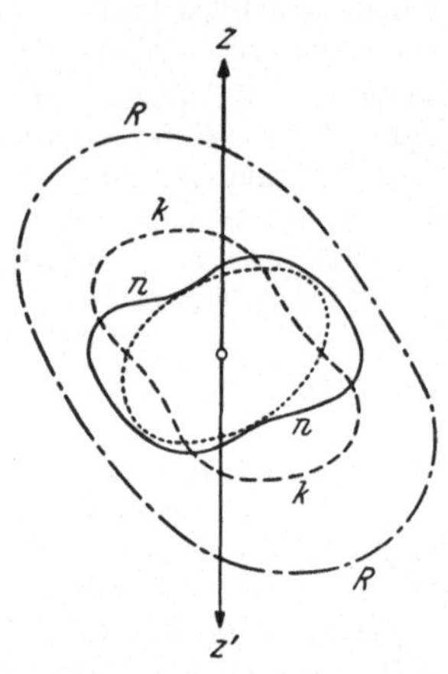

Abb. 374. Kurven für n, k und R in der (optischen) Symmetrieebene monokliner Kristalle (punktiert: Fresnelsche Ellipse für n bei *nicht* absorbierenden Kristallen) (nach Rinne-Berek, vereinfacht)

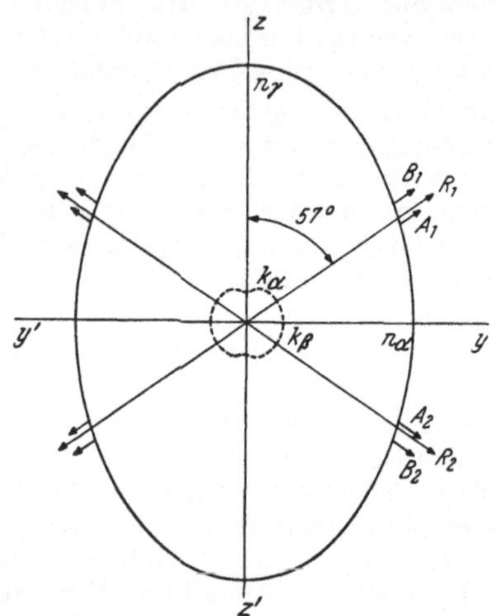

Abb. 375. Schnitt nach yz durch die komplexe Indikatrix des Antimonites (A = Polarisationsachsen, B = Absorptionsachsen, R = Achsen der Reflexionsisotropie) (nach Schneiderhöhn-Ramdohr, vereinfacht)

auch bei starker Absorption gering ist. Infolge der Rotationssymmetrie stehen in den zentralen Schnitten die Hauptachsen der Schnittfläche immer normal zueinander und gleichzeitig parallel bzw. normal zum Hauptschnitt. Die Gesetze der Polarisation unterscheiden sich demnach nicht von jenen der nicht-absorbierenden Kristalle, nur ist die Änderung des außerordentlichen Brechungsquotienten keine elliptische Funktion mehr.

Niedrig-symmetrische Kristalle (rhombisch, monoklin, triklin). Bei diesen macht sich die Größe k in der komplexen Indikatrix sehr stark bemerkbar. In Abb. 374 ist für einen *monoklinen* Kristall mit $n_x = 2 - 4i$ und $n_z = 3 - 2i$ der Schnitt parallel der optischen Symmetrieebene skizziert. Die Kurven für n und k haben nur mehr zentrisch-symmetrischen Charakter. Da aber die Symmetrieebene des Kristalls auch für die komplexe Indikatrix gelten muß, liegen die xz-Richtungen für n und k in der gleichen Ebene, und für alle Strahlenrichtungen in dieser Ebene treten zwei parallel und senkrecht zu dieser Ebene *lineare* Schwingungsrichtungen auf.

Bei *triklinen* Kristallen besteht die komplexe Indikatrix aus zwei Flächen für n und k, die nur mehr ein Symmetriezentrum gemeinsam haben, sonst aber in der Form, Größe und Orientierung völlig unabhängig voneinander sind.

Ein ausgezeichnetes Beispiel für das *rhombische* System bietet der *Antimonit* (CISSARZ und BEREK). Infolge der Symmetrie rhombischer Kristalle müssen hier je die drei Hauptachsen der n-Fläche und der k-Fläche mit den Richtungen der Kristallachsen zusammenfallen, wenn auch die größenmäßige Verteilung davon unabhängig ist.

Im Antimonglanz liegen die n_α und n_γ in der Ebene yz, dagegen k_α und k_γ in der Ebene zx (Abb. 375). In den Symmetrieebenen des Kristalls laufen Strahlen mit linearer Polarisation, in allen anderen Richtungen herrscht dagegen elliptische Polarisation. Aus der Indikatrix für n erhält man in der yz-Ebene die „Polarisationsachsen" (A) unter einem Winkel $zA = 58{,}2^0$. Die „Absorptionsachsen" (B) haben gegen z den $\sphericalangle zB = 52{,}2^0$. Die aus Reflexionsbeobachtungen folgenden „Richtungen der Reflexionsisotropie" (R) liegen unter $\sphericalangle zR = 57^{1}/_{2}{}^{0}$ in der gleichen Ebene.

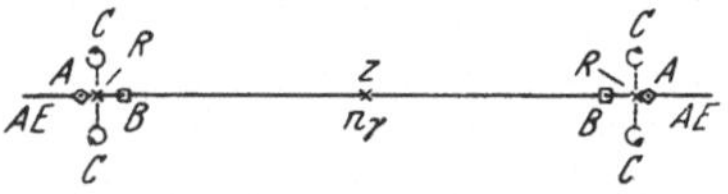

Es gibt *keine* Richtung wahrer optischer Isotropie (Einfachbrechung). Mit zunehmender Größe der Absorption spalten sich im Gegenteil die Richtungen der optischen Achsen in je *zwei* Richtungen, in denen sich je *einzelne zirkular-polarisierte* Strahlen fortpflanzen (eigentlich zwei, die sich aber weder durch n noch durch k, noch nach ihrem Polarisationszustand unterscheiden lassen). Aus der „Spaltung" ergibt sich, daß das eine Paar links-zirkular polarisiert ist, das andere rechts-zirkular. Diese *vier* „*Windungsachsen*" (VOIGT) (C) sind wohl das Hauptcharakteristikum für absorbierende „zweiachsige" Kristalle. Sie liegen symmetrisch beiderseits der Achsenebene, in der die Richtungen A, B und R verlaufen, und gewöhnlich ganz nahe der Richtung der Reflexionsisotropie (R).

Abb. 376. Schema der Achsenverteilung in der Achsenebene (AE) des Antimonites. A Polarisationsachsen; B Absorptionsachsen; C Windungsachsen; R Achsen der Reflexionsisotropie

Beim Antimonit sind sie von der Ebene $yz \pm 2{,}7^0$ entfernt, ihre Neigung zur z-Achse beträgt $56{,}4^0$ (Abb. 375). Für Antimonglanz wurden im Orange (nahe der D-Linie) die Werte in nebenstehender Tabelle gemessen.

	$// x$	$// y$	$// z$
n	4,37	3,41	5,12
k	0,817	0,723	0,635

c) Das Reflexionsvermögen und seine Verwertung

Bei senkrecht auffallendem Licht, wie es praktisch fast ausschließlich verwendet wird, ist das „*Reflexionsvermögen*" (R) durch das Intensitätsverhältnis des gespiegelten Lichts (J) gegen das auffallende Licht (J_0) gegeben: $R = J/J_0$. Bei durchsichtigen Körpern ist $R = (n-1)^2/(n+1)^2$, wobei n die Brechzahl des Körpers ist[1]. Bei *absorbierenden* (isotropen) Körpern ist aber noch die Größe des Absorptionskoeffizienten k von Bedeutung und man erhält damit

$$R = \frac{(n-1)^2 + k^2}{(n+1)^2 + k^2}.$$

In *anisotropen* Kristallen, wo sich nicht nur die Brechbarkeit und die Absorption je nach der Richtung ändert, sondern im allgemeinen in der gleichen Wellennormalen sich zwei Strahlen mit verschiedenen Brechzahlen fortpflanzen, muß auch das Reflexionsvermögen R verschieden beeinflußt werden. BEREK spricht von *„Bireflexion"* („Doppelreflexion") ganz ähnlich dem Begriff der „Doppelbrechung". Der vielfach verwendete Ausdruck „Reflexionsdichroismus" oder „Reflexionspleochroismus" betont unberechtigt allzusehr die Abhängigkeit von k.[2] Bedeuten $n_1\,k_1$ und $n_2\,k_2$ die Brechzahlen bzw. Absorptionskoeffizienten in beiden eindringenden Wellen, n_J den Brechungsquotienten des Einbettungs- (Immersions-) mediums und φ_1, φ_2 die Azimute der beiden Schwingungen gegen die Polarisatorrichtung, dann ist:

$$R = \frac{(n_1 - n_J)^2 + k_1{}^2}{(n_1 + n_J)^2 + k_1{}^2} \cdot \cos\varphi_1 + \frac{(n_2 - n_J)^2 + k_2{}^2}{(n_2 + n_J)^2 + k_2{}^2} \cdot \cos\varphi_2$$

(BEREK)[3]. Werden φ_1 und φ_2 Null, dann erhält man (bei $n_1 < n_2$) für die raschere gebrochene Welle ein:

$$R_1 = \frac{(n_1 - n_J)^2 + k_1{}^2}{(n_1 + n_J)^2 + k_1{}^2}$$

und für die langsamere Welle ein:

$$R_2 = \frac{(n_2 - n_J)^2 + k_2{}^2}{(n_2 + n_J)^2 + k_2{}^2}.$$

$\Delta R = R_2 - R_1$ ist dann die *„Größe der Doppelreflexion oder Bireflexion"*.

---

[1] Wird in einem anderen Einbettungsmittel, nicht in Luft, gearbeitet (z. B. bei Verwendung von Immersionsölen), dann gilt natürlich der *relative* Brechungsquotient des Körpers gegen das Einbettungsmittel, also: $R = (n - N)^2 / (n + N)^2$.

[2] Reflexionsversuche an einer Spaltplatte von Kalkspat ergeben z. B. deutliche „Bireflexion", obwohl hier von einer wesentlichen Größe oder gar Verschiedenheit der k-Werte keine Rede ist. Kalkspat ist doch *nicht* pleochroitisch! Es kann also das Reflexionsvermögen auch für *durchsichtige* Minerale im Anschliff diagnostisch von besonderer Bedeutung werden. Das Auseinanderhalten nahe verwandter Minerale gelingt damit oft leichter als mit den normalen Dünnschliffmethoden (H. MEIXNER, vgl. dazu dessen Nomogramm bei SCHNEIDERHÖHN).

[3] Diese Formeln gelten eigentlich genau nur für jene Richtungen, in denen das eindringende Licht linear-polarisierte Strahlen zeigt, bzw. Schwingungen mit langgestreckter Ellipse. Die genaue, für alle Fälle gültige Formulierung gab BEREK 1937.

Ähnlich wie bei durchsichtigen Kristallen werden die Reflexionswerte in den *optischen Hauptrichtungen* mit $R_\gamma > R_\beta > R_\alpha$ bezeichnet und die *Hauptbireflexionen* sind dann $(R_\gamma - R_\beta)$, $(R_\beta - R_\alpha)$, $(R_\gamma - R_\alpha)$. ΔR ist Null für alle Schnitte isotroper Kristalle und bei optisch einachsigen Kristallen für Schnitte senkrecht zur optischen Achse, bei optisch zweiachsigen Kristallen für Schnitte senkrecht zu einer Windungsachse.

Durch Messungen der *Intensität des reflektierten Lichts* und seines *Polarisationszustandes* lassen sich demnach die optischen Eigenschaften des Kristalls, an dessen Anschliff die Reflexion gemessen wurde, bestimmen. Läßt man linear polarisiertes Licht auf den Anschliff auffallen, so ist das senkrecht reflektierte Licht im allgemeinen elliptisch polarisiert und gegenüber dem auffallenden Licht gedreht.

Da für genaue Messungen und Beobachtungen die genaue Kenntnis des Schwingungszustandes des einfallenden Lichtes unerläßlich ist, sind Beobachtungen im „gewöhnlichen" Licht unzweckmäßig, denn es gibt keine Einrichtung, bei der ein durchaus homogenes, völlig unpolarisiertes Licht auf den Anschliff auffällt. Um ein genau definiertes Einfallslicht zu haben, ist es daher unerläßlich, *nur polarisiertes* Licht zu verwenden. Die unvermeidlichen Drehungen der Polarisationsebene und des Polarisationszustandes können bei schwachen und mittleren Objektiven vernachlässigt werden, sind dagegen bei starken Objektiven schon merklich. Darauf gehen die Verschiedenheiten der Anisotropieeffekte bei Verwendung verschieden starker Objektive zurück.

Bei Beobachtung zwischen *gekreuzten* Polarisatoren wird die Intensität des Lichtes auch in der Stellung größter Helligkeit auf ein Hunderstel oder noch weniger der auffallenden Lichtintensität herabgedrückt. Hier müssen entweder sehr starke Lichtquellen verwendet werden (orthoskopisch), oder man beobachtet „konoskopisch" auch bei schwächerer Beleuchtung (Rinne-Berek, S. 305).

Wie bei Durchlichtbeobachtungen lassen sich auch hier *vier* Lagen stärkster Verdunklung und dazwischen solche größter Aufhellung bei einer vollen Umdrehung unterscheiden, doch sind diese in hohem Maße von einer peinlichst genauen Kreuzung der Polarisatoren abhängig und erfordern einen auf Höchstglanz polierten Anschliff der Probe.

Ist das Einbettungsmedium nicht Luft, sondern z. B. ein Immersionsöl (also größeres n_J), dann *sinkt* das Reflexionsvermögen. So beobachtet man bei *Bleiglanz* in Luft für Orange ein $R = 41{,}6\,\%$, in Zedernöl dagegen ein solches von $27{,}1\,\%$. Daher erscheinen niedrig reflektierende oder gar schwach durchsichtige Kristalle in Öl ganz dunkel, und man kann tief in das Innere hineinsehen (Spaltrisse, Einschlüsse, Zwillingslamellen, „Innenreflexe"). (Vgl. S. 329.)

Das höchste Reflexionsvermögen besitzt *Silber* mit 96 %, dann *Kupfer* (89 %), *Gold* (86 %) und andere *gediegene Metalle* bis 60 %. Viele einfach gebaute *Sulfide*, *Arsenide* und *Antimonide* zeigen Reflexionen von 60 bis 45 %. Die *Sulfosalze* besitzen ein Reflexionsvermögen zwischen 40 bis 30 % und fast alle *Oxyde* ein solches unter 30 %. Auffallend hohe *Bi*reflexionen besitzen Kristalle mit ausgeprägtem Schichtgitter (Graphit, Molybdänglanz, Valleriit . . .).

Selbstverständlich ist der Grad des Reflexionsvermögens auch noch von der verwendeten Lichtart (Wellenlänge λ) abhängig, wenn auch eine einfache Beziehung zwischen λ und R nicht angebbar ist.

Beispiele für Reflexionsvermögen, gemessen mit Photometer-
okular (Schneiderhöhn-Ramdohr, II)

	Silber	Kupfer	Gold	Platin	Wismut	Eisen
Rot	93 %	89 %	86 %	70 %	65 %	58 %
Orange	94 %	83 %	82,5 %	73 %	62 %	59 %
Grün........	95,5 %	61 %	47 % (!)[1]	70 %	67,5 %	64 %

Neben der Stärke des Reflexionsvermögens ist der *Farbeindruck* im weißen Licht diagnostisch verwertbar. Die Dispersion der Brechzahlen ist bei den absorbierenden Kristallen im allgemeinen höher als bei den durchsichtigen. Bei mittelstarker Dispersion erscheint das Reflexlicht glänzend bläulich-weiß. Bei anomaler Dispersion können verschiedene Farbtöne auftreten, z. B. Gelb bei Pyrit, Kupferkies, Gold..., Rot bei Kupfer, Rotnickel..., Tiefblau bei Kupferinding, Bläulich bei Kupferglanz..., Grünlich bei Fahlerz, Zinnkies ... usw.

Infolge hoher Reflexionsdispersion zeigen einzelne Kristalle in verschiedenen Einbettungsmitteln verschiedene Farben, denn jene Wellenlänge, in der der Kristall und die Einbettungsflüssigkeit bezüglich n übereinstimmen, wird *nicht* reflektiert und die anderen λ bilden dann eine entsprechende Mischfarbe. *Kupferinding* mit der größten bekannten Dispersion hat für $\lambda = 6350$ Å $n = 1,00$, für $\lambda = 5890$ Å $n = 1,45$ und für $\lambda = 5050$ Å $n = 1,97$ (!)[2]. Das Mineral erscheint darum in Luft tiefblau, in Wasser blauviolett, in Zedernöl rotviolett, in Monobromnaphthalin scharlachrot, in Jodmethylen orangerot (SCHNEIDERHÖHN).

d) Auflichtmikroskopie (Erzmikroskopie)

Mit dem gewöhnlichen Polarisationsmikroskop lassen sich Messungen an stark absorbierenden (opaken) Kristallen nicht durchführen. Da die Objekte undurchsichtig sind, müssen die sorgfältigst geschliffenen und auf Hochglanz polierten Kristallschnitte im *Auflicht* beobachtet und gemessen werden. Es muß also ein „*Opakilluminator*" in das Mikroskop eingebaut werden, der seitlich zugeführtes Licht *senkrecht* auf den Anschliff leitet und das rückgespiegelte Licht im Mikroskop zu beobachten gestattet.

Bei sehr schwachen Objektiven kann ein unter 45^0 zur Tubusachse zwischen Objektiv und Anschliff eingesetztes Glasplättchen dienen. Zweckmäßiger ist es, das Plättchen über dem Objektiv im Tubus anzubringen. Durch einen seitlichen Ansatzstutzen, der gleichzeitig auch den Polarisator enthält (P_1), wird das Licht durch das Objektiv, das hiebei als Kondensor dient, zum Anschliff geleitet, dort reflektiert und durch Objektiv und Okular zur Beobachtung gebracht

---

[1] In dünnsten Schichten wird bekanntlich Gold für Grün durchlässig (vgl. S. 240). Bei Gold-Silber-Legierungen ändert sich das Reflexionsvermögen *stetig*, wenn auch nicht linear, besonders für Grün mit dem Prozentgehalt der Legierung (vgl. dazu das Diagramm bei SCHNEIDERHÖHN - RAMDOHR, II).

[2] Alles für die *ordentliche* Welle gemessen.

(Abb. 377 a). Mit dem Glasplättchen wird zwar das ganze Gesichtsfeld ausgenützt, doch erhält man nur lichtschwache und etwas verschleierte Bilder.

Bedeutend lichtstärker und klarer wird das Bild, wenn man statt des Glasplättchens ein totalreflektierendes Prisma verwendet. Hiebei wird aber die für den bilderzeugenden Strahlengang dienende Öffnung teilweise versperrt und die brauchbaren einfallenden Strahlen treffen nicht mehr ganz senkrecht auf den

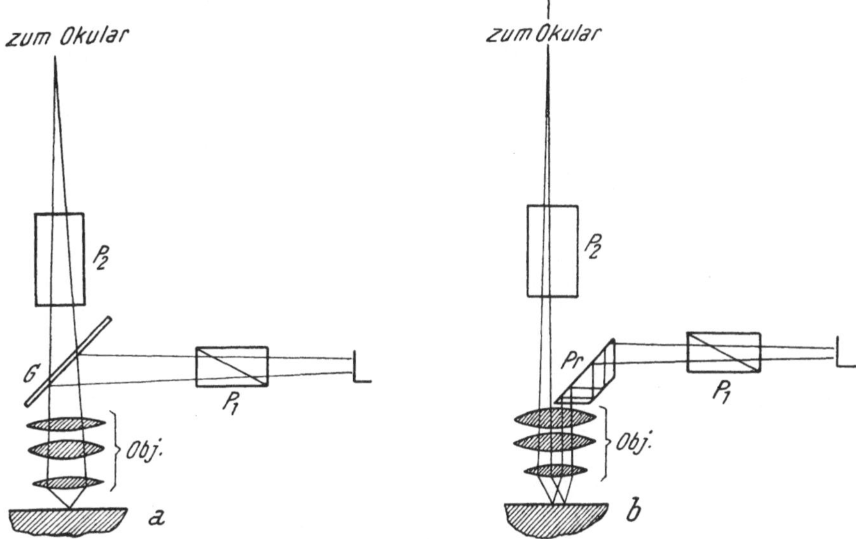

Abb. 377. Durchschnitt eines Opakilluminators (nach C. Reichert)

Anschliff, sondern sind ein wenig „schief" (Abb. 377 b), was sich unter Umständen trotz einer gewissen Beschränkung des Gesichtsfeldes sogar vorteilhaft neben der erhöhten Leuchtkraft des Bildes auswirkt. Darum werden heute größtenteils Prismen-Opakilluminatoren verwendet.

Der Analysator (P_2) wird in der üblichen Weise im Tubus einschiebbar angebracht.

Wesentlich ist vor allem die sorgfältigste Herstellung und das Polieren des Anschliffes (vgl. die Anmerkung S. 228). Da die ungeschützte Schliffebene leicht durch die Atmosphärilien angegriffen wird, ist, besonders vor neuen Untersuchungen, ein Nachpolieren notwendig.

Während des dem Polieren vorangehenden *Feinschleifens* machen sich in einem Aggregat verschiedener Mineralkörner Härteunterschiede im Sinne der *Schleifhärte* ziemlich bemerkbar, wobei härtere Körner weniger abgeschliffen werden als weichere. Die Schlifffläche ist dann nicht mehr vollkommen eben, sondern die weicheren Körner bilden flache Mulden zwischen den härteren (vgl. Anmerkung 1, S. 280). Der Übergang von einem Korn zum anderen erscheint als sehr flache, gegen das weichere Korn geneigte Böschung. Ist nun der Anschliff auf Hochglanz poliert, dann werden senkrecht auffallende Lichtstrahlen von den geschrägten Übergangsstellen zur Seite des weicheren, muldenartig vertieften Kornes abgelenkt spiegeln, d. h. wenn die Mikroskop-Einstellung höher liegt als die zur Scharfstellung nötige optische Ebene, also beim *Heben* des

Tubus, wird an der Korngrenze auf der Seite des *weicheren* Kornes eine Lichtlinie bemerkbar *(„Schneiderhöhnsche Lichtlinie")*, die ganz so aussieht wie die BECKEsche Lichtlinie (vgl. S. 248), aber nicht die Folge verschiedener Brechbarkeit der Körner, sondern *verschiedener Schleif- (Polier-) Härte* ist. Nähere Deutung dieser Erscheinung siehe bei G. KALB: Zbl. Min. 1922, und F. GABLER: N. J., Mh. 1952.

Mit Hilfe der SCHNEIDERHÖHNschen Lichtlinie lassen sich in ausgezeichneter Weise bei Anschliffen die *Schleifhärten* benachbarter Körner vergleichen. Die SCHNEIDERHÖHNsche Lichtlinie wandert beim *Heben* des Tubus in das *weichere* Mineral.

Wenn auch damit nicht die absolute Größe der Schleifhärte des einzelnen Kornes gemessen werden kann, gewinnt man doch die Möglichkeit des Härte*vergleiches* mit benachbarten, bekannten Körnern und damit der Einordnung in eine nach steigender Härte geordnete Liste (vgl. SCHNEIDERHÖHN: „weiche" Minerale [Chlorsilber — *Bleiglanz*], „mittelharte" Minerale [Bleiglanz — *Magnetkies*], „harte" Minerale [Magnetkies — *Diamant*])[1].

Eine weitere, im Anschliff sichtbare und diagnostisch verwertbare Kohäsionserscheinung ist die *„Schleifspaltbarkeit"*, wobei sonst recht vollkommene Spaltbarkeiten oft kaum deutlich werden, während andere ganz unerwartet auftreten. Vielfach beobachtet man neben den üblichen Spaltrissen dreieckige Spalt*ausbrüche* bei Mineralen mit mehreren, gleichwertigen Spaltrichtungen (z. B. bei Bleiglanz). (Entsprechende Tabellen s. bei SCHNEIDERHÖHN.)

Unpolierte, feingeschliffene Anschliffe zeigen meist sehr gut die Erscheinungen der Schleifspaltbarkeit. Dagegen sind bei sehr guten, hochpolierten Anschliffen Spaltrisse und Spaltausbrüche kaum deutlich zu sehen.

Selbstverständlich bietet die Beachtung der *Gestalt* der einzelnen Mineralkörner, allfälliger *Zwillings*bildungen und -lamellierungen, des *Zonenbaues,* des Auftretens von *Einschlüssen* usw. weitere wichtige Erkennungsmerkmale.

Rein optisch verwendet aber die Auflichtmikroskopie vor allem zwei Erscheinungsbereiche: 1. die Verwertung des Reflexionsvermögens und der Reflexfarben und 2. Beobachtung des Anisotropie-Effektes.

Das Wesentliche über das *Reflexionsvermögen* bzw. den *Farbeindruck* wurde schon im vorangegangenen Abschnitt c) behandelt. Praktisch ist aber noch zu vermerken, daß eine rein qualitativ-subjektive Beobachtung der Farbe oder des Reflexionsvermögens dem Anfänger zunächst ziemliche Schwierigkeiten bereitet. So erscheint z. B. Kupferkies neben Zinkblende hellgelb glänzend, neben Gold dagegen matt, schmutzig olivgrün. Da man aber in jedem Anschliff Mineralparagenesen mit einem schon anderweitig erkannten Erz (z. B. Bleiglanz, Pyrit, Kupferkies, Zinkblende . . .) findet, kann sich das Auge darauf einstellen und darauf seine Vergleiche beziehen. Im allgemeinen ist das Auge für Reflexions- und Farbunterschiede *sehr* empfindlich und gestattet auch, eine allfällige Richtungsabhängigkeit festzustellen. Zur vergleichsweisen Einstufung zwischen Mine-

---

[1] Die in der Mineralogie makroskopisch vielverwendete *„Ritzhärte"* kann auch bei Anschliffen im Erzmikroskop mit einem „Mikrosklerometer" beobachtet und gemessen werden (S. B. TALMAGE, 1925), hat aber diagnostisch keine besondere Bedeutung erlangt.

ralen, deren Reflexionsvermögen gut bekannt ist, dienen SCHNEIDERHÖHNS Tabellen der „Reflexionswerte von Erzmineralen".

Die dort angegebenen Werte sind allerdings *quantitativ* gemessen, und dazu bedarf es besonderer *Photometer*.

Das BEREKsche *Spaltmikrophotometer* beruht im Prinzip darauf, daß durch einen in den Ansatzstutzen eingebauten, aus zwei totalreflektierenden Prismen aufgebauten Glaswürfel das eintretende Licht in zwei Anteile zerlegt wird, wovon der eine den bekannten Weg durch das Mikroskop nimmt, der andere Teil durch ein parallel zum Tubus geführtes Rohr und durch ein zweites Reflexionsprisma bis unter das Okular gebracht wird. Dabei durcheilt dieser Lichtanteil zwei Polarisatoren, durch deren gegenseitige Einstellung die Intensität so abgeändert werden kann, daß im Okular vergleichsweise gleiche Lichtstärken einstellbar sind.

RAMDOHR und EHRENBERG bestimmen das Reflexionsvermögen ganz unabhängig vom subjektiven Gesichtseindruck durch Verwendung *lichtelektrischer Zellen.* Wird eine Metallschicht von einem Lichtquant getroffen, dann wird ein Photoelektron abgespalten und es entsteht ein Photostrom. Am günstigsten wirken „Sperrschichtphotozellen", wo zwischen den Elektroden eine Halbleiterschicht als Sperrschicht eingebaut ist. Der meßbare Photostrom steht in einfachster Beziehung zur Stärke des auf die Photozelle auffallenden Lichtes. Hinsichtlich der Ausnützungsmöglichkeit über das ganze sichtbare Spektrum haben sich Silberselenidzellen als die wirkungsvollsten erwiesen.

Zu beachten ist noch, daß durch die Verwendung einer Immersionsflüssigkeit das Reflexionsvermögen herabgesetzt, bzw. die Farbe mehr oder minder stark verändert wird, zwei Erscheinungen, die sich diagnostisch vorzüglich verwenden lassen.

Weitere wichtige Merkmale bietet die „*Größe der Bireflexion*" (Reflexionspleochroismus) bei anisotropen Mineralen (s. dazu mehrere Tabellen bei SCHNEIDERHÖHN).

Die zwischen gekreuzten Polarisatoren allenfalls auftretenden *Anisotropieeffekte* zeigen sich daran, daß ein Mineralkorn des Anschliffs bei Drehung des Tisches in bezug auf Stärke und Farbe des reflektierten Lichts ein wechselndes Verhalten aufweist.

Diese Erscheinungen sind überempfindlich gegen die allerkleinsten Fehler in der Apparatur und vor allem abhängig von dem Polarisationszustand des auffallenden Lichtes. Die in der Aufhellungsstellung eines anisotropen Kornes sichtbaren Farben sind nicht die bekannten Interferenzfarben, sondern überaus kompliziert zusammengesetzte *Mischfarben,* so daß man aus den Farbtönen keine zwingenden Schlüsse ziehen kann, sondern nur auf die *Stärke* des Anisotropieeffektes angewiesen ist (Tabellen s. bei SCHNEIDERHÖHN).

Die geläufigen Untersuchungsmethoden zwischen gekreuzten Polarisatoren sind durchwegs *orthoskopisch* zu verstehen. Immerhin sei vermerkt, daß auch schon „Achsenbilder" von Erzmineralen im „konvergenten" Licht beobachtet wurden. Die Ergebnisse sind aber noch dürftig und umstritten.

Gelegentlich sind „*Innenreflexe*" zu beobachten. Diese finden sich bei „opaken" Mineralen, die aber in dünnsten Schichten noch lichtdurchlässig sind. Bei starker Beleuchtung zwischen gekreuzten Polarisatoren, oder in Öl sieht man solche Innenreflexe an Spaltrissen, Ausbrüchen, Korngrenzen . . . (Tabelle bei SCHNEIDERHÖHN).

Schließlich sei bei den rein optischen Auflicht-Beobachtungen noch die Verwendungsmöglichkeit von ultravioletten Strahlen zwecks *Lumineszenz*beobachtungen erwähnt. Die bei einer größeren Zahl von Erzmineralen und deren Begleitern auftretenden Lumineszenzerscheinungen werden in steigendem Maße bei eingehenderen Untersuchungen verwendet (vgl. PRZIBRAM).

Der Umstand, daß der Anschliff unbedeckt ist, ermöglicht es auch, chemische Methoden, wie *Ätzung* und *Anfärbung* zu verwenden, doch zeigen diese mehrere, ernste Fehlermöglichkeiten.

Vielleicht am stärksten verfälschend wirkt der kaum zu vermeidende Fall, daß der *gleiche* Tropfen des Ätz- (Lösungs-) Mittels gleichzeitig mehrere, *verschiedene* Mineralkörner berührt, deren fallweise Löslichkeit durch die Gegenwart des Nachbarkornes weitgehend positiv oder negativ beeinflußt wird, weshalb die Ätzdiagnose nur mit Vorsicht anzuwenden ist (SCHNEIDERHÖHN).

Es mag an dieser Stelle noch darauf hingewiesen werden, daß sich in der Praxis immer mehr der Gebrauch einbürgert, auch *durchsichtige* Mineralaggregate nicht nur im Dünnschliff, sondern *auch* im Anschliff zu untersuchen. Es lassen sich dann aus dem Anschliff im Bedarfsfall auch leicht Pulverproben herausbohren, die noch gesondert optisch, mikrochemisch oder auch röntgenographisch bzw. spektrographisch untersucht werden können.

IX. Kristalloptik und Feinbau

Die elektromagnetische Lichttheorie gestattet zusammen mit der Erschließung des Feinbaues der Kristalle und ihrer Bausteine (Atome, Ionen) einen Einblick in die Art, wie das Licht bei dem Durchgang durch Kristalle beeinflußt wird. Jeder vom Licht durchflossene Kristall befindet sich dabei in einem elektromagnetischen Feld, durch das die Elektronenhüllen der Kristallbausteine *deformiert* (polarisiert) werden. In den Atomen oder Ionen werden Dipole induziert und damit die Lichtgeschwindigkeit im Kristall herabgesetzt. Bei gegebener Feldstärke bzw. Ionenladung ist das Maß der Deformation (Polarisation) um so größer, je größer der Abstand der Elektronen vom Kern ist.

Als Maß für die Deformation der Elektronenhülle der einzelnen Bausteine gilt die *Atom- (Ionen-) Refraktion* $R_A = \dfrac{n^2-1}{n^2+2} \cdot \dfrac{A}{s}$ [n = mittlere Brechzahl, A = Atom- (Ionen-) Gewicht, s = Dichte] und bei Verbindungen gasförmiger oder flüssiger Natur ist die *Molekularrefraktion* (R_M) gleich der Summe der Atom- (Ionen-) Refraktionen. Im Kristall gilt aber diese einfach additive Beziehung nicht mehr, weil durch die Wechselwirkung der Ionen im Kristallbau in der Regel die Refraktionen der Anionen durch die nahen Kationen verringert werden. Diese Verringerung ist um so stärker, je stärker das elektrische Feld ist, d. h. je kleiner und je höher geladen die Kationen sind und je größer die Polarisierbarkeit des Anions ist (vgl. H. G. F. WINKLER).

Bei gleichem „Molekularvolumen" (M/s) muß also die Brechzahl mit steigendem R_M zunehmen (SPANGENBERG). Auffallend ist dabei der überragende Einfluß der Anionen, wogegen die Kationen ganz zurücktreten. In den angeführten Beispielen sind die Anionen mit steigender Ionengröße mit Kationen fallender Ionengröße verbunden, trotzdem steigen die Brechzahlen parallel den Anionen kräftig an.

	RbF	NaCl	LiBr	RbCl	KBr	NaJ
R_M	6,74	8,52	10,56	12,55	13,98	17,07
n	1,398	1,544	1,784	1,494	1,559	1,775
M/s	27,9	27,0	25,1	43,1	43,3	41,0

Aus der Formel für R_M ist aber gleichzeitig auch ersichtlich, daß bei verschiedenen Modifikationen der gleichen Verbindung die *Packungsdichte* (höheres s) von Bedeutung ist. Je dichter die Packung, desto höher die (mittlere) Brechzahl (*Kalkspat* $s = 2,72$, $n = 1,572$; *Aragonit* $s = 2,94$, $n = 1,632$ oder: *Andalusit* $s = 3,15$, $n = 1,639$; *Sillimanit* $s = 3,23$, $n = 1,666$; *Disthen* $s = 3,6$, $n = 1,72$).

Vergleicht man Kristalle, bei denen Sauerstoff das Anion ist, dann finden sich solche mit *sehr dichter* Packung der Sauerstoffe, die dementsprechend eine höhere Brechzahl haben (z. B. *Spinell* $(MgAl_2O_4)$ $n = 1,72$, *Korund* (Al_2O_3) $n = 1,77$ u. a.). Verbindungen mit locker gepackten Sauerstoffionen zeigen demgegenüber eine kleinere Brechzahl (z. B. alle *Feldspate* mit $n = 1,52 - 1,58$, *Nephelin* $n = 1,54$, *Quarz* $n = 1,55$). Eingehende Untersuchungen über die Bedeutung der Packungsdichte für die mittlere Brechzahl hat H. W. FAIRBAIRN angestellt. Dadurch wurde im allgemeinen die Beziehung: „Packungsdichte/Brechzahl" bestätigt, doch veranlassen Fe'', Fe''', Ti und Zr eine unverhältnismäßige Erhöhung der Brechzahl, dagegen K, B (?), aber besonders die Anionen (OH) und F eine unerwartete Verminderung von n (Einzelheiten vgl. bei H. G. F. WINKLER).

Sind die Kristallbausteine *anisometrisch* angeordnet, also in allen nichtkubischen Kristallen, dann müssen durch die Verschiedenartigkeit der Gitterbindungen im anisotropen Kristall auch die Elektronenhüllen der Bausteine im elektromagnetischen Feld des Lichts je nach der Richtung verschieden deformiert werden, es wird also *Doppelbrechung* eintreten (W. L. BRAGG, W. A. WOOSTER). Besonders eindrucksvoll ist hier der Vergleich von Schichtgittern und Kettengittern einachsiger Kristalle. *Schichtgitter* haben dabei eine auffallend hohe, *negative* Doppelbrechung, *Kettengitter* eine *positive*. Daraus ergibt sich sofort, daß in jenen Richtungen, in denen die Bausteine dichtest gelagert sind, die langsamste Welle schwingt, das n also am größten ist (γ!). In der Richtung der lokkersten Packung schwingt dagegen die rascheste Welle ($n = \alpha$).

Typische *Schichtgitter* zeigen die *Glimmer* oder die tetragonalen PbO und HgJ_2. Die Ausnahme, die einige Chlorite zeigen, ist noch nicht völlig geklärt. Hieher muß man auch *schichtenartige* Gitter zählen, wie etwa jene des *Kalkspates* und *Aragonites*, bei denen ebene CO_3-Gruppen in Ebenen senkrecht zur z-Achse angeordnet sind. In den dichtbesetzten Ebenen der CO_3-Gruppen wird also mehr Energie zur Deformation verbraucht als senkrecht dazu. BRAGG berechnete daraus für *Kalkspat* ein $\varepsilon = 1,488$ und $\omega = 1,631$ in schöner Übereinstimmung mit den meßbaren Werten $\varepsilon = 1,486$ und $\omega = 1,658$. Auch der *Aragonit* und verwandte Typen zeigen die gleichen Beziehungen.

Bei *Kettengittern* findet sich das größte n in der Richtung der Kette, also wieder in der Richtung der dichtesten Bausteinlagerung, demnach liegt *positive* Doppelbrechung vor (z. B. *Zinnober* (HgS) $\varepsilon // z = 3,201$, $\omega \perp z = 2,854$, $(\varepsilon - \omega) = + 0,347$) (vgl. H. WINKLER).

Zeigen die Gitter *isometrische* Gruppen (SO_4-, SiO_4- . . . -Tetraeder), die als „*Inseln*" auftreten, also nicht Ketten oder Schichten bilden, dann ist im allgemeinen der Unterschied in den Brechzahlen nach verschiedenen Richtungen gering, d. h. die Doppelbrechung ist schwach. Noch geringer ist die Doppelbrechung bei *Gerüststrukturen* (z. B. Feldspate, Quarz . . .).

Wenn auch eine völlige Klärung der Zusammenhänge zwischen Feinbau und Fortpflanzung des Lichts in Kristallen noch nicht erzielt wurde, sind doch, wie angedeutet, die grundlegenden Beziekungen schon erschlossen.

X. Lumineszenz

Der Energieanteil des Lichts, der bei der Bestrahlung im Kristall durch Absorption zu verschwinden scheint, kann natürlich nicht verloren gehen, sondern wird sich in verschiedenen anderen Formen bemerkbar machen. Am häufigsten ist der Umsatz in Wärme zu beobachten, auch in chemische Energien, aber auch in der Art, daß *der Kristall selbst wieder Licht ausstrahlt*. Es handelt sich dabei nicht um jene Lichtmengen, die beim Glühen (Rot- bis Weißglut) eines erhitzten Körpers ausgestrahlt werden, sondern um ein „kaltes" Licht, das bei Bestrahlung von dem Kristall selbst ausgesendet wird. Alle solche Erscheinungen werden unter dem Begriff des Kristall-Leuchtens = „*Lumineszenz*" zusammengefaßt.

Je nach der Zeitbeziehung dieses Leuchtens gegenüber der veranlassenden Anregung unterscheidet man dabei ein *gleichzeitiges (Momentan-) Leuchten = „Fluoreszenz"*, das nur so lange anhält, als die Anregung dauert, und ein *Nachleuchten = „Phosphoreszenz"*, wobei die Lichtaussendung noch längere oder kürzere Zeit *nach* der Anregung sichtbar wird. Beide Zustände sind durch Übergänge miteinander verbunden.

Je nach der Art der Anregung unterscheidet man eine *Photolumineszenz*, Bestrahlung mit gewöhnlichem Licht (gebrannter Schwerspat = „Bologneser Spat" = „bononischer Stein", Diamant, Flußspat, Kalkspat, Fasergips u. a.), *Kathodolumineszenz*, Bestrahlung mit Kathoden- oder Röntgenstrahlen (Zinkblende, Flußspat, Scheelit, Apatit, Kalkspat, Cerussit, Adular, Zirkon, Diamant u. a., s. auch die Leuchtschirme mit Baryumplatincyanür u. a.), *Radiolumineszenz*, Bestrahlung durch radioaktive Stoffe (ähnlich wie Kathodolumineszenz), *Thermolumineszenz*, Anregung durch Erwärmung (*nicht* Glühen!) (Topas, Diamant, Flußspat, der oft schon durch die Handwärme erregt wird [!]; bei Kalkspat, manchen Silikaten usw. ist die Erwärmung auf 100^0 C und mehr nötig[1]), *Chemolumineszenz*, Energieumwandlung bei chemischen Prozessen (Phosphor, s. auch das Leuchten von Leuchtkäfern, von faulendem Holz und ähnlichem), *Kristallolumineszenz*, z. B. beim Kristallisieren von arseniger Säure und einem Gemenge von Kali- und Natronsulfat (H. ROSE), und endlich *Tribolumineszenz*, durch Stoß, Reibung, Trennung (Kratzen an manchen Dolomiten und Zinkblende von Kapnik, rasches Trennen von Glimmertafeln nach der Spaltfläche, Reiben von Quarzstücken aneinander usw.).

Am längsten bekannt (seit 1602) und untersucht ist die *Photolumineszenz*, und zwar als „Phosphoreszenz" durch das Nachleuchten des

---

[1] Streut man grobes Kalkspat- oder Flußspat-Pulver im dunklen Raum auf eine heiße, *nicht* glühende Metallplatte, so läßt sich nach kurzer Zeit das Aufleuchten beobachten.

„Bologneser Spates“ im Dunkeln nach vorhergehender Bestrahlung mit Sonnenlicht. Aufgefallen war auch schon lange die Erscheinung, daß gewisse, im durchfallenden Licht meergrüne Flußspate im auffallenden Licht blauviolett erscheinen („Fluoreszenz“, Name!). Da die Fluoreszenz bei gewöhnlichem Licht durch dieses meist überstrahlt wird, waren genauere Bestimmungen und Messungen erst durch Verwendung von Strahlenarten möglich, die von dem menschlichen Auge nicht als Licht empfunden werden, also ultraviolette oder infrarote Strahlen, wie auch Kathoden-, Röntgen-, Radiumstrahlen. Es zeigte sich dabei, daß kurzwellige Strahlen viel anregender wirken als langwellige und daß im allgemeinen das *Lumineszenzlicht immer langwelliger ist* als das Erregerlicht (STOKES 1854), ein einfacher Beweis für die Tatsache, daß es bei der Lumineszenz sich nicht um reflektiertes Licht handelt, denn dieses müßte ja die gleiche Wellenlänge besitzen wie das Erregerlicht.

Schon GOETHE machte 1787 die Beobachtung, daß der „bononische Stein“ in dem blau-violetten Teil des Sonnenspektrums viel stärker aufleuchtet als in dem gelb-roten. Um nun alle störenden Erscheinungen des Erregerlichtes auszuschalten, werden heute die Lumineszenzuntersuchungen fast ausschließlich im *ultravioletten* Licht vorgenommen (Quarz-Quecksilber-Lampe), wobei die sichtbaren Strahlen des Spektrums durch ein „Ultraviolettfilter“ abgefangen werden, meist Gläser mit Manganverbindungen, die alles Ultraviolett durchlassen, das sichtbare Licht aber fast vollkommen auffangen[1]. Bei mikroskopischen Untersuchungen (HAITINGERS „Fluoreszenz-Mikroskop“) ist zu beachten, daß der bei Dünnschliffen vielverwendete Kanadabalsam selbst fluoresziert, also ausgeschaltet werden muß.

Man unterscheidet *„arteigene“* Lumineszenz, die also an den Stoff gebunden ist (z. B. Uranylverbindungen) und die in überwiegendem Maße zu beobachtende, *„artfremde“* Lumineszenz, die durch *Verunreinigungen im Kristallbau* bedingt ist. Als lumineszenzerregend („Phosphore“ oder „Aktivatoren“) wirken vielfach Mangan, Kupfer, Chrom, Wismut, aber besonders mehrere Metalle der „Seltenen Erden“ (Cer, Europium, Samarium u. a.), doch können auch organische Verbindungen als Phosphore dienen (H. HABERLANDT). In fast allen Fällen handelt es sich um ganz geringe Mengen dieser Fremdkörper, die meist in 0,01 $^0/_0$ und weniger auftreten. Vielfach gelang es, die „Phosphore“ spektroskopisch zu identifizieren. Vollkommen reine Kristalle sprechen auf Ultraviolett gar nicht, oder nur sehr wenig an. Das gleiche Mineral kann je nach dem Fundort und nach seiner Bildung sehr verschiedene Fluoreszenzen zeigen.

Kalkspate von Bleiberg (Kärnten) zeigen keine oder nur eine schwach gelbliche Fluoreszenz, solche von Przibram (Böhmen) fluoreszieren dagegen kräftig orangerot, aber nur in den jüngeren Bildungen, während sich die ältere Kalkspatgeneration negativ verhält. Kristalle von Deutsch-Altenburg zeigen eine karminrote Fluoreszenz. Feldspate lumineszieren blau, wobei im Gebiet des niederösterreichischen Waldviertels die geologisch ältesten am stärksten, die geologisch jüngsten am schwächsten lumineszieren, als wären schon bei der

---

[1] Zumeist wird ultraviolettes Licht verhältnismäßig langwelliger Natur dazu verwendet ($\lambda \sim 3660\,\text{Å}$), doch kommt, besonders im Bergbau, in letzter Zeit immer häufiger kurzwelliges Ultraviolettlicht mit $\lambda \sim 2540\,\text{Å}$ zur Verwendung.

ersten Feldspatbildung die die Lumineszenz bedingenden „Phosphore" größtenteils abgefangen worden. Die Lumineszenz kann nicht nur nach Fundort und Alter verschieden sein, sondern auch innerhalb des gleichen Kristalles je nach den Anwachspyramiden. So zeigt der violette Apatit von Schlaggenwald auf der Basis eine braungelbe, auf den Prismenflächen eine gelbe Fluoreszenz. Auch *zonare* Verschiedenheiten der Lumineszenz wurden mehrfach beobachtet. Wenn die Lumineszenz also zumeist auch keine spezifische Eigenschaft des untersuchten Kristalles darstellt, so gestattet ihre Beobachtung oft Unterscheidungen je nach der Lagerstätte, bzw. je nach dem Bildungsalter. Sie kann auch bei der gleichen Lagerstätte zur raschen Unterscheidung bzw. Erkennung verschiedener Minerale dienen (z. B. die grünliche Fluoreszenz mancher Uranglimmer oder das *Nicht*-Leuchten von Nephelin neben dem gelbroten Aufleuchten von Sodalith oder die gelbrosa Lumineszenz von Skapolith bei Vesuv-Mineralen). Lumineszenzbeobachtungen haben besonders auch für die Erkennung und Identifizierung gewisser Edelsteine hervorragend praktische Bedeutung gewonnen.

SOHNCKE und andere konnten feststellen, daß bei *anisotropen* Kristallen das Lumineszenzlicht (teilweise) *polarisiert* ist, ganz entsprechend dem Verhalten der Kristalle bei gewöhnlichem Licht. Lumineszenzen verraten sich öfters erst nach verschiedenen Vorbehandlungen der Minerale (Erwärmen, Glühen, Abkühlung auf die Temperatur der flüssigen Luft oder chemische Auflockerung u. a.). Vielfach wirkt Thermolumineszenz störend auf die Photolumineszenz, aber es tritt auch der umgekehrte Fall ein.

So umfangreich und mannigfaltig heute schon das Beobachtungsmaterial der Lumineszenzerscheinungen ist (vgl. K. PRZIBRAM), so wenig geklärt sind die theoretischen Grundlagen dieser Erscheinungen. F. J. LENARD machte als erster die im Kristallbau eingelagerten Fremdkörper als „Phosphore" für die Lumineszenzerscheinungen verantwortlich. Es ist aber nicht mit jedem Fremdzusatz von Aktivatoren auch schon Lumineszenz verbunden. Nach der derzeitigen Annahme wird durch die vorhergehende Anregung von dem Kation des „Phosphors" ein Außenelektron abgespalten, das sich zunächst an einer Fehlstelle oder Lockerstelle des Gitters (SMEKAL) festsetzt und dann nach längerer oder kürzerer Zeit wieder zurückkehrt bzw. neuerlich eingefangen wird. Diese Rückkehr oder dieses neuerliche Abfangen gibt dann die Lichtquanten frei, die als Lumineszenzen beobachtet werden. Da die vorübergehende Bindung des zuerst ausgeschleuderten Elektrons geringere Energie benötigt und also leichter wieder rückgängig gemacht werden kann, ist das Lumineszenzlicht energieärmer, d. h. langwelliger als das Erregerlicht.

Der Einbau der Aktivatoren in das Kristallgitter kann nach Art isomorpher Mischkristalle erfolgen, aber auch durchaus den Typus „anomaler Mischkristalle" annehmen (H. SEIFERT, vgl. Fortschr. d. Min. 22 [1938]). Für den ersten Fall gibt W. L. BROWN das Verhalten Mn-haltiger, lumineszierender Kalkspatkristalle bekannt. Ein Optimum der Leuchtwirkung wird bei 3,5% $MnCO_3$ erreicht, größere Mengen lassen das Leuchten wieder vollständig abklingen. Ist nur sehr wenig Mn eingebaut, dann befindet sich dieses im Kalkspatgitter im instabilen Gleichgewicht (Ionenradien: Ca = 1,08 Å, Mn = 0,83 Å) und hat hinreichend „Freiheit" und Möglichkeit, ein Außenelektron abzuwerfen, das an anderer, ähnlicher Stelle wieder eingefangen werden kann. Bei steigendem Mn-Gehalt verschiebt sich der Gitterbau mehr im Sinne des $MnCO_3$, die Stabilität nimmt zu, die „Freiheit" ab, d. h. nach einem Maximum der Helligkeit nimmt die Lumineszenz wieder ab. Im Falle des Einbaues nach Art „anomaler Mischkristalle" sind die Phosphore wohl an den Lockerstellen (innere Oberflächen des Realkristalles) adsorbiert. Die durch Erregung abgesprengten Außenelektronen der Aktivatoren können nur an anderen Lockerstellen eingefangen werden, die mit einem ionisierten Teilchen besetzt sind. Bei sehr geringem Gehalt an Aktivatoren bedarf es darum längerer Zeit, bis eine solche Stelle gefunden ist und Lumineszenz erzeugt wird. Es erfolgt also ein zwar sehr schwaches, aber länger andauerndes Nachleuchten (Phosphoreszieren). Je reicher der Zusatz an Phosphoren, desto reicher die Zahl der abgespaltenen Elektronen und damit auch die Möglichkeit der Lumineszenz, desto kürzer aber auch die Leuchtzeit. Ist mehr als die Hälfte der Lockerstellen besetzt, dann wird es immer schwieriger, abgesprengte Elektronen an anderer Stelle wieder einzufangen, d. h. nach einem Optimum in der Masse der „Phosphore" flaut die Lumineszenz wieder ab.

XI. Verfärbung

Im engsten Zusammenhang mit den Erscheinungen der Lumineszenz stehen die Verfärbungen, die man durch verschiedene Bestrahlungsformen erzielen kann (vgl. K. Przibram). Längst bekannt ist, daß Amethyste durch Erhitzung gelb werden (Citrin), Topase verblassen dabei und werden beim Erkalten rosa. Ebenso ändern manche Turmaline bei Erhitzung die Farbe, blauer Saphir wird beim Glühen heller bis farblos. Rosenquarz verliert am Tageslicht langsam seine Farbe, entfärbte Quarze nehmen unter Radium- oder Röntgenbestrahlung ihre ursprüngliche Farbe (oft sogar kräftiger) wieder an. Farblose Topase erhalten dabei gelbliche oder orangefarbene Töne (Zusammenstellung s. bei C. Doelter).

Wie bei der Lumineszenz sind es auch hier Störstellen im Gitterbau, die als „Farbzentren" dienen. Man nimmt an, daß die Erregerstrahlung zur Bildung neutraler Metallatome führt, indem durch die Abspaltung eines Elektrons vom Anion ein Kation neutralisiert wird. Dadurch wird das elektrische Gleichgewicht des Gitters gestört. Die Verfärbung steht also mit einer „Ausscheidung von Metall" im Zusammenhang.

Siedentopf hatte die Bildung von Metall*kolloiden* in den Vordergrund gerückt (z. B. bei „blauem" Steinsalz), doch ist nach L. Wieninger zu unterscheiden: 1. Färbung nur durch „*Zentren*", 2. nur durch *Kolloide*, 3. durch *beide* gemeinsam. Die Auffassung, daß ein „Farbzentrum" durch ein in einer Anionfehlstelle gebundenes Elektron gegeben ist, erklärt auch die sonst ganz unverständliche Tatsache, daß bei „additiver" Färbung von Alkalihalogeniden durch Metalldämpfe die Verfärbung *nicht* von dem benützten Dampf abhängt. Nicht Atome des Metalldampfes diffundieren in den Kristall, sondern nur Elektronen, die bei der Reaktion des Dampfes mit der Kristalloberfläche befreit werden und sich in den Anionfehlstellen einlagern (vgl. Przibram).

Abb. 378. Verfärbung in einem gebogenen Steinsalzkristall (nach Smekal)

Daß die Farbstellen an Lockerstellen gebunden sind, zeigt sich bei Versuchen an reinen Steinsalzkristallen mit Röntgenstrahlen. Durch Bestrahlung wird der Kristall gleichmäßig gelb gefärbt. Im Tageslicht geht die Verfärbung wieder zurück. Wird ein so verfärbter Kristall gebogen, dann erfolgt die Entfärbung rascher an den gepreßten bzw. gedehnten Stellen, während an der nur elastisch beanspruchten Mittelzone die Färbung noch länger anhält. Wenn nun dieser Kristall neuerlich bestrahlt wird, färben sich gerade diese entfärbten Stellen neu und stärker als früher, ein Zeichen, daß durch die Biegegleitung die Zahl und Wirksamkeit der Lockerstellen erhöht wurde (SMEKAL, Abb. 378).

Wohl die merkwürdigsten Verfärbungen sind die „*pleochroitischen Höfe*", wie sie schon lange bei Glimmern, Hornblenden, Chloriten, Turmalinen, aber auch vom Flußspat, Spinell und Granat bekannt sind (O. MÜGGE, M. STARK), auch in Quarz und Zinnstein (RAMDOHR) und Eisenspat (MEIXNER). Sie erscheinen im Mikroskop als kreisrunde Scheibchen (manchmal mehrere konzentrisch) um ein winziges Korn mit radioaktiver Wirksamkeit. Es sind offenbar Schnitte durch einen im allgemeinen kugeligen Verfärbungsraum mit rund 12 bis 14 μ Halbmesser (Abb. 379).

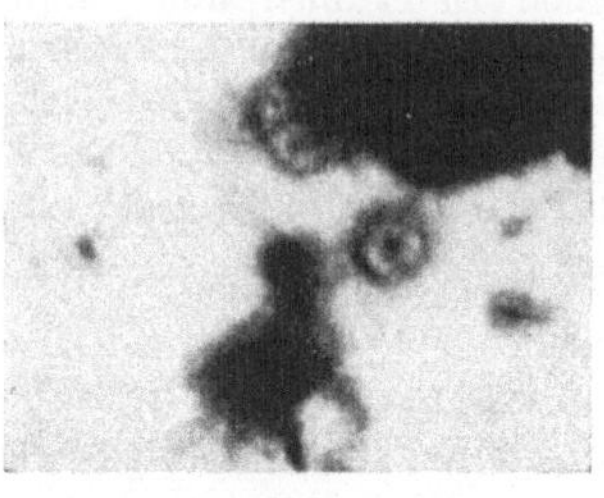

Abb. 379. Ringförmige pleochroitische Höfe um Uranerzkerne im Eisenspat (weiß) von Hüttenberg, Vergrößerung 115fach, nach H. MEIXNER (die verwaschenen Ränder der größeren [schwarzen] Erzstücke sind gleichfalls Hofbildungen)

Die nähere Untersuchung ergab, daß die Größe der Höfe durch die Reichweite der α-Strahlen verschiedener Herkunft bedingt ist. Aus dieser Reichweite (Hofradius auf Luft umgerechnet) lassen sich die wirksamen Strahler ziemlich sicher ermitteln (Glieder der Uran-, Aktinium-, Thorium-Reihen). Im allgemeinen enthält das wirksame Korn gleichzeitig verschiedene α-Strahler (z. B. aus der Uran-Radium-Reihe), deren verschiedene Reichweiten sich in der Bildung mehrerer Ringe mit den zugehörigen Radien verraten können. Die Farbe der Höfe hängt von dem Wirtskristall ab, durch den auch der allfällige Pleochroismus bedingt wird, der im Namen betont wird. Richtiger wäre es wohl, von „radioaktiven" Höfen zu sprechen. Versuche, die Ausbildung der pleochroitischen Höfe zur Altersbestimmung der Minerale und Gesteine zu verwerten, haben noch zu keinem befriedigenden Erfolg geführt.

Weitere physikalische Eigenschaften der Kristalle

XII. Das Wärmeverhalten der Kristalle[1]

Soweit es sich um Erscheinungen der *Wärmestrahlung* und *Wärmeleitung* handelt, finden sich bei den Kristallen genau die gleichen Gesetzmäßigkeiten wie gegenüber den Lichtstrahlen, sind doch die Wärmestrahlen nur durch größere Wellenlängen von den dunkelsten, für uns noch sichtbaren, roten Lichtstrahlen unterschieden. Auch hier gelten die Gesetze der Brechung und Doppelbrechung, der linearen und zirkularen Polarisation, der Reflexion und Interferenz, genau wie in der Kristalloptik. Auch hier unterscheidet man thermisch-isotrope (kubische) Kristalle von den anisotropen Kristallen der anderen Systeme, und bei diesen wieder zwischen thermisch-einachsigen und thermisch-zweiachsigen Kristallen mit genau den gleichen Symmetrieabhängigkeiten wie in der

---

[1] Zur Ergänzung vgl. die S. 203, Fußnote 2, angeführten Werke.

Kristalloptik. Die Beobachtungsmöglichkeiten liegen allerdings hier wesentlich ungünstiger als bei dem optischen Verhalten der Kristalle. Am leichtesten und praktisch bedeutungsvollsten ist die Feststellung der *Absorption von Wärmestrahlen* bei dem Durchgang durch Kristalle.

Bezüglich der Durchlässigkeit unterscheidet man *wärmedurchlässige =* *= „diathermane"* Kristalle und solche, die für Wärme nur schwer oder gar *nicht durchlässig* sind *(„adiatherman")*. Wie bei der Optik gilt auch hier die Durchlässigkeit durchaus nicht immer für das ganze Wärmespektrum, sondern oft nur für einzelne λ, diese Körper sind also *„farbig diatherm" („thermochroitisch")*. Ein Parallelismus zwischen Durchsichtigkeit und Diathermie besteht nicht.

Steinsalz und alle wasserfreien Halogenide von Na, K, Ag wie auch die Zinkblende sind weitgehend diatherman, dagegen verhält sich Eis vollständig und Gips weitgehend adiatherman. Alaun ist sehr kräftig thermochroitisch, also nur für gewisse Wärmestrahlen diatherman. Dagegen ist dunkler Glimmer (Biotit) durchaus diatherman. Die Brechungszahlen sind natürlich kleiner als jene für rotes Licht. Auch die Wärmestrahlen zeigen Doppelbrechung, z. B. beim Kalkspat (KNOBLAUCH). In der *Auslöschungsstellung* gibt es *keinen* Wärmedurchgang (!), bei dem sonst diathermanen Biotit leicht nachweisbar. Auch Zirkularpolarisation der Wärmestrahlen wurde bei Quarz festgestellt.

a) Wärmeleitung

Die Erscheinungen der Wärmeleitung lassen sich unter dem Bild einer Strömung verstehen, wobei das Temperaturgefälle von einem Teilchen zum andern wirksam ist (STOKES, vollständige Theorie VOIGT).

Bezeichnet man als *Isothermenfläche* jene Fläche, die alle Punkte umfaßt, die nach einer bestimmten Zeit durch eine von einem zentralen Punkt ausgehende Temperaturerhöhung in den gleichen Wärmezustand gebracht wurden, dann ist diese Fläche bei kubischen Kristallen eine Kugel, bei wirteligen Kristallen ein Rotationsellipsoid und bei niedrig symmetrischen Kristallen ein dreiachsiges Ellipsoid, ganz ähnlich den Indikatrixflächen bei optischer Betrachtung.

SÉNARMONT (1849) gab einfache Versuche an, diese Isothermen sichtbar zu machen. Dünne Platten eines Kristalls (z. B. Spaltplättchen von Gips) werden mit Wachs überzogen und dann eine heiße Metallspitze aufgesetzt, oder durch eine enge Bohrung senkrecht zur Platte ein Draht geführt, der erhitzt wird. In dem Maße, in dem von diesem Zentrum aus die Wärme in der Kristallplatte weitergeleitet wird, wird die dünne Wachsschichte auf der Oberfläche aufschmelzen und läßt bei Erkalten einen Wachswulst zurück, der genau dem Schnitt der Isothermenfläche mit der geprüften Kristallfläche entspricht. Damit lassen sich allerdings nur die *Verhältnisse* der Wärmeleitzahlen (mit den Dimensionen: cal/cm Grad sec) ermitteln, nicht die absoluten Werte. Die Kurven haben ellipsoidischen oder kreisförmigen Charakter.

Das gilt auch für die Abänderung der Methode durch RÖNTGEN (1874), wobei die Kristallplatte angehaucht und mit einer heißen Metallspitze berührt wird. Entsprechend der Wärmeleitfähigkeit verdampft um die Spitze herum die Hauchschichte, und die Grenze gegen die unverdampfte Hauchschichte wird dann mit Bärlappulver bestreut und so sichtbar gemacht.

Setzt man in den elliptischen Kurven, die man auf Platten parallel der Hauptachse z erhalten kann, die Wärmeleitfähigkeit (eine Hauptachse der Ellipse), die der z-Achse entspricht (v_z), gleich eins, dann ergibt sich (vgl. H. G. F. WINKLER):

	v_x	v_y	v_z
Hämatit ...	1,2	:	1
Kalkspat ..	0,85	:	1
Quarz	0,53	:	1
Rutil	0,62	:	1
Tremolit ..	0,36	: 0,57 :	1
Antimonit .	0,47	: 0,29 :	1
Glimmer ..	5,8	: 6,3 :	1
Graphit ...	4,0	:	1

Auch in dieser Zusammenstellung erkennt man leicht den Einfluß des Feinbaues auf die relative Leitfähigkeit für Wärme. Bei Strukturen, die der Würfelstruktur nahe stehen, sind die Unterschiede nach verschiedenen Richtungen gering, dagegen sehr ausgeprägt bei Kettenstrukturen oder wenigstens kettenartigem Feinbau einerseits und Schichtstrukturen anderseits. In allen Fällen ergibt sich die relative *Wärmeleitfähigkeit um so größer, je dichter die Packung in den betreffenden Richtungen bzw. Ebenen ist.* In den angeführten Beispielen laufen die „Ketten" parallel z, die „Schichten" normal z. Interessant ist das Verhalten von Gipsplatten nach (010). Hier ist v_y am kleinsten, so daß man also von einer thermischen Achsenebene senkrecht zu (010) reden könnte. Es ist bemerkenswert, daß bei Erwärmung einer Achsenplatte von Gips auch die optische AE allmählich aus der Lage $\|$ (010) in eine solche $\perp$ (010) übergeht (s. S. 313).

Die Messung des absoluten Wärmeleitvermögens ist überaus schwierig (zuerst versucht von A. TUCHSCHMID, 1883, vgl. LIEBISCH) und die Theorie nicht geklärt. Nimmt man mit DEBYE an, daß durch Erwärmung die Bausteine in schwingende Bewegung geraten und die elastischen Wellen sich allseits fortpflanzen, dann handelt es sich um die „freie Weglänge" für solche Wellen. Je geregelter der Bau des Körpers ist, desto größer sind diese freien Weglängen und desto größer damit v. Daraus ergibt sich, daß Flüssigkeiten und Gase wegen ihres ungeordneten Zustandes weniger gut leiten als feste Körper und hier wieder Kristalle besser als amorphe Körper (z. B. Quarzglas [bei 0^0]: $v = 0,0028$ cal/cm Grad sec) gegen Quarz: $v_z = 0,0325$ und $v_x = 0,0173$ (vgl. H. G. F. WINKLER).

Bei Metallen, deren Wärmeleitfähigkeit 10- bis 100fach größer ist als bei Ionenkristallen, ist die theoretische Deutung noch schwieriger. Offenbar spielen hiebei die zwischen den Atomrümpfen frei beweglichen Elektronen für die Wärmeleitung noch eine besondere Rolle, so daß sich die Gitterleitfähigkeit und die Elektronenleitfähigkeit summieren. Von WIEDEMANN und FRANZ (1853) wurden folgende *Vergleichszahlen* angegeben, wenn die Wärmeleitfähigkeit des Silbers mit 100 angesetzt wird: Au 53,2, Cu 37,6, Zn 19, Sn 14,5, Fe 11,9, Pb 8,5, Pt 8,4, Bi 1,8.

Praktisch wirkt sich die Verschiedenheit der Leitfähigkeit bei verschiedenen Mineralen dadurch aus, daß sich schlechter leitende Minerale wärmer anfühlen als gut leitende (Unterscheidung des „kalten" Marmors vom Gips, oder Diamant gegen Glas usw.), daher auch das auffallend kalte Anfühlen von Metallgegenständen und das warme Anfühlen vieler Erdarten und Gesteine.

b) Thermische Ausdehnung

E. MITSCHERLICH (1823) fand bei Messung des Rhomboederwinkels des Kalkspates und Verwandter, daß sich dessen Wert je nach der Temperatur ändere, ohne daß aber die Symmetrie und der Zonenverband eine Änderung erfuhr. Das Gesetz der Winkelkonstanz gilt also nur für die gleiche Temperatur. Es liegt demnach ein typisches Beispiel „homogener Deformation" vor (vgl. S. 212), hier allerdings nicht bei konstantem, sondern bei einem durch die Ausdehnung infolge Erwärmung geänderten Volumen. Erfolgte diese Volumsänderung allseits gleichartig, dann gäbe es nur ein paralleles Vorschieben der Grenzflächen des Kristalls, aber *ohne* Änderung der Flächenwinkel. Aus MITSCHERLICHS Beobachtung folgt unmittelbar, daß die *thermische Ausdehnung* richtungsabhängig ist (vgl. LIEBISCH[1]).

Kalkspat	10^0 C	110^0 C
$\not< $ r	$74^0\ 55^{1/2\prime}$	$75^0\ 4^\prime\ 2^{\prime\prime}$
a : c	1 : 0,85448	1 : 0,85720

Entsprechend den Gesetzen der homogenen Deformation muß aus einer Kugel eines wirteligen Kristalles ein Rotationsellipsoid und bei den niedrig-symmetrischen Kristallen ein dreiachsiges Ellipsoid entstehen. Bezeichnet man den *Zuwachs der Längeneinheit* mit λ, dann vergrößert sich im *kubischen* System eine Kugel mit dem Radius 1 zu einer solchen mit $1 + \lambda$, in den *Wirtelsystemen* zu einem Drehellipsoid mit $(1 + \lambda_1) = (1 + \lambda_2)$ und $(1 + \lambda_3)$ als Achsen und endlich bei den *niederen Systemen* zu einem Ellipsoid mit $(1 + \lambda_1)$, $(1 + \lambda_2)$, $(1 + \lambda_3)$. Bei Bestimmung dieser *linearen Hauptausdehnungs- (Dilatations-) Koeffizienten* (λ) für verschiedene Temperaturen ergab sich, daß diese Größen nicht konstant, sondern von der Temperatur abhängig sind. Der Ausdehnungskoeffizient bei 0^0 und jener bei t^0 sind verbunden durch $\lambda_t = \lambda_0 + \alpha\, t$, wobei α als „Zuwachskoeffizient" bezeichnet wird.

Die meßbaren Winkeländerungen gestatten nur die Bestimmung relativer Ausdehnungskoeffizienten. Ist der *kubische Ausdehnungskoeffizient* (τ) gegeben (Volumsvergrößerung bei Erwärmung um 1^0 C, $V_1 = V_0\,[1 + \tau]$), dann lassen

Beispiele für lineare Ausdehnungskoeffizienten in den Achsenrichtungen (vgl. P. Niggli)

	$\lambda_x \cdot 10^{-6}$	$(\alpha_x \cdot 10^{-8})$	$\lambda_y \cdot 10^{-6}$	$(\alpha_y \cdot 10^{-8})$	$\lambda_z \cdot 10^{-6}$	$(\alpha_z \cdot 10^{-8})$
Diamant......	0,60	(1,44)	—	—	—	—
Steinsalz	38,59	(4,48)	—	—	⌐	—
Flußspat	17,96	(3,82)	—	—	—	—
Kalkspat	—5,75	(0,83)	—	—	25,57	(1,60)
Quarz	13,24	(2,38)	—	—	6,99	(2,04)
Beryll	0,84	(1,32)	—	—	—1,52	(1,14)
Jodsilber	0,10	(1,38)	—	—	—2,26	(—4,26)
Rutil	6,70	(1,10)	—	—	8,29	(2,24)
Aragonit	9,90	(0,64)	15,72	(3,68)	33,25	(3,36)
Topas	4,23	(1,42)	3,47	(1,68)	5,19	(1,82)

sich damit auch die absoluten linearen Ausdehnungskoeffizienten bestimmen. H. FIZEAU (1864) und in verbesserter Form J. R. BENOIT und TUTTON konstruierten Apparate zur unmittelbaren Messung der linearen Ausdehnung

---

[1] Vgl. dazu auch die eingehenden Messungen von J. BECKENKAMP am Adular und Anorthit (s. LIEBISCH).

(„Dilatometer"). Da es sich um außerordentlich kleine Meßgrößen handelt, wird die Methode der Lichtinterferenzen angewendet. Die zu untersuchende, eben geschliffene Mineralplatte wird unter eine Plankonvexlinse gebracht und der ebenen Fläche dieser Linse so genähert, daß bei entsprechender Beleuchtung (von oben) zwischen dem Kristall und der Linsenfläche Newtonsche Interferenzstreifen sichtbar werden. Bei Ausdehnung der Platte durch die Wärme wird sich der Abstand Kristall — Linse verkleinern, die Interferenzstreifen werden wandern. Durch geeignete Markzeichen auf der Planseite der Linse läßt sich die Größe der Verschiebung zahlenmäßig bestimmen und damit ganz streng die Annäherung der Platte gegen die Linse berechnen (vgl. Liebisch).

Während bei den rhombischen Kristallen die drei Hauptachsen λ_1, λ_2, λ_3, des dreiachsigen Ellipsoides mit den Kristallachsen zusammenfallen, trifft dies bei monoklinen Kristallen nur für eine Achse entsprechend der kristallographischen y-Achse zu. Im triklinen System bestehen überhaupt keine Beziehungen zwischen den rechtwinkeligen Achsen des Ellipsoides und den Kristallachsen.

Die Durchsicht der Tabelle zeigt, daß in einigen Fällen (Richtungen) Erwärmung mit *Zusammenziehung*, nicht Ausdehnung verbunden ist. Schon Mitscherlich erkannte aus der Tatsache, daß der kubische Ausdehnungskoeffizient (τ) für Kalkspat kleiner war als die aus der Winkeländerung folgende Differenz ($\lambda_z - \lambda_x$), daß sich der Kalkspat zwar in der z-Achse ausdehnt, aber bei gleicher Erwärmung in der Richtung senkrecht dazu zusammenzieht. Das Rotationsellipsoid und die ursprüngliche Kugel müssen einander also durchdringen und es müssen darum längs des Mantels des Durchdringungskegels Richtungen liegen, die bei Temperaturänderung überhaupt *unverändert* bleiben. Diese Richtung berechnet sich zu $\varphi = 65^0 \, 49^1/2'$ gegen z, und Fizeau konnte tatsächlich an Stäbchen, die in solcher Neigung zur z-Achse geschnitten waren, bei Temperaturänderungen *keine* Längenänderung nachweisen. Bei Jodsilber tritt der noch ganz ungeklärte Fall ein, daß der Gesamtkristall sich bei der Erwärmung zusammenzieht wie Wasser zwischen 0 und 4^0 C. Unverhältnismäßig hohe Werte von α gegenüber λ lassen bei sinkender Temperatur erwarten, daß bei einer bestimmten Temperatur λ Null wird und bei weiterer Abkühlung negative Werte annimmt. Für Diamant wird das bei $-41,7^0$ C erreicht.

Das bei verschiedenen Mineralen sehr verschiedene thermische Ausdehnungsvermögen, das bei anisotropen Kristallen außerdem noch starke Änderungen nach der Richtung zeigt, läßt verstehen, daß rasche Erwärmung, bzw. Abkühlung innere Spannungen auslösen, die sich bis zum Zerspringen des Kristalles oder Mineralgefüges steigern kann. So beobachtet man in felsigen Wüstengebieten das Auseinandersprengen von Geröllsteinen oft über mehr als Meterlänge infolge der heftigen Abkühlung während der Nacht. Auch in unseren Breiten werden dadurch die Gesteine zermürbt, und auch das „Feuersetzen" der alten Bergbaubetriebe, wo durch Erhitzen und nachträgliches Abschrecken mit Essigwasser der Feldort zur rascheren Bearbeitung vorbereitet wurde, beruht auf der Verschiedenheit der thermischen Ausdehnung nach Mineral und Richtung im Kristall.

Bezüglich des Einflusses der Wärme auf das optische Verhalten vgl. S. 312 ff.

Die Beziehungen der thermischen Ausdehnung zum Gitterbau sind vielfach noch ungeklärt. Bisher sind hinsichtlich der Beeinflussung der Ausdehnungskoeffizienten in kubischen Kristallen drei Faktoren deutlich geworden, nämlich die Wertigkeit der Bausteine, deren kürzester Abstand und die Koordinationszahl. Die thermische Ausdehnung ist um so größer, je größer die Koordinationszahl ist (Megaw, 1939), also (bei gleicher Wertigkeit und Abstand) $CsCl >$ $> NaCl > ZnS$, außerdem proportional dem Abstand der Bausteine und endlich verkehrt proportional zur Wertigkeit der Bausteine (je größer diese, desto kleiner die Ausdehnung). Der Einfluß des Bausteinabstandes ist beträchtlich geringer als jener der Koordinationszahl und der Wertigkeit (Einzelheiten siehe bei H. G. F. WINKLER).

Nicht mehr von den Richtungen abhängig, also *skalar*, ist die:

c) Spezifische Wärme

Man versteht darunter jene Wärmemenge in kg- (g-) Kalorien, die nötig ist, um 1 kg (1 g) eines Körpers um 1^0 C zu erwärmen. Genauere kalorimetrische Messungen ergaben, daß bei höheren Temperaturen die spezifische Wärme abnimmt, d. h. daß sie von der Temperatur selbst abhängig ist.

Die Minerale und vor allem die Kristalle haben *sehr kleine* spezifische Wärmen, verglichen mit jener des Wassers zwischen $14,5^0$ und $15,5^0$ C (z. B. Au 0,031, Pt 0,032, Ag 0,056, Cu 0,093, Pb 0,031, Sb 0,050, Fe 0,11 oder für „steinige" Minerale, z. B. Diamant 0,11, Gips 0,26, Schwefel 0,2 usw.). Das Produkt aus Atom- (Molekular-) Gewicht und spezifischer Wärme führt zur *„Atom- (Molekular-) Wärme"*, die nach DULONG und PETIT in der Regel einem Wert um 6 gleich wird, doch sind zahlreiche Ausnahmen bekannt.

XIII. Das elektrische Verhalten der Kristalle

a) Elektrische Leitung

Das Verhalten der Kristalle gegenüber dem Durchgang eines elektrischen Stromes schließt sich eng an die Verhältnisse der Wärmeleitfähigkeit an. Man unterscheidet demnach *„Leiter"* und *„Nichtleiter"*. Die „Leiter", zu denen vor allem die Metalle gehören, leiten eine zugeführte elektrische Energie sofort ab bzw. verteilen sie über den ganzen Körper, wogegen „Nichtleiter", zu denen alle „steinigen" Minerale gehören, einen großen Widerstand entgegensetzen.

Der „praktische spezifische Widerstand" (R) (für 1 m Länge, 1 mm² Querschnitt bei 18^0 C) beträgt in Ohm bei Ag 0,016, Cu 0,017, Pt 0,105, Fe 0,10, Hg 0,958. Nach WIEDEMANN-FRANZ ist die elektrische Leitfähigkeit der Wärmeleitfähigkeit der Metalle angenähert proportional. Die Metalle *vergrößern* den elektrischen Widerstand bei Erwärmung, so z. B. für Ag oder Cu um etwa $0,004\,R$ je 1^0 C. Die hohe elektrische Leitfähigkeit bei Metallen geht wohl auf die zwischen den Atomen frei beweglichen Elektronen zurück. Demnach müssen Ionenkristalle, bei denen die Elektronen durch den Gitterbau festgebunden sind, im Idealfall absolute *Nichtleiter-Isolatoren* sein, was zwar nicht ganz zutrifft, da die Realkristalle durch die Gitterstörungen diese vollkommene Bindung der Elektronen teilweise einbüßen, immerhin sich aber durch eine ganz besonders geringe Leitfähigkeit, also hohe Widerstände, auszeichnen. Bei Ionenkristallen nimmt darum bei Erwärmung die Leitfähigkeit zu; daher zeigen die Schmelzen von Ionenkristallen eine relativ hohe elektrische Leitfähigkeit, was man geradezu als Kennzeichen für das Vorhandensein heteropolarer Verbindungen ansehen kann.

Wie bei der Wärmeleitung ist auch die elektrische Leitfähigkeit richtungsabhängig in dem Sinn, daß bei kubischen Kristallen die Leitfähigkeit allseitig gleich groß ist (kugelige Ausbreitung), bei Wirtelkristallen den Charakter eines Drehellipsoides mit der kristallographischen Hauptachse als Drehachse annimmt und endlich bei den niedrig symmetrischen Kristallsystemen einem dreiachsigen Ellipsoid entspricht.

H. Bäckström (1888) maß z. B. die absoluten Leitungs*widerstände* (w) an geeignet geschnittenen Stäbchen von Hämatit und fand, bezogen auf 1 cm Länge und 1 mm² Querschnitt (vgl. Liebisch), die Werte nebenstehender Tabelle.

Hämatit	0^0	17^0	100^0
w_z	80,8	68,7	33,1
w_x	40,8	35,1	18,3

Daraus ergibt sich, daß das Verhältnis $w_z : w_x$ nahe an 2 : 1 liegt, gleichzeitig aber auch die absoluten Werte der Widerstände mit der Temperatur stark abnehmen, wobei auch der Temperatureinfluß eine konstante Größe ist. Messungen an Stäbchen mit bestimmter Neigung gegen die z-Achse fügten sich vollkommen dem Bilde eines Rotationsellipsoides ein.

Eine eigentümliche Folge der verschiedenen elektrischen Leitfähigkeit metallischer Körper, wozu auch viele Sulfide gehören, ist das Auftreten von *Thermoströmen,* wenn eine der Berührungsstellen (oder Lötstellen) zweier, zu einem geschlossenen Stromkreis verbundener Leiter gegenüber der zweiten Kontaktstelle erwärmt oder abgekühlt wird. Es entsteht (an einem eingeschalteten Galvanometer leicht ablesbar) ein elektrischer Strom, dessen Richtung sich umkehrt, wenn die erwärmte Kontaktstelle sich abkühlt. Die thermoelektrische Kraft hängt einerseits von der Höhe der Temperaturänderung, aber auch von der Wahl der beiden an der Kontaktstelle vereinigten metallischen Körper ab, derzufolge man eine „Spannungsreihe" aufstellen kann, die am positiven Ende mit Antimon beginnt und am negativen mit Wismut endet. Manche Sulfide reichen noch über diese Reihe hinaus, so Pyrit über Sb und anderseits Glanzkobalt über Bi. Es ist leicht zu verstehen, daß selbst Stäbchen, die aus dem *gleichen* Kristall, aber nach verschiedenen Richtungen geschnitten wurden, entsprechend verbunden *auch* Thermoströme liefern können. Solche verschieden orientierte Stäbchen nehmen ganz verschiedene Stellen in der Spannungsreihe ein, wenn sie auch dem gleichen Kristall entstammen (J. Svanberg, vgl. Liebisch). Die *Thermoelemente* dienen vielfach zur Messung sehr hoher, bzw. sehr tiefer Temperaturen. („Elektrische Pyrometer".)

Auch die *Dielektrizitätskonstanten* anisotroper Nichtleiter zeigen die gleiche Abhängigkeit von der Kristallsymmetrie wie das optische Verhalten. J. C. Maxwell hatte schon auf Grund seiner elektromagnetischen Lichttheorie den engen Zusammenhang zwischen der Optik und dem Verhalten eines Nichtleiters im elektrischen Feld vorausgesagt, wonach die Quadratwurzel aus den Dielektrizitätskonstanten bei isotropen Körpern der optischen Brechungszahl entsprechen soll. L. Boltzmann (1874) hatte diesen Zusammenhang für anisotrope Kristalle entwickelt und durch Versuche am Schwefel im wesentlichen bestätigt, nur sind die beobachteten Werte etwas höher als die theoretisch erschlossenen (vgl. Voigt, Liebisch).

Beispiele für Dielektrizitätskonstanten in den Hauptachsen

	Schwefel	Baryt	Beryll	Quarz	Kalkspat	Steinsalz
ε_x	3,59	7,62	6,05	4,34 ·	8,58	5,55
ε_y	3,82	12,25	—	—	—	—
ε_z	4,61	7,63	5,51	4,60	8,02	—

Da durch Wärme und Druck das elastische Verhalten der Kristalle wesentlich beeinflußt, d. h. der im Gleichgewicht befindliche Gitterbau der Kristalle gestört wird, ist es verständlich, daß allfällige einseitige, „polare" Richtungen in einem *Nicht*leiter bei solchen Störungen sich dadurch verraten, daß sie elektrisch aufgeladen erscheinen, wobei die beiden Enden der polaren Achse numerisch gleiche, aber dem Vorzeichen nach entgegengesetzte Ladungen aufweisen. Es sind dies die Erscheinungen der *Pyro-* und *Piezoelektrizität*.

b) Pyroelektrizität

Die Pyroelektrizität kann in allen jenen Symmetrieklassen auftreten, wo ein Kristall, der durch eine *einzelne polare* Richtung, also gleichzeitig auch durch den Mangel eines Symmetriezentrums ausgezeichnet ist, erwärmt (abgekühlt) wird. Sobald der Wärmezustand wieder stationär wurde, verschwinden die elektrischen Ladungen an den beiden Enden der polaren Achse, sie gleichen sich auch bei schlechten Leitern allmählich aus. Der Ladungssinn kehrt sich um, wenn nach der Erwärmung wieder Abkühlung eintritt. Jener Pol, der sich bei der Erwärmung positiv auflädt, wird „analog" genannt, der Gegenpol (mit negativer Ladung bei Erwärmung) „antilog". Die erzeugte Elektrizitätsmenge ist proportional dem Querschnitt des Kristalles senkrecht zur polaren Achse, aber unabhängig von der Länge dieser Achse (J. M. Gaugain).

Schon zu Beginn des 18. Jahrhunderts war diese Erscheinung zufällig an Turmalinkristallen („Aschentrekker") entdeckt worden. In warme Asche gefallene Kristalle ziehen leichte (Aschen-) Teilchen an, Äpinus erkannte (1756) die elektrische Natur dieser Erscheinung. Rein qualitativ läßt sich diese Erscheinung leicht und anschaulich mit dem Kundtschen „Bestäubungsverfahren" verfolgen (1883). Dazu wird der erwärmte oder sich abkühlende Kristall mit einem feinen Pulvergemisch von Schwefel und Mennige bestäubt, das durch ein Musselingewebe durchgeblasen wird. Durch die Reibung an dem Gewebe wird hiebei der Schwefel negativ, die Mennige positiv elektrisch aufgeladen, und demnach setzen sich an dem mit diesem Gemenge bestäubten Kristall die gelben Schwefelteilchen am positiven, die roten Mennigeteilchen am negativen Pol der polaren Achse an. Zwischen beiden bleibt eine freie Zone (Abb. 380). Beispiele: Rohrzucker (monoklin sphenoidisch), Skolezit (monoklin domatisch), Kieselzinkerz (rhombisch pyramidal), Succinjodimid (ditetragonal pyramidal), Turmalin (ditrigonal pyramidal), Natriumperjodat (trigonal pyramidal).

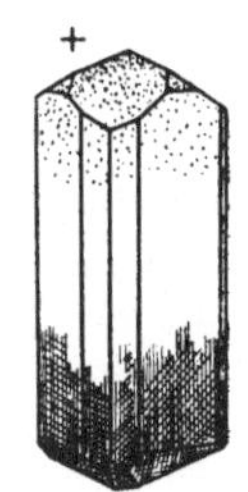

Abb. 380. Turmalin, mit Kundtschem Verfahren bestäubt. Schraffiert: Mennige; punktiert: Schwefel

Nach Voigt ist die „wahre" Pyroelektrizität an eine ganz *gleichförmige* Temperaturänderung und an das Auftreten *einzelner polarer* Deckachsen (nicht Inversionsachsen) bzw. einer allein stehenden Symmetrieebene gebunden. Quantitative Messungen (J. M. Gaugain, E. Riecke, vgl. Liebisch) lieferten folgende Ergebnisse: 1. Die Gesamtmenge der an einem Kristall entwickelten Elektrizitätsmenge hängt nur von Anfangs- und Endtemperatur, nicht aber von der Geschwindigkeit der Temperaturänderung ab, 2. Gesamtmenge gleich, Vorzeichen geändert bei Vertauschung von Anfangs- und Endtemperatur, 3. Gesamtmenge proportional der (mäßigen) Temperaturänderung, 4. Gesamtmenge unabhängig von der Länge und proportional dem Querschnitt des Kristalls.

Das Auftreten elektrischer Ladungen an den Enden der polaren Deckachsen, die zu 3 oder 4 vereinigt auftreten können (z. B. Quarz [trigonal trapezoedrisch] mit 3 $\uparrow A^2$, Natriumperjodat [kubisch tetratoedrisch] und Zinkblende [kubisch hexakistetraedrisch] mit je 4 $\uparrow A^3$) ist nach Voigt einem durch innere Spannungen hervorgerufenen, nicht rein pyroelektrischen, sondern mehr piezoelektrischen Verhalten zuzuschreiben. Diese Druckspannungen sind teils durch das Nebeneinanderwirken der polaren Achsen, teils durch *Ungleichförmigkeit* bei der Erwärmung (Abkühlung) bedingt. Der viel erwähnte kubische Boracit ist aus der Reihe der kubischen Beispiele wohl auszuscheiden, da er in seiner kubischen Modifikation, also über 265°, keine Spur von Pyroelektrizität zeigt. Diese Eigentümlichkeit gehört also nur der rhombischen Tieftemperaturmodifikation an, und die scheinbar kubisch tetraedrische Verteilung der elektrischen Ladungen wird durch entsprechende hochkomplizierte Verzwilligungen der rhombischen Modifikation vorgetäuscht.

W. Thomson (Lord Kelvin) (1878) nahm an, daß die Volumselemente eines Turmalinkristalls eine dauernde elektrische Polarisation längs der Hauptachse besitzen und daß diese Polarisation sich mit der Temperatur ändert. W. Voigt konnte tatsächlich an den frischen Bruchflächen eines Turmalinstengels die beiden entgegengesetzten elektrischen Ladungen nachweisen in einer Höhe, die fast die erwartete Ladungsgröße erreichte.

c) Piezoelektrizität

Ganz analog der Erwärmung wirkt auf Kristalle mit polaren Achsenrichtungen (also ohne Symmetriezentrum) Pressung oder Dehnung in der polaren Achse (J. und P. Curie, 1880). Druck erzeugt dabei genau die gleiche elektrische Erregung wie Abkühlung (also Zusammenziehung in der polaren Richtung).

Curie und Röntgen schlossen daraus, daß auch die Pyroelektrizität nur auf elastische Spannungen zurückzuführen sei. Sehr eingehende Untersuchungen von Voigt konnten aber nachweisen, daß unter den früher angegebenen Bedingungen außer der aus dem elastischen Verhalten (einseitiger Druck oder Zug) ableitbaren elektrischen Erregung in der polaren Achse noch eine „wahre" Pyroelektrizität übrig bleibt (etwa ein Fünftel der Gesamterregung), die *nicht* auf Versuchsfehler zurückgeht.

Die ersten absoluten Messungen von Curie ergaben, daß die entwickelten elektrischen Ladungen dem Druck einfach proportional sind, aber gänzlich unabhängig von den Ausmaßen der Präparate (Länge, Querschnitt!). Voigt und E. Riecke nehmen an, daß die mit elektrischen Ladungen versehenen Bausteine (Dipole) im Kristallgitter sich in einer Gleichgewichtslage befinden. Wird durch mechanische oder thermische Deformation das Gittergleichgewicht zerstört, dann müssen freie Ladungen entstehen (Erweiterung der Theorie durch A. Meissner). Das piezoelektrische Verhalten läßt sich tatsächlich auf Grund der von Voigt (und Meissner) entwickelten Theorie aus der Kenntnis der elastischen Konstanten restlos erklären.

Von den 20 Symmetrieklassen ohne Symmetriezentrum (kubisch gyroedrisch hat keine polaren Richtungen) zeigen interessanterweise im tetragonalen *und* hexagonalen System jeweils die trapezoedrischen, die pyramidalen und die ditetragonal- und dihexagonal-pyramidalen Klassen das gleiche Verhalten. Ebenso verhalten sich die tetartoedrischen und tetraedrischen Klassen des kubischen Systems gleich.

Die genauesten Untersuchungen wurden bei *Quarz*kristallen an rechteckigen Platten, senkrecht zu einer der polaren A^2, vorgenommen (Abb. 381). Bezeichnet man die (horizontale) Dicke der Platte in der Achsenrichtung x als x' die dazu senkrechte, horizontale Kante der Plattenfläche mit y' und die andere Plattenkante parallel der Vertikalrichtung als z', dann ist zu unterscheiden, ob der Druck *in* der Richtung der A^2 (x') ausgeübt wird oder in der dazu normalen Horizontalrichtung y'. Im Falle einer Pressung nach der Achse, also normal zur Plattenfläche $y'z'$, erhält man den *„longitudinalen,* direkten piezoelektrischen Effekt". Falls dagegen die Pressung in der Richtung y' erfolgt, erhält man auf der Plattenfläche $y'z'$ den *„transversalen,* direkten, piezoelektrischen Effekt", der von dem ersteren sich vor allem dadurch unterscheidet, daß er *nicht* mehr unabhängig von den Abmessungen des Kristalls ist, wie sich auch aus der Theorie (VOIGT, MEISSNER) ergibt. Der transversale Effekt kann demnach bei gleichem Druck durch geeignete Abmessungen beliebig abgeändert werden. Außerdem ergeben sich in den beiden Druckrichtungen entgegengesetzte

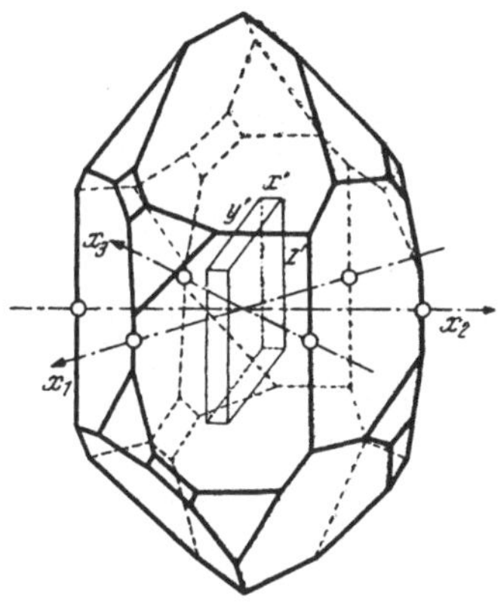

Abb. 381. Quarzkristall mit eingezeichneten polaren „Elektro"-Achsen und einer für technische Zwecke geeignet geschnittenen, rechteckigen Platte

Vorzeichen der Ladungen. Ein Druck in der Richtung der Vertikalachse, also $// z'$, liefert *keinen* piezoelektrischen Effekt[1].

In der Abb. 382 ist vereinfacht die Strukturzelle eines Quarzes, in der Richtung der z-Achse gesehen, wiedergegeben, wobei je zwei Sauerstoff-Ionen übereinanderliegend gedacht sind (Abb. 382 a). Wird nun in der Richtung einer polaren A^2 ein Druck ausgeübt, dann wird damit ein Silizium-Ion zwischen die benachbarten O-Ionen bzw. ein Sauerstoff-Ion zwischen zwei Si-Ionen hineingedrängt (Abb. 382 b). Dadurch wird auf A eine negative, auf B eine positive Ladung frei. Erfolgt aber der Druck in der y-Richtung, dann ergibt sich das Bild 382 c, wobei gegen A positive, gegen B negative Ladungen frei werden, während in den Druckflächen C und D keine Ladungsänderungen eintreten.

G. LIPPMANN (1881) folgerte aus der Theorie, daß es auch einen *„reziproken* piezoelektrischen Effekt" geben müsse, d. h. daß ein geeigneter Kristall in einem elektrischen Kraftfeld, wenn die elektrische Feldrichtung mit der Richtung der polaren Kristallachse zusammenfällt, elastisch-mechanisch gepreßt bzw. gedehnt werden muß. CURIE konnte

---

[1] Näheres s. L. BERGMANN: Schwingende Kristalle. Leipzig 1937.

das experimentell nachweisen. Auch hier erweisen sich die „longitudinalen" und „transversalen" Effekte bezüglich der elastischen Deformation gegenläufig. Bei Umkehrung der Feldrichtung kehren sich auch die mechanischen Auswirkungen um, in Richtung der Pressung tritt jetzt Dehnung auf und umgekehrt.

Bringt man eine geeignete Quarz- oder Turmalinplatte in ein *hochfrequentes elektrisches Wechselfeld*, dann wird die Kristallplatte (oder Stab) *zu kräftigen mechanischen Schwingungen angeregt* (W. G. CADY, 1922). Die Amplitude dieser elastisch-mechanischen Schwingungen wird ein Maximum, wenn die mechanische Eigenfrequenz des Kristalls mit der Frequenz des elektrischen Feldes übereinstimmt bzw. in Resonanz ist. Da sich aus den Abmessungen der Platte (oder des Stabes), der Dichte des Quarzes (Turmalins) und den für die einzelnen Richtungen bekannten Elastizitätsmoduln die elastische Eigenfrequenz leicht bestimmen läßt, kann man die Abmessungen des Quarzes (Turmalins) ausrechnen, die bei gegebenen elektrischen Wellenlängen in mechanische Resonanzschwingungen kommen (Grund- und Oberschwingungen). Lose auf der Unterlage liegende Quarzplatten beginnen beim Schwingungseinsatz zu tanzen. Von den schwingenden Endflächen gehen Schallwellen aus („Ultraschall"), die zu sehr kräftigen Luftströmungen führen. (Bedeutung des „Ultraschalles" bei der Messung von Schallgeschwindigkeiten in Flüssigkeiten und Gasen, Unterwasserschall mit ausgezeichneter Richtungscharakteristik, Echolotung, Messung der elastischen Konstanten fester Körper, starke biologische Wirkungen [für Mikroorganismen vielfach tödlich], vielfache Anwendung in der Radiotechnik, um durch die Eigenschwingungen des Quarzes frequenzkonstante Schwingungen zu erzielen, Quarzsteuerung der meisten Sender, bei längeren Wellen mit Quarzkristallen, bei Wellen unter 15 m mit Turmalin, da in diesem Fall die Quarzplatten allzu dünn gemacht werden müßten und daher sehr zerbrechlich sind; Turmalinkristalle sind da günstiger, Quarzuhr ...)

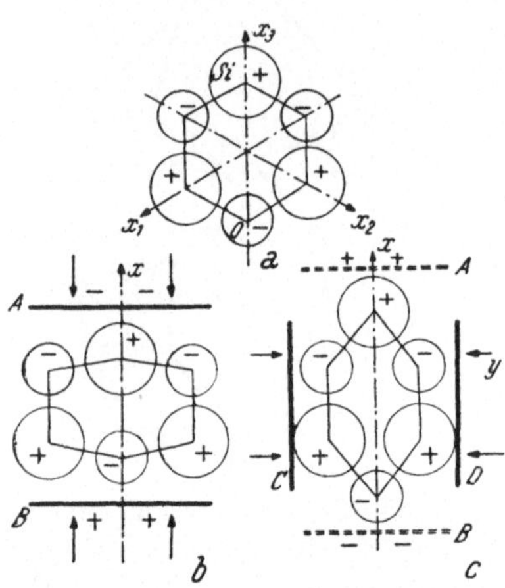

Abb. 382. Strukturzelle des Quarzes in der z-Richtung gesehen (nach MEISSNER, BERGMANN). a) Ungestört; b) in der Richtung der x-Achse gepreßt („longitudinaler" Effekt); c) senkrecht zu x (nach y) gepreßt („transversaler" Effekt)

d) Reibungselektrizität

Wenn auch schon seit Jahrtausenden Fälle von *Reibungselektrizität* bei Kristallen bekannt sind, liegen doch kristallphysikalisch keine näheren Untersuchungen vor. Beispiele von elektrischer Erregung durch Reibung: Diamant positiv, Schwefel negativ, Bernstein ... In allen Fällen können nur Nichtleiter auf diese Art erregt werden. Irgendeine Abhängigkeit der durch Reibung erzielten elektrischen Erregung von der Richtung ist nicht bekannt.

XIV. Das magnetische Verhalten der Kristalle[1]

a) Para- und diamagnetisches Verhalten

Wenn auch schon aus dem Altertum das magnetische Verhalten eines Minerals, des Magneteisensteins, bekannt war, blieb doch bis in das vergangene Jahrhundert eine weitere Verfolgung der magnetischen Erscheinungen an Kristallen verschiedener Minerale unbeachtet. Aus dem gleichen Kristall nach verschiedenen Richtungen geschnittene Stäbchen, die frei zwischen die Pole eines starken Magnets gehängt werden, stellen sich in ganz bestimmte Orientierungen zu den Kraftlinien des Magnetfeldes ein. Besonders auffallend ist, wenn eine Kugel in ein solches Magnetfeld gebracht wird. Auch die Kugel dreht sich so lange, bis sie gegenüber den Kraftlinien eine ganz bestimmte Richtung einnimmt. Hier sind die Erscheinungen der *magnetischen Induktion* wirksam. Je nach der Einstellung des Kristallstäbchens (oder des pulverisierten Minerals in einem dünnwandigen Glasröhrchen) zu den Kraftlinien des Magnetfeldes unterscheidet man *paramagnetische* Minerale, bei denen die Stäbchenachse mit den Kraftlinien parallel läuft („axiale" Einstellung), und *diamagnetische* Minerale, wo sich die Stäbchen senkrecht zu den Kraftlinien einstellen („äquatoriale" Einstellung).

Wenn auch zumeist diese zweierlei Einstellung nur unter Anwendung sehr starker Magnete sichtbar wird, ergab sich doch, daß bei *allen* Mineralen wenigstens spurenweise eine Reaktion auf das magnetische Kraftfeld eintritt. Manche, vor allem Fe-haltige Minerale, werden von Magneten angezogen oder wirken selbst auf eine Magnetnadel ein. Am stärksten wirkt Magneteisen, allerdings meist erst in einem angewitterten Zustand. Bisher konnte noch kein zureichender Grund gefunden werden, warum gewisse Minerale paramagnetisch, andere, ganz ähnliche, diamagnetisch sind.

Versuche zeigten, daß die Kraftlinien des Magnetfeldes gegen einen *paramagnetischen* Kristall abgelenkt werden, also in diesem *dichter* geschart sind (erhöhte „magnetische Leitfähigkeit"), in *diamagnetischen* Kristallen aber, die sich also äquatorial stellen, von den Magnetpolen *abgestoßen* werden, viel *weniger dicht* geschart sind als in der umgebenden Luft. Nennt man das Verhältnis „Dichte der Kraftlinien im Kristall : Dichte der Kraftlinien in Luft" die *magnetische Permeabilität* (μ), so ist bei paramagnetischen Körpern $\mu > 1$, bei diamagnetischen $\mu < 1$. Ist μ *bedeutend* größer als 1, dann spricht man von „*ferromagnetischen*" Kristallen.

J. Plücker (1847) fand, daß es in verschiedenen Kristallen Richtungen gibt, die, als Aufhängerichtung verwendet, den Kristall in einem Magnetfeld ganz indifferent erscheinen lassen, so daß entsprechend aufgehängte Kugeln in jeder Lage unverändert bleiben, ohne eine Drehung zu erfahren. Bei *kubischen* Kristallen hat jede Aufhängerichtung diese Wirkung, bei *Wirtel*kristallen ist es die Richtung der Hauptachse, bei den drei *niedrigsymmetrischen* Kristallsystemen gibt es zwei solche „magnetische Achsen". Es sind also auch hier genau die gleichen fünf Gruppen des Verhaltens wie in der Kristalloptik. Die „*Magnetisierungszahlen*" sind demnach von der Richtung abhängig, und eine indifferente Lage der Kugel wird nur dann eintreten, wenn die Aufhängerichtung senkrecht zu einem „Kreisschnitt" des *magnetischen Induktionsellipsoides* steht. Die

---

[1] Vgl. dazu besonders Liebisch, Niggli, Voigt.

„Magnetisierungszahlen" ($\varkappa$) sind Koeffizenten, mit denen die magnetische Kraft eines homogenen Magnetfeldes zu multiplizieren ist, um die Intensität der Magnetisierung einer aus dem Kristall geschnittenen Kugel in einer bestimmten Richtung zu erhalten. Die „Hauptmagnetisierungszahlen" beziehen sich auf die Hauptachsen des Indexellipsoides, wenn eine solche in die Richtung der Kraftlinien fällt. Diese $\varkappa$-Werte haben natürlich verschiedene Größen, ob man sie auf die Volums- oder Masseneinheit bezieht. Auf jeden Fall sind sie außerordentlich klein. Aus der Kleinheit dieser Werte folgt sofort, daß sich die μ-Werte im allgemeinen nur wenig von 1 unterscheiden. $\varkappa > 0$ bedeutet Para-, $\varkappa < 0$ Diamagnetismus im Verhältnis zur Luft.

Im allgemeinen sind bei paramagnetischen Mineralen *alle* $\varkappa$-Werte > 0, bei diamagnetischen < 0. Die

Beispiele für Magnetisierungszahlen in den Hauptachsen (Voigt), $\varkappa$ für Masseneinheit in 10^{-7}

	$\varkappa_x$	$\varkappa_y$	$\varkappa_z$
Steinsalz ..	−3,76	—	—
Flußspat ..	−6,27	—	—
Pyrit......	+6,66	—	—
Rutil......	+19,6	—	+20,9
Zirkon	−1,70	—	+7,32 (!)
Beryll.....	+8,27	—	+3,86
Apatit.....	−2,64	—	−2,64
Kalkspat ..	−3,64	—	−4,06
Dolomit ...	+7,88	—	+12,1
Quarz.....	−4,61	—	−4,66
Turmalin ..	+11,2	—	+7,48
Aragonit ..	−3,92	−3,87	−4,44
Adular	−27,8 (x') $\measuredangle xx' = -13^0 20'$	−20,6	−25,0 (z')

Zirkonwerte sind nicht ganz sicher, gleichwohl scheint hier doch grundsätzlich der Fall verwirklicht, daß ein Kristall parallel zu z paramagnetisch, senkrecht zu z diamagnetisch sein kann.

In der Praxis wird die Tatsache, daß Fe-haltige Minerale (wie Magnetit, Augit, Hornblende, Olivin, Granat...) durch einen kräftigen Magnet angezogen werden, besonders wenn sie zuvor geglüht sind, zur Trennung von Fe-freien Mineralen (Feldspäte, Nephelin, Quarz...) verwendet. Bei der Aufbereitung von Eisenerzen werden hiezu besondere Apparate („Magnetscheider") benützt, um rasch im Erzklein das „taube" Material auszuscheiden. — Die Tatsache der Mißweisung der Magnetnadel in Gebieten, deren Boden Magnetitlager enthält, führte zur Methode der „Magnetischen Schürfung", besonders in Skandinavien ausgearbeitet und angewendet.

b) Pyromagnetismus und Piezomagnetismus

Da jedem Stromkreis eine magnetische Wirkung entspricht (Elektromagnete) und sich in einem Kristallgitter elektrische Elementarmassen in einem durch die Temperatur veränderlichen Schwingungszustand befinden, hat VOIGT (1901) Versuche unternommen, um zu entscheiden, ob nicht entsprechend der Pyroelektrizität auch *pyromagnetische* Erscheinungen beobachtet werden können. Im Gegensatz zu den „polaren" Vektoren der Pyroelektrizität sind hier „*axiale*" Vektoren wirksam (VOIGT, Abb. 383), Achsen, bei denen die „Polarität" nicht in der Achse selbst liegt, sondern durch einen bestimmten *Drehsinn um* diese Achse gekennzeichnet ist. Daher sind auch

Klassen mit Symmetriezentrum pyromagnetisch erregbar, doch darf im Kristall *nur eine* einzigartige Richtung auftreten. Durch Hinzufügung eines Symmetriezentrums dürfen keine neuen Deckachsen entstehen. Dadurch fallen einige pyroelektrische Klassen aus (rhombisch pyramidal, ditetragonal, dihexagonal und ditrigonal pyramidal). Dafür sind andere Klassen möglich (triklin beide Klassen, monoklin alle drei, rhombisch *keine,* tetragonal und hexagonal pyramidal und bipyramidal, tetragonal bisphenoidisch, trigonotyp (hexagonal) bipyramidal, trigonal pyramidal und rhomboedrisch). Nur Dolomit und Apatit wurden untersucht. Bei Dolomit liegt mit $1,6 \cdot 10^{-8}$ (cm . g . sec) das magnetische Moment innerhalb der Fehlergrenzen, bei Apatit ist es fast 40mal größer, $0,6 \cdot 10^{-6}$ (cm . g . sec). Hier erscheint also der Nachweis des Pyromagnetismus tatsächlich erfolgt.

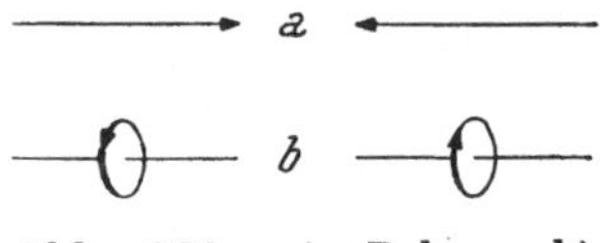

Abb. 383. a) Polare, b) axiale Vektoren (nach Voigt)

Die gleichfalls von Voigt vorgenommenen Versuche, auch den theoretisch durchaus möglichen *Piezomagnetismus* nachzuweisen, lieferten keine überzeugenden Ergebnisse, die Daten bewegten sich innerhalb der Beobachtungsfehler.

XV. Das spezifische Gewicht (Dichte)[1]

a) Allgemeines

Gänzlich unabhängig von der Richtung, also *skalar,* ist die Eigenschaft des *„spezifischen Gewichtes"* bzw. der *„Dichte"* der einzelnen Minerale. Während das „spez. Gewicht" das Gewicht der Volumseinheit bedeutet (g/cm^3 oder kg/dm^3), gibt die „Dichte" nur an, um wievielmal schwerer (oder leichter) ein Körper ist als das gleiche Volumen Wasser. Da aber das Wasser zur Definition der Gewichtseinheit dient, sind Angaben des spez. Gewichtes und der Dichte zahlenmäßig gleich, nur ist letztere Angabe unbenannt.

Infolge des engen Zusammenhanges mit dem Volumen ist das spezifische Gewicht von der Temperatur und dem Druck abhängig, was auch in bezug auf das gleiche Wasservolumen von Bedeutung ist. Demzufolge sollte bei *genauen* Bestimmungen immer angegeben werden, bei welcher Temperatur (Druck) die Messung vorgenommen wurde.

Unter Berücksichtigung der Temperatur- und Druckverhältnisse ist das spezifische Gewicht für jede Mineralart *konstant* und damit ein sehr wichtiges Bestimmungsmerkmal, das sich ziemlich leicht mit der nötigen Genauigkeit feststellen läßt. Verschiedene Modifikationen der gleichen Zusammensetzung unterscheiden sich deutlich durch ihre verschiedene Dichte (z. B. Kalkspat — Aragonit), und die Schmelzen bzw. allfällige Gläser haben fast ausnahmslos eine geringere Dichte als die kristallisierten Formen.

---

[1] Neben den mehrfach genannten Büchern vgl. besonders Klockmann-Ramdohr: Lehrbuch der Mineralogie, Rosenbusch-Wülfing: Mikroskopische Physiographie, E. Treptow: Grundzüge der Bergbaukunde II, Wien-Leipzig 1918, und Tschermak-Becke: Lehrbuch der Mineralogie, Wien 1921.

Zu den ganz wenigen Ausnahmen gehört vor allem das Wasser, dessen Dichtemaximum bei $+4^0$ C liegt und das sich bei weiterer Abkühlung ausdehnt. Ebenso ist Wismut diesbezüglich als Ausnahme bekannt.

Einige Beispiele für spezifische Gewichte
(nach der Größe geordnet)

Iridium	22,6 −22,8	Zinkblende	3,9 −4,2
Platin (ged.)	16,0 −20,0	Limonit	3,4 −4,0
Gold (ged.)	15,6 −19,3	Eisenspat	3,7 −3,9
Quecksilber	13,6	Topas	3,5 − 3,6
Silber (ged.)	9,6 −11,0	Diamant	3,52
Kupfer (ged.)	8,5 − 8,94	Pyroxene	3,1 −3,5
Zinnober	8,1	Hornblenden	2,9 −3,4
Bleiglanz	7,2 − 7,6	Apatit	3,16 −3,22
Wolframit	7,1 − 7,5	Flußspat	3,1 −3,2
Zinnstein	6,8 − 7,1	Turmalin	3,0 −3,25
Wulfenit	6,7 − 6,9	Aragonit	2,95
Rotkupfererz	5,8 − 6,2	Anhydrit	2,8 −3,0
Hämatit	5 2 − 5,3	Beryll	2,63 −2,80
Magnetit	5,0 − 5,2	Glimmer	2,8 −3,2
Pyrit	5,0 − 5,2	Dolomit	2,85 −2,95
Markasit	4,8 − 4,9	Kalkspat	2,72
Chromit	4,5 − 4,8	Quarz	2,65
Schwerspat	4,48	Plagioklase	2,61 −2,77
Antimonglanz	4,6 − 4,7	Nephelin	2,60 −2,65
Kupferkies	4,1 − 4,3	Orthoklas	2,53 −2,56
Korund	3,9 − 4,1	Gips	2,3 −2,4
Spinell	3,5 − 4,1	Steinsalz	2,1 −2,2
Granat	3,4 − 4,6	Opal	2,1 −2,2

Die angeführten Beispiele lassen bei sehr vielen Mineralen eine größere Spanne in der Größe der Dichte erkennen, die der Behauptung, die Dichte sei eine konstante Größe, zu widersprechen scheint. Der Grund liegt vor allem darin, daß in der Natur die Minerale selten absolut chemisch rein sind, wodurch die Dichte sehr stark beeinflußt werden kann, und daß außerdem Glieder isomorpher Mischungsreihen mit dem gleichen Namen bezeichnet werden (z. B. Turmaline, Pyroxene, Glimmer . . .), bei denen natürlich je nach der Zusammensetzung der Mischkristalle die Dichte wechselt. Nur wenige Minerale (Metalle) sind durch hohe spezifische Gewichte ausgezeichnet, und selbst die meisten Erze halten sich zwischen 4 und 8. Die gesteinsbildenden Minerale zeigen meist eine Dichte zwischen 2 und 3,5. Dadurch wird es möglich, die Begleitminerale der Erze („Gangart", „taubes" Gestein) von diesen rein nach der Dichte mit Hilfe verschiedener Methoden zu trennen (s. S. 354).

In der Edelstein- und Edelmetallverwertung spielt die genaue Ermittlung des spezifischen Gewichtes eine große Rolle. Auch zur Prüfung der Homogenität eines Minerals leistet es gute Dienste. (Erkennung schwererer oder leichterer Einschlüsse, Porosität usw. So „schwimmt" z. B. Meerschaum wegen seiner Porosität auf Wasser, obwohl seine wirkliche Dichte 2 ist.) Auch zur zahlenmäßigen Ermittlung der Zusammensetzung einer isomorphen Mischung zweier Bestandteile kann die Dichtebestimmung dienen. Vorausgesetzt ist allerdings dabei, daß die in der Mischung zusammentretenden Endglieder der Mischung ihre „Molekularvolumina" (Molekulargewicht/spez. Gewicht) auch in der Mischung beibehalten. Sind die Mischungsanteile in Molekularzahlen x und y gegeben und bedeuten $M_A/s_A = V_A$ *und* $M_B/s_B = V_B$ die jeweiligen Molekularvolumina der Endglieder A und B, dann ist das spezifische Gewicht s

eines Mischgliedes gegeben durch $s = \dfrac{x\,M_A + y\,M_B}{x\,V_A + y\,V_B}$ (TSCHERMAK).

Auch für Aufgaben der Strukturbestimmung der verschiedensten Art ist die Kenntnis der Dichte sehr wichtig, sei es nun für die Bestimmung der Größe der Elementarzelle, oder wenn diese bekannt ist, für die Zahl der in dieser Zelle vereinigten Bausteine.

Die Tatsache z. B., daß Kupfer ein flächenzentriertes Würfelgitter besitzt, also 4 Cu-Atome in der Elementarzelle enthalten sind, läßt sofort die Maße dieser Zelle errechnen. Das Absolutgewicht eines H-Atoms ist $1{,}64 \cdot 10^{-24}$ g, daher jenes der 4 Cu-Atome $4 \cdot 63{,}57 \cdot 1{,}64 \cdot 10^{-24}$ g. Diese Größe durch $s = 8{,}94$ dividiert, gibt das Volumen des Elementarwürfels $V = 46{,}7 \cdot 10^{-24}$ cm^3 und damit $a = 3{,}6 \cdot 10^{-8}$ cm $= 3{,}6$ Å.

Man kann umgekehrt Messungen von Kristallstrukturen auch dazu verwenden, die „theoretische" Dichte eines Minerales zurückzurechnen. Wenn aus der röntgenographischen Messung das genaue *Volumen* der „Elementarzelle" des untersuchten Kristalls bekannt ist und auch die *Zahl* der innerhalb dieser Zelle vereinigten Bausteine bzw. Formeleinheiten, so ergibt der Quotient aus Bausteingewichten und Volumen der Elementarzelle das gesuchte spez. Gewicht. Selbstverständlich kann die Elementarzelle immer nur eine *ganze* Anzahl von Formeleinheiten umfassen. Damit ist eine vorzügliche Kontrolle des tatsächlichen spez. Gewichtes gegeben.

b) Bestimmungsmethoden der Dichte

Auf jeden Fall ist möglichste Reinheit und Homogenität der zu prüfenden Minerale Voraussetzung. Zerkleinerte Kristalle sind darum vorteilhafter, da vorhandene Gasblasen und anhaftende Luft dabei leichter entfernt werden können, auch Auskochen oder Verwendung der Luftpumpe sind zu empfehlen.

1. Verwendung der hydrostatischen Waage

Diese älteste und immer wieder verwendete Bestimmungsmethode beruht auf dem Archimedischen Prinzip, wonach das spezifische Gewicht, richtiger die *Dichte durch das Verhältnis des Gewichts des zu prüfenden Körpers und jenes eines gleich großen Wasservolumens* gegeben ist. Da das spezifische Gewicht des Wassers bei $+4^0$ C als Einheit angenommen wird, ist mit dem Gewicht des gleichen Wasservolumens auch die Größe dieses Volumens selbst in cm^3 (g) bzw. dm^3 (kg) gegeben. Nach dem Archimedischen Prinzip ist der „Auftrieb" eines Körpers in einer Flüssigkeit gleich dem Gewicht des gleichen Volumens dieser Flüssigkeit, im Wasser also zahlenmäßig gleich dem Volumen selbst. Der Auftrieb ist aber bestimmt durch die Differenz zwischen dem Gewicht des Körpers in Luft (P) und jenem, eingetaucht in Wasser (P') oder einer anderen Flüssigkeit mit bekannter Dichte D. Das verdrängte Wasservolumen ist demnach $V = (P - P') : 1$ bzw. bei Verwendung einer anderen Flüssigkeit $V = (P - P') : D$. Demnach ist

$$s = \frac{P}{(P - P') : D} = \frac{P \cdot D}{(P - P')}.$$

An geeignet zugerichteten Waagen wird P und P' gemessen, und da gewöhnlich die Probe in Wasser getaucht wird ($D = 1$), ist damit das s leicht bestimmt. Wird die Probe von Wasser angegriffen, dann ist es nötig, eine andere Tauchflüssigkeit zu verwenden. Ist die Probe spezifisch leichter als Wasser, dann kann man sie mit einem schwereren Körper, dessen Gewicht man kennt, verbinden.

So einfach und leicht zu handhaben diese Methode ist, leidet sie hinsichtlich der Genauigkeit an der Tatsache, daß Wasser *schlecht benetzt* und daß es darum schwer wird, anhaftende Luft oder Gase vor der Messung vollständig zu vertreiben. Das hat zur Folge, daß bei sehr kleinen Proben (Splittern) die dadurch bedingten Meßfehler übermäßig ins Gewicht fallen, weshalb man für P mindestens 1 g des unzerkleinerten Stoffes benötigt. Das ist aber wieder bedenklich, da solche größere Proben selten die verlangte Homogenität aufweisen.

H. Berman[1] konstruierte eine hydrostatische *Mikrowaage*, die sehr empfindlich ist (0,01 mg Einstellungsmöglichkeit bei Belastung bis 75 mg) und verwendet als Tauchflüssigkeit *nie* Wasser, sondern am besten Toluol, allenfalls auch Tetrachlorkohlenstoff. Toluol benetzt ausgezeichnet. Natürlich ist bei so empfindlichen Wägungen die Temperatur und die damit veränderliche Dichte des Toluols nicht mehr zu vernachlässigen, doch läßt sich leicht nach bekannten Formeln aus Messungen von D bei zwei verschiedenen Temperaturen die Dichte der Tauchflüssigkeit innerhalb eines Temperaturbereiches von etwa 10^0 bis 25^0 C ein für alle Male bestimmen und bei Messungen in Rechnung ziehen. Es lassen sich damit Splitter von wenigen mg Gewicht hinsichtlich ihrer Dichte rasch und sicher messen.

Ein anderer, schon länger in Gebrauch befindlicher Versuch, die Meß-Schwierigkeiten bei Eintauchen in Wasser möglichst herabzudrücken, ist die Messung mit dem *Pyknometer*. Dieses besteht aus einem kleinen Fläschchen mit eingeriebenem Stöpsel, durch den eine feine Bohrung geht. Das Gewicht des mit Wasser gefüllten Pyknometers sei P und wird ein für allemal (bei gegebener Temperatur) bestimmt. Das Gewicht des Minerals sei M. Das gewogene Mineral wird in Form kleiner Splitter oder gepulvert in das mit Wasser gefüllte Pyknometer eingetragen und dieses dann neuerlich gewogen. Dieses Gesamtgewicht G muß kleiner sein als die Summe von P und M, da ja durch die Eintragung des Minerals ein gleich großes Wasservolumen verdrängt wurde, d. h. das Gewicht dieser verdrängten Wassermasse ist $(P + M - G)$. Daraus ergibt sich $s = {} = P/(P + M - G)$. Die Verwendung von kleinen Splittern oder Pulver gestattet eine sorgfältige Auslese des Materials, um fälschende Einschlüsse zu vermeiden. Luft und Gasblasen werden durch Auskochen oder unter einer Luftpumpe entfernt. Erschwerend ist dagegen der Umstand, daß für genaue Dichtebestimmungen doch immer *größere* Mengen (mehrere Gramm) benötigt werden, die Methode läßt sich also bei einzelnen Splittern nicht anwenden.

Bei Messungen an einem wasserlöslichen Material muß natürlich eine andere Flüssigkeit von bekannter Dichte verwendet werden. Auch hierin ist die

---

[1] H. Berman: Amer. Miner. **24**, 434 (1939).

ohne Wasser arbeitende BERMAN-Methode in der Handhabung und an Genauigkeit überlegen.

Mit dem Pyknometer läßt sich auch die Dichte von Flüssigkeiten bestimmen. Dazu wird das Pyknometer mit der Flüssigkeit gefüllt und gewogen (F). Das Gewicht des mit Wasser gefüllten Pyknometers ist schon bekannt (P). Endlich muß noch das leere Pyknometer gewogen werden (L), dann ist $s = (F - L) : (P - L)$.

2. Schwebemethode

Die Schwebemethode, die viel verwendet wird, beruht auf ganz anderer Grundlage. Hat ein Körper ein höheres spezifisches Gewicht als die Tauchflüssigkeit, dann wird er in ihr untersinken, ist er leichter, wird er schwimmen, ist aber *die Dichte des Körpers gleich jener der Flüssigkeit, dann schwebt er* in dieser, ohne weder zu fallen noch zu steigen. Man sucht darum für eine gegebene Mineralprobe jene Flüssigkeit, *in der das Mineral schwebt* und bestimmt dann die Dichte dieser Flüssigkeit.

Da sich hiebei auch einzelne Splitter verwenden lassen, ist gerade diese Methode der Dichtebestimmung sehr beliebt, wenn die Dichte nicht allzu sehr über 3,5 hinausgeht. Bei sehr schweren Mineralen bietet nach wie vor die hydrostatische Waage in geeigneter Form die einzige Bestimmungsmöglichkeit.

Um das „Schweben" eines Minerals in der Flüssigkeit zu erreichen, benötigt man verschiedene „schwere" Flüssigkeiten, die durch Zusatz damit mischbarer, leichterer Flüssigkeiten so abgeändert („verdünnt") werden können, daß ein eingesetzter Mineralsplitter darin schwebt. Man bringt den Splitter zunächst in eine schwerere Flüssigkeit, daß er oben schwimmt. Wird nun langsam und vorsichtig „verdünnt" und ständig umgerührt, dann wird endlich der Zustand eintreten, wo Mineral und Flüssigkeit die gleiche Dichte haben, das Mineral also an jeder Stelle der Flüssigkeit schweben bleibt.

Mit Hilfe einer WESTPHALschen Waage läßt sich dann leicht das spezifische Gewicht der Mischflüssigkeit und gleichzeitig damit jenes des Minerals bestimmen. Die verdünnte Lösung wird dann durch Abdampfen wieder auf ihr Höchstgewicht gebracht.

Mittels sogenannter *„Indikatoren"* (kleiner, etwa erbsengroßer Mineralkörner oder kleiner Glaswürfelchen von jeweils bekannter Dichte) kann man auch angenähert das spez. Gewicht der verwendeten Flüssigkeit bestimmen, je nachdem, ob die Indikatoren untergehen oder schwimmen.

Als schwere Flüssigkeiten werden am häufigsten folgende gebraucht: *Kaliumquecksilberjodid (Thouletsche Lösung)* mit Maximaldichte 3,196, wird mit Wasser verdünnt, wirkt aber auf Sulfide zersetzend. *Clerici-Lösung*, bestehend aus molekular gleichen Mengen von Thalliummalonat und Thalliumformiat, Maximaldichte 4,2, bei schwacher Erwärmung sogar 4,5, ebenfalls mit Wasser zu verdünnen, sehr giftig. *Thalliumquecksilbernitrat* reicht bis 5,5.

Bromoform (2,94 max.), *Methylenjodid* (3,32 max.) und das sehr haltbare *Azetylentetrabromid* (3,00 max.) müssen mit Benzol verdünnt werden.

In letzter Zeit wurden von R. P. CARGILLE (New York) schwere Flüssigkeiten und Suspensionen schwerer Metalle in schweren Flüssigkeiten in den Handel gebracht, die bei den Flüssigkeiten bis 3,3, bei den Suspensionen von 3,5 bis 7,5 reichen, also auch noch einen wesentlichen Teil der Erze mit umfassen. Die

CARGILLE-Flüssigkeiten werden in Abstufungen ausgegeben, die rund 0,2 bis 0,3 Einheiten betragen, bei den Suspensionen 0,5 Einheiten. Da es sich dabei hauptsächlich um rasche Unterscheidungen bei der Untersuchung von Edelsteinen und Edelmetallen handelt, genügt es, festzustellen, zwischen welchen zwei Testflüssigkeiten (Suspensionen) das Mineral einzureihen ist, ganz ähnlich wie die Bestimmung der Ritzhärte nach MOHS.

So leicht zu handhaben die Schwebemethode ist, leidet sie doch an der Beschränkung hinsichtlich der zur Verfügung stehenden schweren Flüssigkeiten und geht auch in der Genauigkeit kaum über die zweite Dezimale hinaus. Wenn diese Methode nun auch nicht zu sehr genauen Einzelbestimmungen geeignet ist, gestattet sie doch in höchst einfacher Weise die Trennung von Mineralen.

3. Die Trennung der Minerale aus einem Körnergemenge

Wird ein grobpulveriges Mineralgemenge in eine geeignete schwere Flüssigkeit eingetragen (z. B. ein Gemenge von Kalifeldspat [$s = 2,57$] und Quarz [$s = 2,65$] in eine Flüssigkeit mit $s = 2,6$), dann wird der leichtere Anteil des Gemenges (Kalifeldspat) schwimmen, der schwerere (Quarz) absinken. Beginnend mit verhältnismäßig schweren Flüssigkeiten kann man durch allmähliche Verdünnung schrittweise die Bestandteile des Mineralgemenges, die schwersten zuerst, von den übrigen abtrennen. Die Verwendung von Scheidetrichtern gestattet so eine fraktionierte, sehr saubere Trennung der Einzelanteile (vielfache Anwendung bei Gesteinsuntersuchungen).

Hier wäre ein in der Praxis immer stärker zur Anwendung kommendes Trennungsverfahren zu erwähnen, das unter dem Namen „Sink-Float" bekannt wurde. Schwere Suspensionen (mit Bleiglanz, Magnetit, Ferrosilizium und verschiedenen Metallen) finden hier ein großes Anwendungsfeld. Es handelt sich dabei eigentlich nur um eine technisch stark verbreitete Verwendung schwerer Suspensionen, wie sie später für rein mineralogische Zwecke von CARGILLE eingeführt wurden.

Da die „Fallgeschwindigkeit" eines Kornes in einer Flüssigkeit wesentlich von dem *Unterschied der Dichte* des Minerals und der Flüssigkeit abhängt, kann man in *bewegten* Flüssigkeiten (Wasser) auch eine Trennung verschieden schwerer Teile eines gepochten, grobkörnigen Mineralgemenges erzielen (Prinzip der *„nassen Aufbereitung"*, vgl. TREPTOW).

Das mit Wasser aufgeschlämmte Korngemenge wird in Setzmaschinen oder auf Schüttelherden in ständiger Bewegung gehalten, und dadurch werden die rascher sinkenden, schweren Anteile von den langsamer sinkenden, leichteren Anteilen getrennt. Diese werden durch die Wasserbewegung fortgeschwemmt und dadurch der zurückbleibende Rest an schweren Teilen angereichert. Auch die sehr flach-kegelige Goldwäscherschüssel (Batea)[1], die unter reichlicher Wasserverwendung mit der Hand geschwenkt und geschüttelt wird, ist nur eine primitive Form eines Schüttelherdes.

---

[1] „Sichertrog", „Sicherschüssel" oder „Saxe" sind andere einfache Formen eines Waschgerätes.

Vielfach wurde aber bei der nassen Aufbereitung beobachtet, daß besonders fein zerteilte Erze (unter 0,5 mm Korngröße), wenn sie wegen allfälliger Spaltbarkeit oder aus anderen Gründen Blättchenform besitzen, *auf dem Wasser schwimmen* und daher mit dem leichten, „tauben" Material fortgeschwemmt werden (z. B. Bleiglanz, Molybdänglanz, Kupferkies, Buntkupferkies, Graphit, Gold u. a.). Hier wird die Fallwirkung des spezifischen Gewichtes durch die Oberflächenspannung an der Wasseroberfläche aufgehoben.

Im *Schwimm- oder Flotationsverfahren* wird diese Erscheinung zur reinlichen Trennung sehr klein zerteilter Erze benützt. Als wesentlich ergab sich dabei die Frage nach der „*Benetzbarkeit*" des Mineralkornes durch Wasser. Die meisten Erze werden vom Wasser nicht benetzt, Gangarten dagegen sehr stark. Im ersten Fall bildet ein auf eine frische Bruchfläche des Erzes auffallender Wassertropfen eine hochgewölbte Form (Randwinkel bei Bleiglanz und Zinkblende 70^0 bis 75^0), während im anderen Fall sich der Tropfen ganz flach ausbreitet (z. B. bei Quarz Randwinkel etwa 20^0). Vom Wasser *nicht benetzbare* kleine Mineralteile sind schon durch die Oberflächenspannung des Wassers allein *schwimmfähig*.

Bringt man ein kleines, *nicht* benetzbares Mineralplättchen auf eine Wasseroberfläche, so wird es in der Oberflächenhaut des Wassers so weit einsinken, bis das Gewicht des Minerals mit der Dichte s gleich ist dem Gewicht der „verdrängten" Wassermasse (Abb. 384). Ist F die Fläche der Mineralschuppe und h deren Höhe, so ist das Gesamtgewicht $G =$ $= F \cdot h \cdot s$. Das entsprechende „verdrängte" Wasservolumen setzt sich aber aus $F \cdot h + F \cdot z$ zusammen, wenn z die Tiefe der Einbuchtung der Oberflächenhaut bedeutet. Aus $F \cdot h \cdot s = F \cdot h + F \cdot z$ folgt $z = h \cdot (s - 1)$, d. h. also, das Mineralkorn sinkt um das $(s - 1)$fache seiner Dicke ein.

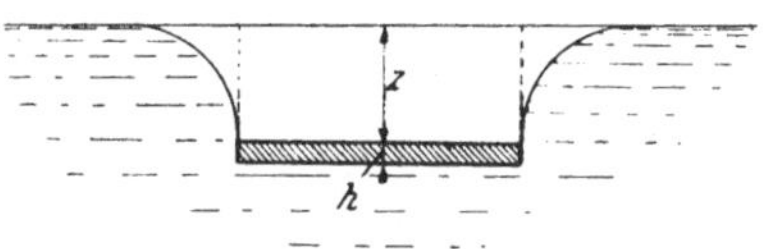

Abb. 384. Schwimmfähigkeit durch Oberflächenspannung der Flüssigkeit (nach TREPTOW)

Eine zweite, andere Art der Schwimmfähigkeit ergibt sich aus der *leichten Benetzbarkeit* vieler Erze durch *Öl*. Die Erzteilchen haften an den Öltropfen und werden in einem Gemisch von Wasser und Öl an die Oberfläche getrieben und können da leicht abgeleitet werden. Da der Ölverbrauch dabei recht groß ist, wurde ein Verfahren ausgearbeitet, in dem Scheidebad durch verdünnte Säuren *Gasblasen* zu erzeugen. Diese Gasblasen haften gleichfalls an den Erzkörnern und reißen sie mit sich an die Oberfläche wie die Öltropfen, während die Gangarten (vor allem die Silikate) absinken. Derzeit wird meist ein kombiniertes Gasblasen-Öl-Verfahren („Emulsionsschaum") angewendet (vgl. TREPTOW).

Das Verhalten verschiedener Minerale im Flotationsverfahren, die Benetzbarkeit oder Nichtbenetzbarkeit durch Wasser, ist abhängig von den an der Mineraloberfläche vorhandenen Kraftfeldern, die ihrerseits wieder durch die Struktur des Kristalls bedingt sind. Dadurch wird auch die Anlagerungsfähigkeit verschiedener Kohlenwasserstoffe sehr beeinflußt. Unpolare Kohlenwasserstoffe (z. B. Paraffin) bevorzugen neutrale Oberflächen, polare Wasserstoffe dagegen Oberflächen mit polaren (aktiven) Kraftfeldern[1].

Endlich sei noch die Verwendung der *Fliehkraft in Zentrifugen* bei der Trennung erwähnt, die gleichfalls eine Sonderung des eingebrachten Gutes nach der Masse ermöglicht. Bei Verwendung ungefähr gleich großer Körner werden die spezifisch schwereren am weitesten abgeschleudert und dadurch von den leichteren Gemengteilen getrennt. Bei der Aufbereitung goldhaltiger Pyrite, die in Quarz eingesprengt waren, konnten $96^1/_2\,\%$ des Au-Gehaltes in $3^1/_2\,\%$ des Gewichtes der Roherze angereichert werden.

---

[1] W. Finn: Fortschr. d. Min. *29/30* (1952).

Sachverzeichnis